华梅 等著

东方服饰研究

商务印书馆
SINCE 1897
The Commercial Press

2018年·北京

图书在版编目（CIP）数据

东方服饰研究 / 华梅等著 . —北京：商务印书馆，
2018
ISBN 978-7-100-16092-6

I. ①东… Ⅱ. ①华… Ⅲ. ①服饰美学—研究—东方
国家　Ⅳ. ① TS941.11

中国版本图书馆 CIP 数据核字（2018）第 097467 号

东方服饰研究

华　梅　等著

商 务 印 书 馆 出 版
（北京王府井大街 36 号　邮政编码 100710）
商 务 印 书 馆 发 行
北京市艺辉印刷有限公司印刷
ISBN 978 - 7 - 100 - 16092 - 6

2018 年 9 月第 1 版　　　　开 787×1092　1/16
2018 年 9 月北京第 1 次印刷　　印张 34$\frac{1}{2}$
定价：109.00 元

撰　稿

前　言：华　梅

第一章：华　梅　孟小丽

第二章：华　梅　邢　珺　马淳淳　张新琰

第三章：华　梅　刘一诺

第四章：华　梅　赵　静　韩　姣　张新琰

第五章：华　梅　吴　琼

第六章：华　梅　贾　潍

第七章：华　梅　王　鹤　刘一品

第八章：华　梅　王　鹤　刘一品

第九章：华　梅　王　鹤　刘一品

第十章：华　梅　林永莲　巴增胜　赵苡辰

结　语：华　梅

后　记：华　梅

文图审阅

朱振江　王家斌

文图整理

华　梅　巴增胜　贾　潍　王　鹤
高振宇　任云妹　林永莲

目　录

前　言

一、东方概念的形成脉络

本书的"东方"，是相对于"西方"而言的，不是一个严格意义上的地理学的术语，而是文化研究中约定俗成的地域概念。既然是约定俗成，必然有一个范围，有一个领域，同时还有一个形成过程，这是我们首先要搞清楚的问题。

"东"是方位。由于地球自转的规律性，人们将每天最先看到太阳的一方称为"东"，如《史记·历书》："日归于西，起明于东。"中国人以东、西、南、北、中五个方位，分别附以"五行"学说，有五色相对，有方位神，东位神即青龙。

中国自汉代起，将玉门关、阳关以西的地区称为西域，《汉书》始列"西域传"。以葱岭为标志，实际上包括了亚洲中西部、印度半岛、欧洲东部和非洲北部。因而，横贯亚、欧大陆的丝绸之路，被认为是东西方经济、文化交流的往来要道。自公元19世纪末，"西域"一词渐渐鲜为人提。中国元代时，曾将今南海以西海洋及沿海各地称为西洋，甚至远到印度和非洲东部。闻名遐迩的明代郑和七下西洋，就是率船队远航南海。明末清初以后，将大西洋两岸即欧洲、美洲各国称为西洋。

欧洲西部国家英、法、德、葡萄牙、西班牙、荷兰和19世纪崛起的美国等国，在工业革命后成为列强，开始向东方扩张。他们将距离较近的东方地区称为近东，较远的如欧、亚、非三洲连接地区称为中东。当然，这也不是确定的，没有明确界定。一般来说，中东包括西亚的伊朗、巴勒斯坦、以色列、叙利亚、伊拉克、约旦、黎巴嫩、也门、沙特阿拉伯、阿拉伯联合酋长国、阿曼、科威特、卡塔尔、巴林、土耳其、塞浦路斯和非洲的埃及等国。西方人称谓的远东国家，实际上是亚洲东部地区，即中国东部、朝鲜、韩国、日本、菲律宾和俄罗斯太平洋沿岸地区。

现当代哲学、艺术等领域的学者在论述西方或东方时，所概括的国家和地区也不尽相同。如英国著名哲学家、数学家、文学家和社会活动家伯特兰·罗素认为，西方文明虽是从希腊开始的，但希腊文明之前有埃及和美索不达米亚，而且埃及人和巴比伦人都为后来的希腊人提供了某些方面的知识，这才有了克里特文化。"西方文明发源于古希腊，其根基就是始于两千五百年前米利都的哲学和科学传统，在这一点上，西方文明不同于世界上其他主要文明。"① 那么，米利都在哪呢？罗素说："该市的东南是塞浦路斯、腓尼基和埃及，北部是爱琴海和黑海，越过爱琴海再往西就是希腊大陆和克里特岛。米利都的东部紧靠着吕底亚，并通过吕底亚与美索不达米亚帝国密切相连。"② 罗素还谈到了罗马、爱尔兰、法兰克以及日耳曼人和法兰西人。这便是当代多种版本的西方服装史或世界服装史所延续的西方概念——埃及、美索不达米亚、希腊、罗马、西欧（英、德、法、意等国）。

由法国人雅克·德比奇和德国、波兰、葡萄牙几位教授共同撰写的《西方艺术史》，采用了比较常见的西方概念，也是这种分法，即起源溯至埃及、美索不达米亚，然后是希腊、罗马。论及中世纪时主要是拜占庭、哥特，接着是文艺复兴。谈的都是西欧各国。

河北教育出版社 2003 年出版的《世界艺术宝库——二十世纪西方美术》主要在写欧、美的美术，包括英国、美国、法国、德国、比利时、奥地利、西班牙、意大利、瑞士、挪威，甚至包括巴西和墨西哥。需要注意的是，书中专门提到以俄国康定斯基为核心的、在德国慕尼黑发展起来的"青骑

---

① 〔英〕伯特兰·罗素：《西方的智慧》，崔权醴译，北京：文化艺术出版社，2005 年版，第 8 页。
② 同上，第 10 页。

士派"。

出生于 1885 年的美国最著名通俗哲学史家、历史学家威尔·杜兰在他的《东方的遗产》一书中，列出了他认为属于东方的国家和地区：第一部分是埃及与近东，包括苏美尔、埃及、巴比伦、亚述、犹太、波斯；第二部分是印度和南亚，主要写印度；第三部分是中国与远东，包括中国与日本。

世界著名跨文化管理咨询专家英国人理查德·刘易斯撰写的《文化的冲突与共融》有如下论述："土耳其和伊朗在中东是颇有影响，举足轻重的国家……它的周围还有那些资源丰富的中亚国家，在前苏联解体后，再次成为独立的民族国家。往东，是印度次大陆……本书有专门章节分别论述印度和已拥有 2 亿人的印尼。韩国作为出口大国和世界经济第 11强，将在统一后增添影响；越南、泰国、马来西亚和菲律宾对亚洲和世界都做出了不同的重要贡献。"① 书中虽然没有明确说明东方包括哪些国家，但从他的论述中基本能够勾勒出一个梗概。

中国著名美学家朱光潜在《西方美学史》中，专列章节提到"俄国革命民主主义和现实主义时期美学"，论述了别林斯基和车尔尼雪夫斯基，还论及德、英、意几位美学家，直至克罗齐。这说明朱光潜是将俄国也纳入西方范围之内了。

中国当代专门研究东方美学的中南民族大学教授彭修银在他的《东方美学》中论及东方时，主要是讲中国、印度、日本。看来，作者认为这三个国家足以代表东方文化和东方精神。

基于以上各家论述，我们似乎可以肯定的东方概念，即直接区别于西方文化的东方国家是中国、日本、朝鲜、韩国、印度，此外还有越南、柬埔寨、老挝、缅甸、菲律宾、印度尼西亚、泰国、马来西亚等国。

由于俄罗斯国土面积太大，涉及欧、亚，首都又在欧洲，加之一直属于斯拉夫语系，因此很难将其归入文化概念上的东方。

① 〔英〕理查德·D.刘易斯：《文化的冲突与共融》（第二版），北京：新华出版社，2002年版，第 5 页。

　　这里需要特别关注的是，埃及到底算东方还是西方。西方学者认为它是近东地区，有时把它归为东方，但由于其地中海等地缘关系，特别是历史上与欧洲难以割舍的渊源关系，因而又常被溯为西方文化之源。连带的自然有美索不达米亚，这就使我们联想到希腊神话中的这一方宝地，即底格里斯河与幼发拉底河流过的地方。《旧约全书》或说《圣经》中的伊甸园正是在这两河流域。

　　纵览中西方学者的有关论述以后，我们可以确定的是，本书所涉及的"东方"，是文化性的，而非地缘性的。如果从地理位置上看，俄罗斯东部沿海，尤其是符拉迪沃斯托克，即我国在近代时所称的海参崴，离中国佳木斯和日本北海道有多远呢？很近，只不过由于国属的原因，故而文化氛围不同。我们必须考虑到历史，即前面所谈到的"约定俗成"。那就是相当于西方中心论者所说的远东地区，而又不是其概念范围中的全部。大致上可以依据地理学上的东西半球说法，这里只包括东半球的东部，尚没有澳洲。澳大利亚被殖民化的结果是，完全西方化了。

　　如此说来，以上我们所讲的中国、日本、印度、朝鲜以及南亚、东南亚才真正属于文化概念上的东方，只有在这一片土地上生活、繁衍的民族与国家，才真正具备完全有异于西方的文化精神。文化精神决定了许多，如广义的思维模式，包括宇宙观和人文态度；亦如狭义的生产生活用品，这其中自然包括服饰。换句话说，从东西方服饰风格的不同可直接看到其文化风格的差异。

　　还有一点需要赘上几笔，这里的文化既不是地理意义的，也不严格牵涉人种。所谓东方是文化意义上的，是一个国家和相邻国家先后发展又相互影响的结果。比如宗教，比如统治思想，长久生活在相近区域的国家和人民，会有趋同性的，甚至会有一些相近人种的相近基因，再加上后天的思维形成，从而使所谓东方或西方有一些清晰的文化风格。当然，还有一些复杂情况，比如"殖民"的因素。很多文化现象不是这一区域国家本原的文化，而是因占领国长期文化侵略（当然先是武装侵略，连带经济与文化）后留给这一国家的历史印痕。这就引出我们下一步的思考。

二、东方文化的构成模式

能够体现东方文化的几大宗教和统治思想，应该说是明晰的。尽管其中有传播和交融，但是从版图上来看，一目了然。

首先说中国，中国人古来重礼，在奴隶社会时期的夏、商、周三代，已奠定了礼仪的基础。从遗留至今的青铜礼器和体现在《周礼》《仪礼》中的车马服饰礼仪要求来看，中国人讲求天地秩序，因而拜万物；讲求君臣尊卑，因而拜先王；讲求孝敬长辈，因而拜祖宗。

正是因为有了这种思想基础，才有了孔子（名丘，前551—前479）创始的儒家思想。儒家思想不是宗教，但是似乎有着更大的力量。儒家思想渗透在中国汉族人中，有些少数民族如蒙古族、满族等受到一定影响。东方范围内的国家了解或者说能够感受到儒家思想，但真正引进的却不多。只有宋代大儒朱熹的理学思想在公元17世纪后被日本一些神道学者所吸收，如尊皇忠君等。

出现在同时代的佛教，在东方影响很大，与基督教、伊斯兰教并称，成为世界三大宗教之一。现今印度境内的人80%信奉印度教。在中国，能够与佛教不相上下的，是土生土长的道教。日本的固有宗教是神道教，也称神道。伊斯兰教诞生于阿拉伯半岛，但在东方也有许多信徒，如马来西亚即以伊斯兰教为国教。基督教主要分布于欧、美，从公元7世纪时传入中国。15到16世纪时随着西方殖民主义向东方扩张，基督教各派传入亚洲、非洲等国家与地区。菲律宾国即有85%的人信奉天主教。

除了以上这些在东方影响较大的宗教和统治思想外，还有许多活跃在某区域的宗教，也应该视为文化的组成部分，如萨满教，在亚洲和欧洲北部曾普遍流行。"萨满"本是氏族内自诩能够通神的巫师的身份，后以此为宗教名，中国北部多个少数民族信仰萨满教。

宗教不是文化的全部，但在某种程度上说明了一些国家民众的心灵归属，因而也确实是占有重要地位的因素。在这里需要特别关注的是，东方多个国家在近代遭受过西方列强的殖民侵略，致使在原有文化传统的发展上，留下了深深的印痕。这正体现出东方文化构成的复杂性。

当然，国家民族之间是需要交往的，只有交流才能彼此促进。但这里有主动交流和被动交流之分。如果是正常的政治、经济、文化交流，可以取人之长补己之短，整个气氛是愉悦的，也可以按其意愿保留其固有传统。如果是被动的，那就另当别论了，侵略会直接或完全摧毁一个国家或民族的物质文化遗产和非物质文化遗产，使其文化发展出现歧路。

总括起来看东方，文化风格是趋于儒雅的，因为占一半以上人口的中国人，接受并履行儒家思想时间太长久，在心理、心态乃至行为举止上，受儒家思想影响已经根深蒂固。另外将近一半人信奉佛教和印度教。主张行善以修来世，也深深地扎根在民众心中。这样，加之地理、气候、政治、生产方式等种种自然与人文因素，塑成了东方人，即相对于西方人而言的文化精神。

三、东方人的文化精神与着装理念

东方大陆居民，特别是幅员辽阔的中国，自古以来讲究内敛。由于土地并不太肥沃，气候也并不太怡人，因而人们勤劳、敬天，希望以自己的汗水和虔诚来换取大自然的恩惠。《论语·泰伯》记下了孔子这样一段话："禹，吾无间然矣。菲饮食而孝乎鬼神，恶衣服而致美乎黻冕，卑宫室而尽力乎沟洫。禹，吾无间然矣。"[①] 意思是说，我对禹真是没得可说了。他自己吃得很差，却把祭品办得极丰盛；穿得很次，却把祭服做得极精美；住得也不好，却全力去修渠兴水利。这让孔子觉得实在不能去批评大禹了。儒家讲究祭祀，尤其是礼仪，这是最重要的。礼仪之外的事，比如个人吃穿住行可以不太讲究。

儒家讲求精神层面的修养和品德，如《论语·子罕》："子曰：'衣敝缊袍，与衣狐貉者立，而不耻者，其由也与？'"[②] 孔子认为自己穿着破烂

---

① 杨伯峻译注：《论语译注》，北京：中华书局，1980 年版，第 84 页。
② 同上，第 95 页。

的旧丝绵袍子和穿着狐貉皮裘的人站一起，并不觉得低于他人。这才是真正有修养、有境界的人。

儒家所倡导的服饰礼仪繁不胜繁，这些规矩不可逾越。

中国人长期以来受儒家思想影响，被这种循规蹈矩的行为规范约束了数千年，尽管其间有魏晋士人的有意违抗，也有唐代初年统治者的西域人血统冲击，但总的着装理念与行为准则受儒家思想影响最深最长，以致我们不得不承认，东方的几乎一半人都这样被束缚着走了几千年。

日本人是一个矛盾体，不仅有"菊与刀"的总体内涵与行为，微至着装理念上也表现出这种岛国特有的纠结心理。他们打开国门时，可以完完全全地吸收引进别国文化；但关上国门时，就可以丝毫不顾及其他大陆或岛屿国家对他们的评论。他们有着广阔的海岸线，因而吃水产品应该不犯愁，但相对来说国土面积毕竟不大，物资来源不会很丰富。他们地小人也不多，又基本上是单一民族，除了"大和"之外，阿伊努人很少，因而学起什么来可以很快很彻底，保持起来也可以很长久很执着。

如公元6世纪和7世纪时，即日本飞鸟时代、奈良时代、平安时代，生于574年，逝于622年的日本圣德太子，在593年被推古天皇册封为皇太子，任摄政。他不仅信奉佛教，而且特别注重从中国学习文物制度。保留下来的画像上，圣德太子全身着中国隋唐时期男子的幞头和圆领衫，穿着男士袍衫、长裤，腰系革带，佩着鞶囊，手里还拿着笏板。身边的两个侍女也梳着中国唐代女子的环髻并簪花。典型的一套中国隋唐装束。后来，日本人根据海洋气候特点和本民族人的礼仪需求，创制了有特色的和服。

值得关注的是，和服一旦成形便保持下来。明治维新以来，日本男人的日常装基本上都是西服了，但和服信念依然扎根于民众心中，尤其是女性，在重要节日和重要礼仪中，都要穿和服。

对自己民族服饰极度酷爱并坚守下来的还有朝鲜和韩国。鲜族女性短衣长裙，胸前飘带，也已形成固定形象。每逢节日盛会，女性不分年龄，都以穿这样一身衣服为荣耀。2013 年 11 月韩国时任总统朴槿惠在白金汉宫与英国女王伊丽莎白会谈时，就穿着白地粉红领口粉红飘带的朝鲜族裙（韩国人称其为韩裙）。

印度，是个历史悠久的古国，在东方文化中占据着重要的地位。我们可以这样对其加以评论：印度人服饰形象的特色十分鲜明，以致盘髻、纱丽、鼻环、吉祥痣都成为印度文化的符号。他们服饰的特有风格已经固化在历史阶梯上，尤其是这种围裹式长衣的形式在东方堪与长袍和上衣下裳鼎足而立。

印度人不仅自己坚守着这一份传统，或说信仰，而且还感染着周边国家的人。不用说斯里兰卡、尼泊尔这些佛教诞生地的国家，就是缅甸、柬埔寨、老挝也坚信地热爱自己的民族服饰。至于泰国，更被人们称为"黄袍之国"。

马来西亚、印度尼西亚和菲律宾等处于赤道或稍北且岛屿众多的国家，相对来说，典型服饰要简单一些，一是不用御寒，二是雨水太多，人们的衣着不用太复杂，被雨淋了越少越好干。赤脚、一裹萨龙，上身赤裸，不光是男性，女性也可以很自然地仅以长裙遮至脚面。只有伊斯兰教教徒们衣着覆盖面大，即使不穿只露出两只眼睛的长袍，女性也要戴一条围巾，连头带颈全部遮挡住。这在马来西亚可以得到普遍证实。

还有一个国家也需要提一下，即蒙古国。蒙古国服装与中国境内的蒙古族基本上一致。但是，正因为相对闭塞所以使传统得以完好地保留下来。2013 年 11 月 13 日，新任蒙古国驻英国大使纳库在白金汉宫向英国女王伊丽莎白二世递交到任书时，穿着一身原汁原味的蒙古族服装，连帽子、佩饰都非常严格地遵循着传统样式和规格。或许是人们惊呆了，顿生隔世之感？或许是英国女王也压根没想到，因此招致媒体评论：女王穿着不那么有风格。编辑则在该场景照片上附两个大字：穿越？这就是东方与西方、古老与现代之间在服饰文化上的碰撞，值得学术界研究。

人类着装观念的形成是由多方面因素综合影响的结果，有自然的，也有人文的。当人文的主流意识取得社会共识后，自然因素可以不被考虑。也就是说，在社会美面前，自然美往往退缩。东方人的文化精神和着装理念有许多值得探讨的地方。

东方服饰文化研究，可以通过一些点去带动面，找出规律后再尽可能展开并延伸。这部书如果能有一两点突破，就是我们为人类文化建设做出的努力了。

第一章　东方服饰设计的物质基础

在漫长的历史时期，大自然赐予人类丰富的物质财富，人类充分享受大自然的一花一石、一草一木，并从大自然中取材，将其作为服饰的质材，为己所用，同时又充分展示着大自然的美。无论从哪一个方面讲，质材都是服饰创作与发展必不可少的物质基础，它具有无可替代的位置，对服饰诸功能的形成过程，常常会起到决定性的根基作用。

人类从大自然中取得的服饰质材主要有植物、动物、矿物以及衍生出的人工合成物四大类。东西方由于地理位置、气候条件、审美观念等多方面的差异，所取的服饰质材不尽相同，所呈现出的特质也不相同，因此形成各自的特色。

第一节　中国特有的蚕丝

蚕丝，又称天然丝，是蚕结茧时分泌的丝液凝固而成的长纤维，这应是人类最早利用的天然蛋白质纤维之一。以蚕丝织成的织物轻薄舒适，有光泽，吸湿透气，故而很早就受到人们的喜爱。中国是世界公认的蚕丝的发源地，是世界上最早并且在很长一段历史时期唯一种植桑树，并懂得养蚕、缫丝、织绸的国家，素有"东方丝国"之美誉。

一、蚕丝起源

在中国古籍中有许多关于蚕丝的记载。如《礼记·月令》《诗经·郑风·将仲子》等对"树桑"的记载，在一定程度上反映了中国发明养蚕历史之久远和蚕丝业发达之程度。

中国神话传说中将嫘祖视为养蚕缫丝的创始者。嫘祖是黄帝的元妃，或许是人们认为黄帝发明了造车造船，那么他的妻子应是最早的养蚕倡导者。

商代甲骨文中，已出现蚕、帛、丝等字。商周时期，采桑养蚕纺织已成为重要的农业生产活动，具有十分重要的地位。每年春耕时节，国王、王后要亲自扶犁和养蚕，以动员天下男子耕种和女子养蚕纺织。当年的上等桑蚕纺织品为贵族阶层所用，而一般的丝织品民间也广泛使用。

近代大量出土文物验证了中国蚕丝业的起源之早。1926年山西夏县西阴村新石器时代遗址中发掘半个长1.36厘米、宽约1厘米的经人工割裂的蚕茧，从形状看可能是人们在取丝时食蛹而有意切开的。这为5600—6000年前仰韶文化时期即开始训蚕提供了实证。陕西西安半坡出土的陶纺轮、河南陕县庙底沟出土的石纺轮、山东城子崖出土的纺织用骨梭和陶纺轮等，都足以说明原始社会晚期，纺织缝纫已有显著进步。1958年浙江吴兴县钱山漾新石器文化遗址中发掘一批盛在竹筐中的丝织品，表明已很光洁、精致，包括绢、片、丝线和丝带等。经鉴定，原料是家蚕丝，绢片为平纹组织，时间约为公元前2750年，是迄今为止南方发现最早、最完整的丝织品。1984年河南荥阳青台村仰韶文化遗址出土了公元前3500年的丝麻织物，也为早期实物例证。

河南辉县和四川成都出土的战国时期采桑宴乐水陆攻战纹铜壶上描绘了当时人们采桑劳作的真实情景。（见图1）2300多年前的战国时期，正是蚕丝业发展的

图1 四川成都出土《采桑宴乐水陆攻战纹壶》图案局部

重要时期，而浙江余姚新石器时代河姆渡文化时期的蚕纹象牙饰品的出土更说明养蚕历史的久远。1959 年，江苏吴江梅堰遗址出土的黑陶上，刻有蚕纹，描绘具体真实，反映出原始社会时期人们对蚕形的熟悉程度。

从以上出土文物和对相关文献的研究以及参考神话传说，可见中国的桑蚕资源丰富，桑蚕业起源至少要追溯到 7000 年以前。

二、古蚕丝生成机制

蚕丝生产有其独特的生成机制，并在不同的时间、不同的地区兴起和发展。中国位于欧亚大陆东部和太平洋的西岸，处于气候温和的中纬度、暖温带地区，大部分地区雨热同季，阳光和雨水充足，温度和湿度分配良好，并且有西高东低呈"三级阶梯"的地势和地貌特征，为农业文明创造了良好的条件，黄河中下游地区在很长一段时期内，都是桑蚕业兴盛的区域。中国境内不同的地域，也形成了不同的养蚕区域，如北方干旱蚕区、长江流域蚕区、南方中部山地丘陵红壤蚕区、华南平原丘陵蚕区等。在漫长的历史过程中，中国蚕丝生产经历了利用自然资源到蚕的家养阶段的演变。

桑树的种植在中国最早的农书《氾胜之书》曾有记载："种桑法：五月取椹著水中，即以手渍之，以水洗取子，阴干。治肥田十亩，荒田久不耕者尤善，好耕治之。每亩以黍、椹子各三升合种之。黍、桑当俱生。锄之，桑令稀疏调适。黍熟，获之。桑生正与黍高平，因以利镰摩地刈之，曝令燥。后有风调，放火烧之。桑至春生，一亩食三箔蚕。"[①]《齐民要术·种桑柘篇》记载了五种桑树品名和两种桑苗繁育的压条法和播种培育实生苗法，详细介绍如何修剪桑树和收获桑叶。

蚕有桑蚕、柞蚕、蓖麻蚕、天蚕、木薯蚕、樟蚕、栗蚕等。桑蚕是由野

---

① 《国学典藏书系》丛书编委会：《水经注·农桑辑要青花典藏珍藏版》，长春：吉林出版集团有限责任公司，2010 年版，第 228 页。

生蚕驯化而来。最初的丝源，完全来自野生蚕。随着丝绸制作的发展，需求量不断扩大，于是开始驯养野生蚕，从而出现了家蚕。

西周时期，基本上已有养蚕、选茧、剥茧、缫丝等工序。据《周礼》记载，春天为缫丝帛季节，夏秋为染色季节。抽出茧丝，借由丝胶黏合而成丝条，称为蚕丝。在中国使用最多的是桑蚕丝，其次是柞蚕丝。在西周时期，人们已经掌握先缫丝后染色的方法。

蚕丝有光泽、触摸柔软、容易上色等优点，是高级织物的好质材。千百年来，织工们不断改进织机和织法，使得蚕丝织物愈加华丽美观。

三、中国特色蚕丝制品的发展

《诗经》《仪礼》等书多处提到蚕、桑、蚕丝、丝织品等，丝绸已成为当时统治阶层的主要衣料来源。战国蚕丝业继商周之后，有了显著发展，产地普遍且品种繁多，尤其注重染色和纹饰的艺术效果。当时山东一带的"齐纨鲁缟"曾赢得"冠带衣履天下"的盛名。

秦代丝织品大多为平纹织法，但质地细腻，为汉代丝织的发展起到了承上启下的作用。

在汉代，织绣的品种和质量都有很大发展，官营手工业中，丝织业占据重要位置，汉代少府属管的东织室、西织室就专门负责生产高级的缯帛文绣以供皇室使用。此时是中国织绣史的重要时期，确立了中国丝织在国际上的地位和影响。

1972年湖南长沙马王堆一号汉墓出土的丝织品，是西汉织绣水平的代表作。墓中出土了百余件丝质衣被、鞋袜、手套、整幅或半幅的丝帛及各种杂用织物。这些丝织物色彩斑斓，纹样丰富，技法多样。仅凭视觉能够识别的颜色就有近20种，如朱红、深红、绛紫、墨绿、棕、黄、青、褐、灰、白、黑等。纹饰的加工技法有织花、绣花、泥金银印花、印花敷彩等。花纹图案除了传统的菱形外，还有各种变形动物、云纹、卷草纹、点、线等几何图案。技法从缫丝、捻丝、纺线，到织、印、染、绣，以及相应的设备、材料，每个环节都更加专业化。

该墓出土的素纱襌衣，面料为素纱，丝缕极为精细，衣长 160 厘米，袖筒长 195 厘米，重仅 48 克，较之现代的真丝织物还要轻许多，可谓薄如蝉翼，轻若烟雾，代表了西汉养蚕、缫丝、织造工艺的最高水平。

魏晋南北朝时期由于民族融合，丝织品在民族交往中得到进一步发展。在 1964 年新疆阿斯塔那发现的前凉末年的墓葬中，出土了一双织出"富且昌宜侯王天命延长"铭的织成履。它用褐红、白、黑、蓝、黄、土黄、金黄、绿八种丝线织成，出土时色泽如新。

隋朝时期，官办作坊成为丝织品的主要生产部门。农村的庄园和城市里的专业作坊以及家庭副业等遍布全国，产量和质量均为前代所不敢想象。隋王朝丝织业有了长足的进步。相传隋炀帝去江南游玩，他命令嫔妃着绫罗绸缎，随行船只头尾相接 200 余里。大船纤绳均为丝绸所制，连船帆亦用彩锦制作，两岸树木以绿丝带饰其柳，以彩丝绸扎其花，可见隋朝丝绸产量惊人。

唐代的丝织业在历史上占有重要地位。不仅产地遍及全国，而且质量上乘。这一时期织绣品大量用金，在绫罗上用金银两色线刺绣或以金银色描花，是当时流行的装饰手法。撮金线、压金片的技术已相当高，铺绒绣技法也已能表现颜色的退晕和晕染的敷彩效果。此时的捻金技术已达到很高水平。

宋代，中国丝织业又达到一个新的高度。北宋屡屡向辽王朝妥协纳贡，南宋时在沿海广开对外贸易，需要大量丝绸，促进了宋代丝织业的发展。北宋在开封、洛阳、益州、梓州和湖州等地设有大规模丝织作坊；南宋以苏州、杭州和成都三大锦院最为著名，院内各有织机数百台，工匠数千人，花色品种非常丰富，仅彩锦一类，北宋就有 40 多种，到南宋已达百余种。此时还出现了在缎面上再织花的织锦缎，在罗纹丝绸上再织花的名贵品种有孔雀罗、瓜子罗、菊花罗、春满园罗等。宋代的缂丝技术已能够"随心所欲，作花鸟禽兽状"，把丝织品原来无法表现的绘画艺术巧妙地在织物上体现出来。

1988 年 5 月在黑龙江阿城巨源金代齐国王墓中，发掘大量女真人丝织品服饰。丝织品中有绢、绫、罗、绸、纱、锦等；图案主要为夔龙、鸾凤、飞鸟、云鹤、如意云、团花、忍冬、梅花、菊花等；技法有织金、印金、描金等。所出土服饰具有北方民族特点，是女真族的丝织服饰精品。

元代崇尚加金织物，除沿袭金人风俗外，与上层社会占有大量黄金有关。一种用金线与其他丝线一起织锦的加金织物"纳石失"在元代大量生产。据《元史·镇海传》记，元代在弘州设纳石失（即织金锦）局，从西域迁入金绮丝工 300 余户，由镇海掌管。《马可·波罗游记》也曾记述，元代的几个大城市中都有大量的织金锦生产作坊，《元典章》中还专门记录了丝织物的具体花纹名目。

有着悠久历史的丝织业，到明清时期取得了巨大成就。不仅官营织局建立很多，民营作坊亦遍地皆是。明初苏州一处专为宫廷织造御用丝织品的工场就有织机 170 多张。清道光时，南京一地仅缎机一种就有 5 万多张，可见当时生产规模之大。

四、亚欧丝绸之路及其影响

提到蚕丝，便不得不说誉满全球的"丝绸之路"。汉代丝织品种类多，产量大，为国际交往中重要的交流物。汉武帝时，派张骞出使西域大月氏国，从而得以与帕米尔高原以西的一些国家建立联系，开辟了一条沟通中原与中亚、西亚文化、经济的大道。虽说这是一条政治、文化、经济交流的通道，但因当年往返商队主要经营丝绸，而丝绸又由此引起西亚、南亚以及欧洲人的浓厚兴趣，故得名"丝绸之路"。通过丝绸的传播，中西方建立了一条沟通和交流的道路，从而打开了通向彼此的大门。自汉代张骞通西域之后，大量精美的丝绸远销中亚、欧洲，丝绸之路逐渐形成。在漫长的历史时期，中国的养蚕制丝技术和蚕种被传播到中亚和欧洲各国，以丝绸为代表的东西方贸易和文化交流逐步展开。

丝绸之路东起长安、洛阳，经甘肃、新疆，在新疆按其路线分为南、中、北三道，到达中亚、西亚、欧洲，并连接地中海各国。在张骞到达西域后，还发现巴蜀地区经缅甸、印度而传播到西域大夏国的丝绸，可见南方亦有一条早已存在的丝绸之路。除陆上丝绸之路外，亦有海上丝绸之路。海上丝绸之路起于秦汉，兴于隋唐，盛于宋元，明初达到顶峰，明中叶因海禁而衰落。海上丝绸之路亦有三条路线，分别从中国沿海港口东至朝鲜、日本，西至南亚、阿拉伯和东非沿海诸国，南至东南亚诸国。随着海上丝绸之路日益发达，中国与印度、斯里兰卡、中东、非洲、欧洲之间的交流与贸易迅速发展。西方商人和旅行家逐渐改为从海上丝绸之路来到中国。由于各国政治形势的变化，陆上丝绸之路呈时盛时衰之势，但海上丝路并没有完全取代陆路，陆上丝绸之路一直作为中西交通的重要通道而存在。

在西方，中国被称为丝国。古罗马时，丝绸成为人们狂热追求的对象，蚕丝曾与黄金等价，可见当时丝绸之金贵。这也造成了罗马帝国黄金大量外流，以至于元老院制定法令禁止人们穿着丝衣。丝绸的大量流入，促进了罗马丝绸市场的形成，从事丝绸交易的商人越来越多，罗马还出现了专销中国丝绸的市场。罗马的黄金、玻璃、珊瑚、珍珠、亚麻、羊毛织品，甚至有一技之长的奴隶也被输入中国，只是相对丝绸来说规模不算大。通过丝绸之路，中国的丝绸还运到马来西亚、缅甸、印度、斯里兰卡等国，换来异国珍宝和奇石怪物等贵重物品。

唐代建立了稳定而有效的统治秩序，控制着丝绸之路上西域和中亚一些地区，使得丝绸之路更为畅通。中国大量先进技术传播到其他国家，并广收博纳他国文化。

印度是丝绸之路东段上的重要国家，印度史诗中有对中国蚕丝的记载，并且梵文中与"丝"相关的字，皆以 Cina 为组成部分，可见中国蚕丝对印度影响之大。印度最有特色的国服纱丽，为丝绸制成专供贵族和贵妇人穿用，可见中国丝绸之金贵。

受到丝绸之路巨大影响的国家还有日本。日本宫廷冠服和朝服制度，是模仿隋代的服饰制度。日本和服的形成，受中国唐代服装影响很大，吸收了唐装的精华，贵妇所穿和服，均由丝绸制成。此外，与和服配用的锦袜、木屐，也与中国的影响有关。日本最大的宗教——佛教，即是通过丝绸之路传入的。日本遣唐使从中国带走了很多西域文物到日本奈良。奈良正仓院被称为丝绸之路的东路终点。日本蚕丝业教科书中记载有江苏、浙江一带丝织工人将丝织技术带入日本的故事。

越南在服饰上，特别是古代宫廷服饰、皇帝朝臣的朝服，几乎照搬汉代宫廷服装，最具传统的民族服饰奥黛也多为丝绸制作，最初的样式也是借鉴了汉服的特点并融合越南民族特色。

朝鲜文化是世界上移植和融合中华文化规模最大、受影响最深远的文化。公元前108年，汉武帝在朝鲜半岛设置郡县，任命汉人为四郡及各县的官吏，持续四个世纪之久。朝鲜的民族服装不仅从纺织面料本身，同时也从款式上继承了汉代服饰的长处。

第二节 东亚植物纤维

植物有其独特的自然美感，选择植物纤维进行采集加工，较其他材质更为便利，且植物纤维天然的光泽、质感、色彩都具备服装材质美的条件，故而植物纤维很早便作为人类创作服装的物质基础。

在东亚一些国家中，最早被人们采用的植物原料是野生葛、麻纤维。麻，包括大麻和苎麻，以及东南亚、南亚地区的蕉麻、茼麻、印度麻等，区别于西亚、北非和南欧的亚麻。中国是大麻和苎麻的原产地，因此欧洲人习惯称大麻为"汉麻"，称苎麻为"中国草"。

中国地跨热带、亚热带和温带多个气候区，可以作为纺织原料的植物纤维非常多。早在旧石器时代的中期，先民就已能够充分利用这个优越的自然条件。

一、葛与葛布

葛，又称为葛藤，属于豆科的藤本植物，主要生长在中国丘陵地区的坡地或疏林中。长达数十米，复叶，小叶三片，下面有白霜。夏季开花，蝶形花冠,紫色。荚果为带形,其皮坚韧,茎皮中约含有 40% 的纤维量,用沸水煮,就会变软而分离出白而细的纤维,纤维长度一般为 7 毫米。葛的纤维比麻细长,可用手拈搓成细线或粗绳,是古代先民用于结绳编网的主要材料。将编织的网披在身上,代替原来的兽皮或树叶,便成为最早的衣服。葛主要用来制作夏天的服装。

周代,葛织物已成为普通百姓的主要衣物。在《诗经》中,涉及葛麻的种植与纺织的诗句多达四十余处。为保证葛纤维为上层社会提供衣服面料,《周礼》记载有专门管理葛纺生产的职官"掌葛"。说明周代已掌握煮葛脱胶、用葛纤维制不同粗细的葛布的技术。葛布成为人们最初的纺织原料。

《袁中郎文钞》中有"处严冬而袭夏之葛也"之句[1],说明入秋后便不该再穿夏日的葛布衫了。之所以夏天穿葛布衫,主要是因为葛的植物纤维织物透气性能好,吸湿效果理想,并且散热快,是夏季最好的服装质材。

1972 年,在江苏吴县草鞋山新石器时代遗址中,发现了 3 块 5000—6000 年前的葛布,是中国已见到的最早的葛织品实物。葛作为服装原料,在先秦时期占有重要地位。越王勾践为了麻痹吴王夫差,曾特地送去高级的细葛布 10 万匹,可见当时葛纺业之盛。汉代在黄河中下游河南豫州和山东青州及江南等地都生产质量很高的葛织物。秦汉以后,葛布日趋衰落,逐渐被丝、麻织物所取代。到唐代,葛的生产就仅限于长江中下游的偏僻山区了。唐代诗人李白《黄葛篇》写道:"黄葛生洛溪,黄花自绵幂。青烟蔓长条,缭绕几百尺。闺人费素手,采缉作缔绤。缝为绝国衣,远寄日南客。苍梧大火落,暑服莫轻掷。此物虽过时,是妾手中迹。"[2]洛溪在今四川珙县一带,宋代亦是如此。到明清时,仅广东沿海山区还有葛的生产,如雷葛、女儿葛等。

---

① (明)袁宏道:《袁中郎全集·袁中郎文钞》,上海:世界书局,1935 年版,第 6 页。
② (唐)李白著,(清)王琦注,杨用成点校:《李白全集》,珠海:珠海出版社,1996 年版,第 211—212 页。

二、麻的种类与织物

麻包括苎麻和大麻，区别于西亚、北非和南欧的亚麻。这是原产于中国的古老作物，与葛一样是最早的纺织原料之一。在长期的培育中，大麻适合在中国北方推广，苎麻则在南方普遍种植。古代著名的农书如《氾胜之书》《齐民要术》《天工开物》《王祯农书》等，都有麻类生产的专门记述。在汉语中，有大量的文字和词汇与纺织生产有关，例如"分析""成绩"等均来源于纺麻。中国甘肃陇南地区，因地处北温带北界，属南北气候过渡区，森林茂密，江河纵横，谷地川坝和丘陵平原较多，是历代农业经济发展较早的地区，因此以"桑麻之国"而著称。仰韶文化遗址出土的器物中就有麻纤维织品，质地和技术已达到一定水平。该地区的大麻种植时间早，而且面积分布很广。依现代地名看，徽县的麻沿河、文县的麻地湾、岷县的麻子川，都是因盛产大麻而得名的。

（一）苎麻

苎麻俗称白苎、线麻、紫麻，属于中国特有的荨麻科多年生草本植物，地下部分由根和地下茎形成麻蔸，可生长数十年。茎丛生，被有茸毛。叶大并且呈卵形或近圆形，背面密生白茸毛。茎部韧皮纤维坚韧有光泽，耐霉，抗湿、散热好。茎皮含有 70%—80% 的纤维量，单纤维平均长约 600 毫米。主要生长在中国南方和黄河流域中下游地区比较温暖和雨量充沛的山坡、阴湿地、山沟和路边等。中国苎麻产量占全世界总产量的 90% 以上。中国、印度尼西亚和马来西亚等地都有苎麻，分布较广但纤维质量不一。在东方，主要产区为中国、日本和菲律宾。

（二）大麻

大麻又被人们称为火麻、疏麻、魁麻、寒麻、花麻等，是麻类家族中最细软的一种，属于桑科的一年生草本植物，对土壤和气候的适应性很强，因此在中国包括从热带到北温带的绝大部分地区都有分布。它的叶为互生掌状复叶，茎有沟轮，夏季开黄绿色小花，雌雄异株。雄株茎细长，茎皮含有 70% 以上的纤维量，单纤维长度可达 150—255 毫米，韧皮纤维产量高，质量好。雌株茎粗壮，韧皮纤维质量较差。在东方的主要产区为印度和中国。

中国麻织技术已有 6000 年以上的历史。其中大麻是最古老的纺织原料之一。早在新石器时代，华夏先民就开始利用野生大麻纤维织布。河南郑州新石器时代遗址中出土了不少大麻种子，证明当时可能已开始人工种植大麻。

到宋代，由于棉的种植开始普及全国，麻织物需求量下降，麻的地位逐渐为棉布所代替。大麻布逐步退出衣料范畴，只作绳索、布袋和牛衣等用。但北方穿不起丝绸、棉布的贫困百姓，仍着麻布服装。在中国这样一个非常讲究礼仪的国家里，麻类服饰在多种礼仪场合扮演着特殊的角色，如皇帝的礼帽"冕"，仍讲究按礼制用麻纤维制作，因为麻织物朴素无华，被认为最适宜在庄重的礼仪中穿着。

（三）蕉麻

蕉麻因在马尼拉港出口，亦称马尼拉麻、麻蕉，芭蕉科，多年生草本植物。生长环境要求高温、高湿，最适宜气温为 27—29℃，相对湿度应达到 80%—90%，属于热带纤维作物。形似芭蕉，茎直立、柔软，由粗厚的叶鞘包叠而成柱状。叶极大，穗状花序。叶鞘内纤维呈乳黄色或淡黄色，粗硬、坚韧、有光泽、耐水浸，可以用它来纺织麻布，也可以制作渔网和绳索。原产于菲律宾，中国台湾、广东等部分地区有引种。

（四）槿麻

槿麻亦称洋麻、红麻，锦葵科，木槿属一年生草本植物。叶边呈锯齿裂掌状。花单生或丛生，多呈白色。皮有黄绿、深绿、浅红等颜色。茎直立、坚硬。具有耐涝、耐旱、对环境的适应力强等特点。经脱胶后取得的韧皮纤维用于纯纺或混纺制作麻布和编制麻袋。原产于非洲，公元前已经在印度次大陆种植。自印度引种到中国台湾后，遍植于许多省份。目前东方主要产区为中国、印度、泰国、俄罗斯东部和孟加拉国。

（五）苘麻

苘麻亦称青麻、白麻、野麻、孔麻，锦葵科，一年生草本植物。叶大，呈心脏形，边缘呈锯齿状，全叶生有茸毛。茎直立，有青、红、紫三种颜色。花呈钟形，橙黄色。其茎皮纤维可用于制作麻袋、麻绳、麻包等。主要产区为中国、印度、俄罗斯东部。

（六）菽麻

菽麻亦称印度麻、太阳麻，豆科，一年生草本植物。茎直立，单叶，矩圆披针形，花呈蝶形，黄色。可用作饲料和绿肥，茎皮纤维可用于制作纸张、麻袋、绳索等。原产于印度和巴基斯坦，中国以台湾最早种植，现以南亚、东南亚种植最广。

这些植物纤维被人类发现以后即被大量应用，因而促进了人工栽培。总之，在东方自然环境中所产植物纤维，成为东方服饰中占一定比重的特色质材。

第三节　亚洲动物纤维

自古以来，人与动物共生共存，动物皮毛资源丰富，又具有天然的美感，人类发现了动物身上的美，便开始利用动物身上的美来装饰自己。毛纤维是天然纤维的一种，也是人类最早开发利用的纺织原料之一。人们取动物的毛作为制作服装的原材料，既能达到保暖效果，又能满足审美需求。

在广阔的西北亚地区，大部分属于沙漠和草原气候，地中海沿岸属于热带地中海式气候，西伯利亚东部则是北半球气温最低的地方。在这些地区，游牧便成为最合理地利用这种自然条件的农业形式。

在所有动物毛中，被东方人用来织成服装面料的纺织用毛类纤维主要是羊毛，其中又以绵羊毛为主。除数量最多的绵羊毛以外，其余特种动物纤维有山羊绒、马海毛、骆驼毛、牦牛毛、兔毛等。西亚、北亚地区独特的沙漠、草原气候，所产动物纤维呈现出与南美洲及澳大利亚地区所产的羊驼毛、美洲驼毛、骆马毛、原驼毛等不同的特点。

一、羊毛种类及应用

（一）绵羊毛

绵羊毛是人类在纺织上最早利用的天然纤维之一，人们利用绵羊毛的历史可以上溯到 6000 年前。在古代，从中亚、西亚向地中海和世界其他地区传播着养殖羊并采用羊毛的习俗，随后便逐步成为亚洲和欧洲的主要纺织原料。

绵羊毛纤维柔软且富有弹性，有天然形成的波浪形卷曲。用羊毛纺织面料制成的服装，不仅保暖性好，穿着舒适，手感丰满，而且还可以染成各种颜色，制成各种图案，充分体现出毛织品服装的艺术特色。尤其是在纺织中做成的各种毛的长度和曲度的变异，更使不同羊毛有不同的毛织物质感与形态美，甚至同一种羊毛也可以给人不同的美感。绵羊毛的品种很多，通常按照羊毛的长短和粗细分为细羊毛、半细羊毛、粗羊毛、杂交种毛和长羊毛。

亚洲作为面积最大的大陆，也是拥有绵羊数量最多的一个洲。中国是亚洲最重要的产毛国，其余养羊和产毛国主要分布在亚洲西部的中东地区和南部的印巴次大陆。自古以来，中国的维吾尔、藏、满、蒙古等少数民族对羊毛纺织发展做出了突出贡献，羊毛织物一直作为少数民族人民的大宗衣料和日用品。

（二）山羊绒

山羊主要生长在寒冷的高山和丘陵地区，全身长有粗长的外层毛被，能够适应气候的剧烈变化，抵御风雪严寒。一般来讲，山羊毛是到了羊的脱毛季节时从山羊身上抓下来的毛的统称，而去掉其中的粗毛和死毛之后的细软的绒毛，就是山羊绒。不同颜色的山羊绒，细度、长度各有差异。山羊绒有白绒、紫绒、青绒之分，其中以白绒最珍贵，仅占世界山羊绒总产量的 30% 左右。

山羊绒的纤维细密而均匀，柔软而富有弹性，光泽柔和，有轻薄、保暖、光滑等特点，外表美观，华丽高雅，手感柔软，穿着舒适，是贵重、高档的纺织原料，属于特种动物毛，因此，山羊绒有"软黄金""纤维的钻石""纤维王子""白色的云彩""白色的金子"等美称，深受青睐。

国际上以克什米尔山羊所产的绒毛质量最好。这种山羊原产于中国西藏地区，后来逐渐向四周传播。现在生产山羊绒的国家主要有中国、伊朗、蒙古和阿富汗。中国是第一产绒大国，年产量占世界的40%以上，羊绒的质量也居首位。山羊也是西亚各国的主要家畜，数量仅少于绵羊，其中伊朗最多。

（三）马海毛

马海毛原产于土耳其的安哥拉省，又称安哥拉山羊毛，纤维直径长约18—25厘米，毛质细软，能织成经久耐用好像绢丝一样的毛织品。安哥拉羊是世界上最好的毛用山羊品种。马海毛即是安哥拉山羊毛的商业名称，来源于阿拉伯文，意为"似蚕丝的山羊毛织物"。因马海毛表面平滑，对光的反射较强，具有蚕丝般的光泽，国际上公认以马海毛作为有光山羊毛的专称。

马海毛属于异质毛，其品质随山羊的种系、产地、饲养条件等呈现出较大的差异。马海毛的织品不易沾染杂质，洗涤后不易毡缩，耐磨损性能好，弹性及染色性较好。马海毛纤维具有不同于普通羊毛纤维的特性，如纤维挺直，弯曲少，表面光滑，抱合力差，光泽好，弹性强，纤维长，可用于纯纺或混纺织制服装、人造毛皮及假发等。

二、骆驼毛及应用

骆驼分为单峰驼和双峰驼两大类。单峰驼驼毛粗短而稀少，身上绒层薄，无纺织价值。用于纺织的骆驼多取自双峰驼，其保护毛比较多，身上绒层厚密。骆驼身上外层粗而坚硬的保护皮毛是驼毛，但驼毛不能作为服装面料，只能制作工业用织品。而在外层刚毛之下构成内部保暖毛被的驼绒才能用来制作高级衣服织物。驼绒的色泽有乳白、杏黄、黄褐、棕褐等，品质优良的驼绒多为浅色。驼绒具有表面光滑、柔软、鳞片少、缩绒性小等特点。驼绒的摩擦性能与缩绒性能在特种动物纤维中是最低的，压缩性能优于羊毛，吸湿性能与羊毛相近。驼绒的卷曲不像羊毛那样有规则，其形状多为深弯、狭高弯或环状弯。在长期使用中保持蓬松轻暖的性能。几乎羊毛与羊绒能做的产品，驼绒都可以做。驼绒织物光泽自然，穿着轻暖舒适，美观典雅，吸湿保暖，某些性能还超过羊毛制品。驼绒是珍贵而稀有的纺织原料，尤其适用于做针织物或填充料以代替絮棉，有轻暖、舒适的特点。

不同驼种及不同地区的驼绒，细度和长度差异很大，即使是同一地区同一驼种所产驼绒的细度还随其年龄、性别、躯体部位等不同而异。中国是世界上较大的驼绒生产国，驼绒多产于内蒙古、新疆、甘肃、宁夏、青海等地。

西亚地区最典型的家畜就是骆驼，西亚各国普遍饲养，是牧民的重要家畜，自古以来也是军队中的主要役畜之一。特别是在阿拉伯半岛和伊朗高原，骆驼的分布尤为广泛。骆驼不仅能驮运，是重要的交通工具，它的肉可食用，皮可做服装，驼毛细长而柔软，可制成各种优良的织物。

三、牦牛毛及应用

牦牛是高山草原上的特种耐寒牛种，是世界上生活在海拔最高处的哺乳动物，属于肉、乳、毛、役多用牲畜。既可用于农耕，又可作为交通运输工具，素有"高原之舟"的美誉。主要产于中国青藏高原海拔3000米以上的地区。中国西藏、青海、四川、甘肃等省区大量饲养牦牛，还分布于蒙古、俄罗斯、印度、不丹、阿富汗、尼泊尔、巴基斯坦等国家。

从牦牛身上剪下来的毛，颜色以黑、褐为多，少量白色，由绒毛和粗毛组成，属特种动物毛。从牦牛毛中分离出的牦牛绒，可与山羊绒媲美，具有很高的纺用价值。牦牛绒很细，平均直径约为20微米，平均长度约为3—4厘米。牦牛绒产品不易掉毛，蓬松丰满，光泽柔和，弹性优良，手感柔软，可与细羊毛混纺后织成绒衫、拷花大衣呢、顺毛大衣呢和针织绒衫等，是毛纺行业中的高档原料。

四、兔毛及应用

用于纺织业的兔毛主要源于安哥拉兔和家兔两种。其中安哥拉兔是世界上最著名的长毛兔种，原产于中亚，相传在 17 世纪时盛产于土耳其首都安哥拉，因此而得名。安哥拉兔毛颜色洁白，细长而柔软，光泽好，毛质优良。中国是兔毛的主要生产国，年产量约占世界的 80%—90%。

兔毛由绒毛和刚毛两类纤维组成。绒毛约占兔毛的 90%，直径为 5—30 微米，且绝大多数在 10—15 微米。刚毛约占兔毛的 10%，直径为 30—100 微米。兔毛的长度最短的在 1 厘米以下，最长的可达 11.5 厘米，大多数为 2.5—4.5 厘米。兔毛密度小，含油脂率较低，杂质少，所以不需要经过洗毛即可纺纱。具有轻、细、柔软、光滑、蓬松、保暖性好、吸湿能力强的特点。兔毛纤维强度，伸长率低，表面光滑，卷曲少，光泽强，鳞片重叠少，卷曲弧度浅，兔毛的定向摩擦效应明显，所以抱合力差，易毡缩，容易落毛，单独纺纱性能较差，一般与羊毛或其他纤维混纺加工。

兔毛的保暖性极好，纺纱后织成衣服轻软柔和，穿着舒适。兔毛既可制成针织物、毛线，也可用于粗纺花呢、高级大衣呢或精纺女衣呢等，还可专制围巾和披肩。

第四节　动物毛皮

毛皮是人类最早采用的服装质材之一。在远古冰川时期，人类开始捕食动物，并用动物的毛皮御寒。它经历了早期御寒功能、权力地位的象征到满足人类时尚和审美需求的发展阶段，既是最古朴、最原始的服装，又是最奢华、最时尚的时装。漫长的历史岁月中，它见证了人类社会的发展和审美价值观念的变迁。

在古老东方，最早用来御寒的就是兽皮。中国商周时期，已可以根据不同兽皮的特点进行加工。《诗经·秦风·终南》："君子至止，锦衣狐裘。"① 当时天子的大裘采用黑羔羊皮，大夫、贵族穿锦衣狐裘，其中以白狐裘最为珍贵。不同等级所穿裘皮不一。在中国，先秦文献中已有羊、狐、虎、狼、黑貂等毛皮做裘服或衣饰的记载。其中狐、羊两大类最为重要。

一、羊皮与貂皮

羊皮常用于制作皮大衣夹里或仿制成其他高级毛皮，由于羊皮价格低廉，因而使用也比较广泛。

产于俄罗斯、伊朗和亚洲其他国家的大尾绵羊的毛皮，称为俄国羔皮。羊毛硬而卷曲，富有光泽，毛色基本为黑色，仅 10%—15% 为灰色。19 世纪末，这种毛皮较为流行，主要用来制作衣领和袖口的镶边装饰，也用来制作帽子。在 20 世纪，羔皮这个名称具有两种含义，其一是指羔皮本身，其二是指一种针织或机织仿造的、具有羔皮表层卷曲绒毛效果的厚重面料。卡拉库尔黑色大尾羔羊产于俄罗斯南部，毛质浓密、卷曲、光滑。19 世纪末至 20 世纪初，卡拉库尔羔羊皮是制作外衣和帽子的流行毛皮。卡拉库尔羔羊毛皮有时也指仿毛皮织物。与卡拉库尔羔羊皮大体相同的是波斯羔羊皮。波斯羔羊皮是黑色、灰色或褐色的卷毛毛皮。耐磨经穿，实用价值高，可制作大衣、皮帽、围巾、短大衣以及其他套装，还可制作大衣的装饰品或镶边等。大尾羔羊毛皮，指伊朗与中亚细亚种的卡拉库尔大尾绵羊的羊胎儿或刚出生的羊羔的皮。毛短平，有波纹，手感如丝般柔软，有光泽，呈棕色、黑色或灰色，以灰色最为贵重。

貂皮是一种黑色鼬科动物——貂的毛皮，紫貂和水貂的毛皮，素有"裘皮之冠"的美称。紫貂主要分布在中国、俄罗斯、朝鲜和蒙古。貂皮

---

① 盛广智译注：《诗经》，长春：吉林文史出版社，2005 年版，第 211 页。

色泽优雅，毛不长不短，触感光滑而柔软，饯毛与绒毛相互调和，毛色丰富，毛细柔软，雨雪不湿，经久耐穿，颇具豪华感。由于量少而质优，所以价格昂贵，在国际市场有"软黄金"之称。1940年，人类首次饲养貂并培育出很多品种，毛皮的颜色也从原本单一天然的黑褐色发展成多种色彩。在中国，早在战国时期的赵武灵王推行胡服骑射时，便用貂尾插于帽上，以示尊贵。17世纪和18世纪，俄国也将其作为高贵的外交礼物。

　　黑貂是鼬鼠家族的成员之一，主要生于俄罗斯，也称"俄国紫貂"。黑貂皮比其他貂皮轻一些，具有很好的光泽。19世纪至20世纪初黑貂皮非常流行，随后它的价格变得极其昂贵。

二、狐狸皮与水獭皮

　　狐狸皮是一种柔软、光滑、奢华的长毛型毛皮。其皮毛细密柔软，绒毛丰厚，色泽光润而独具特色，适宜制作保暖、轻便、美观的各式皮衣、皮毛、皮领及围脖等。狐皮盛产于世界上气候较寒冷的地区。在20世纪，绝大多数获取毛皮的狐狸都是人工饲养的。狐皮有浅棕色、棕色、蓝色、红色、银色、白色等多种颜色，不同的色彩具有不同的外观，可以满足人们不同的爱好。中国加工狐狸皮的历史悠久，全国大部分地区都有生产，东北产的质量较好，尤其以黑龙江东北部产的质量为最佳。人们除了将其做成狐皮大衣外，还运用整只狐狸皮制成围脖，这在20世纪上半叶十分时尚。

　　水獭又名獭、水狗、獭猫，半水栖食肉目、鼬科，生活在江、河、湖泊附近，常在水边筑洞。其毛皮是高档、珍贵的野生毛皮之一，针毛长短适中，弹性好，平整稠密，色泽光润，耐磨沥水，厚实坚韧，有均匀的小弯曲，俗称"菊花心"。背毛呈棕褐、灰褐、灰黄色。可以用来制作裘皮大衣、皮帽、毛领及衣服镶边等，多利用其自然颜色，染色较少，因此颜色素雅，美观大方。制成品具有很强的御寒功能，经久耐用。水獭在中国资源丰富，分布面广，东北、西北、华东、中南和西南地区均有生产，其中东北所产质量最好。

三、鱼皮

20 世纪初，中国赫哲族人还普遍过着渔猎生活，保持着完整的渔猎文化。赫哲族人冬天穿着鹿皮衣，夏天穿着大马哈鱼皮衣。赫哲族独有的鱼皮服饰美观轻便，防水防腐、耐磨抗寒，充分表明中国北方渔猎民族适应环境、创造生活的睿智与古朴的审美情趣，成为中国民族服饰中的精品。"衣鱼皮"，成为世界民族服饰习俗的亮点。

中国东北三江盛产大马哈鱼、鲤鱼等鱼类，人们以鱼皮为原料，通过特殊的工艺使鱼皮变得柔软如棉，经拼剪后用鱼线缝合，制成精美的长衣、套裤、靴鞋、帽子、手套等。鱼皮服饰具有轻便、保暖、耐磨、防水、抗寒、易染色等特性，特别在严寒的冬季不硬化，不会蒙上冰。俄罗斯远东地区、欧洲北部以及日本沿海地区的居民也曾有穿戴鱼皮服饰的历史，但中国赫哲族的鱼皮服饰文化更加丰富和典型。（见图 2）

图 2　赫哲族鱼皮衣
（王家斌绘）

第五节　佩饰用矿物材质

考古发现，人类佩戴首饰已有数万年的历史。在织物装尚未出现之前，原始人就已经懂得佩戴饰品。矿物作为佩饰的原材料，起源很早。矿物是指地质作用中各种化学成分所形成的自然单质和化合物。绝大多数的矿物呈固态。矿石可塑性强，是非常理想的佩饰用材质，在佩饰发展过程中始终占有重要位置。矿物本身并没有生命，但矿物却可以雕琢成佩饰品而放射出永恒而绮丽的光彩。

宝玉石作为独特的矿物材质，在东方佩饰的使用中具有独特的意义。东方是世界上优质宝玉石的重要产地，佩饰用宝玉石种类如中国玉石、缅甸翡翠、泰国红宝石、阿富汗青金石、斯里兰卡猫眼石、伊朗优质绿松石等，在世界上享有盛誉。

一、中国玉

中国玉在矿物学中属于软玉，相对翡翠而言。它的矿物组成以透闪石为主。玉质为半透明至不透明，抛光后呈玻璃至油脂光泽，因所含杂质的不同，主要有白色、黄色、淡褐色、青绿色、黑色、粉红等不同颜色。因玉质不同，又有粗、细、润、洁、干、老、鲜、闷、混、嫩之分。玉的产地主要是中国昆仑山脉，包括新疆和青海地区，而新疆和田一带的白玉质料最好，有"世界软玉之冠"的称谓。温润是和田玉最显著的特点。它在所有玉石中韧性最强，经得起精雕细琢。除中国之外，在东方，俄罗斯东部、缅甸、朝鲜也有软玉出产。

在中国，玉石用在佩饰上有多种用途。玉玦，是中国最古老的玉佩饰，呈环形，有一缺口，主要用于制作耳饰和佩饰。玉带钩，呈长方形或扁长方形，一端有孔，可穿绳结系，另一端雕琢成弯钩形可钩系腰带。在战国时进入发展期，至西汉时达到鼎盛，玉带钩在出现之初以实用性为主，发展到后期，实用兼美观。到明清时期，更多是起装饰作用。

古人佩戴玉剑饰是社会身份的象征。在西周时就已出现玉剑饰，主要用于装饰剑首、剑格、剑鞘的上端和剑鞘末。玉镯自古以来便是中国女性的基本手饰之一，新石器时代就有出土，玉镯呈圆环形，有双双对对之意，象征美好、忠贞、吉祥。玉带板是由多块扁平玉石镶缀的腰带上的装饰物，用以标志古代的官位。玉带制度始于北周，废于清代。

中国的玉，以及由此衍生的雕玉技术历经数千年的磨炼，构成了独特的体系且存留至今，是世界上其他国家或民族不可比拟的。

二、缅甸翡翠

翡翠学名是硬玉，国际上就以硬玉作为这种玉石的专业名称，是辉石类集合体，化学成分为硅酸铝钠。质地坚韧，呈油脂光泽至玻璃光泽，高档品均为玻璃质光泽，半透明或透明。翡翠是玉石中珍品，有"玉石之冠"之称。通常因其颜色不均匀而呈现出不同的美感。有时在浅色底上伴有红色和绿色色团，好似一种红色羽毛的翡鸟和另一种绿色羽毛的翠鸟，因此中国人称其为翡翠，名字也由此而来。由于翡翠极美，人们便将它镶嵌在首饰上。翡翠的基本颜色是各种深浅不同的绿色，另有红、黄、白、粉、紫、灰黑等，其中最为名贵的是深绿色，名之为翠。因此，当人们谈及翡翠首饰时，总会首先联想到柔润而娇艳的绿色。

翡翠的产地主要为缅甸北部的密支那、孟拱、南坎等地区，故又称缅甸玉。在东方，日本、俄罗斯也产硬玉，只是其质量和产量无法与缅甸硬玉相媲美。

三、中国绿松石

绿松石亦称"松石""土耳其玉""突厥玉""天空石"等，在古代称其为"碧殿""青琅"等。是铝和铜的磷酸盐矿物集合体，呈致密的隐晶质集合体。质地细腻，具有柔和的蜡状光泽，但韧性相对较差，以不透明的蔚蓝色最具特色，此外还有淡蓝、蓝绿、浅绿、黄绿、灰绿、苍白等颜色。

绿松石矿体开采较少，因此一直比较紧俏。在东方，绿松石原来主要来源于伊朗、俄罗斯、埃及等国，伊朗绿松石质量较好，有的品种含有蜘蛛网状的褐黑色条纹。中国湖北出产的绿松石闻名于世，此外陕西、河南、安徽、云南、青海、新疆与西藏等地均有产出。

绿松石作为中国"四大名玉"之一，有着极为悠久的历史和丰富的资源。早在旧石器时代的北京周口店"山顶洞人"遗址中，就有绿松石碎

块发现。在新石器时代，有不少绿松石制品。距今 5000 多年的河南郑州
大河村仰韶文化遗址中，曾出土两枚绿松石制成的鱼形饰物；在相当于
大汶口文化的江苏新沂花厅遗址中，几乎所有大小墓葬内，都有多少不一
的绿松石耳坠等。在中国，使用绿松石最多的为藏族。藏族视绿松石为神
灵之石，是驱邪吉祥之物，除了用作王族的佩饰、祭祀神坛以及向邻国贡
献的贡品外，几乎每一个藏族人都藏有不同形态的绿松石。绿松石在藏
族服饰中占有很大比重。

四、缅甸玛瑙

玛瑙是具有纹带状构造的隐晶质石英集合体，俗话说"千种玛瑙
万种玉"，玛瑙因含致色离子和杂质使得颜色极为丰富，如红玛瑙、蓝
玛瑙、绿玛瑙、黄玛瑙、紫玛瑙和黑玛瑙等，且有同心状、层叠状、波纹
状等各种花纹。油脂光泽至玻璃光泽，透明至半透明。由于玛瑙出产量
大，使用普遍，被视作普通玉石，经济价值并不高，主要产地有中国、缅
甸等。

玛瑙是人类开发利用最早的宝石之一，在公元前 2350 年至前 1750
年的印度河流域哈拉帕和摩享佐·达罗遗址，曾出土过玛瑙制成的串珠。
在中国新石器时代遗址中，出土有玛瑙玉石制作的耳坠、指环、手环、梳
子等。南京北阴阳营出土有 280 多件玉和玛瑙饰物。中国古书、古诗中有
很多关于玛瑙的记载。

五、斯里兰卡猫眼石

猫眼宝石是矿物中的金绿宝石，属世界五大珍贵宝石之一，又称"东
方猫眼"。猫眼并不是宝石的名称，而是某些宝石上呈现的光学现象。因
为石中有一道白线形的光，这种光现象与猫的眼睛一样，能够随着光线
的强弱而变化，所以人们以猫眼来称谓这种宝石。除了猫眼、猫睛、猫精
这一类形象性的称谓外，也有称之为金绿玉或波光石的。它一般有透明、

半透明或者不透明几种。颜色多样，有蜜黄色、褐黄色、酒黄色、棕黄色、黄绿色、黄褐色、灰绿色等，以颜色鲜明的蜜黄色且透明、晶亮者为上品。猫眼宝石在阳光照耀下，由宝石内部反射出的一条聚集的耀眼活光，特别是当光线的强弱有所变化时，宝石的光线也随着光的强弱而忽粗忽细，当微微摇动宝石时，那闪烁的光线会随之张开闭合，灵动变幻。猫眼宝石的著名产地是斯里兰卡岛西南部的拉特纳普拉和高尔等地。斯里兰卡猫眼石长期以来著称于世，以其制成的佩饰独具尊贵高雅之美。

第六节　佩饰用动物材质

人类创造佩饰很大一部分原因是辟邪祈福。在人类无力抵御自然灾害、无法战胜野兽时，便寄希望于神灵，用一些兽骨、兽牙、石头穿成项链、胸饰等当作护身符来保佑平安。

在古老的东方，人类创造佩饰时，首先以本地区能够利用、便于获取的物品为主要原料，如居住在山区的人们常选用动物的牙齿、骨骼、羽毛等物品为佩饰原料，居住在海边的人们则选用鱼骨、贝壳、珍珠以及珊瑚等物品为原材料。随着人类文明和生产逐渐发展与成熟，以及加工能力的不断提高，佩饰不断被发明、创造，同时，人们更加注重对佩饰的审美追求，尤其是对动物材质的发现、利用，使其不断完善且趋于精美。

一、泰国象牙

象牙是自然界特有的动物牙齿类材质，有广义和狭义之解。狭义上讲是指大象的獠牙，广义上讲，则指其他哺乳动物如河马、野猪、海象、鲸等动物的獠牙或骨头。以质地细密且有光泽者为佳。这些动物牙齿，尤其是象牙，以其特有的魅力得到人类的喜爱，多用以雕制艺术品或首饰，是一种非常珍贵的原材料。

象牙结构从内向外依次为牙髓、牙髓腔、牙本质、牙骨质和珐琅质。象牙雕刻品主要由牙本质组成。象牙多呈牛角状，弧形弯曲，一半为空心状。很薄的外层主要由珐琅质组成。象牙内部被油脂溶液填充，因此呈现出油脂蜡状的光泽，呈透明至不透明状，这与象的品种、年龄及生长环境有关。

象牙在世界上品种很少，仅有非洲象牙和亚洲象牙。亚洲象牙区别于非洲象牙，主要是象种不同，颜色不同，都是取自公象和母象的长牙和小牙。亚洲象牙颜色多呈白色、带有淡玫瑰的白色，质地较疏松、柔软，容易变黄。非洲象牙颜色则呈白色、绿色等，质地细腻，截面上带有纹理。亚洲象主要生活在泰国、斯里兰卡、印度、菲律宾、巴基斯坦、马来西亚、中国西双版纳、缅甸、越南等东南亚、南亚地区。东南亚地区气候温暖湿润，丛林茂密，适宜大象生长，大象也是这一地区必要的交通运输工具。泰国是世界上的产象大国，素有"象之国"之称。每年 11 月的第三个周末，是泰国一年一度的象节，盛大的象节也是泰国特色的传统宗教节日。

佩饰类的象牙主要用于雕刻象牙佩、象牙环、象牙璧、象牙璜、象牙梳、象牙带钩、象牙管、象牙胸针、象牙嵌件等。中国商代象牙饰品如牙雕发笄等饰件，打磨光亮，雕镂细腻。《诗经·鲁颂·泮水》："元龟象齿，大赂南金。"[①] 至汉代，象牙佩饰使用更广泛，例如带钩在汉代极为流行，象牙也是制作带钩的主要材料。象牙带钩一端刻出弯钩、一端钻孔，钩身雕刻纹饰，造型简练古朴，不仅具有实用价值，还具有很高的审美价值。唐代以后，象牙梳的制作与插戴，愈发别出心裁。宋代陆游在《入蜀记》中记载西南一带的妇女："未嫁者，率为同心髻，高二尺，插银钗至六只，后插大象牙梳，如手大。"[②] 到了明代，牙雕种类繁复，象牙佩饰达到前所未有的繁盛，如象牙佩上雕刻有花鸟、动物和人物等精美图案，或被嵌入朝服腰带以象征品级。发展到清代，达到鼎盛，花样繁多，雕工精湛。有用象牙雕刻的香囊、扳指、带扣等，均雕有精细的龙纹、花鸟纹等花纹图

---

① 盛广智译注：《诗经》，长春：吉林文史出版社，2005 年版，第 606 页。
② 张春林编：《陆游全集（下）》，北京：中国文史出版社，1999 年版，第 1451 页。

案。故宫藏有一件清代中期的牙丝扇，用细如发丝的象牙丝编织而成，极为精细别致。

二、中国与日本珍珠

珍珠也被称为"真珠""真朱""蚌珠"。从神话而来的称谓是"鲛人泪"，鲛人就是我们所说的"美人鱼"。自古以来，珍珠以其独特的圆润造型以及难得的祥和光泽，无须人工修饰就可直接使用。戴在身上显得雍容华贵，自古便受到人类的喜爱，成为帝王嫔妃占有的宝物。

珍珠的形成是由于微小的物体侵入贝或其他几种海洋软体动物的套膜和某片壳之间，套膜经受刺激，便产生分泌物将其包围，分泌物越来越多，久而久之便结成珍珠质，产生珍珠。珍珠的大小不同，价值差异很大，越大的珍珠越名贵。珍珠具有各种形状，有精圆形、普通圆形、扁形、梨形、泪滴形、馒头形和任意形，其中以精圆形为最佳。珍珠颜色有白色、粉色、淡黄色、淡绿色、淡蓝色、淡紫色、青色、灰色、褐色、黑色等。以白色为好，淡黄、淡红次之，青、灰等色为劣。没有瑕疵的珍珠极为稀有，非常昂贵。普通的珍珠一般都会带有很小的瑕疵，但不影响美观。珍珠表面反射的光泽越亮，珍珠质量越好。（见图3）

图3　珍珠佩饰（华梅摄）

早在4000多年前，中国就已开始使用珍珠，在淮河流域一带采得珍珠向宫廷进贡。西汉诸侯也广泛使用珍珠，以其能显示尊贵为荣。中国成语中有很多典故，都与珍珠有关，如"珠圆玉润""珠联璧合""掌上明珠""鱼目混珠"等，至今仍脍炙人口。

印度从公元前1世纪以后，不同类型的首饰大量出现。在印度人民生活中最为重要的是装饰在发髻上的珠宝。印度著名诗人迦梨陀娑诗里的女主人公戴有成串的珍珠项链。世界上最大的天然珍珠半径约 14 厘米，重达 6350 克，是在菲律宾巴拉旺湾的大海蚌中发现的，现保存于美国旧金山银行的保险库中，据说这枚珍珠价值达 408 万美元。

　　珍珠分为天然珍珠和人工养殖珍珠，天然珍珠产量极少，每 40 个蚌中含有一颗珍珠，甚至更少，再加上环境的破坏，天然珍珠产量进一步减少。随着社会的发展和科技的进步，人类开始养殖珍珠。最早发明人工养殖珍珠的国家是中国，宋代就有关于人工养殖珍珠的记载。人工养殖珍珠又分为海水珠和淡水珠，海水珠较淡水珠珠身圆、重量大，更为名贵。在东方，养殖珍珠的国家有中国、日本、缅甸、泰国、菲律宾、越南、斯里兰卡、韩国等。根据地域的不同，所产珍珠也有区别，东珠产于日本，南珠产于中国合浦一带，西珠产于中国南海以西，北珠产于中国黑龙江、松花江一带，辽金以来一直作为贡品。孟买珠产于印度。南洋珠主要产于缅甸、菲律宾等地，由于独特的气候条件和地理环境，所产南洋珠粒大形圆，晶莹光润，多为上品。世界淡水珍珠 85% 产于中国，海水珍珠 90% 产于日本。

　　日本培养珍珠，最早是受到中国明朝养殖珍珠的启发，于 1888 年开始研究。特别是二战之后，日本集中了大量科技人员，运用最新科研成果对珍珠的形成进行全面研究，珍珠养殖业发展迅猛，后来由于珠贝资源缺乏及水质污染，产量和质量开始下降。在这种情况下，日本积极寻求国际合作，不断往外输出"养珠技术"，与澳大利亚及东南亚国家合作，形成了完整的生产工艺，并一度垄断世界珍珠市场。

三、日本与中国台湾珊瑚

　　珊瑚是指由珊瑚群及其分泌物和骨骼化石构成的组合体，主要成分是碳酸钙。一块珊瑚往往由几万亿个珊瑚虫聚合而成，形状像树枝，素有"海底之花""海底玉树"的美誉。颜色鲜艳，有红色、粉色、橙色、白色、蓝色、紫色、黑色等，其中以艳红为上。主要生长在温度高于 20℃ 的赤道附近阳光充足、水质平静而清澈的浅海区。

　　珊瑚玲珑剔透，姿态优雅高贵，极具自然美感，多被用来制作佩饰。因为有着火一样的鲜艳色彩，所以常用来象征人的勇气、果敢和沉稳。在中国珊瑚被视为吉祥富有的象征。中国是最早认识并佩戴珊瑚的国家之一。

　　无论在东方还是西方，珊瑚都被赋予了美好的象征意义。在东方，珊瑚是古老的珠宝护身符之一。在印度和中国西藏，红色珊瑚被视为如来佛祖的化身，因此珊瑚成为祭佛的吉祥物，被大量运用于宗教仪式的装饰和制作佛珠或装饰神像，为珍贵的佩饰宝石品种。在清代皇帝的行朝礼仪中，官员经常佩戴红珊瑚制成的朝珠。官帽上佩戴珊瑚制成的"顶子"，嵌在帽顶端，即表示官至一品或二品高位。

　　在东方，出产红珊瑚和白珊瑚较多，主要分布在中国南海海域、台湾基隆和澎湖列岛、琉球群岛海域、菲律宾海域。其中以日本红珊瑚最为名贵。日本红珊瑚主要生长在太平洋100—400米深处。由于世界上对红珊瑚的开发较早，目前产量极少，很多国家需由日本进口。台湾岛是中国最大的岛屿，北回归线横穿其中，具有热带气候特点，海水温度、盐度年际变化极小，非常适合珊瑚的生长。中国台湾被称为"珊瑚王国"，其出产的硬珊瑚主要用来制作高级首饰。

第二章　东方服饰设计的成型要素

服装造型的出现是一种文化现象，它是基于政治、文化、生活的轨迹而形成的。服装造型设计是社会形态与造型的一种融合。型出于"思"，技出于"精"。就服装造型设计而言，"思"是指人的思想、思考。人的思想形成一定受到当时的政治、经济、文化背景影响。"精"指的是技艺精湛。服装成型不是一朝一夕就能形成的。每一种形制的出现总是受到一种特定的背景影响的。形态作为形成服装的基本条件是可视的，也是具体的。就整体造型而言，东方服饰造型意在用布料的整体感来隐含人体，追求一种超越形体的精神空间，整体造型追求一种"包"的文化，与西方凸显人体曲线的服装表现风格，形成了鲜明的对比。

第一节　象征天地的上衣下裳

一、天人合一的自然崇拜

"天人合一"是中国儒家和道家的传统哲学思想。对古代中国服饰形制的形成起到了主导作用。这一思想形成于先秦时期，在两大流派中有着不同的哲学基础。儒家崇尚乾天、阳刚。道家更崇尚坤地、厚德载物。清末之前中国古代服饰形制一直都是上衣下裳和上下连属的两种基本形制，这便是"天人合一"思想观念的直接体现。

《易经·系辞上》:"天尊地卑,乾坤定矣。"① 八卦图中,"乾坤"表示乾天,坤地。天是无形的大象,无边无际。地是有形的,触手可及。事物的瞬息万变是形与象的交替变换。有一种观点认为,伏羲观天、查地、视人,创造了八卦图,开创了天、地、人的三才思想,即表述了"天人合一"的朴素世界观。

中国古代服装在造型中更多追求意象。结构为一种抽象的空间形式,用象征性的手法表达人与空间的关系。上衣下裳既是人们对天地最直接的感受与表述,也是在生活中自然形成的着装习惯。"天人合一"的思想,把服饰作为融合天、地、人的纽带,承载着深远的文化寓意。

中国人认为,衣裳的形制遵循了天地、尊卑、男女、阴阳的秩序。由此而产生的这种服制顺序对中国乃至中国周边国家的服装样式影响颇深,形成了有别于西方的服饰风格,并以此作为服饰审美标准,成为服装造型变换的要素和规矩。

二、中国最高级礼服——冕服的依据

历朝历代的统治者用包括服饰制度在内的政治制度来统一人的思想,相关礼仪被反复修订,对各阶层人的规范"由表及里",为的就是实现"治国安邦"。"黄帝、尧、舜垂衣裳而天下治,盖取诸乾坤"②,便是最直接的体现。中国服装在成熟造型形成的一开始就被看作是社会文化的仪式道具,衣服的作用从基本穿衣遮体的功能性,上升为文明象征的代表物。(见图4)

图4　周武帝冕服形象
(唐阎立本《历代帝王图》)

---

① 杨力:《杨力全解〈易经〉》,北京:北京科学技术出版社,2011年版,第225页。
② 同上,第251页。

于是，中国从周代便形成了完备的最高礼服——冕服。

冕服是帝王及其王后、高官在祭祀时最高规格的服饰。在重要仪式中都要穿着这种礼服，以此表示对天及众神的敬畏。祭祀是人类对自然界中某些客观存在的现象、事物由于无法认知，而产生了依赖和恐惧。人们用鲜血甚至牺牲来祭祀，希望用这些看似虔诚的行为来换取上天的赐予，因而服饰形象容不得疏忽。

进入奴隶制社会以后，物质基础日益丰富，人们不能够再用简陋的方式祭天祭神，取而代之的是以精美讲究的器皿盛放祭品，比如青铜器。祭祀上升为社会行为，因为它关乎社稷。最高统治者为了表示对天、地、众神的敬畏，在仪式中对服饰的样式、颜色、配饰等都制定了严格的要求。

冕冠取"敬天"之意。冕服为上衣下裳，其本身即表现为遵守天地秩序。况且冕服多为玄衣而纁裳，连冕冠的冕板覆布颜色也要上为玄，下为纁。玄即黑，纁即暗红，以此来显示：上以象征未明之天，下以表示黄昏之地。这样，一身衣服即包括了中国人意识中所有的时间与空间。这是对冕服文化含义从形式到颜色的最直观的表述。

第二节　潜隐人体的深衣及其延伸

一、深衣的结构与中国男袍

深衣是上衣与下裳连成一体的长衣服。最初用白色麻布制作。西周时出现，春秋战国时期大为流行，其服装样式是上衣下裳的传承。古书记载为，深衣上用竖幅，下用斜幅，每幅又交裁分为二，共裁剪成十二幅以应一年有十二个月。造型直上直下不束型。服制特点是上窄下宽。窄的一头叫作"有杀"，顺着侧缝围裹到后片，斜裁衣片与侧缝缝合。斜裁的方式在拉伸围裹时有弹性，可以调节围裹的造型，使其平顺自然，穿

图 5　深衣（王家斌绘）

时缠于后腰，即成为"续衽钩边"。（见图 5）

深衣形制的所谓"续衽钩边"，即不开衩，衣襟加长，并且形成三角绕至背后，用丝带系扎。"衽"可理解为衣襟。上下分裁，在腰缝处缝为一体，造型上紧下松，长度至足踝或长曳拖地。深衣的形制从功能上是为了更彻底地隐蔽人体。《史记·魏其武安侯列传》："衣襜褕入宫，不敬。"[①] 襜褕，即直襟衣。直襟衣的前襟遮蔽不严，容易暴露出内衣或肌肤，因而显得不庄重。由于当时织机幅宽的限制，拼接的方式可加大幅宽，有效地遮蔽身体。深衣是上衣下裳缝在一起的款式，因而其结构仍符合"天人合一"的思想，其功能又适合当时人们的整体衣着需求。

深衣形制符合先天后地的顺序，是对天、地、人整体概念的一种形式上的体现。《礼记正义》曰："此深衣衣裳相连，被体深邃，故谓之深衣。"[②] 儒家礼制思想长时期影响着中国服饰，而早期的深衣正是"礼学"的形象显示。

《礼记正义》记载："古者深衣，盖有制度，以应规、矩、绳、权、衡。短毋见肤，长毋被土。续衽钩边，要缝半下。袼之高下，可以运肘。袂之长短，反诎之及肘。带，下毋厌髀，上毋厌胁，当无骨者。制：十有二幅，以应十有二月；袂圜，以应规；曲袷如矩，以应方；负绳及踝，以应直；下齐如权衡，以应平。故规者，行举手以为容；负绳、抱方者，以直其政，

①　（汉）司马迁撰：《史记》，北京：北京出版社，2006 年版，第 340 页。

②　（汉）郑玄注，（唐）孔颖达正义，吕友仁整理：《礼记正义》，上海：上海古籍出版社，2008 年版，第 2192 页。

方其义也。故《易》曰：'坤六二之动，直以方也。'下齐如权衡者，以安志而平心也。五法已施，故圣人服之。故规、矩取其无私，绳取其直，权衡取其平，故先王贵之。故可以为文，可以为武，可以摈相，可以治军旅，完且弗费，善衣之次也。"[①]

　　到魏晋时期，男子早已不穿的深衣在妇女服饰中依然流行，而且造型上又有所发展，主要是下摆的幅度和装饰性变化。将下摆裁制成几个上宽下尖呈三角形的衣片，然后一经绕襟形成层层相叠形如旌旗，而得名为"杂裾"。"髾"是在围裳中伸出两条或数条的飘带，名为"襳"。走起路来这些飘带随风飘起，彰显了女性的柔美。东晋画家顾恺之的《列女仁智图》中女子穿着这种服饰，也有将拖地的飘带去掉而加长尖角，下摆造型别有一种动感。（见图6）

图6　杂裾垂髾服
（东晋顾恺之《列女仁智图》）

　　可以这样说，中国乃至东方男装中的袍服也非常有特点，而且与深衣有着紧密的关系，这从中国传统袍子的裁制上即能看出一二，如正裁法：上衣用正裁衣片共8片，正身用2片宽均为32厘米。两袖各裁3片分别宽为42、43、45厘米。先把8片缝合后，再从下边处开始缝合。袖子和衣身腋下处加拼一块长37厘米、宽24厘米的长方形，也叫小腰。这样做时便于活动，加大前襟的宽度遮蔽效果更好。领边用纬起花的绦条做成。正裁从大襟部分延长44厘米，其他3片各宽41厘米，裾缘下摆，边缘直裁另外拼缝。斜裁法：上衣及袖片部分都用斜裁，共8片，宽度为23、26、17厘米。袖缘和领缘也用斜裁。下裳8片，每片布宽20至37

──────────

　　①　（汉）郑玄注，（唐）孔颖达正义，吕友仁整理：《礼记正义》，上海：上海古籍出版社，2008年版，第2192页。

厘米不等。

　　直裾袍包括三种款式。第一种是后领处下凹型，前领口是三角形交叉领，两袖下斜处向外的方向收，袖筒由宽至窄，宽处在腋下，窄袖口，这种款型尺寸比较小。是实用型。第二种是两袖呈平直状，宽袖口。袖筒较短，后领直立，前领为三角型交领。衣身宽松肥大。第三种是长袖，袖子下部呈弧线状。《后汉书·舆服志》描述其像牛的颈项下呈现垂胡的形状。

　　相比之下，曲裾袍更多地承袭了战国时期的深衣式，西汉早期多见这种款式，到了东汉时逐渐减少。而源于或说等同于襜褕的直裾袍却一直存留下来，成为东方男装的经典样式。

二、中式长衫与越南"奥黛"

　　魏晋南北朝时期，由于社会动荡，很多文人雅士有抱负又不得志，遂在生活中以放浪形骸来达到一种精神释放。这一时期，服饰造型不同于中国传统服制的形式，衣身和袖身放大宽松，袒胸露怀，以衫为尚。衫有宽大的袖子，分别为单、夹两种式样。白衫可以作为常服也可以作为礼服来穿着。由于不受袖口的限制，衫的样式日趋宽大。魏晋人以体形瘦为美，因而大袖宽衫的造型更显得着装者风骨傲然，超脱潇洒，"褒衣博带"成为当时的主要服饰风格。

　　有意思的是，中式长衫起源很早，却并没有随着古代封建制退出历史舞台而消失。1840年，鸦片战争使中国历史进入近代时期，西方列强用洋枪洋炮打开中国国门之后，便带来了狂风暴雨般的西装潮。一时间，西装、领带、礼帽、皮鞋以及眼镜、文明棍等涌进神州大地。这时的中国都市中上层男士，出席洋务社交场合时穿全套西装，出席中式议会或宴席时却依然是中式衫袍，上加圆顶小帽，下着中式裤并缀面鞋，有时还会套一件中式坎肩。

　　在这种基础上，中国男士们又发明出一种中西合璧的穿着方式，即上戴西式礼帽、身穿中式长衫，里着西式有裤线的长裤，脚蹬西式皮鞋。

有时还会带一条长围巾，围在颈项上，前垂一长一短，然后将长的一端绕过脖子，向后掩去。这种配套服饰形象在"五四"运动时期极为流行，中国历史正在这时翻开"现代"一页。也就是说，在外来服饰文化冲击中华民族传统服饰文化的时候，中式长衫迎来了新生。它让世界人民看到的是一个觉醒了的中国，不失中国味儿，却又向时代前列迈进了关键的一步，说中式长衫给各国留下一个深刻的儒雅又干练的民族形象并不为过。

越南"奥黛"应该说与中国袍衫有一致之处。从越南阮朝（1802—1945）起，曾有严格规定：高中的女学生到学校上课时必须穿民族服装（即国服）。每个越南人都为自己国家的国服"奥黛"而感到无比的自豪。人们常常穿着传统的奥黛出席各种重要的会议和隆重的节日庆典。

越南奥黛的设计与发展随着时代而变迁。"奥黛"的起源无据可查。其早期形象出现在几千年前越南铜鼓和一些出土文物上。"Ao"源于汉语的"袄"。在现代越南语里"Ao"则指遮盖到颈部下面的服饰，而"dai"的意思是"长"。（见图7）

奥黛的外形很像中国的长袍。1744年阮武王参照越南少数民族和

图7　奥黛（马淳淳绘）

蒙古族妇女及中国汉族妇女的服饰，第一次设计出"四身奥黛"的式样，后来"奥黛"被选定为越南妇女的正式服装。"奥黛"造型也有蒙古民族服装的特点，与中国满族长袍颇有渊源。四身奥黛身形宽大，没有太多装饰和图案，是普通百姓穿用的。五身奥黛是贵族妇女和出身较高的命妇所穿的服装。五身奥黛象征五行，即金、木、水、火、土。和四身奥黛外形相似，五身奥黛衣身的式样较为宽大，只是领口装饰有简单的图案。

直到1958年，低领奥黛第一次出现，并绣上了各式的图案装饰。经

过不断改良后的奥黛只保留了前后衣襟。前襟长至地面，这种式样从视觉上拉长了身高。上身曲线紧身缝制，这样从视错觉原理上给人一种修长的美好印象。越南妇女穿奥黛时，会搭配一条黑色或者白色的宽腿拖地长裤穿在里面。胸前的衣扣转到了侧面，再沿右肋开衩。正是这些独特的改进使奥黛成为越南女性钟爱的服装。21世纪由于受到国际化大背景的影响，奥黛的样式变得更加多姿多彩，如把前襟上部裁开、衣领再次革新、上身与衣袖收紧。

无论如何改进，越南奥黛都是有襟处理的方式。由于上身的胸和袖子部位较紧，前后两襟下摆有衩，因而使得长裤在腰以下开高衩的地方露出。两侧开衩最高时可以至乳房下沿平齐的高度，并配上同色花式或白色布料的宽松长裤。为了将衣服裁剪更加合身，还大胆采用黄金比例结构，强调了女性自身与衣服曲线的吻合，使着装者不论蹲、坐、骑车都很方便。奥黛在越南服饰中不断地确立并巩固自己的地位，成为越南独特的服饰形象，也充分体现着东方服饰风格。

三、近代改良旗袍

中国人将旗袍解释为旗人之"袍"。旗人是满族统治者转用军队形式编制的产物。军队设置有正红、镶红、正蓝、镶蓝、正黄、镶黄、正白、镶白八旗，隶属八旗的人统称为旗人。应当说，当时的袍子融入了蒙古服制特色。由于清三百年满汉的服饰融合，双方的服饰差异逐渐减小，这就为旗袍改良奠定了基础。近代改良旗袍受时代背景影响，经历了三个时期：成型期、黄金期和衰落期。在这三个时期里，旗袍的造型不断改变，

图8　从旗女之袍到改良旗袍
（王家斌绘）

式样随社会的发展变化而创新改进。（见图 8）

　　成型期指民国初期至 20 世纪 20 年代，旗袍作为女子常服成为一种普遍的服式。由于西方文化的侵入，西方服饰造型进入了当时的社会生活，服饰风格逐渐摒弃清代的繁缛矫情。西方服饰以收腰凸显女性身体的自然美为造型特点，并用胸衣托衬女性胸部，这些都使得当时中国人对新奇的美奋起直追。

　　由于引入了西方工艺的技巧，旗袍由原先的大袖口慢慢地收小，袖形保持着倒大袖，至 30 年代才渐渐消失。在这个时期，旗袍造型曲线并不突出，腰节线很低，结构没有显出明显改变。但又考虑肩部的适身，侧缝的收腰，衣长一再缩短。进口丝袜的流行，对旗袍的造型结构产生了冲击。开衩升高又赋予了旗袍新的款式意义，奠定了改良旗袍之美。（见图 9）

图 9　改良旗袍
（20 世纪上半叶广告）

　　黄金期指 20 世纪 30 年代，旗袍黄金时代到来。这时的中国人对现代时装概念的理解开始形成，极力将旗袍美加以完善。上海作为"十里洋场"，成为中国的时尚中心。30 年代末，旗袍吸收了西方工艺收省道的方法：收胸省和腰省。中国的裁缝师傅在处理省道时，用熨烫归拔来改变织物的丝向，并加以西式的收省塑造身形，使衣身更贴体。这种处理方法没有完全采用西式收省方法，体现了含蓄的东方情结。服装由平面到立体的转化由此正式形成。

　　旗袍的袖子在保持传统连袖形式的基础上，出现了绱袖工艺。肩缝和装袖工艺使得旗袍更符合人体曲线，同时也更挺括。垫肩的修正和补充，把突出女性的身形当作时尚的一种表达方法，改良旗袍彻底脱离了旧的结构形式。这一时期，款式不断变化，衣身最短至膝上一拳，相当于膝上 10 厘米左右，最长可至脚面。领形曾高到下腭处，护住双腮，这无疑是在视觉上拉伸脖颈的长度，塑造颈部整体造型的修长美。由于省道的出现，腰节线相应提高。使得旗袍上身更短，下身形被不经意地拉长，整体造型更加顽长，曲线也更加柔和。到了 40 年代，旗袍工艺融入更多的西方工艺，收胸省和腰省的比例加大。这个时期的旗袍式样被后人称为真正的"改良旗袍"。

衰落期指 1949 年以后，旗袍的紧身合体不再适合新中国劳动人民的穿着。由于新中国提倡工农兵的服饰形象，因而旗袍代表的舒闲优雅的女性气质已然无法融入社会主流，改良旗袍这种服装形式无奈地进入了衰落期。

总起来看，旗袍在近代改良以后，大体造型相对稳定成熟。旗袍之美符合中国儒家内敛思想，虽然收省道，肩袖束型，但不完全凸显某个部位，紧附却不紧贴。两侧开衩的高度在迈步之间使女性下肢若隐若现。从前面看是款款飘来，从后面看是婷婷离去。似动非动，魅力无限。20 世纪 80 年代开始，由于中国改革开放，改良旗袍又在 T 台上以独特的东方之美而倾倒世界，博大精深的东方文化赋予了旗袍别具一格的艺术之美。

第三节　引进又固守的和服

一、中国唐服影响下的和服文化

和服，是日本最具代表性的传统服饰，它的产生和演变过程体现出日本既善于吸纳引进，又长期保守自封的民族特性。从和服的形制上，我们不难发现中国传统服饰的诸多特征，通过史料查证可以得知，现代日本和服确实是在中国的魏晋时期和唐代服装的基础上演变而来的。与此同时，和服的许多造型元素又可以从日本本土服饰中找到，穿着方式和服饰礼仪等也深受本国传统审美情趣的影响。

与古代中国类似，日本的先民也着窄袖斜襟的粗布服装。日本本土服饰文化开始于绳文式文化时代后期和弥生式文化时代，服饰基本形制为套头式圆领衫和对襟式开衫。对襟开衫的特点是左衽，领子长及腰间，左右两片分别与侧缝以绳带系结，袖子为筒型，衣服长度在膝盖以上。

从奈良时代开始，日本便将中国服饰引进国内，并有正式文字记载。奈良时代正值中国盛唐时期，日本派出大批遣唐使——包括学者、僧侣等，到中国学习和交流，他们把大唐的文化、艺术、律令、制度等带回日本，其中也包括唐代的服饰文化，日本和服的基本形制和礼仪制度就是在这个时期建立的。

唐代的服饰文化传入日本后，对其传统服饰形制和服饰制度都产生了颠覆性的改变。"衣服令"便是奈良时代制定的服饰制度之一。它将官员和公务人员服饰分为礼服、朝服和制服等，朝服为官职人员服饰，按官职等级区分，制服是无官职的公务人员的服装，按行业分类。

到了平安时代，日本的外交政策由积极的对外交流转变为自我封闭。在这个时期，日本国风盛行，和服在原有的形制基础上开始追求精致奢华之美，如结构上趋于宽松，衣袖变得宽大很多，服饰色彩呈现多样化，着装制度日益完备。如和服中的"十二单"便是层数繁多、礼仪规格较高时穿的宫廷女性礼服——先穿多层广袖上衣，领子层层压叠，围上厚重及地的"唐裙"，然后再在外面套上宽大的广袖上衣。"十二单"虽形制繁缛，但极富层次感，给人以庄重高贵的感觉。

镰仓时代，日本崇尚精干、简易的武家文化，反映在和服上便是结构回复朴素，袖幅变窄。

室町时代，家纹盛行，每种姓氏都有属于自己的独特纹样，并将其印染在服饰上。和服形制延续简洁化的风格。

安土、桃山时代，人们开始讲究不同场合穿着不同的服饰，于是和服中出现了参加婚宴、茶会时的"访问装"，参加各种庆典、成人节、宴会、相亲时穿的"留袖装"等。

江户时代是日本服装史上的繁荣时期，男装、女装的基本格局已定并逐步完善。到了明治时代，现代意义上的和服就定型了，此后一直没有太大变化。现在我们看到的所谓传统和服主要是延续了江户时代的形制。

二、和服的造型特点

与中国古代服饰一样，和服也属于平面结构——相对于西方有省道、分割线、褶裥的立体结构而言，裁片能完全平铺，轮廓线几乎由直线构成。如将和服拆开可以看到，和服的裁片仍然是一个完整的长方形。

平面结构服装的重要特征就是潜隐人体，因此和服在剪裁上较少考虑人体尺寸，而是将面料上的图案作为制作和服时确定尺寸的重要依据，穿着时靠调节腰带尺寸来适应人体的围度大小。

和服之所以会形成这种结构，究其原因，与日本特殊的地理位置有着重要的联系。日本位于亚欧大陆东部，由本州、四国、九州、北海道四大岛和1000多个小岛组成，古称"八大洲岛"。这种群岛的气候特征为温暖而湿润，因此服装的通气性十分重要。和服比较宽松，衣服上的透气孔有8个之多，且袖、襟、裾均能自由开合，这种服饰结构便十分适合当地的风土气候。（见图10）

和服的结构适应日本的自然环境，和服的穿着细节则体现出着装者的身份。例如，日本的艺人在穿着和服时，衣襟始终敞开，仅在衣襟的"V"字形交叉处系上带子。这种穿着方式，给人以一种似脱而未脱的感觉，显示出从事该职业妇女的身份。普通女性则须将衣襟合拢。但即使是合

图10　日本和服形象
（华梅摄）

拢衣襟，其形式也有讲究，并可以此判断穿着者的婚姻状况：如已婚妇女，衣襟不必全部合拢，可将靠近颈部的领口敞开。如果是未婚的姑娘，则必须将衣襟全部合拢。这些只是和服礼仪中的一小部分，其讲究之多、形式之繁，以致在日本有专门教授如何穿着和服的课程。

和服的轮廓主要由直线构成，穿在身上呈直筒形，虽缺少对人体曲线的勾勒，但它显得庄重、安稳、宁静，充分体现了日本民族崇尚寂静、朴素、含蓄的美学观念。此外，宽大的和服还能掩盖日本女性整体身材矮小、腿短较粗的体形缺陷，具备扬长避短的美学功能。

三、和服的穿着与搭配

和服种类繁多，花色、质地和式样千余年来变化万千。形制上不仅有男女和服之分，未婚、已婚和服之分，还有便服、礼服之分。此外，根据拜访、游玩和购物等外出目的的不同，穿着和服的纹样、颜色、样式等也有所差异。如男、女和服之间的差异在于男式和服色彩单一，偏重黑色，款式较少，腰带细，附属品简单，穿着方便；女式和服则色彩艳丽，腰带很宽，而且种类、款式多样，更有诸多附属品。依据场合与时间的不同，人们也会穿着不同的和服出席，以示慎重，如女式和服便有婚礼和服、成人式和服、晚礼和服、宴礼和服及一般礼服之分。以下便是根据出席场合和性别不同列举出的数种和服套装。

留袖和服：女性参加婚礼等重要仪式时的礼服，主要有"黑留袖"和"色留袖"。"黑留袖"和服面料的底色为黑，染有五种花纹，前身下摆两端印有图案，主要为已婚妇女穿用。在其他颜色的面料上印有三个或一个花纹，且下摆有图案的为"色留袖"和服。

振袖和服：又称长袖礼服，是未婚女性的第一礼服。根据袖子长度可分为"大振袖""中振袖"和"小振袖"，其中最为常见的是"中振袖"。主要用于出席成人仪式、毕业典礼、宴会、晚会、访友等场合。因款式结构较为简洁大方，所以也被越来越多的已婚妇女所喜爱。

访问和服：在面料上定织定染图案的和服，一件和服的布料展开后是一幅完整的图案，而不是连续性的纹样。近年来，这种和服因面料别致、结构简洁成为受欢迎程度很高的简易礼服。主要用于出席开学仪式、朋友宴会、晚会、茶会等场合，且没有年龄和婚否的限制。

小纹和服：用印染有细碎花纹的面料制作的和服，较为活泼。不仅是受女性喜爱的日常时尚装束，还具备练习和服穿着技巧的功能性。主要用于约会或外出购物的场合，年轻的女性还可以穿着它出席半正式的晚会。

丧服：连腰带在内的全部为黑色，丧礼时穿。

婚服：结婚时的礼仪性和服，穿着程序复杂。

浴衣：沐浴之前或夏季节庆、纳凉时所穿的和服，也被称为夏季和服，可作为单衣直接贴肤穿着。

男式和服：男子和服以染有花纹的打褂和裤为正式礼装。除了黑色以外其他染有花纹的打褂和裤只作为简易礼装，可以较为随意地搭配。

图11　"付下"和服（王家斌绘）

无地和服：一种单色和服（除黑色以外），如果染有花纹可以做礼服，如果没有花纹则做日常装。

"付下"和服：这种和服前后身、领子的图案全是以自下往上印染，比访问和服轻便舒适。（见图11）

十二单：古代妇女进宫或节会时所穿的盛装礼服。分为唐衣、单衣、表着等，共十二层。

带子，即和服中的腰带，是和服整体结构中的重要组成部分，其中主要的种类有：

丸带：女式和服最初使用的带子，正面有花纹，华丽而不失典雅。

袋带：带宽八寸（日本的1寸=3.03cm），正面有花纹，底面为素色，是日本最流行的带子。其中一种织入锦线或金线的带子可与礼服搭配，其他染有活泼图案的带子则用于日常装。

名古屋带：两端分别连有两条较细的带子，这样系起来既舒适又方便。大正末期出现于名古屋，后因缝制和穿用方便而得以迅速推广。名古屋带尾宽同普通和服带，首宽为尾宽的一半，方便打成多种常用带结。名古屋带等级和正式程度较丸带、袋带低，通常用于日常场合。

半中带：带宽只有普通带子的一半左右，可以根据自己的喜好打结。

男式带子：和半中带一样宽，但用较硬的面料做成，又被称为角带。

另外还有一种使用的是丝绸等较柔软的面料制成的兵儿带，供儿童使用。

和服之美，除了夹、带、结的组合外，配件也起了很大的作用。和服的配件主要有带扬、带缔、带板、带枕、伊达缔、腰纽、胸纽、比翼等。还有与和服配套的内衣，穿和服时、进行美容时的一些辅助用具以及鞋和其他附属品。

带扬和带缔是和服整体装束中十分重要的小配件。带扬除了在制作带结时能够固定和包覆带枕外，还严格地与和服、和服带配套。制作带扬一般选用纺绸、绫、绉等织物，上面装饰扎染纹样、友禅染、小纹、刺绣图案等。带缔是系结和服带结的配件，有绳带、编织带、绗缝带之分。有一种绗成圆筒形的带子被称为丸绗带，是礼服上专用的带缔。还有一种织进金银丝的绳带也是用于正式礼服和便礼服的带缔。一般来说，带缔厚实的宽带比窄幅带的价格高，所以窄幅带缔一般只用在浴衣上面。

带板：置于带子前方，防止带子起皱的一种整形用的配件，宽度比带子略窄。

带枕：制作太鼓的带山和塑造变化带结时所用，有大也有小，一般选用标准形。

伊达缔：一般选用质地较薄的织物，系在和服领窝以下的胸口位置，起固定作用的一种和服配件。

腰纽、胸纽：试穿和服时用于比试和服的长度，或者作为胸口的假纽之用。

比翼：留袖上的一种特定装饰，主要出现在袖口、领、衽以及从腋下到袖下的开口部分，丧服不能用比翼。

内衣：和服的内衣主要有足袋、肌襦袢、衬裙、长襦袢、半领等。

足袋：即袜子，和服的袜子为全白，四个脚趾套在一起与大脚趾分开。

肌襦袢：即贴身汗衫，起到夏天吸汗、冬天保暖的作用，面料选用细腻的细纱、罗等，领子用同类布做成窄幅的 V 形领。衬裙的作用主要是为了防止裙子玷污和保暖，面料选用纺绸、绉织物、尼龙等，长度比长襦袢短 5 厘米左右。长襦袢也叫和服长衬衣，是穿在和服里面的一层衣服，主要功能是在穿着时保持和服的平整和外形的美观，同时也起到防污的作用。半领也叫衬领，缝在长襦袢上，主要功能也是防污，面料选用绉织物、盐濑纺绸等。

履物：包括草履、下驮、手提包、带扣、发饰等。草履不是指用草做成的鞋，而是对包括布鞋、皮鞋、漆皮鞋等鞋跟约在 2—8 厘米的鞋的总称。选草履时，要注意与和服的用途相符。礼服用的草履是布制的，鞋跟也要选得高一些。近些年选用漆皮鞋的人越来越多。下驮即木屐，有涂漆下驮、白木下驮等。穿浴衣时，赤足穿下驮。下雨时，木屐套上防雨、防泥的木屐罩称为雨下驮。手提包也是和服的重要附属品之一，在选用面料、花色上同样要求与和服配套。礼服用的手提包通常以丝织品作为主料。外出携带的手提包，则大多选用漆皮和皮革。

发饰：如梳、簪、丝带等，选择发饰要注意使用的场合，像穿振袖之类的和服，可选择较为华丽的发饰；若是穿丧服则要避免戴珊瑚、翡翠之类的发饰。

第四节　优雅绚烂的纱丽

一、印度服饰的宗教特征

印度全名为印度共和国，得名于印度河。河名出自梵文"Sindhu"，意为"河"。中国东汉时称其为"天竺"，唐代时改称印度，印度人自称为"婆罗多"。印度是人类古文明的发源地之一,其文化有着独特的神秘气息。

服饰作为文化的载体,必定会反映出文化的特征。印度服饰所包含的文化特征正如印度的建筑、雕塑、绘画一样,具有宗教性、多样性、装饰性和包容性等特点,其中最重要的无疑是宗教性。

整体上看,印度传统文化的形成与宗教有着密切且直接的联系,宗教的影响深入到社会与文化的每个角落。几乎可以肯定,印度传统文化实质上是宗教性的。因此,宗教习俗不可避免地影响着印度服饰的款式、结构及造型。

在印度,印度教是教徒最多、影响最大的宗教,纱丽便是印度教典型的女性传统服装,它由一块长方形布料披裹而成,没有经过任何裁剪和缝制处理,其形制从公元前到现在一直保持稳定,几乎没有任何变化。纱丽之所以能有如此旺盛的生命力,除了它穿着后造型优雅,结构和布料适应炎热的气候之外,更重要的是因为它的产生和成熟基于宗教之下。(见图12)

图12 印度纱丽(华梅摄)

在印度教的宗教习俗中,衣服被认为是不洁之物,因此修行者都尽可能少穿衣服,像男士的多蒂就因为没有接缝而被认为是"净衣",女性的纱丽也因结构极其简单而被广泛穿用。印度妇女前额中间的红色吉祥痣是传统印度教女子已婚的标志,象征着吉祥喜庆,是印度妇女最具特色的传统装饰。

二、围裹式长装形制

精致优雅的纱丽是印度妇女最具代表性的传统服装。最初,纱丽只在举行宗教仪式时穿着，后来逐渐演变为印度妇女的日常装束。

从视觉上看，纱丽像一条结构巧妙的连衣裙，但实际上，它的主体只是一块宽约 0.9—1.2 米、长约 4.5—11 米的布，色彩鲜艳明亮，装饰以刺绣、花边、亮片等。

印度女性着纱丽之前，先得穿"乔丽"（Choli）和衬裙。乔丽是一种短且紧身的上衣，领口形状和衣长依流行而变，但一般短的露出肚脐的较多，袖子有半袖、无袖和连袖等，长袖较为少见。其色彩以烘托纱丽为目的，有些丝绸做的纱丽，常从一端裁下一截做乔丽用，以求色彩和材质上相互呼应。衬裙大多采用棉布，较为高级的则选择塔夫绸或缎子，并装饰有刺绣或蕾丝。常见的结构为六片裙，裙长及踝，腰部用棉布带扎系，色彩以白色为主，也常与纱丽同色。

印度纱丽的披裹方式、色彩、质感等变化繁多，不同的种族、区域、信仰都会有所不同，较为常见的是纱丽末端归于单肩并自前向后垂下。

围裹纱丽时，其横向的一端有精美的边饰纹样"宫嘎特"（Ghungat），一般采用织花或刺绣的方式进行装饰，穿着时先把没有边饰的一端自右腋下起在身上围一圈，高度在胸下和衬裙腰线之间，再把上部边缘掖进衬裙系紧的腰带里。然后将纱丽围着身体再缠绕一圈，这一圈大致是三五个身体的放量，只要留出的长度足够用来搭在肩后就可以。缠绕完第二圈后，将有边饰的那端折叠，并把折叠好的一端自右下向左上绕，经左肩垂于身后，垂在身后部分的长短因纱丽的长度而定，一般垂到膝下位置。纱丽的尾端自右腋下向左肩缠绕时，布料紧贴前胸，整理出优美的褶饰。第二圈围绕腰臀部的放量则在前中央折叠成 10 厘米宽的规律直褶，印度女性叠这种褶非常熟练，不仅一只手可以快速完成，而且褶的宽度完全一样，就像经过计算一样精确、整齐，令人惊叹不已。直褶折叠完后，掖进前中心腰围处，如果还不够平整，就把多余的量往后撩，掖在后腰处，为的是保持前身的平整、利落。

纱丽围裹方式的形成与印度的气候、环境、生活习惯有着密切的关系，同时也是着装者身份、地位的象征。寡妇穿着纯白且没有任何边饰的纱丽，表明她在为丈夫服丧。披在肩上的布端也各有讲究，一般情况下布端垂挂在左肩，但进行宗教祈祷或外出时，则常把布端戴在头上；
已婚妇女遇见长辈或在寺庙中拜佛时，应把布端当披肩，从左肩围披到
右肩，把里面穿的乔丽遮掩起来；工作时，则把垂在左肩后面的布端从
后右腋下绕到前面，再把其掖在左腋下，以便于行动。在孟加拉地区，
左右腋下折叠的宽褶代替了前身中央细密的直褶，在印度北部地区，垂
挂在左肩的布端要从后面披向右肩，再从右肩向前披过来，最后把布端
夹在左腋下。

三、同一穿着方式下的多国服饰

（一）泰国女性礼服"帕·弄"和"萨·百"

　　纱丽是东方缠裹式服装的典型代表，与其穿着方式类似的还有
泰国女性礼服中的"帕·弄"（Phanung）和"萨·百"（Sa-bai）、
印度男性的下装"多蒂"（Dhoti）、尼泊尔的"希塔科·帕瑞亚"
（Chhitakophariya）、印度尼西亚的"卡
因·潘将"（Kainpandjang）等。

　　泰国女性礼服主要由裙子帕·弄，
缠绕式上衣萨·百和饰带组成，面料为丝
绸。帕·弄的穿着原理和造型结构与纱
丽十分类似。

　　在泰国，帕解释为布，弄解释为穿，
帕·弄其实是下装的总称，也是筒裙的
代称。泰国的帕·弄高1米左右，长及脚
踝，筒裙周长大约为1.5米。一般来说，
帕·弄的下摆处和萨·百的一端都织有
金色的纹样——泰国人很喜欢这种横向
的条纹，称其为"帕·辛"（Phâsin），在
整套服装穿着完毕后，帕·辛起到很好的
装饰烘托效果。（见图13）

图13　泰国帕·弄（王家斌绘）

在不同的场合中，依据礼仪规格的高低，帕·弄呈现出的着装效果也不同。如礼服套装中，帕·弄的穿着方式为：身体套入筒裙中，腰臀部紧裹，把余量全部归到身体的前中央，然后将其折叠成 5—6 厘米宽的箱型直褶，直至箱型褶紧贴腰身，再将它们重叠着平压在前中央，用装饰腰带固定。正式夜礼服的着装方法为：身体套入筒裙，余量归至前中，折叠成 6—7 厘米的直褶，并将折叠在一起的直褶向右折，再系上带扣的装饰腰带。白天正装或休闲时的着装方法为：将余量归至身体右侧，然后再自右向左折叠固定。现今，商场里销售的帕·弄都直接做成有直褶装饰的裙子，穿着十分方便快捷。

上衣萨·百主要用于夜礼服，越长礼仪规格越高，长及曳地则为泰国女性的豪华装束。与第一种帕·弄穿法相搭配的萨·百是把幅宽 96 厘米的布两折为约 28 厘米的窄条，长度 1.6 米左右。具体穿法为：自右腋下起绕胸部一圈后，披挂于左肩，或直接垂于身后，或在左肩上折叠一下，用饰针固定。萨·百采用的面料一般为刺绣丝绸，或折叠出直褶或垂褶装饰的蝉翼纱。

泰国女性根据不同的礼仪规格而选择不同结构的上衣，不同面料、花的裙子，这些服装组合都有固定的专属名词，如 Thai Chakri, Thai Sa-bai 是礼仪性最强的夜礼服，由帕·弄、萨·百和饰带组成；Thai Borompimarn, Thai Chakrapat 是正装、半正装的夜用套装，正装的搭配为立领长袖上衣和正式穿法的帕·弄，半正装为萨·百和正式穿法的帕·弄。这些夜礼服的面料大多采用织进金银线的织锦缎，以凸显其雍容华丽的风格，配饰中的腰带、鞋和首饰等也多用金、银和宝石点缀装饰。Thai Amrin 是简略式的夜礼服套装，由缠绕式的帕·弄和高领长袖上衣组成。Thai Chitrlada 是日间正装，由全条纹或只在下摆处有条纹的帕·弄和前身系扣的立领长袖上衣组成；Thai Ruan-Ton 是休闲套装，面料除丝绸外，还采用棉布，帕·弄上有横向或纵向条纹装饰，上衣为小圆领，七分袖，袖口较宽，前开襟，五粒扣，色彩为帕·弄的对比色或帕·弄上条纹的颜色。

（二）印度男性下装"多蒂"

多蒂是印度教男教徒穿用的长腰布，主体是一块白色的棉布，有的有边饰纹样。多蒂的着装方式因地区而异，主要可分为两种形式：从两腿间穿过去的兜裆式和像纱丽一样在身上的缠裹式。后拉出，折叠成褶，掖进后腰中间。较长的布端在前腰中央折叠出五个规律直褶，剩下的布顺势向后绕，再绕回到前腰，压住折叠好的直褶，反向掖进向后绕的布条中，紧紧地系在腰间。（见图14）

根据印度史料记载，多蒂的起源可追溯到4000年前的古代印度文明，从

图14　印度多蒂（王家斌绘）

那时的遗址中可以看到当时的人们已经开始穿用类似多蒂的衣服，据说纱丽便是多蒂的变形。此外，在南印度的西海岸地区，有一种120厘米长的纱丽，这种纱丽的着装方式被称为"卡恰式"，其特点是把缠绕在腰部的布端像多蒂一样从两腿中间穿过，在背后掖进腰里，这也证明了纱丽和多蒂如出一辙。

（三）尼泊尔的"希塔科·帕瑞亚"

尼泊尔与印度接壤，宗教和文化深受印度影响，因此服装类型上也有许多相似之处，卷衣希塔科·帕瑞亚便是一种穿着方式与纱丽类似的传统服装，区别在于它只是一种裙装，并不像纱丽那样缠绕全身。希塔科·帕瑞亚是一块95cm×400cm的印花布，穿着时把布的一端自右腿前向左绕一圈，布的另一端留出一个臀围的量，约100厘米，把中间部分叠成10厘米宽的直褶，褶山整理平整后放在前身中央，掖进腰里。剩余部分的布端捏出自然褶，自右向左再绕一圈，掖进前身左侧，使布的左边呈螺旋状。

与希塔科·帕瑞亚搭配穿着的有上衣"乔罗"（Cholo）、带子

"帕土卡"（Patuka）、披肩"喀斯特"（Khasto）和一个吊带"米恰"（Mhicha）。乔罗的领子是立领，门襟的交合处是非对称的，袖子十分合体，腋下拼缝三角挡以便于活动，面料为刺绣花纹的薄蝉翼纱，也有用双层厚地织物制成。连接乔罗和希塔科·帕瑞亚的是缠腰带"帕土卡"，它宽 60 厘米，长 548 厘米，材质为未经漂白处理的本色白棉布，穿着时既可以一圈一圈地缠绕在希塔科·帕瑞亚之上，也可以将其对折，自右向左缠绕，把布端塞进带子里或披搭在肩头。帕土卡层层缠绕时可保暖腹部，或当口袋储物之用，解开后还可以作为背孩子的带子，颇具实用功能。披肩喀斯特一般为织有横向花纹的棉布，披法各异，和纱丽的披肩部分最为接近的是把布的一端夹在左腋下，另一端从背后经过右腋下向左缠绕，最后披搭在左肩上。

（四）印度尼西亚的"卡因·潘将"

卡因·潘将是印度尼西亚主要岛屿——爪哇岛上的代表性服装，在印度尼西亚语中，"卡因"是布、腰布的意思，"潘将"是长的意思，因此卡因·潘将意为长腰布。它全棉质地，印染着巴蒂克式纹样（Batik，印尼流行的一种蜡防印花布），穿着时要折叠出整齐的纵向直褶，是特殊的礼仪场合才可穿用的盛装。

卡因·潘将的着装方法为：把布的一端对角折出三角形，另一端堆叠 7 到 12 个宽约 2—3 厘米的直褶，三角型布端置于身后，顺时针向前围裹，直至之前整理好的直褶处于身体前中央或稍偏左侧，然后再用宽 17 厘米、长约 122 厘米的硬挺腰带"斯塔根"（Setagen）把缠绕好的卡因·潘将围系在腰部。

与卡因·潘将搭配穿着的上衣为"巴究"（Badju，也称为"卡巴亚"Kebaja），它是一种用蕾丝等半透明织物制成的翻领对襟上衣，胸口处有胸挡，里面穿内衣"科坦"（Kutang）。巴究的衣襟用类似胸针的金属装饰物固定后，披上宽 50 厘米，长 134 厘米的披肩"斯伦丹"（Selendang）。斯伦丹在美化整体着装的同时，还可以成为妇女背孩子的兜带，是一种美观实用的服饰品。

第五节　凉爽透气的萨龙

一、马来服饰的文化内涵及影响因素

马来服饰独特的文化内涵，与马来半岛的环境气候、民族的交融性及文化的宗教性息息相关。

从气候上看，马来西亚属于低纬度海洋国家，有着独特的热带雨林气候。这种气候不仅孕育了种类繁多的动植物，也催生出独特的植根于热带雨林的服饰文化。

综观马来服饰，造型上的纤细秀气，色彩上的大蓝大绿，面料上的纯棉真丝等都体现出马来半岛的热带雨林风情。如当地女性在常穿的一种萨龙的一侧缝制出折痕，马来人称其为"起伏的波浪"；马来西亚的国花木槿花被用于服饰图案上，热情又不失雅致。选取棉布、丝绸、雪纺等轻薄凉爽面料做成宽松的长袍、萨龙、单鞋、拖鞋等，都与高温多雨的气候条件相适应。

马来西亚民族众多，传统服饰可谓集百家之长。印度服饰、阿拉伯服饰、中国服饰以及西方服饰的特点在多元文化的影响下主动或被动地交融。印度人是最早拜访马来半岛的外来居民，他们不仅带来了佛教、印度教，其服饰文化也渗透进马来西亚民间，如马来人的萨龙就脱胎于印度的多缔，至今马来人一些传统仪式、词汇和王权概念还有印度的影子。

在外来宗教文化荟萃的马来西亚，伊斯兰教之所以成为国教，政治和经济因素起到了决定性的作用。13世纪，伊斯兰教随着阿拉伯商船的抵港来到马来半岛，与此同时，大批中国穆斯林的到来也使得伊斯兰教开始被广泛传播。15世纪，马六甲王国建立之初，国力衰微，统治阶层为了巩固政权，大力宣扬伊斯兰教，用以增强国民精神内聚力，反对暹罗国佛教王朝，并与苏门答腊岛伊斯兰教国波塞王国联姻，定伊斯兰教为国教。

伊斯兰教影响下的马来服饰必定以伊斯兰教义为根本的价值观，统摄服饰文化、着装心理以及审美取向等各要素。归纳其要义即为遮盖"羞体"（Awrah）。"羞体"是伊斯兰教的经堂用语，教法规定，凡人体不许外露或不能为他人所见的部位即是羞体，遮羞体被定为道德准则之一。在严格的教义下，马来男性服饰至少要遮盖从肚脐到膝盖处，不许暴露大腿和臀部，马来女性戴头巾，为的是盖住头发、耳朵、脖颈，着装只可露出面孔和双手。衣服的布料严禁透明或肉色，忌讳裁剪过于紧身的衣裤暴露身体曲线。装饰上忌奢侈豪华，以保持谦卑、优雅的美德。

二、马来半岛萨龙的基本形制

萨龙（Sarong），主要是指居住于马来半岛或太平洋诸岛男女皆可穿着的一种围裙、布裙，基本形制为筒形。这种极具地域特色的筒形服饰在不同的地区名称也不相同，马来西亚、新加坡、印度尼西亚、柬埔寨称其为"萨龙"，在缅甸被称为"龙基"（Longyi），老挝为"希"（Shil），而泰国则为"帕·弄"（Phanung）。（见图 15）

在气候闷热潮湿的东南亚地区，萨龙之所以受到人们的喜爱，是因为这里的人们有水浴的传统。在河流中、公共水渠旁和水井边，人们常常当众冲凉并换洗衣服，干净的萨龙从头部套下，浸湿的萨龙在水里脱掉，这种筒形的服饰为人们提供了极大的方便。萨龙的材质一般为优质的蜡染棉布，其特点是布料颜色随着洗涤次数的增加而愈发鲜明，手感也会越来越好，可以像丝绸般爽滑柔软。

图 15　马来人萨龙（王家斌绘）

萨龙的尺寸是以人体为基准，根据

人体和人的动作幅度计算出来的。制作萨龙的布料一般由手工织机完成，幅宽大都在 1 米左右，正好满足萨龙从腰部到足踝的长度需求。萨龙的围度可以人为控制，一般周长的 1/2 是人两手张开时的长度，非常适合单人独立穿着。

　　萨龙的穿法虽因地区而异，但大多都是人套入圆筒中，再把多余的量打成褶固定在腰部。褶的倒向没有特别的规定，位置也不尽相同，如泰国的萨龙就是在前身中央叠出几条纵向的直褶。人们穿着萨龙时动静皆宜，站立状态下萨龙紧裹腰臀，勾勒出优美的人体曲线；行走、跑步或蹲坐时，又因为打褶处的松量，而让人们行动自如。在东南亚的一些国家，萨龙除了当下裳，还被戴在头上，防晒防风，像斗篷一样。

　　印尼主要岛屿爪哇岛上女性的日常装束为：上身着内衣"科坦"（Kotan），外衣"卡巴亚"（Kebaja），下身穿萨龙，腰系 633 厘米的带子"斯塔根"（Stagen），身背既可盛放物品又可背孩子，还是一种装饰的布袋"斯伦丹"（Selendang）。她们穿的萨龙基本采用白棉布染成的蓝色"巴蒂克"印花布，布上的花纹由"卡帕拉"（Kepala）和"巴丹"（Badan）这两个不同的花纹构成，幅宽 1 米左右，长约 1.5—4 米，穿着时，把下半身套入萨龙中，使萨龙在右侧贴身，所有余量都归到左侧再折回右侧，并把余量的布端掖进腰里或用带子斯塔根扎系固定。

　　在马来西亚，蜡染面料的萨龙搭配蕾丝上衣卡巴亚是当地女性的节日盛装，它们的原始造型都由印尼传入，但因受时装潮流的影响，萨龙的下摆变窄，卡巴亚的腰部也趋于合体，衣长变长，更加凸显了女性身体曲线的美感，曾作为民族正装多次出现在国际性场合。

　　与其他国家相比，马来西亚女性所穿着的萨龙圆筒更宽大些，长 1.1 米，围度大约 2 米，接缝处用暗缝的针法缝合，常见的面料为绿色棉布上织进金线纹样。值得一提的是，这种纹样并不是满幅织绣在布料上，而是像现代定织定染一样，只在整圈下摆织绣 7 厘米宽的纹样，还在裙子的纵向，即包裹身体的部分（非叠褶部分）织绣 45 厘米宽的花纹。这种布料叫作"吉兰丹布"，是马来西亚北部吉兰丹州（Kelantan）的特产，棉布或丝织物上的定位丝线纹样是它的重要特征。因其面料的特殊性，使得这种萨龙在穿着方式上也与其他国家略有区别。首先把人体套入萨龙，裙子的长短以露出脚尖为宜，让纵向部分 45 厘米宽的花纹位于身体的前中央，圆筒的右侧贴身，余量拉向左侧，然后由左侧的布端向内折叠出若干个 6—7 厘米宽的纵向直褶，直至余量全部折叠完，褶裥紧贴左侧身体，最后把褶山部分倒向身前，贴在左侧的身上，腰部用橡胶带或腰带扎系。

在马来西亚，与萨龙搭配穿着的上衣虽然也叫卡巴亚，但其造型结构与印度尼西亚的卡巴亚有着较大的区别。这种卡巴亚为套头小圆领，前领口中央有 3 厘米长的纵向开口，开口处用盘扣固定，其功能主要是让头部能通过领口。卡巴亚的衣长 80 厘米，下摆宽 82 厘米，袖肥 21 厘米，腋下有三角形的插片，整件衣服为直线裁剪，松量较大，是一种宽松的罩衣式上衣，所用面料与萨龙一样。

在马来西亚的传统服饰中，除了萨龙和卡巴亚，还有一种从葡萄牙传入的"乔霍尔式"（Johorestyle）服装，主要为上层妇女在节庆或婚嫁时穿用，也用于王室正装，面料配色沉稳华丽，织有金银色花纹。

马来西亚的男子也穿着萨龙，但搭配、形制、穿法等都与女性的有所区别。以常见的婚礼服为例，马来西亚男子的婚礼服由上衣卡巴亚、裤子、萨龙和帽子"颂科"（Songkok）组成。

男子的上衣卡巴亚是一种立领的宽袖口（20 厘米左右）衬衫，版型结构与女式卡巴亚很类似，结构线都是直线，腋下有三角形插片，女式的没有口袋，而男式的则在左胸前和左右腹部缝制贴袋。裤子很宽松，裤口宽大约为 31 厘米，像睡裤一样。它们所采用的面料大都为丝缎，白色为多，有时也会在裤子里面穿衬裤，衬裤的结构与外裤基本一致，只是尺码略小而已。

男性所穿着的萨龙长 105 厘米，圆筒周长 186 厘米，比女性的窄一些，也采用暗缝的手法拼缝接缝。面料为相同的吉兰丹织物，并织有金线纹样，上下布边对称织绣 8 厘米宽的花纹，纵向也有一条约 8 厘米的花纹。穿着时，先穿上衣和裤子，再套上萨龙，因男子萨龙的长度只要及膝或没过膝盖即可，所以长出的部分从腰围处向内折叠。人体居于圆筒中央，纵向花纹放在身后，余量均匀分至左右两侧，再分别向前中折叠，腰围处的布角掖进腰内，左右两侧的布端在前中心呈较窄的"人"字形。为了让腰围处固定得更紧实些，前腰中心向外翻卷，带动整个腰围顺势向外侧翻卷下来，形成前中央向后散射的褶，更加贴合穿着者的体型特征。

　　颂科是马来西亚男子在举行一些特定的仪式时穿戴的首服，因马来西亚人保持着信仰伊斯兰教的传统，所以这种帽子的造型类似于土耳其帽，体现出当地的宗教文化。

三、萨龙影响下的缅甸"龙基"

　　在缅甸，萨龙式的下装被称为"龙基"（Longyi），与衬衫"恩基"（Eingyi）搭配成套，男女皆可穿着，但具体形制有所区别。

　　缅甸女性穿着的龙基是长度及踝的筒裙，面料多用粉红色或明快华丽的花色，裙长为117厘米。这里的裙长是在龙基面料105厘米幅宽的基础上，再拼接一块15厘米的黑色棉布，主要是为了更紧实地将筒裙固定在腰上。龙基的圆筒周长为150厘米，穿着时，把身体套入龙基至胸下，使后腰部贴身，余量归于身体右侧，再自右向左反折回来，布角掖进筒裙的上缘。为了更好地固定龙基，可将胸下拼接的黑色部分向内反折进腰内，或用带子扎系。（见图16）

　　固定好龙基后，再穿衬衫恩基。虽然称之为衬衫，但其形制完全不是西方的翻领开襟式，而是一种类似于中国清代琵琶襟马褂的连袖收腰短袄，一字盘扣连接。面料一般多为淡色或白色的薄丝绸，或是尼龙面料。也许是为了追求现代时装潮流的缘故，恩基的布料与龙基的自然凉爽相比，不仅

图16　萨龙影响下的缅甸龙基
（王家斌绘）

透气性差，而且较为透明，因此，缅甸的女性都穿用西式的内衣，或再在恩基外边披上披肩。

从视觉上看，因腰部拼接一截而呈高腰款式的龙基搭配短及腰线且收腰的恩基，让女性身材比例更加完美。再梳上一个不高不低的发髻或编成发辫斜垂在右后方（发辫仅限于未婚女子），随手插上兰花、茉莉等清新淡雅的鲜花做点缀，让缅甸女子呈现出亭亭玉立的美感。

缅甸男子的主要装束也是由龙基和恩基组成，但龙基的穿着方式与女性不同，较为多样。其中一种较为简单，身体居于龙基中间，左右两侧的余量分别折回前身中央，再将两个布端掖进腰里。另一种穿法前面的步骤与第一种相同，只是左右两侧布角在折回前中时交错在一起拧了一下，然后再掖进腰内。

缅甸男子的恩基比女性的略长一些，为连袖直襟，缝钉一字盘扣，左胸和左右腰部缝制了三个口袋。近些年，许多人用西方的衬衫代替了传统的恩基与龙基搭配。龙基、恩基作为礼服时，还要戴一种叫作"冈帮"（Guang-baung）的帽子。

第六节　飘逸且朴素的短衣长裙、阔脚裤

一、中国襦裙装影响下的朝鲜高腰襦裙

襦是春秋战国时期出现的一种上衣为短款的服装形式。衣长到腰部，穿着时配以长裙，为上衣下裳服制。襦裙装最有特点的当属唐代，其造型为短衣长裙形式，上衣穿短襦或衫，下身为宽大长裙。这种服饰的造型特点是，裙腰提得非常高，一直高到腋下，用绸带系扎。

朝鲜半岛的服装统称为朝鲜服，女服常被称为朝鲜袄裙。因受到中国服饰文化的影响，特别是汉服、唐服和蒙古族服装的影响，其服饰形制可以看到外来的因素。朝鲜半岛的先民一直是崇尚上窄下宽的造型，起

初是便于劳作的三角形服装式样。
上衣腰部贴身，下身穿着的裤子短
而紧。在上衣和下裤外面再罩一件
长服，形成了特有的二重结构形态。
（见图 17）

图 17　中国朝鲜族女裙（王家斌绘）

朝鲜的三国时期后，贵族女装
出现了与唐朝襦裙装相似的短上衣
背心长裙。其外形像唐襦裙装，但结
构及穿着方法是有区别的。唐朝襦
裙装穿着方法是把短襦系于下裳里，
用丝带扎住。朝鲜袄裙则是短上衣
穿在背心长裙之外，裙子褶皱采用死
褶的处理方法，使其造型从整体上看
上窄下宽，裙摆从腰部慢慢打开。唐代裙的式样是散开的活褶，从腰部开
始展开，整体造型更为饱满。朝鲜高腰襦裙的裙腰在胸点之上。线条简洁
而优美，深受当时妇女喜爱。

朝鲜袄裙衣襟的长短，因不同时期、不同家族，服饰都有相应的变
化。有一种说法是其变化经历了三国时代、高丽时代和李朝时代三个阶
段。在这个过程中，A 字形的袄裙下摆越来越大，短上衣的底边逐渐上
升，调整上衣用的衣带变长成为装饰物，最终形成近代的袄裙式样。具体
说，早期上衣襟的长度约 66 厘米，已经超越腰节线长度。中期是 56 厘米
左右，到了后期时，前襟长度短至 16 厘米，与袖子的位置形成直线结构。
在集安高丽古墓壁画中出现的人物，男女上衣长度至胯部，用腰带系扎。
壁画中服装利用右侧前襟与左侧前襟两个飘带，系于右襟处系成蝴蝶结。
女款以短袄长裙为主。当时的这种款式有礼服和常服的区分。短上衣看
似简单，结构却十分严谨。如衣襟、衬领、飘带、下摆，这些部位不论男
女式样，都要求左衣襟和右衣襟均无纽扣自然妥帖地加以连接，既美观大
方，又有保暖的功能。服式整体造型线条流畅，肩部处理的方式类似现代
的连袖衫，造型坚挺又不失女性柔美，且有通风功能。

朝鲜王朝统治时期，政治文化道德准则受汉儒学的影响，以"仁"治国，以"礼"治民，并形成自己国家的礼仪制度如《国朝礼仪》，对不同官品等级、服制规格、颜色及配饰都有严格的规范。朝鲜半岛服饰与中国传统服饰一样，追求自然优雅和朴素大方的求实风格。20世纪50年代后，韩国称其女服为韩服。朝韩两国袄裙在式样上相差无几，后在细节上有所不同，如韩国袄裙多用发光的绸缎制作，而朝鲜袄裙多用硬纱等材料制成。韩国袄裙追求典雅，装饰上呈西化倾向，而朝鲜袄裙相对传统，还喜欢在袄裙上绣花或撒上亮粉。总之，朝鲜半岛的高腰襦裙或称袄裙，最常用的色彩是淡绿、嫩黄、深蓝、玫红等。传统上未婚少女裙略短，而且可以上下装同色，后来逐渐形成不分年龄段的女性都可以这样穿了。以前的新娘喜服是绿衣红裙，后来受西方婚纱影响，也出现了白色的裙摆加皱褶的袄裙了。

二、东南亚及中国傣族的短衣筒裙

短衣筒裙是东南亚及中国傣族等民族特有的服装式样。其造型为窄袖紧身短上衣与长筒裙搭配。东南亚很多国家都有这种服饰的搭配方式。

图18　中国傣族男女服饰形象
（王家斌绘）

中国云南的傣族，缅甸的掸族，老挝的老族，泰国的泰族和越南的岱族、侬族有着共同的族源关系。历史上也有着密切的经济贸易往来。受地理因素和自然气候影响，天气温热，雨量充沛，这一区域人们的穿衣方式都很相似。这些地区的妇女其实身材不是很高挑，但是穿上这种短袄长筒裙，再加上高盘的发髻，显得身材姣好而又婀娜。

筒裙，也称"统裙"或"桶裙"。因其少褶或无褶成为筒状故而称为筒裙。当然因地域不同,短衫筒裙的穿着也有所不同,如在中国,穿短衣筒裙的花腰傣、汉傣、水傣都穿着筒裙但款式不尽相同。其中花腰傣的上衣是短身长袖,对襟直领短至露腰,下身的筒裙修长。在裙子的下摆处有层层的彩色绣条,颜色和装饰非常丰富也很华丽。(见图18)

汉傣的服装有汉人清末时的造型遗韵,短袖而口宽,有绲边。上衣造型是偏襟圆领。汉傣短衣的另一种造型是对襟立领,下着长裙则分三段拼接,在裙腰的处理上是把多余的布左右都向前中捏褶,形成了活褶开衩造型。这样便于大幅度肢体活动。

水傣的衣裙,有越南奥黛的特征,同时又呈现出明显的汉化特点。右衽的上衣款式,上衣为窄衣窄袖,收腰效果明显,圆弧形衣摆。裙子的造型已经脱离了傣族筒裙,有省但是也有捏褶的重叠量,筒裙明显有上紧下窄的效果。

这套服饰的形成与地理环境有关,适宜在地面平整、少山路、少荆棘的环境下穿戴,否则是很难迈腿行路的。

三、马来西亚的"娘惹衫"和"可峇雅"

"娘惹"一词是新加坡、马来西亚一带对土生华人中女性的称谓。东南亚地区,由于受到中国、印度、伊斯兰的服饰影响,服饰风格多元化。娘惹衫是一种混合服饰,造型多采用鸡心领,对襟形式,不用纽扣,而用扣牌,下身配萨龙长裙。20世纪初,从印度群岛引来荷兰服装上的蕾丝花边。从那时起,这种服装被称为"可峇雅"。早期的可峇雅是用蕾丝花边直接缝在长衫上,慢慢地长衫衣长缩短,裁剪也更加合体。长衫使用透明的纱和蕾丝镶嵌缝制,女性体态美显露

图19 东南亚娘惹装
(华梅著《多元东南亚》)

无遗，配以萨龙长裙更显优雅。穿着可峇雅曾是一种身份与地位的象征，因为它既有华服特征，又有西式蕾丝花边的镶嵌，显得格外华贵。可峇雅是东西方文化融合的产物。保守对襟的中式风格与华丽可爱的蕾丝花边的完美结合，成就了这种特有的衣衫。（见图19）

这种服装的衣身和现在合体衬衣很接近，袖子的长度在八分至九分长度之间，有时会出现七分袖的特点。前襟对襟处加长和下摆成为贴合腹部的斜角状。下摆的地方有大面积的刺绣，在平滑的纱或丝绸上产生凸起的彩色效果。从刺绣的图案中可以看到中国传统手绣和镂空法。西式的腰身剪裁又打破了中国传统服装的平面造型，使之成为西方元素和东方审美的有机结合。

四、中国东南沿海民族的短衣阔脚裤

沿海民族的服饰有着浓郁的海洋风格和奇特的服饰结构。其短衣区别于云南窄袖短衣，它的造型相对放开，形制也比较宽松，整体造型错落有致。其裤子为阔脚裤，裤口是普通宽腿裤口的双倍，与上身短衣形成了视觉上的强烈反差。这种装束便于劳作，特别是对于长期在水边生活的人来说，衣服经常会被汗水和海水浸湿，上衣宽松而长度短小，容易在短时间内被风吹干，而且劳作出汗时也不会贴身。裤子的阔脚也具备这种功能性。（见图20）

福建泉州惠安县惠东半岛崇武、小岞、山霞、涂寨四镇一带的汉族妇女——惠安女，即穿着这种短衣阔脚裤。短衣为右衽斜襟，四粒四合扣和两副花色盘扣，在其左侧缝底部，缝有一副花色盘扣。采用传统平裁法，没有省道的设计。款式造型为翻领，

图20　中国京族男女服饰形象
（王家斌绘）

弧形衣摆。小岞地区有别于崇武地区，短衫下摆夸张地起翘，衣身较长，衣身宽松。小岞衫相对于崇武地区的短衫而言，胸围松量较大，袖子造型为连肩接袖式。崇武地区的更紧小些，这是为适应海边的生活特点所致。小岞地区主要以内陆农耕为主，所以服式区别于以捕鱼生活为主的崇武地区。

崇武人捕鱼时，为了避免弄湿衣袖，不佩带袖套，因而在崇武地区惠安女服饰上没有贴边袖套。蓝色的短衫与蓝色阔脚裤相搭配。阔脚裤的造型，长度不长，裤脚很宽，长度在八分裤长之间。一般浅水的地方都不会弄湿裤脚。即使湿了裤脚，也因其裤口宽大而很快被海风吹干。

制作方法是，把布料朝经线、纬线方向各对折一次之后，采用丈量法，通常将旧的裤子在前门襟处对折，四层重叠的面料裁剪出裤腿裤片。裤头为双层结构，需要选取另一湖蓝色面料，裁出裤头布片。裆部为两个三角形，与我们衬裤的裁剪方法相似，以适应劳动时肢体大幅度活动。然后缝合裤头和裤腿，拼合裆部的三角形面料，在裤头处缝上系带，即完成了裤子的制作。短衣阔脚裤这种服制的形成，首先是适于劳作，再就是适于所在的自然环境，在此基础上又追寻着艺术美的原则。

第七节 特色首服与足服

一、代表权力的冠帽

（一）中国冕冠与乌纱帽

冕冠是帝王、诸侯及卿大夫参加祭祀典礼时佩戴的一种礼冠。最早对于冕冠的记载可追溯到远古时期，《世本八种》曰："黄帝作冕。"[1]可见类似冕冠的权威样式在黄帝时期或说原始社会晚期已经出现。现今可考

---

[1]（汉）宋衷注，（清）秦嘉谟等辑：《世本八种》，北京：商务印书馆，1957年版，第24页。

最早的冕冠图像成于汉代，山东嘉祥武氏祠画像石中有描绘黄帝及尧舜等先古帝王佩戴冕冠的形象。

至周代，冕冠典章制度已形成系统记述，《周礼·春官》："王之吉服，祀昊天上帝，则服大裘而冕。祀五帝，亦如之。享先王，则衮冕。享先公、飨射，则鷩冕。祀四望山川，则毳冕。祭社稷五祀，则希冕。祭群小祀，则玄冕。"[1]周代帝王在不同的祭祀活动中穿不同冕服，这里所记的大裘冕、衮冕、鷩冕、毳冕、绨冕、玄冕，一般将大裘冕与衮冕归为一类，总称"五冕"，由弁师掌管。（见图21）

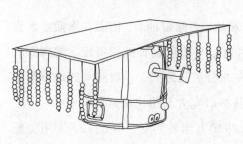

图21   出土冕冠实物（张新琰绘）

冕冠顶部的板状饰物，称为"綖板"或"冕板"。冕板大致形状是长方形，前圆后方，象征着天圆地方，以象形方式代表着天地秩序；前低后高，略向前倾，象征帝王官吏谦逊恭让，关怀百姓。冕板用色均为"玄冕朱里"，玄色比天，朱里比地，寓意天子取天地之法，制物象德。

冕板前后垂挂的数串玉珠称为"旒"，穿旒的五彩丝线名藻，与旒合称为"玉藻"或"冕旒"，一串珠玉为一旒，冕有多少旒，则每旒穿多少玉。根据冕冠类型，冕旒数不同，大裘和衮冕十二旒，每旒穿十二玉；鷩冕、毳冕、绨冕、玄冕依次减少。冕旒数也可辨别身份，天子十二旒，诸侯九，上大夫七，下大夫五，士三。冕板下部的圆形托座称为"武"，一般用铁丝或细藤编制，形如管状，外部罩以漆纱，扣于头顶。左右各穿一孔，名"纽"，经纽插笄绾结，固定发冠。系于额下的冠带称为"纮"，一端系于笄首，绕过额下，系于笄另一端。冕冠两耳上部内侧各有一彩色丝带垂下，名"统"。唐代以后，冠统加长，垂于胸前，称为"天河带"。天河带从头顶垂下可至地，贯通上衣下裳，象征天地交合。统末端坠有玉石，名"瑱"，又名"充耳"或"黈纩"，这种玉珠悬挂在耳边，意在提醒戴冠者

---

①   王云五、林尹注译：《周礼今注今译》，台北：台湾商务印书馆，1972年版，第221页。

不视奸佞之事。

冕作为中国古代首服中最为尊贵的礼冠，其质、形、色均体现着天地自然之理法，并为帝王、诸侯及卿大夫所特有，体现其权位的尊严以及古代封建制度的等级秩序。

中国的乌纱帽，常被作为官员的代名词。从文献上看应溯至汉代幅巾，当年多用绸、绢裹在头上。北周武帝时做些改进，叫作"幞头"。隋代时开始用桐木为骨子，这就等于使柔软的幞头有了个内壳，方便摘戴。唐代时成为男子通用首服，且可随意改变样式。后垂两带的叫"软脚幞头"，后用铁丝、竹篾放入脚中，让其上翘，便有了"硬脚幞头"。

宋代时以竹、藤或草编成内壳，外罩的黑纱被漆水涂过，越来越挺括。原来下垂或上翘的两脚向两侧伸直，被称作"直脚幞头"。《宋史·舆服志》中写到幞头时说："平施两脚，以铁为之。"并成为"国朝之制"。

明代时，在幞头基础上发展起来的乌纱帽正式成为官帽，《明史·舆服志》载："洪武三年定，凡常朝视事，以乌纱帽、团领衫、束带为公服。"[1]其形制发展为帽体部分由前屋、后山两部分组成。前屋低，紧贴头部；后山高，内部中空以固定发髻。明代画家戴进的《谢安东山图》和1960年上海市卢湾区潘氏族墓出土的实物都直观地表现了这一时期乌纱帽的形制。（见图22）

图22　明佚名（徐光启像）

（二）宗教人物首服

宗教在"东方"范围内，包含了佛教、伊斯兰教、萨满教、印度教等众多教别。服饰作为宗教文化的外在表征，蕴含着大量象征性符号，其中佛教、伊斯兰教、萨满教及众多宗教服饰中的首服以其突出性、复杂性最

---

① （清）张廷玉等撰：《明史》，北京：中华书局，1974年版，第1637页。

能体现宗教文化内涵。

公元 5 世纪,佛教诞生于印度,两汉时期传入中国,形成了藏传佛教、汉传佛教。中国中东部盛行的汉传佛教,继续向北传入东亚地区朝鲜、韩国、日本;印度佛教向南传入斯里兰卡、缅甸、泰国、柬埔寨、老挝及中国云南省傣族地区,被称为南传佛教。佛教徒需剃度修行,在汉传佛教与南传佛教中,普通佛教徒一般不佩戴法帽,只有道行高深的方丈、住持等身份高的僧侣才会佩戴圆形黄色小帽。

藏传佛教以不同类型、颜色的法帽区分教派。宁玛派的莲花帽,因其形状酷似莲花而得名。一般是以氆氇为面料,前面开口,帽顶尖长,帽檐上翻。宁玛派的通人冠又称班智达帽,为参加法会和修学时所戴,圆形尖顶,其中又分班仁帽和班同帽,这两种帽形基本相似,唯一的区别是在高尖顶的两块延片,班仁帽要长于班同帽。精通小五十明者戴“班同”,精通大小五十明学科者则可戴“班仁”。在这里,帽子成为学识等级的标志。帽上装饰金线,金线数目多少取决于戴这种帽子的人所研究过经文集之数目,或者对于十明学研究的深化程度。

格鲁派僧人帽形似鸡冠,帽顶部有黄色穗须耸立,故称鸡冠帽。鸡冠帽是藏区独有的僧帽,分卓孜玛和卓鲁两种,卓孜玛的冠穗是拢在一起的,而卓鲁是散开的,三大寺的执事和有学位的僧人戴卓孜玛,一般僧人则戴卓鲁。格鲁派高级活佛参加佛法盛会或弘法授道时戴圆形尖顶的金黄色法帽。据说格鲁派创始人宗喀巴在西藏弘法时曾戴黄色尖形僧帽,表示与以往僧人的不同及坚守戒律的决心。现今我们还能在佛教雕像中看到这种帽子。

伊斯兰教诞生于阿拉伯半岛的社会大变动时期。信奉伊斯兰教的人称为穆斯林,意为顺从者。伊斯兰教主要传播于西亚、中亚、南亚、东南亚等。中国维吾尔族多数人信仰伊斯兰教,因而维吾尔族无论老幼,不分季节,都遵循《古兰经》的教义,头戴花帽而不露顶,以表达对上天的敬仰之情,其宗教文化寓意十分鲜明。正宗的维吾尔族花帽由手工绣制而成,图案大多采用四边花帽形制。人们将四瓣分别绣好相同纹样的帽片以顶为中心缝合,套在木制帽模上成型,最后镶上黑绒布边。花帽偶尔也有五瓣、六瓣、圆形及船型样式。

中国回族信奉伊斯兰教，最具有特色的是帽子，称"号帽""顶帽""孝帽"或"礼拜帽"。帽子符合伊斯兰教的"五功"之拜功：要求礼拜者的头部不能暴露，必须遮严，磕头时前额和鼻尖还要着地以示对真主安拉的无限虔诚。不戴帽子去礼拜不符合教义，戴有檐的帽子前额和鼻尖又无法着地，只有无檐小帽才能兼顾两方面的要求，这样既遵守了教义的规定，又形成了独具特色的民族服饰。

从颜色上看，受到伊斯兰教的影响，白、黑、绿是回族帽子常用的颜色。白色，虔诚古朴、干净持重；黑色，肃穆庄重、素雅端正；绿色，清新秀丽、明快悦目。这些色彩配合帽子的材质、形质和图案，表达了回族对朴素整洁之美的偏爱，体现出与中原其他民族服饰的差异，成为回族的重要艺术标志。从材质上看，回族帽子早年用棉布，当代有用的确良、涤卡等人工合成织物制作，也有用白棉线钩织的。黑色的多用平绒、棉质毛毡、华达呢等材料，也有的用毛线钩织。这些材质朴实无华，纯朴自然，正符合《古兰经》中反对奢侈、腐化的要求。

萨满教作为原始社会的古老宗教，以万物有灵论为基础。在中国北方达斡尔族、鄂温克族、鄂伦春族、蒙古族、赫哲族、满族、锡伯族、乌孜别克族、塔塔尔族、朝鲜族都有其信徒，在韩国保存得最为完整，日本的神道教也是萨满教的变体。

萨满服饰是指各民族萨满举行跳神祭祀活动时所穿的法服，包括神帽、神服、披肩、神裙、鞋袜等。萨满神帽作为其重要组成部分，被视为通神的渠道、镇魂的武器。萨满神帽由帽托、帽架和各种帽饰组成。萨满法师佩戴神帽时，要先戴上帽托，形似瓜皮帽，再将铜或

图23 萨满法服（张新琰绘）

铁制帽架置于其上，用以护头。各民族不同的萨满神帽上，帽饰也不尽相同，它们都有其固定的含义。（见图 23）

在韩国，朝鲜族萨满的装束与祭祀对象有关，祭祀"山老婆子"时，头戴红色称为"虎须笠"的帽子，身穿蓝色衣服，上面披着旧时的军装。另外，腰上还系着红色腰带，手持扇子。而祭祀"帝释"时则头戴白色高帽，身着白长衫，上披锦襕袈裟，手持念珠和白扇子。

在中国，满族萨满帽顶铸有各式鸟形饰物，萨满可凭借神鸟的翔天能力实现人与神的沟通。各氏族支系神鸟数量不等，多取三、五、七、九等奇数，象征三界九天，多者可达数十只。神鸟以铜、铁打造，造型各异，或口含珠饰，或翅悬铃铛，或尾系彩带。一般在帽顶居中处高竖一只或三只主鸟，其余鸟分列其下，呈振翅状，神鸟数量可随萨满祭祀经历的增多和氏族威望的提升而加制。

中国东北地区的达斡尔族、赫哲族、鄂伦春族的萨满神帽上则普遍采用鹿角装饰，其数量同样采用奇数，鹿角枝杈的多少代表萨满法师的资历高低。达斡尔族、赫哲族以铜六叉犄角代表鹿角，鄂伦春族以神帽上帽角的数量象征鹿角，鹿角枝杈数量随萨满祭祀经历的增多而增多。

一般来说，各鸟式神帽、鹿角神帽上，都要装饰鸟形、铜镜、飘带等饰物。帽前正中或左右两侧缀三面小铜镜，象征日月光辉。人们认为铜镜光可照人，也可照射妖魔鬼怪。铜镜还象征魂魄精灵，被看作萨满的生命。在祭祀活动中与病魔斗争，铜镜可护心，如果铜镜被打碎或丢失，意味着生命丧失。铜镜背面镂刻或镶嵌代表日月星辰、树木花草、飞禽走兽之类的吉祥纹饰。帽后坠有红、黄、蓝三色飘带，象征着彩虹，含有吉祥之意。人们每次请萨满跳神时，为酬谢法师都会在铜角上系一条飘带，飘带越多，说明萨满资历越老。据说带子的多少长短也与萨满的等级有着密切的关系。在带饰中，有一根带子特别长且系有一个铃铛，叫作"脱帽带"。萨满在脱帽时需有人拿住带子，用木棒敲打神帽上的鹿角将神帽打下，才可以脱帽。有了这些饰物的装饰，萨满更加神化，成为连接人间与天神的使者。

云南少数民族原始宗教服饰中，法帽又名法冠、神帽，在原始宗教的信仰物中占有突出地位。有的装饰着原始宗教的神像或象征图案，有的受到佛教文化的影响，按其造型大致可分为以下几种。

五佛冠，由莲瓣组成，又名莲瓣冠。藏族苯教巫师、普米族韩归、摩梭人达巴、纳西族东巴都是这种冠饰。藏族苯教巫师的五佛冠上是五个雍仲图案，即卍字，据说雍仲是仿太阳之光芒四射的光彩画出的。卍字作为宗教标志，在古代印度、波斯、希腊等国家都出现过，认为是太阳与火的象征，佛教徒也认为是"吉祥之所吉"，这从侧面说明苯教崇信光明，并以此作为苯教标志。摩梭人的达巴头上戴的五佛冠，绘制的图案也是苯教五位护法神。

纳西族东巴的五佛冠，是由五片硬面纸剪成尖头形连缀而成，各片绘有神佛、神像彩图。所绘神佛、神像分别有东巴教祖师丁巴什罗和各位护法神。但各地佛像绘制有所不同，云南省迪庆藏族自治州香格里拉三坝乡的纳西族，佩戴的五佛冠受汉传佛教的影响，绘唐三藏、孙悟空、猪八戒、丁巴什罗、大黑天神像。

在彝族、纳西族中，毕摩作为宗教使者，其法帽尖顶冠是毕摩的标志，毕摩做法事时必戴此帽。据说戴上它，上天看得见，表示毕摩的行为光明正大。彝族毕摩法帽以竹篾编制，形状如斗笠，外面裹黑羊毛毡，毕摩每做一次送灵仪式，帽面上便加一层羊毛毡，其层数愈高，表示毕摩法术愈高。帽檐绑有布条，布条越多，表明曾为死者送葬的次数越多。

纳西族东巴祭司的毕摩法帽称为"黄蜡帽"，纳西语叫"诺毕箍母"或"卡箍母"，通常为大东巴所戴。黄蜡帽是用毛毡制成，上插箐鸡毛，象征雉尾，以示神圣。帽上还有两个铁角，上面画有两个圆点，象征日月昼夜生辉。铁角两边各插一把刀，刀两侧有豪猪刺，这些都表示驱鬼以保护东巴之意。大东巴帽檐上有一圈牦牛毛，表示东巴威力强大。另外，帽上还饰有鹰爪，也是驱邪之意。帽带为五色彩绸。戴帽前，东巴需要先念经讲述帽子来历。

纳西族还有一种黑色法帽，是用黑色绸布缝制而成，状扁而尖，帽顶左、中、右各缀有丝线团，帽檐周围缝缀有银、铁、铜、玉制小佛、八卦图案等饰物，帽檐后系以飘带。东巴自称，此物非技艺高强的大东巴而莫能有。它能镇魔压邪，所以凡举行为死者亡魂诵经指路等仪式时必须戴上，借以增加作法威严。

哈尼族爱尼人祭祖须戴鸟羽冠。因为哈尼族与鸟祖有着血缘联系，所以女巫祭祀时，头插红色羽毛象征神域，如果红色的羽毛微微颤动，则意味着神灵的降临。送灵返祖时，头饰上的羽毛要更多更大。即使弄不到羽毛，也要用棕叶编成羽状戴在头上，形同羽冠。景颇族羽冠，则用藤篾编织而成，冠前镶有木雕的犀鸟嘴，两侧镶数颗野猪牙，顶处直插孔雀和犀鸟毛。

宗教作为一种特殊的文化现象，几乎无所不在，深刻地影响着人类生活的各个方面。宗教仪式主持者或参与者的首服在原始宗教的信仰物中具有突出地位，表现着一个民族丰富的历史、宗教以及社会习俗的内涵，蕴含着整个民族对神权的崇仰和对美的追求。

二、日常实用笠帽

（一）炎热地区的斗笠

斗笠的出现年代至今无可考证。劳动者在田间耕耘时，戴一顶斗笠可防晒，也可防雨，所以在东方低纬度炎热地区深受喜爱。斗笠在中国南部福建、云南、广西等地，广阔的东南亚地区，甚至较高纬度的韩国、日本都有广泛使用。

中国福建省东南部崇武半岛沿海一带，因气候炎热多雨，勤劳的惠安女每人一顶黄斗笠成了她们的标志，形成了"黄斗笠、花头巾、蓝短衫、银腰链、宽筒裤"的服饰形象。黄斗笠以竹为原料，呈圆盘状，尖顶，竹篾有规则地捻绕成图案线条，夹以箬竹的叶子，再涂上桐油，刷上黄漆，便具备了防晒防雨淋的功能。中国广西毛南族喜欢将竹子削成细细的竹篾，织出精致的花纹，尤以葵花图案居多，称为"顶盖花"或"顶卡花"，不仅日常戴用，还被用作毛南族年轻男女的定情信物。

在中国云南、广西地区的苗族，习惯以箬叶或麦秆编制斗笠，分为粗编和精编两种。粗编主要为日常生活所编，以结实耐用为主。而精编多为礼仪等隆重场合戴用，讲究审美兼具实用，其中以马尾斗笠最为精致，也最费时费力。马尾斗笠是将竹子剖成又细又长又薄的篾片，以360根竹篾和马尾编织而成，编好后涂上一层桐油，以保持精致耐用。苗族祖先们将斗笠视为移动的家，儿女出嫁时，必须置备新斗笠送给新人，不仅为遮阳挡雨，还蕴涵着家族祖先庇佑后代之意。

越南被人们称为"戴斗笠的国度"。越南地处北回归线以南，属热带季风性气候，气温高，湿度大。作为一个农业国家，在这样的气候下，常在野外劳作的女人们就需要一个有效的遮阳护肤工具，于是斗笠就在越南妇女生活中派上用场。斗笠在越南有着悠久的历史，其形象早就被雕刻在"玉鲁"铜鼓和距今2500—3000年前"陶盛"的陶罐上。

越南斗笠中最具特色的要数故都顺化的"诗篇笠"。诗篇笠用细如针的16根竹条、匀称白净的葵叶编制，各层葵叶上或绘画，或赋诗，再以透明胶丝黏合而成，然后加以紫、绿、红、白、黑等色绸带做系带。从制笠箍到搭笠架，从处理葵叶到修饰笠子，各个环节都极其精细。拿起斗笠对着阳光照，可以清晰地看到两层薄薄叶片中夹着的画面或诗句，从而领略到斗笠上的诗情画意。

朝鲜李朝时期，男子普遍戴笠，形似现代的礼帽，帽顶较平，圆筒状，帽檐宽大，李朝明宗时期笠的帽檐直径可达75厘米。朝鲜早期出现的笠是以草制作的草笠，后来出现的黑笠，以马鬃制作，再用漆涂成黑色。在朝鲜，笠不仅仅用来遮阳挡雨，更多用来装饰自身以修饰形象，所以平时两班阶层（文官和武官）只有在吃饭和上厕所时才会脱下。脱戴时为避免伤发，先在头上罩以网巾，雨天在笠外还要再加上用油纸制成的笠帽，形似半开的雨伞，在朝鲜半岛古画上经常可见到这样的形象。14世纪后，男子笠帽上装饰白玉、水晶等价值不同的饰物，用于区分官职的高低。（见图24）

图24 朝鲜男子斗笠（张新琰绘）

笠源于炎热地区人们避阳防雨的需要，随着时间的推移，斗笠更多地是用来满足人们对美的追求，逐渐成为兼有历史文化意蕴和艺术欣赏价值的工艺品。在 2006 年亚太经合组织第十四次领导人非正式会议上，越南以 10 根竹子，7 名工匠花了 9 天时间制成了直径约 3.6 米、高 1.5 米的斗笠，用以展现越南的文化魅力。

（二）寒冷地区的皮帽

原始社会时期，我们的祖先为了生存，与各种不利的自然条件作斗争。先民为抵御严寒，以动物皮毛裹身御寒，用动物皮毛制成的帽子统称"皮帽"。

在中国，皮帽多用于西北、东北寒冷地区，尤以少数民族服饰中多见。甘肃、青海、四川的藏族常佩戴一种狐皮帽，名为"哇夏"，其整体呈圆锥形，外用锦缎，内夹棉花，外檐续狐皮，与锦缎相连缝。佩戴时狐皮外翻，将最美部分外露，优美大方，风度翩翩。内蒙古地区达斡尔族男子冬季多佩戴以狐皮、貂皮、狍子皮、狼皮做的大耳朵帽。佩戴时将毛朝外，双耳竖挺，还用金银线绣出狍、狐狸、狼的眼耳口鼻作为伪装，以便狩猎时靠近动物，缩短射程。同样在东北大兴安岭地区生活的鄂伦春族，以狍头帽作为狩猎的最好伪装。它以完整的狍子头皮制成，剥下，鞣好，把眼圈的两个窟窿塞上黑皮子。有的地区还把两个耳朵割掉，用狍子皮或黑布做两个假耳朵缝上，以防其他猎人误射。由于狍子皮毛长而浓密，皮厚耐磨，耐寒性极强，鄂伦春人离不开狍头帽，久而久之竟成为鄂伦春人的标志之一。

皮帽是人类祖先在恶劣寒冷气候下的伟大创造，为人类适应不同地区的气候环境提供了技术保证。大自然动物皮毛的保暖性强，在原始社会的自然环境下，以动物毛皮制成的皮帽，解决了保暖物品的来源，体现了人类的智慧。

（三）装饰性虎帽及其他

在人类首服发展史中，不仅有功能性的冠帽，而且有许多象征精神文化的装饰性冠帽，用一些原始的生命符号表现人们的美好愿望。这在各民族女帽、童帽上表现得尤为突出。人们希望用具有神灵作用的象征符号保佑亲人，特别是儿童。装饰性冠帽的象征符号多以动物类为主，有虎头帽、鸡冠帽、狗头帽、鱼形帽等。

虎头帽：在河北京津一带、云南苗族彝族地区、甘肃陇东平原、陕西关中平原、山西晋南平原的汉族，除了以龙凤为图腾崇拜外，还认为虎为兽中之王，可镇住一切恶魔，因此儿童都会戴虎头帽，表示受到虎的"围抚"，邪恶不敢侵害，可辟邪壮威。佩戴的虎头帽大都是长辈自己制作的，要求虎头虎脑，稚气可爱，不能有凶残之相。一般是将正面做成虎头形，在额头部位以彩布拼贴"王"字，两侧用小圆圈装饰老虎的眼睛，下端是半圆形的小嘴和几根遒劲有力的曲线胡须，虎耳侧立且两旁挂一对银铃，孩子一跑便发出叮当的响声，避免被人碰撞。有的虎头帽边沿镶一圈兔毛，前沿处镶钉一排银或铝的菩萨俑，其他部位以彩色丝线绣满花卉图案。色彩艳丽，做工精细，每一顶虎头帽都是一件绝妙的艺术品。儿童戴虎头帽时，胸前还会配上一个金锁银牌，上面有"福、禄、寿、禧"字样，显得越发吉祥并天真可爱。（见图25）

图25　虎头帽（华梅藏）

鸡冠帽：云南红河地区及附近的彝族姑娘佩戴鸡冠帽。帽式模仿鸡冠的造型，称为"鸡冠帽"或"公鸡帽"。根据彝文经典《夷僰榷濮》记载，彝族先民在创业神话中说，远古时天地之间没有光明，无白昼黑夜，足慧鸡不停地啼叫才使光明降临大地，所以先祖感念公鸡的恩情，从此穿戴象征吉祥的鸡冠帽。也有传说是恶魔祸害人间，公鸡鸣叫驱走了恶魔。在这些传说中，鸡冠帽都有驱魔求吉、获得光明的作用，属于典型的少数民族动物崇拜的佐证，同时折射了一定的原始阴阳观念，"魔鬼"代表阴暗恶势力，雄鸡象征光明，以阳克阴，鸡冠帽又成为原始巫术的原型。

鸡冠帽用相同的两片加厚衬的布勾勒出三道起伏的弧线，像鸡冠又像山形，表示帽顶，帽口用三道舒缓的弧线装饰，将两边与上方缝合，中间就呈现出可容纳头部的空间。在表面装饰各种花卉图案和银泡，以银泡代表星星和月亮，象征光明幸福。分布在不同地区的彝族支系以及其他民族，如哈尼族、白族等都有模仿公鸡形象制作的装饰性帽子，形制稍有差异。有的上下不封口，类似一个帽圈，有的夸张喙部造型，又被称为鹦鹉帽、凤凰帽等。

狗头帽：在浙江宁波一带的汉族儿童有戴狗头帽的习俗。狗头帽基本造型是在帽顶左右两旁开孔，缝制上狗耳，耳缘缝一圈皮毛或禽鸟羽绒之类。狗头帽的由来有一个传说：从前宁波有两兄弟，哥哥家无儿无女，六十岁时得一儿子，弟媳为夺哥哥家产，欲加害其子，被哥哥家大黄狗救回抚养得以保全。后来真相大白，哥哥为感谢大黄狗的恩情，特地请裁缝做了一顶"狗头帽"给孩子戴。后来，人们觉得这种"狗头帽"很吉祥，戴在小孩子头上又活泼又可爱，就一传十、十传百地传开了，形成汉族民间给儿童戴"狗头帽"的风俗。

鱼形帽：在中国湖南山江山寨的苗族认为，鱼具有强盛的繁殖能力，因此将帽子做成鱼形，象征家族兴旺、人丁众多。在苗族传说中，鱼还是小龙女的变身，被木匠大哥救起后嫁给恩人，是个智慧、勤劳、知恩必报的美丽姑娘。苗族姑娘佩戴鱼形帽代表着贤良淑德。苗族人喜欢将鱼绣成飞翔状象征自由，与苗族祖先曾崇拜飞鸟有关。苗族人将童帽做成飞鱼形，希望孩子能够记得苗族的祖居地是"鱼米之乡"，同时也希望孩子长大以后能够像鸟一样自由自在地生活。

龟帽：苗族文化中，龟象征着长寿和智慧，可历经千年不死，具有先知先觉的灵性。人们认为，只有与龟一样聪明的人才能读懂龟纹的含义，才能禳灾祈福。苗族人将帽顶做成龟壳形，或者将龟背上的纹路绣在帽顶上，绣制的纹路有的十分逼真复杂，有的简化成两条八字形斜线。给孩子戴上龟帽，期望孩子聪明健康。

猫头帽：苗族认为，黑猫是猫科中最精灵的，可通神性，象征着正义，因此给孩子制作猫头帽。帽子上绣各种夸张的花卉图案，多以菊花为主。带上黑色猫头帽寓意孩子受到护佑，且长大后明白事理，主持正义。还有红色猫头帽，通体绣满花卉，以牡丹花为主，以红色为主色调，寓意孩子以后日子过得富贵红火。

三、特色足服

（一）蒙古靴

蒙古靴作为蒙古族服饰的重要组成部分，因其自身独特的款式风格、制作工艺而深受人们的喜爱。历史上，欧亚大陆的许多游牧民族都是靴子的制作者和使用者。游牧民族穿着蒙古靴，严冬可以抗寒冷，穿越沙漠时防磨脚，涉草时防划伤，且利于马上驰骋，充分适应周围生活环境、生产方式和风俗习惯。靴子成为他们生活中不可或缺的一部分。后来，随着生产力的提高和需求量的增加，草原上形成了一个独立的行当——制靴匠。

蒙古靴主要由靴筒和靴底两部分组成，靴筒又由帮子、鞡子、云子、楞子、口子、镶条、溜跟、座条等部分构成。靴筒和靴帮是由两个对称的裁片通过细密的针脚缝合而成，高度一般达胫骨处。靴底由盖板、千层和皮底三部分合成，厚且硬实，不易弯曲变形。蒙古靴的整个结构是为了便于随时调整姿势而设计的，在快速奔驰时能够支撑躯体并适应坚硬的马鞍。在10至11世纪契丹时期蒙古人的画像中可看到蒙古靴的这种结构形式。

蒙古靴中的装饰部分主要集中在"云子"，制作云子的材料很多，可用皮、毡、布等，讲究的用驴皮制作。先在一大块股子皮料上依样画出需要的云子轮廓图，再用裁刀依线裁切，挖出云子形状，用动物的肠子制作成的肠衣线沿纹样线条粘贴在云子上，在靴筒上显出浅浮雕般的质感，然后再粘上红、黄、绿等颜色的布料，讲究的用绸缎做衬底彩布，靴子匠的行话称为"挂彩布"。再将制作好的云子缝合在靴帮、靴鞡、靴口等重点装饰的部位，行话称"契云子"。先黏合，后压平，再缝合，线头都要收在里边使其更加美观。云子的纹样多选用动植物图案或有吉祥寓意的如意云纹等，纹样可多可少。纹样多少、美观度都由穿着者自行决定，普通农牧人家，以实用为主，装饰纹样较少，在家境较殷实的人家，纹样装饰较多，且装饰的纹样和装饰部位较为考究。

（二）中国、日本木屐

屐是下有两齿的木质的鞋。因有两齿支撑可以"践泥"，使得走路轻便、雨天防湿防滑，似今天的雨鞋，整体形象更像今天的拖鞋，没有后帮。关于木屐的起源，还有一个小故事：春秋战国时期，晋文公感激介子推割肉充饥救命之恩，准备封赏，然介子推躲进绵山不出，晋文公焚林求之，介子推却抱树烧死。晋文公抚木哀嗟，伐树制屐。晋文公每当看到木屐便感激流涕，叹道："悲乎足下！"后世对平辈或朋友称呼为"足下"竟与木屐有关。

实际上，木屐早在新石器时代晚期即已出现，一直流传后世。唐代李白曾有诗曰："长干好儿女，眉目艳星月。屐上足如霜，不着鸦头袜。"鸦头袜即是配合木屐而穿的二趾袜。木屐随着国际交流传入日本。因日本气候潮湿，脚气病多，木屐有效地解决了这一问题，于是木屐在日本广受欢迎，并改名为"下驮"。后发展出了多种样式，有绘着京都特色图案的"驹下驮"，有只可在庭院穿着的"庭下驮"，下雨时穿着高齿木屐，春夏赤脚时穿着涂有油漆的木屐，秋冬时穿日式二趾白袜再穿着木屐。随着社会生活的现代化，"下驮"与和服由日常服饰演变为特定祭祀等活动中的礼仪服装。在日本盂兰盆节时，人们会以木屐作为馈赠品。一些较高档的餐馆里，常把寿司放在似木屐形状的餐盘上，意味着祝旅行者一路平安。当代社会的木屐是无齿之屐，更接近于现在的拖鞋。

（三）草鞋与布鞋

人类随着从狩猎时代发展到采集经济时代，学会了以植物枝叶、根茎来编织生活用品，在今天的中国西安半坡、浙江河姆渡、江苏草鞋山等新石器时代遗址的出土文物证实，6000 年前人们已经广泛使用手工编织物，出现了原始纺织手工制品。由此我们可以推断，人类在原始社会已开始穿着手工编织的麻草鞋了，只是这时的编织很粗疏而已。

由于草鞋材料以草和麻为主，质材取之无尽，用之不竭，平民百姓都能自备，汉代称之为"不借"。汉文帝刘恒曾穿着"不借"视朝，以表现勤俭的生活态度。这表明在汉代时，皇宫贵族穿草鞋已不多见，取而代之的是绸缎鞋。同时，布鞋逐渐在平民百姓间普及。至唐代，人们认识到葛草编织的鞋在长期使用中不如麻纤维去汗离体，所以唐代普遍种植麻，并编织成麻草鞋。这在唐代绘画《西域降灵图》中有形象的表现，说明除穷苦百姓外，隐居高士和僧侣也穿麻草鞋。

明清时的平民百姓在劳作时仍会穿着草鞋，红军万里长征时，依然着麻绳草鞋，可见这是一种东方特有的生态服饰。只不过，与此同时穿着的已有布鞋。

近现代，百姓平时大都穿着布鞋。东方人穿着的布鞋很有特色，通常是家家都有自家老少的鞋子尺寸，包括鞋帮和鞋底样板。春秋时节，取一些做衣服裁制时余下的布头儿，一层层用糨糊粘在木板上。到了一定厚度时，放在阳光下晒干，揭下来。这个程序叫"打夹子"。然后，比着鞋底样子剪成一个个鞋底大小的"夹子"，再用白斜条布将其围一圈粘好。几层摞一起，够到大约 0.8 厘米的厚度就可以用锥子扎一个或几个针眼，接着用粗针穿粗白线纳出针脚。这就叫"纳鞋底"。鞋帮是一层的布做里儿，一层黑布或其他颜色的布做面儿，也用糨糊粘在一些，剪成需要的鞋帮。上面可以纳线做图案，也可以绣花，还可以镶嵌"梁子"，如"双梁鞋"。纳线或绣花的一定要后贴白布里儿。将鞋帮沿好边后，就可以绱鞋了，即把鞋帮鞋底缝合成一双鞋。各国各民族的各种类型布鞋都属于传统的手工艺，因而地区风格特别明显。由于是手工纳底，具有柔软舒适、透气吸湿的特性，所以深受人们喜爱。布鞋制作工艺是非物质文化遗产的一部分，理应格外珍惜。

第八节 特色服装随件

一、褡裢与元宝篮子

褡裢是古人日常生活中必不可少的一种盛物用具，多用天然棉线或

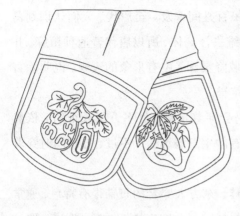

图 26　褡裢（张新琰绘）

羊毛手工编织而成，可搭于肩背或放在马背、驴背上，小型的可放在衣服里随身携带。

早期的褡裢是用布缝制的，后来在各民族中发展成各种装饰性的造型和编织方法。如工艺褡裢的制作可分为栽绒褡裢和织花褡裢，二者的主要区别是编法不同。栽绒褡裢的织法与织地毯相同，做法更复杂，成本更高。织花褡裢是采用"平纹编织"和"通经断纬"编织方法织成，织法相对简单快捷，编织紧密、结实。（见图 26）

彩色褡裢需用染料将棉花或羊毛染色后，再用手捻或木制小纺车纺成纱线。搭建好编织架以梭织穿梭其中，以本色的粗棉线为经线，将棉线左右均匀地排列到织架上并绷紧，使它们排列成编织中的经线。排经线的数量可根据褡裢的宽和长来决定。将经线分为两组，每组经线和相应的提经棒相连接，用经线把手控制两组经线的前后相互移动。

元宝篮子是藤编盛物包，因形似元宝而得名。大型的可用扁担前后各担一个篮子以装物，小型的就可以挎在小臂上。其造型和使用方法颇具东方特色。

所谓篮子，多以植物藤、草、竹或玉米包叶等扁形带状物编织而成，当代还有以塑料带子替代植物材料的做法。东方民间有句歇后语："竹篮打水一场空"，说明篮子一般是用来盛放固体物件的，它不同于囊，如皮囊既可盛水也可盛酒。

在中国宋代张择端画的《清明上河图》中，就有小贩担着扁担，前后各拴一个元宝篮子的形象。直至 20 世纪中叶，城市街道上还可看到挎着元宝篮子卖油条的生意人。这种篮子流行时间长的原因：一是它的形状像金银元宝，故而象征财富，看上去感觉很吉祥；二是它两头略高，中间略凹，便于挎在小臂上，同时也便于拴系。这种篮子可以作为东方民间盛物包的经典造型。

二、少数民族挎包

挎包是东方各少数民族服饰中常见的盛物包，少数民族中流传一句俗语：“制衣要制包，出门要挎包。”挎包依着服饰走，随着服饰行，许多少数民族服饰只有配上一个民族挎包才算得上是完整的一套。

云南是少数民族聚居最集中的地方，分布着二十多个民族和众多的民族支系。同一民族的不同支系因居住环境的不同，在语言、服饰上各有差异，挎包也呈现出不同的特色。

苗族喜欢依水而居，他们的挎包上也大多呈现水生动植物的图案。

西盟佤族挎包底色采用黑红条纹，因地处植被茂盛区域，常镶嵌一些植被果实作为点缀。沧源县佤族挎包图案使用白色菱形方格纹，再与七种颜色相搭配，称为“七只眼”。

大理白族将挎包称为“香包”或“香袋”，他们崇尚白色，挎包一般以白色为底，再绣上大红大绿的花朵，素中有艳，展现一种欢天喜地的大俗大雅之美。香包造型有的缀有三角形的小香袋，有的在正面缝制一块“遮羞布”，用以保护刺绣的精美图案。

傣族挎包又称“简帕”。傣族多生活在云南西双版纳澜沧江两岸，傣语“澜沧江”意为“百万大象之江”。这里遍布热带雨林，栖息着众多亚洲象，因而挎包图案也多以大象为装饰，象征着五谷丰登。

景颇族挎包多以银泡作为装饰，传说景颇族的始祖宁贯娶龙女为妻并繁衍后代，银泡就是由始祖的龙鳞变化而来，人们以银泡装饰挎包以祈求平安。

傈僳族的挎包在汉语中称为“花口袋”，傈僳族语称为“腊裱”，若与其他民族结交朋友，送上一个亲手编织的“腊裱”可以表达诚意。在这个简单的、一尺见方的挎包上充分体现了东方民族的文化内涵，尤其是它常被作为男女青年的爱情信物，因而也就多了几份心思，多了几分情意。最民族的也是最浪漫的。

三、油纸伞与绢伞

　　远在中国原始社会晚期，即传说中的黄帝时期，伞的雏形已经出现。用于车子顶部的称为"盖"，帝王所用的丝绢车盖又称"华盖"。关于"伞盖"的出现，一说源自原始社会时期的房屋建造，一说源于荷叶的启发。

　　汉代蔡伦发明了造纸术，人们开始以价格低廉的纸代替丝帛。至魏晋时期，出现了油纸伞，是在纸上涂一层油脂，使之既可防雨又经久耐用。但这一时期伞仍为特定阶层使用，不能在平民百姓间流传。

　　隋唐时期，油纸伞不仅可用于防雨，而且可以遮阳避暑。日本大化改新后，先后派出19批"遣唐使"至中国学习理论技艺，其中也包括制伞技艺，称为"唐伞"。在日本，油纸伞最初主要用于佛教法器，伞柄伞骨均为黑色，伞面为红色和白色，绘着日本太阳神图案。日本战国时期，左卫门远航"吕宋"（今菲律宾）学习到伞可以使用轮轴开合，再覆上亚麻仁油或桐油等防水加工过的油纸，与"唐伞"进一步融合发展成为了"和伞"。这种雨具随之成为百姓生活的必需品。日本和伞分为蛇目伞和番伞等种类，其中，蛇目伞是比较常见而又颇具特色的一种，一般在伞的中央和边缘绘以青色，青色中间隔以白色，张伞后，远望就如一条蛇的眼睛。蛇目伞在古代一般为僧侣和医生使用，后来受女性喜欢，而普通男性则使用单色番伞。日本江户时期，随着商业贸易的发展，催生了广告宣传业的发展，和伞已成为普遍必需品，因而也就成了最优质的广告媒介，许多商店会在雨天借给客人。他们在伞面上绘制商家广告，起到免费广告的作用。

　　中国宋代时油纸伞也成了大众用品，达官贵人、平民百姓皆可使用。但以青绢制作的青凉伞只为皇室贵族使用，加之其价格昂贵，民间也使用不起。明清时期，宫廷规定庶民不得使用绢伞，伞成为身份地位的象征。

　　至现代，油纸伞和绢伞的实用功能减弱，因为其古香古色，图案精美，轻盈灵巧，所以更多的是作为工艺品来展现的。1756年，日本岐阜县岐阜市用当地盛产的"美浓纸"为原料，经100多道工序生产的油纸伞远销世界。日本的京都油纸伞和淀江油纸伞也深受人们喜爱。中国台湾、潮州、杭州等地被誉为"纸伞王国"和"中华美伞之乡"。东方的伞以其独特风格形成了明显的有别于西方的艺术特色。

四、羽扇、团扇、折扇

扇文化的形成经历了漫长的岁月。早先，人类出于招风取凉、驱赶蚊虫、掸拂灰尘、引火加热等种种需要发明了扇子。扇子的应用至少不晚于新石器时代陶器出现之时，早期应是对大型植物叶子的直接使用。

周代在仪仗扇的基础上，开始以鸟羽做成羽扇，专用于高层贵族的招风取凉。如今提起羽扇，人们都会想到《三国演义》中的诸葛亮，相传诸葛亮的羽扇为其夫人所赠。诸葛亮每遇困境，总是羽扇一摇便计上心头，众多的传说演绎使得羽扇与诸葛亮形影不离，成为诸葛智慧的象征。《晋书·五行志上》载："旧为羽扇柄者，刻木象其骨形，列羽用十，取全数也。自中兴初，王敦南征，始改为长柄，下出可捉，而减其羽用八。"[①]这里描述了古代羽扇从无柄至有柄，从十只羽改为八只羽的制作演变过程。

羽扇应用较早，绢扇也随之而起，中国汉代时，随着丝织业的发展，纨扇更为多用。纨扇边框手柄均以竹制成，扇柄为中轴，以高档白色丝帛绷紧固定成左右对称的圆形扇面，其上绘画或刺绣花纹，多在宫中使用，又称为"团扇"或"宫扇"。因其精美而深受后妃侍女喜欢，大家闺秀常执一面团扇半掩芳容，含羞带怯，尽显含情脉脉之意蕴。

唐代纸面团扇出现后即在民间广为流行。扇面题材也更为广泛，人物故事、神话传说、花鸟鱼虫、庭院楼阁、才子佳人、民间习俗等题材都进入到这幅不盈尺的扇面中，我们在唐代《捣练图》上可以看到团扇的身影。团扇也成为唐代诗人借物抒怀的题材，如唐代诗人刘禹锡的《团扇歌》、王昌龄的《长信秋词》，既借扇表现宫女的哀怨，也抒发自身的怀

---

① （唐）房玄龄等撰：《晋书》，北京：中华书局，1974年版，第825页。

才不遇之情。

盛世大唐对外交流频繁,在日本奈良时代,团扇自中国传入日本,为宫廷贵族所喜爱。平安时代末期,平民百姓开始使用。进入室町时代,日本以铁和皮革制作大量军用团扇,用于武将指挥战争。这种军用团扇扇面上使用红漆或金银粉,画上星辰、日月,团扇柄端缀有穗头。现代相扑比赛中裁判使用的团扇,还保留当年军用团扇的形状。随后的几个时期,团扇的发展日益贴近日本民众生活,如祭祀中使用的扇形竹笼,灭火用的大型团扇,用于巫婆祭祀的蒲葵叶子团扇,还有宗教信仰用的法贵团扇、天狗团扇等,团扇作为一种实用工艺品为日本大众广泛接受。

日本在团扇的基础上又发明了折扇,日本樋口清之在《日本日常风俗之谜》中描述:"日本的折扇源于中国的团扇。中国的纸糊团扇传入日本后,日本人模仿着用槟榔树叶做成了槟榔叶团扇。"[①]槟榔叶的形状似羽扇,成掌形,脊骨似边棱将它分成大小不等的竖条,因其有连接的脊骨硬实而柔韧,所以可以紧握成一把,便于携带。受其启发,日本人仿效着把薄木片重叠起来,用线固定住木片一端,这样就成了可以开合收拢的折叠扇,称为"桧扇"。这时的桧扇打开后不易成为一体,使用功能减弱,于是后人将纸糊在相邻两个木片之间,使之连接成一个完整的扇面,这个方法逐步取代以线固定的方式。平安时代后,人们将连接两个木片的纸扩大成整个扇面,木片缩小成骨架,制作更加便捷,实用性大大加强。五根木片做骨架支撑连接,扇面折叠后仅有两厘米左右,至此形成了完备的折扇工艺。

中国北宋时期,折扇作为外国使臣进贡品自日本和朝鲜传入中国,深受中国皇帝大臣喜爱,出现了专门制作经营折扇的扇肆和店铺。明清两代,扇文化发展到鼎盛时期,团扇、折扇相得益彰。明代折扇扇骨雕刻工艺大发展,扇骨开始以红木、紫檀木、象牙等高档材质制作,采用阴刻、阳刻、留青刻法等技法雕刻书法。一把红木扇骨加上一位书画名家的落

---

① 〔日〕樋口清之著,范闽仙、邱岭译:《日本日常风俗之谜》,上海:上海译文出版社,1997年版,第65—66页。

墨、竹刻家雕刻，折扇身价倍增，甚至可以脱离扇面成为独立的艺术品，如谢缙《汀树钓船图》、姚绶《松荫醉卧图》。

清代宫廷甚至制作象牙扇，团扇形，扇柄为象牙雕刻，扇面用极细极薄的象牙丝编织而成。这种扇子其实已淡化了实用功能，完全成了高档工艺品。

东方的扇文化相对西方，形成了特有的标志性与儒雅特色。西方女性爱用折扇，并且有约定俗成的扇语，分别为"我喜欢"或"我讨厌你，快走开"等。东方女性喜欢用团扇，团扇也有其隐隐显露情绪的固定握法与扇动姿势，但只是人们的一种共识，没有明确扇语。东方男性中的官员和文人常用折扇，扇骨的质料以及扇面书画能显示出身份与地位。男性中的体力劳动者一般用蒲扇或草编扇、竹编扇。这些标志性隐含着东方人的文化意识。

东方扇骨多用雕刻，无论竹、木、象牙，都讲究有凹凸很明显的立体花纹。扇面则讲究书画，多为花鸟、山水、童戏、仕女等，如有名家作画，那么这面扇子就增加了观赏价值和经济价值。现当代的扇子虽然以竹骨纸面居多，但其儒雅风格一直保持下来。

第三章 东方服饰设计的色彩倾向

第一节 尊贵的皇室服色——黄

在世界色彩文化中，黄色有截然相反的两种象征，一种是与太阳有密切的联系，象征着阳光和光明，同时也表达一种欢快、愉悦的情绪。而在西方，黄色却具有一定的负面意义，如嫉妒、吝啬、猜忌，这与文化背景有关。

最为有趣的是，在东方文化中黄色最为高贵，长时期作为皇室的象征，在亚洲国家中影响广泛的佛教也以黄色作为最尊贵的颜色。

一、五色观与尚黄心理

黄帝相传是中国氏族部落时期的著名首领，他统一了华夏部落，经过代代相传，不断地被美化和神化，成为中华文明的始祖。《史记·五帝本纪》记载："黄帝者，少典之子，姓公孙，名曰轩辕。"司马贞《索隐》："按有土德之瑞，土色黄，故称黄帝，犹神农火德王而称炎帝然也。"①《白虎通·号篇》说，黄帝因位在五方之中，故号黄帝。显然，后人对黄帝的关于色相的记述更多是和五行、五方与五色观念相结合，并赋予更多的

① （汉）司马迁撰：《史记》，北京：中华书局，2008年版，第1页。

内涵加以诠释的。

《尚书·益稷》曰："予欲观古人之象，日、月、星辰、山、龙、华虫作会，宗彝、藻、火、粉米、黼、黻绨绣，以五采彰施于五色作服。"[①] 炎黄时期的古人观察天地万物，将自然界中的色彩施加于服饰之上。这五色便是青、黄、赤、白、黑，反映出先民对自然美的理解和对服饰美的追求。这五种颜色是中国古代文化中极为重要的色彩，成为承载中国人哲学观、宇宙观的重要载体。

《淮南子》："女娲炼五色石以补苍天。"[②] 这里所说的"五色"也是源于《尚书》中的五色。《尚书》中有些篇章为秦汉时期所作，虽写上古之事，但肯定反映了一定的封建社会意识形态。"五色"与阴阳五行一系列学说相融合后，体现了封建社会早期具有的礼制性质的色彩意识。《淮南子》把这五种颜色定为正色，同时也赋予了更多的含义：东青龙，属木，色青；西白虎，属金，色白；南朱雀，属火，色赤；北玄武，属水，色黑；黄色方位居中，属土。又根据五行相生相克的关系，即金生水、水生木、木生火、火生土、土生金；金克木、木克土、土克水、水克火、火克金，朝代更替也依此关系形成了"五德始终说"——五行之德周而复始。因此颜色上也就有了白克青、青克黄、黄克黑、黑克赤、赤克白、白生黑、黑生青、青生赤、赤生黄、黄生白的关系。故后来有"土德承火，赤帝是灭"之说。炎帝属火，尚赤色；火生土，黄帝得土德，统治天下，颜色尚黄。同时，炎黄之说又因随五行之意呈赤黄色，更能体现黄色在先民心中的重要地位。

虽然这种说法为后人所述，"五行"学说色彩观至少在战国齐人邹衍时才开始出现，但是从黄色居中的五行方位、所代表的至高权力以及五色观中所蕴含的宇宙观，可以确定黄色在华夏色彩审美文化中很早便被赋予了神圣并尊贵的地位。

---

① 顾迁注译：《尚书》，郑州：中州古籍出版社，2010年版，第50页。
② （汉）刘安著，马庆洲注译：《淮南子》，南京：凤凰出版社，2009年版，第93页。

二、皇权色彩与民间禁黄

黄色真正成为帝王的朝服用色是在隋朝。如前所述，黄色对华夏民族的生存有着重要的意义，又因汉朝统治根基深厚，在几百年间形成了较为成熟的"汉"文化，且对后世影响深远。五行之说凸显了黄色在五色中的重要性，尚黄心理已成为一种民族习惯，故而隋朝将黄色定为帝王之色也就不难理解了。《唐六典》中记载隋文帝穿柘黄袍上朝。柘黄，是用柘木汁染成的赤黄色。此时民间还不禁黄色，上至皇帝、贵族，下至平民百姓，都可以穿黄衣。唐朝沿袭隋朝贯制，唐代帝王、皇后都着赤黄袍。唐高祖时沿用隋制，天子常服为黄袍，所以士庶不能服黄色，对服装的黄色禁令由此开始。《旧唐书·舆服志》记载："武德初，因隋旧制，天子宴服，亦名常服，惟以黄袍及衫，后渐用赤黄，遂禁士庶不得以赤黄为衣服杂饰。"[①] 尽管士庶不得服赤黄，但是官员还可以穿。初唐时，四品宦官可以穿黄服，到唐中宗时，七品以上都可穿黄色衣服。至唐玄宗，三品官衔即赏黄色官服。高宗初年，流外官员和平民也可以穿普通的黄色，但在唐高宗总章年间有所禁忌，开始出现民间禁黄服的规定。《新唐书·车服志》："至唐高祖，以赭黄袍、巾带为常服……既而天子袍衫稍用赤、黄，遂禁臣民服。"[②] 在这里，对民间禁黄的记录非常明确。如果说隋朝帝王服黄尚未说明黄色和皇权之间必然的联系，但到唐朝，黄色已成为皇室贵族的法定专属服色。至此，黄色的尊贵地位得以确定，并且在中国此后的封建社会时期都是至高无上权力的象征。

黄色因其在早期就有尊贵、神圣的内在含义，进而成为了权力的象征。并且，伴随着封建社会中央集权的加强，黄色的尊贵血统就更加被强化。直至赵匡胤的"黄袍加身"，进一步明确了黄色作为皇权的象征。黄色成为帝王服饰的专用色后，官员也不能随意穿黄衣了。宋仁宗时又规定臣民连穿在里面的衣裳也不许用黄色。而至清代，明黄色不仅是皇权

---

① （后晋）刘昫等撰：《旧唐书》，北京：中华书局，2008年版，第1328页。

② （宋）欧阳修、宋祁撰：《新唐书》，北京：中华书局，2008年版，第351页。

的象征，也是皇帝对于有功之臣的一种奖赏，成为一种荣誉，这种黄色特权加深了人们对黄色的敬畏，认为高不可攀。

三、宗教服饰中黄色的尊贵地位

在宗教文化中，黄色也拥有很高的地位。东南亚各国佛教中，黄色有超凡脱俗之义，神佛头上的光圈代表着神圣。黄色被视为佛教信仰的象征，僧侣的黄色袈裟、佛陀的橙黄色长袍、藏传佛教中的"黄教"，都显示出黄色在佛教中的地位。

中国佛教僧人出家是为了断除一切和世俗相关的欲念，故而僧人选择的服装颜色是世俗所摒弃的颜色。黄、赤、青、黑、白为正色，是僧侣不可穿着之色。僧侣的法衣大多为铜青色、皂色和木兰色，即类似于青褐色、苍褐色和赤黑色，这三种颜色就是袈裟的如法之色。这种因染色破坏色彩纯度统一的方法，名为"点净"或"坏色"。佛教在中国传播逐渐深入，又因不同于印度的文化背景，所以对僧侣的服饰用色规范也更加严苛。后周时期忌讳"黑衣之谶"，释家着黄色衣起于此时。按照戒律，僧侣不能着正色衣，而后周时的改制，就和统治者的推动有关。李唐以后，很多佛像都以黄金为饰，其辉煌的身姿更显现出超于凡人的距离感，金黄色的佛像在推动佛教的教化作用时效果尤为明显。故而，统治者将这种佛像中的色彩移植到僧侣的服色上。但黄色毕竟是出家人所避讳的颜色，所以在有的教派中也有所禁忌。

明朝时期规定僧道服色，只有方丈穿杏黄袍，还可穿杏黄色的袜子和黄色福字履。普通僧侣只能穿灰、白及豆青色袜和黑色镶黄口或黄色镶黑口的罗汉鞋。

喇嘛原为藏传佛教对高僧的尊称，意为"上师"。格鲁派僧人将黄色看作"像金子一样没掺杂其他的颜色"。藏传佛教的袈裟有红、紫、黄三种颜色，普通喇嘛穿紫色袈裟，大喇嘛穿红色袈裟，只有活佛才能穿黄色袈裟。在藏族原始宗教苯教中，黄色象征宝生佛，也是宗教的象征。藏戏中的黄色面具则代表高僧大德。

中国本土宗教道教更是崇尚黄色。据传道教崇拜黄帝，又与五行学说联系紧密，在五行五色学说中，土色为黄，土德最厚，故道教崇尚黄色。因喜欢使用黄色头饰，道士也被称为"黄巾""黄冠"。虽然道士的常服多采用蓝色，但在重要场合和仪式上穿着的服装大多采用黄色。道士平日穿蓝色长袍，但是在受戒时穿黄色"戒衣"。

第二节　辟邪祈福的吉祥服色——红

红色是最原始的、代表生命之初的颜色，在世界很多文明中，红色是最早被命名的颜色。血是红色的，火也是红色的，红色通常和生命联系在一起，这两种生命经验在所有文化中都有根深蒂固的意义。

东西方文化发展有各自的走向，红色在东方的色彩语言中主要象征着吉祥、兴旺，尤其在中国色彩文化中最为突出并最具民族代表性。红色在中国文化中象征吉祥，其渊源可追溯到原始人对火的自发性崇拜，以及对祖先炎帝的崇拜。炎帝又名赤帝，属火德，人们对火的崇拜和红色正好相符。炎黄子孙的称谓也表明了红色及黄色在中原文化中的重要意义。随着中华文明的发展、色彩文化的丰富，"赤""朱"等色彩词被赋予祥瑞之意。如神禽朱雀、吉祥之鸟朱雁、瑞兽赤兔，都带有鲜明的吉祥之意。这也反映出红色的特殊地位及人们对红色的偏爱。

一、辟邪的红色服饰

考古发现，早在两万多年前的中华先人就开始对红色有了崇尚之情。在北京山顶洞遗址发现的饰品中，无论是兽骨还是石珠孔眼内侧，都有用赤铁矿粉染过的红色痕迹。并且，在发现的遗骸周围也都撒有赤铁矿粉颗粒。在西安半坡、胶县三里河等地发掘的原始社会遗骸上也都有红色的颜料。在西藏曲贡考古过程中挖掘出的穿孔砾石和骨片等饰品上也有红色的痕迹。总之，关于史前文明时期，不同地区的考古发现中总会不约而同地有将饰品和尸体染红的现象，不难看出这种原始的行为并非完全无意识之举，尤其在尸体上染红必定和人们生存繁衍有着密切的关系。

以红色代表血液，这种具有原始巫术意味的装饰方法奠定了红色崇拜的基础。红色辟邪的意义更是中国文化中一个非常有代表性的表现。《周礼·夏官司马·方相氏》中记载："方相氏，掌蒙熊皮，黄金四目，玄衣朱裳，执戈扬盾。"[①] 这里记述的是一种傩舞，在原始祭祀中红色就和巫术关系密切。在很多少数民族的祭祀中，红色都是极为重要的。如广西仫佬族在做依饭祭的时候，两个法师中必有一个穿着红色的法衣。酉水畔的苗族瓦乡人，特别喜爱红衣、红裤、红鞋和红色百褶裙，制作非常精致。在古代，瓦乡巫师的法衣便是紫红色的，这种古老辟邪祈福的传统依然流传下来。在日常生活中，结婚的嫁衣，老年妇女的寿衣，都是用朱砂染红的丝绢做成的。

在多个不同民族的祭祀和生活习惯中，都对红色有着特殊的偏好。在祭祀、祈福这些关系着生命、种族繁衍的活动中，人们往往需要一种精神性的表达，红色服饰正是人类生活深受社会文化历史惯性影响的民俗产物。此外，还有将红绳捆绑在手臂、腿上，以求驱除疾病、远离不幸的习俗。给新生儿用红色襁褓或用红带子捆绑，以及出生后穿上红色的衣服，都有一定的辟邪之意。这样的习俗还表现在老人和孩子戴红色的帽子上，用红色护住头部也隐含有用红色驱避不吉之事、免除伤害的诉求。如今，人们在本命年的时候也喜欢穿戴一些红色的服饰品，如红腰带、红内衣、红袜子等，都是祈求在本命年中能够顺利、吉祥。

二、祈福的红色服饰

红色是中国人最喜爱的颜色，它代表喜庆、吉祥。传统节日、结婚生子等喜庆的日子都离不开红色。过春节时大人孩子都喜欢穿红色的衣服，

---

① （汉）郑玄注，（唐）贾公彦疏：《周礼注疏》，上海：上海古籍出版社，2010 年版，第 1207 页。

这种习俗源于"年"的传说。据说"年"这种怪兽头长触角，常年潜于海底，每到农历腊月三十便到陆地上吞吃牲畜，害人性命。后来人们发现年惧怕红色的火光和炸响，于是便用鞭炮将其驱赶。此后，除夕时家家贴红色窗花，挂红灯笼。春节早上放过鞭炮后的满地红纸称为"满堂红"。过年的红色辟邪之物，成为吉祥喜庆的象征。春节时男女老少除了喜欢穿一些带红色的衣服外，还要戴红色的头花，如串钱头花，钱为红色，上面粘金箔碎片。以钱为头饰，不仅象征财富，还有更多美好的寓意。有的头花索性做成聚宝盆形红绒花，象征财富无尽，幸福美满。

结婚在中国被称为"红喜事"，红色在结婚仪式的一系列流程中都不可或缺。在婚礼过程中，新娘要坐红轿、穿红袍、顶红盖头，新郎要披红绸、戴红花。直到现代，婚礼上女宾们都会戴上红绒喜字头花。红色不仅显得喜庆，更是希望以后的日子红火，在婚礼中穿着红色的礼服正寓意着吉庆、祥瑞。

中国沿海地区对红色服装的喜爱还和妈祖文化有关。北宋时期，福建沿海的海上贸易和渔业日渐发达。海上作业风险极大，常有海难发生，海上女神妈祖则常常救人于危难。相传妈祖身着红色衣服，化身成红色大鸟放下红绳将人们救出险境。由于感念妈祖，女子都爱穿红色衣服。在福建沿海地区为了表示对妈祖的崇敬，避讳全身穿红，所以裤子的一半是红色的，一半是黑色的。但是，随着妈祖文化的传播，北方沿海地区的禁忌相对少了很多，红衣红裤成为一种对出海平安丰收的祝福。如北方城市天津，既临海又为漕运码头，尊称妈祖为娘娘，除夕、初一日，姑娘和少妇都讲究穿全身红色，包括红鞋红袜去拜娘娘。

红色的吉祥美好寓意有不同的服饰表现。蒙古布里亚特人传统的帽子上的红色顶珠象征太阳，四周的红穗代表灿烂的阳光，帽身上缝制的十几条网纹代表部族。帽子的红色象征着部族兴旺。日本人遇到喜事的时候，在祭祀和庆祝时都喜欢吃红小豆饭，据说和中国文化有着较为密切的渊源。在日本的庆典上也会使用红色，但通常和白色相搭配。红色有驱除邪恶之意。日本人认为红色是人出生时的肤色，60岁以上的人也会穿红色的坎肩。

三、中国官服中的高级色彩

红色在中国历代服饰中的地位虽不及黄色，但也是等级较高官员的服色。在隋朝，绛红色是最高等级的官服颜色。《唐会要》载，帝王和百官的官服都要用绫。三品以上官员服紫色，四品和五品服绯色，六品和七品服绿色，八品和九品服青色，女性着装要与丈夫的品级颜色相同。《天中记》卷三八有一则"朱衣点头"的典故，说的是欧阳修时任主考，阅卷时总觉得身后有一穿红色衣服的人频频点头。只要他点头的试卷，文章必定合格。此典故原本说明参加考试的人被选中，后便作为科举考试中选的代称。这里的"朱衣"泛指有品级的官员。"朱紫"也成为公侯的代称。那时王公大臣所穿朝服多为红色和紫色。

隋唐时期，对官品高低的划分以服色为标准成为礼制规定。五代以后规定较为宽松，尤其在紫、绯两色的区分上并不太严格，只规定五品以上者均着红色袍服，五品以下，不得穿红袍服。不仅官袍，颇为讲究的腰带也以颜色区分。唐代革带有红、黑色之分，红色为天子专用，五代以后，四品以上都可以用红色。所以，红色在一定时间内便是高级官员的代名词。宋代的朝服朱衣朱裳，并以革带系红色蔽膝。明代一至四品的官员都着绯色公服。至清朝，虽然官服不再使用红色，但是帽子上顶戴颜色可以区分等级。一品用亮红，二品用暗红，红色依然是高品级官员的用色。

第三节　圣洁光明的服色——白

一、白色服装的高致与哀伤

白色给人的感觉是洁净、纯粹的，同时又有些冷漠。白色在东西方文化中的色彩语言和象征意义都很多样化，但各自又有所侧重。

东方各国看待白色、对白色的感情也不尽相同。中国汉族人有时以白衣指平民、未入仕之人，如"白衣条"就是称庶人之服。唐朝的白色襕袍是士人所穿，称为"白襕"。因其洁白如鸽，而得名鹄袍，寓意高洁。这一点有些接近西方的白色意义——纯洁。但是，在中国服饰文化中，其文化内涵包含更多的是对逝者的怀念和敬重。中国及受到中国文化影响的周边国家，对白色最为根深蒂固的认知是作为丧服的颜色。

这或许因为白色作为凶色色彩概念的形成与五行五色观相关。在五行观里，白色属金，方位为西，季节与秋天相对应，其兽为白虎，神为太白。秋天本是萧瑟的季节，又因太白主杀伐，所以白色蒙上了一层不吉的色彩。不过，至唐朝白色还没有明确的禁忌，士人还穿白襕衫，直到宋代才规定白色为丧服。受到中国文化的影响，朝鲜、日本等东亚国家的丧服也是白色。或许东方人的潜意识中，认为白色是与红、黄、绿等鲜艳颜色相对的，故而显示出不喜庆，不火爆，默默的，又是沉静的，最能表现出哀伤的心情。当然，这是白色服装的一种象征意义。

二、白色服装的圣洁与光明

白色在中国有作为丧服的传统，并且这种丧葬文化还传播到了其他受中国文化影响的亚洲各国。朝鲜丧服基本和中国的性质相同，但是朝鲜民族却又广泛喜爱白色，生活中普遍爱穿白色衣服。蒙古族人、满族人都崇尚白色。日本人把白色视为神圣、光明的象征。从这一点来看，东亚儒教文化圈内很多国家尽管从服装形态到着装礼制都受到中国传统文化的影响，但是对白色的看法和中国汉族人对白色服装的看法大为不同。这个现象要从民族生存环境、宗教及民间信仰进行探究和分析。

（一）光明幸福的朝鲜白服

朝鲜族以洁净为美，服饰呈现出秀丽、素雅的特点。他们喜爱白色素净的衣衫，就连鞋袜都是白色的，故被称为"白衣民族"。人们在日常生活中，甚至在田间劳动时都穿白色的衣服。女装多为白色短衣长裙，男子是白衣白裤。当然，朝鲜族人对白色服装的审美偏好是受到多方面因素影响的，包括自然环境、历史文化及民族信仰。对这一偏好的形成原因尽管有不同的说法，但应该相信，其根源绝不是单一的。

中国境内的朝鲜族常年生活在长白山一带。长白山的山顶上有长年不化的积雪和白色浮石，终年呈现出白皑皑的景色。朝鲜半岛大陆性气候与海洋性气流相互交错，气候宜人，蓝天白云的晴朗天气颇多。朝鲜族人认为白色是象征人与自然和谐的颜色，同时也是象征朝鲜民族的颜色。据说朝鲜的国名也包含鲜明、明亮的白色之意，就连太白山、白马江等山河都以白色命名。可见，朝鲜族人的白色服装和生活中的景色相呼应。受到生存环境的影响，白色成为朝鲜人最钟爱的色彩，白色的服饰也反映出自然环境对审美心理的影响。

在高句丽古墙壁画里，也常常出现身穿白衣的人像。喜爱白色服饰是朝鲜人的古老习俗。朝鲜民族对白色的喜爱即便是法令都不能禁止，这种民族自发性的审美喜好就像中国古代尚黄一样，是从民族早期文明和民族信仰中流传下来的。朝鲜族信仰天神哈奴尼姆，白色正是哈奴尼姆的颜色。在哈奴尼姆信仰中，象征白天太阳颜色的白色是带来幸福的颜色。因而，白色成为了民族最崇拜和最欣赏的服饰色彩也就不足为奇了。

（二）圣洁吉祥的蒙古白服

在中国北方民族中，很多都信奉萨满教，如满族、蒙古族等。在原始萨满教中，"色示"的观念非常浓厚，"色示"和如今我们所说的色彩的象征意义及色彩语言非常接近。在原始萨满教观念中，色彩能够表示吉凶、生命的意义等。不同的色彩有不同的象征，尚色的观念虽原始，但包含民族发展过程中的色彩经验。"白色为英雄之色、吉祥之色、光明无瑕之色，为最高上的颜色；黄色是太阳的颜色，象征温暖、和谐、友爱；蓝色为青天和大海的颜色，象征胸襟、包容、大无畏；红色为热血的颜色，象征火焰、警觉、凶除；黑色为大地的颜色，象征威慑、搏击、根绝。"[①] 属于阿尔泰语系的北方民族自古就崇尚白色。尤其在原始萨满观念中，最崇高的神就是太阳。太阳照射世间万物，白色的阳光就是生命的颜色，它最为高

---

① 富育光：《萨满艺术论》，北京：学苑出版社，2010年版，第88页。

贵、纯洁，无可取代。满族人认为祖先崇尚各种颜色都是有民族生存的经验和情怀的。《吴氏我射库祭谱·色经》中记载，人们认为崇尚白色就是祖先留下的传统。尽管不同的色彩有不同的寓意和象征，但是白色是北方民族中崇尚的最为原始的色彩，以至于影响到整个民族的服饰色彩偏好和选择。

萨满神服色彩多样，多采用白、黄、蓝、红几种颜色作为主色调。除了大祭程式复杂要用神装外，常祭和例祭中穿常服即可。早期的祭司服装多为皮质，常用的简服多为上身白汗褡，下穿神裙。尤其在清朝萨满信仰逐渐规范化后，萨满祭服演化得更为简便，通常不戴神帽，上身穿白襟衫，下身围彩绸或身裙。白色上衣是萨满祭服中最基本的搭配，白色的重要性可见一斑。

蒙古族在古代就有特殊身份的人穿白袍的习俗。察哈尔等地人有在夏季穿白色长衬衫的习俗，这种穿戴有清爽避暑的作用，但更多地沿袭了传统观念。在鄂尔多斯的风俗中，无论男女老少都用蓝白两色的布帛缠头，男性更要系上白色的长头巾。

（三）洁净美好的日本白服

日本文化中，白色象征纯洁的灵魂，古代日本人以白色象征清明、纯洁，代表生命的力量。在日本神社中的女巫穿着红白相间的服装。女巫服装上的红白颜色是象征太阳神的颜色。甚至剖腹自杀者也会庄重地穿上白色衣服。日本人把白色当成特殊而神圣的颜色，日常生活中很少用白色衣服做常服。现代日本人依然将白色视为和平、清净、神圣、喜庆的象征。日本人婚礼中，有一种在神社举行的仪式，新娘要穿上"白无垢"，头上戴着遮住脸部的"棉帽子"。"白无垢"源自举行神事时的斋服，代表着纯洁的灵魂。婚礼结束后新娘换上鲜艳的礼服，象征着灵魂的重生。

在日本人的意识中，白色有着洁净灵魂、获得洗礼的意义。日本的很多祭祀和仪式正式举行前，巫者或者主办人都会穿上白色的衣服用水冲洗，以期去除污秽。白色服装在这样的仪式中，本身就有洁净、纯洁之意。明治时期前，日本人在葬礼上同中国人一样也要穿上白色的丧服。后受到西方文化的影响，现代日本的葬礼上只有死者穿白色的，其他人都穿黑色。中国人将白色和不吉、悲伤联系更密切，而日本人文化意识中，认为白色同生命和死亡均相关，同时还有洗涤灵魂和获得再生的含义。

这种对白色的偏好，和日本信仰神道教相关。日本人有一种传统观念认为，凡是带色彩的都是不洁净的，只有白色才是神圣的象征。他们崇尚白色，并将白色视为联系人与神的颜色。日本诸学者对此有各种推测，但事实已经证明，自古以来日本人便将纯洁之色视为受尊崇的颜色。所以，在神圣的婚礼上，白色自然成为首选的色彩。

日本人对白色的喜好，体现在服饰的方方面面。日本古代制定的《衣服令》中，白色居于首位。在平安时代，男女服装中位居第一的色彩就是白色。从平安时代到镰仓时代，女性都用白粉敷于脸上。直到现代，京都艺伎也保留着将脸和脖子都涂白的传统。

第四节　地域特征明显的服色——黑

黑色在东方服饰中总的来看地位不高，但也曾经有着重要的位置。中国章服制度在西周时期趋于完善，最为尊贵的是冕服，并且根据祭祀的重要程度分为六个等级，有相应的六种冕服。据《后汉书·舆服志》记载，六种冕服都是玄衣纁裳。玄衣即指黑色的上衣。在一般常服中，玄端是较高等级的普通服装，也可视为西周的法服，也作缁衣礼服。同时是天子的燕居之服，是诸侯祭祀、大夫入庙时所穿的上衣，通常和素裳相配。再如秦始皇统一中国后，由于他认为得水德而治天下，因而也形成一代尚黑之俗。

一、中国西南少数民族服饰尚黑习俗

在中国，有一些少数民族非常崇尚黑色，尤其是西南地区的少数民族。彝族、壮族、土家族、佤族、哈尼族等都是以黑色服饰为美的民族。

与越南毗邻的广西壮族自治区有着一个叫敏的壮族部落，他们的服饰更是从头到脚都用黑色进行修饰。

西南少数民族尚黑习俗大多与民族信仰有一定的关系。在出于对图腾崇拜而形成的黑色服饰审美中，最具有代表性的是彝族。彝族史诗《梅葛》中记载，世间万物都由黑虎生成，故而黑虎成为该民族的图腾。这种民族信仰一直延续至今。彝族人以黑为贵，黑色在彝族人意识中象征庄重、威严，包含了高、大、广、多、强等含义。同样崇拜黑虎的民族还有阿昌族和拉祜族。拉祜族女子服装为黑色长袍，有较高的开衩，头上裹黑色头巾，用料长度能达到一丈，并且还有长至腰际的垂边。男子服饰也以黑布制作。无论男女都会在黑布上用彩线和花布缀成花边或图案加以装饰。

同样以黑虎为图腾的阿昌族，男女老少都穿黑色。即便年轻的姑娘也是黑衣打扮。已婚男女用黑布包头，男子穿黑色对襟短上衣和黑色宽腿长裤。老年人更是黑衣黑裤。

服饰尚黑的民族还有纳西族、傈僳族、壮族等，尤以"黑衣壮"最具代表性。传说古时有外族入侵，虽然族人奋起抵抗，但依然不敌入侵者。受伤的部族首领安排族人撤退后，自己隐藏在密林之中。他无意中将野生蓝靛涂在伤口上，伤口很快愈合，重上战场，击退敌人。此后，蓝靛便成吉祥之草，人们用蓝靛将衣服染成黑色。还有一种说法是在节节败退后，族人将衣服用蓝靛染成黑色，趁着夜色的掩护突袭成功，打败了入侵者。此后便以黑色的服装作为美的标准，成为逢凶化吉的象征。与此类似的还有哈尼族的传说。相传古时，哈尼族所居地区常有强盗出没，两位上山挖野菜的姑娘在遇到强盗后拼命逃跑的过程中，衣服被蓝靛叶子染黑了，和茂密的森林及大山融为一体，因而避开了强盗的追赶。

中国西南很多少数民族都对黑色服饰颇为喜爱，除了图腾崇拜、民族信仰以外，物质条件和生活环境也是影响色彩审美偏好的一个重要客观因素。

西南少数民族大都生活在植物茂盛的崇山峻岭之中。这里山地、高原较多，沟壑纵横，山林苍翠，景色幽深。所以，黑色服饰美也同他们生活的自然环境相适宜。哈尼族历史中有这样相关的传说。在早期民族迁徙过程中，当人们来到洱海一带时，哈尼族人模仿白鹇鸟穿着一身白衣。后因战争而南迁，白色的衣服过于明显易被发现，便藏身茂密的丛林中，模仿喜鹊的样子，穿着黑白相间的服装。他们头缠黑色包布，上穿白色衬衣套黑领褂，下穿黑色裤子。外族再次来袭时，人们逃至哀牢山附近，发现黑色服装最易与自然环境相融合，便将衣裤全染成黑色。

可以这样说，图腾崇拜从精神层面奠定了黑色衣服的崇高地位，植物染料又从物质层面巩固了黑色的实用价值。他们所处的自然环境也使远古先民对黑色的钟情和依赖一直流传下来。

二、东南亚国家的黑色服饰美

东南亚一些国家也喜爱黑色服饰。如马来半岛的居民经常穿着一些中国式服装，这种习惯也传到了印度尼西亚，在亚齐，当地人喜欢穿从中国进口的黑色"农民服"和用澳门黑丝绸制作的衣服。分布在越南和老挝的芒族分为白芒、黑芒和蓝芒，其中黑芒就喜穿黑色棉布服装，头上缠黑色包布。与此类似的还有中国的拉祜族，依服装颜色不同而分类命名，黑拉祜也是崇尚黑色的民族。越南京族不同阶层的女性，尽管裙子面料质地不同，无论是绫罗还是薄纱，都有染成黑色的习惯。中部的京族人到南部后，服装以深棕色或接近黑色的深靛蓝色为主。南方流行的婆巴衫同样以黑色为美。

依照越南传统的穿着，男子喜欢用黑布包头，女子穿咖啡色短上衣和黑色肥大裤子，也用黑布包头。柬埔寨高棉人的传统服装以黑色为主。男子的萨龙主要是黑色，女子下装"松不"传统上也是以黑色为主。

缅甸的克伦族男子穿黑色对襟短袖衫衣，老年男子用黑布包头。已婚妇女也用黑布包头。克钦族男子穿对襟圆领黑色短上衣，老年人留辫子缠在头顶，用黑布包头。女子穿黑色短衫。

泰国缅因族和中国瑶族同宗，缅因妇女常穿黑色上衣，头上缠黑色包头。《三洲游记》中记录了越南西贡服饰的特征。他们穿衣崇尚黑色，头上缠着粗布。还有将牙齿染黑的习俗，以此为美。泰国的瑶族和中国瑶族相似,衣服多为黑色或深蓝色的棉布织物。克伦族已婚妇女的裙子多为黑色或深蓝色。布韦女子的裙子至膝部,用自制的黑布做成。

总之,老挝、越南、泰国、缅甸的一些民族和中国西南少数民族同宗或同一民族,只是在地区迁移的过程中定居在不同的位置,依领土划分归为不同国家,属于跨国界而居的民族。他们之间有相似的民族信仰、民族文化,所以对黑色服装也有共同的审美习俗。另外,部分中国西南少数民族所居地区和东南亚气候环境类似,黑色的服装也和所处深山密林相宜。

第五节　黄种人独爱的服色——蓝

蓝色是世界范围内被广泛使用的服色,因为植物染料在许多地区都很早被发现。因此,蓝色成为各国人都常用的服装色彩,只是东方黄种人对其格外钟情。

一、中国历史上广泛使用的服色

中国古代使用的是一种偏深的蓝色,多称为青。据记载,先民们早在夏朝就已掌握蓝草的种植和染色技术。《荀子·劝学》:"青,取之于蓝,而青于蓝。"说的就是用蓝草染色之后形成的更深的蓝色,介于蓝与青色之间。其实在汉语中的青色,可指不同的颜色,如"精不精,一身青"指的是黑色;在"东青龙,西白虎,南朱雀,北玄武"四个方位神的使用中,指的是绿色或蓝绿色。在国画颜料中,"头青、二青、三青"绝对是绿色。

在东方,蓝草的种植历史很长,范围又广,是一种较容易种植和获得的植物染料。青色是中国古代很早就普遍使用的一种服饰颜色。虽然青色同为五色正色之一,但是自古青色就不像红色、黄色甚至黑色那样具有较高的等级地位。青色在官服中的品级较低,古代多为普通人所穿。从汉代起婢女、僮仆等就常着青衣。

有趣的是，在清代朝服中，除了皇室成员能够使用黄色或彩绣的华丽蟒袍外，其余人等无论官位高低都以青或蓝色为主。这一点改变了原来汉族统治时期青色、蓝色限于低级官员和平民穿着的固有形式。尽管宫廷和民间用的蓝色在品种上有所不同，但蓝色的普及程度确是前所未有的。清朝官方记录的染色方法中大约有四成是蓝色染法，每年消耗的靛青染料远超其他染料。这种用色现象，一方面延续了满族的服装色彩传统，另一方面使得蓝色服装使用的范围更为广泛，地位也有所提升，使蓝色成为清朝最为普遍的服装色彩。清代有关蓝色的色彩名称多达几十种，如石青、元青、石蓝、翠蓝等，更有颇为生动的鸦青、虾青、湖色、雪青等。此外，清朝还流行用不同明度和彩度的蓝色绣线绣制成深浅变化的纹样，称为"三蓝绣"。在现存的清代女褂、马褂、马面裙、袖头等藏品中均能看到多种"三蓝绣"的纹样。蓝色在清朝的服饰制度中是一种重要而基本的服装色彩，进一步推进了蓝色在中国人着装中的重要位置。

二、现代人钟爱的制服颜色

现代人对蓝色的偏好除了蓝色自身所具备的理性、冷静的特性外，还同东方人的历史色彩选择倾向有关。中国历史上对青色、蓝色的使用范围就很广。从基数庞大的底层民众，到清朝的皇亲国戚，形成了一种蓝色穿着习惯。

亚洲其他国家也在很早的时候就有染蓝的习俗。印度被成为"染色发源地"，从丝绸之路上发掘的印度棉织物中就分析出茜草和蓝草的成分。在蓝色的分类中，专有一种叫作"印度蓝"。印度尼西亚的染缬技术历史相当悠久，并且极为普及。蓝色的蜡染面料是南亚纺织品的特色。蜡染、扎染等染色工艺在中国西南少数民族中也极为常见。被马来人称为"国服"的"巴迪"服，也是一种用马来西亚传统蜡染花布巴迪布制成的长袖上衣。可见，在东方多个国家民族中，蓝色是重要的服装色彩。色彩认知和使用习惯对服色的选择有着潜移默化的影响。

人们的服饰色彩选择往往受到社会文化和人种特点的影响。白种人在服装色彩尤其是基础色的选择上，更倾向于和白皙肤色相配的奶油色、浅咖啡色等。东方人，尤其东亚人的肤色偏黄，在色彩选择上更适于具有对比效果的蓝色。在蓝色服装的衬托下可使偏黄的肤色显得明亮、白皙。

在多个服饰色彩心理偏好的调查中显示，男女对服装色彩喜好程度呈现出如下结果：除了黑白灰，蓝色是有彩色中最受欢迎的服装色彩。男性更偏好蓝、蓝青、蓝绿；女性更偏好蓝紫、蓝和蓝绿。蓝色也是下装搭配中最受欢迎色彩。深蓝色与其他颜色便于搭配，深沉但不刻板，中明度的蓝色显得文雅、谨慎，高明度的蓝色鲜亮。蓝色既适用于庄重的正式场合，也符合当代职场的工作氛围，同时也具备年轻活跃的特征。蓝色成为现代东方人制服颜色的最佳选择。

蓝色服装的整洁感和文雅谨慎的特点使它也成为了从 20 世纪上半叶学生装到当代职业装的常用服色。早年的学生装就是蓝色士林布和竹布制作的，现代学生装也大多选择蓝色。

第四章　东方服饰设计的纹样内涵

在服饰表象中，纹样是一种不可或缺的语言描述和情感表达。体现出一个国家或一个民族的文化独特性。从广义上的东方国家来说，如中国、朝鲜、日本、韩国、越南、新加坡、印度等，由于地域接近，自然环境差异不大，所形成的人文环境近似，使得服饰纹样的造型特点、精神内涵和文化表现趋同性明显。以中国为例，服饰纹样所具备的文化传承与象征意义广泛而深远，遍及天象地形、阴阳五行、礼制教义、民俗禁忌等领域，从而形成了服饰纹样鲜明的文化符号与艺术风格。

第一节　生命起源探究

一、原始的"生命之树"

"生命之树"纹样的产生，最早来源于古埃及和两河流域，在萨珊王朝（公元 3—7 世纪）的联珠纹中出现的频率非常高。最常见的"生命之树"纹样由两部分构成，一部分是中间以圣树为主体，另一部分是两侧对称的守护神。由于传播地区不同，在埃及、西亚和印度普遍可见的生命之树，并不一定专指哪一种，凡是多果实的树，如石榴、无花果、枣椰、丝杉、菩提树、棕榈等都可以作为崇拜的对象。

在南亚印度，树的形象在染织品中流传相当广泛。印度设计师把生命树与著名的佩兹利纹样混合，创造出皇家帐篷上独特的生命树装饰元素，白色的皇家帐篷用金色的树形纹饰做支撑装饰，显得崇高而华丽，树的形体简洁修长，井然有序、别具一格，充分体现了皇室身份。

"生命之树"纹样真正走进中国丝织品装饰领域是从魏晋南北朝开始的，这应归功于贯通东西的丝绸之路。在文化交流的基础上，"生命之树"纹样至隋唐时期得到较大发展。由于丝绸之路的往复传播，致使大唐纹样吸收了中亚、南亚的许多题材和表现手法，创造了很多形式新颖的具有西域元素的纹样。唐太宗时期，益州大行台窦师伦组织设计了许多锦上的新纹样，如著名的雉、斗羊和祥凤等，"生命之树"的纹样也在其中，这些异域奇丽的纹样被称为"陵阳公样"。这一时期丝织品中的"生命之树"纹样经过时间的消化和吸收，装饰性减弱，造型上变得更加写实，多表现为华丽的花树，构图上常与当时极为盛行的联珠纹相结合，一圈环状的联珠中心配置一棵高大的花树，左右大多还设有相对的动物纹样，其中鹿、狮子、翼马、龙、飞鸟、勇士和狩猎图案等主题颇为常见。如1912年在新疆吐鲁番阿斯塔那唐墓出土的"联珠花树对鹿纹"锦中，其中心生命树下就织有一对镜像效果的"花树对鹿"，由此可以推测"花树"是生命树在中国的名称之一。

二、印度及中国的卍形纹

卍形纹作为一种古老而神秘的纹样在东方服饰史上有着挥之不去的印记。它是一种符号，是古代符咒、护符、部落和宗教的标志，蕴含着东方多种寓意，本身又具有独特的形式美感，这些魅力的完美体现才是它贯穿服饰纹样发展史的真正原因。

据考古人员发现，卍形纹有两种，一种是左旋形式，一种是右旋形式，人们对它的解释也各有不同。有一种说法是针对佛家而言，卍形纹是吉祥聚集在一起的意思，中国唐代玄奘译佛经时将其译为"德"，武则天将其命名为"万"，意为"吉祥万德之所集"。还有一种说法就是它们分别指男性和女性、阴和阳、太阳和月亮。有人讲卍形纹叫"迦马式万字纹"，它有时与希腊月亮女神、农业女神及天后赫拉有关联。

相比西亚地区，印度和中国的卍形纹比较多见。中国古代的卍形纹并不是完全借鉴印度的，只是在印度地区，此纹样出现得早，出现得多。

现代考古发掘表明，在印度河下游莫享朱达罗遗址的印章上就发现了卍形纹，古印度人所用的银币上也有此纹饰，该遗址的文化年代可以追溯到公元前3000年到前2000年，这是迄今所见印度最早的这种类型纹样。在古印度的印度教、耆那教，都有以卍为吉祥的标志，将万字符号写在门庭、供物和账本上。在耆那教的宗教仪式上，卍字符号和宝瓶等是象征吉祥的八件物品之一。在今天的佛教和耆那教中还可以很频繁看到万字符号，它代表着他们的第七位圣人，其四臂提醒信徒轮回中的四个再生之地：动物、植物、地狱、人间或天堂。

公元1世纪左右，正值中国两汉之际，印度佛教经由中国新疆地区进入中原。随着魏晋时期佛经逐渐被翻译，佛教逐渐流传开来，卍字才开始走进普通人生活。它常常出现在佛陀的足印，即佛足迹上，但有时也会被画在佛祖如来的胸部，被佛教徒认为是"瑞相"，能涌出宝光，"其光晃昱，有千百色"。

卍形纹之所以可以长久地活跃在人类历史舞台上，一方面是由于纹样本身独特的形式美感和装饰美感；另一方面是人们能够把握它的特征和美好的寓意，与服装进行完美的结合，以达到服饰独特的韵味。正是因为卍形纹具有以上特点，所以在宫廷和民间织绣的服饰纹样中被大量运用，上至天子，下达黎民百姓。例如晚清的一件藕荷地平金绣百蝶半宽袖女马褂，服装的边饰就全部使用卍形纹。另外，官服纹饰也常用其作为边框纹样。

在中国少数民族的服饰纹样中，卍形纹经常出现。"万年流水"的土家锦、"万字梅花"的壮锦都是以卍形纹为主体纹样。看来人们喜欢的是这样一种"万字不到头"的吉祥寓意。土家锦的岩墙花、窝兹纹、苗花，壮族、侗族的各种织锦纹样也通过卍形纹同其他纹样相互组合构造而成。特别中国甘肃地区的刺绣和民间针织品，这种纹样及其变体纹饰非常普遍，运用它的变化显示出独特的气派、气势、韵味、神情，洋溢着浓厚的民族气息。很多藏族女人头上佩戴的辫筒、腰带上挂的荷包等，都绣有卍形纹，衣服、腰带、袖口、领子、鞋帮、袜垫、袜留根等必需品上都绣有卍形纹的变体。卍形纹在藏族苯教中代表太阳。太阳神是藏族苯教中最伟大的神灵之一，所以它在藏族服饰中的运用非常广泛。在藏族人民看来它被佛赋予了灵魂，人们将它视为最吉祥的事物。每到隆重节日的时候，藏族人民要在自己的门口，用白石灰画上卍字符，以表达对家人、邻居美好的祝福。

卍形纹是一个古老的传说，是生命意义的象征，是美好寓意的代言者，它的庄重、大气，简洁、曲直，感染着每一代人，由简到繁、由单到双、由方变长、由方变圆、方圆结合的不断变化，给人以强烈的视觉冲击力。尽管唐代慧琳在《一切经音义》中认为应以右旋，但我们看到的资料中，无论佛窟宗教题材画面，还是民间服饰品图案，其左旋、右旋都同时存在，这也从一个角度说明了上述形式美感和吉祥寓意的诱惑力。

三、原始图腾衍生的几何纹

所谓几何形纹样，就是用各种直线、曲线以及圆形、三角形、方形、菱形等构成规则或不规则的几何纹做装饰的纹样。关于几何纹的起源，可以从自然物中得到或抽象出来，也可由“象形”逐渐演化出来。

从自然物中抽象出的几何纹，是对现实中具象的动植物的逐渐演变、简化而形成的几何形。5000多年前长江的屈家岭文化出现太极纹。它是以一根相反相成的“S”线形，把一个对称几何图形分为阴阳两极，围绕着一个中心回旋不息。太极图形被公认为具有中国独特风格和民族形式的纹样符号。它具有相对统一、互相转化的形式美特点，也体现了中国传统纹样美的结构。如典型的“喜相逢”，一上一下，一正一反的组合形式，是民间极为喜爱的吉祥纹样，在日本、朝鲜、韩国也广泛应用。韩国的国旗图案，是由中国的太极图和八卦中的四卦组成，意味着永恒运动、均衡和协调，极具东方哲理。

秦汉时期，中国几何纹样受中央集权大一统与阴阳五行学说的影响，开始在服饰上大量出现，如马王堆出土的杯纹绮中以两个杯纹单元组成纹样，利用线条的粗细变化使整个纹样形成虚实对比。在东汉织锦中出现新的波状纹，一反前代几何纹封闭的对称状态，纹样呈横向波折状连续，有的在纹样间加饰铭文"续世"，取其无限延续，连绵不断之意，因此又称"长寿纹"。

唐代几何形纹样没有明显的几何线面的交叉分割，直接由单位几何纹的组合排列构成。唐代随着对外交往而传入的波斯萨珊王朝纹样——联珠纹就形象地表现了这一特点。联珠纹是在主纹样四周饰以若干小圆圈如同联珠而得名。例如在联珠对马纹锦中，其圆形边缘粗犷，内饰以疏散有序的小圆点与之协调，去其死板而增其活力，但并不削弱圆形的力度。圆内对马适合剪影式的纹样，整体具有一种阳刚之气。

宋代出现的几何纹样更加端庄严整。在宋代的织锦纹样中，几何形式也很多，大致可以分为菱形、条纹和综合构成三种基本类型。在此基础上，再加上封建社会的吉祥寓意，出现了双胜、龟背、锁子、盘绦、瑞花、棋格、连线、柿蒂、回纹、枣花、如意等程式化的几何纹样，常作为花鸟纹样的衬地应用。例如福州南宋墓出土的宋绮梅花方胜纹锦，纹样以几何纹方胜、"米"字和梅花、树叶等多种形象组成，虽丰富却并不杂乱，因而显得十分统一。直线和曲线、线与面形成一种对比美感。

元明清时期，几何纹样在继承前代的基础上又有所发展，形式严谨而又有生动流畅的韵律，有八答晕、六答晕、四答晕、菱格、盘绦、方格如意等，表达人们祈求万事如意的心愿。这一时期织物印染上最典型的几何纹是曲水纹样。所谓的曲水纹样其实是由两组相互平行或垂直的直线构成的直线正交几何纹样。宋代的《营造法式》中就有图示，书中列举了王字、工字、万字等曲水纹样。到明清时期，曲水纹样的种类十分丰富，出现最多的是万字不断头纹样，寓意连绵不绝。这类曲水构成模式，也可以作为其他花卉纹样的底纹，在明清织绣纹样中十分常见。

第二节　政治地位标志

一、中国冕服上的"十二章"

装饰于中国帝王冕服和贵族礼服上的"十二章",即 12 种图案,最初记载于《尚书·益稷》中:"予欲观古人之象,日、月、星辰、山、龙、华虫作会,宗彝、藻、火、粉米、黼、黻缔绣,以五彩彰施于五色作服。"[①]这段史料有诸多版本的释义,最早的注疏应为西汉经学者伏生。

十二章中,将自然中的日、月、星辰放于首位,分别绣在上衣左右肩,取其光芒之意。在造型上,日、月早期多为简单圆形,明清时期在圆形基础上,下边加上祥云,太阳中添了一只中国古代神话中的"三足乌(三爪的神鸟)",月亮中画上了一棵桂树,树下是正在捣药的玉兔。星辰通常绣在日、月之下,纹样借鉴北斗七星的排列方式,折线连接三个圆圈,形式简单明了,取照耀指引的寓意。在中国人思维中,日、月、星辰在宇宙中主宰万物轮回,将这些形象以纹样形式描绘在帝王服饰上,便能显示出统治者至高无上的权力和地位,这是典型的中国服饰特色。

山绣于上衣,多见于后背。形状多为整座山形,古人认为山能兴云雨,保四方水土丰沛;同时,"山者,地之基",取其稳固之意,和中华文化中把泰山作为崇高的象征意象一致,也是象征王位的至高无上,寓意江山永固。

龙是神灵与皇权的象征,通常绣在上衣肩部至袖子外侧,龙的形象在中国流传已久,集中了中华民族集体的智慧。古人认为龙善于变化而捉摸不定,所以取其神之意,象征统治者应变自如,暗含王权神通无比。

---

① (汉)孔安国传,(唐)孔颖达正义,黄怀新整理:《十三经注疏·尚书正义》,上海:上海古籍出版社,2007 年版,第 170 页。

华虫是一种珍禽，绘在上衣上，其美丽迷人的羽毛象征着自然界中最美好最耀眼的色彩，也是最华丽的装饰物。中国古人将动物和人都称为"虫"，因为鸟的羽毛很华丽，所以被称为"华虫"。华虫作为十二章之一不仅代表的是动物崇拜，还有光大正直之意，说明选取华虫不仅仅是取其华彩装饰的美丽，也有歌颂统治者具有显耀华贵品质的意味。

宗彝，本指用于祭祀的礼器，通常是一对，器皿表面饰虎纹和蜼纹，虎威武，蜼即长尾猴，聪明过人。象征君臣有忠孝的美德。宗彝纹样通常都为一对，形似水杯，上有图案，绣于下裳。

藻，水草的总称，一般生于水底。藻多绣于下裳，历代藻纹无太大差异。将藻作为十二章之一，主要是取其洁净且流动不息的寓意。

火纹，绣于衣，也绣于裳。十二章中火纹，如火焰直上象征积极向上，有光明或向上的含义。

粉米，造型为细小米粒散点环绕成圆形，常绣于下裳和蔽膝。粉米，一般被释为洁白的粮食，它实际上是农事崇拜的一种遗留，象征统治者安邦治国，重视民生农桑。

黼、黻都绣于下裳和蔽膝上，为黑白相间的斧形纹样，取其决断之意，象征权力；黻为黑与青相间的"亞"形纹样，取明辨善恶之意。

独立形成纹样的十二章，在中国服饰纹样中历史久远，是最具代表性的服装纹样表现形式，几乎涵盖自然万象的完整美学意念，可视为东方服饰纹样的经典。

二、中国古代朝服上的龙纹

两千多年的中国封建王朝，龙成了皇权的象征。帝王们为强调自己的权威，维护自己的地位，有意大力宣扬"君权神授"的天命论，借助龙来树立权威，皇帝自称为"真龙天子"，龙纹遂与封建君主结下了不解之缘。杜甫《秋兴》诗云："云移雉尾开宫扇，日绕龙鳞识圣颜。"此处的"龙鳞"即指帝王服饰上的龙纹，因而"识圣颜"。

商周时期，龙的图腾含义日渐消失，而"神性"却极大发展。至秦汉时期，龙是象征祥瑞、辟邪求福的四灵或四神之首。上管风雨雷电，下管水利耕耘，为祈风求雨的人们所顶礼膜拜。

唐宋期间，龙的形象开始向蛇和马靠拢，同时蛇形的龙也常与云雨交织，形成腾云驾雾的胜景，给人一种变化无常、虚无缥缈的神秘感觉。

元朝忽必烈时期，封建帝王禁止百官及民间使用龙纹。至元七年（1270），刑部议定，除了官办缎匹外，民间不许织造有日、月、龙、凤图案的布匹，如果确属过去已经织就的，要加盖官印，一旦有违背此规定的，必会有官府追究其责任，并给以重罚。元延祐元年（1314），中书省定立服色等第，明确规定所有职官的官服、器皿、帐幕车舆，均不得使用龙凤纹，但同时又对龙的定义做了重新界定，规定龙必须有五爪和两角，一二品职官可以用减角的龙。

明清之际，龙的形象就较为完整固定了，与今人印象中龙的形象大致相近。

图27　明佚名《明宣宗坐像》

当时的龙牛头，蛇身，鹿角，虾眼，狮鼻，驴嘴，猫耳，鹰爪，鱼尾，成为各种动物身上最具特征器官的大拼凑。同时，龙也被赋予各种动物的优点：具有猛狮般的威武，雄鹿般的灵活，雄鹰一样翱翔于云间，蟒蛇一样畅游于江海中。总之，龙无所不能，无所不会，变化多端，神机莫测。封建帝王垄断龙纹的目的正是借龙的这些优势来显示帝王的威严与神圣，使自己的权威不受挑战。（见图27）

清代龙袍上的龙纹有三种：一是正龙，特点是龙头平视正前方，龙身盘绕而犹如人坐着的姿势，正襟危坐，一派威严，又称坐龙。象征天下太平，江山安定，皇权固若金汤，为最尊贵的龙纹形象，皇帝专用。二是升龙，特点是龙头向上，躯干在下，蜿蜒升腾，有拥戴之寓意。三是行龙，特点是龙为侧身腾飞之态，极富活力，似动而非动，又称游龙、走龙，其寓意为忠谨效命。龙纹在清代龙袍上的布局为前胸、后背正龙二、两肩正龙二、前后襟升龙四、底襟升龙一、领前后小正龙二、左右及交襟处为小行龙四、袖端小正龙二，共饰龙纹十六条，其中大型金龙九条为主要纹饰。古时称帝王之位，谓九五至尊，这是受阴阳五行学说的影响。由于九是一个奇数，在服装纹样的排列上很难达到对称平衡，所以将一条龙绣织在里襟，这样，每件龙袍的实际绣龙数仍为九条，而在正面或背面单独看时，所见都是五条，与九五之数正好吻合。

清末太平天国洪秀全登上天王的宝座后，也没有忘情于飞龙。他写过一首诗道："展爪却嫌云路小，腾身何怕汉程偏；风雷鼓舞三千浪，易象飞龙定在天。"在南京太平天国历史博物馆里，陈列着天王龙袍上绣九龙的纹样，帽额上绣有双龙双凤。作为统治者的象征，龙纹愈趋体现华丽、蒸腾、兴旺的含义。

龙纹样在中国古代朝服上的运用经历了一个漫长的历史过程，龙纹样的特征变得多样化、神圣化，仿佛龙纹具有巨大而神奇的力量，龙袍加身，便可以使自己享有巨龙的神威。

三、中国明清官服上的补子

明清两代在官服上用于标明品阶等级的补子，是中国服制中最具代表性的纹饰之一，用于区别文武百官的品级。补子纹样较为烦琐，以"禽"和"兽"区分文武职司，文官用飞鸟，象征其文采；武官用走兽，象征其猛鸷。并以不同的禽、兽动物形象标明文武官职的级品。

以动物区分官职并非始于明清时期，唐代就有将动物纹饰与官级相联系的文字记载，清人沈自南《艺林汇考》中云："武德元年，高祖召其诸卫将军，每至十月一日，皆服缺胯袄子，织成紫瑞兽袄子。左右武卫将军服豹文袄子，左右诩卫将军服瑞鹰文袄子，其七品以上陪位散员官等皆服绿无文绫袄子。"[①]以动物代表官员品级的做法到武则天时期更为明确：

---

① （清）沈白南：《艺林汇考》，北京：中华书局，1988 年版，第 129 页。

"延载元年五月，则天内出绯紫单罗铭襟背衫，赐文武三品已上。左右监门卫将军等饰以对狮子，左右卫饰以麒麟，左右武威卫饰以对虎，左右豹韬卫饰以豹，左右鹰扬卫饰以鹰，左右玉钤卫饰以对鹘，左右金吾卫饰以对豸，诸王饰以盘龙及鹿，宰相饰以凤池，尚书饰以对雁。"[①]至唐文宗时，又规定诸卫大将军中郎以下给袍者皆易其绣纹："千牛卫绣以瑞牛纹，左右卫绣以瑞马纹，骁卫绣以虎纹，武卫绣以鹰纹，威卫绣以豹纹，领军卫绣以白泽纹，金吾卫绣以辟邪纹，监门卫绣以狮子纹。"从上述记载中可以看出，唐代文武官员官服上品级纹样已有雏形，为明清两代的补子纹饰奠定了基础。

到明代洪武二十四年（1391），区别官阶秩序的重要标志——补子建立完善。明朝沈德符《万历野获编》："文臣章服，各以禽鸟定品级，此本朝独创。"《明史·舆服志》中规定：公、侯、驸马、伯爵的常服绣麒麟、白泽（可使人逢凶化吉的吉祥之兽）。文官一品绯袍，绣仙鹤；二品绯袍，绣锦鸡；三品绯袍，绣孔雀；四品绯袍，绣云雁；五品青袍，绣白鹇；六品青袍，绣鹭鸶；七品青袍，绣鸂鶒；八品绿袍，绣黄鹂；九品绿袍，绣鹌鹑。武将一品、二品绯袍，绣狮子；三品绯袍，绣老虎；四品绯袍，绣豹子；五品青袍，绣熊；六品、七品青袍，绣彪；八品绿袍，绣犀牛；九品绿袍，绣海马。这些不同的禽纹兽纹被设计在方形框架内，置于圆领团衫的前胸后背，既便于区分品级也显得十分壮观。

清王朝定鼎北京后，顺治年间进一步完善了补服制度，要求对襟袍前后也加绣补子。

补子的装饰位置，一般在前胸和后背的中间位置，在官服上直接织绣的补子以及与官服分开制作、再缝缀在服装上的补子，明清两代都有使用，但明代补子施之于袍，而清施之于褂。明代的补子主要是直接织绣在官服上。与补服分开制作的补子是在明后期才出现的。清代与服装连为一体的补子主要是皇家宗室使用的圆形补，官员用方补则多与服装分

开制作，在服装制作完成后再缝缀上去，服装前襟打开，前片补子被门襟一分为二，后片则是完整的，这与清服对襟有关。

以艺术审美角度分析，这种纹饰规定明显具有中国礼制文化的特点，它既是对自然与人的对应模仿，以祥瑞珍禽对应文官，象征儒雅智慧；以威猛兽类对应武官，显示力量气势。文武之道一张一弛，在服装上得到贴切的彰显。

综合而言，明清补子的纹饰题材所选取的完全是动物形象，其中不乏神灵动物，如麒麟、神马、獬豸等，补子形象的标志指向性十分明确，且政治元素浓厚。需要注意的是，补纹描摹的动物皆为雄性，如孔雀、鹌鹑、练雀等。这不仅因为自然的选择使得雄性动物往往比雌性动物外观更为美丽，特征更鲜明而易模拟，同时补服的穿着主体为男性，使用雄性动物形象也与此相符合。明清时期的女子也使用补服，其使用的补纹往往按照"从夫"的原则，同样用雄性动物形象补纹。（见图 28）

图28　清五品官补子（何志华藏）

四、日本和服上的家族徽章纹

日本家族徽章纹是一种特殊的艺术表现形式，这种纹样仅有几个国家使用，而日本是唯一使用家族徽章纹的东方国家。日本社会是典型的家族社会，家族观念已经在他们的血液里根深蒂固，所以家族徽章文化也就成为日本文化的典型代表。

家徽，是用来表现家族姓名或官府称号的标志，一般为对称的形状图案。在日本的绳纹弥生时代，出土的文物中能够发现"绳型""爪型""波型"等纹样，这些纹样与当下的家徽有着很多相似之处，据此推断，日本家徽雏形有可能始于绳纹弥生时代。

　　正如日本建筑和其他艺术均以顺从自然为原则一样，日本的家徽也显示了这种倾向。但是和欧洲崇尚虎豹、狮子、鹰鹫等凶悍的肉食动物从而喜欢以这类威严的动物为图案制作徽章不同，日本艺术深受禅宗文化的影响，强调自然、安静、简练，因此家徽图案大都比较朴实、典雅，多为植物、数字、文字、普通自然物等。日本家徽的设计不重繁杂而重简素，通过简单的线条来表现出日本人心中悠远的禅境，同时也彰显出了日本人在与自然的和谐共生中孕育出的朴素而又纤细的民族风格。

　　高度的中央集权，强大的皇权统治，让日本皇室有了自己独有的徽章纹饰。菊花，百草之王，它的清雅姿色、馥郁芳香、除恶求祥，深受大和民族的喜爱。日本皇室以十六瓣黄菊作为家徽，将其织在自己的和服上，作为身份的象征。醍醐天皇赐给菅原道真的御衣就绘有菊花。据说鸟羽天皇最喜爱菊花，他的衣服、刀剑、车辇上都以菊花作为装饰。

　　日本自古以来是一个具有尚武精神的国家，在日本武士阶层，他们穿着的方领带胸口的武士垂领式礼服，即是在前面扣拢起来，就像现代服装一样。在室町时代，以往的图画标记开始向与家徽相同的图案转变。图案有菊花、桐等大纹样，穿长裤的时候也会装饰纹样，整体看起来更加花俏。家徽还有人造建筑、几何图形、文字、阴阳太极、鹤、葫芦等纹样，由长方形、正方形、六角形、圆形、菱形构成，圆形最为突出，组合灵活，变幻无穷。例如日本战国时期号称"甲斐之虎"的著名武将武田信玄家的家徽纹样就是一个有"武田菱"变化的"田"字，用以象征其家族的勇敢和锐志。

　　在日本江户后期至明治时期，平民男子短和服衣裤上出现了徽章纹，这些服装上的徽纹常规化为一些数字，如五纹、三纹和一纹等。没有徽纹的称为"素底"，表示"一文不值"的意思。日本女性出嫁后，就会改用夫姓，但她们会终生穿着饰有娘家家纹的和服。这种做法就大大表现出对传统家世的尊重和对过往历史的怀念。日本民间还有一种有趣的风俗，相爱的两个人结婚以后，会把两家的家徽融合成一个新的家徽，来证明他

们的结合。这种新的家徽有一个非常浪漫的名称——比翼徽,它象征着
"在天愿为比翼鸟,在地愿为连理枝"的忠贞爱情。(见图 29)

图29 日本家族徽章纹(张新琰绘)

家徽作为家族标志,会随着家族的兴衰而变化。其中最具代表性的
当属曾经显赫一时的德川家族的三叶葵纹家徽及皇室的菊花家徽。在明
治维新时期,一度"尊皇倒幕",江户幕府统治者德川家族的葵纹家徽也
随着这个特定的历史时期而黯然失色,导致所有装饰葵纹的物品在店铺
里堆积如山,相反,已经沦为药房广告的菊纹却由于皇权的恢复而忽然间
神圣起来。

第三节 尊贵祥瑞符号

一、龙飞凤舞

龙纹和凤纹是中国古人融合多民族、多文化信仰,综合多种物形而
创造出来的装饰纹样。龙凤纹饰的演化是一个非常复杂而困难的科学问

题，总趋向和规律是由写实的、生动的、多样化的动物形象演化成抽象的、符号的、规范化的装饰纹饰。龙凤纹饰并不是纯形式的"装饰""审美"，而是具有氏族图腾的神圣含义，积淀了社会内容的自然形式。龙凤从神话传说到成为纹样，最初没有运用在丝织品上，而是出现于新石器时期彩陶纹样上。

秦汉时期，由于丝织品种空前丰富，丝绸图案常以动物纹样为大宗。对龙凤形象的处理也表现出非凡的创造力，龙凤形或弯或曲，以线条为主，均细长，但十分矫健。锋利的爪子，尾部像花和羽毛，龙首常为狐狸头，少有蟒蛇的形象，可爱而不可怕，凤没有鸷鹰感而更像仙鹤、鹭鸶，常为圆眼长喙，头上花冠或有或无。在纹样组织上，采用打散变异构成方法，造型随意简练，与花草藤蔓自由缠绕穿插组合，令人眼花缭乱，难以区分。

相对于家族服饰上的龙纹而言，民间服饰中的龙飞凤舞又是另外一种景致，龙凤情态既无早期神龙神凤崇拜中的凶猛之势，也没有宫廷龙凤造型的威慑与华丽，而是美丽可亲，具有浓郁的人情味。龙凤呈祥、双龙戏珠、鸾凤和鸣等吉祥图案作为一种艺术影响，成为一种求得精神慰藉的方式而深入于生活的各个角落，反映出人们对人生所采取的一种乐观主义态度。民间丝织物中的龙凤形更多地保留了原始龙凤的短粗简洁、稚拙可爱的形象，在造型上保留了夸张抽象、变形概括、异物同构等原始思维方法，通过超自然物质形态的奇特造型赋予龙凤以神性与灵气，强调象征与隐喻。如壮家、侗家的织锦和刺绣中"龙凤随意点染"不拘泥于具象，人们运用异物同构法巧妙地将龙凤与花草结合起来，整体纹样既似花草又似龙凤，给人以无限的想象空间，反映出崇尚自然生物的原始心态。近代苗族刺绣、织锦中的龙凤纹变形幅度很大，打破了一般龙纹造型格局，龙纹为异首合体的双龙，形成有趣的对称格局。湘西苗家织锦中的龙凤形象，却是在几何规律中表现龙飞凤舞的热烈气氛。汉族民间织物蜡染中的龙凤形象，在造型上更加大胆夸张，形式上更加自由多样。从符号学和话语权力的角度看，民间服饰形象中的龙凤纹样寄寓了下层民众希望提升自己的社会地位和扩大自己话语影响力的一种理想。

二、灵物瑞兽

在服饰纹样中，灵物瑞兽纹样因其种类繁多、形象独特、艺术手法高超而独树一帜。这些纹饰不但形态各异，而且有着深刻的精神内涵，是先民们自然崇拜思维的物化表现，是丰富的思维想象力和艺术的巧妙组合，从而把自然本质之美上升为艺术形象之美，反映出人类对尊贵祥瑞的永久追求。

灵物瑞兽纹样种类繁多，分类方法也很多。如果按瑞兽纹样的来源，可以分为两种：一种是以实物为基础写实而来的，如：虎、狮、蛇、牛、马、羊、鹿、猴、兔、狗、猪、鸟、鱼、龟、蝙蝠、仙鹤、蝴蝶、青蛙、蟾蜍、蜈蚣等。另一种是以现实为基础想象而来的，如：龙、凤、麒麟、貔貅、朱雀等。灵物瑞兽纹样之所以在人们生活中广泛应用，喜闻乐见，是因为其寓意深刻，往往象征着美好和幸福。比如"鱼"和"余"谐音，"鲤"和"利"谐音，故纹样中有很多灵物的题材。又比如龙、凤是最高统治者的象征，故应用龙凤纹样不仅仅因为其美好寓意，也因为它有向上进取的精神。瑞兽纹样还常常和花卉图案结合在一起，赋予象征意义。比如"喜鹊登梅"谐音喜上眉梢，"猴子偷桃"比喻晋爵增寿，等等。

从丝织品及服装的角度来说，汉代染织工艺的发展使纺织品达到了新的高度。长沙马王堆汉墓出土了大量织绣品，上有动物、文字、云纹、几何纹样的精美图案。这些丝织品纹样多为瑞兽图案，造型上生动、诡异，色彩上华丽、浪漫。除了瑞兽纹样外，表现祥瑞主题的还有人物与兽纹相结合的形式，在人兽纹样周围还装饰着规则的花卉纹样，图案风格独特，人兽结合显示出神话般的意境。中国在隋唐之后也开始大量出现灵物瑞兽和其他图案的组合纹样，较为典型的有神马、狮子、双羊、鹿纹、猪头、熊头、异兽等。这些动物造型大都反映了人们对祥禽瑞兽的崇拜思维及传统的审美观念。

龙、凤、神马、狮子、鹿纹、异兽这些动物造型大都出现在中国上层社会服饰中，造型多华丽富贵，有的还表现出庄重、繁缛的特色。人们原本对自然崇拜的心理逐渐演变为对统治阶层的敬畏心理。祥禽瑞兽的纹样也从原来的装饰纹样演变成为严格的等级符号，是鸟兽图腾观念的延续和升华。

民间服饰品上既有灵物瑞兽的纹样，也有各色花草、鱼鸟虫蛇等多种形象。在纹样造型上区别于帝王专用的形式，充满民间艺术特色、乡土风情及普通百姓的艺术创造力，同时折射出民间的自然崇拜意识。与上层灵物瑞兽纹样艺术表现形式不同的是，民间传统动物造型质朴、纯真、粗犷，具有人情味和朴素的美感。传统民间儿童服饰中常绣有虎纹，虎的造型给人一种威猛有力又亲近祥和的形象特点：大大的眼睛炯炯有神，民间又将其作为驱邪纳福的象征；虎头形象活泼可爱，充满生气。经过民间艺人的精心再创作，给这些灵物瑞兽赋予了神奇的浪漫主义色彩，同时还融入了深邃的民俗文化含义，反映出百姓对灵物瑞兽的崇拜与依赖。

三、象形云纹

在中国关于云纹的起源有多种说法。一说来自于文字的演变，甲骨文中的云字的下部是卷曲的，很可能是先民在观察云的形态之后根据其形态加以抽象而写成的，后来演变成了云纹。中国的文字具有象形的特点，文字的形态演变成图案也是有可能的。还有一说是来自旋涡纹的转化。目前出土最早的勾云纹饰玉器——红山文化勾云形玉佩，纹饰就似史前的旋涡纹，单线描绘一个半圆形加一个卷尾。此种云纹在商代的玉器上常常以云雷纹的形式出现。云雷纹也称方形云纹，在云纹拐角处呈方圆角，像古文"雷"的字形一样。如商代妇好墓出土的一件黄褐玉坐式人物，身上有华美的云雷纹装饰全身，器物整体华美而且庄重。云雷纹与原始旋纹没有本质区别。

明清时期有卷云和如意合成的如意云纹。由两个对称的内旋勾卷形和一条或圆滑流畅或停顿转折的波形曲线连接而成，左右对称、相对而立的稳定结构表达了互逆对旋的运动张力，呈现出平中见曲、稳中寓动、实中含虚的生动姿态，极为贴切地阐释了中国美学历来崇尚的"蕴味""空灵"的精神。

后来受清代统治阶级尚繁思想影响产生了叠云纹。以一种面状展开，由层叠茂密的勾卷云头，加上弯转曲折，流动通畅的排线云躯来构图，多作满铺装饰或边缘装饰，具自由多变、连绵不断的组合特色，且多与各种福、寿等题材组合构图，吉祥意义更加明显。如在丝绸织物中，云纹与灵芝联系起来，使灵芝的造型如云头，形成四合如意云纹。牡丹与如意云纹结合，意为"富贵牡丹"；如意云纹组合百合、柿子意为"百事如意"；柳叶与如意云纹结合，意为"万年如意"；等等。

四、西来狮纹

狮子是一种大型猫科动物，原分布于撒哈拉以南的非洲地区。中国自古不产狮子，文献记载，狮子是汉武帝时张骞通西域后作为"殊方异物"传入中国的。

随着汉武帝征西域后丝绸之路的开辟，西方文化信息不断传入中国，波斯帝王陵墓前用大型石刻动物守陵的信息也随之传入。在狮子传入中国之前，麒麟、天禄、辟邪等形象作为镇墓兽已经在墓葬中广泛使用。到了东汉，狮子的形象逐步明确，开始以独立的形象应用于陵墓中。中国现存最早的石刻狮子，为东汉桓帝建和元年（147）山东嘉祥武氏墓前的石狮，其整体造型浑厚敦实，挺直昂首，外形呈方形状，头部稍微向前倾，张口含舌，眼睛直射前方，两肩上有以阴刻表现的双翼。

宋代开始，中国狮子形象逐步渗透到民间。狮子身上原有的野性消失，神性难觅，更加世俗化。这个时期的走狮胸部收缩，头部压低；蹲狮腼腆拘谨，四肢收束靠拢。

元、明、清时期，狮子造型进一步世俗化、程式化，成为民间的吉祥物。在明代，南北方狮子造型出现差异，南方玲珑纤巧，北方古朴雄伟。

狮子象征等级差异。在历代舆服制度中，汉时一般的武官服饰都可以绣上狮子图案。明、清两代官服的补子，文官使用禽，武官用兽。《明史·舆服志》规定，武官一品、二品绣狮子，三品、四品绣虎豹。清代则

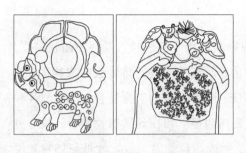

图 30　狮形围嘴和帽子（张新琰绘）

规定，武官一品绣麒麟，武官二品绣狮子。狮子纹饰逐渐成为高级官员的标志。

狮子作为一种西来动物，与中国文化逐渐和谐共融。在吉祥图案中，狮子是一种重要题材。青狮加白象象征吉祥如意，太狮（师）和少狮（师）象征官运亨通，狮童进宝象征子孙步步高升，狮子滚绣球象征喜庆富裕，莲花灯和狮子组合象征连（莲）登（灯）太师（狮），双狮与如意组合象征事事（狮狮）如意，狮子与花瓶结合象征事事（狮狮）平安，等等。（见图30）

第四节　富贵生活象征

一、克什米尔纹样

克什米尔纹样源自古波斯，是以植物巴旦木为原型创造的纹样。唐朝时巴旦木经古代丝绸之路重要贸易枢纽——克什米尔传入中国新疆地区。11世纪，克什米尔织匠们以巴旦木果内核为原型创造的巴达姆纹样，多装饰在披肩上，闻名于世，被称为克什米尔纹样。

巴旦木内核具有祛病强身的功效，中国新疆称之为"宝果"，其纹样在中国称为巴旦木纹样，并赋予吉祥幸福、健康长寿的寓意。又因维吾尔族信仰伊斯兰教，巴旦木果核形似伊斯兰教的标志图案新月，故深受维吾尔族人民喜爱，日常生活中，其纹样常用在维吾尔族传统花帽装饰上。这种纹样，在日本称作勾玉或曲玉纹样，在非洲称作芒果或腰果花样。

13世纪，克什米尔披肩引入印度。16世纪印度莫卧儿王朝时期，国王十分钟爱花草和披肩，克什米尔纹样大量以花草纹样作为装饰或填充，披肩的材质也开始从单一羊毛转而结合金线、丝绸与珠片，运用织锦、提花、印染、刺绣等工艺。17世纪初，克什米尔披肩作为英国东印度公司的重要进口贸易品传播到欧洲各国，备受欧洲上流社会推崇，成为高贵、富有甚至权力的象征。一条上等的克什米尔披肩的价格相当于伦敦城里一栋房子的价格。18世纪工业革命后，为满足欧洲市场的需求，苏格兰西南部纺织重镇佩兹利运用机器大量仿制织有克什米尔纹样的披肩，广销世界，克什米尔纹样又被称为佩兹利纹样。

克什米尔纹样最初的装饰对象是披肩，17至18世纪时，克什米尔纹样的外形呈现头圆尾尖的程式化形制，装饰着繁密的植物花纹。纹样不仅用于披肩边饰，而且出现装饰在四角或成排装饰的披肩。18世纪初，受洛可可艺术华丽繁缛风格的影响，克什米尔纹样由17世纪的简洁、清新发展为繁复、阴柔之态，纹样单体的内外都由纷繁细琐的图形组成，纹样轮廓也不再那么清晰可辨。开始装饰方巾、包件、手镯等饰物，方巾、包件主要是通过印染工艺呈现在布料上，手镯则通过雕刻工艺呈现。18世纪中期以后的克什米尔纹样整体变得细长，尾部更加弯曲，甚至可头尾相连。

克什米尔纹样呈旋涡形、C形，极富动感变化，因此可与几何纹、花卉纹、动物纹组合应用。一件织锦上面可同时装饰有成排的、剪影式的小克什米尔纹样、花草纹样、狮子纹样，呈二方连续式装饰在织锦边缘部位。在服装上，克什米尔纹样的外轮廓与人体的曲线可以很好地契合，根据服装的款式和色彩搭配呈现出不同的感觉。

二、中国、日本、朝鲜鹤纹

在自然界中，鹤是一种体态优雅、鸣声悦耳的大型珍贵涉禽。崇尚鹤，是中、日、朝三国共有的古老习俗。据历史学者孙文政考证，中国鹤文化有着久远的历史，齐齐哈尔昂昂溪古文化遗址出土的7500年前的乐器即用鹤腿骨制作。

"鹤鸣人长寿"。鹤长寿符合道教长生不死观念的信仰，被尊为"仙禽"，被神化为道教神仙的骑乘。朝鲜老人"换甲"（60岁寿诞）时，子女要给老人献上一件绣有鹤纹的衣服和枕头，祝福老人健康长寿。朝鲜民间以鹤象征长寿，还体现在朝鲜传统的"十长生"图中。十长生是自然界中象征长生、长寿的十种物象，包括日、月、云、山、水、龟、鹤、鹿、松、竹、桃、石、不老草、灵芝等。这些物象在不同时期有着不同的组合，但鹤是不可或缺的。将仙鹤和挺拔苍劲的古松画在一起，有"松鹤齐龄图"，象征延年长寿。日本亦有"千年之鹤万年之龟"的说法。

取鹤纹高洁之意用于中国明清时期文官的补子上，有"一品当朝"纹样，警醒官员廉洁奉公。纹样中鹤立潮头岩石，以"潮"与"朝"谐音取意；以鹤"羽族之长"，取意"一人之下，万人之上"，地位仅次于"凤"（皇后），借喻人臣之极、官位极高，主持朝政。

朝鲜李朝时期，儒学思想盛行，鹤纹样被用在文臣朝服上，称"鹤纹胸背"，文官用鸟，武官用兽，类似中国明清时期的补子。胸背纹样以鹤、云为主，以水波纹、山石纹为衬托，吸收了十长生的营养，添加不老草、灵芝、桃叶、珊瑚等纹饰。把一种舶来品改造成具有本民族特色的标识物，反映出李朝统治者希冀长生不老，企盼江山永固。官员朝见君主的队列也称"鹤班"。李朝时期，鹤纹样还是贵族妇女大礼服中一种常用纹饰。传世的一件李朝时贵妇礼服以牡丹、荷花为基调，袖口绣凤，下摆中心部位是两只对称的白鹤，十分醒目。朝鲜祭祀儒学宗师孔子的祭服，其后绶（背后自腰部悬垂的长方形织绣物）上亦有八只鹤的纹样，象征儒生清高廉洁的品行。

鹤纹还寓意爱情，日本民间流传着一个家喻户晓的传说——仙鹤妻。一个叫嘉六的男子从猎人手中救了一只仙鹤，仙鹤为报恩化作美女成为嘉六的妻子，可以织出华丽的锦缎，但要躲在壁橱里不能见人。一次嘉六忍不住看了，仙鹤飞走了。后来嘉六思念找寻，终于在仙鹤岛找到，原来那是仙鹤之王。这个故事赋予鹤美丽、纯洁、善良、勤劳的形象，表现出"报恩"的主题，使鹤成为美好爱情、人间幸福的吉祥象征。日本诗歌总集《万叶集》第2269首中写道："此夜虽云晓，鹤鸣苦不胜，相思情未去,恋意更加增。"以鹤寄托对心上人的思念。也因这一传说的广为流传,使得鹤更加贴近于日本的民间生活。尤其在日本家纹中,鹤是最多见的一种鸟类,家纹鹤中以"光琳鹤"盛行,只有鹤翼轮廓,羽片纹全部省略,表现出明快、洗练、简洁的风格。还有纯图案化的纹样。再如折鹤,是由民间传统折纸艺术演化而来的。鹤纹还吸收其他主题的家纹,形成新的纹样,如"梅鹤",以梅花瓣构成鹤形;"柏鹤",以柏叶构成鹤形。此外,还有"牡丹鹤""银杏鹤""丁字团鹤"等。鹤在日本传统家纹中是最受人们喜爱的一种题材,这无疑源自人们对鹤的美好意义的深度解读。

中、日、朝三国的"鹤崇尚"文化是同源异流,起源于中国,传到朝鲜、日本后,又形成各自的民族特色。象征长寿,是三国"鹤崇尚"的基调。中国的民俗信仰受道教影响。朝鲜在本民族神话、自然崇拜、精灵崇拜、巫观思想的根基上,吸收中国的神仙思想、道教及儒学思想而形成的朝鲜民族独特的长生观,集中体现在"十长生"信仰中,而鹤是十长生中最主要的一种祈福吉祥物。日本接受中国道教的求仙观念,创造出众多以鹤为题材的吉祥物,追求一种脱离凡尘的意境。

三、中国、朝鲜牡丹纹

牡丹纹作为植物类装饰纹样,广泛应用于各种丝织品、工艺品及服装、建筑领域,形式变化极其丰富,是东方装饰纹样类型中不可忽视的一种题材。以中国为例,牡丹纹作为本土化的装饰纹样类型,在不同的历史时期与外来文化融合的过程中,吸收和借鉴了多重纹样变化因素,形成了自身独特的装饰语言。

牡丹在唐代被称为"百花之王",《杨妃外传》记载,开元时禁中牡丹盛开,玄宗与杨贵妃月夜赏花,梨园子弟献歌,并宣召诗人即席作诗咏牡丹。牡丹图案的外形特点非常符合唐代人的审美情趣,个大饱满,色彩鲜艳。其象征意义,既与唐人对仕途、对美好前程的热切期待有关,也与他们张扬外向、积极进取的精神风貌相契合。

　　当年，各种牡丹纹样多用于宫廷工艺品以及丝织锦缎的装饰上，其装饰特点表现为丰满圆润的造型与饱满充实的结构。牡丹花丰腴、层叠的花瓣使其造型呈现圆的特点，圆周上每一点的视觉引力在均衡中有着流动感，从而使牡丹图案在感觉上是充满张力且显富裕的。今藏日本正仓院的唐代"花树对羊织锦"中的牡丹造型，牡丹花瓣层层叠叠由大到小排列，产生充盈的立体效果，聚成了牡丹花丰满圆润的造型。唐代民间刺绣的牡丹图案造型，花瓣紧凑叠加、秩序井然，多姿多彩，富丽华贵，光鲜夺目。"天蓝地绿牡丹锦"是唐代中期民间较盛行的团窠纹样，是一种用作琵琶锦囊的图案。锦面纹样由一组变形的牡丹纹样紧紧围绕着中心的团花牡丹纹样展开，外围装点着花枝摇曳的串枝花卉。织纹细密，形态生动，具有精巧华美的风格。色彩的运用采用天蓝地绿和红花绿叶的搭配，处理得恰到好处。这种结构的布置和色彩的运用体现出唐代装饰画"丰厚"的气质，既富丽又典雅，鲜明沉着。整个图案充实丰满，气势雄浑，色彩华丽。丝织品中牡丹纹的装饰特点，正是盛唐以来工艺装饰的重要特征。

　　民间服饰中牡丹纹样的素材来源既有写实变化，也有经过提炼加工的抽象变化，两者的形式美原则是相同的，即变化与统一。这是因为人们在欣赏图案时，常会把其中的内容和生活中所发生的事物联系起来，这一点在写实纹样中表现得尤其明显。具体看来，近代民间服饰的风格形成源于老百姓对自然、社会以及美的认识，其丰富的寓意也是百姓表达精神寄托的一种方式。

　　牡丹纹样也深受朝鲜人的喜爱。从古代开始，朝鲜就运用牡丹纹样。朝鲜半岛不产牡丹，但牡丹在传统服装纹样中有着深深的印记。高丽时期，据《三国史记》及《三国遗事》之说，唐太宗贞观元年（627）至六年（632）间，牡丹已传至新罗。唐朝正值朝鲜历史上的三国时期，新罗与唐朝的关系最为密切，两国使者络绎不绝，唐朝的制度文化对新罗产生很大影响。在这种背景下，唐人推崇的名花牡丹也随之传到新罗。高丽时期学者金富轼《三国史记》记载，牡丹最初传至新罗的具体时期为真平王时期，遣唐使上供牡丹花图及花籽，真平王与其女德曼欣赏牡丹图并对牡丹品性加以品评。另有史料记载，北宋末年徐兢在高丽写下闻见实录《宣和奉使高丽图经》，书中卷九记王宫仪物有绣花扇："制以绛罗，朱柄金饰，中绣牡丹双花。"[①]朝鲜时期最具代表性的牡丹纹运用在礼服上，牡丹绣在前襟中央，位置突出，礼服上还有荷花、仙鹤、水波、寿石、灵芝、凤凰、蝴蝶等，构成一幅华丽多彩的吉祥图。朝鲜时期文官官服上的标识物白鹇胸背（相当中国的补子）、孔雀胸背纹样中都有牡丹纹，表明牡丹纹是一种高贵的象征物。今日朝鲜与韩国女性传统服装中仍保留着牡丹纹样。牡丹纹是由中国传入的，经过加工改造，以独树一帜的风格形成了古代朝鲜民族喜闻乐见的本土传统纹样。然而模仿不是照搬，牡丹花瓣及枝叶的表现已有差异，大多数朝鲜牡丹纹均摆脱写实风，形成了独特的图案化风格，这种图案化的牡丹纹，花瓣及叶的线条流畅，简单明快，呈现出"非牡丹化"的风格。之所以出现"非牡丹化"倾向，一是由于朝鲜牡丹多见于宫廷，民间并不广泛栽培牡丹，匠人很难见到牡丹实物；二是由于朝鲜民族自身固有的审美价值观。

四、趋吉辟邪的吉祥图纹

吉祥图纹又称"瑞应图""吉祥图"，指流行于中国、表达喜庆福善内容的图案。在原始图腾崇拜时期，中国的先人就对变幻莫测的宇宙万物充满了好奇、迷茫和恐惧，对飞禽走兽、花鸟鱼虫产生了无限的遐想和猜测，他们崇拜天地、注重吉凶先兆并视山河为神灵。由此，祈福求安的图形符号就诞生了，其符号成为人们趋吉辟邪、求保平安多福的精神寄托。

吉祥图纹的形成绝不是一种偶然现象，它是一门随着历史发展而逐渐演变的实用性艺术。吉祥图纹就其构图而言有单物成图和多物成图，后者更为常见，如"龙凤呈祥""喜上眉梢""欢天喜地"等，画面也更

---

① （宋）徐兢撰，朴庆辉标注：《宣和奉使高丽图经》（收录于《钦定四库全书·史部》第 593 册），上海：上海古籍出版社，1987 年版，第 19 页。

为生动有趣，其所表达的吉祥内涵也更为丰富。从文献记载、传世实物和文物出土情况来看，春秋战国的丝织物上就已经出现了夔龙夔凤演变的蟠龙凤纹，它原本用于殷商巫术宗教仪式上的青铜器，而这里的蟠龙凤纹已不再注重原始图腾文化、巫术宗教的含义，讲究的是纹样反复蟠叠、穿插而构成的形式美感，人们对龙凤寄予的美好愿望赋予纹样以新的理念和审美意义。

汉代服装上开始大量出现富有吉祥含义的图纹，同时也出现了有

图31 汉代"万世如意"纹锦
（新疆民丰东汉墓出土）

吉祥汉字铭文的纹样，汉人著作里记载着当时人们用刻削配合八彩，制成"榆叶""水波""无穷"之纹，寓意续世连绵不断。其形式多数是在纹样间加饰铭文来表现的，如在东汉织锦纹中反复出现的"登高明望四海""延年益寿""大宜子孙""长乐明光""万事如意"等。（见图31）

宋元两代的服装在吉祥纹样方面各有特色。宋代讲究如意牡丹、瑞草云鹤、天下同乐、锦上添花、四合如意纹等。元代吉祥纹样非常流行，从山东元代李裕庵墓出土的绣品上就能看出这一点。墓中出土的一块刺绣梅鹊方补，其纹样是在梅花的枝梢上栖息着喜鹊，暗喻"喜上眉梢"。宋元两代的吉祥纹样从整体上较之前代已经有了很大的发展，为明清两代吉祥纹样的盛行奠定了基础。

明代服装吉祥纹样在继承宋元的基础上又有了较大的发展和创新，由于受民间艺术的冲击以及佛教、道教的影响，明代服装上的吉祥纹样呈现出前所未有的丰富姿态。如借助谷穗、蜜蜂、灯笼组成的寓意五谷丰登的灯笼锦，以蝙蝠、寿字和鱼组成的寓意福寿有余锦等，充分迎合了市民阶层审美思想的需要，成为明代丝织纹样中重要的一种表达方式。明代是强调吉祥、应用吉祥图案最典型、最成熟的时期。到了清代，无论宫

廷还是民间，服装上已是"图必有意，意必吉祥"了。

第五节　宗教文化传播

一、莲花与宝相

　　莲花在佛教中代表"净土"，常被誉为美好圣洁事物的化身。佛教中的佛座为莲座，佛眼称为莲眼，佛经也有《妙法莲花经》等。莲花与佛教发生关联并成为其标志，源自佛教的传说。据说佛祖释迦牟尼诞生时出现八种瑞祥之相，其中之一是池沼里出现大如车盖的莲花。八种瑞相过后，繁花盛开，菩萨发出万道光芒，每道光芒都化为千万金色莲花，每朵莲花上都有佛陀盘坐说六波罗蜜。因此，佛陀转法轮时坐的座位便叫"莲花座"，坐势叫"莲花座势"，袈裟称作"莲花衣"。在中国，最早的佛教结社称为"莲社"，佛教有"莲宗"一说，是因为佛教净土宗主张以修行来达到西方的莲花净土。在佛教的传播与净土莲宗的建立与发展中，魏晋南北朝时期对莲花的崇拜形式、内容日益丰富多彩。佛教把莲花的自然属性与佛教的教义、规则、戒律融合在一起，逐渐形成了对莲花的完美崇拜。佛教在很多地方都是以莲为象征，可以说莲即是佛，佛即是莲。佛教用莲花自喻，正是出于对莲花高贵品格的赞赏。

　　"宝相"一词最早是作为佛教用语出现的。在佛教盛行的南北朝时期，已有"宝相"之说。佛经教义认为所谓"宝"即为"三宝"，而佛教中所谓的"相"虽在华严宗中被解释为具有一定哲学辩证关系的"六相"之说，但就"宝相"一词的组成结构来说，当与"六相"无关。"宝相"是指具有华光的如来之像。

　　现有的考古资料可以证明，佛教的美学倾向对莲花到宝相花的转变影响深远，无论是印度佛教、大乘佛教还是后来的禅宗美学，都深深地影响了此纹样的变化。花瓣繁复、色彩鲜艳的圆形花卉纹样大量出现在佛教造像及宗教壁画上，即宝相花。以莲花的变形图案作为整朵宝相花的中心纹饰，所以，如果从佛教的角度来解读莲花到宝相花的转变，正是佛教植物纹样中国化的典型代表。莲花纹的产生、传播经历了一个曲折的过程，在传入中国后得以改造和转变，成为中国纹样艺术的重要组成部分。佛教美学的影响以及中国传统文化的渗透，在莲花到宝相花的演变中起到了非常重要的作用。

莲花纹作为印度佛教传入中国的强大宗教力量，一直地位显赫。作为佛教美术代表形象的莲花进入中原以后，更多地吸取了汉文化的风格和传统。西来的莲花纹样艺术也给中原纹样的发展带来了新的活力。作为佛教美术传入中国最重要中转站之一的敦煌，其丰富的纹样艺术给我们提供了大量资料，它清楚地表明了源于印度、伊朗和中亚本身的美学及风格特征的演进历程。印度的佛教美学中有"圆"的思想，有圆满、圆融、圆通之意，宝相花以绝对丰满的姿态表现出一种饱和的圆润造型的力量，展现着圆融、圆熟的美学思想。

莲花纹的产生到宝相纹的演变经历了一个曲折的历史过程。佛教传入中国后，莲花逐渐被消融在中土文化的艺术当中，继承和发展了随佛教传播而兴起的莲花装饰。同时，采用诸多西来题材，最终形成了丰满华美的宝相花纹样，创造出了具有全新意境的民族服饰装饰纹样。事实证明，任何外来题材都只能是民族化进程中的催化符号，佛教植物纹样的中国化是中国文化包容性的完美体现。

二、忍冬与卷草

卷草纹是一种呈波状形态向左右或上下延伸的一种花草纹，盛行于唐代，以后各代亦常用其作为边饰。卷草纹在世界上名称各异，在日本和朝鲜称为唐草纹，在阿拉伯称为藤蔓纹样，在中国称为卷草纹或缠枝花，在地中海沿岸的欧洲国家称为卷须饰。从中国纹样的发展演变来细分，汉代称这种形态结构的纹饰为卷云纹，魏晋南北朝称之为忍冬纹，唐代称之为卷草纹，明清称之为缠枝花，近代称之为香草纹。

卷草纹的起源说法不一。西方中心论认为，古希腊的莲花和纸莎草纹样，经过美索不达米亚的棕榈卷须饰、希腊的莨苕叶饰旋涡纹样、阿拉伯藤蔓花纹等具有代表性的卷草纹样的发展演变，成为西方卷草纹。本土说认为，卷草纹由中国传统的云藻纹发展而来，日本东方美术史研究者酒井敦子在其《南北朝时期的植物云气纹样》中认为，忍冬莲花纹继承了传统的用云气来表现存在于空间而肉眼所不能见的手法，甚至说是替代云气纹而兴起的纹样。可见，传统云气纹与植物蔓草纹之间存在着显而易见的传承关系。还有一种本土说认为，中国卷草纹的起源要早于汉代，甚至可能还早于阿拉伯的藤蔓纹样。其渊源可追溯至新石器晚期。

再有一种接力说，又称综合说，认为它是在西来纹样的基础上结合中国的传统纹样而产生的新的图案风格，对印度早期的佛教装饰产生影响，甚至可以说印度的佛教艺术一开始便具有了希腊艺术的因素。此时恰逢中国魏晋南北朝时期，民族融合，社会动荡，人们以信仰为寄托，促进佛教的传入与发展。忍冬纹最初是作为印度佛教装饰中的一种样式传入中国的。忍冬，在《本草纲目》《农政全书》以及《救荒本草》中均有记载，它是一种藤生对节出叶的药草，凌冬不凋，故名忍冬。佛教用于象征灵魂不灭、轮回永生。

日本也曾盛行卷草纹，将从唐朝传入日本的草，或具有异国风情的草，统称为唐草。公元5世纪，卷草纹样经朝鲜传到日本，日本应神天皇陵出土的马鞍上的金银镂刻，雕刻着西域风格的连续龙形唐草纹可以作为依据。但是这种动物唐草纹不久在白凤时代变化为忍冬唐草风格舒展的植物图案。例如日本法隆寺收藏的7世纪唐代"四骑狮子狩猎纹"纬锦联珠纹外框，织有美观的忍冬唐草纹。证明日本在那时已经广泛应用忍冬唐草纹。不过这种忍冬唐草纹后来变化为三叶胯形的花卉纹样，不久又形象化为唐花纹的固定形式。另一方面，由于佛教东传日本、海兽葡萄镜流入日本等原因，作为佛光装饰用的中国植物——宝相花唐草、莲花唐草、石榴唐草、牡丹唐草等纹样，也开始在日本流行推广，发展到近代，终于诞生了日本独自的唐草纹样。日本唐草纹样由以藤蔓为主体，连缀各种形态的花形，发展为流畅而轻盈的唐草图案，如桐唐草、菊唐草、铁线唐草、桔梗唐草、丁字唐草、夕颜唐草、樱唐草、松唐草、梅唐草、竹唐草、蔷薇唐草、莓唐草等各式各样的富于变化的唐草图案。

因文化差异,中日两国的卷草纹表现出不同含义。佛教影响下的中国南北朝的忍冬纹,具有轮回转生、因果报应的含义。唐宋至明清出现的卷草牡丹,寓意富贵发达;卷草莲花,寓意佛陀纯净;卷草葡萄或石榴,寓意子孙繁多等。在日本,同样是来自西域的葡萄,日本人认为它与"零落"相通,视之为不祥之物,因此日本没有卷草与葡萄相结合的纹样。

通过卷草纹的发展演变可以看到,中国、日本两国都是将重点放在藤蔓连接的花形本身。也就是说中日的唐草图案,都是以花为主体,唐草的藤蔓,只不过起到连接花的导线作用而已,重点在于藤蔓连接的花形本身的意义。如莲花寓意佛教净土,忍冬寓意坚韧不拔,葡萄、石榴象征多子多福,牡丹象征富贵,凤鸟象征高贵、灵秀,狮子象征凶猛威武等。总之,卷草是东方服饰纹样中最常见的图案,同时又是最为人们所喜爱的纹饰结构之一。

三、八宝与八仙

八宝纹样,顾名思义是由八种宝物组成。众多吉祥物以图案的形式融入民间,逐渐从单一图案发展到组合图案,最后形成一种约定成俗的八宝纹样。构成八宝纹样的宝物主要有:法轮、法螺、宝伞、华盖、莲花、宝瓶、双鱼、吉祥结、芭蕉扇、宝剑、花篮、笛子、宝葫芦、渔鼓、阴阳板、莲花、祥云、金锭、银锭、宝珠、犀角、如意、珊瑚、方胜、古钱、灵芝、玉磬、鼎、杯、象牙、双角、艾叶、蕉叶、笔锭、琉璃、玛瑙、菱镜、书本、画、松、梅、兰、竹等图案。一般是根据寓意在上述宝物中选取八个构成一组纹样。根据纹样的题材、由来及宗教的影响,八宝纹样就有佛八宝、道八宝等类。

佛八宝纹样始见于元代,流行于明清,与佛陀纹饰、藏族吉祥八宝图息息相关,故又名吉祥八宝、八吉祥、藏八宝、佛八宝、藏八仙。佛教供奉的八种法器分别为海螺、吉祥结、莲花、宝伞、法轮、宝瓶、双鱼、胜利幢。佛教中代表佛的八个部位，而在藏族吉祥八宝图中更多是吉祥、圆满、幸福的象征。

佛八宝常被作为服饰上的主题纹样，如中国京剧服饰中的黄团龙蟒，其纹样除龙纹外，还在全身布满带有飘带的八种吉祥题材，有时佛八宝也以织物地纹出现。

道八宝因为不出现八仙只出现八位仙人的法器，故亦称"暗八仙"。中国八仙形象可追溯至东汉，然而，道八宝纹样作为独立图案出现，是在明末清初。组成"暗八仙"最通行的八件法宝是：葫芦、芭蕉扇、玉板（檀板）、荷花、宝剑、洞箫、花篮、渔鼓。

道八宝纹样常用于织物、首饰、工艺品等，以此寄予吉祥之意。北京丰台区吴氏墓出土有明代暗八仙黄缎方领坎肩。

"暗八仙"作为吉祥图案，是受佛教"八吉祥"图案影响的结果。二者不仅数量一致，而且在宗教和美学意义上都有相似之处。组成"八吉祥"的八件器物是佛家使用的法器，组成"暗八仙"的八件器物是道家使用的法器，道教符印中亦有"狮钮八棱八卦暗八仙印"，它们形成独立图案的根源之一就是人们的法宝崇拜观念。"暗八仙"图案大部分采用写实表现手法，更接近民众生活。其象征性深受道家长生不老思想影响，取长寿吉祥寓意。佛八宝受佛教影响，象征吉祥、圆满、幸福。民间流传的八仙故事中，有八位神仙在王母娘娘的蟠桃盛会上祝寿的情景，亦称"八仙祝寿"，故"暗八仙"多在寿庆场合出现，辅以松柏、蟠桃和祥云等祝寿图案，寓意福乐长寿。

吉祥八宝图案在很多情况下，单个吉祥物并不能组成一幅吉祥图案，而是要通过两个或两个以上的吉祥物才构成一幅场景，形成一定关系，从而表达一种完整的意义。这就是说吉祥物的象征意义，是在某种结构、某种关系中获得的。而一组"暗八仙"图案可以由八件器物中的单个或两个器物构成，如一个由飘带装饰的葫芦，或如山鲜花结带作为基本装饰的葫芦与檀板的组合，再便是八件器物的一个或多个与云鹤、吉祥文字的组合搭配。在民间服饰中，甚至出现"八吉祥"与"暗八仙"同时在一件作品中运用，或混合形成一组新装饰图案的趋势。此时，"八吉祥"或"暗八仙"的构成元素由八件扩展到十六件，再根据装饰的需要随意重新组合，这样的图案在民间被称为"八吉祥"或"暗八仙"，充分体现了佛道的互补互融。

值得关注的是，这两种源自宗教的组合纹样，在服饰上应用十分广泛。上可至宫廷贵族服饰，如清代慈禧的衣服上就有杂用石、水的佛八宝和道八宝混在一起的纹饰，也可用于民间葬服，如有八仙人或暗八仙。同时，男女袍领、袖口边缘绣饰也多用。

第五章　东方服饰的制作工艺

第一节　淳朴自然的手工印染工艺

东方的传统印染技术历史悠久，尤其是中国，凝聚了几千年的文化精髓，手艺精湛、技术高超，其他东方国家也在此基础上演化与发扬，虽各具特色，却是一脉相承，就连西方印染技术的起步和发展都受到了东方风格的影响。

东方传统印染以手工为主，由于手工印染扎根于民间，不仅蕴含了民族文化，还融合了劳动者丰富的经历经验、个人感情色彩，表现出淳朴与鲜明的个性。材质天然纯朴，肌理自然多变，色彩鲜明，装饰丰富，其艺术效果令人叹服。手工制作虽然受到诸多局限，但是体现出灵巧的手工技术，闪烁着智慧的光芒。东方国家具有代表性的手工印染主要有扎染、蜡染、传统印花等。这些运用较广泛的印染技术虽然每个国家都有其特色，但基本工艺都是接近的。此外，还有具有当地特色的印染工艺，如日本的友禅染等。

一、扎染

扎染，是手工印染中工艺最为简便和最易掌握的印染技术，没有花版，不用手工描绘，它是通过纱、线、绳等材料，对织物进行扎、缝、缚、

缀、串、包、叠、盖等形式的处理，起到防染、保持原色的作用。然后进行
染色，有意识地控制染液渗透的程度和范围，使未被扎结的部分均匀受
染，形成深浅不一、层次丰富的色晕和褶痕，呈现错杂融浑的色晕肌理。
扎结的方法不同，所呈现的花纹性状也不同，最终的纹理效果自然且不可
完全复制。扎染工艺名目繁多，代表品种有"鹿胎缬""鱼子缬""醉眼
缬"等，制作简单，风格大方，易于变化，晕色效果自然浪漫。（见图32）

图32   中国唐代江苏的鱼子绞扎染（吴琼绘）

扎染在染色方法上最常用的是浴染、套染和点染。浴染是将扎结好
的织物置于染缸中，逐渐升温并不断搅动，使其均匀受色，达到沸点后捞
出，洗净浮色后固色。套染则是用于两次以上的染色，按照浴染的方式第
一次染色，后用布条、绳线之类的材料，将第二次染色时不需要受色的部
分遮盖、捆扎起来，再次入染，最终形成深浅两色花纹。点染是先用吸管
或汤匙吸取染液使局部上色，然后进行套染，适合于多彩纹饰。东方很多
国家都有扎染的生产和制作，主要区别在于扎结的工艺技法。在中国，扎
染工艺以云南大理地区较为著名，被称为"扎染之乡"。大理的扎染通过
对传统扎染的进一步渲染和艺术加工，扎结以缝为主，缝扎结合的方法，
易于表现各类图案，刻画细腻，并且使用天然的植物染料反复染制而成，
色彩鲜艳，不褪色，对皮肤有消炎保健作用，成为实用与艺术相融的工艺
品。此外，江浙及湖南一带也有一定产量。在少数民族地区也有代表性扎
染工艺，如西藏的"十字纹氆氇"以及新疆地区的"艾德丽斯绸"。

在日本，扎染技术早在奈良时期就由中国传入，因受到国家的重视
和保护而得到了很大的发展，还创造了不少新的生产技法。如"匹田绞"，
是用两根手指将织物上图案的小点夹住，另一只手在小点上用线顺序绕

数道打结，每个点之间的行距保持一致，这种方法扎绞出来的织物会避免出现针眼的痕迹，保证产品的完整性，染色效果也很好，是比较高级的扎绞技法之一。此外，"三浦绞""云纹绞""人目绞"等都是比较著名的扎染工艺。扎染已经用于"访问着""着尺""中振袖"等和服种类中，"扎染和服"已经成为日本妇女盛装礼服之一。（见图33）

　　印度的扎染有着很强的印度装饰风格，其著名织物派多拉（Patola）是西印度织造与印染完美结合的产物，运用了名为印喀脱（Ikat）的技术，这是一种古老的扎染纺织装饰技术。（见图34）

图33　日本扎染和服（吴琼绘）

图34　印度扎染披肩（吴琼绘）

　　目前，这种复古工艺分布在印度、印度尼西亚以及非洲、美洲等地。首先，派多拉的原料为真丝，将较硬的生丝通过气蒸及化学方法使之变柔软，然后合并丝线加捻，加捻的方式有多种，多用的是8股合并的纱线。其次，用扎染方法对经纬线进行染色，这一步需要精确设计纹样，正确配置纱线上的深浅位置，才能形成理想的纹样。并且要经过多次染色，每染一次色都要按要求扎一次蜡线，直到染成最深的一种颜色为止，这是最为复杂、精确的一步。最后，对丝线补色和修正后进行织造，扎染后纱线的深浅部分形成预定的设计纹样。此外，"伊卡特"也是较为有名的扎染织物，工艺上先扎绞后再染色，最后通过织造显现纹样的特别工艺。"卷扎染"在印度的产量很大，占有不小的市场份额。

在东南亚诸岛如印度尼西亚的巴厘岛、龙目岛等地都是以扎染工艺为代表的手工业地区。除了东方，在非洲、拉丁美洲的哥伦比亚、秘鲁等国家也有扎染工艺，基本技法都是一致的，图案风格融入了当地特色。

二、蜡染

蜡染，是一种特殊的手工印染。先将蜂蜡置于容器中烤化，用铜刀蘸蜡在织物上绘出图案。然后，画好蜡的织物在常温下放入染缸染色，如植物染料，需浸泡五六天后取出晾干，为浅色，后再次浸泡数天，便得深色。最后用沸水煮去蜡即成。蜡起到的是防染作用，在染色过程中由于蜡凝结收缩或撮揉叠压后会产生许多裂纹，染料渗入裂纹形成了自然的纹理，一般称为"冰裂纹"，成为蜡染独有的装饰特色。蜡染多为靛染，染出为深蓝色，还有染成靛蓝去蜡后再上彩色的，也有在蓝白蜡染的织物上加彩线刺绣，绣染结合。中国的蜡染有着区域性的特点，蜡染制作的地区比较集中。苗族、布依族都是擅长蜡染的民族，他们很大部分聚居在贵州。因此，贵州以出产蜡染而闻名，素有"蜡染之乡"之称。在工艺上比较传统，采用"点蜡"，由于烧熔的蜡液很快会凝结，不容易画出长线条，所以是一点一点将线条连起来，因此蜡染也被称为"点蜡花"。工具也比较原始，多用铜蜡刀，但蜡绘所表现出来的效果还是精细优美的。（见图 35）

虽然大多数蜡染工艺大体一致，但随着各地区传统不同也会稍有差异。贵州黄平重安江苗族支系的蜡染制作，喜好将布粘在木板上点蜡花；贵州安顺、纳雍以及黔西南和滇东南的文山、元阳等地区的苗族蜡染以彩色居多，除了浅蓝和深蓝，还有红色、黄色和绿色；榕江县平永一带的苗族蜡染更为独特，以枫树脂代替

图 35　贵州蜡染服装（吴琼绘）

蜡来点画花纹进行防染，俗称"枫染"；湘西方言区的苗族是以薄木板镂空雕刻花纹后，压在白布上，灌入蜡汁，后来改用石灰、胶汁调成浆状，刷在镂板花纹内，再去染色。

东方其他国家的蜡染工艺也各具特色，其中印度尼西亚

图36　印尼的蜡染织物（吴琼绘）

群岛的手工印染最负盛名，巴厘岛和龙目岛擅长扎染，而爪哇岛则擅长蜡染。蜡染制品在印尼应用十分广泛，已经深入人们的生活，涉及服装、配饰、纺织工艺等，使得印尼成为世界闻名的蜡染大国。历史上蜡染制品曾是印尼上层贵族使用，宫廷用的长布与萨龙也以优质蜡染制成，工艺精湛，可衬托贵族身份地位。相比中国蜡染的地域性与民间性，印尼的蜡染更普及化，更具开放性。（见图36）

印尼的蜡染中既有传统的蜡染工艺，又有现代的技术手段，材料多样化，兼容性强，蜡染制品也是档次多，用途广泛。他们追求的是品位与档次，精美与内涵兼顾。工具上使用铜壶笔、铜印戳以及现代机械化印染设备，印染生产多元化。印尼的铜壶笔是一种带木柄的铜质小壶，绘蜡时，壶的漏嘴能漏出细细的长线，比点蜡的线条更顺直流畅，壶嘴的大小决定蜡液流出的多少，通过把握蜡绘的速度，来绘制各种大小粗细不同的点、线和块面，可以说这种工具比铜蜡刀有着更大的优越性，可使图案更加繁复细密。印尼的铜印戳是采用铜条弯曲成特定纹样的印戳工具，可以印制四方连续图案，也可以很方便快捷地进行同一个纹样的复制，精细度丝毫不减。机械化印染设备用于蜡染的工厂，运用铜辊印蜡和冷蜡绢网印蜡工艺，大大增加了蜡染的产量，降低了成本，使得蜡染工艺得以广泛传播和发展。在防染材料上还是选择天然材料为多，如树脂、虫蜡、椰子油、石蜡等。工艺上采用多次染色、封蜡来完成复杂多彩的图案。总而言之，印尼的蜡染工艺可以满足任何形式的图案、造型、色彩、风格，其精美程度与机印纺织品相比有过之而无不及，足以证明印尼蜡染工艺的

精细与完美，这与历史上印尼皇宫贵族对蜡染的重视有关，因为是宫廷贵族所用的蜡染，工艺上竭尽精致，不惜工本。

在印度，蜡染工艺也由来已久。传统的蜡染工艺，先将织物漂白，用干果汁媒染，后用灰浆通过镂空花版在织物上引出纹样，再将黑色、红色染料绘于表面，染色前用蜡做防染，染色后除蜡并洗净浮色，再用媒染剂染其他颜色，每染一套色都要经过上蜡、染色、除蜡等工序，工序复杂，因此产量少，价格昂贵。16世纪，蜡染制品需求量大增，印度人则简化了图案和工艺，缩短了生产时间，也失去了原有的精美，成为普及的日常用品。

日本、韩国都是受中国文化影响较大的国家，蜡染也受中国传统蜡染文化与技艺的影响。在日本，蜡染制品很受欢迎，蜡染制和服在和服总量中占比较大。在韩国，有专门的蜡染研究机构，设备较为完备。日韩都很注重对传统工艺的保护和传承，还善于吸收外来技术予以创新。日本艺术家用毛笔画蜡，使用丝、棉、麻、纸、无纺布等各种面料与植物或化学染料，采用混合技法，极大地发展了染色技巧。韩国则积极探索蜡绘染、刻蜡染、糊染等新方法。

马来西亚的蜡染脱胎于印尼爪哇，分为传统工艺蜡染和现代艺术蜡染，传统手工蜡染制品依然是价格昂贵和精致的代表。"巴迪"与"萨龙裙"都是马来西亚典型的蜡染服装，此外还用于头巾、婴儿背带等。工艺上较多采用点蜡和型蜡的技法。南亚岛国斯里兰卡的蜡染工艺与爪哇也有很多相似之处，但又在本土环境中形成自己的特色，一直采用手工蜡染并规模较大。常在各种艳丽的布面上进行蜡染，经过蜡染构造出大面积图形，然后以其他方法精心刻画，增加层次和色彩，还有加金银色的绘制，或进行刺绣。

相对于东方的手工蜡染工艺，欧洲则更多的是机械蜡染。15—19世纪，东南亚的蜡染文化与技术传播到欧洲，在工业革命的驱动下，滚筒印花机与人工合成靛蓝及其他化学染料的研制成功，完成了手工蜡染到机械蜡染的技术转型与飞跃。19世纪，欧洲机械生产的蜡染布输入西非，1864年成立的荷兰维利斯考公司专营荷兰蜡染布，质量上乘，获得西非消费者的认可。经过150年的发展，成为非洲蜡染布市场的时尚创造者，维利斯考公司已成为非洲蜡染布的世界第一高级品牌。在非洲，相比手工蜡染布，运用最多的则是蜡染图案风格的机械防染蜡印印花布。

三、友禅染

友禅染是日本最具代表性的染色技法之一，手工描绘，技术高超。友禅染源于江户时代的京都绘扇师宫崎友禅斋，他将扇子的绘制技巧用于和服的布料上，即直接将图案绘制于布面上，其线条轻盈且花纹清新，显现出活泼明快的气氛，与当时其他布料风格大不相同，所以广受欢迎，并以"友禅"命名这种染色技术。（见图 37）

图 37　友禅染（吴琼绘）

传统友禅染使用天然的物质如淀粉、米制成的防染剂，进行手工描绘，染色后呈现出缤纷色彩。这种染色法重在绘画的技艺，并不损伤织物，色彩也没有限制。在一匹布面上进行多种色彩的染色在世界上也是十分罕有的，因此更显出此染色技法的可贵之处。

友禅的染色技术工序繁多，以手绘依次完成。友禅染产生的初期，绘制模样与染色都是由同一人完成，后来逐渐分出模样师与染师两个工种。模样师先将青花色素作为颜料，进行初绘，青花色素溶于水，染色时布面不留草稿的痕迹。接下来在已画好的纹样上，用精细的以米或阿拉伯树胶制成的浆糊描线，勾勒出纹样的轮廓作为防染，在画面中逐一描绘每个局部，勾画的线条流畅密集，被称作"丝目"。然后用浆糊和糯米糠粉末将已染好的部分盖住，印制染料渗入。用棕排刷刷染地色，清水洗掉浆糊后，图案轮廓会呈现出纤细的白色线条，这成为友禅染的主要特色。描绘完轮廓后，用刷笔蘸染料进行多层次多色彩的染绘，其染料由最初的红花、苏木、蓼蓝、甲壳虫等动植物中获取的天然染料发展到后来的化学染料。为防止色彩间自然晕染，通常都要待一个颜色晾干后再进行另一个颜色的着色，因此耗时长。上完色后，要在80℃左右的高温中加热20—40分钟，以便固定色泽。最后一道工序名为"友禅流水"，传统的做法是将染好的布料放入河水中，清透的河水会将布料上多余的胶水和染料冲洗干净。后来为了不污染水源，逐渐转往人工制成的工房流水进行作业。

如今，也有使用型版染色或者数码印刷的方式染出类似技法的样式，统称为友禅。型友禅是以友禅染大师创作的花样为范本，一种颜色刻一块型版，复杂的图案与花色会刻成300个型版，再依型版陆续涂上色块，弥补了手绘大师作品不可复制的缺陷，而型版的制作也都是由机械设备代劳。数码印染友禅则是更多地依赖现代技术，设计师在电脑上绘制完稿并进行分色作业，再通过电脑系统指挥机械在布料上染色。当今日本可以买到大众化价格的友禅和服。

四、传统印花

由于纯手工染制工艺效率低，并且难以复制，因此借助模具与型版的印花技术应运而生。从工艺角度分，印版包括凸版、凹版、平版、型版四大版种。平版大都用于油墨纸张的印刷。凹版多为钢版或铜版，用于纺织品的机械滚筒印花工艺和铜版画艺术上。型版与凸版都是能够用于纺织品的传统印花的类型。

（一）型版印花

型版是指雕刻出镂空花纹的纸版（浸过油的型纸）、金属版或化学版，也称镂空型版。型版印花也称型染，其印制方法包括色浆直接印花与浆防染印花。

型版色浆直接印花是将型版覆于织物上，用刮色工具把色浆直接涂刷在型版上，即可在织物上获得花纹。在中国，型版色浆直接印花早在战国时期就出现了，西汉时已经达到了较高的水平；隋唐时期镂空型版印花技术向着多色套和色地发展；宋元时期技术得以进步，大大提高了印

制的效果和功效；明清时期此工
艺继续在民间流行，至 20 世纪 50
年代后，型版镂空色浆直接印花
仍在山东、江苏部分农村使用。

　　型版浆防染印花是将型版覆
于织物上，先刮涂防染剂，待干透
后，再整体浸染，刮涂防染剂的地
方显现白色或浅色花纹。由于自
唐代开始，防染物多用碱灰（如
草木灰、砺灰），因此也被称为
"灰缬"。（见图 38）

图 38　灰缬——蓝印花布（吴琼绘）

　　型版浆防染印花最早是用于丝绸织物上。1968 年在新疆吐鲁番阿
斯塔那出土的唐代"黄色朵花印花纱""茶黄色套色印花绢"等采用了相
似的防染印花技术。明清期间则盛行将防染印花工艺用于棉织物上，即
蓝印花布。它是典型的纸版印花，用涂过柿漆的油纸雕刻镂空型版，防染
浆选择黏性适中的黄豆粉加石灰粉按照一定的比例调制而成，有时根据
花型要求也采用糯米粉和石灰混合。然后把布放在阴凉处晾干，再放入
染缸内染色。染料为蓝草制成，如要染成浅蓝，染一两次就行，达到深蓝
色就需要七八次反复氧化染色。染好的布晾干后刮去表面的灰浆，被防
染浆密封覆盖的部分就显露出白色的布底，由此制成了色彩对比鲜明的
蓝印花布。其朴拙幽雅，具有浓郁的乡土气息，如今已成为国内外时装
界炙手可热的元素之一。新一代的蓝印花布在保持素丽本色的同时，与
现代时装结合使之平添了时尚感，经过改良，质地变得细薄，穿着起来更
舒适。

　　无论是色浆直接印花，还是浆防染印花，其艺术特征取决于镂空型
版印花的制作和刻制方式，由于镂刻工艺与型版材质的限制，决定了型版
印花的图案不可能出现大面积的空白和特别长的线条，因此形成的图案
不可能是细腻的、写实的物象，而是以各种点状和小块面组成，从而以其
特有的点、线、面形成了其他手工印染工艺无法替代的装饰美。

　　东方其他国家中，以日本的型版印花较为突出，亚洲的韩国、印度等国家运用型版印花相对较少。据《日本纺织技术的历史》记载，在南北朝和隋唐时期，我国的型版印花技术相继传入日本，15世纪左右得到发展，琉球王朝十三代国王时（1713—1715）达到鼎盛，之后渐渐衰退，"二战"后又恢复了型染技术。日本型染艺术最著名的地区为冲绳，无论色彩、纹样还是技术都是令人赞叹的，"其技艺之美完全能与友禅染媲美"①。冲绳的型染一般被称为"红型"，与京友禅、加贺友禅和江户碎花齐名，是日本传统手工印染的代表品种。

　　红型与蓝印花布同时运用了型版浆防染技术，但也有一些区别。红型选用布料材质较多，除了棉布，还用于麻布、丝绸、芭蕉布等。型版选用岐阜县美浓市生产的美浓生漉和纸作为原材料，用柿漆作为防水涂料，又被称为涩纸。防染浆的原材料与蓝印花布不同，是由糯米粉、米糠、石灰和食盐制作而成的。在布料染色前要先涂上生豆浆做成的助染剂，其染色上最大的特色就是采用晕染手法，并且红型大部分是多色印染，红色居多，每种色彩又有多种浓淡的变化。染色后的红型，通过蒸制使得颜色更均匀、鲜艳，并起到固色作用。

　　红型还有区别于蓝印花布的一大特色在于其型版图案，红型有大面积的留白，因此一些图案与周围部分没有连接点，刻版时会脱落。蓝印花布通常会刻制两块型版，但红型只需刻制一张，型版制作工艺也有不同。首先，在雕刻花版时，对于四周没有连接的图案边缘留出一部分能与整个花版连接的连接点，被称为"吊"，将花版裱在一张裱褙纸上，把面积较小的"吊"刻掉，面积较大的"吊"刻断；然后准备一块大于花版的丝质薄纱，打湿与花版粘在一起，将裱褙纸打湿揭掉，并除去较大的"吊"；最后，清理薄纱表面，减去多余部分，红型花版制作完成。

　　红型除了最常见的白地红型外，还有染地红型、返型、手付红、胧型、蓝型和白地蓝型。这些在工艺、色彩上都略有区别，其中蓝型在外观和工艺上与蓝印花布最为接近。

---

①　龚建培编著：《手工印染艺术设计》，重庆：西南师范大学出版社，2011年版，第71页。

（二）凸版印花

凸版印花是在木质材料或金属模版上刻成阳纹图案，以不同方式进行的传统印花。根据印制方法的不同，凸版印花一般分为凸版捺印、夹缬、木版砑光印花和木滚印花四类。

凸版捺印是指将雕刻成凸纹图案的花版（木制或铜制等），装上手柄，直接蘸取颜料或浆液在织物上压印出花纹的工艺。此类模版一般用硬木（如桃木、梨木、檀木等）整体雕刻而成，也可用金属或硬木板刻成图案后固定在木块上。近代以后，当需要的花纹较细腻时，可采用一定强度的金属片（如铜片）等材料，弯好预定的花型并敲打嵌入木块的表面，形成空心的框架，并用毛毡类材料填充形成完整图形。这种凸纹印花版的图案，一般上下或左右可以接版，形成二方连续或四方连续的纹样。

在中国，周代以后出现了图版印花工艺，汉代时期凸版捺印已经有了相当高的水平，到了宋元时期，尤其是南宋，凸版捺印已十分常见。从南宋的出土实物来看，印花技术已经非常成熟。之后，凸版捺印在维吾尔族地区得到了较好的发展，被广泛运用于围墙、壁挂、窗帘、腰巾、衣里等。维吾尔族木模捺印的布匹有蓝印，也有彩色印成的多色花布，最常见的是黑红两色，其中黑色染液是用铁锈和面汤的发酵液制成，印出黑色纹样的花布。在此基础上，用毛笔或毛刷将其他染液，如红、黄、蓝、橙、绿、玫瑰红、靛蓝、杏黄等，按图案需要涂染，从而形成色彩绚丽的多色印花布。

凸版捺印工艺有着悠久的发展历史，其品类和制作形式的多样化都是其他手工印染形式难以比拟的。其他制版相对简单，一块模版可以通过不同的变化，拓印出单独纹样、二方连续或四方连续纹样。其次，花型轮廓光滑、着色均匀，纹样上能表达细线条和小点，花位灵活随意。与其他手工印染方法结合，能获得更丰富的视觉效果。目前，凸版捺印已向多元化发展，也用来作为制作家庭布艺小饰品的简易手段。

夹缬是将两块表面刻有对称阳纹或阴纹的木板夹住织物进行防染染色获得对称图案的传统印花工艺。许多学者和文献中提到的夹缬使用镂空模板制成，凸版夹缬的工艺原理是：用较厚的硬木制成花版，刻制的纹样为阳纹，阴刻部分作为纹样之间的染料通道而相互贯

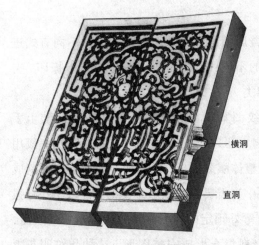

横洞

直洞

图39　夹染用"百子图"花版（吴琼绘）

通，并与夹板两侧贯通，留出进色孔。染色时，染液由进色孔进入，沿着阴刻的凹线流动上色，使织物染成对称图案。（见图39）

夹缬工艺复杂，制品精美，由单色染发展到彩色染，色彩绚丽，品质佳的可与丝绸锦缎相媲美。在中国，夹缬在唐代盛极一时，宋代夹缬在史料中偶有提到，实物极少。元代夹缬实物至今尚未发现，明代有关夹缬的记载更少。至近代夹缬已经很少见，目前只在浙南民间还有所保留。

木版砑光印花也称"刷印花"，在明清时期盛行，用硬木雕刻出凸纹的花版，将布料平覆于打湿的雕版上，然后以类似碑版摹拓的方法，分部位按照需要选用染料进行印制。木版砑光印花在造型和花版的刻制上讲究简洁完整，以简单明快的线条，表现景物特点。在染色上，颜色深浅相间，层次分明，突出线型，不同色彩的连接处渲染得浓淡适宜。一般以红、黄、蓝或者这三种色彩的间色来渲染、套印。木版砑光印花在清代以河南及河北高阳所产最为有名，并在浙江、江苏和山东等地区广泛流传。明清以后，在河南、河北、江苏、浙江一带的城市和农村大多被用作服饰和日常用织物的装饰。

木滚印花是一种特殊的凸版捺印工艺方法。其纹样不是雕刻在平板上，而是在一根两头直径相同的圆木上，并且是可循环连接的图案单位，印花时，在织物的一头压放刻好的木滚，然后在木滚上边涂色、边滚动印花。此类工艺在维吾尔族地区使用较多。

东方国家的凸版印花保持着手工印染的工艺，纹样风格上有着各地的特色。在印度，凸版印花也是历史悠久，早在公元前3500年左右印度人已开始用砖制成模戳，将谷糠和树胶的混合物作为防染剂，并捺印在织物上，用靛蓝染色，获得蓝白图案的花布。公元前 1400 年左右，凸版印花在印度已非常流行。一直以来，印度的凸版印花无论是技术还是图案都堪称世界一流，其工艺复杂、色彩斑斓，为欧洲人所惊叹，并直接影响到欧洲的早期印花产业。印度的印花布"萨拉萨（Suratas）"以其绚丽缤纷的色彩、民族风格的图案、轻柔薄软的质地等特点影响了全世界，特别是在 17—18 世纪风行整个欧洲。印度的凸版印花织物被广泛运用于服饰与家用纺织品中。日本的凸版印花技术来自中国，在南北朝时期传入，目前日本的手工印染实物中，凸版印花的比例并不高，但高品质的印花布匹都很精美，有着浓郁的唐代遗风。

第二节　精细秀美的传统刺绣工艺

刺绣是中国优秀的传统服饰装饰工艺之一，是历史文化发展的产物。汉朝时期，刺绣品已经不惟宫廷独享，成为贵族和富商普遍采用的衣服装饰，刺绣的专业化也是从这个时期开始的；隋唐时期，工艺有了长足的进步，发展出了新刺绣技法；在宋朝，崇尚刺绣服装的风气逐渐流行于民间；到了明朝，刺绣已经成为一种极具表现力的艺术品；清朝时期刺绣工艺达到鼎盛，绣品在宫廷和民间均得到大量生产和广泛应用，并且因地域的不同形成了丰富多彩的本土特色。不同流派的绣种竞相崛起，除了苏、粤、湘、蜀四大名绣，其他流派和绣种也百花齐放。当代，在以丝绸之国文明于世界的中国，各类绣种都在继承传统、对外交流的同时，不断创新，四大名绣依然保持了其在刺绣领域的地位，瓯绣、汴绣、京绣、鲁绣等也颇为著名，总体风格上精细雅洁、针法多变、绣技精妙。此外，中国是个多民族国家，少数民族刺绣也是中国刺绣艺术的重要组成部分，其绣品都带有浓郁的民族特色，古朴奔放、灵秀多彩，绣种、针法、纹样、色彩等呈现出不同的风采。

中国的传统刺绣艺术历史悠久，闻名于世，也是最早对外交流的媒介之一。从公元前 123 年汉武帝时张骞出使西域开始，丝绸之路将中国的丝织品、刺绣制品以及织绣技术传播到其他东方国家，乃至欧洲、美洲。例如，日本鸠山薰先生在《日本染织艺术丛书》刺绣册序中写道："日本刺绣……最初技术是外来的，起源于印度，但只是一两种，影响不大，中国刺绣传入后，日本刺绣才逐步得到发展。"[1]汉朝时已有绣品及刺绣技艺传入大秦（即罗马），转运到欧洲，17 世纪中国刺绣服饰与家纺用品在英国、法国成为一种流行时尚。可以说，东方国家乃至西方国家的刺绣都不同程度地受到中国刺绣的影响。当然，西方刺绣也同样有着悠久的历史，风格多样，一些西方刺绣工艺也引入了中国。因此，将中国与亚洲国家和西方国家的刺绣工艺，以及现代机械刺绣进行对比，即能够更加深入地了解东方传统刺绣的精湛技术与艺术风格。

一、中国刺绣

刺绣是运用针法变化和不同线条组织来塑造外观的艺术，因此，针法是刺绣艺术的主要造型语言。各大绣种的区分主要是在题材和针法的变化上。在杜钰洲、缪良云先生编著的《中国衣经》2007 年版中，记载的手绣针法种类多达 53 种；在潘嘉来和林锡旦先生主编的《中国传统刺绣》2005 年版、孙佩兰女士撰写的《中国刺绣史》2007 年版中，记载的刺绣针法有 40 余种。

无论什么绣种，绣制的程序都是一致的，包括设计绣稿、描稿、面料上绷、刺绣、修片后整理五步。即先设计刺绣出稿样，再将稿样的图案描画到面料上，接着将面料平整地绷在绣花绷上，然后运针刺绣，最后将绣片上浆、熨烫、压绷，使其光滑服帖，精品不进行上浆的步骤。

在手绣针法上，各类绣种都有其自身的特色。苏绣是江苏苏州地区手工刺绣产品的总称，它是在顾绣的基础上发展而来的，在刺绣中最负盛名，清王朝皇宫享用的刺绣品很多都出自苏绣。（见图 40）

---

[1]　转自孙佩兰：《中国刺绣史》，北京：北京图书馆出版社，2007 年版，第 305 页。

经过长期发展，苏绣已经是一门品种齐全、变化多端、绣工精细、针法丰富、秀美高雅的艺术，有"以针作画""巧夺天工"之称。苏绣非常注重运针的变化，在技巧上具有平、齐、细、密、匀、光、和、顺的特点。常用针法就有四五十种，分门别类可归纳为平绣、条纹绣、点绣、编绣、网绣、纱绣、辅助针法七大类。平绣是指线条平铺排列，能表现大块图案的针法，如齐针、抢针、平套、撒和针、施针等。条纹绣是指线条单行进行的针法，适合绣图案边框、

图40　苏绣（韩姣藏）

细窄的图案、头发毛丝、衣服褶皱等，包括接针、滚针、切针、辫子股、平金等。点绣用线条绕成圈状或粒状小点，分散或组合在一起表现物象，包括打子、结子、拉梭子针。编绣用绣线横竖交错的编织形式来表现各种图案，包括鸡毛针、编针等。网绣将彩线来回穿缠于网眼状纹路之间，形成镂空雕绣的效果，包括冰纹针、挑花等。纱绣以纱为地，在已有线条上用不同色线固定长线，这种短横针呈现彩点的效果，包括戳纱、打点绣等。辅助针法有扎针、辅针、刻鳞针、施毛针，起到辅助和点缀作用。

湘绣是湖南长沙地区的手工刺绣产品的总称，源于湖南民间刺绣，融入了苏绣和粤绣的优点。其特点是构图严谨、色彩鲜明、针法富于表现力，劈线精细，质朴而优美，注重刻画物象的外形和内质，注重立体感与虚实结合。运针技巧上运用了独特的"掺针"，线条有规律地参差排列，色彩渐变和谐自然，具有真实感。此针法没有固定的套路，根据需求安排针法，如需要斜线则是斜向参差排料。湘绣的针法中接掺针是湘绣主要针法，按照线条排列方向不同，又分为拗掺针、挖掺针、直掺针、横掺针。拗掺针是斜纹排列，以叶筋为中心向两个边缘运针；挖掺针是专

绣圆形或曲线形凸针的针法；直掺针线条垂直、平铺，用于人物肖像；横掺针是水平线纹的针法，用于绣天空或水面；排掺针又称排针或齐针，用于绣图形花纹。此外还有鬅毛针、毛针、游针、盖针、打籽针、齐针、网绣等。

粤绣是广东省的手工刺绣产品总称，包括了以广州为中心的"广绣"和以潮州为中心的"潮绣"两大流派。其构图工整、繁而不乱，色彩鲜艳富丽，纹理分明、针步均匀多变，比较擅长盘金刺绣、丝绒刺绣、珠绣。针法上分绒绣针法和金银线绣针法两大类。

绒绣针法又分直扭针、续插针、编绣、绕绣、辅助针、变体绣等类。直扭针由直线组成，按线条排列方向不同，分为直针（垂直线条组成的针法）、扭针（短的斜线条表现单线的针法）、风车针（直线组成风车形的针法）。捆咬针分捆针和咬针，捆针是用匀短线条缠绕物象最外层的针法，咬针的针法同抢针。续插针是以续针为基础，运用线条的组织与色素变化以表现物象特点的针法，包括续针、撕针、酒插针、旋针。粤绣的编绣针法较多，包括蓬眼针、竹织针、编织针、方格网针、三角网针、迭格针，根据不同形状安排针法。绕绣是以针线相绕扣结而成，包括钩针、圆子针、松子针、长穗子针、扣圈针。辅助针法包括辅针、勒针、渗针、钉针、珠针五种。变体绣包括凸绣与补画绣。金银线绣包括平绣、织锦、编绣、绕绣、凸绣五类十二种。金银线绣中比较有特点的有织锦，在金银绣平绣的图案上，用绒线交织构成图案；凸绣是以棉花垫底，使物象凸起，然后再施绣。

蜀绣是四川成都一带的手工刺绣的总称，其特点是光亮平整、构图优美，色泽明快，气韵生动。技艺上丝线粗细兼用，运针自如，针法严谨。蜀绣针法有三十余种，常用的有七种，包括滚针、编织针、辅针、扣针、栎木针、切针、晕针。

比较有特色的是晕针，它是表现图案中色彩晕染效果的针法，按针法组织分为二二针、二三针、三三针。二二针是有规律的二针二针排列，每一排都变化色彩，形成晕色效果。二三针是蜀绣中最具特色的一种晕针，五针为一组，第一针长，第二针短，第三、四针重复前两针，第五针短，第二批用等长短线条接第一批线条末端，第三、四批亦然，直至完成。具

有表现力强、绣面平整光亮、针迹
均匀的优点。三三针的绣法是第
一批以三针为一组，第一针长，第
二针略短，第三针最短，第二批每
针长短一致，绣线接第一批的末
端，如此循环，直至完成。这三种
类型的针法是区分蜀绣与其他刺
绣的主要标志。(见图41）

图41　中国蜀绣（吴琼绘）

　　京绣产于北京，源于宫廷，它构图饱满、造型端庄、设色典雅，显出
雍容高贵的皇家气派与尊严。其针功巧妙得体，常运用缠针、铺针、接针
等针法，用变换色块的方法表现物体的阴阳面。绒面匀薄，针脚起落自
然；花纹光亮平贴，配色鲜艳，与瓷器中的粉彩、珐琅彩的配色格调相近。
京绣中经常以黄金、白银捶箔，捻成金、银线大量使用于服饰中。将金银
线盘成花纹，如龙、凤等图案，后用色线绣固在纺织品上，这种固定方式
成为盘金，是中国绣品中独一无二的针法。还有洒线绣、满绣、补花、平
金、堆绫、穿珠绣也久负盛名，其中"平金打籽"绣，是以真金捻线盘成
图案，或结籽于其上，十分精致华贵。

　　瓯绣是浙江温州地区的刺绣产品的总称，其特征是主题突出，色彩
鲜艳，构图精练，绣理分明，针法繁多，做工精细，绣面光亮适目，色泽鲜
艳调和。常用针法有二十多种，比较有特点的有蔬针、长短针、八字针、
排排高、匹匹咬等。

　　汴绣主要产于河南开封，绣工精致，针法细密，图案严谨，格调高雅，
色彩秀丽。其继承传统针法十多种，学习借鉴苏绣、湘绣针法五种，创新
针法十种，这十种依次如下：蒙针绣、悠针、云针绣、双合针绣、羊毛绣、
席篾绣、包针绣、锁边绣、麦子绣、接针绣。

二、亚洲传统刺绣

　　日本刺绣专家认为，日本的刺绣是由中国传入的，但由于中日两国

文化的差异，日本的刺绣艺术在发展过程中表现形式有了变化。日本刺绣以点类绣和线形绣为主，依产地分有京都的京绣、金泽的加贺绣、东京的江户绣，其中京都的京绣渐渐形成日本独自的技法。常用针法有绣切、驹使绣、松针绣、渡绣、管绣、割绣、组纽绣、相良绣、竹屋町绣、芥子绣、锁绣等。有一些名称虽然和中国刺绣不同，但在线条组织和表现效果上是相同的，如绣切就是切针，割绣就是齐针，相良绣就是打籽绣。有些针法也很有特点，如一些从扎染纹样中而来的针法。匹田绣是日本有特色的针法，实为网绣的一种，能模仿扎染的效果。鹿子绣是以表现扎染中鹿子纹的绣法。管绣也是日本有特色的针法，达到或横或竖的平行线效果，"分目拾""目飞""二目飞"[①]等技法，装饰性强。

中国刺绣大约在公元前就传入朝鲜，从高丽时代到朝鲜时代，各种服饰和生活用品都用上了比较多的刺绣装饰，促进了朝鲜刺绣的发展。朝鲜传统刺绣分两种，一种是宫绣，另一种是民绣。宫绣专为王室服务，技艺比较精湛。民绣虽然没有宫绣精致，但有丰富的生活感和亲切感。朝鲜刺绣的基本技法有十种，应用技法有五十多种，与中国针法技艺大致相同。

第三节　富丽精湛的织造工艺

一、织锦

中国丝绸具有五千年的历史和文化，闻名世界，品种繁多。锦是其中最为出众的一大门类，与绣一样有着最为华丽的装饰技法和效果。"织彩为文曰锦"，"用天机抛梭织出"[②]，锦是以彩色经纬织纹显花的丝织物，经

---

① 分目拾：一丝做一条线；目飞：一丝隔一丝做；二目飞：隔二丝做一条线。顾信："日本传统织绣工艺品介绍"，《南京艺术学院学报（音乐与表演版）》，1981 年第 2 期，第 30—34 页。

② 戴健：《南京云锦》，苏州：苏州大学出版社，2009 年版，第 1 页。

纬交织时可以达到五六种色彩的效果。它是一种重经或重纬组织的提花织物，由多组经线和纬线重叠交织而成，质地厚重，且花纹能得到充分的表现。因此，锦有着外观华丽、纹饰繁茂、结构复杂、工艺精湛的特点。中国最为著名的织锦有蜀锦、宋锦、云锦。

（一）蜀锦

蜀锦是以桑蚕丝为原料的提花织锦，产于四川蜀地，故得名，是四川丝绸文化的代表，也是织锦之首。蜀锦常见的类型有经线显花的经锦、纬线显花的纬锦两类。经锦是以经二重或多重平纹为组织，图案按照彩色经线起伏交织显花，显花经线遮盖不显花的经线和纬线。纬锦是采用多色纬线，梭子按顺序交织，以纬线显花。也有经纬线同时显花的蜀锦，也有由经线做缎面，纬线起纬浮花的蜀锦。蜀锦的产品有方方锦、月华锦、雨丝锦、浣花锦、铺地锦、通海缎、民族缎、现代蜀锦等。

方方锦是在锦面上纵向或横向的经线纬线交织或提花成条状，彩条相交成方格，方格内有图案花纹的提花织锦。历史悠久，从战国时期到清朝，其织造技艺不断创新，形成了蜀锦中的独特风格。

月华锦是多色彩条的晕裥锦，一条完整的彩条被称为一个"月牙"。工艺上是由数组彩色经纬线排列成渐深或渐浅、逐步过渡的渐变色彩，有中国画的晕色效果，后加上装饰花纹，体现了牵经技艺的高超。

雨丝锦是由白色和彩色经线组成，色经由多逐渐减少，白经逐渐增多，形成色白相间、逐渐过渡的"雨丝"，再饰上花纹图案，给人一种轻快、舒适的韵律感。与月华锦的渐变不同的是，它使用色白经条的宽窄来实现过渡。雨丝锦还有小雨丝、大雨丝、单色和多色彩条雨丝等。

浣花锦又被称为"落花流水"锦，分绸地、缎地两种，以大小方胜、梅花、桃花、水波纹等为素材，组合成旋涡宛转、落花漂浮的纹样，风格古朴典雅。

铺地锦是在缎纹组织上采用几何纹样或细小花纹铺地，作地纹，再饰以五彩的大朵花卉，色彩艳丽、层次分明。有的铺地锦还会加入金线织造，显得富丽堂皇。

通海缎又称为满花锦或杂花，常以五枚或八枚缎纹作地，彩色纬线显花，图案为多色或复色纹饰，有一定的民族风格。

民族缎一般经纬线用桑蚕丝交织，有单色和加金银线织成，锦面上显现自然光彩，富有光泽，用作民族服饰、宗教装饰等。

现代蜀锦是指通过织锦工具、产品用途、图案纹样、组织结构上的革新，开发出的符合市场需求的蜀锦产品。广泛采用多色纬、多梭、分段换梭的织造方法，纹样上采用传统民族图案、几何图案、地方风光等，体现出浓郁的地方特色，色泽艳丽，做工精细。

（二）宋锦

宋锦是指具宋代特色的经线和纬线同时显花的锦缎，元、明、清三代后发展出以经面斜纹作地、纬面斜纹显花的锦缎，又称宋式锦、仿宋锦，统称为宋锦。由于主要产地在苏州，又被称为"苏州宋锦"。它是传统的丝织物之一，传统宋锦均以桑蚕丝为原料，现代则用桑蚕丝或化纤等材料。工艺上多采用经三枚斜纹组织和纬三枚斜纹组织，即以经三枚斜面纹作地，纬三枚斜纹显花。宋锦所用丝线较细，经纬密度适中，三枚斜纹组织的交织较紧密，因此质地柔软、细腻平整；有一组或两组纬线采用换色抛道工艺，故显得色彩丰富多变；显花组织的经线较细，密度小，使得纬线浮长较长，花纹组织清晰、饱满，富有表现力。宋锦最初专供装裱书画之用，后来随着织锦艺术的发展，也有了不同的用途。（见图 42）

图 42　龙凤团花格子纹宋锦（吴琼绘）

根据结构的变化、工艺的精粗、用料的优劣、织物的厚薄等区别，宋锦可分为重锦、细锦、匣锦、小锦四类。重锦、细锦也可归纳为大锦，这样，宋锦又可分为大锦、匣锦和小锦三类。

重锦，是宋锦中最为贵重的品种，以桑蚕丝为原料，质地厚重、组织细密、层次丰富、做工精致、绚丽多彩。纬线常使用捻金线或片金线，在三股经线斜纹地上织出各色纬花，采用多股丝线合股的长抛梭、短抛梭和局部特抛梭的工艺技术，产品主要是各类挂轴、壁毯、靠垫等。

细锦，是最常见的、最基本的品种，其风格、组织和工艺与重锦大致相同，只是在原料粗细、纬线重数等方面比重锦简单。原料上除桑蚕丝外，还可以用桑蚕丝与人造丝交织，以便降低成本。长梭重数较少，织物组织也有不同，以短抛梭织主体花，长抛梭织几何纹、枝、叶、茎和花纹的色包边等，以短抛梭变换颜色。细锦厚薄适中，用于服饰、高档的装饰、装帧等。

匣锦，是中档品种，采用桑蚕丝、棉纱、真丝色绒交织。采用两个长抛梭织地纹和花纹，一个短抛梭做点缀，变化花纹色彩。大多为满地几何纹或小花，风格粗犷别致，质地较松软，一般用于中低档的书画、锦匣等的装裱。

小锦，是中低档产品，多为平素或小提花的单层织物，桑蚕丝做经线，生丝做纬线，质地轻薄柔软，有光泽，适用于小型工艺品的装裱。

（三）云锦

云锦是在承继元代的织金锦基础上逐渐发展起来的，使用蚕丝、金线等高档材料，具有经纬交织多重组织结构的纬锦。云锦被古人称作"寸锦寸金"，采用传统木质提花机，由上下两人配合，手工提花、穿纬织造而成。（见图43）

云锦外观富丽、工艺考究，人们将其比喻为天上的云霞，故称为"云锦"。由于产地在南京，又称为"南京云锦"。云锦的发展是以丝绸技术的发展为基础的，成熟的南京云锦质地厚于宋锦，图案大于普通织锦，用色多于彩锦，门幅大于缂丝，用金优于元代织锦品种纳石失。

图43　凤纹云锦（吴琼绘）

云锦品种繁多，主要分为库缎、织金、库锦、妆花四类。库缎包括起本色花库缎、地花两色库缎、妆金库缎、金银点库缎和妆彩库缎。起本色花库缎是经纬线为同色的单色提花织物，在缎地上织出本色花纹；地花两色库缎是地与花纹为两种颜色的两色提花织物；妆金库缎是在本色提花的局部用金线装饰；金银点库缎与妆金库缎织法相同，只是装饰的局部花纹由金、银两种线装饰，"点"则表示装饰部分极小；妆彩库缎是在妆金库缎和金银点库缎的基础上，用彩绒装饰部分花纹。织金又名库金，织料上的花纹全部都用金线织出，用银线织出的称为库银，织金、库银属同一品种，统名为织金。库锦包括二色金库锦、彩花库锦、抹梭妆花、抹梭金宝地、芙蓉妆等。二色金库锦是用金、银线织出小花纹单位的织锦；彩花库锦也是一种小花纹单位的织锦，但除了金线织造外，还用各种彩线装饰极小部分的花纹；抹梭妆花是一种大花纹的彩锦，采用通梭织彩，显花部位彩纬呈现于正面，不显花部位彩纬织入背面；抹梭金宝地与抹梭妆花的织造方法一样，不同的是前者用捻金线织满地，并在满金地上织彩花，后者在缎地上织彩花；芙蓉妆是配色较简单的大花纹织锦，只用几种不同色块来表现，用扁金织出花纹的轮廓，花纹形状以空出地部线条来显现。妆花是云锦中工艺最为复杂的品种，也是最具南京地方特色的提花丝织物。妆花是织造技法的总名称，以此技法为名的丝织物很多，如妆花缎、妆花绸、妆花罗等。妆花织物的特点是色彩丰富，不同颜色的彩纬对花纹做局部的盘织妆彩，用色自由不受限，织纹生动优美。妆花织物中名为"金宝地"的织物是南京特有的妆花品种，它是从元代金锦演进而来，用捻金线织满地，在满金地上织出五彩缤纷、金彩富丽的花纹。不同花纹的技法也不同，花以扁金包边，挖花妆彩；其他花纹有用晕色表现的，或以金银线并用的装饰，等等。

二、缂丝

缂，是织纬的意思，特点是"通经断纬"或"通经回纬"，即依照图案轮廓、色彩，分块、分段、分区织纬，纬丝不贯通全幅，只有在没有纹样的地方才一梭到底，有纹样的地方以花纹为单位来回挖织，遇到局部纹样繁缛而无法用梭时，则用针引纬，精心织成。由于花纹边缘纬线向相反方向用力，会产生缝隙，犹如刀痕，使花纹轮廓清晰，仿若雕刻一般。根据材质不同，缂织又分为缂毛与缂丝，还有亚麻的缂织物。

缂织的工艺来源于以毛线为纬的缂毛织物及亚麻缂织物。西亚、非洲、美洲的缂毛、亚麻织物都早于东亚的缂丝织物。

（一）中国缂丝

缂织在中国有着悠久的历史。新疆洛浦县山普拉的战国至南北朝时期于阗墓葬中，出土平纹组织缂毛织物26件；新疆楼兰的高台墓地中出土了东汉晕繝拉绒缂毛；新疆且末县扎滚鲁克发现西汉时期斜纹组织缂毛织物8件。缂丝织物最早出现在唐代，新疆吐鲁番阿斯塔纳古墓出土的舞俑缂丝腰带，为公元688年前的遗物。可见，缂毛技术早已传入中国，其历史要先于缂丝。虽然缂毛在后来的唐、宋、元时期都有不同程度的发展，但是，最能代表中国缂织技术水平的当属缂丝。（见图44）

图44　清代缂丝竹石纹一字襟坎肩局部
（现藏故宫博物院）

在中国，缂丝之"缂"，又写作"剋""克""刻"。"剋丝"是取纬剋经之意；明代谷应泰《博物要览》中写作"克丝"；"刻丝"是因为其有雕镂之象。

缂织工艺传入中国后，在织造工艺上有很大的发展，遵循"细经粗纬""白经彩纬""直经曲纬"的原则，即本色细经线，彩色粗纬线，以纬缂经，只显现彩纬而不露经线。

缂丝的技法中"平缂"是最基本的，依照图案色彩的变化顺经纬之理进行平纹交织。"掼"是用两种或两种以上的丝线按颜色的深浅有规律、有层次地排列，用于表现山石、云层、海水等纹样的层次感。"勾"是在纹样边缘用较深的线清晰勾出外轮廓，如同工笔画的勾勒效果，具有划分色彩、层次和纹样界限的作用。"绕"是在一根或几根经线上，单梭绕出直斜、弯曲的各种线条，外观上有镶嵌的效果。"结"是用二色或二色以上的丝线按晕色的色阶层次顺序缂织，使纹样具有立体感，与掼缂效果类似。"戗"是指两种以上的色纬配合缂织的技术，起到工笔渲染的效果，其中又分为长短戗、包心戗、木梳戗、凤尾戗、参和戗。长短戗是在花纹由深到浅的晕色中，以长短不同的深色纬线与浅色纬线相互交织，得到自然的晕色效果。包心戗是以长短戗的原理，从四周同时向中心戗色，使颜色由深到浅，有层次感，富有立体感，多用于大面积戗色。木梳戗是用不同色阶的丝线从左向右或从右向左戗织，边缘整齐形如木梳，具有色彩过渡、规整色条的作用。凤尾戗与木梳戗相似，但织出的形状不同，戗头细长，戗柄粗短，戗头一粗一细排列，形如凤凰的尾巴，用来表现鸟类羽毛或山石阴影。参和戗是纵向表现色彩的变化，深浅色交替，灵活运用色丝的深浅变化表现纹样层次。搭梭是指当两种不同颜色的花纹相接时，因两色不能相互连接而形成裂缝，所以在每隔一定距离处使两边的色纬相互搭绕在对方色区的一根经线上，以免竖向裂缝过长，且不留织纹。子母经是搭梭技法的发扬，分为单子母经和双子母经。为了防止出现裂痕，织造时运用两把梭子，当甲梭在墨样上穿一梭，乙梭穿纬时跳过墨样一根经，让甲梭挑穿，如此往复形成无竖缝单子母织造法；双子母则是跳两根经线，显得比单子母要粗一倍。

（二）日本缀织

在日本，缂丝被称为"缀织"，出产于京都，具有悠久的历史。缂丝技术由中国传入后，经过改良和统一，形成了自己的风格。缀织的特点是纬线粗于经线，并长于经线 3—5 倍，藏经显纬。与众不同之处在于工具，日本匠师将手指甲修成梳齿状，替代拨紧纬纱的竹拨子，把纬线聚拢到想织的纹样中，通称"爪搔"。这种指甲爪搔技术，是西阵最悠久的传统技术之一，通过手上的敏感度，来把握缀织品的细密精致度。在著名的京都西阵织，有着日本各色手工织造的经典，其中指甲搔本挂毯是传统工艺品之一，也是日本艺术面料中的高端织品，价格昂贵。

日本很好地继承并发扬了中国传统的缂丝技术。缀织中的本缀，丝质地厚实挺阔，平纹织物，呈瓦楞质地，大约出现在中国唐朝，成熟于北宋，消亡于明朝。这种技法在日本却保留得很好，常用于装饰点缀。在20世纪70年代和80年代，江苏南通工艺美术研究所从西阵学习本缀的技法，将其重新引回中国，称为"本缂丝"。另一种"明缂丝"雍容华贵、色彩明丽，适用于服饰面料及家居用品，很受日本人欢迎。在中国出现于元初，成熟于明代，20世纪初停产，60年代才恢复生产。"绍缂丝"图案间断、透气透光，在日本常用于夏服和夏带上，在中国也一度消失，至20世纪70年代后再度出现。"引箔缂丝"是将箔料切割为0.3毫米的织料后织造，在日本，将"和纸押花"进行切割，织物的表面能够隐约显现箔料上的花草标本。这种传统技术1985年由江苏南通工艺美术研究所缂丝名匠王玉祥复制成功。并且，由于日本在缀织技术方面上的出色表现，江苏南通从20世纪80年代开始与日本缀织相关研究所、公司进行交流，研制出缂丝的新品种，如薄如蝉翼的"紫峰缂丝"，有窗棂效果、透空感强的"雕镂缂丝"等。

第四节　炉火纯青的传统金属工艺

从传统工艺美术设计的角度来说，金属工艺是指金属装饰艺术，亦被称为金工艺术，有别于广义上的金属工艺概念。在服饰设计领域，金属是用于首饰制作的材料。金属首饰要经过切割、造型、焊接、表面装饰等工序，所用材质有传统的金、银、黄铜、青铜、白铜、铸铁等。传统金属工艺以手工为主，比较突出的有花丝、镶嵌、鎏金、点翠等。

一、花丝工艺

花丝工艺又称累丝工艺、细金工艺，是将金、银等贵金属加工成细丝，以盘曲、掐花、编织、填丝、垒堆等手段制成金银首饰的细致工艺。其制品花纹精细清秀，造型丰满有层次。工艺上根据装饰部位的不同，可制成不同纹样的花丝、拱丝、竹节丝、麦穗丝等，制作方法可分为掐、垒、堆、编、织、填、攒、焊等。将扁平的花丝掐制成各种纹样，称为"掐"。两层以上的花丝合制称为"垒"，分为粘垒和焊垒，粘垒是将纹样一层层粘起来统一焊，焊垒则是一层层焊接。"堆"也是传统说的"堆灰"，即用白芨胶与碳粉混合堆出胎型，花丝在胎体上造型完后，胎体被火烧成灰烬，只留下花丝缠绕后的造型。按照经纬方向使用一股或多股不同的花丝编成花纹的工艺为"编"，既可以直接用做好的花丝编成平面图案作为表面的装饰部件，也可以直接编出立体造型。用单丝按照经纬方向表现的方法为"织"，通常织用于制成各种网或底纹，在其上还可以穿插各种细丝后或拉或压成新的图案。将压扁的花丝填在掐好的花丝轮廓内，称为"填"，常有填拱丝、填花瓣等。将做好的纹样组成复杂的完整纹样后再将其组装到底胎称为"攒"。"焊"是将各部件连接在一起的基础工艺，分为点焊、片焊、整焊，其中，点焊用于小面积的局部焊接和接口焊接，片焊用于纹样填丝的焊接，整焊则用于大件的焊接。

花丝工艺是中国首饰制作的传统工艺，历史悠久，源自北方。其实它与镶嵌工艺是相辅相成的，花丝为骨，镶嵌作饰，通常也称为"花丝镶嵌"。在汉代得到发展，唐代得以繁荣，元代则是一个不惜工本、精工细作的"宫廷艺术"时期，明清时达到鼎盛。例如山西灵丘曲洄寺出土的内向双飞蝴蝶簪、飞天金簪、金花步摇等元代七件花丝首饰，几乎运用了花丝工艺的全部工序，并且仅用极少量的不同规格的金花丝，以不同的表现手法，制成体积较大、造型优美、玲珑剔透的饰品，技艺娴熟，工艺精湛。明代万历皇帝的金冠堪称中国花丝工艺的典范之作，金冠用518根金花丝（每根丝的直径仅为0.2厘米）编织出均匀、细密的帽冠造型，透薄如

纱，重量只有 826 克，冠顶盘踞的一组立体空
心的二龙戏珠装饰均由花丝制成。（见图 45）

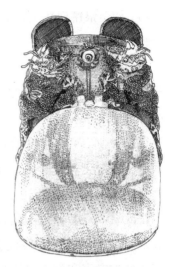

图45　明代万历皇帝的金冠
（吴琼绘）

二、镶嵌工艺

镶嵌工艺也称为实镶工艺，与花丝工艺
一样为手工制作的工艺，也是首饰制作中基
本的工艺类型。其制品造型各异、线条流畅、
整体性强，也能与其他工艺结合制成层次丰
富、极富装饰性的饰品。镶嵌工艺包括金属镶
嵌和宝石镶嵌，金属镶嵌是将不同金属组合
在一起，宝石镶嵌是将宝石镶嵌在金属之上。

（一）金属镶嵌

金属镶嵌中最常见的有拼接组合、错金银、木纹金属。将金属拼接在
一起并保证接缝吻合通常用两种方法：一是焊接，适用于小块金属的拼
接；二是嵌入，是在大块金属板上镂空出既定形状，而另一块金属锯成同
样形状嵌入镂空处。

错金银也称为"金银错"，单独使用时可分为"金错"或"银错"。这
是在金属器物上预先刻出切口或凹槽，后将金属丝、片嵌入凹槽中，构成
纹饰或文字，再用厝石将器物表面
铿平磨光的金工技术，历史悠久。
在春秋战国时期，工匠们就用金银
制作成细丝嵌入青铜器上，其技法
已达到很高水平。（见图 46）

到了汉代，错金银已成为传
统金银工艺的主流，东汉时期此工
艺开始衰弱。在清代，金属表面的
装饰工艺已经很成熟，错金银工艺
由金银错嵌入金属发展为错嵌入

图46　战国金银错带钩
（现藏故宫博物院）

宝石，如金银镶嵌在玉石上，形成纹饰。其工艺难度极大，要求线条流畅，开槽精度准确，镶嵌平整，对丝无痕。

木纹金属是日本人发明的一种传统的金工技术，此工艺形成的金属表面的纹理不是用传统的嵌接技术来完成的，而是把不同色彩的金属片叠加起来，在高温下熔接，经过锻压、锯锉、打磨等手段，使金属的固有色层层叠加，产生丰富的几何形或木纹状的纹理效果。此工艺源于日本武士阶层对于刀剑的热衷，武士刀的制作也促进了金属装饰工艺的发展。由于木纹金属工艺极其复杂，成功率低，所以在日本没有得到普及。18世纪晚期，一些木纹金属器皿出口到了欧洲和北美洲。另外，日本明治维新期间，一些优秀的刀剑艺术品被西方收藏家购买，从而木纹金属工艺引起了西方专家和学者的注意，并有两位运用木纹金属工艺获得成功，他们是艾尔弗瑞德·吉尔伯特（Alfred Gilbert）和爱德华西·摩尔（Edward C. Moore）。前者是首饰设计与金属工艺方向的美术学硕士，后者曾是美国蒂凡尼（Tiffany）公司的首席设计师，他们的作品集中于家具、茶具、餐具等类型。20世纪六七十年代，木纹金属工艺在西方广泛流传，逐渐被运用于首饰设计。由此可知，木纹金属工艺虽然来源于日本，但真正将其发扬用于首饰设计的是西方国家。当然不同地域在工艺上也有些许差异。材质上，日本传统采用的是以铜基合金为主的少数有色金属，如纯铜、白铜、赤铜、青铜等，而西方国家所运用的材质广泛，包括贵金属、稀有金属，甚至重金属、轻金属和黑色金属。工艺上，日本多采用传统的金工工具，成功率低，常用于服饰上的扣带等。

（二）宝石镶嵌

现今，宝石镶嵌工艺已经非常成熟和完善，大致分为五种：爪镶、包镶、群镶、组合镶、插镶。采用哪种镶嵌方法取决于宝石的类型以及外形，保证宝石的安全与材质的充分表现。爪镶是最为常见的镶嵌方法，利用金属爪嵌牢宝石，根据爪的数量分为二爪镶、三爪镶、四爪镶、六爪镶，根据爪的形状分为圆头爪、方爪、三角爪、包脚爪、尖角爪、异形爪等，这种通透的镶嵌方式适合于透明的、有折射光的宝石，能充分表现宝石的光泽和最大限度地显现宝石的外观。包镶是利用金属边包裹住宝石的镶嵌方式，牢固性强，分为有边包镶和无边包镶，对于不透明的、底面磨平的、质地较软的、易碎的、凸圆形的较大宝石适合于前者，而后者则适合于小粒宝石的镶嵌。还可分为全包镶、半包镶和齿包镶，其中齿包主要针对马眼形宝石，只包宝石顶角，又称包角镶。群镶为多颗小粒宝石镶嵌的方法，分为轨道镶、起钉镶、齿钉镶和闷镶，群镶多以配合爪镶和包镶进行，作为主石周围的副石，只有多颗小粒宝石的群镶首饰现在也十分常见。组合镶是在同一个宝石上运用不同的镶嵌方式，如水滴型宝石，顶角利用齿包镶，底端则用爪镶。插镶主要用于珍珠镶嵌，是在碟形的托碗中间垂直伸出一根金属针，将针插入有小孔的珍珠中固定。

无论东方还是西方，基本的镶嵌工艺是比较一致的，不同在于其镶嵌托架本身的风格，以及常用于镶嵌的宝石材质。在中国，实镶工艺早在商代就出现了，到唐朝已经成熟，明清之前的宝石镶嵌工艺以包镶、冷镶嵌为主，明清以后在宝石首饰的制作中开发了几十种镶嵌方法，如抱爪镶、落爪镶、闷镶，到如今的轨道镶、群镶等。从镶嵌工艺的发展来看，并不落后于西方国家，在镶嵌制作工艺的风格和材质上，有些镶嵌工艺体现出鲜明的自身特点。例如蒙镶，它是中国古代劳动人民吸取了蒙古、藏、苗、满等少数民族风格，虽然其基础的镶嵌工艺是以包镶为主，但特色鲜明。以金、银、铜、铁、玉石、象牙、骨、木等为原料，镶嵌的宝石主要有绿松石、玛瑙、珊瑚、孔雀石等，利用錾刀、錾板将金属材料打制成浮雕、透雕效果，花纹以点线装饰，立体感强，錾刻手法粗犷、质朴，不失浑厚古朴、大方简洁的风格。

三、鎏金工艺和点翠工艺

鎏金工艺是中国传统工艺，其特点是使用了金汞剂。金汞剂由金和水银合制而成，将黄金砸压成片状，再剪成碎片，按照与水银 1∶7 的比例，加入水银，在400℃下，黄金熔化于水银中，冷却后成糊状，称为"金泥"；将金泥涂在器物表面，用无烟炭火温烤使水银蒸发，黄金就固定在器物表面了。这种工艺不仅可以美饰器物，还具有防氧化作用，这是劳动人民智慧与实践的结晶。

点翠是中国传统的用于金银首饰的制作工艺，它采用翠鸟的羽毛作为装饰。翠鸟背部、腰部和尾部的羽毛呈翠蓝色系，包括蓝绿、湖蓝、藏蓝、浅蓝等，色彩艳丽、富于变化，永不褪色，光泽感好，与珠宝镶嵌结合，显得华美富丽。制作一件点翠首饰大致分为三个部分：一是制作金属胎体，用花丝工艺制作纹样；二是将羽毛按照设计剪好后，用有机胶平整地粘贴在胎体上；最后是镶嵌宝石。点翠工艺极其复杂，要求极高，翠羽的排列要考虑胎体线条和主题的关系，如图形为圆形，羽片粘贴时要以向心圆秩序排列，为方形则要以上下轴为基准，纵向排列等。传统点翠工艺为了不破坏翠羽的美观度和整洁度，不用现代的强力胶水粘贴，而是用鹿胶、皮胶、白芨等蛋白质材料做胶。羽毛也严格用翠鸟的，不用其他鸟类做替代品。因此，点翠工艺制作的首饰纹路清晰，色泽艳丽统一，胎体与翠羽咬合致密。

羽毛装饰在世界范围内普遍存在，中国的点翠艺术在世界服饰发展进程中有着举足轻重的地位。

第五节　材美工巧的珐琅工艺

珐琅，英文为 enamel，也曾被称为"拂菻""法蓝""法郎"等。它起源于古埃及，发达于欧洲和西亚，元朝时传入中国，明朝时由中国传入日本，是现今世界范围内运用较为普遍的装饰工艺之一。

珐琅是一种融合于金属坯体上的釉料，这种釉料实为一种软性玻璃，有透明、半透明与不透明三种质地。其基本工艺为，将珐琅粉加水或油搅成釉浆涂在金属坯体上，或直接将珐琅粉点在坯体上，形成图案，放入炉内烘烤，使珐琅粉熔化，冷却后打磨抛光便完成。珐琅粉是以石英、长石、瓷土等为主料，以纯碱、硼砂为熔剂，以氧化钛、氟化物等作为乳化剂，以金属氧化物为着色剂，经过混合、烧熔、冷却，再细磨而成。

以金属胎的金属加工工艺为标准，分为掐丝珐琅、画珐琅、透明珐琅、錾胎珐琅、锤胎珐琅和透光珐琅。在日本，珐琅制品被称为"七宝烧"，前五种是常用于首饰、配件的珐琅工艺。

一、掐丝珐琅与画珐琅

掐丝珐琅与画珐琅是现今珐琅首饰中比较常用的珐琅技术，工艺与外观上都有所不同。

掐丝珐琅是将金属扁丝弯成一定的图案造型，并焊接在金属胎体上，后填入珐琅料焙烧而成，包括设计、制胎、掐丝、点蓝、烧蓝、抛光、镀金等步骤。设计制图包括坯胎图、丝工图、点蓝的色稿（蓝图）。制胎即制作金属胎体，经过高温焊接最终成型。掐丝是将金属丝压扁，掐、掰成各种图案，焊接在胎体上。如果是成组的金属丝可以不用焊接的方式，而是先在坯胎上罩一层透明釉并烧结，用白芨胶粘在釉面上，焙烧一遍，金属丝就嵌入珐琅中了。将掐丝后的胎体再经烧焊、酸洗、平活、正丝等工序后，进入点蓝工序，即将珐琅釉料依照图案需要，填入金属丝形成的纹饰框架中。烧蓝是对上釉后的坯体在800℃左右的高温下烧熔的过程，一般需要多次重复才能完成。抛光是将凹凸不平的釉面磨平，将金属丝磨亮。镀金是将抛光后的珐琅器进入酸洗、去污、沙亮后，用电流镀金，掐丝珐琅工艺最终完成。

在中国，掐丝珐琅虽然在元朝时已传入，但至明朝才开始在宫廷中广泛应用，皆是以红铜作胎体的珐琅制品。掐丝珐琅以明朝景泰年间的制品最负盛名，且多用蓝釉，因此将"铜胎掐丝珐琅"称为"景泰蓝"。到清朝时期，其工艺更为精湛，胎薄、掐丝细，彩釉比前代更明丽鲜艳，图案纹样繁复。珐琅工艺传入中国后，其方法和色彩得到改进，表现形式多样化，并融入本民族传统金属工艺的制造特点，形成了具有中国民族特色的工艺技术。

画珐琅是用金、银、铜、钛及不锈钢等金属作为坯体，先填上白色釉底，烧结后在釉底上用各色彩釉绘制图案，再经焙烧、抛光而成，包括设计、制胎、填底白釉、烧底白釉、画珐琅彩、烧彩、再绘彩、再烧彩、打磨抛光等工序。设计图要将胎款和图款绘制好，两者要协调一致。制作胎体的金属中，金胎可以用足金或 K 金，银胎使用足银或 925 银，铜胎要使用纯铜（红铜，也叫紫铜）或青铜，不能用黄铜，钛胎要使用纯钛制胎，不能用钛合金。制胎时要先预留填涂底釉的位置。填底白釉是将珐琅底白釉料点填到预留的坑位中，均匀填涂，不能有空隙或气泡，否则烧结后会有气泡或砂眼。然后将填好釉底的胎坯进行烧制，银胎 650—750℃，金胎 750—800℃，钛胎 650—670℃，烧至釉底平滑光亮后温度降到 50℃ 取出。以同样的方法重复两至三次，釉底可达到理想效果。画珐琅彩是细致的工序，将珐琅粉用油来调色，画出图案，然后焙烧，即烧彩。画稿不是一次画好一次烧成，而是要分次绘制，逐次烧制而成，前几次只要烧至六七成，不用烧熟，待最后一次画稿全部画好，烧到十分熟，后冷却出炉。出炉后还要对多余的珐琅进行打磨，对金属部分抛光即完成。

　　说到掐丝珐琅和画珐琅，不得不提有着相似工艺的日本七宝烧。七宝烧是日本的一种传统工艺，它也是以金、银、铜等贵金属为胎，外面装饰由"七宝"组成的原料和色料，经烧制而成。珐琅釉料细腻，光泽闪耀，色调艳丽明快。"七宝"之说，在佛经中有四种解释："《般若经》谓为：金、银、琉璃、砗磲、玛瑙、琥珀、珊瑚。"[①] 在其他三种经中略有不同。七宝烧主要分为有线七宝和无线七宝，工艺上前者同于掐丝珐琅，后者同于画珐琅，风格上自称一派。虽然七宝烧是日本手工艺人在仿造中国景泰蓝时无意间烧制成功的，但不同于景泰蓝，图案纹样简洁，主题突出，并且胎体外面涂饰了透明的珐琅釉，显现出晶莹的玻璃光泽。目前七宝烧的作品多为瓷瓶、摆件，很少用于首饰。刀剑作为日本特定时期武士必不可少的随身之物，它的装饰也一度成为身份象征，东京七宝始祖平田道仁将七宝烧用于刀镡，他的作品多为刀剑饰品，色泽明快清冽，既有景泰蓝的华丽，又有玉石般的温润儒雅。

---

① 张英、马尔开：《日本"七宝烧"：不经意间绽放的工艺奇葩》，《艺术市场》，2010 年第 8 期，第 46—47 页。

二、錾胎珐琅与锤胎珐琅

錾胎珐琅是用金属雕錾技法制胎的珐琅工艺。在金属胎上，画出纹样轮廓线，在轮廓线以外的空白处进行錾刻、蚀刻、压印等，形成下凹处，然后在其中点施珐琅釉料，再经过焙烧、抛光、镀金而成。錾胎珐琅与掐丝珐琅表面效果相似，不同的是，后者是将事先做好图案的金属丝焊接在胎底上，而前者的栅格是金属胎自身的一部分。通常錾胎珐琅的线条显得粗犷，粗细变化自由，无接头，无焊痕。

锤胎珐琅工艺是在金属胎底上用金属锤蝶加工技法，从金属胎的背面锤出纹饰图案，然后点施珐琅釉料，再经熔烧、磨光、镀金而成。与錾胎珐琅不同的是，锤胎珐琅是在凸出的部分点施珐琅釉料，凹下的部分则以镀金装饰。这种方法突出二维立体效果，能够很好地显示出珐琅釉料的晶莹剔透。

三、透明珐琅与透光珐琅

透明珐琅与透光珐琅都是在錾胎珐琅器衰落时开始兴起并发展起来的，19世纪末20世纪初比较盛行。西方国家热衷于透光珐琅，中国则钟情于透明珐琅。

透明珐琅也被称为"浅浮雕珐琅"，它是在金属胎上用錾刻或锤花技法锤錾出浅浮雕，再施以具透明或半透明性质的珐琅釉，烧制后，其外观因纹样线条粗细深浅不同而引起视觉上明暗浓淡的变化，具有立体感。清代和民国流传下来的首饰，大部分都是在银料上运用錾刻的技法雕出浅浮雕的效果，同时在首饰上镶嵌各种宝石，宝石的颜色与珐琅釉料颜色搭配，光泽度和质感的对比，能给人一种清雅温润的感觉。

透光珐琅也叫"镂空珐琅"，是无金属底板的珐琅装饰技法，由珠宝设计师雷乃·拉利克（René Lalique）在其他珐琅工艺的基础上改进而成。他研制出至少两种方法：一种是用金属丝围出一个个小单元并焊接好，放在经过特殊处理的底板上，使釉料不会粘在上面，上完釉料后除去底板，小单元内就留有透明的珐琅。第二种方法是用金属丝做成小单元，用紫铜做底板，填入釉料后烧制，完成整件首饰后放入一种酸性溶液中，酸性溶液溶解掉紫铜，单元格内的珐琅被保留下来。相比之下，第二种方法更加牢固、稳妥，但要求用黄金做金属框架。可见透光珐琅的工艺是非常复杂的，虽然其金属丝围出单元格是受到中国掐丝珐琅的影响，但在19世纪末20世纪初，东西方的首饰风格还是有很大不同的，西方线条更大胆，装饰性更强。

第六节　精雕细琢的玉饰工艺

玉饰的设计与制作一般遵循三个原则：一是利用天然的色泽与质地因料施艺；二是剜脏去绺，化瑕为瑜，即除去杂质，避开裂纹，将瑕疵变为优势；三是具有文化传承性与传统文化韵味，也就是说玉饰的外观通常都带有古韵之风。无论何种玉石，其加工工艺无非经过锯割、琢磨和抛光三大步骤。锯割就是将玉石分割成适合的大小，以便能合理利用。从古至今锯割工具已经有了很大变化，现代锯割机刀口薄，能做到切割，将材料的损耗降到最小。琢磨，是指对玉石的雕琢与打磨，如今玉雕工艺越来越精细，线雕、圆雕、透雕、立体雕、浮雕、镂空雕、阴雕等各种技法运用自如，并互相结合，游丝毛雕，能够达到薄如蝉翼的效果。抛光是为了除去雕刻过后的痕迹，使得表面光滑明亮。抛光的技术不是一成不变的，抛光剂种类很多，抛光工具也有软硬之分。如今对于不同的玉石材质以及不同颜色的玉石，会采用不同程度的抛光技法，让作品的颜色、玉质及题材能够完美地融合到一起。

玉石不仅仅是宝石学的概念，在中国乃至东方许多国家，还是一个极富文化含义的名词。由于其特有的质地、色彩与光泽，以及精雕细琢的工艺，玉石已然被人格化和神秘化，形成独特的文化现象，玉石文化成为中国几千年传统文化的一部分。但是，由于每个时期受特定的政治经济文化的影响，中国玉文化的内涵有所不同，其工艺技法也不同。东方许多国家的玉石文化都受到中国影响，但也有一定差异，欧洲国家的玉饰则更是带有鲜明的地域性。

一、中国玉饰

玉作为佩饰主要用于人之首、手、身，作为美化装饰和身份的象征。在中国，早在旧石器时代晚期祖先们就开始使用玉石了，历经几千年，每个朝代的玉饰类型与所表达的内涵都不尽相同。

新石器时期，主要是玉玦、玉猪龙、玉璜、玉璧、玉琮等，前三者多为身上的佩饰，后两者为冠饰。这一时期古人类已经学会磨光和穿孔，良渚文化遗址出土的玉器，为几何型体，器皿上雕琢出的主体纹、装饰纹、地纹等繁密细致，显示出复杂的工艺，其文化上体现出原始美感、宗教图腾和简练的抽象主义特征。

夏、商、周时期，出现了有具象形态的玉器，如玉人、玉龙、玉凤、玉虎等，佩饰有玉玦、玉璜、玉瑗，还出现了玉组佩，即成组的玉佩饰，如商代璜项饰是以璜为主件、配以管珠的串饰。此时已掌握了双线勾勒与阴线镂刻的琢玉技艺。从夏朝开始中国进入了阶级社会，玉文化体现出礼法制度，在玉器的器型与纹饰上均表现出一定的象征意义。

春秋战国时期多为玉组佩，由几十件甚至上百件的玉器组合而成，还出现玉带钩、玉剑饰，以及用于耳饰的小玦。玉组佩通常用玉璧、玉璜作主体，以珑、琥等作悬饰，珑（龙形佩）和琥（虎形佩）是春秋战国最具特色的佩饰。这一时期玉饰繁缛华丽，镂空、浮雕等技法普遍应用其中。玉文化已经体现出儒学思想，儒家的仁、智、义、乐、礼、忠等被比附在玉的特性之上，随之"五德""九德""十一德"等说法应运而生。

秦、汉、魏晋南北朝时期，玉组佩简化了许多，汉代时单独佩戴的鸡心佩成为玉佩的主要形式，圆雕、透雕的手法已成熟。秦汉以后玉质的簪、钗、环等成为女性的主要饰品，同时还镶嵌各种珠宝、黄金等。这一时期摆脱了礼法制度的影响，玉饰在表现手法上显现出自由奔放的风格，并继承了前一时期玉文化的特点。到魏晋南北朝时，玉逐渐被赋予驱灾辟邪的内涵，影响至今。

隋、唐、五代、宋、辽、金时期，玉组佩再次兴盛，流行腰带上装饰玉带板，鸡心佩被淘汰。这一时期镂空花纹居多，玉饰纤细轻薄。

唐朝开始，皇家贵族垄断玉饰的局面被打破，玉开始进入民间。因此，生活气息和世俗趣味开始融入玉文化之中，玉饰体现出浪漫主义的审美风格。

元代注重帽饰，因此玉帽顶流行。明清时崇尚玉饰，上到帽檐前饰，中至玉腰牌、玉带钩，下至玉鞋扣，手戴玉手镯、玉扳指，耳戴玉耳环，玉饰几乎成为全身的装饰。到了清代，簪成为女子独有饰品，工艺精湛。玉簪的制作结合了焊接、掐丝、镶嵌等工艺。这一时期的玉饰工艺性、装饰性极强，有极高的艺术造诣。清代玉饰有仿古倾向，鸡心佩、玉剑饰、玉玦又开始出现。玉饰的保健、养生功能也越来越被人们所认同，佩戴玉饰成为人们祈求吉祥的风俗。由于这一时期的玉饰数量庞大，种类繁多，各种寓意、各种文化内涵齐头并进，有的甚至受到外来文化的影响。（见图47）

图 47　明代玉佩
（现藏故宫博物院）

二、其他东方国家玉饰

中国的用玉历史及玉文化源远流长，带动了周边国家的对玉的使用。日本在很多方面受到中国的影响，或有些工艺就来自于中国，但玉文化却不全然如此。日本石器时代就开始以翡翠作为材料制作器物，后发展为耳饰与吊坠，如丸玉、勾玉、枣玉、管玉等，历经绳文时代、弥生时代、古坟时代、奈良时代。

　　日本绳文时代相当于中国先秦时期，其文化在日本延续了 8000 年，翡翠先是被史前人类作为工具，然后是串珠和吊坠，再后来出现了丸玉，勾形玉。日本有学者认为，这一发现证明了"日本拥有世界上最古老的翡翠文化"①。弥生时代，相当于中国两汉时期，出土文物中除了古代翡翠，还有软玉、玛瑙等玉器，雕琢工艺比较简单，形制上和加工工艺上都明显带有中国玉文化的印记。弥生时代也是中国居民大规模迁移至日本的时期，在随葬品中能看到很多来自中国的剑、玻璃制勾玉等物品，可见这一时期"中国手工艺品特别是玉器的传入也对日本玉文化产生了重大影响"②。到了古坟、奈良时代，相当于中国的魏晋、隋唐时期，中日的交流已经很频繁，日本受到中国文化影响之大已众所周知。奈良时代之后，玉文化逐渐没落。有学者认为，日本玉文化并非完全来自于中国，中国玉文化只是日本玉文化的源流之一。

　　玉饰离不开玉石的开采，亚洲有些国家并不热衷于玉饰，却出产玉石，成为中国乃至世界各国玉石原料的供给国家，如韩国、缅甸。韩国出产两种玉石：一是软玉，出自春川，又称春川玉；二是蛇纹玉石，韩国的蛇纹石玉呈绿色，产于扶余郡，又称为扶余蛇纹石玉，或扶余贵蛇纹石。据资料显示，目前开采出的贵蛇纹石品级不高。在韩国，属于宝石级的玉石主要用于玉雕和饰品，不到宝石级的原石用于保健医疗产品。饰品的种类有玉戒指、玉手链、玉项链等，设计比较简单。现今韩国珠宝饰品中，钻石类产品占有很大份额，然后是珍珠、有色宝石、足金、铂金等，玉饰份额很小。其实，韩国的历史上也存在悠久的玉文化，只是到了近代，新兴的商业文化改变了人们的意识，韩国人审美意识更加趋向于西方，致使玉文化衰弱。

　　缅甸是出产翡翠的国家，翡翠原石产地主要在此，所以翡翠也被叫作"缅甸玉"。相传 13 世纪翡翠原石就进入中国，受到喜爱，但真正大量输入是在清朝中期。翡翠产于缅甸，兴于中国，是华夏几千年的文化赋予了它丰富的内涵。

---

　　① 王春阳、何明跃、杨娜：《国外翡翠历史与文化探究》，《玉石学国际学术研讨会论文集》，北京：地质出版社，2011 年版，第 305 页。

　　② 同上，第 306 页。

第六章 东方服饰的制作器械与工具

第一节 原始纺织技术起源及实现工具

一、皮革加工工具

原始纺织技术的产品年代久远，极难保存，大多关于原始纺织技术的起源和发展多出于间接证据的推测和分析。下面从原始纺织技术实现工具的角度对纺织技术起源进行考证。首先从植物纤维之前的动物皮制衣物说起。

（一）旧石器时代早期、中期皮质工具的使用

1974年在山西许家窑旧石器时代中期文化遗址中发现了数量众多的大型动物化石和经过打制的石球。石球这种石器类型从旧石器时代早期一直到旧石器时代晚期，在国内外都有发现。分布在中国11个省市的31处旧石器时代的遗址和地点中，共发现石球1280件。

1839年，达尔文在《一个自然科学家在贝格尔舰上的环球旅行记》中曾经对高乔人（Gau-Cho）使用投石索进行狩猎的情况进行过描述，同时对一些近代仍停留在原始社会生活方式下的部族的狩猎情况进行了调查。根据类比推测，中国纺织史学界的传统观点是，这些石球是作为投石索和弹弓使用的。

投石索工具的使用方法是，将石球置于植物纤维编结的绳索和网兜

中进行抛掷，以此来打击野兽。根据这些石球，中国纺织史学界得出了10万年前的许家窑人已经具备搓绳、编织能力的结论。

关于旧石器时代中期投石索和原始弹弓的绳索以及网兜的材料，我们认为更应该是动物的肠子、皮带、原始皮绳和兽皮兜，而不是植物纤维的绳索和编织物。原因在于：

①距今约6200年的江苏吴县草鞋山文化遗址第十层这里发现了葛织物。

②从高乔人改进绳索的情况中可以发现，最初的投石索正是用动物的肠子绑着一个石环构成的，后来高乔人开始使用麻绳、生皮绳和缰绳等粗壮有韧性的绳子代替。

③中国出现植物纤维绳索的间接证据是在旧石器时代晚期遗址中，网状物的间接证据是在新石器时代遗址发现的。中国旧石器时代晚期的北京周口店山顶洞人遗址出土了一枚骨针，长82毫米，最粗部分直径为3.1至3.3毫米，针身保存完好，仅针孔残缺，刮磨得很光滑。它是中国最早发现的旧石器时代的缝纫工具。以此骨针的尺寸和针眼大小来看，这时的衣服材料应该还没有超出兽皮范围，穿过骨针孔眼来缝制衣服的材料应是皮绳或兽筋。

骨针的发现是人们利用兽皮做服饰材料的最直接证明，动物皮革在人类服装中的应用要远远早于麻、丝、棉等。从大量出土文物（尤其是新疆原始社会出土文物）中，我们可以发现最早的缝纫线——筋纤维的痕迹。人类将动物身上的筋晒干，然后用棒子捶打，从而获得一根根的动物纤维。出土于新疆楼兰的距今约4000年的"羊皮靴"的靴筒和靴底就是以动物筋线缝合而成，新疆哈密市五堡墓地出土的3000年前的长筒皮靴，也是以细皮条缝制而成的。

综合上述考古发掘来看，许家窑人的投石索和弹弓应该是由动物的肠子、动物皮做成的带子、动物皮绳以及动物皮兜制成。动物的肠子和毛皮相对于植物纤维织物更容易获得，皮带即是从毛皮中切割而来的。旧石器时代早、中、晚各个阶段的文化遗址中都发现过一种尖状物的石器，推断这种石器的功用在于将动物毛皮切割成皮带、皮兜，这样做成投石索和弹弓的技术条件都具备了。对此我们可以分析对比同期欧洲、西亚、中亚和东北非的旧石器时代中期文化——莫斯特文化（Mousteria）。莫斯特文化因最早发现于法国多尔多涅省莱塞济附近的勒穆斯捷岩棚而得名。该文化约始于 15 万年前，盛行于 8 万—3.5 万年前。与该文化共存的人类化石大多数是尼安德特人。莫斯特文化的典型器物石器工具可以分为刮削石器与尖状石器，都是用石片精心制作的边刮器和三角形尖状器。此外还有凹缺器、锯齿状器、石球、钝背石刀和小型手斧等，与中国境内发现的工具特性及用途基本一致。皮毛、皮带、皮绳较之植物纤维更容易腐败，且不易留下考古痕迹。但是从技术角度来看，皮制的投石索和弹弓比植物纤维制的投石索和弹弓更容易制造，所以我们认为旧石器时代中期的狩猎工具用皮制物更符合当时的技术条件。从皮质切制到纤维纺织，揭开了东方，也可以说是人类早期的服饰制作序幕。

（二）旧石器时代晚期原始编织的出现

半坡文化遗址是黄河流域一处典型的新石器时代仰韶文化母系氏族聚落遗址，距今 5600—6700 年之间。在遗址中，出土了 281 枚骨针。区别于山顶洞人遗址的骨针，半坡骨针的最细处直径不到 2 毫米。

与北京周口店山顶洞人遗址相比，半坡文化遗址骨针数量大为增加，这表明距今 1 万年前人们已经较普遍地掌握了缝制服装的技术。半坡骨针还有一个特点就是骨针孔的直径开始变小，原先适用的原始皮绳和兽筋很难穿过去，由此推断旧石器时代晚期原始人开始学会了纺单纱和股线，并以单纱和股线取代了皮绳和兽筋来缝制衣服。还有一个证据是，半坡文化遗址中出土了同期石制和陶制的纺轮。

此外，中国在新石器时代早期出现了使用泥条筑成法烧制的陶器，这种方法是先将泥料搓成泥条，再用泥条筑成坯体，然后用裹上绳子或织物的木拍拍打。如今发现的陶器上留下了这样的凹纹，依此可以推断，所使用的工具有缠绕麻绳的木拍和圆棍。植物纤维网状物的间接证据我们也可以从许多新石器时代陶器上发现，半坡人面网纹彩陶盆等陶器上都出现了网状图案，由此可推断，植物纤维的绳索和网兜应该出现于旧石器时代晚期，而植物纤维织物则应该出现在新石器时代。

中国古典神话传说中也可寻得原始纺织品出现的时间证据，文献显示，新石器时代已有植物纤维制成的绳索、网状物和原始纺织品。《文子·精诚》："虑牺氏之王天下也，枕石寝绳。"[①] 虑牺氏即指伏羲。《周易·系辞》下："古者包牺氏之王天下也"，"作结绳而为网罟，以佃以渔"[②]。"伏羲氏"是神话传说中的生活于中国新石器时代早期的人物，中国的最早绳索就是在他生活的那个时候出现的，显然与渔猎生产有关。《淮南子·氾论训》："伯余之初作衣也，緂麻索缕，手经指挂，其成犹网罗。"[③]《帝王世纪》记载："黄帝于是修德抚民，始垂衣裳。"[④] 据考证，伯余为黄帝时人名，传说为华夏民族最早制造衣裳的人，被认为是织造的发明者。也有说法认为，伯余即为黄帝本人，所以织造确应发生于新石器时代。

在长期使用皮带的过程中，原始人发现两条皮带扭结在一起后更坚韧、耐磨，这样他们学会了原始皮绳索的制法，也学会了加捻的工序。植物纤维的绳索和网状物是人类转向定居以后的产物，属于旧石器时代晚期和新石器时代之交时的工具。人类只有学会了编织篮筐后，才会掌握编织技术，进而学会纺织。纺织的发展历程据推测为：

①人类在大自然中发现了藤蔓纠结在一起可以成为粗糙的篮筐；

②在不断的尝试中逐渐懂得用柔韧的树条、芦苇编织生活用具；

③成功尝试草编；

④植物韧皮纤维的编织获得成功，这样就产生了原始纺织技术。

纱、线、绳、索的制作工艺基本相同，所不同的是细度。原始人类使用的纱、线、绳并没有太大的区别，因为原始纺纱的技术比较粗糙，基本上原始制绳就能满足纺织和缝纫所用，所以在史前时代纺纱、制绳工艺是合流的。因此，原始制绳技术和原始纺纱都经历了动物肠子→皮带、原始皮绳、兽筋→植物纤维绳索的过程。

综上所述，我们认为纺织技术的起源与时代对照是这样的：

---

① 唐突生、滕蜜释：《文子释译》，武汉：湖北人民出版社，2012年版，第31页。

② 靳极苍撰：《周易》，太原：山西古籍出版社，2003年版，第83页。

③ （汉）刘安编，高诱注：《淮南子》，上海：上海古籍出版社，1989年版，第136页。

④ （晋）皇甫谧：《帝王世纪辑存》，北京：中华书局，1964年版，第30页。

旧石器时代中期：动物的肠子——皮带、皮绳、皮编织物

旧石器时代晚期：植物纤维绳索、植物纤维纺制

新石器时代：纺轮纺纱——原始织造

原始皮服以及原始纺纱技术的出现，扩大了人们的活动空间和时间，使人类生产生活可以不断地向以前不能到达的区域扩散。恶劣的自然环境迫使原始人必须摆脱动物本能，依赖于技术包括原始纺织技术来弥补动物本能的退化。我们可以这样说，原始皮服或许是从猿人到智人进化过程中不可或缺的一个环节；而原始纺织技术体系的产生是人类从狩猎文化发展到农业文化的最高技术成就。

图48　山顶洞人骨针（贾潍绘）

人类最早期的缝纫工具——针，伴随了纺织技术发展的全部历程。骨针从旧石器时代晚期开始出现，到新石器时代和商周时期普遍使用，战国秦汉时期铁针出现并普遍使用后才被淘汰。（见图48）

《天工开物·锤锻》篇中详细记述了传统铁针的制造方法。"凡针，先锤铁为细条，用铁尺一根，锥成线眼，抽过条铁成线，逐寸剪断为针。先鎈其末成颖，用小槌敲扁其本，钢锥穿鼻，复鎈其外。然后入釜，慢火炒熬。炒后，以土末入松木、火矢、豆豉三物掩盖，下用火蒸。留针二三口插于其外，以试火候。其外针入手捻成粉碎，则其下针火候皆足。然后开封，入水健之。凡引线成衣与刺绣者，其质皆刚。惟马尾刺工为冠者，则用柳条软针。分别之妙，在于水火健法云。"[①]

二、丝绸初加工工具

中国是世界上最早养蚕、缫丝和织造丝绸的国家。汉张骞出使西域

---

① （明）宋应星著，管巧灵、谭属春点校注释：《天工开物》，长沙：岳麓书社，2002年版，第251页。

以后，中国的丝织物、蚕种、桑树种子、丝织技术逐渐传入国外。一直以来，丝绸是中西交流之路上的主要商品，19 世纪德国著名地理学家李希霍芬将通往欧亚大陆的交通要道称为"丝绸之路"，可见中国古代丝织技术的高度发达和在相当长的一段时期里的垄断性。

根据所掌握的考古资料，中国丝织的起源路径应为：

新石器时代晚期：出现蚕图腾

大约 5630 年前：关注蚕的习性——龙图腾、丝崇拜——利用野桑蚕丝织

大约 4715 年前：育蚕丝织

（一）茧蛹处理技术

茧蛹处理技术是指对蚕茧蛹进行处理的工艺，主要是指在不破坏茧的前提下杀死蛹的方法。它是反映丝织技术水平的一个标志，因为茧蛹处理技术水平的高低直接影响着丝的质量，也直接影响最终织造成品的质量。

茧蛹处理技术的发展历程经过了五个阶段：鲜茧缫丝、阴摊法和日晒杀蛹法、盐腌法、笼蒸法、火力焙茧和烘茧法。

西周及其以前应该采用鲜茧缫丝，即对茧不做任何处理，直接缫丝，这要求缫丝工必须在几天时间内完成煮茧缫丝工序，否则茧蛹化蛾，便不能缫丝了。《礼记·月令》中记载周代礼仪："后妃齐戒，亲东乡躬桑，禁妇女毋观，省妇使以劝蚕事。蚕事既登，分茧称丝效功，以共郊庙之服，毋有敢惰。"[①]"分茧称丝效功"是强调后妃们以缫完之丝的重量作为蚕事的考核成绩，可见蚕事的时令性和紧迫性。

春秋时期到南北朝之间的茧蛹处理技术可能先后出现阴摊法和日晒杀蛹法。丝织品使用的普及导致了养蚕和丝织生产规模的扩大，茧的处理成为难题，因为成茧到化蛾的时间比较短，茧蛹化蛾将会导致茧丝被咬断。阴摊法是利用低温控制，推迟茧蛹化蛾一两天，为缫丝多赢得时间。日晒法杀蛹，利用在日光下曝晒茧蛹将蛹杀死，将缫丝期往后推迟。

---

① 崔高维校点：《礼记》，沈阳：辽宁教育出版社，2000 年版，第 52 页。

　　南北朝时期至南宋之间盐腌法被普遍采用。贾思勰在其《齐民要术》中说,新发明的盐腌法较老法日晒法优势更多,他写道:"用盐杀茧,易缲而丝肕;日曝死者,虽白而薄脆。缫练长衣着,几将倍矣,甚者虚失岁功,坚脆悬绝,资生要理,安可不知之哉?"[①]

　　元代出现笼蒸工艺。盐腌法操作复杂且用时较长,由于当时丝织手工工场的兴盛和长年性的生产活动,迫切需要处理时间短且不影响茧丝品质的茧蛹处理技术,笼蒸工艺正是在这样的需求下被发明出来的。元代的《农桑直说》《王祯农书》和明代的《农政全书》中都有关于笼蒸法的介绍。

　　晚清出现火力焙茧法和烘茧法。

(二)缫丝器具

　　茧蚕丝的主要成分是丝素和丝胶。丝素是茧蚕丝的主体,占蚕丝纤维总量的 70%—80%,丝胶是包裹在丝素外表的黏性物质。丝素不溶于水,丝胶易溶于水,而且温度越高,溶解度越大。缫丝就是利用丝素和丝胶水溶性的差异,把若干粒煮熟茧的丝素和丝胶分离,置于水中抽出丝素并合并制成生丝的工艺。

　　缫丝是制丝过程的重要工序。只有通过缫丝才能理清茧丝的头绪;单茧丝强度不足,无力进行织造,只有将多根茧蚕丝合为丝束才有足够的强度。缫丝是伴随丝织的产生而形成的工艺。中国丝织品应用缫丝工艺的时间很早,出土最早的丝织品是河南荥阳青台村新石器时代仰韶文化遗址中发现的碳化了的丝麻织品,距今约 5630 年,其中丝织品的丝就经历过缫丝工艺。

　　根据战国时期的《考工记》、北宋秦观(1049—1100)的《蚕书》、元代的《农桑直说》和《王祯农书》、明代徐光启的《农政全书》中对缫丝工艺的记载,其工艺发展流程为:

　　春秋战国之前:冷水缫丝工艺

　　春秋战国:沸水煮茧缫丝工艺出现

---

① (北魏)贾思勰著,石声汉选译:《齐民要术选读本》,北京:农业出版社,1961年版,第266页。

西汉：沸水煮茧缫丝工艺普及

北宋：经沸水煮茧缫丝工艺中温度控制的总结，出现热釜缫丝法

元代：冷盘缫丝法

明代："连冷盘"工艺

缫丝工艺器具的演变与其工艺的变迁密切相关。古代缫丝工艺中包括抽丝和茧丝合股两道工序，这两道工序经历了从分流到合流的过程。初始阶段两道工序由两个不同的机械器具操作完成，后期两道工序改变为由一个机械器具操作完成。

考察中国新石器时代中期的文化遗址，大型化的纺轮占纺轮总数的绝大部分，但也存在极少数重量轻、形体小的纺轮。这说明当时的丝织技术还处于萌芽状态，这些小型的纺轮可能用于蚕茧丝的合股，证明当时缫丝工艺是分流的。新石器时代晚期的纺轮趋向于小型化，这说明茎皮植物纤维的纺纱精细程度有所提高，同时可以证明蚕茧丝的合股操作开始增多，但此时缫丝工艺仍是分流状态。

1979 年江西贵溪战国时期的崖墓出土一批纺织工具，其中就有三件 I 形、三件 X 形绕丝架。缫工从水中抽丝后，将蚕茧丝绕在绕丝架上，然后再用纺轮将多个蚕茧丝合股。

《诗经·小雅·斯干》中的"弄瓦之喜"正说明了当时纺轮的普及程度，同时也证明了缫丝工艺仍处于分流状态。

北宋秦观《蚕书》的记载中有缫丝工艺合流的迹象，出现了抽丝和蚕茧丝合股两道工序合流的手摇缫车。南宋梁楷《蚕织图》绘有脚踏缫车，抽丝和蚕茧丝合股两道工序明显合流。元代以后有关工序合流的缫车记载非常多而且很详细，《王祯农书》《农政全书》《天工开物》《幽风广义》都有文字记载和图考，既有手摇缫车，也有脚踏缫车。

由此可见，中国古代缫丝工艺及器械的演变大致为：

战国之前：以绕丝架取茧丝，纺砖合股茧丝

西汉：以绕丝架取茧丝，出现纺车合股茧丝

唐、北宋：手摇缫车同时抽丝、合股

南宋：脚踏缫车同时抽丝、合股

结合相关文献，我们发现工序合流的手摇缫车和脚踏缫车的主体结构大体相同，主要由集绪部分、卷绕部分、传动部分组成。"集绪部分由集绪眼、锁星构成。宋代以一枚大钱作为集绪眼，所以又叫钱眼。到明代集绪眼由竹针眼取代，并且固定在鞋床上的架子上。多个茧丝通过集绪眼要绕过锁星，用以消除丝缕上的糙节。锁星是宋代的称呼，到明代叫星丁头，清代叫响绪。卷绕部分是由添梯、丝钩、丝軖构成。添梯是宋代的称呼，明代称送丝杆，清代称丝秤，是使丝分层卷绕在丝軖上的横动导丝杆。"[①] 丝钩的作用是导丝，位于添梯上。丝軖的作用是卷绕长丝，其制为一有辐撑的四边形长木框，为便于脱丝，四长木中有一木可灵活拆卸。传动部分的结构采用手摇曲柄转动丝軖，或脚踏踏板带动连杆，连杆带动丝乾轴转动，从而使丝軖转动。

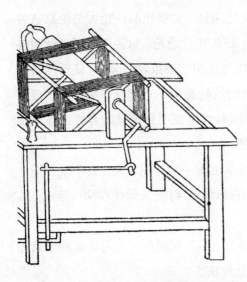

图 49 缫车（《天工开物》）

古代缫车的大体形制差不多，结构相对比较完整的图像信息有明代《天工开物》中的脚踏缫车图和清代《豳风广义》中的手摇缫车图。《王祯农书》中也有插图说明。（见图 49）

缫车的具体使用方法是：缫丝时，将茧锅里捞出的丝头，先穿过集绪的"钱眼"，再绕过导丝滑轮"锁星"，然后通过横动导丝杆"添梯"上的导丝钩，绕在丝軖上。手摇缫车操作时一手摇动丝軖，一手添索绪；脚踏缫车则是用脚踏动踏板做上下往复运动，通过连杆使丝軖曲柄做回转运动，利用丝軖的回转惯性，使其连续回转，进而带动整台缫车运动。

---

① 赵承泽：《中国科学技术史·纺织卷》，北京：科学出版社，2002 年版，第 159—160 页。

（三）络丝、并丝、整经器具

络丝是指将缲车上脱下的生丝转络到篗子上，这一工艺就是当代纺纱技术的络筒工艺。"其主要作用有两点：一是将丝线加工成容量较大，成形良好、密度适宜的无边或有边筒子，提供给整经、卷纬、漂染等工序，以利于提高生产效率；二是清除丝线上的疵点，改善丝线品质，以利于减少丝线在后道工序中的断头，提高丝织物的外观质量。"[①]

篗子是从春秋战国时期的 I 型和 X 型绕丝架发展起来的，它的结构是两组十字形的辐装上四条横梁。两组辐的中央都有圆孔，中间穿一根轴，用手转动轴，可使整个框架绕轴自转，此结构与风筝上的绕线器很相似。篗子刚开始时用于缲丝，唐、宋时缲丝的抽丝和蚕茧丝合股两道工序工艺合流后，才成为专门的络丝工具。

络车就是络丝的机械装置，它由篗子和丝軖组成。西汉末年扬雄《方言》中有关于络的最早介绍："河济之间，络谓之给"，可见络丝工艺应该最晚出现在西汉末年。此外，我们可以从东汉画像石中看到，络丝者一手转动篗子，另一手拨动丝軖上的丝。后世的络车形制一直没有什么变化，元代《王祯农书》、明代《天工开物》、清代《蚕桑萃编》中的络车图可以为证。

并丝工艺是络丝后的一道工序，此工艺将两根及两根以上的生丝合并成一根股线，或者根据丝线的粗细需要将两根及两根以上的股线再合并成一根复合股线的加工过程。合并的丝线可以是有捻的，也可以是无捻的。中国古代并丝工艺的最早图像信息也可在东汉画像石中见到，图中并丝者将篗子的轴取出，把篗子放在地上，然后将几个篗子上的生丝在纺车的锭子上进行并丝操作。这一工艺近两千年来一直沿用，明末的《天工开物》中可以见到几乎一样的工具。

整经是将一定根数的经纱按规定的长度和宽度平行卷绕在卷经轴上的工艺过程。整经要求各根经纱张力相等，在卷经轴上分布均匀。最原始的整经是直接在织机上进行的，只需要极简单的专门工具。现在彝族地

---

① 蒋耀兴、冯岑：《纺织概论》，北京：中国纺织出版社，2005 年版，第 187 页。

区还能看到直接整经上机工艺和地桩整经工艺。后世常见的两种整经方法为轴架式整经工艺和齿耙式整经工艺，分别由直接整经上机法和地桩式整经法发展而来。

元代《王祯农书》中详细记载了轴架式整经工艺。"先排丝籰于下，上架横竹，列环以引众绪，总于架前经排，一人往来挽而归之纫轴。"[①]这里的横竹之架又称经架，两边为两竖杆，中横一竹，竹上有许多导丝钩，王祯称"环"，而明代宋应星则称为"溜眼"。经丝依序穿过这些导丝钩，然后又归总于经牌。其实这就是一个特大的籰子和一个籰子架，籰子上装有手摇曲柄，以逐批卷绕整理好的经丝。

齿耙式整经工艺出现于春秋战国时期。1978年江西贵溪的春秋战国崖墓中出土的残断齿耙，被鉴定为古代整经工具。齿耙式整经工艺一直到明末还在沿用，明末成书的《天工开物》介绍："凡丝既籰之后，牵经就织。以直竹竿穿眼三十余，透过篾圈，名曰'溜眼'。竿横架柱上，丝从圈透过掌扇，然后缠绕经耙之上。度数既足，将印架捆卷。既捆，中以交竹两度，一上一下间丝。然后扱于筘内。"[②]（见图50）

图 50　齿耙式整经工具（《天工开物》）

三、棉花初加工工具

中国古代用于纺织的纤维原料概括起来有两大类，一是动物纤维，二是植物纤维。动物纤维包括蚕丝纤维和动物毛纤维（如羊毛、兔毛、骆驼毛等），植物纤维包括植物茎皮纤维（如大麻、苎麻、葛、蕉麻、简麻、

---

①　（元）王祯著，王毓瑚校：《王祯农书》，北京：农业出版社，1981年版，第405页。
②　（明）宋应星著，管巧灵、谭属春点校注释：《天工开物》，长沙：岳麓书社，2002年版，第56页。

亚麻、黄麻、蒯、褚等）和植物种子纤维（如棉等）。中国古代最初采用的纤维都是野生的，而且种类繁多，后经过人们长时间的鉴别取舍，逐渐选用一些纺织性能较佳的品种。这其中最具东方代表性的就是中国古代丝织技术。

中国古代丝织技术代表着东方古代纺织技术的最高水平，植物茎皮纤维的纺用和织造同样是东方纺织技术的代表。植物纤维是中国古人最早用于纺织的材料，它的应用是中国古代纺织技术之始，棉织品也与丝织品并列成为中国纺织艺术的代表种类。

棉花是一种种子纤维，在中国古代属于外来之物。中国应用棉花的历史，可追溯至公元前 2 世纪，但在宋代以前的 1000 余年时间内，棉花的种植和利用只局限在中国南部、西南部和西北少数民族地区，未在中原地区广泛传播。直到宋元时期，棉花的许多优良纺织特性才被人们认识，加上棉花种植技术和棉纤维加工技术的突破，棉花迅速取代了麻纤维，成为和蚕丝一样重要的大宗纺织原料。

古代称棉花为吉贝、古贝、古终、白叠、木棉、木绵、梧桐华、攀枝花、斑枝花等。棉花，无论是树棉还是草棉，都是在同属东方的古代印度被培育成纺织用纤维的，所以棉花、棉布的最初名称都是从梵文译过来的。棉花由印度传入中国有两条路线，这两条路线都是先经过了边疆少数民族，再辗转音译，由于发音的不同，最终译成的汉语名词差别很大。

东方古代棉花的纺前加工使用了大量的纺织工具，下面从制作流程加以考察。

（一）去棉籽工具

棉花是种子纤维，棉团里有棉籽，第一步必须去掉棉籽才能供纺纱使用。在去籽过程中，棉团容易混入一些杂质和泥沙，这样必须进行弹棉，开松棉纤维，去杂质。再将棉纤维卷延成棉条后才能更好、更有效地供纺纱所用。

通过考察中国古代农业书籍中关于棉花纺前加工工具的记述，我们发现，去除棉花籽核的工艺先后经历了手剥法、轧棉法。

手剥法是指不利用任何工具，用手剥籽，这一方法应该是最初使用

图 51　一人操作的搅车
（《天工开物》）

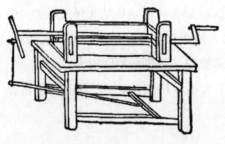

图 52　一人操作的搅车（《农政全书》）

的去棉籽方法，但是操作不便，效率很低。

轧棉法经历了铁杖赶籽法、搅车轧棉法，其中搅车轧棉法又经历了三人操作的搅车轧棉法、一人操作的搅车轧棉法。

铁杖赶籽法的应用最早出现在宋代南方少数民族地区，如北宋成书的《泊宅编》（方勺，约宋哲宗元符末前后在世）、南宋成书的《岭外代答》（周去非，南宋孝宗淳熙（1174—1189）初，周去非曾"试尉桂林，分教宁越"）和《诸番志》（成书于宋理宗宝庆元年（1225））中记载：福建、广西、海南岛等地人"以铁筋碾去其子"或"以铁杖赶尽黑子"的方法。元初，这种方法传入长江和黄河流域，《农桑辑要》（成书于元初至元十年（1273））中将铁杖赶籽法收录其中，加以推广。

元代中期，出现了三人操作的搅车轧棉法，《王祯农书》（完成于1313年）中有图文记载。此后出现了一人操作的搅车轧棉法，陶宗仪（1321—1407）在《辍耕录》中曾有提及。明代晚期的《农政全书》《天工开物》中都具体介绍过一人操作的搅车，并有详细的版图。（见图51、52）

《王祯农书》和《农政全书》中用相同的图文介绍三人操作搅车："大搅车用四木作框，上立二小柱，高约尺五，上以方木管之。立柱各通一轴，轴端俱作掉拐，轴末柱窍不透。"操作方式为："二人掉轴，一人喂上绵英。

二轴相轧,则子落于内,绵出于外。"①可见,三人操作的搅车是利用两根反向的轴作机械转动来轧棉,比用铁杖赶搓去籽,既节省力气,又提高工效。(见图53、54)

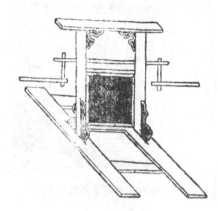

图53　三人操作木棉搅车　　　图54　三人操作木棉搅车
　　(《王祯农书》)　　　　　　　(《农政全书》)

《农政全书》《天工开物》中的一人操作搅车工作方式为:上轴的转动是由手摇曲柄控制;而下轴的转动则由踏板突然受力,通过细绳带动位于下轴顶端的简易曲柄转动,好似手拨曲柄一样,下轴在力的惯性作用下转动,等到下轴转动到上一次踏板时的位置时再一次脚踏踏板,如此循环不已。

(二)弹棉工具

弹棉又叫弹花,主要功能是开松棉花纤维、除杂,使用的工具是弹弓。弹弓形制经历了由小到大,弹的操作经历了手弹、槌弹,弓弦经历了线弦、绳弦、蜡丝弦、羊肠弦。

弹棉花一般分两次,先把皮棉(棉花球除去棉籽称为皮棉)弹成蓬松的花絮,再把小花絮弹成大的棉花团,即形成一个大的、松软的、质地均匀的棉花纤维集合体。在弹的过程中可以把棉花球上的灰尘、杂质以及残留小棉籽都清除掉。

中国较早记录弹棉的文献是胡三省注的《资治通鉴》:"以竹为小弓,

---

① (明)徐光启撰,石声汉校注:《农政全书校注》,上海:上海古籍出版社,1979年版,第976页。

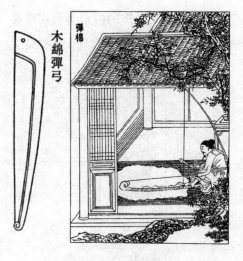

图 55　弹弓（《天工开物》）

长尺四五寸许，牵弦以弹棉，令其匀细。"① 可见早期的弹弓具有弓小、弦细、手弹的特征，比元代中期的弹弓效率要低得多。

《王祯农书》中的版画，其弓"以竹为之，长可四尺许，上一截颇长而弯，下一截颇短而劲"，其操作是"控以绳弦，用弹棉英"②，可见元代中期已使用大弓，使用的弦是绳弦，用手弹操作。这一弹弓形制和操作较之《泊宅编》记载的弹弓和操作，有很大的改进。（见图 55）

元末，槌弹工艺出现，《天工开物》中有槌弹的图版，其"蜡丝为弦"，弓长较元代更大，"长五尺许"。从版图中可得知，明代弹弓的弹力很大，弦挂在柱旁的弯竹，再挑起。这样设置不仅可减轻操作者承负弹弓的重量，还可以将弦拉得更紧，以便槌弹时开松力更大。从清代成书的《木棉谱》中可知，清代弹棉工艺沿用明代的工艺，所不同的是弦以羊肠制成，弦的弹力性能更好。

我们现在还可以在陕西蒲城传统"土纺布"纺织工艺中看到弹棉花弓实物，弹弓用桃木和牛皮条制作而成，桃木韧性好，弹性大，可以使弹棉效率更高。

四、纺砖、纺轮和纺车

纺纱技术来源于远古时代对韧皮纤维的劈分技术和绩接技术的改进。劈分是指把经过槌击而松解或经过脱胶的纤维束劈成尽可能细的条；

---

① （宋）司马光编著，（元）胡三省注：《资治通鉴》，北京：中华书局，1956 年版，第 4934 页。
② （元）王祯著，王毓瑚校：《王祯农书》，北京：农业出版社，1981 年版，第 416 页。

绩接是指把已经劈分的一段较细的纤维束并合、续接在一起。劈分和绩接本身都是制绳索的工序。从本质上说纺纱工序是更精细的制绳索工序，纱、线、绳、索的区别，只在于精细方面的差别。因此，纱、线、绳、索四者是有联系的：两根或两根以上的纱经过绞结和加捻，即成为线；两根或两根以上的线再经过绞结和加捻，即成为绳；两根或两根以上的绳再经过绞结和加捻，即是索。

（一）纺砖

纺砖纺纱是真正意义上的纺纱，因为它将纤维的牵伸和加捻合二为一，使纱线的细度和韧度较之单独劈分和绩接的纺纱技术要先进得多。

纺砖由拈杆和纺轮两部分组成。拈杆多是木、竹、骨、金属制成，甚至还有玉制拈杆。早期纺砖的拈杆的形制为直形，战国时期以后其顶端增置屈钩。纺轮多是石、木、陶、骨制成，多为中间穿孔的圆饼状物体。拈杆插入纺轮，通过"构榫卯结构"固定，即可组装成最简单的纺砖。

由于纺砖中的拈杆多为木制或竹制，时间久了容易腐烂，因而新石器时代考古发现的纺砖多以不易腐烂且相对较重要的部件——纺轮的形式出现。从考古学上看，纺轮的出土即可间接视为纺砖的出土。中国最早出现的纺轮是在距今 7000 多年的河北磁山遗址发现的，磁山遗址的纺轮出土很少，纺织工艺是磁山文化时期一项比较薄弱的原始手工行业，严格地说是一种编纺织工艺。此后在新石器时代各大遗址中都有纺轮的痕迹。

湖北天门石家河的肖家屋脊早期遗址共发掘陶纺轮 514 件，这是新石器时代纺轮发掘最多的一次。其间在稻作农业经济文化区的河姆渡文化遗址、马家洪文化遗址、屈家岭文化遗址和旱地农业经济文化区的龙山文化遗址、仰韶文化遗址、中原龙山文化遗址、马家窑文化遗址、齐家文化遗址，纺轮出土非常普遍。

纺织考古发现，新石器时代出土的纺轮比出土的织机数量明显多得多，且形制较完整。这一方面是材质方面的原因，纺轮多为石制、陶制、骨制等易于保存的材质，而织机多为木质等不易保存的材质。另一方面，与纺纱同织造产业链顺畅的速度比率有关。普遍认为纺纱与织造速度比率为 8：1 时方能确保纺织行业的顺利进行，从事纺砖纺纱的人需要比织造的人多得多，这也导致新石器时代出土的纺轮具有明显的丰富性和多样性，比如纺轮的材质可以是石制、陶制、骨制，纺轮的形制可以是圆饼形、馒头形、圆台形、算珠形、滑轮形等。随着纺织技术的发展，纺轮最终定型为圆饼形和圆台形，同时纺轮的大小从直径6厘米过渡到3厘米左右。这样的纺轮，捻纺的纱更细，可织成更精细的布。因此从新石器时代中国纺轮形制的变化、分布的区域，我们可以推测出中国原始纺织技术的发展程度和规模。

纺砖纺纱的操作程序为：先把要纺的麻、葛等纤维捻一段缠在拈杆上，然后垂下，一手通过绕在纺砖上的纤维线将其提起，一手转动纺轮。纺砖自身重力使一团乱麻似的纤维牵伸拉细，纺轮旋转时所产生的力偶，使拉细的纤维加拈而成麻花状。在纺砖不断旋转的过程中，纤维牵伸和加拈的力也不断沿着与纺轮垂直的方向，即拈杆的方向，向上传递，纤维不断被牵伸加拈。当使纺轮产生转动的力消耗完的时候，纺轮便停止转动，这时将加捻过的纱缠绕在拈杆上，然后再次给纺轮施加外力旋转，使它继续"纺纱"。待纺到一定的长度后，就把已纺的纱缠绕到拈杆上去，如此反复，一直到纺砖上绕满纱为止。

蒲城传统土布纺织工艺中还有关于纺砖纺纱的工艺。纺砖，是陶质或石质的圆块，直径5厘米左右，厚1厘米，也叫"砖盘"，中间有一个孔，可插一根杆，叫"砖杆"。纺纱时，先把要纺的棉纤维捻一段缠在砖杆上，然后垂下，一手提杆，一手转动砖盘，向左或向右旋转，并不断添加纤维，就可促使纤维牵伸和加拈。待纺到一定长度，就把已纺的纱缠绕到砖杆上。然后重复再纺，一直到纺砖上绕满纱为止。

（二）纺车纺纱和络丝

纺车不仅被用于纺纱，还用于络丝。络丝是指将多根丝并在一起的丝缕，通过丝钩并合加捻，络到纺车的竹管上的操作。用纺车纺纱和络丝的发明在古代绝对可以称得上是一项技术革命，因为纺砖到纺车的应用完成了简单纺纱工具到纺纱机械的巨变。

纺纱机械包括三个构件：动力装置、传动装置、工作装置。纺砖是一件没有动力装置和传动装置的工作机，所以并不属于机械设备。而纺车的结构完全具备纺纱机械的三个构件，它的动力装置为绳轮、曲柄；传动装置是连结着动力装置和工作装置的绳和皮带；工作装置就是锭子。纺车的发明展现了对当时轮轴传动等机械原理的认识，完全符合科学原理。

中国古代纺车的发展经历了小纺车阶段、大纺车阶段、水转大纺车阶段。

小纺车包括手摇纺车和脚踏纺车，形制相对大纺车要小得多，锭子最多不超过五锭，而且只需一人操作即可。

手摇纺车为最初的纺车形制，成型的手摇纺车（没有曲柄装置）出现年代据推测为战国时期。成书于春秋时期的《诗经·小雅·斯干》中有"乃生女子，载寝之地，载衣之裼，载弄之瓦"[1]，"瓦"即是纺砖。这句诗的意思是生了女儿，放在地上睡，把她包上袄被，给她玩纺砖。长沙战国墓曾经出土过一块兰麻织物，其经线密度每厘米 28 根，纬线密度每厘米 24 根，比现代每厘米经纬各 24 根的细棉布还要紧密。这样细的麻纱，用纺砖很难纺出，只有用手摇纺车才有可能。

最初的手摇纺车形制是手拨轮辐传动的纺车，由众多竹片或木片制成轮辐，固定在轮轴上，用绳索或皮带绕在众多轮辐顶端，轮辐顶端呈凹槽状，绳索或皮带就固定放置在这个凹槽里，绳索或皮带在轮辐所构成的"虚拟圆"的上顶点和下顶点伸出与锭子连动。在北宋王居正的《纺车图》中可以看到类似纺车，但增加了手摇曲柄装置，这种纺车称为手摇曲柄轮辐传动纺车。（见图 56）

图 56　北宋王居正《纺车图》中的纺车（北宋原画，现藏故宫博物院）

---

① 陈节注译：《诗经》，广州：花城出版社，2002 年版，第 262 页。

　　元代，出现了手摇曲柄轮制传动纺车，其特点是传动机构形成一个完整的车轮状，传动的绳索或皮带分别绕在这个轮和锭子上，通过手摇曲柄带动轮的转动，连动锭子从而纺纱。《王祯农书》中记载有此种纺车的图像信息。带绳轮的手摇曲柄纺车也是近代大量使用的手摇纺车。

　　脚踏纺车是在手拨轮辐传动纺车的基础上发展出来的，从古书中脚踏纺车的版画图形看，除车架高低、轮径大小、锭数多寡不同导致外形有差异外，其结构基本相同，都是由传动带、纺纱机构、脚踏机构组成。

　　现存脚踏纺车的最早文献资料是公元 4—5 世纪东晋著名画家顾恺之为刘向《列女传·鲁寡陶婴》画的配图。其后，在元代《王祯农书》、明代徐光启《农政全书》里，出现了二锭脚踏棉纺车、三锭脚踏棉纺车和五锭脚踏麻纺车，说明脚踏纺车自东晋时起一直都在广泛使用。（见图 57）

　　其中，脚踏五锭麻纺的方法不能用于棉纺。棉纺与麻纺有本质区别，棉纺是将棉条拉细牵伸并且加捻，如果不把纺好的棉纱绕在锭子尖端后的锭轮上，是不可能再继续拉伸棉条的。如果有脚踏五锭棉纺车的话，锭子之间的间隔相对麻纺车的锭子间隔来应该大一些，太近就不可能将拉出来的棉纱绕在锭轮上。棉纺的纺轮并不能做得太大，不然容易将棉纱纺断，如果纺轮不能制造得太大且锭子之间必须保持相当的距离，那么必然制约着锭子的个数。（见图 58）

图 57　三锭脚踏棉纺车（《王祯农书》）

图 58　五锭脚踏麻纺车（《农政全书》）

（三）大纺车

1. 水转大纺车

　　大纺车相对于小纺车而言，具有锭子多、形制大的特点。现存最早关于大纺车的记载见于元代《王祯农书·农器图谱》，明末徐光启的《农政全书》中也有记录，清末卫杰的《蚕桑萃编》中介绍了江浙水纺车。大纺车一直沿用到近代，直到纺纱机出现才退出历史舞台。（见图59）

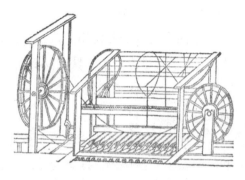

图 59　大纺车（《农政全书》）

　　水转大纺车和大纺车结构大体相似，它比大纺车多了一个驱动水轮，它的图像信息最早出现于《王祯农书》。明代《农政全书》中的纺织器具插图几乎与《王祯农书》完全一致，但唯独没有水转大纺车的图示，猜测这是由于《王祯农书》的水转大纺车并没有记载于农器图谱集之十六蚕缲门，而是记录于农器图谱集之十四利用门。

图 60　水转大纺车（《王祯农书》）

　　水转大纺车似乎只在元代存在过，明代就已消失。大纺车以人力、畜力为动力纺纱，而水转大纺车以水力为动力纺纱，两者本质上是一样的。（见图60）

　　水转大纺车必须使用在水流丰富的地方。综观人类历史，对于水资源的使用无外乎航运、灌溉、水力三大类。考察中国古代水资源的利用，自汉代以来，都遵循着航运——灌溉——碾磨（水力机）的次序。唐代只有在不影响农田灌溉的前提之下，才能使用碾磨，碾磨不得与灌溉争利。唐代的水利法典《水部式》中还规定，航运与灌溉不能兼顾时，优先满足通航要求。这种水资源的使用顺序，是不利于水转大纺车的发展的。水转大纺车的使用范畴是属于碾磨类，当各方用水利益发生冲突时，首先牺牲的是利用水转机械者的利益。

中国古代水资源使用的这种等级次序有着深层的社会原因。航运优于灌溉，主要是由于各大城市需要大量的生活物资，只有水运才可能维持正常运转。灌溉优于碾磨是因为国家绝大多数人口是农民，农业是统治的基础。

中国封建社会不仅规定了水资源的使用次序，还对水碾使用的规模和时间做了一些限制。据唐代《水部式》："每年八月三十日以后，正月一日以前听动用。其余之月，仰所管官司，于用碨斗门下著锁封印，仍去却碨石，先尽百姓溉灌。"[1] 可见，唐代规定水磨每年只准使用四个月的时间。明清时期，据《洪洞县水利志补》中节选的《通利渠册》记载："本渠各村原有水碓，嗣因渠水无常，历久作废，此后永不准复设，致碍浇灌。违者送究。"[2] 可见明清时期都在明令禁止重新建造水转机械。

正因如此，自元代以来，再也没有形成以水力机械为动力的手工业区域。中国的水转大纺车昙花一现，默默地消失在历史的长河里，对社会没有产生深刻的影响。

2. 棉大纺车

在棉纺织业大发展的时期，大纺车却没有应用于棉纺。棉花作为短纤维，实质上是无法直接应用于麻、丝纺车上的。纺麻或丝只是对麻缕或丝束进行并捻合线，不需要牵伸麻缕或丝束，因此，麻、丝纺车的动力轮与锭子的速比较大。如果将这种纺车直接应用于棉纺，就会经常出现断头现象。

古代中国农村是以自给自足的自然经济为主，以棉花为原料的纺纱、纺织从开始取代麻时，一直是作为农村副业而存在的，这种家庭式的生产

---

[1]　转引自德惠、牛明方：《中国现存最早的水利法典——水部式》，《吉林水利》，1995年第11期。

[2]　转引自秦泗阳：《制度变迁理论的案例分析——中国古代黄河流域水权制度变迁》，陕西师范大学硕士学位论文，2001年，第25页。

或为自用或为简单商品贴补家用，家中主要劳动力还是投入到农业生产上。棉纺织作为副业，强化了自给自足的自然经济，不容易催生出类似生产丝织物的手工工场。正是基于这种家庭手工生产的制度，棉纺织机械失去了向大纺车演化的动力。

3. 丝大纺车

作为大纺车的变种，丝大纺车却在丝纺工艺中得到继承与发展，并将中国的丝纺技术推向近代工业革命前的最高峰。丝织物作为服用原料是一种高档商品，并非寻常百姓所敢问津。丝织物的生产过程包括缥丝、络丝、治纬、牵经、结综、捶丝、接头、提花等工序，根据丝织物的不同，又细分为更多的工序。因此，丝织物生产的专业化程度非常高，各个生产步骤都需要有相当高技术水平的工人操作，生产成本很高。另外，丝织物作为身份象征的特殊商品，对产品质量及生产技术的要求较为严格，而且要不断改进、创新。

正因为丝织物生产和使用的这种特殊性质，中国古代生产高级丝织品的组织主要是官营纺织作坊和民间纺织作坊。由于官营和民营丝织工场对丝纱的海量需求，促使丝大纺车的发明和发展成为可能。值得注意的是，中国古代历代皇帝都会对皇亲国戚和功臣良将给予大量赏赐，丝织物就是其中最大宗的一项，这种赏赐必定会带来丝织业的大发展，同时带动丝纺技术的改革与创新。

在宋元时代，大纺车就开始向丝大纺车演进。《蚕桑萃编》中的江浙水纺图展现出了丝大纺车的结构，纺丝机械在原理和操作上与大纺车有许多相同之处，但比大纺车更加科学和有效。

从这种纺车的结构上看，它比水转大纺车或大纺车有了更大的改进。首先，车架由长方形架体变为梯形，上狭下阔，稳定性更好。其次，锭子的排列由单面变为双面，有利于扩大纺车的绽子数。再次，在大纺车上装备给湿形装置即竹壳水槽（江浙水纺车）或湿毡（四川旱纺车），使纱管上卷绕的丝条浸在水中，或者丝在加捻时经过湿毡的过湿，提高丝条张力，防止加捻时脱圈，同时对稳定捻度和涤净丝条等均有利，为产品质量的提高创造了有利条件。

　　丝纺车有两套动力系统，都由手摇大轮驱动。一套是机架下端锭子的转动，它由围绕手摇大轮上的慢带驱动；另一套是机架上端的纱框的转动，它由锭带驱动。通过一组滑轮，锭带连接手摇大轮上的转轴和机架上的纱框，形成动力传输带，完成纱框的转动。这种力的传导装置，在水力资源的使用上严格控制的中国古代封建社会，使用人力或畜力无疑要比水力来得稳定和划算些，这也是大纺车向各类丝大纺车转变的技术基础。

第二节　特色织机

一、初成期纺织机具——原始腰机

　　原始腰机，又称踞织腰机，它最明显的特征是没有机架、但能够完成织机基本功能要求的机具。

　　原始腰机的操作准备，即支架操作工序为：将卷布轴用腰背或腰带缚于织造者腰上，以人的身体作为支架，经轴用双脚蹬直，依靠两脚的位置及腰脊来控制经丝的张力。云南石寨山滇文化遗址出土的西汉青铜贮贝器上原始腰机的图像信息，是迄今为止中国发现最早的、完整的织机图像和实物近似形象。

　　原始腰机的出现是纺织技术史上的一项重大技术革命，它的发明使织造技术从编织技术中分离出来，形成一门独立的技术工艺。原始腰机的出现标志着古代纺织技术工艺体系的初步形成。

（一）原始腰机产生的原因及时间

　　纺织源于编织，因为纺织时人们需要将柔软的纱线硬化，然后进行经线绷直、纬线打纬，这样就变成简单的编织。纺织应起源于吊挂式织造，中国新石器时代文化遗址出土大量的小而轻的网坠状物体，这些物体应该不是用于捕鱼而是用于早期的织造。可见，新石器时代纺织工序中已有明显的硬化工序，将纱线缚在石制或陶制的网坠状物体上，利用重力将经线绷直。以此为原理，中国古代先民经过不断尝试，终于发明原始腰机。

中国原始腰机的机件在新石器时代出土的遗址中已有大量发现。距今 7100—10300 年的河北磁山遗址中出土了不少打纬用的石机刀。距今 5300—7000 年的浙江余姚河姆渡遗址中出土多种原始腰机部件，木机刀、木骨匕、卷布轴、锯形物等，可以构成一个非常初级的腰机。距今 4500 多年的余杭反山墓地 23 号墓出土的玉饰件，也可简单构造一部原始腰机。1978 年在江西贵溪县鱼塘公社仙岩一带的春秋战国崖墓群中，发现的腰机工具有打纬刀、经轴、杼杆、综竿等。

从浙江余姚河姆渡文化遗址出土的机刀、卷布轴、梭子和分经木等腰机零部件来看，至迟在 6500 年以前，原始腰机已相当成熟。这种腰机所制作的织物无论是在经纬密度，还是在光洁度上，均达到了一定的水准。西安半坡仰韶文化遗址出土了 7000 年前的陶器，从其中 100 余件带有麻布或编织物印痕来推断，当时，已经有平纹、斜纹、一纹一纱罗式绞扭织法与绕环混合编织法等。

（二）原始腰机织造方式

史前时代原始腰机的残件被保留下来，但我们仅凭残件很难对其复原，因为可想像的空间太大了。今天海南的黎族和西南的傣、景颇、佤、独龙、怒、拉祜、布朗、哈尼、傈僳、基诺等少数民族地区仍保持着使用原始腰机织造的传统。居住在江西省龙南县乌石围的客家人还用原始腰机织造丝带，他们把经线的一端系于腰间，坐在凳上，另一端踞丝点很随意地固定在织者对面的门框或树桩等物上，轻松自如地引纬、打纬。

1992 年，技术人员基于出土的 6 件玉器复原了良渚织机，6 件玉器的摆放位置正好呈现出一架织机的主要构件——卷布轴、分绞棒、卷经轴。复原的良渚织机清晰地表明了原始腰机的结构和工作方式。

经考证，平纹织物在原始腰机上的织造工序是：先在单数或双数经纱之间插入一分绞棒，在棒的上下层经纱之间形成一个织口，用杼投入一根纬线。其后，用打纬刀打纬，使纬纱推向织口，使经纬纱紧密交织形成织物。然后，再用一根棒，即综竿，在经纱的上方用垂线把下经纱一根根

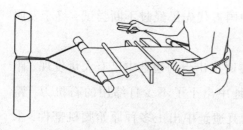

图 61　原始腰机织造示意图（贾潍绘）

地牵吊起来。这样，只要把这棒往上提，便可把下层经纱统统吊起，擦过上层经纱而到达上层经纱的上方，从而形成一个新的织口，将上次投向织物右边织口的纬纱自右向左完成投纬，继而，再一次打纬。这样纬纱在经纱中完成一个往返。如此反复换层、左右投纬纱、打纬即可完成平纹织物的织造。（见图 61）

（三）原始腰机提花织造

由于没有相关文献记载，中国古代利用原始腰机提花的纺织技术已无从考证。国内有不少少数民族至今还在使用原始腰机进行提花操作，通过民俗学研究，我们还是可以大致复原中国古代原始腰机的提花技术。

多综竿原始腰机提花的基本操作为：织机上有两根地综竿，一根将原始腰机上奇数根经纱挑起，另一根则将偶数根经纱挑起。将任何一根地综竿提起，插入打纬刀、立起打纬刀、通引纬线、打纬，则可织平纹。此外，织机上也有多根提花综竿，它们组成一个纹样循环，利用这些提花综竿编排纹样图案。织完一个纹样后，可重新利用这些提花综竿编排另一个纹样。但如果织一纬提花纬，必须要在其前一纬和后一纬中织不同的平纹纹样，例如一梭奇数根经纱提起后织一纬平纹，然后再织一梭提花纬线，随后要织一梭偶数根经纱提起的平纹。因为只有"一梭地，一梭花"，才能使经、纬线紧密交织在一起。随后操作，如此循环。

二、成熟期纺织机具——综蹑织机

综蹑织机是中国古代使用时间最长、发展形制最多的织机形式，特别是多综多蹑织机的充分发展为束综提花织机的发展奠定了技术基础。综蹑织机起源于双轴织机、手提综竿式斜织机，历经单综单蹑织机、单综双蹑织机、踏板立机、单动式双综双蹑织机、互动式双综双蹑织机、多综多蹑织机。

（一）双轴织机

原始腰机用织工的身体作为织机的支架，这样织工的身体就物化为织机的一个构件。虽然它固定织机上的各个零部件，但也固定了自身的位置，织造时织工的身体必须长时间保持织造姿势，只有把织工从原始腰机的构件中解放出来，才能更好地提高工作效率。后来，织工用固定的支架代替自己的身体，发明了历史上第一台真正意义上的织机——双轴织机，它以固定的双轴为主要特征，但是还是用手提综竿或手动开口。

西汉刘向《列女传·鲁季敬姜》中的一段文字说明，中国最迟在春秋时期已经普遍使用双轴织机。（见图 62）

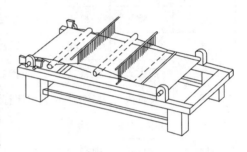

图 62　双轴鲁机结构复原图（贾潍绘）

　　　文伯相鲁，敬姜谓之曰：“吾语汝治国之要，尽在经矣。夫幅者，所以正曲枉也，不可不强，故幅可以为将；画者，所以均不均、服不服也，故画可以为正；物者，所以治芜与莫也，故可以为都大夫；持交而不失，出入不绝者，捆也，捆可以为大行人也；推而往，引而来者，综也，综可以为关内之师；主多少之数者，均也，均可以为内史。服重任，行远道，正直而固者，轴也，轴可以为相；舒而无穷者，椑也，椑可为三公。”文伯再拜受教。[①]

在这段文字中，敬姜把治理国家比喻为织造时对经丝的处理，选用官员犹如使用织机上的部件或处理方法，八个治国的主要官员——对应织机的主要部件和处理方法。从政治层面上看，这段文字可能是世界上关于国

----

① （汉）刘向撰，张涛译注：《列女传译注》，济南：山东大学出版社，1990 年版，第 24—25 页。

家机器论的最早说明；但从技术史层面上看，这段文字其实就是描述当时的一架织机。

关于这段文字中的八个织具和处理方法有许多学者做了考证，结论各不相同，但对其用固定的支架代替原始腰机中织工的身体的观点，得到一致的认同。我们将诸多相应观点排列成下表。

织具或处理方法	官职	孙毓堂观点	陈维稷观点	邹景衡观点	夏鼐观点	赵丰观点
幅	将	机头	幅宽	幅撑		幅撑
画	正	边线	边线	筘		筘
物	都大夫	拨箸之物	拨箸之物	轫或交杆	梳丝之类	棕刷
捆	大行人	打纬之筘	引纬打纬具	综桄	打纬刀	开口杆
综	关内之师	综	综竿	梭	综	综
均	内史	理经之筘	定幅筘	数线	分经木	分经木
轴	相	卷轴	卷布轴	卷轴	卷布轴	卷轴
楠	三公	经轴	卷经轴	经轴	卷经轴	经轴

（二）手提综竿式斜织机

东汉时期综蹑斜织机的形象广泛出现在东汉画像石上。由双轴织机到综蹑斜织机的变迁自春秋时期至东汉，历时五六百年。其技术变迁表现在两个方面，一是从水平织机到斜织机，二是从手提综竿织机到综蹑织机。有学者认为两者之间还存在一个过渡类型的织机——手提综竿式斜织机。法国吉美博物馆藏中有一台东汉釉陶斜织机，但没有踏板，这正是假设手提综竿式斜织机曾经存在过的证据。

手提综竿式斜织机，既具有双轴织机的特点，又具有综蹑斜织机的特点，但其主要工作原理还是双轴织机的特点——手提综竿，但形制已经向综蹑斜织机开始转变。

斜织机的优势在于：一是倾斜的机面有利于织工打纬，织工打纬后，由于机面倾斜使纬线在重力作用下更紧密。二是有利于织工较好地观察织面的情况，随时做调整。

（三）综蹑织机

综蹑织机是带有脚踏提综开口装置纺织机的通称。织机采用脚踏板与综连动开口是织机发展史上一项重大发明，它将织工的双手从提综动作解脱出来，以专门从事投梭和打纬，大大提高生产率。综蹑织机的出现，使平纹织品的生产率比之原始织机提高了 20—30 倍。

《列子·汤问》记载："纪昌者，又学射于飞卫。飞卫曰：'尔先学不瞬，而后可言射矣。纪昌归，偃卧其妻之机下，以目承牵挺。'"[①] 这里的"机"应该是有机架的织机，"牵挺"应该是踏板，织机踏板正是综蹑织机的标志。

有人据此认为，综蹑织机最迟出现在战国时期。但此种观点与春秋双轴织机、东汉早期手提综竿式斜织机的织机技术发展思路不相符，因为综蹑织机的技术水平明显超越东汉手提综竿式斜织机，并极大超越春秋双轴织机，而织机的技术水平并不是短时间内可以提升的。

考证《列子》成书历程，发现大致经历三个阶段：

首先是列御寇死后，门人据其活动与言论编撰而成，不止八篇。

再次是汉人在此基础上补充整理，而成《汉书·艺文志》上著录的八篇之数。

后来是晋代张湛据其先人藏书及在战乱后收集到残卷，参校有无，始得完备。依照《汉书·艺文志》所记八篇，编撰成今本《列子》。

在编撰过程中，为疏通文字，连缀篇章，今本《列子》很可能杂进一些魏晋人的思想内容。战国时代或之前的其他文献中并没有发现与纪昌学射相关的记载，可见纪昌学射可能是民间传说，并在《列子》成书时由张湛加入其中。

因此，纪昌学射这段文字中的信息只可确定最迟在晋代已经出现综蹑织机。结合东汉时期的画像石上大量综蹑织机的信息，我们确定综蹑斜织机在东汉时期已大量普遍使用。

综蹑织机可根据踏板的多少分为简单综蹑织机和多综多蹑织机。简

---

① 冯国超主编：《列子》，长春：吉林人民出版社，2005 年版，第 149 页。

单综蹑织机的综片和踏板不超过两个，分为单综单蹑织机、单综双蹑织机、踏板立机、单动式双综双蹑织机、互动式双综双蹑织机。多综多蹑织机的综片和踏板超过两个。

1. 单综单蹑织机

单综单蹑织机最显著的特点是一个踏板控制一个综片进行提综。四川省成都市曾家包出土东汉时期的画像石《酿酒、马厩、阑锜图》（现藏四川省成都市博物馆）图中有单综单蹑织机一具。（见图63）

图63　东汉时期画像石上单综单蹑织机
（江苏铜山洪楼汉墓出图的纺织画像石拓本）

单综单蹑织机的提综结构是马头装置，当踏下踏板时一系列的连动装置使马头前倾上翘，带动上综竿提起奇数根层经纱或偶数根层经纱，形成开口，完成引纬织造。当脚离开踏板时，马头前大后小的结构和下综竿的重力作用，自然将上、下综竿控制的这层经纱下压到另一层经纱下面，形成换层，完成引纬织造。以上是最简单的平纹织物织法，提花织物可以通过挑花技术完成。

2. 单综双蹑织机

单综单蹑织机缺点非常明显，重力作用下的经纱换层毕竟不是很理想，这样导致了单综双蹑织机的产生。单综双蹑织机最显著的特点是两个踏板控制一个综片提综。江苏洪楼发现的东汉画像石上单综双蹑织机图像非常完整。这种织机与单综单蹑织机操作原理很相似，所不同的是以二块脚踏板控制一个综片的升降。

3. 踏板立机

踏板立机与单综双蹑织机的构造原理基本相似，所不同的是它的经纱平面是垂直于地面的，也就是说形成的织物是竖起来的，故又称为竖机。早期踏板立机可能用于织造地毯、挂毯和绒毯等毛织物。山西高平寺北宋壁画上可以看到踏板立机的形象：机架基本直立，上端顶部置卷经轴，经纱自上至下展开，织机两旁有形似"马头"的吊综杆。综片由前综竿和后综竿构成。踏板立机占地面积小，机构简单，制作容易，操作方便。（见图64）

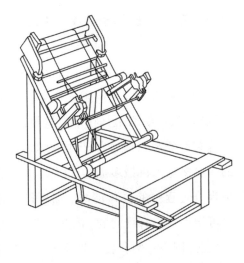

图 64　汉代中轴式踏板斜织机复原图
（贾潍绘）

4. 单动式双综双蹑织机

单动式双综双蹑织机最显著的特点是有两个踏板、两个综片。用两个踏板分别通过鸦儿木使综片向上提升形成开口，在开口时，两个综片之间没有直接关系，是由踏板独立传动提升的，所以称之为单动式双综双蹑织机。现在单动式双综双蹑织机还在使用，现存的缂丝机就属此类。

5. 互动式双综双蹑织机

互动式双综双蹑织机约在元、明之际出现，《蚕桑萃编》中有其图像。它的显著特点是有两片综、两个踏板。两片综分别控制奇数根经纱层或偶数根经纱层，每片综由上、下两个综竿构成。

6. 多综多蹑织机

在古代文献史料和文物中，没有发现任何多综多蹑织机的图像，但有两段文献记述了其存在。

东晋的《西京杂记》记载："霍光妻遗淳于衍蒲桃锦二十四匹、散花绫二十五匹。绫出巨鹿陈宝光家，宝光妻传其法。霍显召入其第，使作之。

机用一百二十蹑，六十日成一匹，匹直万钱。"①这段话被普遍认为是多综多蹑织机产生时间的证据。霍光生于汉武帝元光年间，卒于汉宣帝地节二年（公元前68），根据《西京杂记》记载，可以推断多综多蹑织机产生的时间为西汉。但疑问随之而来，东汉时期简单综蹑织机才开始大量推广使用，按照纺织工具技术发展规律，不应该在西汉时期就出现更复杂的多综多蹑织机。而且关于120综、120蹑织机本身就有疑问。根据存世的多综多蹑织机最多加挂72综、72踏杆的情况，再从经纱变形情况、综框提升过程中的位移情况、踏杆排列宽度来分析，织机加挂120片综后的可操作性是有疑问的，因此《西京杂记》所载综、蹑数量可能有误。

《三国志·方技传》裴松之注中有一段关于多综多蹑织机的记载："马先生，天下之名巧也……为博士居贫，乃思绩机之变……旧绩机，五十综者五十蹑，六十综者六十蹑，先生患其丧工费日，乃皆易以十二蹑。其奇文异变，因感而作者，犹自然之成形，阴阳之无穷。"②从这段文字可知，三国时期著名的工程师马钧革新了多综多蹑织机，用12个踏板控制50个综片或60个综片，所以推断多综多蹑织机应该出现于三国之前即东汉时期。

虽然没有多综多蹑织机图像存世，我们依然可以了解此种织机的详细结构，四川成都市双流县现在仍能看到同综同蹑的多综多蹑织机实物——丁桥织机。（见图65）

无论是丁桥织机，还是多综少蹑的多综多摄织机其实都储存了花本，只不过不是挑花结本且花纹纹样较小而已，如丁桥织机的众多范子就储存了花本，12蹑66综织机的12组综片也是花本。束综提花织机正是在多综多蹑织机的基

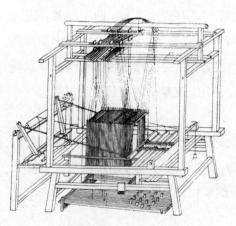

图65　丁桥织机示意图（贾潍绘）

---

① （晋）葛洪撰，周天游校注：《西京杂记》，西安：三秦出版社，2005年版，第33页。
② （晋）陈寿撰，裴松之注：《三国志》，天津：天津古籍出版社，2009年版，第457页。

础上发展而来的，其挑花结本思想并非一蹴而就，正是在解决多综多蹑织机的不足中发明出来的，由此也出现了代表中国古代织机技术的最高峰——束综提花织机。

三、巅峰期纺织机具——花楼提花织机

花楼提花织机是中国古代织造工艺中最伟大的成就，以线制花本形式贮存和释放织物的提花信息，通过花楼提花和织造配合生产出精美的锦织物。花楼提花机的出现是中国古代织造史上的一次伟大变革，它把提花从单人织造中分离出来，由一人专司操作，使制织大型、复杂、多彩的织物成为可能。花楼提花机的出现与中国古代统治阶层穷奢极欲的纺织品消费习惯、中亚纬锦织法的传入有着密切的关系。同时，花楼提花织机的发展经历了小花楼提花织机和大花楼提花织机两种形制。

织机的结构决定了织物的纹样，流行的织物纹样也影响着织机结构的发展，大花楼提花织机是在小花楼提花织机基础上发展起来的。

（一）小花楼提花织机出现的时间

唐代联珠纹的流行促进中国小花楼提花织机的出现，同时它的出现也是中外交流的丰硕果实。沿着丝绸之路，中国古代的经锦织物向西，经过中亚、西亚最后向欧洲传播。在这一长期传播的过程中，西亚波斯的萨珊王朝逐渐掌握了丝绸生产的工艺。萨珊王朝的纺织工匠将毛纺织技术运用于丝绸生产上，在丝织物上创造出了影响深远的联珠纹。在中国魏晋南北朝时期，萨珊王朝的联珠纹丝织物开始回传到中原地区，萨珊的纬锦织造技术极有可能也传播到中国。我们调查古代丝织物的品种，发现东晋、北朝时期主要品种仍是汉代以来的平纹经锦。直到唐代，纬锦才得到长足发展，波斯风格纹样的斜纹纬锦数量大增。

萨珊王朝的纬锦织机，较之中国传统的经锦织机有一些显著的优势。首先，机综类的机构简便，便于操作。挽综工人数减少，生产成本降低。其次，起花技术较为简单而且易于变化。以往的经锦靠经线起花，经线固定于织机后便难以改动，而纬锦在织制过程中随时可以改用不同颜色的

纬线,不像经锦的色彩限于四色以下,不能进行更多的色彩变化。最后,纬锦的斜纹组织,织物表面布满浮长线,这能充分显示丝线的光泽,使织出的锦显得更富丽堂皇①。随着联珠纹样在中国的流行,中国古代的纺织工匠必然要制造解决可控制纬向循环的织机。根据在阿斯塔那出土的唐代"联珠小团花纹锦",可以看出,中国此时已经出现了带有经纬两向循环的束综提花织物,根据纺织物质证,织造这种提花织物的织机应该是一种小花楼织机。

南宋时期的《耕织图》中比较清楚地描绘了这种小花楼提花织机。花楼提花织机由三人操作,一人坐在花楼上挽花,一人负责引纬、打纬,

图 66　南宋时期《耕织图》中的花楼提花织机(轴绢本,现藏中国国家博物馆)

第三人作为信息交流的媒介,并负责检查织造的情况。在这种小花楼提花织机上织造,纹样循环纵向与横向对称都可方便装造。因而从技术角度看,用小花楼提花织机织纬锦要比用多综片式提花机织经锦先进,开口清晰,织造效率高,图案色彩丰富,纹样对称性好。(见图 66)

中国直到唐代才出现了小花楼织机和大量的纬锦——联珠纹织物,我们认为这受到了工艺传统和儒、道思想的深刻影响。

1. 工艺因素

织物上联珠纹纹样主要通过纬线显花工艺表达,而唐代以前中国古代织物的纹样一直以经线显花工艺为主。战国时期中国就已经可以织造纬锦了,西伯利亚的巴泽雷克遗址发现一批中国战国时期的丝绸,其中有用红绿二色纬线织造的纬斜纹起花的纬锦,证明中国至迟在战国时期已创造出了精美的纬锦。此外,民俗学研究发现,即使在原始腰机上也

---

①　王永礼、屠恒贤:《经锦、纬锦与中外文化交流》,《哈尔滨工业大学学报(社会科学版)》,2006 年第 4 期,第 23 页。

能织出纬线显花的纬锦，如黎族的手工黎锦就是在原始腰机上织造的一种纬锦。

2. 儒、道思想影响

如果把工艺上受限看作织物上联珠纹不能在中国自源的表象，那儒、道两派的影响则是其不能在中国自源的实质。纬线显花工艺在中国出现的确切时间为战国时期，而织物上联珠纹出现的确切时间为南北朝时期，两者都是"生于乱世"。儒学自周初周公确"礼"后，即成萌芽之势，重礼而顺天命成为其核心思想，而天命又与统治者相互感应，故有汉初董仲舒"天一感应"一说。成书于春秋时期的《左传》《国语》中有"经纬天地曰文""天六地五，数之常也。经之以天，纬之以地"，足见周代生产、生活中已充分体现出"顺天命"的正统思想，丝织物上的经线成为联系天的介质，而纬线则是联系地包括人在内的介质。

商、周时期有丝、丝织物的崇拜，寻求顺天命、求永生之宗教信仰，所以经线成为织物之根本，织物经线显花成为文化信仰。此外，道学早在黄帝时代就产生，崇尚节俭。纬线显花工艺较之经线显花工艺耗费更多的原料和工时，在生产力极其有限的情况下不可能被采用。战国时期纬线显花织物的出现，体现了社会信仰的混乱，因为这一时期"礼崩乐坏"，私欲横行，价值观百家争鸣，商、周时期成形的丝、丝织物崇拜遭到破坏。而到汉初，黄老之术和儒学并用，周礼复兴，节俭之风再盛，这样纬线显花工艺不可能有生存的空间。南北朝时期"五胡乱华"，儒、道两学再次势弱，带有西北少数民族血统的北朝以及后来的隋唐统治者采取兼容并包的文化政策，再加上生产力不断提高，纬线显花技术包括联珠纹织物的出现不可避免。同时，统治阶层对纬锦的大量消费需求刺激着工匠们对纹样和织机进行创造，新纹样的出现和小花楼提花机的发明成为必然。

由于外来联珠纹样的流行，促进了中国对联珠纹的模仿，这种模仿又促进纺织技术特别是提花技术的革新。波斯萨珊王朝联珠纹的传入和流行，不仅丰富了中原的纺织纹样，同时也给中国提供了对联珠纹织物进行发展和创新的土壤。更为重要的是，中国古代纺织工匠在传统纺织机械的基础上，吸收外来纬锦织机的优点，从而创造出了古代独一无二的能控制经纬循环的花楼提花织机。这种花楼提花织机远比只能织出纬锦的中亚织机要先进很多，虽然中国的花楼提花机是在联珠纹传入和流行的刺激下创造出来，但它却为唐代之后的丝织品的发展、创新提供了强大的机械准备。

（二）小花楼提花织机的结构

南宋《耕织图》中的小花楼织机是三人操作织平纹地花纹的织机，南宋吴注本《蚕织图》中有小花楼提花织机，明代《天工开物》中有一架织斜纹地花纹的小花楼提花织机图版。（见图 67、68）

小花楼提花织机最重要的机构是开口机构——包括地综开口结构和花综开口结构，而开口机构中最复杂的属于花综的开口结构。小花楼提花织机的地综开口机构，其操作由织机下的织工通过控制范子和占子操作，范子是上开口综片，占子是下开口综片。小花楼提花织机中范子和占子的作用，与多综多蹑织机中的作用不一样，它们两者都是负责地综，范子运动是织出地组织，占子运动与花综配合，在提起的花部间形成间丝组织。而在多综多蹑织机中，占子负责地综，范子负责花综。

小花楼提花织机的花综开口机构是"隆起花楼，中托衢盘，下垂衢脚"，这句话说明花综开口机构由三部分构成：上部为耸立的花楼，作用是提吊丈纤及纤上花本，提花工处在花楼中间位置，这

图 67　南宋《耕织图》中的提花机（轴绢本，现藏中国国家博物馆）

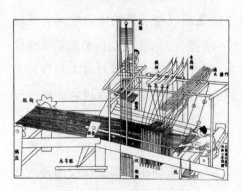

图 68　明代小花楼提花织机（《天工开物》）

样能顾及花楼的上下，便于提花操作；中部为衢盘，衢盘由十多根衢盘竹组成，托在头道、二道楼柱的下横档上。衢盘竹可按织物的花数多少，进行增减，上接丈纤下的丈栏，下兜衢脚线，中间穿入经丝；下部为垂直的衢脚。小花楼提花织机花综的提花操作，由花楼上的提花工通过控制耳子线（花本的纬线）和脚子线（花本的经线）构成的花本来操作。

（三）大花楼提花织机出现的时间

大花楼提花织机是中国古代织机发展的顶峰，它的特点主要是能够表现大图案、多色彩、组织变化丰富的各类提花织物。纬向纹样宽度可达全幅，甚至可以是拼幅和巨型阔幅。经向纹样长度，亦不受一本花长度的限制而无限扩大。较之小花楼提花织机所织纹样，大花楼提花织机所织造的织物纹样更大，但最主要的区别在于它可织左右不对称的通幅织物。明代《天工开物》中龙袍篇里提到织龙袍机，无疑是指大花楼提花织机。可以这样说，大花楼提花织机完全是为云锦织物而量身定做的。大花楼提花织机的出现标志着云锦发展的成熟。考证古代纺织品，我们发现大图案、多色彩、组织多变的织物直到明代才大量出现，特别是明代定陵中出土大量左右不对称的通幅织物，由此我们可以判断，在明代妆花织物开始兴盛时，大花楼提花织机的成熟工艺已经形成。到清代，江南的江宁、苏州、杭州三织造的建立继续采用和改革大花楼提花织机，织造云锦，并将其发展推向顶端。

（四）大花楼提花织机的结构

大花楼提花织机在清代《康熙御制耕织图》中曾经出现，但图中织机的花综开口机构过于简略，与现代还在使用的大花楼云锦妆花缎机相比差别太大了，没有实际参考价值。（见图69）

图69 大花楼提花织机

小花楼提花织机与大花楼

提花织机不仅提花的位置不同，在牵线结构、装造方法、提花操作及适应生产的品种等方面都不同。小花楼提花织机只能织造纹样单位较小的提花织物，而大花楼提花织机纤线较多，适合织大型的织物。大花楼提花织机，是小花楼提花织机的进一步发展，为古代南京匠师创造发明，堪称世界手工纺织业中机型最庞大、结构最巧妙的机器。特别是精巧的环形花本装置，比小花楼提花织机能贮存更多的花本信息，这就是它的先进之处，起到了现代机械、电子提花龙头的纹针升降机构以及和纹版程控系统相结合的作用，满足了整幅妆花织料的织造要求。

除花楼结构多环形花本装置外，大花楼提花织机与小花楼提花织机的开口也略有不同。首先，大花楼提花织机的地综由范子控制，而花综则由拽提纤线使花综经丝上升，拽提纤线即是由拽提花本上的耳子线控制。同时，踩落障子（占子），将拽提部分经丝按一定规律回至原来位置，这时所形成的开口织入花纬，即彩纬和金、银线等。其次，大花楼提花织机没有衢盘，直接由纤线控制经纱，每根纤线控制一定数量经纱。大花楼提花织机的其他机构与小花楼提花织机、多综多蹑织机结构、功能大体相同。

花楼提花织机上所采用的工艺，体现了中国古代织造工艺的最高峰。花楼提花织机的存在和发展得益于中国古代统治者对织物奢侈品的需求，特别是明清时期对云锦织物的需求，促进了大花楼提花织机和工艺的发展。云锦织物由于在资金和时间上耗费巨大，在民间并没有市场，随着清朝的灭亡，云锦织物也逐渐衰落，相关工艺和花楼提花织机也逐渐消失。

第三节　琢玉工具

在距今1万年前的东方新石器时代初期，出现了石器的磨制技术，同时催生了以石为工具的制玉技术。接下来的夏商周时期，进入青铜时代，制玉以青铜工具为主。由战国开始的封建社会，制玉工具由青铜工具逐步变为铁质工具，完成了制玉工具质料的新一阶段变革。隋唐时期发明的一人操作足踏高腿桌式砣机，是古代制玉技术史上一次关键性的技术革命，制玉从以人手臂为动力转向了手拉或脚踏的带动轮轴旋转的机械动力，促进了制玉技术的巨大发展。这种工具到宋代基本完善，并一直沿用到 20 世纪 60 年代初期。

一、古代文献中的制玉技术

作为服装中佩饰的玉器在东方始终受到人们的喜爱，那么，从古至今的琢玉技术和工具又是怎样的呢？目前，中国古代制玉技术和工具只能在历史文献中寻找到一些零星的记载。

（一）《诗经》中的制玉技术

《诗经》是中国第一部诗歌总集，其中有一些对制玉技术的零星记载，如《小雅·鹤鸣》："他山之石，可以为错。他山之石，可以攻玉。"[①]毛传："错，石也，可以琢玉。"毛传："攻，错也。"《韩诗》说："琢作错。"古人制玉，要用石头慢慢地磋磨，用来磋磨石头就叫"错"。"攻"是动词，指的是磨制。"切""磋""琢""磨"，均为制玉工序。

根据制玉工具的发展过程推断，《诗经》中描述的制玉场景反映的是夏商周使用青铜工具之前，即新石器时代的石器磨制技术。

（二）《周礼·考工记》中的玉器制度

《考工记》是中国目前所见到的最早反映手工业技术方面的文献，成书于战国时期的齐国，记述了先秦时期六大门类的三十个工种（缺失七项）的手工艺技术，其中的《考工记·玉人》专门记述玉器的名称、形制、规范和用途。文中提到的四类瑞玉：圭、璧、琮、璋，每类有若干种，分别用于朝聘、祭祀、聘女、发兵等礼仪。

　　　　玉人之事。镇圭尺有二寸，天子守之。命圭九寸，谓之桓圭，

[①]　陈节注译：《诗经》，广州：花城出版社，2002 年版，第 253 页。

公守之。命圭七寸，谓之信圭，侯守之。命圭七寸，谓之躬圭，伯守之。天子执冒四寸，以朝诸侯。天子用全，上公用龙，侯用瓒，伯用将，继子男执皮帛。天子圭中必。四圭尺有二寸，以祀天。大圭长三尺，杼上，终葵首，天子服之。土圭尺有五寸，以致日，以土地。裸圭尺有二寸，有瓒，以祀庙。琬圭九寸而缫，以象德。琰圭九寸，判规，以除慝，以易行。璧羡度尺，好三寸，以为度。圭璧五寸，以祀日月星辰。璧琮九寸，诸侯以享天子。谷圭七寸，天子以聘女。[①]

　　《考工记》"刮摩之工"中虽有玉人琢玉的记载，但并没有记述制玉技术和制玉过程。根据战国时期手工业者的技术传播方式，我们可以猜测，《考工记》中"刮摩之工"缺失的原因在于当时的技术和知识是以父子、师徒相传授，琢玉的切、磋、磨、镂、钻、抛光等技术都是代代传授，在作坊中示范技巧，在暗室教以秘方；而且当时的手工艺者绝大多数不识字，无法记录下具体的制作手法。

　　《考工记》中提出"天有时，地有气，材有美，工有巧，合此四者然后可以为良"的手工艺制作理念，记录"圆者中规，方者中矩，立者中悬，衡者中水"的工艺规范，对中国古代玉器设计和制玉技术思想产生了深远的影响。

（三）《天工开物》中的制玉技术

　　《天工开物·珠玉》详细地记载了珠玉的产地、采集、加工和真伪鉴别。其中关于制玉技术记述如下：

图 70　琢玉图（《天工开物》）

　　凡玉初剖时，冶铁为圆盘，以盆

①　戴吾三：《考工记图说》，济南：山东画报出版社，2003 年版，第 59 页。

水盛沙，足踏圆盘使转，添沙剖玉，逐忽划断。中国解玉沙，出顺天玉田与真定邢台两邑，其沙非出河中，有泉流出，精粹如面，藉以攻玉，永无耗折。既解之后，别施精巧工夫，得镔铁刀者，则为利器也。[①]

书中还配有两幅琢玉图，里面均有解玉的工具——砣机，这是中国古代制玉工具在文献记录中的最早形象。（见图 70）

（四）《玉作图说》中的制玉技术

清光绪十七年（1891），李澄渊根据宫廷造办处制玉情况，绘制了《玉作图说》共 13 幅图。每图附文字说明，描绘玉工劳动操作的场面，标注重要工具名称，用图解的方式介绍了玉器雕琢的过程。清廷制作玉器有着严格的流程，经过审玉、开玉、磨砣、上花、打钻、打眼等十几道工序。13幅图展示了清代各式制玉工具，主要包括砣机、钻具、抛光工具三大类。（见图 71）

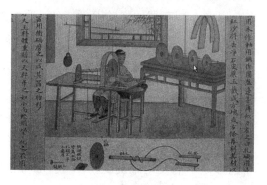

图 71　《玉作图说》中的扎砣图

二、砣机的演进

砣机是中国制玉设备中最基本的工具之一，是安装在"水凳"横轴上可以旋转使用的各种工具的泛称。砣机既是制玉工艺的关键设备，也是推动玉器工艺从石器工艺中彻底分离的重要工具。古代砣机可以是木质的、石质的、铜质的、铁质的，进入铁器时代以后以铁质的为主。随着制玉技术的成熟、雕刻工具的相对规范，所有切割、雕刻玉器的工具均泛

---

① （明）宋应星著，管巧灵、谭属春点校注释：《天工开物》，长沙：岳麓书社，2002 年版，第 399 页。

称为砣机。清代砣机有三个关键环节：一是砣头的形式与材料；二是旋转方式；三是砣机材料构造及其操作方法的改进。这三者的综合协调便对制玉技术及工具水平的提高起到了重要的推进作用。根据以上三个关键环节，可以把砣机的演进分为以下五个阶段。

（一）原始砣机

原始砣机发明的时间和地点没有相关实物例证和文图资料证明，对此杨伯达先生曾做了比较深入的研究，他说："第一代砣机出现于红山文化、凌家滩遗址、良渚文化，南北同时或略有先后出现了原始砣机，标志玉工艺的形成和独立发展。砣具以石、木、骨、陶等自然材料即非金属材料制造而成。砣具可能是借鉴制陶的'辘轳'快慢轮车、纺线的'玉纺轮'以及磨制石器的经验而创造的。原始砣机为坐式或半地下式，横轴立砣旋转，多人分工合用共同操作。"[①]他还根据考古出土的相关资料和历史文献对砣机进行了复原，推断原始砣机应是坐式、轴旋转式。

（二）青铜砣几式砣机

夏商周三代所使用的砣机，据推断仍为踞坐式砣机，殷墟出土的人与兽等石雕和妇好墓出土的坐佣均为踞坐形式。踞为古坐式，玉操作工坐在机前双足不能发动砣机旋转，一手拉动弓弦转动，另一手托玉琢磨，或者由另一二人来回拉动使其轴旋转带动砣子转动。砣机结构由几、支架、轴、砣、条带或弓子等组成。砣子改用青铜砣头，比原始砣机效率要高。

（三）铁砣几式砣机

从秦汉时期到南北朝玉器的作工来看，雕琢玉器的砣机已较成熟。中国战国时期已发明冶铁并逐步推广，用于工具和武器。据此推测，秦汉时期砣机也应用上了铁制砣头。

（四）高桌式砣机

隋唐时期，古人改变了席地而坐或在榻上凭几踞坐的习惯，开始了垂足坐式，中国起居所用的室内家具也随之改变了。古人离开矮榻，垂

---

① 杨伯达：《关于琢玉工具的再探讨》，《南阳师范学院学报（社会科学版）》，2007年第2期，第73页。

足坐于墩上或椅上。在这一社会背景之下，才可能出现桌式或高腿桌式砣机。明代宋应星《天工开物》所绘砣机和清代李澄渊《玉作图说》所绘砣机都是经过千余年的使用改进后留下来的非常先进和完善的形制。由此推断，隋唐时期应该已产生

图72 《玉作图说》中的冲砣图

桌式砣机。古砣机资料只有上述明、清两代的图文，以前的砣机尚无材料可寻，因此砣机在明、清之前的发展历程多为推断。"宋应星《天工开物》所刊砣机与李澄渊所绘《玉作图说》砣机大体上是一致的，均是一人操作足踏高腿桌式砣机。"[①]（见图72）

（五）现代砣机

20世纪60年代以前的砣机，可直接与清代砣机相联系。现代砣机将动力改进为电力，砣头由钻石粉制成，也称砂砣。砣机脱离了蘸水砂，只用细流水即可。

三、钻具及抛光工具

（一）钻具

在制玉过程中，打孔是许多玉件必不可少的工序，如玉佩挂绳需要打孔，项链珠需要穿孔，透雕需要钻孔，链、环、手镯、花熏、香炉等玉件需要掏膛。打孔所需要的各类钻头，也是玉雕的重要工具之一。

《玉作图说》中有《打钻图》和《打眼图》，详细介绍了清代宫廷制作玉器的钻制技术。

---

① 杨伯达：《关于琢玉工具的再探讨》，《南阳师范学院学报（社会科学版）》，2007年第2期，第72页。

《打钻图》："是玉器宜作透花者，则先用金刚钻打透花眼，名为打钻，然后再以弯弓锯，就细石沙顺花以镂之，透花工毕，再施上花磨亮之工，则器成。"

《打眼图》："凡小玉器如烟壶、班指、烟袋嘴等不能扶拿者，皆用七八寸高大竹筒一个，内注清水，水上按木板数块，其形不一，或有孔或有槽窝，皆像玉器形，临作工时则将玉器按在板孔中或槽窝内，再以左手心握小铁直接扣金刚钻之丁尾，用右手拉绷弓助金刚钻以打眼。"（见图73、74）

钻具主要是用来打眼、钻孔、套料取芯，所以钻头根据形制可分为实心钻、空心钻和套管钻三类。

图73　《玉作图说》中的打钻图　　　　图74　《玉作图说》中的打眼图

实心钻用于打眼和钻孔，为圆柱状，前有尖。在古代用来制作钻的材料有竹、木、骨、石、铜、铁等，主要是用来钻直径较小的孔。在石器时代主要使用竹钻、木钻、骨钻、石钻；青铜时代开始使用青铜钻，但竹、木、骨、石钻还在继续使用；进入铁器时代以后，基本上就是使用铁质的钻。

空心钻用于钻较大的孔，为圆筒状。在古代用来制作钻的材料有骨管、竹管、铜管、铁管等。石器时代主要使用骨管、竹管钻孔，金属工具时代使用铜管、铁管打孔。打孔的原理和方法同实心管钻相同。

在古代玉雕工艺中，打孔是一个宽泛的概念，一般在玉器上钻直径小于2毫米的孔称为打眼，钻直径在2—6毫米的孔称钻孔。在雕琢香炉、花熏或手镯时，就要用直径更大的空心钻先在玉件的相应部位钻一个深而大的孔，掏出玉雕件内部的玉料，然后才能掏膛。雕件内部被取出的玉料用来加工配件或其他玉器。

　　套管钻用于套料取芯，套管钻与空心钻的区别表现在三个方面：一是大小不同，空心钻横截面较小，是用较细的金属管制作。套管钻横截面较大，一般用铁片或铜片围卷而成，然后在圆筒上面装一根短轴，再用小螺丝固定在圆筒架上才能使用。二是形制不同，空心钻的圆周是完整的圆形，而铁片或铜片卷成的套管的圆需要留有缺口，即在圆筒接口处需要留出空隙，以利解玉砂浆通过这一空隙进入钻头处。三是功用不同，空心钻是打眼用的主要工具，套筒钻则是套取料芯的专用工具。在使用上套筒钻安装在钻机上，旋转时不断加入解玉砂浆，这样就可以钻孔或将料芯套出。

（二）抛光工具

　　玉件经过粗雕成坯、细雕成形后，玉器的表面还比较粗糙，需要经过一道抛光工序，才可能成为光亮细腻、温润美观的玉器。抛光是以人力或机械为动力，带动抛光工具旋转，通过不断加入的抛光粉与玉雕件表面产生摩擦，使玉器表面平整圆润并产生光亮效果。按照抛光方式的不同，抛光工序主要分为旋转摩擦式抛光和手工摩擦抛光两种。前者工具多为圆轮、圆盘、圆鼓、圆棒等形状，后者多为条形。玉器根据材质、器型设计等因素需要不同的抛光工具。

　　胶砣，是一种使用方便、用途广泛的抛光工具。胶砣的大小、形状可以根据实际需要来做，如将其做成圆盘、棒状等工具，以适应各种玉器的抛光。胶砣还有粗细之分，可以根据需要抛光的器物表面的粗细程度选择不同的胶砣。

　　木砣，是用木材加工成的圆盘、圆鼓、凹轮等形状的抛光工具。木砣的特殊点在于其本身并没有抛光功能，抛光时必须在表面蘸上抛光粉。为了使木砣容易挂住抛光粉，一般会选用纤维较粗的木材做原料。木砣有硬质和软质之分，硬质木砣抛光质地较硬的玉器，软质木砣抛光质地较为松软的玉器。（见图75）

　　皮砣，是将兽皮蒙在圆盘上制作而成的抛光工具。蒙皮面时，把皮革光面作为抛光面。皮砣适用于各类玉器的抛光，皮砣有厚薄之分，使用时也略有区别。薄皮砣适应性好,适用于凸面玉器的抛光,对质地较软的玉器抛光效果尤佳;厚皮砣适应性较差,一般用于大平面玉器的抛光。(见图76)

图75　《玉作图说》中的木砣图　　　　图76　《玉作图说》中的皮砣图

　　毡轮,是指用羊毛毡制作的抛光工具,分实心毡轮和蒙面毡轮两种。实心毡轮采用羊毛整体压制而成,蒙面毡轮是先将厚羊毛毡放入热水浸泡10多分钟后,再将其钉压在凸形木轮上。

　　《玉作图说》中对抛光工艺的介绍主要有《木砣图》和《皮砣图》两部分内容,说明这两种抛光工具在清代使用比较普遍。

第七章　东方服饰的审美主体与客体

第一节　审美主体

从审美角度来说，首先涉及的便是审美主体。审美主体一般被定义为"在社会历史实践和审美实践中形成的具有一定审美能力的实践者"[①]。由此推论，东方服饰的审美主体产生于东方先民的早期生产实践活动中。只有设计者，或直接说只有人才能在社会生产实践活动中，依据自己的审美标准去不断改造自然。在这一过程中，设计、制作服饰的东方先民成功实现了自我超越，成为东方服饰最早的审美主体。随着在审美过程中逐步掌握事物客观规律，审美主体不断深化对服饰材质、造型、色彩、纹样和工艺的认识。这样，审美主体逐渐增强审美能力，提升审美标准，并在审美实践中陆续创造出新的审美对象。东方服饰设计长期以来不断推陈出新的现象，正是这一审美活动发展过程最直观的体现。

东方服饰审美主体可能是人类个体，也可能是人类群体，后者由无数具有共同性的作为审美主体的人类个体组成，尤其是在个体主动消除（或被外力压抑）个性特征的集体（如军队）或集体活动（如政治集会或宗教祭祀活动）中。在审美范畴内，这些共同性可以体现为共同（或

[①] 李泽厚、汝信名誉主编：《美学百科全书》，北京：社会科学文献出版社，1990年版，第411页。

相近）的审美需求、审美理想、审美判断、审美评价、审美情感、审美期望甚至审美能力，其共性存在的基础通常取决于共同（或相近）的生理特征、民族心理、阶层等级、政治观念、职业、性别和年龄等。

如果按照审美行为的具体表现形式对审美主体进行分类，其实质是按照审美主体与审美客体的相对关系不同分类。这种关系主要取决于三个变量：时间距离（时代）、空间距离（地域）和地位距离。

第二节　审美客体

相对于审美主体而言，东方服饰品以及服饰形象可以成为审美客体。在这里需要注意，服饰品是人类创作的，但服饰又要与着装者一起构成一个整体形象，进入到社会生活之中。

从人种上分析，东方服饰的主要设计和制作者以及着装者均属于蒙古人种，这一人种约占全球人口的41%，主要分布在东亚、东南亚、西伯利亚和美洲。其中，在白令地桥断裂前进入美洲的蒙古人种长时间孤立演化，体貌与其亚洲兄弟已有巨大差别，不在论述之列。但仍生活于亚洲地区的蒙古人种尽管又可细分为北亚蒙古人种、东亚蒙古人种和南亚蒙古人种，但三者之间的体态共性要大于他们之间的相异性。为了使服饰与人种体形特征相和谐，中国、日本、越南、朝鲜、印度等国先民创造了很多富有特色的服饰，如高髻、高冠（可以加高身材），比甲、和服（可以便身材显得修长），长袍、长衫和长裙等（可以使粗壮的身材显得飘逸）。

另外，气候（以及地理）环境对于服饰设计和穿着来说也具有决定性意义。世界气候细分大致有15种，其中在东亚、东南亚地区占据重要地位且有多种表现形式的是季风性气候。既有温带季风（如东亚大部），又有热带季风（如东南亚和南亚）；既有大陆性季风（如中国东部），又有海洋性季风（如日本群岛）。这种复杂的季风环流特点，形成明显的季节变化。

当然，气候条件在自然环境中绝非孤立存在，其本身要受到地理等因素的影响。它由太阳辐射、大气环流、地面性质等因素相互作用而决定。气候主要包括气温、降水、蒸发、风向等方面。气候在东方服饰范围界定中具有如此关键作用，是因为大多数服饰设计者自身也是所设计服装的穿着者，并与其他着装者在相近气候条件下生活。当然也有设计者和穿着者不属于同一人种的情况，那也必须考虑到穿着者的具体居住条件。如果是东方人自行设计、制作服饰，在相当程度上是要更切实适应其生存环境。可以这样说，这一气候条件的区域性和综合性特点，直接决定了这一地区的服饰形式，即审美客体。

所以，从环境和内在同一性的角度来分析，本书所论述的东方服饰主要为亚欧大陆东端、日本列岛和中南半岛等地。

第三节　审美主体与审美客体的关系

很显然，我们在这里首先是将东方先民作为审美主体，将东方服饰品或服饰形象作为审美客体，暂不将相对的西方人列为审美主体。因为，这是有历史缘由的，不这样就无法解释东方服饰设计风格的形成基础和发展因素，也就谈不到设计的初衷了。

一、审美主体与客体同地域、同时代、同等级

个体的东方服饰审美主体与同地域、同时代、同等级的审美客体之间维持着微妙的平衡。以中国古代的巫术仪式为例，所有参加巫术礼仪的人大都有相近的服饰。如中国儒家经典《中庸》中记载："鬼神之为德，其盛矣乎？……使天下之人，齐明盛服，以承祭祀。洋洋乎，如在其上，如在其左右。"[①] 这就是在强调所有参加仪式的人严肃着装的必要性和自

---

① 王国选译注：《大学·中庸》，北京：中华书局，2006年版，第81页。

觉性。在这种情况下，所有参加仪式的人都有着强烈的自发参与意识，他们希望通过与这一有特定含义或特殊需求的信仰活动相适应的服饰，以全身心地投入并渲染浓郁的气氛，然后再使自己和众人都共同沉浸在这种与往日不同的氛围之中，以取得心灵的共振和理念的默契。另一方面，又出于一种减弱恐惧的消极动机。他们甚至唯恐由于自己在着装或妆饰上的些许疏忽从而触怒神灵鬼魅，降祸于己身。由此，这一集体就成为一个典型的东方服饰审美主体，他们依据特定的审美标准，对于他们地位相当的审美客体的服饰形象做出约束。

二、审美主体与客体同地域、同时代、不同等级

当作为审美主体的集体在地位上低于作为审美对象的个体，其审美活动在信仰仪式和信仰需求中表现得最直观、最充分。此处仍以中国历史早期的巫术仪式为例，由于巫术是人们试图利用超自然的力量，通过一定的仪式诱导甚至企图强迫自然界按照巫师的意志行动，所以仪式中的道具必不可少，而服饰又是道具中最能强化神性的物质实物。战国时期的楚国三闾大夫屈原在《九歌·大司命》中以一句"灵衣兮被被，玉佩兮陆离，壹阴兮壹阳，众莫知兮余所为"①，鲜活直观地描绘出巫师身穿宽大神袍，腰佩玉饰，扮成瘟神和阴无常、阳无常以后歌舞的情景。巫师要使自己区别于周围的人，以确立神的使者的身份，必定要有一些技术和手段，并掌握一些气象、地理乃至心理学的知识。但更不可忽视的，便是凡能通鬼神者必有独特的形象特征，最能起到明显效应的自然又是服饰形象。

在信仰这种巫术并亲身参与此类仪式的众人（作为集体的审美主体）看来，这些巫师的服饰形象（地位高于审美主体的审美客体）无疑是特殊的、与自己相异的，他们在很大程度上由巫师的特殊服饰形象，相信其所具有的通鬼神法力。《楚辞》中描绘巫师身着"青云衣兮霓裳"，以象征太

---

① （宋）朱熹集注，李庆甲校点：《楚辞集注》，上海：上海古籍出版社，1979 年版，第 38 页。

阳在蓝天白云间穿行，就是基于现实给巫术仪式的从众们造成短距离的联想，增强其感染力，从而使人们有身临其境恍然若遇神鬼一样的感觉。面对服饰形象异于且高于自己的审美客体，作为集体的审美主体更容易在审美观照中服从审美对象发出的指令，从而使祭祀等重要的社会活动顺利进行，这也是审美过程中的重要范例。（见图 77）

三、审美主体与客体同时代、不同地域

这里的审美主体虽说主要是东方人群，但身份特征也千差万别，因为东方各国间依然存在文化传统和自然条件的巨大差异，因此东方服饰审美主体在观照与自己不处于同一地域，着装习惯有明显区别的审美客体时，往往会因新奇感而注意力敏锐，从而为后世留下重要的记载。

图 77　日本古坟时代埴轮上显示的女巫服饰形象

异域审美主体在对新奇陌生的审美客体进行描述时，常常还倾向于进行审美评价。审美评价是"审美主体从自己的审美经验、审美情感和审美需要出发，去感知客体对象，并对客体本身所做出的评定"。反映在现实案例中，就是审美主体倾向于利用本民族、本地域的特有服饰品、服饰形象、服饰民俗，去和审美客体的相关方面进行比较。

首先是审美主体以"个人的生活体验"中的特有服饰品为标准，去描述审美客体，如中国《后汉书》中记载的日本服饰："男子皆黥面文身，以其文左右大小别尊卑之差。其男衣皆横幅，结束相连。女人被发屈紒，

衣如单被，贯头而著之；并以丹朱坋身，如中国之用粉也。有城栅屋室。父母兄弟异处，唯会同男女无别。饮食以手，而用笾豆。俗皆徒跣，以蹲踞为恭敬。"① 编撰者范晔在这里就是以中国的服饰习惯来理解日本的"丹朱坋身"。

其次是审美主体以"个人的生活体验"中的特色服饰形象为标准，去描述和尝试理解审美客体。如曾随郑和多次下西洋的马欢，根据自己的印象将占城国王的装束与《三国演义》《水浒传》中的服饰描写联系起来，竟然说国王装束像戏中"净"角。"净"是花脸，京剧中净行有正净、副净、武净三类，副净即是架子花脸（简称架子花）和二花脸。如《失街亭》中的马谡、《群英会》中的黄盖、《连环套》里的窦尔敦、《嫁妹》里的钟馗等，都属于架子花范畴。由此《瀛涯胜览》的中国读者会轻而易举地用本国熟知的京剧脸谱去想象占城国国王的服饰形象了。尽管马欢自己并没有做出关乎其美丑、好恶的评价，但是这种描述无疑更有助于审美客体的独特美感为更多人所成功感知。

还有更深层级的，如审美主体将"个人的生活体验"中的服饰制度，用于和审美客体进行比较。如南宋赵汝适曾在《诸蕃志·占城国》中写到其君王出宫的情景："王出入乘象，或乘软布兜，四人舁之，头戴金帽，身披缨络。王每出朝坐，轮使女三十人

图78　盔帽（王家斌绘）

---

① （南朝宋）范晔撰:《后汉书》,上海:上海古籍出版社、上海书店,1986年版,第1048页。

持剑盾或捧槟榔从。"① 金帽可以想象，东南亚人酷爱金色，凡是认为贵重的、权威的、神圣的，都要饰以金，以示郑重和不可侵犯，这与古代中国有相通之处。明显带有热带地区服饰风格的"身披缨络"，在东南亚是高贵与富有的象征，对中国古人来说也并不陌生。但更重要的是，赵汝适注意到了占城国王出行队列对服饰制度的特殊规定。在中国古人眼中，这正属于"舆服"一类，一个国家存在这样成型规范的服饰制度，意味着虽与中原王朝的国王出行礼仪相距甚远，可是毕竟有相近之处，因此是理性的、有序的和值得赞赏的。（见图 78）

四、审美主体与客体不同时代

按前所述，能为身处不同时代的审美主体所感知的审美对象主要是服饰品，审美主体将不同时代的独立服饰品作为审美对象观照的活动，经常发生在现代社会的重要文化场所——博物馆中。一般而言，独立的服饰品不能在不同时代的审美主体观照过程中实现其物质形态的功能美。比如一件中国唐代精工打造的"明光铠"，在冷兵器时代可以有效防护多种兵器对着装者的杀伤，实现自身物质形态的功能美。但对于现当代的审美主体而言，这种功能审美价值得以实现的基础已不存在。再比如展柜内的一件皇袍，在所属时代具有非同一般的视觉标示功能，但今天则主要以其精美的镶滚做工带给观照者以艺术美感。一件古人用以确保自己得到天神保护的，带有神圣色彩的玉佩，今天则以其做工和色泽带给审美主体美感。这种审美客体与不同时代的审美主体的关系，是因为这些服饰品在博物馆内丧失了其"即时性""独特性""内在性""自律性"。这也是服饰审美活动研究范畴内的一种特殊现象。

当审美主体与客体处于同一时代时，能够从作为审美对象的服饰品上感受到的艺术美和功能美成分更多，如购买者在选购集市上琳琅满目的佩饰、衣服时，主要是依据其形式美感和是否适用做出选择的。对不同

---

① 余美云、管林辑注：《海外见闻》，北京：海洋出版社，1985 年版，第 63 页。

时代的审美主体而言，独立存在的服饰品则主要体现出艺术美，如成长于现代背景下的东方观众观照博物馆内各种形制的古代玉佩、金银首饰和名贵服饰时，这些服饰品作为审美客体所具有的功能美已经不具备了，而因为审美主体的审美标准更是已发生变化，因此其形式美也很难完全展现出来。这时的服饰品主要成为超功利性的审美存在，体现出其作为艺术品的美感。当然，还有功利成分，那就是从文物的历史价值来说的。

再如，服饰形象可以通过绘画、雕塑等视觉造型艺术手段，有时也可能是以文学方式保存下来，仰韶彩陶上的着衣人像或《历代帝王图》这样的人物画，抑或是《红楼梦》等文学作品即有这样的可能。但是，在审美主体观照这些艺术品的过程中，作为审美对象的更多是陶器、画作和文学作品本身，服饰形象只是作为装饰性或意向性内容而存在。因此自身具有独立艺术属性的服饰品更能为不同时代的审美主体所观照，这是其与同为审美客体的服饰形象不尽相同的特性。

第八章　东方服饰的四重审美对象

作为审美对象存在的东方服饰只是一个总体概念。如果要进一步深入论述东方审美活动（经验），就必须明晰阐释东方服饰概念中的哪几种具有审美性质的事物处于审美主体的审美经验之中，成为审美对象。曾经存在这样一种观点，即强调服装与人的绝对一体，认为服装表现的主体是人，不是服装本身，如果服装不能使人散发出美就失去了自身的美学价值。就论述服饰审美的审美对象而言，这种观点显然过于绝对，忽视了服饰审美对象的多样性和多重性，忽视了服饰自身作为具有审美性质的客体存在的审美属性。

因此，分析东方服饰审美活动的审美对象，应该从单纯的服饰品、服饰品与人本体的结合以及服饰品与社会人的结合等几方面去加以分析。

关于东方服饰的审美对象，必然先是服饰品，包括其物质形态和视觉形态，严格地说还应有触觉形态和嗅觉甚至味觉形态。这里将其划分为两类，主要是侧重于实实在在的物质存在和欣赏过程中的最明显的效果，即看上去如何。服饰品可以单独成立，一块玉佩或许可以诉说很多，可以具有非常重要的历史价值，说明一个时期的人文状态，一个民族的思维模式，包括审美标准。

东方服饰品具有服饰品的一切特征，而服饰品是服饰文化学中的一个概念。在这里，服饰与服装的概念是等同的，主要包括四个方面的基本内容：①衣服（主服、首服、手服、足服），如上衣下裳、帽子、围巾、手套、鞋、袜等，其特点是带有遮覆性。②佩饰，如头花、簪、钗、鼻环、项链、手镯、戒指、胸花、腰链等，其特点是以装饰为主要目的。③化妆，包括原始性质的文身、文面、割痕、烫痕、涂彩和现代人的文眉、文唇、隆鼻、双睑及化妆，其特点是施以肌肤。④随件，如伞、佩刀、宝剑、文明棍等，其特点是附加在人的整体服饰形象上。随件可有可无。如有，能更充分、鲜明地显示出一个人的个性和身份。

东方传统的上衣下裳或手镯、腰刀都是具有典型意义的服饰品。作为审美对象存在的东方服饰品是东方服饰审美活动的重要审美对象，其特点在于只能通过视觉途径，无法独立体现出社会系统内的美感。但是，服饰品不能够仅仅独立存在，只有将它穿戴在人的身上以后，才能和自然的人构成一个完整的社会的人，进入到社会文化视野中。因而，服饰形象是必须涉及的。这要从人本体层层推进。

一般来说，人本体概念专指自然的人（当然具有各种社会意识）。人本体的概念虽然与生物人的概念有相近之处，但人本体不是社会学用语，在这里可以作为服饰文化学的特殊概念，尽管它来自于美学。人本体与服饰品结合后成为着装体，并以服饰形象的视觉形态呈现出来。

服饰品与人本体结合而成的审美对象具有如下特征：首先，静态的服饰品在与人本体结合后成为了动态的存在，扁平状的成为立体即由二维形成三维，且可随人的活动而变幻万千，丰富了服饰品的审美价值形式。其二，由于人本体具有色彩（肤色和发色等）、形状（身高、体态等）的固有属性，因此服饰品的色彩与形制等因素只有与人本体的这些固有属性搭配默契，才能使整体服饰形象具有更高的审美价值。

社会的人是一个与自然的人相对的社会学概念。社会的人具有动物本能、仍然存留自然属性，但又有思想、有创造能力、有复杂的内心情感。社会的人的社会属性体现在：他生活在一个受某种观念（历史传统的、当代现实的）支配的群体中，不得不遵守某些人为的规范，必须对这一群体负有某种责任，同时承上启下，在祖辈留下的桎梏之中又构筑新的网络，以便使下一代人依然沿着这一条路走下去，不容许有过多的质疑和反抗。为了保持社会群体的相对稳定性，他们必须时时处处尽可能多地掩盖自己原有的自然属性，或说人的本能、本性，而以更适合社会群体的面貌出现，从而形成有特定意义的社会的人。

社会的人和服饰品共同构成的服饰形象可以以视觉方式被感知，但主要是需要依靠审美主体的意志理性来把握，可以是无固定形态的。审美主体观照这种审美客体并使之成为审美对象，视觉仅是感知其形态的媒介而非审美途径。这种社会的人和服饰共同构成的服饰形象的审美属性，主要是通过表示着装者的社会地位来实现视觉形态的，通过使着装者满足社会对其社会角色审美期待来实现最终目标。

本节提到的四重审美对象，有实有虚，如着装内涵，这是服饰形象确立的核心和主旨，没有多少内涵的服饰形象应该说不在我们的研究范围之内。再一点关键之处，东方服饰形象比起西方服饰形象来，更多地具有潜隐在服饰形象里的意识或说文化性，这会在以后深入论述中逐渐显现出来。

第一节　服饰品的物质形态

东方服饰品的物质形态，即以物质形态作为审美对象的东方服饰品在满足社会需求过程中实现的审美价值，属于审美活动的一种具体表现形式。若要论述东方服饰品以物质形态存在时表现的几种特性，必须首先了解东方服饰品的制作者兼服用者有怎样的实际需求。

对于服饰，人有几种最基本的生存需求，比如御寒、护体等；同时有提升一级的生活需求，如求舒适、求便利等；以及更高层次的精神需求，如希望战胜一切不可知的力量或符合社会规则等。伴随东方先民获取并加工自然物的劳动，东方服饰品在不断丰富自身形式以满足着装者生存、生活和精神需求的整个历程，正是东方服饰品物质形态所具有的审美价值诞生并不断发展、细化的演变史。

根据东方特定的地理和气候、东方着装者的特有生理、心理特征以及文化背景，东方服饰以保持着装者体温、避免着装者遭外力伤害、便于着装者活动等三种最主要的方式为基础，满足着装者在各个层面的需求。

通过满足着装者，即东方服饰审美主体的审美期望，东方服饰得以从物质形态的角度实现自身审美价值，当然这一结果也因少数外来服饰形态的影响而有所变化。

在缺乏可靠文字记载的情况下，去推论东方服饰品这样一种易降解难保存的物品的早期起源，是一件困难的工作，因为过程和结果都充满着许多不确定因素。但这又是一项必要的工作，需要从生物学、人类学、考古学、社会学、地理学等几个角度分别入手，使其互为佐证，以求结论尽可能贴近东方服饰品物质形态成为审美对象的这一模糊事实。

一、服饰品物质形态产生的必然性

人类为何在进化过程中大部分失去了其他陆生哺乳动物的浓密体毛，而仅在头顶等有限几个部位有所保留？关于这一问题，目前科学界存在争议。一种观点认为现代人类是由生活于浅水区的一种猿类进化而来，因此陆生动物借以御寒的浓毛渐渐褪去，代之以光滑皮肤下的脂肪发挥类似作用，这与海豚、鲸等水生哺乳动物有同一性。而与海豚、鲸相比，人类肺活量有限，需要口鼻部长时间露出水面，因此出于防晒原因，头发被保留下来。此种观点仍待证实，不过人类嗜盐、皮下脂肪丰富以及人类婴儿天生不畏水等特征都与人类公认的远亲——黑猩猩正好相反，这一事实似乎能为人类起于水生猿学说提供有力佐证。相关研究仍在进行中。

"存在即合理"同样可以用于解释人类这一成功物种进化过程出现或消失的生理特征。任何生物体的能量都有一定限度，通过维持浓密体毛生长以保持体温的做法要消耗大量能量，智慧生物如果能用其他手段保持正常体温，就可将更多能量用于脑部，从而提高物种竞争优势。因此，全面看待服饰品在人类（不止为东方先民）进化过程中的特定作用，会发现服饰品不仅是一种单纯的物质，更是一种改变了人类行为方式、全面提高人类改造自然能力的系统存在。人类放弃了浓密体毛而着能够遮挡身体的衣服，实质上与人类没有长出尖喙利爪而运用工具实现近似功能是同样的道理。服饰品，赋予了人类先民巨大的进化优势。没有服饰，尤其是没有能够御寒的服饰，人类将永远无法离开温热地带去探寻远方沃土，更无法翻越茫茫山脉，因为无法适应季节变化，农业发明也将难以实现。

二、东方服饰品的间接遗存

在直立人时期的东方原始先民遗址（如北京山顶洞人遗址）中，目前没有可靠的考古证据发现东方直立人使用衣物御寒。但这期间存在几个不可确定因素：一是大多数可用于御寒的兽皮或植物纤维，都具有易降解的特性，在并不十分干燥的地理环境中，保存数十万年的可能性微乎其微；二是有观点认为，包括"北京人"在内的直立原始人后来灭绝了，为十几万年前从非洲走出的一小批现代智人的后代所取替，由此，今天世界各种族人类的基因序列都几乎相同，可以通婚并有后代。这种人类非洲起源说存在争议，至少在东亚，这一观点遭到中国学者的有力挑战。中国学者指出，现代中国人的箕形门齿等特征与"北京人"的牙齿特征有相似性，相关研究仍未有最终定论。

不过，可以肯定的是，考古学家在山顶洞人居住的遗址中发现了一串散落的项饰与骨针，其中骨针长 8.2 厘米，针孔处已破断，针尖很锐利。依靠这种证据，可以证明当时的山顶洞人已经具备用动物筋线来缝制兽皮衣服的能力，原始缝制技术的存在间接证实了东方早期服饰存在的真实性。另外，项饰的穿链皮条虽已消失，但贝壳、兽牙、砾石等饰件的孔洞中都留下了赤铁矿粉，这已经能够显示服饰文化的确立了。

三、东方服饰品的发明归属

关于东方早期服饰的发明者，人们都认为是黄帝。这应该是经过草裙时代、兽皮披时代进入织物时代了。至于真正的早期发明者，其真实身份依然处于历史迷雾之中。这并非反常现象，围绕人类早期历史中（可靠文字记载出现前）几乎每一件重大发明的归属权，学术界几乎都要爆发争议。有观点强化个人因素，认为历史主要由少数聪明人推动，早期历史上发展得快的民族往往人口较多，这就意味着他们中的聪明人更多，由此提升竞争优势。有观点对此持全面否定态度，认为历史是由无差别的人类集体推动的，所有早期历史的重大发明都应归功于人类本身，至少是一个群体。

如前所述，利用动植物为材质制作衣服以御寒保温，同时还能适体并便于运动，是适应环境的"一种非生物学的途径"①。在原始社会落后的社会生产力状况下，就原始居民相对匮乏的知识储备而言，这无疑是一项复杂的系统工程，其复杂程度与将兽皮盖在身上取暖的行为不处于一个量级。

如果我们为"黄帝始去皮服布"的记载找到人类学和社会学佐证的话，那就是在原始社会中，少数聪明且善于观察的杰出者通过为大多数人提供他们需要但尚未发明的物品或公共服务确立领导地位，传说中"去皮服布"的黄帝，以及传说"铜头铁额"即发明金属冶炼及相关军事技术（包括具有防御功能的服饰）的蚩尤都是相关的例子。可以这样说，东方服饰即使不是东方先民的早期领袖一手发明的，也至少是他们吸取、改造并且完善的。服饰的发明是他们确立权力合法性和权威性的一个组成部分，只不过某些例子偏重于提高生产效率以普及服饰，另一些则偏重于通过服饰的防御能力提高军事优势。总之，不论东方服饰的最初发明动因是基于和平抑或暴力，东方服饰本身、东方服饰品的发明过程，以及这一活动作用于社会现实的深层次结果，都为东方文明的诞生起到巨大的奠基作用。

四、东方服饰品体系内的形态分化

如前所述，东方服饰的概念借由文化、地理等多个角度而相对准确

---

① 〔美〕斯塔夫里阿诺斯著，吴象婴、梁赤民译：《全球通史——1500 年以前的世界》，上海：上海社会科学院出版社，1999 年版，第 68 页。

地定义。随着东方文明的发展，东方部族或起源于、或迁徙至特定的生态环境中。能够供人类集体和个体生存并繁衍的地理、气候环境必然是人类能够受惠其中的自然生态环境，这种环境一定能支持人类采集、狩猎或者农耕等生产生活方式，但同时又必然以各种手段对生活于其间的人类集体与个体施加刺激与压力，有时甚至是比较极端的。东方服饰以特有的物质形态，对于东方先民适应所在地生态环境和种族繁衍起到不可替代的作用。

在东方先民改造服饰以适应自然环境的过程中，同属东方但环境又有些许不同的客观条件必然导致服饰物质形态的多样性。久而久之，某一种形态的服饰就成为某一个民族的可识别特征，有时甚至是最重要的特征。居住在中国中原的古代居民就注意到不同地区居民服装的相异性，《礼记·王制》记载："中国戎夷五方之民，皆有性也，不可推移。东方曰'夷'，被发文身，有不火食者矣；南方曰'蛮'，雕题交趾，有不火食者矣；西方曰'戎'，被发衣皮，有不粒食者矣；北方曰'狄'，衣羽毛，穴居，有不粒食者矣。"[1]从这段极为简要的记载中，我们可以看出不同民族由于地理环境（当然还有发展程度和生产生活方式）相异导致服饰物质形态不同的因果关系清晰可辨，甚至能为几千年后的阅读者勾勒出这些民族的外貌。地理上的巨大纬度跨度，决定了现代社会中国各地、日本、韩国、印度以及东南亚各国的服饰，虽都属于东方服饰范畴但呈现多样化面貌的必然现实。

第二节 服饰品的视觉形态

与创造、改造服饰以满足人类基本生存需求相比，人类创造具有各种丰富色彩、纹饰和造型的服饰显然是为了满足精神层面的更抽象的需

---

[1] 陈戍国点校：《周礼·仪礼·礼记》，长沙：岳麓书社，1989年版，第333页。

求。那么，这种需求究竟是什么？

在自然界中，人类个体是相对脆弱的，所以人类的生存优势主要体现于集体协作中。内部成员数量有限的集体可以依靠成员间的相貌识别运转，但数量更多的集体就很难指望所有成员都互相认识，更不必提重大的集体行为（比如战争）需要对个体的高效管理和组织。相对于低级动物而言，人类以强大的昼间视觉辨别能力以及与视神经直接相连的大脑著称，人类的大脑能够贮存数以亿万计的视觉画面信息，并进行存储、归类和判断。群居动物的本性和发达的视觉感官决定了视觉形态的服饰品是人类复杂群体之间，以及复杂群体内部个体与个体之间主要的辨识手段。

具有视觉形态的服饰品，不论是文身等身体异化行为，还是制作并穿着不同的首服、足服或佩饰，都改变了每个社会的人的外在形态，改变的途径有强化和弱化之分，改变的手段有色彩、尺度、肌理以及符号特征等，改变的行为目的是确立各个集体成员的自我认同感，辅助制定内部每个阶层的行为规范，增强（或减弱）集体中每个个体的可识别特征。在这一以视觉形态存在的东方服饰品满足着装者需求的过程中，即得以实现自身视觉形态特征的审美价值。

东方服饰品视觉形态的诞生和发展，与世界范围内该领域的发展基本遵循同样的原则和相近的模式。但是东方特殊地理环境等因素综合作用下产生的东方社会结构有其鲜明特点，首要的特征即东方环境资源相对有限，尤其是农耕社会主要采取精细耕作方式，需要较多的劳动力，而水稻等单位热量值较高的作物又得以养活很多人口，这形成了东方农耕社会人口密度较大的历史现实。这一因素就使得东方社会体系必须以比较严密的方式组织起来，而服饰品作为社会个体最主要的外在形态，毫无疑问地被赋予了标示个体地位、所属等功能。

东方社会形态从简单到复杂，从混乱到有序的过程，也正是东方服饰品视觉形态不断完善强化的过程。东方传统哲学对服饰视觉形态的评述，虽没有对物质形态和服饰心理表现那样多，但依然在荀况、班固等中国哲人的见解中有所显露，部分见解的影响延续至今。

　　探究东方服饰品视觉形态的过程，部分程度上也就是探究东方文明起源的过程。讲述东方文明起源的那些带有神话想象色彩的传说在多大程度上能够揭示历史真实，目前还不能确定，但通过和东方服饰文化圈内保存至今的部分原始社会服饰形态进行比对，可以基本证实中国传说中最早的遮掩服饰形态。而东方服饰品最早的标示与威慑功能，也可以在对历史、神话的梳理分析中渐渐露出轮廓。

一、关于早期遮掩服饰的中国传说与东南亚现实

　　关于服饰遮掩身体特殊部位的最早用意究竟是遮羞、御寒抑或吸引，目前尚无定论。相较西方伊甸园之说，东方神话对于服饰遮羞功能的起源叙述较为模糊。如《山海经·西山经》中描绘西王母为"其状如人，豹尾虎齿而善啸，蓬发戴胜"[①]。可以依此想象，那些处于狩猎经济中的原始氏族或部族人颈间挂着虎齿做成的项饰，腰部垂着豹尾，头上披散着头发并戴着饰品。屈原笔下也描绘了众多兼具现实观察和想象色彩的早期服饰形象。不过，关于东方最早遮掩式服饰形态，目前缺乏可靠的实物遗存和艺术形象。

　　所幸，由于东方存在多山、多岛、多丛林的复杂地形，使部分人类聚居部落长期处于原始社会阶段，为异域观察者提供了很多关于东方遮掩服饰功能早期形态的重要证据。中国清代江苏人叶羌镛在踏访菲律宾苏禄群岛（时为古国苏禄）后，在《苏禄纪略》中描写当地人："男女俱无衣服，惟披搭绒一片遮其身。"[②]清代《柔佛略述》也提到马来西亚南部土著居民的衣装："彼境原有土民，皆深居内山，敛迹不出，新山市中之土民，则皆由新加坡或他处迁往，颇自矜异，而呼原有地主为山人焉。山人深藏于幽谷之中，居无定所，衣无布帛，食无谷粱，其所资以为生者，独异乎众，有上古巢居穴处之风。有时就树为屋，猱升栖止，有时依山为穴，

---

① （晋）郭璞注，（清）毕沅校：《山海经》，上海：上海古籍出版社，1989年版，第28页。
② 余美云、管林辑注：《海外见闻》，北京：海洋出版社，1985年版，第16页。

洞处如仙。其人不分男女，皆科头赤足，缚蕉叶树皮之类于腰腹下，即蔽体装也。"[1] 不过，关于这些原始居民遮掩生殖部位究竟是单纯为了防护，还是具有更高文明层次的遮羞意识，还有待进一步研究。

二、早期标示服饰的技战术进步反推结果

人类社会中，专用军服具有标示形态的出现是一个漫长的过程。但是，在战争和军队专业化程度还比较低的阶段，东方民族的军事力量就已经依靠这种方式组织起来了。国家、氏族首脑担任军事最高统帅，王族成员、贵族和其他统治阶层担任各级军事指挥官和关键岗位（如战车）的战斗员，征发的农夫、奴隶担任步兵。三千多年前东方最强大的武装力量——中国商代军队的组织结构很具这方面的代表性，李雪山在《商代军制三论》一文中坚持了清人俞樾等少数学者的观点：广泛见于各类甲骨文卜辞中的"王族"不单是亲族，而是由商王亲族组成的军事编制，甲骨文卜辞"呼王族先"以及"以王族伐宄方"[2] 就证实了这一点。此外作者在文中还分析了广泛见于甲骨文的"子族""多子族""一族""三族"和"五族"等级别不一、职能各异的商代军事组织。在这些商军中坚力量之外，还辅之以"共人""共众"等临时征发步兵，并存在"振旅"等军事操练现象。鼎盛时期的商军拥有巨大的军事优势，《诗经·商颂·殷武》的开篇即讴歌了这一点："挞彼殷武，奋伐荆楚。深入其阻，裒荆之旅。"[3]

从战争学的一般原理可以看出，除了武器装备优势，如果没有有效的组织模式，商军很难取得这一系列胜利。那么商军的内部服饰标示体系又是如何运作的呢？首先，战车集群是商军战斗力的核心，单辆战车则是一个最小战术单位的核心，驾驶战车操纵武器只需要少数精英阶层人员，缺乏训练且装备低劣的步卒只需跟随战车进退。而以一辆战车为核

---

① 余美云、管林辑注：《海外见闻》，北京：海洋出版社，1985 年版，第 132 页。
② 李雪山：《商代军制三论》，《史学月刊》，2001 年第 5 期，第 28 页。
③ 金启华译注：《诗经全译》，南京：江苏古籍出版社，1984 年版，第 906 页。

心的最小战术单位中的各成员间往往有着某种联系，通常是领主贵族乘车作战，其奴隶步行作战，这样他们之间的相互辨识更多依靠外在形貌等个人特征。总体而言，这一时期军服的标示体系是非常简单的，多带有社会性，包括与仪礼制度相关的服色、材质的贵贱、特定图案的尺寸等，这成为此后东方所有复杂标示服饰体系的基础。

三、早期伪装与威慑服饰的中国神话

服饰究竟是用来伪装还是用来威慑，与人类以及绝大多数生物对战争的两种不同观念有关。《兵器史》的作者奥康奈尔在分析了众多生物之间的攻击行为后，将它们分为直接攻击和种内攻击，前者以杀死对方并加以食用或避免被对方杀死为目的，所有的掠食行为都属于直接攻击。直接攻击的性质要求武器必须尽可能隐蔽、致命，比如毒蛇的毒牙、猛兽的利爪和鲨鱼的牙齿等。人类在文明形态早期经常围绕剩余产品展开冲突，当需要直接掠夺对手财富时，服饰上的伪装行为就成为重要的考虑对象。

相比之下，种内攻击主要发生于同一种群内部，围绕对领地、配偶和统治权的争夺展开，双方使用的武器并不是以直接消灭对手为目的，此类战斗通常带有仪式性，并遵循一定的法则。巨大的、看上去极具威胁性的动物角就是为此类种内攻击而进化出来的，此类武器在种内攻击中很少被用来伤害对手，"马鹿经常不以打斗的方式决定统治地位，而是通过比较它们各自鹿角的大小的方式"[①]。人类在这方面的选择与草食动物很接近，人类没有毒牙利爪，发达的智力又决定了对于暴力冲突更明显的趋利避害特征。所以，人类争夺领地、控制权等的战争其实是生物种内攻击行为的延续，这类战争的本质要求能少流血甚至不流血而能取得最终的胜利，所以威慑对手而不是伪装就成为首要需求，这就是人类威慑行为的生

---

① 〔美〕罗伯特·L.奥康奈尔著，卿劼、金马译:《兵器史》，海口:海南出版社，2009年版，第4页。

物学（进而是社会学的）起因。

就人类种内攻击的具体威慑手段而言，像马鹿一样使用更大尺度的武器，如"一根更大的矛"固然很有用，即使是现代社会的"确保互相摧毁的核威慑"，也不过是这一原则的高级版本。通过服饰改变自己的形态以威慑对手，显然是一个效费比较高的选择，其具体方式可以是扩大自己的体积，坚固自己的形体（如头盔上的高翎或厚实的皮甲）；可以利用对手对猛兽行为的熟悉与联想，把自己尽可能伪装成老虎的样子（这是一种对大多数民族都有威慑力的生物形象）；再或是在身上佩挂与死亡有关的饰物，比如头骨（同样是绝大多数民族都能理解的），也能起到威慑作用。不过也可以在身上或衣服上绘制骷髅或其他骨骼的图像，这样通常更省钱，而且对着装者而言也更舒适，形成特有的视觉形态。

由于东方民族以农耕生产方式为主体，因此对领地和统治权（也有对配偶的争夺，比如貂蝉和陈圆圆）的争夺贯穿东方战争史的始终。由于东方主要战争的本质，东方传统军事思想十分重视威慑的作用，孙子即提出"不战而屈人之兵"的著名论断。中国上古神话记载了中华民族先祖为争夺中原统治权的一场战争，乃至以熊、狼等为前驱。我们不排除是些猛兽被驱使上战场，不过从世界范围内更多的战例来看，更可能是身着此种动物兽皮的战士勇猛上阵。如果真的如此，那么这就是目前已知具有威慑功能的东方服饰视觉形态的早期事例了。

第三节　服饰形象

东方服饰形象与东方服饰品显然概念不同。首先是两者审美价值的创造者不同，东方服饰品审美价值的实现者主要是其设计与制作者。而东方服饰形象的审美价值主要是由着装者自身实现的，当然也视情况包含服饰设计制作者的参与。

其次是两者审美价值的承载体不同，服饰品的承载体是服饰品本身，即物。但服饰形象审美价值的承载体则是人本体的体貌、形态与服饰品的结合。东方服饰形象作为审美对象，实际上是东方服饰品艺术美和社会美中的形体美以至行为美的结合。单纯的形体美不属于服饰审美范畴，服饰品艺术美的相关理论又无法解释很多具有美感的东方服饰现象，因此只有二者有机结合，共同作用，才能构成完整的东方服饰形象，实现东方服饰形象审美价值的提升。

根据审美主体的变化，东方服饰形象审美价值的实现过程存在两个层面。第一层面中，审美主体是东方着装者自己，着装者结合自身形体、肤色特征选择服饰、利用服饰或用服饰改造自身的过程即为东方服饰形象审美价值的实现过程。第二层面中，审美主体是与着装者存在关联的家庭成员或其他社会成员，那么东方服饰形象审美价值将主要通过他人的观照，在着装者的家庭生活或社会生活中实现。这里的社会可放大至世界各国。

综合以上分析，可以将东方服饰形象审美价值的具体实现途径分为四种：色彩搭配美、形体完善美、性别强化特征美以及文化意境美。在追溯东方服饰形象审美的起源发展以后，将逐一论述这四种东方服饰形象成为审美对象的原因，最后分析西方着装方式与服饰形态对东方服饰形象审美价值实现的影响。

一、东方服饰形象审美的起源发展

东方服饰形象本身是动态的三维的视觉存在，因此不可能像对服饰品物质形态和视觉形态那样依靠物质遗存去追溯，而只能通过其他物质媒介上留下的印迹来进行推导。

较早的东方服饰形象可见于中国甘肃辛店彩陶遗存，其上的剪影式人物着及膝长衫，腰间束带，远观酷似今日连衣裙。其形制可从近现代印第安人的类似服装中找到依据，即很可能是织出相当于两个身长的一块衣料，对等相折，中间挖一圆洞或切一竖口。穿时可将头从中伸出，前后各一片，以带系束成贯口衫，也称贯头衫。这种早期东方服饰品的形制无疑还是相当简陋的，而且尚不清楚表现对象是男性还是女性。但是需要看到这种尚不知名的服饰增加了着装者的肩宽，并收紧腰部，使着装者的上身呈倒三角状，突出了腰身。不论对于男性还是女性而言，这种服饰都有一定的形体完善审美价值。

1995年，中国考古工作人员又在青海省同德县巴沟乡团结村宗日文化遗址发掘出一个舞蹈纹彩陶盆。这个盆的内壁绘有两组人物，手拉手舞于池边柳下。所不同的是这些人物的服饰轮廓剪影呈上紧身下圆球状。这种彩陶盆上的服饰形象尽管具有高度装饰性，甚至已呈图案化而减弱了写实色彩，以致无法分清表现对象的性别，但还是能令现今的研

图79　1995年青海省同德县出土彩陶盆上穿圆球形下裳的原始人服饰形象

究者一窥东方服饰形象的早期大致形态。这种奇特的服饰形象有可能是巫术礼仪中的特殊服饰形象，但根据一些现有理论也不妨提出这样一种假设，即这种突出女性的臀、胯部的服饰形象，产生于生殖崇拜的社会心理大背景下。因此这种服饰形象具有早期的强化性别特征的审美价值。（见图79）

显然，通过对部分中国原始社会彩陶纹样的分析，可以看出东方先民在创制服饰之初，除了满足物质与视觉需求外，也在一定程度上有意无意地注意到了服饰形象的美感问题。应该说，爱美是人的天性。

二、东方服饰形象的色彩搭配美

东方服饰形象的色彩搭配美与东方服饰品的色彩美感有联系又有区别，后者是服饰色彩本身带给审美主体的视觉与心理美感，而前者，即着装者肤色及人体固有色与服饰色彩的搭配关系。在东方人选择服饰颜色以尽量与其肤色相得益彰的探索中，这种服饰形象的形式美感主要

通过两种渠道得以实现：一是求强烈反差，二是求和谐、接近。

（一）关于人体固有色

人类的肤色是进化自然选择的结果，在早期智人向世界各大陆或岛屿的扩展过程中，由于有的地区日照强、有的地区日照时间短，出于自我保护等生理性和气候性原因，智人群体的肤色开始分化。尽管今天全球各人种的区别标志主要是肤色，但肤色差别的出现时间如此之短，根本无法与人类的历史相比。

按照一般公认的理论，今天世界上存在三大人种，欧罗巴人种皮肤为白色、蒙古人种皮肤为黄色、尼格罗人种皮肤则为黑色。其中，蒙古人种约占全球人口的41%，主要分布在东亚、东南亚、西伯利亚和美洲，东方着装者主要是蒙古人种。如果将三大人种的肤色区别再扩充和划分详细一点的话，可以分为五种，即红（北美印第安人）、黄（蒙古人）、白（欧罗巴人）、棕（中东阿拉伯人）和黑（尼格罗人）。

这是因为，灵长类高级动物肤色的划分是一个由自然环境多样性和生物遗传基因决定的复杂认知问题，远不像对纯粹的绘画颜料的划分一样容易。我们这里是讨论东方服饰，因此将人体固有色的问题，更多地聚焦于蒙古人种上，即黄色皮肤。

（二）服色与肤色的对比美

关于服色问题，前面已经多次论述，东方着装者个体选择服色首先要受到社会地位、社会角色因素的制约，自由选择的余地有限。不过，东方服饰的发展历程中还是不乏通过深服色与浅肤色对比以获取美感的例子。美国历史学家威尔·杜兰在其名著《东方的遗产》中记录了20世纪上半叶中国男子的常服色彩："男人穿裤子和长袍，几乎都是蓝色的……所有都市的人穿的都一样，而且几乎是世世代代穿的款式都一样；其质料可能会不同，但样式则不改。"[1]这当然有些夸张，不过中国男子（至少是在清代）大量穿着蓝色服饰还是给西方观察者留下了深刻印象。

---

① 〔美〕威尔·杜兰：《东方的遗产》，北京：东方出版社，2003年版，第789页。

　　虽然不难排除这样一种前提，即中国男子多着蓝色服饰是因为这种服色所承载的禁忌最少，但无可否认，以蓝色调为主的深色服饰能够使黄种人的皮肤色显得明亮，这其中存在视知觉原理。《艺术与视知觉》中在论及"对和谐的追求"一章时，转述20世纪初美国学者孟塞尔的观点："两种互补的色相可以用下面这样一种方式调配，即：一种色相的较高亮度可以由另一种色相的较低的亮度抵消。"①按此说，黄色与藏蓝色属于互补色，黄肤色亮度较高，藏蓝色亮度较低，两者在互相抵消的过程中实现了色彩的和谐。这种以东方服饰形象作为审美对象的结果，实际上深刻地标志出东方着装者对服饰与生理关系的认知、掌握和熟练运用色彩搭配基本规律的实力。

　　说到服色与肤色的对比如何产生美，在东方服饰文化圈内部，这一审美观也随地域变化有明显不同，更因性别、等级而有所不同。两性中的男性以及不同等级中的体力劳动者对于肤色问题关注不多，所以中上阶层女性的肤色审美观就成为长期占主流地位的肤色审美观，而这种观念总的来说是倾向于白。中国、日本、朝鲜的古代、近现代女性对白肤色的强烈追求，促进了东方化妆材料与化妆术的发达。那么这种以白为美的审美观是基于何种心理与视觉基础？尽管白色在很多文化中被赋予了纯洁的意义，但没有证据将这一文化内涵与东方女性对白肤色的追求联系起来。目前来看，有比较可靠证据的原因有两个：首先，东方女性中天生肤色较白者的肤色也绝达不到标准白色的地步，因此只能说是相对而言。而肤色白往往是不在日光下从事体力劳动的结果，这使得较白肤色成为较高社会地位的象征，从而为各阶层的女性所追求。其次，白色是一种高亮度的色彩，与任何色彩的搭配都不会在色相上显得不协调，而且能够与各种亮度较低的附加色彩形成对比。还是如阿恩海姆所言："白色本身却又有独特的两重性，一方面，它是一种最圆满状态，是丰富多彩、形态各异的各种色彩加在一起之后得到的统一体；但另一方面，它本身又缺

---

　　① 〔美〕鲁道夫·阿恩海姆著，腾守尧、朱疆源译：《艺术与视知觉》，成都：四川人民出版社，1998年版，第475页。

乏彩色，从而也是缺乏生活之多样性的表现。"① 所以，日本女性讲究在面部涂上厚厚的铅白粉，再抹上黛眉与红唇，追求色彩的强烈对比。尤其在艺妓化妆风格上特别突出，舞台艺术是高于生活的，但必须是以生活作为基础。古代的中国女性则选择在面部上先涂粉，一是取于铅，一是直接用米粉。然后再贴花、描眉，用翠鸟羽毛的蓝绿色、金箔的金黄色、胭脂的艳红色、铅黛的墨黑色等组成一组相互之间有联系的面饰，形成色彩效果，以此来装饰敷粉的面部，使之在色彩多样化中呈现对比之美。（见图80）

图 80　日本女子着和服的服饰形象
（华梅摄）

（三）服色与肤色的调和美

在另一种情况中，东方着装者在选择服饰色彩的时候，并不完全追求服色与肤色强烈反差的效果，而是选择符合调和美感的着装搭配方式，即选择接近肤色的服饰颜色。比如黄种人最集中的中国人，在古代相当长一段时期中，将正黄色奉为至高无上的帝王独用的颜色。这说明东方人在处理服饰色彩与皮肤色的问题上，也存在着很大的灵活性，他们并没有采取绝对排斥一方的态度，有时确实在寻求一种服色与肤色的调和美。

中国清代一位佚名作者，在《三洲游记》中写越南西贡服饰："土人多面黄而黑，类闽粤产。亦有身躯短矮者，仿佛侏儒。衣以黑色为尚，束以红布，缠粗布于首。男女俱不薙发，垂垂如漆，盘于颈中，齿牙亦染黑，

---

① 〔美〕鲁道夫·阿恩海姆著，腾守尧、朱疆源译：《艺术与视知觉》，成都：四川人民出版社，1998 年版，第 495 页。

以为美观。"① 显然，作为东方服饰文化圈中处于纬度较低地区的居民，由于日照强，肤色自然也较黑，他们"衣以黑色为尚"在一定程度上就有与肤色相调和的用意。不过，至于以黑齿为美，这是越南人长期以来所崇尚的。因为他们认为白齿为犬齿，所以加以嘲笑。清代四川遂宁人李仙根，顺治进士，曾在康熙年间出使安南，著有《安南杂记》《安南使事纪要》等书，为研究者留下了几百年前越南北部居民的真实服饰形象。他在《安南杂记》中进一步证实了越南人以齿黑为美的独特审美观："惟高平一府四州，在北隅之东，俱无城廓。其人被发，以香蜡梳之，故不散。跣足，足无尘芥，以地皆净沙也。……时刻吃槟榔，惟睡梦时方停嚼耳。每用药物涂其齿，黑而有光，见人齿白者反笑之。"②

综合诸多服饰案例来看，东方人对待服色与肤色的做法，表面上看是从审美态度着眼的服色选择，实质上反映着人在选择服饰时基于生理学基本认识的科学态度。之所以成为审美对象，具有审美价值，一定是具备某些特色。

三、东方服饰形象的形体完善美

按照辩证唯物主义的论点，人体形态形成于漫长的历史进化进程中，是人类通过劳动调整和强化的结果，凝聚了劳动价值和人的本质力量。人类形体自身具有造型美，主要通过四肢与躯体的比例等体现出来。服饰能够通过物理和视觉改变人体造型等手段来完善人类形体美，如普遍觉得适度身高为美，于是前者即通过高冠、高鞋底来加高着装者的物理尺度，后者即通过服饰形制的整体规划来营造视错觉，使审美主体观照中的着装者看上去比实际要高。

（一）东方着装者的形体特征

蒙古人种体形的一个基本特征是身高中等。一般身高相当于自身六

---

① 余美云、管林辑注：《海外见闻》，北京：海洋出版社，1985 年版，第 61 页。
② 同上，第 58 页。

个半至七个半头的长度，男女性头部与身体比例相等。肩宽也属中等，男性较之女性略宽。髋部则女性较之男性要宽得多。共同之处在于腿部的长度，较之欧罗巴人种和尼格罗人种都显得短，其中只有少数人腿长。在全身比例中，头部较之欧罗巴人种要大，但较之尼格罗人种却要小，基本上取中。蒙古人种的体形特点是敦厚、健壮、结实、匀称，只是较之欧罗巴人种体形整体来，显得粗壮而不够挺拔。蒙古人种的体形又根据北亚蒙古人、东亚蒙古人和南亚蒙古人之分而有所不同。北亚蒙古人以今天的蒙古国和中国境内蒙古族为代表，其敦实特征是蒙古人种最明显的。中国的中原与中南、华南地区以及日本、朝鲜、韩国等地以东亚蒙古人种为主，虽仍具有蒙古人种体形的大特征，但明显较北亚蒙古人修长、纤细一些，这种相对修长的特征既体现于整体，也体现于面部轮廓、肢体等局部。东南亚地区以南亚蒙古人种为主，平均高度较东亚蒙古人矮，身体偏平，肢体也更为纤细。

（二）东方服饰形象的整体修长美感

如果说对白肤色的偏好是中国、日本、朝鲜等国女性的普遍情况，那么对较高、较修长服饰形象的偏好则是东方男女两性自早就有的共同偏好，比如《诗经·卫风·硕人》中描写庄姜美貌："手如柔荑，肤如凝脂，领如蝤蛴，齿如瓠犀，螓首蛾眉，巧笑倩兮，美目盼兮。"[①] 这一篇中两次歌颂了庄姜颀长的身材，首先是开篇的"硕人其颀，衣锦褧衣"（褧音炯，古时女子出嫁时在途中所着外衣），其次是"硕人敖敖，说于农郊"，其中"敖敖"《辞海》解为"长大貌"。诗末句则同样歌颂了随庄姜同来的众女和齐国诸臣："庶姜孽孽，庶士有朅。"其中"孽孽"也为"长大"之义，"朅"有"武壮高大"之义。

《卫风》中这种对高挑身材不加掩饰的热爱似乎不单见于东方服饰文化圈内部，目前除了少数以胖为美的民族（比如南太平洋上的汤加和萨摩亚），世界上几乎大多数民族对美丽的定义中都有身材高大一项。或许这其中有社会因素，也有动物本能，诸如雌象在选择雄象时，就明显地

---

① 金启华译注：《诗经全译》，南京：江苏古籍出版社，1984年版，第128页。

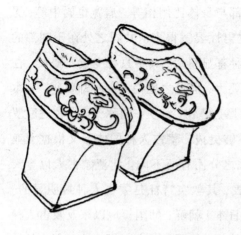

图 81　能够增加穿着者身高的旗鞋
（王家斌绘）

喜欢形体高大的，这在生物学中已经得出结论。从视知觉角度分析，一个人服饰形象的修长或敦实，归根到底都是视觉中的一种形状，东方人崇尚修长由来已久。当然，必须适度，这也许只有"黄金分割律"才能最终解释这种视觉感受。由此便不难理解某种服饰的增高原理了。（见图 81）

除了前面提到的一些例子外，屈原对利用高冠塑造美好巍峨的形象很有偏好，如其名句"高余冠之岌岌兮，长余佩之陆离"。他在《九章·涉江》中索性写道："余幼好此奇服兮，年既老而不衰。带长铗之陆离兮，冠切云之崔嵬。被明月兮佩宝璐，世混浊而莫余知兮，吾方高驰而不顾。"① 奇服，奇伟之服，以喻高洁之行。长铗，指剑柄或曰刀身剑锋。切云，是当年的一种高冠。通过分析屈原对高高切云冠的热爱，可以得出这样一种解释，即他的审美观只能代表社会中上层文人，因此对高冠的偏好与炫耀自己在纵向体系中的高等级有关。

如果说高冠是从物理意义上使着装者的服饰形象变得修长，那么许多长袍等服饰似乎增加了着装者高度的服饰实际上没有改变其物理尺度，所以这种修长的视觉美感只能是其他审美观照者或着装者自己的一种视错觉。显然，这样的民族，一般讲究服饰遮覆面大，这些长而不阔的基本呈平整垂直状态的长袍、长衫和长裙以及长坎肩——比甲等，就属于为着装者营造修长视觉形象的典型案例。总之，这些服饰形态能够掩盖其躯体与下肢的真实比例，直至近代"五四"运动时期中国革命青年依然讲究身穿长袍、颈绕毛围巾，再戴顶礼帽，下穿西式裤、皮鞋。这套

---

① （宋）朱熹集注，李庆甲校点：《楚辞集注》，上海：上海古籍出版社，1979 年版，第 79 页。

服装既有中式的含蓄内敛与流畅，又有西式的飒利与干练。而且，修长的服饰形象显示出现代气息的儒雅。细究起来，这一魅力就在于男子套装从视觉效果上打破了西装上衣下装的间隔，使亚洲男子相对西方人稍短的腿部比例变得不再明显，穿着这身套装的男子身材普遍显得高挑挺拔。

（三）东方服饰形象的局部修长美

当然，还有侧重于塑造服饰形象局部修长美感的服饰，比如中国和日本的传统服装多为低领或平领，很少采用高领。中国唐代服装款式应用在日本和服上以后，显得日本女性的雪颈修长。实际上，这正是由于低领使蒙古人种本来不太长的脖子从视觉上显得长了不少。

近现代东方服饰形象，明显受到西方服饰形象和着装观念的影响。在其现代化变革过程中，长袍、长衫等不露出双腿轮廓的服饰已基本不在正式场合使用，即使保留下来的日本男子和服也主要是居家和节庆之日穿着。因此，传统上依靠遮挡双腿轮廓以拉长身体比例的做法归于无效，只能从局部入手使着装者具有挺拔修长的美感。在这方面最具代表性的莫过于中国的中山装。中山装虽然以西服和学生装为范本，却将中国清代的翻折领衣和现代学生装的直立领结合起来，使着装者胸前平顺，显得朴实规整，而且可使相对较矮的着装者身材看起来修长许多。总之，相对于原来的中式服装，中山装由于采用了科学的西式剪裁技术，符合人体比例与结构，在腿部裤装形式缩紧并挺直的同时，实现了东方服饰领、腰、腿等部位的局部修长的美感。

四、东方服饰形象的性别特征强化美

东方男女两性的服饰形象差别十分明显，但是差别之处与西方迥异。其社会原因在于：社会美体现于生生不息和有序发展之中，男性和女性社会成员明确自我性别角色，履行各自社会职责是实现这一社会美的重要途径之一，因此服饰形态差别就成为强化彼此差异的主要塑造手段。当然，还有一层原因，即男女服饰出于审美原因各自强调彼此性别特征，遂使得差异在这一过程中逐步拉大，而东方服饰形象的审美对象价值正在这里得以实现。

（一）两性体态特征与服饰的作用

从人类进程来看，尽管社会体系发展极为复杂，但男女的体态特征差别依然带有最基本的生物学基础而非社会性的美学基础。举一个很简单的例子，如果女性的柔弱体态超过了能健康生育的幅度，那在男性眼中一般就不是美的。因此欣赏女性病态美的社会也必然是病态的。中国历史上著名的"环肥燕瘦"的故事就很能说明问题，当以体轻闻名的赵飞燕受宠于汉成帝的同时，社会土地兼并严重等危机愈演愈烈。最终，当赵飞燕于公元前 1 年自杀后 9 年，即公元 8 年，王莽篡位，曾经强大的西汉王朝走到了尽头。这是因为执掌社会权力的男性对女性的审美已经完全不以能健康生育为标准，在猎奇和寻求刺激的同时放弃了保证种族繁衍的基本责任感，这样的社会必然崩溃，类似的例子在世界上屡见不鲜。

服饰，往往被利用来强化男女两性这种体态的不同，而且越是社会发展程度高的民族，男性和女性服饰的差异就越大。男女的体态差异有社会因素，但更多是由基因决定的自然选择在发挥作用，男性的宽肩、高大、肌肉发达以及女性自然形成的身体曲线都是自然选择的结果。而服饰正是以形制来分别强化两性的各自特征，以双方进一步的彼此选择作基础，保证各自的基因能够最大限度地流传下去。

（二）东方服饰强化男性特征美

东方服饰强化男性体态特征美有两种方式。首先是加强形式美感，比如增大着装者高度和视觉体积等。在这种方式中，用于强化男性形体特征的部分手段，与具有防御、等级内纵向识别的手段有所重合。比如硬质的皮甲和金属铠甲就在实现物质与视觉功能审美价值的同时，也增大了男性着装者的体积。即使在民服中这一特征也普遍存在，以蒙古族摔跤服（蒙语"昭得格"）为例，这种服饰中雄壮与华美并存，既有戏装般的五彩缤纷，又有戎装般的威武实用。其上身为皮革制的绣花坎肩，坚硬如铁，坎肩的边缘更有一道道银质铆钉，后背中央则往往有圆形的银镜或吉祥文字的图样。摔跤手腰间扎有特制的宽皮带（也有绸

质的），皮带上同样嵌有银钉，既
威武又有护腰的作用。下身穿极
肥大的白绸长裤，多褶易于活动。
裤外再套吊裤，缘边绣花，膝盖
处还绣有兽头，平添了威赫之感。
足蹬毛布质的"马海绣花靴"或
"不利耳靴"。这一身穿戴，增大
了着装者的体积，并利用皮革和
金属营造出坚硬质感，完全可以
实现自身强化性别特征的审美价
值。（见图82）

　　东方男性服饰强化男性体
态特征美的另一种方式是破坏形
式美感，以反常服饰形态来塑造
崇高感。比如腰刀等随件对于强
化男性特征既有象征意义，也能
打破相对完整、圆满的着装者原

图82　蒙古族摔跤手服饰形象
（王家斌绘）

有服饰形象轮廓，使优美感的营造成为不可能，转而形成壮美感，甚至于
像"巨大的可怕的事物"（英国美学家博克语）一样具有崇高感。古代东
方有一定地位的男性通常佩刀、佩剑，比如三闾大夫屈原在《九歌》中描
述："抚长剑兮玉珥，璆锵鸣兮琳琅。"[①]珥，即古耳环，在这里指剑护手两
旁的环，璆和锵分别形容玉器和金属在碰撞时发出的声响，这里生动地描
述了楚国男子佩长剑的服饰形象。日本的武士阶层对佩刀更为讲究，在东
南亚几个国家中，男子佩刀行为十分普遍，如爪哇男子所佩的犀角柄匕首
"不刺头"。在某些情况下，也强化男性体态特征，如居住在中国凉山的彝
族男子头缠黑色包帕，包帕的一头裹成尖锥状，高高翘起，即是彝族男人
心中神圣的"英雄结"。这其中固然有彝族天崇拜观念的因素，但从视觉

———————

① （宋）朱熹集注，李庆甲校点：《楚辞集注》，上海：上海古籍出版社，1979年版，第29页。

上看，通过增加外伸刺状物，直接
破坏了原本完整可形成优美视觉
观感的廓形，从而使男性形体特
征具有更强的攻击性。（见图 83）

（三）东方服饰强化女性特征美

东方传统服饰，经常采取遮
掩女性第二性征的做法，《礼记》
中曾记载儒家对女子服饰所做的
烦琐规定，主要是要"拥蔽"其
身。日本女性的和服也采取用布
带绑扎胸部和不突出腰身等做法。
当然，这些现象并不能说东方传
统服饰完全排斥女性特征美，比
如远较男服鲜艳的色彩，尽量不

图83　典型的凉山彝族男子，包头上扎有
"英雄结"，身披"察尔瓦"，显露出古
代武士般的豪迈与英武（王家斌绘）

扩大着装者体积的服饰形制，等等。究其
根本原因，还是与东方服饰拥有世界上
最为复杂、层数最多的体系内纵向标示
手段一样，东方传统农耕社会人口密度
大，必须使社会生活极为有序，通过服饰
抑制女性突出性别特征美在一定程度上
能杜绝对其他男子的吸引力。所以，传统
东方女性的服饰不像西方服饰那样夸张
身姿，也不主张突出富有女性魅力的曲
线美。直到 20 世纪，礼教本身受到严厉
批判，才出现受西方着装观念与服饰形
态影响的新型女子服饰，如中国改良旗
袍。（见图 84）

改良旗袍的形态将塑造女性修长的

图84　改良旗袍（王家斌绘）

整体服饰形象放在首位。从外观上看，从紧扣的衣领一直到刚遮住足部的下摆，改良旗袍几乎利用了服饰所能利用的全部长度，同时相对于改良旗袍的前身——旗女之袍的直腰身，改良旗袍又通过富于悬垂感的服饰质料和特有的拉伸技术，使服饰紧附而不是紧贴着装者身体，有助于表现鲜明柔美的女性曲线。角度走向富于韵律的胸前斜襟更赋予了这一修长形象以动感，即视知觉中的"不动之动"。剪裁得称身适体的旗袍，再加上西式高跟皮鞋的衬托，足以将女性特征美表现得淋漓尽致。

　　除此之外，东方女性服饰，不论是传统的还是近现代经过改良的，还经常通过丰富细节来突出女性特征美。比如为了强调女性面颈部的平滑、柔润、浑圆，女性着装者非常重视以耳环来烘托面容，以项链来突出颈项之美。

　　与男性服饰特征不同。女性服饰往往尽量不破坏整体轮廓，甚至利用部分袒露来显现原有曲线。比如女性服饰的肩部结构，以不上肩连袖旗袍或中式小棉袄等服饰来显露女性较窄的肩部生理特征。如前所述，女性较男性较窄且轮廓圆滑的肩部是自然选择的进化结果，显露出来则是为了表明着装者无攻击性，更容易得到异性的注意而非敌意，这种基于生物学原理的着装规律是服饰现象的常态。（见图85）

图85　露出肩部的泰国女舞者的服饰形象（王家斌绘）

五、东方服饰形象的文化意境美

　　东方服饰形象的文化意境美即特定时期和特定背景下，着装者倾向于按照某种自然物形态或非现实事物形态塑造自身服饰形象，由于审美主体认为这些自然事物具有自然美和人性美（他们将自然物人化了），所以类似这些自然事物的服饰形象自然也就具有美感。

与前述三种服饰形象审美价值实现路径都有所不同，文化意境美的审美价值实现路径不是视知觉和生物学的，而是文化性的。东方服饰形象表现色彩搭配美需要服饰品色彩与着装者肤色的对立统一；表现形体完善美和性别特征强化美依靠的是服饰品形态与着装者体态、相貌的统一，与之相比，文化意境美依靠的是服饰品形态与着装者的神态、气质的统一。

由于文化意境美的审美主体范围有限，因此多体现于特定时期，最明显的如中国魏晋南北朝。当时政局动荡，无数满腹才华的士人空怀报国之志，终日饮酒、奏乐、吞丹、谈玄，借此来宣泄被压抑的个人情怀。他们在社会生活中遭遇的种种不如意，使他们动摇了从小所接受的儒家信念。万般无奈之中产生了出世思想，崇尚老庄，向往庄子那样"逍遥乎山川之阿，放旷乎人间之世"。他们在着装上有意违抗汉以来一统天下的儒家礼仪规范，极力制造出一种超凡脱俗的，只能为他们自身和同道所理解的文化意境美。（见图86）

图86　明王仲玉《陶渊明像》

追寻这种美感的渠道一方面来自文字，南朝宋刘义庆所撰的《世说新语》记录了魏晋士人的思想、言行和音容笑貌，从中可以看出当时轻视礼教、注重个性发挥的时代精神。这种时代精神就是产生特殊服饰文化意境审美观的土壤。

《世说新语》中将士人服饰形象形容为劲风、岩石、山峦、垂柳、野鹤、珠玉、游云、瑶林、琼树等自然事物，并从这种视觉观感中体味到美感的做法，就是魏晋士人独特文化意境审美价值观的具体体现。这种美感基础首先来自这些自然物的特殊形态，如岩石、垂柳，或特殊生活习性，如野鹤、孤鹜，这是一种超脱空灵的俊逸之美，只能由士人表现，也只能由非体力劳动者来体味。

还有一些"风姿特秀""爽朗清举"的美感表现形式既不是模仿自然物，也不是模仿非自然物，但依然符合当时制定的众多文化意境美审美标准，如生气、骨气、风骨、风韵、自然、温润、情致、神、真、韵、秀高等，这些审美标准已经在一定程度上超越了服饰形象的一般美，深入到服饰形象特殊美的层面了。

这种文化意境美还可通过造型艺术形式保存至今，如在南京西善桥出土的魏晋砖印壁画《竹林七贤与荣启期》中，可看到几位文人桀骜不驯、蔑视世俗的神情与装束。唐末画家孙位《高士图》中，也描绘出魏晋文人清静高雅、超凡脱俗的气概，以及他们所追求的"飘如游云，矫若惊龙""濯濯如春月柳"等特殊的文化意境美。

六、西方着装方式对东方服饰形象美的影响

工业革命意味着机械工业的大发展，这种生产方式的改变和生产力的提高无疑对机器使用者，也就是社会中人的服装款式和纹样产生了根本性影响。

首先是交通工具的改善，社会节奏的加快不允许再穿以前那样的烦琐服装。更重要的是飞速发展的机械化使人的审美观念发生了根本的变化，随着工业机械和工业产品的外形和功能的出现，人们开始崇尚率直、简洁、大方和整体感。整个社会生活的节奏都由于蒸汽机的带动而突然加快，随之而来的自然是对以前宽大服装大刀阔斧的改革，合身、简洁、舒适、轻松、简便、大方、少饰件的西服，赋予了19世纪欧洲男子以崭新的精神面貌，并使他们能适应社会生活和工作的快节奏。

传统的东方服饰形象审美观念植根于农业文明，因此当工业革命的影响辗转但汹涌地来到东方时，自然受到巨大的冲击。相较于大陆国家

图87　20世纪初传至中国的学生装形象
（华梅藏）

中国清王朝，岛国日本更快捷地感受到这一变化，当19世纪中期日本被美国的佩里舰队打开门户时，日本人以其岛国民族特有的快速求变能力，开始了卓有效率的革新运动，史称"明治维新"。其中很重要的一点就是服饰改革，将西式服装的设计与剪裁引入学生装和军服制作中。尤其是学生装，大体上具有西服合体、挺括的特征，立领，胸前只有一个口袋。学生穿着后，可以体现出健康向上的个体精神风貌与整齐划一的群体服饰形象，在日本，这一学生装的基本形制几经微调，一直延续至今。日本学生装随着中国留日学生返乡也渐渐播散开来，学生装质朴、整洁的外表，没有任何多余琐碎的装饰，在一定程度上体现了东亚儒家文化的内敛精神，符合后起国家勤俭奋发的心态。因此，众多留学生将日本学生装带回中国，并引发一部分公务员、教师模仿穿着。日本学生装对西服元素的间接吸收，成为中国日后国服——中山装出现的第一块基石。（见图87）

另一方面，随着鸦片战争的失败，清政府被迫开放贸易，西服形态也直接登陆中国。应该说，当19世纪末西装伴随西方殖民者进入中国时，也正是这种服装在欧洲大陆不断交融、演变，直至大体定型的时间，中国有识之士敏感地认识到，西服便于动作、剪裁技术精致、符合人体工程学，又可以巧妙通过衣服的廓形弥补人体的不足之处，使穿着者显得挺拔健壮，仪态不凡，同时遍布衣服内外的明袋和暗袋可以利用人体与衣服的空隙携带物品。正如时人所言："西装严肃而发皇，满服松缓而衰懦"，"西装之精神在于发奋踔厉，雄武刚健，有独立之气象，无奴隶之性根"。康有为在《戊戌奏稿》中也振聋发聩地警告国人，原有的东方式服装已不符合机器之世了。

当然，西装本质上的先进性只是其流行的一个诱因，更重要的是这种服装背后无形的强大经济、文化、军事力量。不管怎么说，接触西方文化影响的人开始穿西装，这正是中山装形成的第二块基石。

以工业文明为背景的西式服装，对东方各国，包括中国、日本、朝鲜、东南亚传统服饰形象艺术审美观和艺术审美价值实现路径的影响都是深远的。这一变革的确瓦解了很多东方服饰传统，但也使多个东方民族得以跟上工业化社会的节奏。从这一角度上说，东方民族在部分场合换着西服或经过西式剪裁技术改造的服饰，从根本上并没有违背东方传统哲学的精髓："不慕古，不留今，与时变，与俗化。"[1]

第四节　着装内涵

着装内涵也作为审美对象，这在现实中应该是虚的，不呈现物质形态。但是，东方服饰特别强调内涵，每一个细节都有深刻的社会意义在内，如中国古代最正规、最高级礼服上的"十二章"，即是十二种图案分别在讲述各自寓意，有的是提醒君王，有的又是在提示下属，或说告诫臣民。东方服饰的这一特征，使其着装内涵也必然地成为审美对象，甚至于说没有内涵的服饰品或服饰形象，反而显得很不完整。

论及东方着装内涵，首先涉及的就是深入民心并曾产生或说至今依然存留的中国哲学思想，还有一些宗教教义等，这里都含有政论倾向。

可以这样说，服饰的审美价值问题一直是东方传统哲学高度关注的对象，诸位先贤不但激烈争辩，还竞相提出各种关于着装规矩的设想，可

---

① 李山译注：《管子》，北京：中华书局，2009年版，第253页。

操作性有高有低。当然，各种观点中有不少是反对服饰的过分修饰。要理解这是在中国古代农耕生产方式背景下提出的，而更重要的是为了维护统治集团的政治需求，东方特色也正在此。

一、儒家归"礼"

儒家学说创始人孔丘（前551—前479），是中国春秋时期伟大的思想家、教育家、政治活动家，他在服饰上所体现出来的哲学思想，成为中国着装观念的长期依傍，致使中国服饰数千年来因循儒家思想，根深蒂固，成为中国政治思想中不可或缺的一部分，"文质彬彬，然后君子"就是孔子服饰美学观的核心思想，其中包含了服饰品的艺术价值、服饰形象美和着装行为体现的人性美以及生活美等多重含义，其中最根本的还是"礼"，即维护统治秩序。

孔子所说的"文"是形式，而"质"是本质，那么这里的"文"是不是就能等同于服饰的审美价值呢，很难一言以蔽之。关于这一概念，在《论语》中不同处有不同用法，《论语·泰伯》记述："子曰：大哉尧之为君也！巍巍乎！唯天为大，唯尧则之；荡荡乎！民无能名焉。巍巍乎其有成功也，焕乎其有文章！"[1] 清刘宝楠《论语正义》引旧注："焕，明也。其立文垂制，又著明。"这里孔子所谓的"文章"，是指黄黼黻衣、丹车白马、雕琢刻镂之类的文饰或文采。按此说，孔子是极重视服饰之美的。《论语·泰伯》中记载孔子在谈到禹的业绩时称赞禹"恶衣服而致美乎黻冕"，宋朱熹集注："黻，蔽膝也，以韦为之；冕，冠也。皆祭服也。"当代学者杨伯峻《论语译注》解释道："禹平时穿得很坏，却把祭服做得极华美。"[2]

再比如，《论语》中曾提到一个与孔子同时代的卫国大夫棘子城，《论语·颜渊》记载："棘子城曰：'君子质而已矣，何以文为？'子贡曰：'惜

---

① 杨伯峻译注：《论语译注》，北京：中华书局，1980年版，第83页。
② 同上，第84—85页。

乎！夫子之说君子也，驷不及舌。文犹质也，质犹文也；虎豹之鞟犹犬羊之鞟也。'"① 这段文字明确记述了两种观点的交锋：棘子城认为，君子只要具备品质修养就可以了，何必要注重外在形式呢？孔子弟子子贡反驳了他，认为如果说"质"可以代替"文"的话，那么具有美丽且多彩毛色的虎豹，在去掉毛色之后就再也看不出区别了，甚至与去掉毛色的犬羊也难分辨了。这种形式逻辑的推理方法显然是错误的，如果按照现代逻辑学的原理，子贡的反驳违背了"同一律"。因为动物的皮毛只是天然生成、无法选择的"外壳"，与人穿衣服带有主观能动性不一样。当然，这里子贡的话无所谓对错，只要鲜明地突出自己的观点就好，他以毛皮为例强调有关事物外在形式美有其不可否认的价值这一点，恰恰强调了儒家认为服饰形象也相当重要的着装理念，这一点明显异于墨家和道家。

　　这些论点说明儒家重视的服饰之美，并非来自审美自觉，而是强调通过服饰之美来加强礼仪服饰的规范化，即重视服饰本身的等级标示功能和其他社会功能，从而实现视觉功能美、强调着装者的行为美，并辅助实现社会美。因为"礼"起源于祭祀，而祭祀又直接关乎社稷，孔子始终致力于"复礼"，就是要恢复西周的政治典章制度和道德规范。

　　总之，儒家对"文"的重视以及孔子对"文"与"质"关系的理解，可以完全通过服饰，即着装内涵表现出来。尽管"文"与"质"二字的释义相当宽泛，但至少在东方服饰审美活动的理论框架中，"文"代表服饰品和服饰形象的外在美完全解释得通。关于"质"，孔子在《论语·卫灵公》中说："君子义以为质，礼以行之，逊以出之，信以成之。"② 在《论语·颜渊》中又说："夫达也者，质直而好义。"③ 很明显，孔子所说的"质"，是指人内在所具有的伦理品质，或"君子"的个人修养，这显然是"礼"的表现。

　　《论语·雍也》中对孔子所言的"文"与"质"的辩证关系做了精辟

---

①　杨伯峻译注：《论语译注》，北京：中华书局，1980年版，第127页。
②　同上，第166页。
③　同上，第130页。

分析："子曰：'质胜文则野，文胜质则史。文质彬彬，然后君子。'"①也就是说，没有合乎礼仪的外在形式（包括服饰），那么就像是鄙劣、粗俗的凡夫野人。结合儒家其他论著，可以看出野人一般是指乡野之人，即社会底层缺乏文化修养的重体力劳动者。当然，如果只有美好的合乎"礼"的外在形式，能掌握一种符合进退俯仰的、给人以庄严肃穆的美感的动作姿势（包括着装礼仪），而缺乏"仁"的品质，那么任何包括服饰在内的外在的虚饰，都只能使人感到像是浮夸的史官。彬彬，相配貌，书中指文质相和谐、匹配。所以，孔子对着装行为与人性美的观点不能被简单地这样认为：只要穿着高雅，具有外在美，就说明着装者具有美好的品德，即具有内在美。而是只有高雅穿着与良好修养同为着装者所有，即内在美与外在美实现统一，才能说明着装者具有人性美。而且相比于着装行为，孔子强调的外在美更侧重于服饰品的艺术美和服饰形象的艺术美。

与孔子的观点相比，孔子理论的继承者、孔子以后儒家学派中最有影响的人物之一——孟柯（前372—前289），在服饰与人性美关系上虽基本赞同"文质彬彬，然后君子"的说法，但至少在两个方向上有所发展深化。

首先，与孔子强调内在与外在平衡为美的观点相比，孟子在论述内在与外在的关系时更侧重于内在的修养，强调对个体人格的认识与提高，明确地把人格精神、道德上的善、政治上的"礼"与外在形式有机地结合起来。如孟子在提到实现个体人格的自觉努力时，强调要"善养吾浩然正气"。《孟子·公孙丑上》："敢问夫子恶乎长？曰：我知言，我善养吾浩然之气。敢问何谓浩然之气？曰：难言也！其为气也，至大至刚，以直养而无害，则塞于天地之间。其为气也，配义与道；无是，馁也。是集义所生者，非义袭而取之也。行有不慊于心，则馁也。"②由此来分析，可以看到孟子所说的"浩然正气"，是一个人的人格修养，被中国当代哲学家概括为个体的情感意志同个体所追求的伦理道德目标交融统一所产生的一

---

① 杨伯峻译注：《论语译注》，北京：中华书局，1980年版，第61页。
② （宋）朱熹注：《孟子集注》，上海：上海古籍出版社，1987年版，第20—21页。

种精神状态，显示了个体巍然屹立的人格的伟大与坚强。就审美对象中的东方着装内涵而言，可以把它概括为孟子在外在形式（包括服饰）与内在精神的比较之中，更看重内在的已经社会化了的意识。当然，这并不等于说孟子忽视了服饰。毕竟"气"在俗语中已经包括了气质、气概、气宇的内容，即神与形的统一体。

其次，孟子比孔子更强调着装行为这一动态过程。比如，在《孟子·离娄下》中，孟子曾说："西子蒙不洁，则人皆掩鼻而过之。虽有恶人，斋戒沐浴，则可以祀上帝。"① 西子即西施，在这里泛指绝色女子，此处系与恶人相对而论，有形美和形丑的区别。因为历代注释中均释孟子该处所言恶人，是丑类者。由此可以得出这样的结论，就是孟子认为本质固然重要，但如果不注重修饰，人虽属美、善兼之，但也容易引起众人的厌恶。这里的"不洁"，可以解释为言行，也可以理解为修饰（如衣冠不整之类），均属行为的内容。孟子认为，假如本身所具备的素质较差，但注重修饰，也可以具有参加祭礼的资格。因为祭礼是相当严肃的，不从思想高度郑重对待，不注重个人的服饰礼仪，是大忌；而参加祭礼，能显示身份的高贵。这里的"斋戒沐浴"，既可以指品德上的自省，也应该包括着装郑重典雅。再结合孟子在《孟子·尽心上》中所说的"君子所性，仁义礼智根于心，其生色也，睟然见于面，盎于背，施于四体，四体不言而喻"② 来看，说明孟子认为内在与外在是互通的，人内在的修养完全可以反映在他的外在行为上。外在行为（包括着装行为）并非孤立存在的，而是一个人综合品格的体现。从这一点可以说，正是孟子使儒家"文质彬彬，然后君子"的思想更为合理、全面以至臻于成熟。

先秦儒家的最后一个重要代表人物荀况（前313—前238）活跃于战国末期。这一时期中国社会的复杂程度不断提高，传统的政治"范式"已经被打破，新的政治既得利益阶层——封建统治者需要巩固、扩大和加强上层权力，这就要对逐渐萌发自我意识的其他社会阶层进行控制。

---

① （宋）朱熹注：《孟子集注》，上海：上海古籍出版社，1987年版，第64页。
② 杨伯峻译注：《孟子译注》，北京：中华书局，1960年版，第309页。

在经过长时期开发、人口稠密的中原地区，这也是社会发展的必然趋势。荀子生于此时，其思想在相当程度上趋向于宣扬上层统治者的利益，他在肯定了功利是人（实为统治者）的正常需求的同时，又要求人们对欲望的满足要有节制，即合乎礼仪。因此荀子思想仍属于儒家范畴，但又与孔、孟有所差异。荀子肯定艺术形式美，又强调政治的约束力量，两者综合作用，使得提倡建立以有等级区分的服饰形态的健全服饰制度成为荀子服饰美学观的主要特征。

荀况在《荀子·修身》中提出："食饮、衣服、居处、动静，由礼则和节，不由礼则触陷生疾；容貌、态度、进退、趋行，由礼则雅，不由礼则夷固僻违，庸众而野。故人无礼则不生，事无礼则不成，国家无礼则不宁。《诗》曰：'礼仪卒度，笑语卒获。'此之谓也。"① 在这里，他阐述了"礼"的重要性，并认为衣服需要服从"礼"的规范。将无形的规范倡导作为有形的制度确定下来，是荀子的理论突破。《荀子·王制》即进一步强调："衣服之制，宫室有度，人徒有数，丧祭械用皆有等宜。"②《荀子·富国》说得更具体："礼者，贵贱有等，长幼有差，贫富轻重皆有称者也。故天子朱裷衣冕，诸侯玄裷衣冕。大夫裨冕，士皮弁服。"③ 就是说，在一些特定礼仪场合，衣服既要分出身份的高低贵贱，又要视大礼的轻重而定。如天子、诸侯在同需戴冕冠、穿画龙衣的祭礼上，也要以天子服朱、诸侯服玄（黑）来区分。而且大夫参加祭礼需戴冕冠时，礼服则要穿次等的。《仪礼·觐礼》明确规定："侯氏裨冕。"郑玄注："裨冕者，衣裨衣而冠冕也。裨之为言卑下也。天子六服，大裘为上；其作为裨，以视尊卑服之，而诸侯亦服焉，鷩冕、絺冕皆是也。"④ 这说明当年礼仪对服饰要求很严格：同一种裨衣，天子、诸侯也服，那就是在其礼仪规格相对较低的时候用；皮弁，是以白鹿皮做成的冠；穿"素积"衣裳，即以布做成的在腰中辟蹙（折裥）的服式。荀子在讲过上一段话之后，特别阐述："德必称位，位必

---

① （唐）杨倞注，耿云标校：《荀子》，上海：上海古籍出版社，1996 年版，第 8 页。
② 同上，第 77 页。
③ 同上，第 89 页。
④ 陈戌国点校：《周礼·仪礼·礼记》，长沙：岳麓书社，1989 年版，第 215 页。

称禄，禄必称用，由士以上则必以礼乐节之；众庶百姓则必以法数制之。"这些与儒家礼制思想一脉相承，或说更为清晰，更为规范。

为了使服饰视觉形态多样化以更有利于服饰制度的设立，《荀子·礼论》中又说："卑絻、黼黻、文织、资粗、衰绖、菲繐、菅屦，是吉凶忧愉之情发于衣服者也。……两情者，人生固有端焉。若夫断之继之，博之浅之，益之损之，类之尽之，盛之美之，使本末终始莫不顺比，足以为万世则，则是礼也，非顺孰修为之君子莫之能知也。"①这里明显是在论述服饰在礼制中的作用，但为了晓之以理，动之以情，将一些具体服饰分别赋予人的感情，意欲说明这些服饰的产生并非是无缘无故的。唐代杨倞在为《荀子》作注时解释这段话说："卑絻，与裨冕同，衣裨衣而服冕也。裨之言卑也。……文织，染丝织为文章也。资，即齐衰也。粗，粗布也。今粗布亦谓之资。菲，草衣，盖如蒉然，或当时丧者有服此也。繐，繐衰也。郑玄云：'繐衰，小功之缕，四升半之衰也。凡布细而疏者谓之繐，今南阳有邓繐布。'菅，茅也，《春秋传》曰：'晏子杖菅屦'也。"两情，指人间之至情，这是天生的，并不是出于礼。人虽自有喜怒哀乐之情，必须礼以节制进退，然后终始合宜。这些具体的对服饰的论述，实则是荀子在一遍一遍地重述自己的政治主张。归根到底，就是要使统治意志渗透到被统治的人的感觉和情感之中，从而使人的感性与社会（政治）需要的理性相统一。与孟子"养吾浩然之气"相比，荀子显然在要求个体人格完善的同时，更着重了服饰的视觉形态。无论从哪一个角度讲，考虑的都是如何把人对服饰的需求（欲）同服饰应有贵贱之差（礼）统一起来，使服饰工艺如何提高，都要为"礼"服务，绝不能因求其美而违背了"礼"。

虽说荀子理论对后世的影响整体而言不及孔、孟深远，但就服饰品的具体作用的论述来说，荀子的观点较之前两位更有针对性，并由泛泛而谈深入到制订详尽规划的尝试。特别是服饰要"贵贱有等、长幼有差、贫富轻重皆有称"的观点对后世影响很大，极大地推动了后世服饰文化中服饰要标示着装者等级的思想。汉代"独尊儒术"的董仲舒，也在此基础

----

① （唐）杨倞注，耿云标校：《荀子》，上海：上海古籍出版社，1996年版，第205页。

上明确申明："虽有贤才美体，无其爵不敢服其服。"汉贾谊也说："贵贱有级，服位有等……天下见其服而知贵贱。"而且，"非其人不得服其服"的规制，被记载在历代《舆服志》中，并以极大的强制性规定下来，所影响的着装者非以百万计。

　　总起来看，儒家的论述中总也少不了"礼"，因而就着装内涵来讲，也就自然少不了礼服。《论语·卫灵公》中还记有一段："颜渊问为邦。子曰：'行夏之时，乘殷之辂，服周之冕，乐则韶舞。'"① 显然，礼仪中戴周代礼服中的冕冠，是恢复周代文物制度的一项重要的政治体现。这说明儒家极为提倡在礼仪中严格关注服饰这一鲜明形式，或曰服饰必合于礼的规范。因为儒家学说自汉"罢黜百家，独尊儒术"以后，长期占据官方统治思想地位，历代政权普遍重视服饰的更深层次的审美价值，以此为自己的政权稳固服务，这种强烈的需求直接推动了中国服饰的质料、工艺和纹饰等方面的进步，也加深了着装内涵的东方印迹。

二、墨家归"用"

　　墨家学派创始人墨翟（前478？—前392？）活跃于战国初年，《墨子》一书是其哲学思想的代表作。

　　墨家的服饰品物质形态美学观很简单——节用为美。"节用"来自《说苑》一书所载墨子的一篇言论："诚然，则恶在事夫奢也。长无用，好末淫，非圣人之所急也。故食必常饱，然后求美；衣必常暖，然后求丽；居必常安，然后求乐。为可长，行可久，先质而后文，此圣人之务。"②

　　这段话中对"先质而后文"的强调，显然是对儒家服饰美学观代表——孔子的"质胜文则野，文胜质则史"绝非委婉的批判。事实上，墨子一直坚持以"节用""非乐"为基本观点去反对儒家讲究的厚葬久丧、繁文缛节等，尤其是反对儒家所倡导的"礼乐"仪式。在《墨子·非儒

---

① 杨伯峻译注：《论语译注》，北京：中华书局，1980年版，第164页。
② （清）毕沅校：《墨子》，上海：上海古籍出版社，1995年版，第80页。

下》中，他攻击孔子："孔某盛容修饰以蛊世，弦歌鼓舞以聚徒，繁登降之礼以示仪，务趋翔之节以劝众。"① 这大概就是《世界文明史》（以及类似的西方学者观点）认为儒家的敌视是墨家思想"在周朝灭亡以后就消失了"的部分原因。与激烈言语留给人们的深刻印象不同，墨家服饰美学观本身却不能简单地看作是与儒家思想反其道而行之的理论。事实上，两者并不处于一个轨道中，儒家的服饰美学观偏重于服饰视觉形态的审美价值，而墨家则完全集中于服饰物质形态的审美价值，尽管谈到了"先质而后文"这样的憧憬，但墨家的服饰美学观似乎只重视"质"，而没有或很少考虑到"文"。

《墨子·辞过》更为广泛地论及墨家服饰功能美学观，其中有这样的名句："故圣人为衣服，适身体，和肌肤而足矣，非荣耳目而观愚民也。"② 大意为衣服能暖身适体，具有实用功能和实际效用，能满足人们的生活需求，就足够了。人们也应该满足于这种水平，没必要去追求艺术性或是以此去显示身份。显然，在墨家服饰审美观中，"节用"不只意味着节俭，而是够用就好，不追求比这更高的目标，因为节俭本身就是目标。这恰恰是一种非功利的服饰审美观，与法家将节俭看作达到目的的手段有根本不同。

墨子有此立论并非偶然，最主要原因，是墨子站在生活贫困、勉强能够维持生计的小生产者的利益上，认为衣服只是基本生活资料。《墨子·非乐上》说："民有三患，饥者不得食，寒者不得衣，劳者不得息。三者，民之巨患也。"③ 所以，墨子以此推论，认为如果民众的最低生活标准达到了，那么就不会出什么乱子了。《墨子·尚贤下》明确说："若饥则得食，寒则得衣，乱则得治，此安生生。"④ 为此，墨子根据当时的社会状态，勾画出一幅理想王国的图画："今也天下言士君子，皆欲富贵而恶贫贱，曰：然女何为而得富贵而辟贫贱？莫若为贤。为贤之道将奈何？曰：有

---

① （清）毕沅校：《墨子》，上海：上海古籍出版社，1995 年版，第 137 页。
② 同上，第 18 页。
③ 同上，第 116 页。
④ 同上，第 35 页。

力者疾以助人，有财者勉以分人，有道者劝以教人。若此，则饥者得食，寒者得衣，乱者得治。"①虽然墨子说了很多，但他所希望的带有乌托邦色彩的"均贫富"方法，在现实世界中实行起来远不是这么简单。

墨家以"节用"为美的服饰品美学观在战国以后就消失了，究竟有多少人曾追随并力求实践这种思想，目前没有资料证实。即使有，其数量和影响显然也极为有限。统治阶层的压制似乎不是主要原因，尽管墨家美学思想主要代表被统治者（一般小生产者），但由于其总体指导思想并不鼓励反抗，几乎没有激进主义色彩，所以在统治阶层看来也没有加以打击的必要性。墨家服饰美学观渐渐湮没的主要原因还要从其过于明显的阶层利益局限性中去寻找，墨翟本人手工业阶层的出身背景应该被看作是一个原因。墨子反对服饰艺术美，并非因为服饰的艺术审美价值不存在，而只是因为不得温饱者暂时不需要它。纵览历史，任何阶层局限性过于明显的思想都是难以广泛流传的，更不必提墨家思想所代表的这个阶层从未掌握过（或试图掌握过）国家机器和话语霸权。再者说，人类对于服饰美的追求其实从未停止过，一朵野花、一束野草都可以使着装者的审美需求得到满足，服饰美并不一定要与经济挂钩。从这个角度来看，墨子的观点也很难被推广，更谈不上延伸。

墨子对服饰艺术审美价值的态度，一部分建立在他"节用"的服饰物质功能美学观基础之上，另一部分则来自他对儒家礼乐之说的强烈反对。他认为儒家讲求服饰（以及乐舞）来为礼制服务是极大的危害："弦歌鼓舞，习为声乐，此足以丧天下。"②同时，他提出了自己的"非乐"主张，并将服饰美学观念融于其中。

《墨子·非乐上》中有这样的表述："昔者齐康公，兴乐《万》，《万》人不可衣短褐，不可食糠糟，曰：食饮不美，面目颜色不足视也；衣服不美，身体从容丑羸不足观也。是以食必粱肉，衣必文绣。此掌（常）不从事乎衣食之财，而掌（常）食乎人者也。是故子墨子曰：'今王公大人惟

---

① （清）毕沅校：《墨子》，上海：上海古籍出版社，1995 年版，第 35 页。
② 同上，第 190 页。

毋为乐，亏夺民衣食之财以拊乐，如此多也。'是故子墨子曰：'为乐非也！'"①就如同墨子将国家之乱归罪于美食美服的道理一样，墨子因为反对儒家，就由礼乐联系到弹奏音乐的人。以至说要那么多人去敲钟击鼓，又要那么多人去陪着欣赏音乐，这些人如果吃得不好，身体容貌当然不会好看；如果穿得不好，服饰形象就没有欣赏价值。为了构成礼乐的美好且壮观的场景与氛围，就必然要去占有民众的衣食之财。不但如此，因为礼乐需要一些从事弹奏的乐人，这些乐人便不能再从事生产，非但不能生产，还要靠别的生产者来养活。以上这些推理，来自于墨子独特的思维方法。从历史背景看，这种反对奢华排场的观点有其积极意义。但现代哲学界部分观点认为墨子提出的"乐太繁"，既"不中圣王之事"，又"不中万民之利"的观点，有些矫枉过正。

墨子认为，如若在衣服做工和纹饰上投入大量的人力和物力，使其超出了实用的意义，势必造成浪费，而且举国上下都去追求服饰美，极易造成社会混乱，那么，这个国家就很难治理了。比如在《墨子·辞过》中，他指出："故民衣食之财，家足以待旱水凶饥者，何也？得其所以自养之情，而不感于外也。是以其民俭而易治，其君用财节而易赡也。府库实满，足以待然；兵革不顿，士民不劳，足以征不服；故霸王之业可行于天下矣。当今之王，其为衣服，则与此异矣。冬则轻暖，夏则轻清，皆已具矣；必厚作敛于百姓，暴夺民衣食之财，以为锦绣文采靡曼之衣，铸金以为钩，珠玉以为佩；女工作文采，男工作刻镂，以为身服。此非云益暖之情也，单财劳力，毕归之于无用。以此观之，其为衣服非为身体，皆为观好。是以其民淫僻而难治，其君奢侈而难谏也。夫以奢侈之君，御好淫僻之民，欲国无乱，不可得也。君实欲天下之治而恶其乱，当为衣服不可不节。"②墨子斥责浪费本身有积极意义，还带有一些理想主义色彩，但因此而把文与质相对立的矛盾绝对化起来，完全否定服饰工艺，特别是完全否定人们（无论统治者还是被统治者）对服饰美（"观好"）的追求，就显得有些片

---

① （清）毕沅校：《墨子》，上海：上海古籍出版社，1995年版，第119页。
② 同上，第19页。

面性。毕竟，两千多年以来的实践证明，着装者追求新奇华美的服饰是具有普遍性的服饰心理因素使然，而服饰设计制作者则在经济因素驱动下竭力满足着装者的需求，只要商品经济的基础存在，只要社会服饰心理大环境不变，服饰品的艺术美就不可能彻底消失，关键在于适度和积极的舆论导向。

总体而言，墨子主张"节用"，并反对儒家所强调的服饰华美形式。但在着装行为与人性美的关系上，墨子却没有完全站到孔子的对立面，反而是在孔子和老子的观点之间做了折中。如《墨子·公孟》中有一段公孟子着儒服去见墨子的记述。公孟子问："君子服然后行乎？其行然后服乎？"子墨子曰："行不在服。"公孟子的意思是品行重要？服装重要？是穿这一类人的服装就会有相当于这类人的品行呢？还是具备这一类人品行的人会从服饰形象上体现出来？从"行不在服"这句回答看来，墨子似乎认为人的修养、道德、情操与外在服饰没有关系，这未免太绝对了。

接下来，公孟子又问："何以知其然也？"墨子曰："昔者，齐桓公高冠博带，金剑木盾，以治其国，其国治。昔者，晋文公大布之衣，牂（母羊）羊之裘，韦以带剑，以治其国，其国治。昔者，楚庄王鲜冠组缨，缝衣博袍，以治其国，其国治。昔者，越王勾践剪发文身，以治其国，其国治。此四君者，其服不同，其行犹一也。翟以是知行之不在服也。"[1]需要注意，墨子所言"行不在服"乍看起来是说服饰的档次与人的品性没有关系，但其引用的这四位国君在各自的小服饰文化圈内，却都属于仪表雍容、穿戴华丽的尊贵者。比如齐桓公处于中原文化中，故"高冠博带，金剑木盾"；晋文公处于中原与戎狄文化交界处，故"大布之衣，牂羊之裘"；楚庄王和勾践的服饰则分别属于楚文化与越文化范围。所以，墨子的论述指的是服饰的形制与人的品性没有关系，这实际上超出了孔子和老子的论述范畴，凸显了东方服饰文化圈内部的服饰文化多样性，以及社会审美价值观和社会着装行为评价标准的多样性。总之，墨子的服饰观显然带有局限性。

---

① （清）毕沅校：《墨子》，上海：上海古籍出版社，1995 年版，第 187 页。

三、道家归"真"

先秦道家学派的创始人是老子。然而，历史上的老子和孔、孟、墨几位思想家不同，他生活的年代、《老子》一书的成书时间、老子的姓名甚至于老子与《老子》的关系都很难说清。西汉司马迁写《老子列传》时就感觉到考证上的困难，后代更是众说纷纭。一说老子即老聃，姓李名耳，字伯阳。

老子思想的根本，是主张完全趋向自然，希望无为而治，他认为当时社会上种种混乱，都是由于文明的发展才引起的。因此，把人们创造历史征服自然的做法，一律认为是违反天然合理的自然规律的，所以老子主张要停止一切物质和精神领域的人为的努力，而以"无为"去达到顺应自然的目的，并认为如此才可以收到满意的结果。由于老子认为纯任自然的状态是人类最理想的状态，这就使得他的理论势必影响到服饰工艺和日常着装规格。基于这种思想，《老子》第五十三章中斥责乱世"服文采，带利剑"，即说人们不能安居在家乡，故用奸伪智巧，穿着华丽鲜美的衣服，暗地里却各个带着利剑，以防备欺诈盗贼的行为。此句可以引申为，如果是太平世界，那么人人安居乐业，不用穿戴有文采的衣服去向别人炫耀，也不用防备坏人来算计自己，财产十分富足，人们却是布衣粗食，没有浮靡的气象表露在外。《老子》第十九章中"见素抱朴，少私寡欲"[①]，可以看作是老子对人世间的希望。因为他觉得只有这样，才能够出现清静的太平景象，从而顺应自然的规律。为此，老子想象出一个美妙的世界，那就是人类社会尚未走向野蛮和文明之前蒙昧时期的部落生活。

《老子》第八十章中说："小国寡民，使民有什伯之器而不用，使民重死而不远徙。虽有舟舆，无所乘之，虽有甲兵，无所陈之，使民复结绳而用之。甘其食，美其服，安其居，乐其俗，邻国相望，鸡犬之音相闻，民至

---

① 许啸天编著：《老子》，成都：成都古籍书店，1989 年版，第 69 页。

老死，不相往来。"①"美其服"，是以其服（现有的服装）为美的意思。这就很明白了，老子要人们就以能够吃得上的饭食为好吃，就以能够穿得着的衣服为好看，越简单甚至简陋越好，不要加以修饰，不要去想改进或提高。不仅如此，老子还严厉地告诫人们，一切人为的艺术都是有害于人本身的，这可以从《老子》第十二章中找到根据，他说："五色令人目盲；五音令人耳聋；五味令人口爽；驰骋畋猎，令人心发狂；难得之货，令人行妨。是以圣人为腹不为目，故去彼取此。"②魏源《老子本义》曰："爽，差也，谓失正味也。"这样看来，老子就是让人们安于现状，或者是倒退回未经过夏、商、西周、春秋时期社会文明的原始社会去。所以，老子对纹饰的反对，从形式上看与墨子和韩非子都有相像之处，针对当时统治者争城夺地，极尽奢华并大行刺激感官的艺术来讲，也有着一定的积极意义。但总的来说缺乏现实可操作性，忽略了人的爱美天性，以及只会向前不会倒退的社会大发展规律。

在着装行为与人性美的关系上，老子学说与孔子学说延续了在服饰品审美范畴内的争论。儒家认为良好的服饰与服饰形象有助于强调一个人的人性美，老子则认为穿着粗陋的服装，也就是穿着特定档次质料服饰的行为更能映衬一个人的人性美。

最能反映这一观点的，即《老子》第七十章中的"是以圣人被褐怀玉"③，这后四个字影响深远，不仅为数千年来道家学派所崇奉，而且还被许多无意注重着装或无钱供养服饰的失意文人奉为宗旨。这四个字中第一字"被"通"披"，即说道家的服饰形象不像儒家那样讲求"文质彬彬"，只要"质"即可，不必要"文"，这一点显然与孔子对立。连同该章中前一句话来讲，更容易理解老子的思想。他说："知我者希，则我贵矣，是以圣人被褐怀玉。"意为：我是在说天道，可是世间能够明白我说的天道的人太少了。掌握天道的人以天道去救人群，并以此为己任，他自己不因这样做而骄傲自豪。所以说，表面看上去圣人非常谦和朴实，好像是穿

---

① 许啸天编著：《老子》，成都：成都古籍书店，1989年版，第275页。
② 同上，第46页。
③ 同上，第243页。

着最低贱的麻毛类粗纤维褐衣的人，但他有着高尚博大的胸怀，也可以说，心中似玉一般清明而可贵。三国魏王弼注："被褐者，同其尘，怀玉者，宝其真也。圣人之所以难知，以其同尘而不殊，怀玉而不渝，故难知而为贵也。"宋范应元注："是以圣人内有真贵，外不华饰，不求人知，与道同也，故曰被褐而怀玉。玉者，以比德也。玉本不足以比德，盖取世俗之所贵者为比，以指人尔。"宋苏辙说："圣人外与人同，而中独异尔。"近代人徐绍祯说："褐，毛布，贱者所服。圣人被褐怀玉者，不欲自炫其玉，而以褐袭之，亦求知希之意也。"

关于"被褐怀玉"中的"玉"具体何解，争议更多。以上诸说中宋范应元所说"玉者，以比德也"，显然是受了儒家思想的影响。当然，范应元后又加以补充："玉本不足以比德，盖取世俗之所贵者为比，以指人尔。"但是，范应元忽视了一点，认为"玉贵"的，并非仅为世俗，也不能在此认为儒家"以玉比德"是世俗观念。因为道家始终赞玉，这在老子和庄子的相关论述中都可以清楚地看到。只不过儒家所提倡的"君子必佩玉"和"君子无故玉不去身"，是指经过加工的玉，多为玉饰件，认为玉有诸德正是君子所应具备的。君子每日佩玉，以便提醒自己，一言一行都要像玉那样具备着仁、智、义、行、勇、辞的美好品质。与之相比，道家所提出的玉，是指未经琢磨的璞玉。

庄周（前369—前286），是战国时期宋国蒙地人。现存《庄子》一书，是庄子及其后学的著作汇编，一般认为"内篇"为庄子所作，"外篇"及"杂篇"为庄子后学所作，但其思想与"内篇"基本一致。

庄子哲学的核心是反对人的异化，具体到服饰形象审美观上，就是主张个人精神与外形都要顺其自然，不要因为人为地强调礼仪而丧失了人的本性，也不要刻意追求服饰而丢失了真正的自我。比如庄子的著名观点——"虎豹之文来田"，就是强调虎豹因为身上（皮毛）有文采以致招引了人来打猎（原注曰"以文致猎"）。如果说这一论据中的主角是动物，那么《庄子·骈拇》中的"是故骈于明者，乱五色，淫文章，青黄黼黻之煌煌，非乎？而离朱是已"[1]，就完全是在论述人类的服饰形象与心理

---

[1]　叶玉麟译文：《庄子》，天津：天津古籍出版社，1987年版，第100页。

世界。这段话的主角离朱（在孟子文章中叫离娄）是黄帝时人，相传能够百步见秋毫之末，一云见千里针锋。庄子此句意为：目力明亮的，就容易迷乱青、黄、赤、白、黑五色。过分修饰衣上"文章"（指花纹，青与赤为文，赤与白为章）的，就容易因服饰耀眼而搞得目眩心迷。这同样是从"无为"的角度反对服饰形象的修饰，很容易使人联想到老子"五色令人目盲"的类似观点。庄子后学在《庄子·天下》中进一步补充这一观点："不累于俗，不饰于物，不苟于人，不忮于众。愿天下之安宁，以活民命，人我之养，毕足而止，以此白心，古之道术，有在于是者。"①即不被世俗所拘束，不用外物来矫饰自己，对人不苟求，也不嫉妒。这样天下就会太平，人民都能维持生活，至于自己的奉养，只求温饱，不求有余。庄子学派认为这样的人才能保持平和自然的状态，这与老子的思想一脉相承。

庄子在反对人的异化同时，也反对物的异化，如在对待玉的看法上，庄子秉承或说发展了老子的思想。《庄子·马蹄》中说："故纯朴不残，孰为牺尊？白玉不毁，孰为珪璋？"②这就是说，完整的树木如果不被锯凿而变形，怎么会成为一定造型的酒器或祭器？白色的璞玉如果不被雕琢而改变原有的形状，怎么会有上锐下方的圭和相当于圭竖分一半的璋？不难看出，道家所谓"被褐怀玉"所指之玉，是自然的玉，这与儒家完全不同。但这还只是老子所谓"玉"的第一重意义。

庄子及其后学在《庄子·秋水》中借北海神给河伯讲述之口，进一步诠释了"玉"即为圣人所应具备的崇高美德："是故大人之行，不出乎害人，不多仁恩。动不为利，不贱门隶，货财弗争，不多辞让。事焉不借人，不多食乎力，不贱贪污。行殊乎俗，不多辟异，为在从众，不贱佞谄。世之爵禄不足以为劝，戮耻不足以为辱，知是非之不可为分，细大之不可为倪。闻曰：'道人不闻，至德不得，大人无己。'约分之至也。"③有大道的人的行为是，不损害别人，也不以自己的仁爱恩泽过人；不求利禄，也不以守门的仆役求利为卑贱；不争钱财，也不以谦让的品德为高尚；做事

---

① 叶玉麟译文：《庄子》，天津：天津古籍出版社，1987年版，第202页。
② 同上，第107页。
③ 同上，第128页。

不求人援助，用自己的力量只求自足，但是也不以贪求无厌的人为卑贱；行为和世俗人相比显得特殊，但是并不孤僻怪异；做事顺着大众的感情，但是也不以阿附少数权贵的人为卑贱；世间的官爵俸禄都不能够引诱他，世间刑戮耻辱都不能挫伤他。因为他知道是非没有标准可以分别，小大没有头绪可以寻见。我听说：有道的人不求有声名；有德的人不知有得，大人忘却了自己应归纳到何种分定内。也就达于极点了。

由此看来，道家所言之"玉"应该归纳为自然的人的纯朴心态，再上升为高尚深远的未被人为世界破坏的人格精神，即人性之美。总之，道家"怀玉"的内涵心态恰恰与儒家"佩玉"的外显形式相对立，这种服饰思想作用于服饰形象层面的结果，在魏晋士人的服饰形象文化意境美中有所显现，在历史上有一定位置。

庄子学派还认为，追求美服等物质享受，无异于自套枷锁，是俗人所为。《庄子·至乐》中说："夫天下之所尊者，富贵寿善也；所乐者，身安厚味美服好色音声也；所下者，贫贱夭恶也；所苦者，身不得安逸，口不得厚味，形不得美服，目不得好色，耳不得音声。若不得者，则大忧以惧，其为形也亦愚哉？"[①] 这段话总的意思很明确，人们只追求这些感官的满足，而且因为得不到又忧愁，何苦呢？这般为形体而生，不是太愚蠢了吗？庄子学派为强调顺应自然的必要性，甚至以动物为例对干预天然的行为给予尖锐批判。《庄子·至乐》中还讲述了这样一个故事："昔者海鸟止于鲁郊，鲁侯御而觞之于庙，奏九韶以为乐，具太牢以为膳。鸟乃眩视忧悲，不敢食一脔，不敢饮一杯，三日而死。此以己养养鸟也，非以鸟养养鸟也。"我们如果从违背自然这一点看，庄子学说确实有道理，只是以此事来反对人的社会化，未免有些极端。因为以服饰来讲，假如人们不是整日为如何得到美服而奔走或悲伤，假如服饰不是如此束缚人，那么从人的本性来说，还是喜欢美服的，只是需要掌握一个着装的尺度。对美服一律否定，就是庄子学派的偏颇之处了。若以《庄子·秋水》中的"牛马四

---

① 叶玉麟译文：《庄子》，天津：天津古籍出版社，1987 年版，第 143 页。

足是谓天，落马首穿牛鼻是谓人"①来看，牛马原形是天生的，属于自然，但是用笼头络在马头上，用环子穿在牛鼻上，就纯属是人为的了。以这种观点去分析人类对于自身形体的异化行为，如穿耳戴耳饰，或文面文身，或凿齿穿唇，确实是人对自身的摧残了。

　　老庄的思想在魏晋士人的服饰观中也有反映。《晋书·嵇康传》说嵇康："身长七尺八寸，美词气，有风仪，而土木形骸，不自藻饰，人以为龙章风姿天质自然。"②这里赞颂了嵇康的外貌形体之美，但他"不自藻饰"，而自有"天质自然之美"，实则是精神之美。关于"土木形骸"，源出于《庄子·齐物论》："形固可使如槁木，而心固可使如死灰乎？"③郭象注曰："夫任自然而忘是非者，其体中独任天真而已，又何所有哉！故止若立枯木，动若运槁枝，坐若死灰，行若游尘。"这是魏晋玄学对"土木形骸"的解说。这种品藻人物注重精神的风气，自然影响到中国人，更确切地说是影响到中国文人的服饰观。

　　"土木形骸，不自藻饰"的基本立意，其实正是老子的"是以圣人被褐怀玉"之说，三国魏王弼曾注："被褐者同其尘，怀玉者宝其真也。圣人之所以难知，以其同尘而不殊，怀玉而不渝，故难知而为贵也。"可以理解为晋代文人对老子之说又做了自己时代的诠释：真正的圣人不必"藻饰"，因为人之精神难知者而为贵，易知者则为精神贫乏浅薄庸俗之辈，这是典型的玄学思想。南朝梁文学评论家钟嵘在《诗品》中评"竹林七贤"之一的阮籍诗说："《咏怀》之作，可以陶性灵，发幽思。言在耳目之内，情寄八荒之表，洋洋乎会于风雅。使人忘其鄙近，自致远大，颇多感慨之词。厥旨渊放，归趣难求。"④西晋郭象在《庄子·逍遥游》注中也说："夫体神居灵而穷理极妙者，虽静默闲堂之里，而玄同四海之表，故乘两仪而御六气，同人群而驱万物。"⑤《三国志·魏书·王粲传》中记阮籍笃

①　叶玉麟译文：《庄子》，天津：天津古籍出版社，1987年版，第131页。
②　（唐）房玄龄等撰：《晋书》，上海：上海古籍出版社、上海书店，1986年版，第1402页。
③　叶玉麟译文：《庄子》，天津：天津古籍出版社，1987年版，第11页。
④　杨焄：《诗品译注》，上海：上海三联书店，2004年版，第49页。
⑤　（晋）郭象注，（唐）成玄英疏，曹础基、黄兰发整理：《庄子注疏》，北京：中华书局，2011年版，第16页。

信老庄："（阮）瑀子籍，才藻艳逸，而倜傥放荡，行己寡欲，以庄周为模则。"①这些记载虽然都不是直接论及服饰的，但都很明显地说明这种时代意识，特别是直接作用于服饰形象塑造的理念。

四、法家归"制"

论述服饰品物质形态首先就有一个"用"的命题，因此墨家和兵家的观念都基于实用主义态度去看待服饰的功能，这本身并不能算作功利态度，而且兵家的服饰美学观还包含有"实事求是"的朴素真理在内。与此相对，在先秦哲学诸家学说中，以韩非子为代表的法家则以一种极端功利的视角看待服饰功能，其"实用"观并非为了解决实际问题，而是上升到价值取向层面。尽管对服饰美学观的专门论述未在法家思想中占据太大比重。但在提倡专制统治时，法家思想开创者、战国末期的思想家韩非（约前280—前233）所撰的《韩非子》时常以耳熟能详的服饰形象举例论证，法家服饰品物质形态功能美学观充分体现其中。

总体而言，韩非子对待包括服饰在内的各种艺术都缺乏感情，甚至将"质"与"饰"上升到绝对对立的层面，《韩非子·解老》："礼为情貌者也，文为质饰者也。夫君子取情而去貌，好质而恶饰。"②尽管"好质而恶饰"中的"质"不能完全理解为服饰品物质形态的功能，但这句话中所包含的方法论（而非这句话本身的现实指导意义）是法家总体美学思想的核心。在法家学者看来，一切不能直接促进国家政治权力集中和军事实力提高的事物，比如所谓的"饰"，即没有实用功能的图案或饰品；再比如寄生食利的贵族阶层，都是应该清除的。如果某一天，所谓的"质"的存在妨碍了他为君主构想的这套极端政治秩序，也应该被清除掉。不过韩非子大概没有想到，按照这一实用模式，最后被清除掉的正是他自己，先是肉体（公元前233年受李斯等人谗害而被斩于秦），后是思想（秦二世

---

① （晋）陈寿撰：《三国志》，北京：中华书局，1999年版，第450页。
② （清）顾广圻识误，姜俊俊标校：《韩非子》，上海：上海古籍出版社，1996年版，第76页。

图 88　现藏河南省博物馆的战国素面
铜胄（王鹤摄）

而亡使法家思想威信扫地）。

　　法家的极端实用主义服饰功能美学观如何作用于实践，是一个尚待深入研究的命题，鉴于其相关理论较少，其作用方式更多是以理论高度而非具体指导形式出现的。当秦始皇陵兵马俑出土后，人们在震惊于其气势规模之余，也不由得惊异地发现上到将军俑下到跪射俑、驭手俑都没有装备真正具备防御功能的胄（仅有少数骑兵俑戴冠），考虑到兵马俑的高度真实性，可以肯定其如实表现了当年秦军的装备和面貌，因此这一疑问也就更为突出。颅骨内有人体最重要的器官——大脑，保护头部免遭打击是人的动物本能。中国军事服饰传统上一贯重视对头部的防护，出土的最早铜胄始于商。战国时期，六国军队已经广泛装备青铜头盔。显然，秦作为官营兵器手工业高度发达的国家，其官兵不戴头盔（甚至披甲者也不多）不能完全用技术条件不具备或经济因素制约来解释。（见图 88）

　　法家服饰品物质形态美学观的精髓是，以是否具有实用价值来衡量每种服饰功能元素的取舍。秦国当时的国家战略就是一统中原，军事战略就是主动进攻，先发制人。指导思想与客观现实契合作用的结果是，秦军在战场上经常彻底放弃防护，以牺牲服饰的防御功能来换取便于着装者行动的功能（在视觉形态上还具有以反常着装行为威慑对手的效果）。《史记·张仪列传》中有相应的文字证据：“秦带甲百余万，车千乘，骑万匹，虎贲之士跿跔科头贯颐奋戟者，至不可胜计。”[①] 跿跔即跳跃，科头即

————————
① （汉）司马迁撰：《史记》，北京：中华书局，1959 年版，第 2293 页。

是不戴帽子。这直接体现了减弱防护能在一定程度上提高着装者的机动能力，并直接转化为战术优势。

《韩非子·说林上》中有这样一段话："鲁人身善织屦，妻善织缟，而欲徙于越。或谓之曰：'子必穷矣。'鲁人曰：'何也？'曰：'屦为履之也，而越人跣行；缟为冠之也，而越人被发。以子之所长游于不用之国，欲使无穷，其可得乎？'"[①] 这段话从另一个层面反映了法家的功利美学观：如果服饰的防御功能不能有助于最终目标的实现，就索性放弃。因此，秦兵马俑所反映的秦军大多"捐甲徒裼"（放弃盔甲甚至袒露身体）这一现象，尽管有秦人民族传统和社会现实的因素，法家服饰功能美学的实用观也是深层次的原因之一。

最能代表韩非子服饰美学观的是《韩非子·五蠹》中的一段话："今为众人法，而以上智之所难知，则民无从识之矣。故糟糠不饱者不务粱肉，短褐不完者不待文绣。"[②] 这从表面上看，好像与墨子的"衣必常暖，然后求丽"相一致，其实不然。强调"节用"的墨子试图婉转地说服大家，首先要考虑衣服的保暖问题，即在满足服饰实用功能的基础上再去追求艺术美，墨子观点的出发点是节约人力物力，劝说人们不要靡费。而韩非子则强硬地指出"短褐不完者不待文绣"，并紧接着说："夫治世之事，急者不得，则缓者非所务也。"这后一句用意明确，韩非子认为先要夺取政权，掌握政权，这是统治者所急需的，而一切与此目的关系不大的事情则往后排。比如文中所引用的短褐，虽极简陋却又不可或缺，至于衣上有没有文绣，那是以后的事了，可以缓一缓再办（也许缓很久）。韩非子还说："是故乱国之俗，其学者则称先王之道，以籍仁义，盛容服而饰辩说，以疑当世之法而贰人主之心。"[③] 很显然，他认为"盛容服"只是一种伪装形式，甚至连同儒家所提倡的"仁义"之说，都是"乱国之俗"。

如果单纯从服饰艺术审美观的角度加以分析，韩非子确实不重视（甚至是忽视）服饰的修饰功能，这显然比墨子更极端。但如果换一个角

---

① （清）顾广圻识误，姜俊俊标校：《韩非子》，上海：上海古籍出版社，1996年版，第100页。
② 同上，第265页。
③ 同上，第268页。

度来看，韩非子不但将服饰是否进行艺术修饰这一问题，甚至将任何一种服饰的流行问题，都用来强调统治者的统治需求。从功利角度讲，这倒是与孔子强调用华服冠冕来维持统治有几分相似，不过法家的思想只提到了服饰如何在夺取政权中发挥作用，而儒家的观念只谈到了服饰在维持政权中的作用。这种差别在后来两种思想流派的实践过程中得到进一步证实，即法家思想可以做夺天下的理论基础，而儒家思想则适合治天下。

在从服饰入手批驳儒家观点以强化自身理论特征这一点上，韩非子同墨家的做法有相似之处，比如《韩非子·解老》中对儒家"文质彬彬"观点的驳斥："夫恃貌而论情者，其情恶也；须饰而论质者，其质衰也。何以论之？和氏之璧，不饰以五彩，隋侯之珠，不饰以银黄，其质至美，物不足以饰之。夫物之待饰而后行者，其质不美也。"[①] 从这段话不难理解，韩非子认为本质很美的物品（包括人）根本不需要加以修饰，需经修饰才显得很美的是因为其质不美。这在东方服饰美学观中是一种颇为独特的理论，而且超出了服饰品审美的范畴，上升到着装行为与人性美的关系范畴。不过，这种将内在本质与外在形式完全对立起来的说法，由于过于绝对，因此未能驳倒儒家的"文质彬彬"说。

五、兵家归"实"

兵家是先秦诸子百家中的独特一员，他们的研究领域集中于军事本身，即使含有社会内容，也是为军事目的服务的。《汉书·艺文志》承刘歆《兵书略》著录，分兵权谋家、兵形势家、兵阴阳家和兵技巧家四类五十三家。春秋末期的孙武（《孙子兵法》）、司马穰苴（《司马法》）、战国的吴起（《吴子》）、孙膑（《孙膑兵法》）、尉缭（《尉缭子》）等都是兵家的代表人物和代表作品。

尽管军事服饰本身的物质形态功能不是兵家学者的主要论述对象，但是他们的著作也反映了对这一问题的独到认识。首先，兵家学者指出

---

① （清）顾广圻识误，姜俊俊标校：《韩非子》，上海：上海古籍出版社，1996 年版，第 76 页。

了军事服饰在实现防止着装者遭兵器杀伤这一功能的同时，容易造成对御寒和散热的功能有所削弱。这种深刻的、全面的认识可能来自他们的现实生活体验。《吴子·图国第一》中，吴起"以兵机见魏文侯"，后者则推托自己"不好军旅之事"。吴起没有直接反驳，而是借用自己观察到的现象说服魏文侯："今君四时，使斩离皮革，掩以朱漆，画以丹青，烁以犀象。冬日衣之则不暖，夏日衣之则不凉。"[①] 犀利睿智的诘问令魏文侯悦服，进而采纳了吴起的诸多军事建议。

　　吴起，还有其他兵家学者都认识到，服饰品的防御功能和保持体温等物质功能在实际操作层面上存在着相互间的矛盾，其防御功能的设计初衷是在保持体温和便于行动等物质功能上做出让步而得以实现的，最终结果就是着装者要在舒适度上付出巨大牺牲。当兵家学者们做出这样的论断后时间不长，用于增强军服防御功能的材料由犀皮过渡为防御性能更好的金属，因为金属单位质量更大、热传导性更好，因此着铠甲的军人就更为辛苦。冬天寒彻肌骨，用唐代岑参的名句形容即"都护铁衣冷难着"。夏季，铁甲内为了避免磨损皮肤而着的棉絮衣"胖袄"又使着装者湿热难耐。着装者身负数十斤铁甲，行动不便，"介胄之士不拜"之说除其社会意义外，与此不能说没有关系。通过这种服饰美学观念可以看出，兵家学者的理论尽管为战争服务，但其本质蕴含着深刻的和平主义思想。既然铠甲这种为战争服务的功能服饰会令一个着装者不适，那么战争，尤其是不义的、过度的战争更会令一个国家的正常发展受到损失。要求着装者以舒适换防御是对人社会生活本性的违背，为战争目的设计制作具有防御功能的服饰则是一种社会的非常态，因此战争及军事装备不能擅用，没有正义的目的更不宜轻启战端，即如《尉缭子》所言："兵者，凶器也。争者，逆德也。事必有本，故王者伐暴乱，本仁义焉。"[②] 尉缭子甚至认为，最理想的状态是军服这样的战争装备根本不必被使用，即"组甲不出于橐，而威服天下矣"[③]。

---

① 周百义译:《武经七书》，哈尔滨：黑龙江人民出版社，1991 年版，第 68 页。
② 同上，第 261 页。
③ 同上，第 257 页。

　　兵家盛衰已过两千多年,中华民族一直贯彻和平主义思想,奉行防御军事战略,甚至列出"不征之地"名录,这些行为无不与兵家先贤对战争客观规律的深刻认识有关。这种深刻认识并非凭空得出,而是来自于兵家先贤对现实的观察,是他们总结了好战、黩武、疲师久戍远征的恶果。21 世纪初一些年轻国家正在经历,甚至不能自拔,中华民族早在两千多年前的无数次惨烈战争中就得出了宝贵的经验教训——"国虽大,好战必亡"(《司马法》)。

　　另一方面,"好战必亡"与"天下虽安,忘战必危"不可分割,兵家先贤在强调和平战略的同时,也没有放松对战术细节的规划和对战术优势的谋取。他们的服饰品物质形态功能美学观在这里显露得更加清楚,即"足用为美"。"足用"即在战争中,服饰的防御功能越强就越能保护着装者免受伤害,对战役结果越为有利。《司马法·严位》中对此多次论述,如:"凡车以密固,徒以坐固,甲以重固,兵以轻胜。""凡马车坚,甲兵利,轻乃重。"①《吴子·治兵》中的"锋锐甲坚,则人轻战"② 等,都是在强调坚厚盔甲对于保全着装者生命,对于提高部队战斗力直至谋取胜利有重大意义。这是服饰功能美学观中一种理性的、温和的现实主义态度,与法家在同领域内偏执的、狂热的现实主义态度截然不同。其原因在于兵家学者的背景和工作环境,在先秦时代的战争中,他们往往要亲自指挥战役,吴起、孙膑等人都获得过一系列重大胜利。对于防护问题,设身处地的他们要比端坐书斋的学者看得更为透彻。所以,对于服饰的防御功能,他们认为(在不影响机动性的同时)铠甲越坚厚越好。

　　兵家认为服饰品物质形态功能以"足用"为美的观点作用于实际,就是厚盔重甲,以单兵战斗力冠绝六国的"魏氏武卒"的出现。《汉书·刑法志》记载:"魏氏武卒衣三属之甲,操十二石之弩,负矢五十,置戈其上,冠胄带剑,赢三日之粮,日中而趋百里……"③ 关于这三属之甲的形制,司马贞索隐:"三属谓甲衣也。覆膊,一也;甲裳,二也;胫衣,三也。"中国

---

① 周百义译:《武经七书》,哈尔滨:黑龙江人民出版社,1991 年版,第 130—131 页。
② 同上,第 115 页。
③ (汉)班固撰:《汉书》,上海:上海古籍出版社、上海书店,1986 年版,第 472 页。

古代兵器研究先驱周纬先生认为："上中下三甲,即肩甲胸甲腿甲,以三种革分制而成者,尚有头甲(盔)则非衣矣。"[①]这为我们生动描绘出一副厚重皮甲防护全身、持戈携弩仍可长途行军的精锐武士形象。《史记·苏秦列传》记述魏国有这样的武士"二十万"。上文中出现于《吴子》中的那位魏文侯,即魏开国君主,他欣赏兵家学说,重用吴起、李悝和西门豹等人,整军经武。厚甲加身的"魏氏武卒"一度助魏文侯获得巨大军事优势,其在位期间勇夺秦河西地,兵家"足用"的服饰功能美学观功不可没。

尽管兵家的"足用"观取得了一定的实践成果,但不能将其意义绝对化。"魏氏武卒"的成功至少基于一个重要前提:中原地区战役地幅有限,重装步兵不必做长距离战略机动。事实上,《司马法》也同样强调需要辩证、全面地看待"轻"和"重"的问题:"战相为轻重。"在愈发残酷的战国末期战场上,重装的"魏氏武卒"很快就要面对一个战术观念和着装观念完全不同的强悍对手——"虎狼之秦"。

中国战国时期是中国军事发展史上重要的转折阶段,战争具体形态日趋复杂,战争规模日趋庞大,相应地,军队的组织结构和战法也都要随之改变。按照如前所述的商军内部的简单标示手段已经落后于时代。《司马法·天子之义》中总结了夏、商、周三代使用的简单服饰标示手段:"章,夏后氏以日月,尚明也。殷以虎尚威也。周以龙,尚文也。"[②]这些章既有简单的标示功能,同时表现了龙、虎等或虚幻或真实的猛兽形象,也具有一定的威慑功能,但这种简单手段已无法保证战术安排得到贯彻和实施,需要更为完善复杂的新型服饰标示手段。

《尉缭子》在详尽论述军服纵向标示手段的必要性上走在了兵家学者前面。《尉缭子》的作者和成书年代都还存在争议,但认为是战国魏人尉缭所著的观点居主流地位。据传尉缭和孙膑、庞涓一样都是鬼谷子高徒,后应魏惠王之邀赴大梁(时魏都)陈述兵法,所得大致为今所见《尉缭

---

① 周纬:《中国兵器史稿》,天津:百花文艺出版社,2006年版,第105页。
② 周百义译:《武经七书》,哈尔滨:黑龙江人民出版社,1991年版,第115页。

子》五卷二十四篇。在战国兵家著述中以其意义深邃又贴近实际的风格，独树一帜，取得无可置疑的高度理论成就，颇得历代军事家推崇。《尉缭子》较早提出了对数量日趋庞大的士兵队伍进行有效管理的必要性，并专作《经卒令》，其中服饰对于标示各部的位置至关重要："经卒者，以经令分之，为三分焉：左军苍旗，卒戴苍羽；右军白旗，卒戴白羽；中军黄旗，卒戴黄羽。卒有五章，前一行苍章，次一行赤章，次三行黄章，次四行白章，次五行黑章，次以经卒，亡章者有诛。前一五行，置章于首，此二五行，置章于项，此三五行，置章于胸。次四五行，置章于腹，次五五行，置章于腰。"①

这番描述呈现了一个综合运用符号色、体位等标示手段的符号标示体系，精巧、复杂甚至有些理想化。尉缭的设想很明确，即这套系统能够将士兵与基层军官对应起来，使官与兵，或说"吏卒"融为一个个有机的集体，即能达到"卒无非其吏，吏无非其卒"的目标。这有助于上一级指挥官或最高级别指挥官进行视觉辨识，并发布有针对性的阵形调整命令。

建立明确的服饰标示体系，提高士兵管理效率，归根结底是为战争胜利服务的，尉缭子设想为："鼓行交斗，则前行进为犯难，后行退为辱众，逾五行而进者有赏，逾五行而后者有诛，所以知进退先后，吏卒之功也。"② 在这里，服饰的符号标示体系被精确到了对个体赏功罚过的层面。这一中国战国时期对军服标示功能的最高认识水平，体现了东方军事服饰由单一使用标示手段到综合使用标示手段的跨越，并为进化到复合使用标示元素奠定基础。在这一基础上，最终产生了东方服饰标示功能成就的最高体现——中国专业武官服制。

作为一部兵书，《尉缭子》中对国家的政治、经济问题也以极大篇幅加以论述。因为在尉缭子看来这些问题是军事胜利的重要基础，如果政治、经济问题解决得好，就可以做到"组甲不出于橐，而威服天下矣"。

---

①　周百义译：《武经七书》，哈尔滨：黑龙江人民出版社，1991年版，第247页。

②　李解民译注：《尉缭子译注》，石家庄：河北人民出版社，1992年版，第188—189页。

在《尉缭子·治本第十一》中，尉缭子论述了民众生产与国家贫富的关系，他提出："凡治人者何？曰：非五谷无以充腹，非丝麻无以盖形。故充腹有粒，盖形有缕。夫在耘耨，妻在机杼，民无二事，则有储蓄。夫无雕文刻镂之事，女无绣饰纂组之作。木器液，金器腥。圣人饮于土，食于土，故埏埴以为器，天下无费。今也金木之性不寒，而衣绣饰；马牛之性食草饮水，而给菽粟；是治失其本，而宜设之制也。春夏夫出于南亩，秋冬女练于布帛，则民不困兮。短褐不蔽形，糟糠不充腹，失其治也。古者，土无肥硗，人无勤惰。古人何得，而今人何失邪？耕有不终亩，织有日断机，而奈何寒饥，盖古治之行，今治之止也。"[①] 在这段对话中，尉缭子认为国家富足（"有储蓄"）的根本在于男耕女织，而不要在"雕文刻镂"和"绣饰纂组"上浪费人力物力。如果做不到这一点，就会导致国家陷入困境。

乍一看来，尉缭子的观点与墨子有相近之处，都反对服饰的过度装饰，但实际上尉缭子的战略视野要远比墨子为高，他论述的是奢侈品生产消费给国家经济结构带来的深层次破坏。尉缭子认为使国家财力窘迫的不是过度绣饰这种行为本身，而是这种行为的结果。尽管短期看来可能满足了部分人对"绣饰纂组之作"的需求，但是由此破坏了正常的生产秩序，影响了正常的工作伦理，从而带来"短褐不蔽形，糟糠不充腹"的状况却是国家无法承受之重。

尉缭子的这种经济政策是否在魏国得到实施，目前缺乏证实。不过与尉缭子观点很相近的管仲，却早于他数百年在齐国实践了一场类似性质的社会变革。管仲主张按土地好坏分等征税，禁止掠夺家畜，利用政府力量发展盐铁业、铸造并管理货币，调控物价。这一系列举措使齐成为春秋时期第一个霸主。到了战国时，齐稷下学者托其名作《管子》86篇（今存76篇），论述内容广泛，但以经济政策等为重，可以认为代表了管仲的思想。其中《管子·立政》中指出："一曰山泽不救于火，草木不植成，国之贫也。二曰沟渎不遂于隘，郭水不安其藏，国之贫也。三曰

---

　①　周百义译：《武经七书》，哈尔滨：黑龙江人民出版社，1991年版，第237页。

桑麻不植于野，五谷不宜其地，国之贫也。四曰六畜不育于家，瓜瓠荤菜百果不备具，国之贫也。五曰工事竞于刻镂，女事繁于文章，国之贫也。故曰：山泽救于火，草木植成，国之富也。沟渎遂于隘，鄣水安其藏，国之富也。桑麻植于野，五谷宜其地，国之富也。六畜育于家，瓜瓠荤菜百果备具，国之富也。工事无刻镂，女事无文章，国之富也。"[1] 可以看出，管子提倡的 "女事无文章" 观点，与尉缭子几乎完全一致。这种从思想源头抵制服饰奢侈品生产消费的观点，其成功意义显然已被齐国的崛起所证实。即使在今天，依然有值得借鉴的内容。

六、诸家之说

（一）屈原之 "洁"

楚国三闾大夫屈原与荀况同时代，他既是伟大的诗人，同时又是思想家、政治家。屈原的文学作品修辞讲究，意境优美，其中又包含着深刻的哲理和明确的人生观。在传世的屈原作品中所体现出来的服饰观，既带有楚文化贴近自然、充满浪漫想象的特色，又带有清高、傲世的个人特色。屈原格外重视通过佩戴具有特殊意义的服饰品来显示自身的修养与道德，这就是著名的 "内美" 与 "修能" 论。

"内美" 与 "修能" 最早见于楚辞《离骚》："纷吾既有此内美兮，又重之以修能。扈江离与辟芷兮，纫秋兰以为佩。"[2] "内美" 指人的先天素质极佳或品德高尚。"修能" 一说为与 "内美" 相对应的外部的美的修饰、容态，《楚辞集注》朱熹引王逸曰："能一作态。"郭沫若《屈原赋今译》中也认为 "修能" 指外表的修饰。再一说为学习锻炼，即后天的修养。《楚辞集注》亦曰："修，长也。能，才也。"无论到底作何解，"修能" 也有加强修养的成分，那么修养中即包括对个体的修饰。

屈原强调既要有 "内美"，而且还要有后天的 "修能"，即包括修饰，

---

① 李山译注：《管子》，北京：中华书局，2009 年版，第 39—40 页。
② （宋）朱熹集注，李庆甲校点：《楚辞集注》，上海：上海古籍出版社，1979 年版，第 3 页。

这实际上近似儒家的"文质彬彬，然后君子"的说法。屈原在《九章·怀沙》中写道："文质疏内兮，众不知余之异彩。"[①]在《九章·橘颂》中写道："青黄杂糅，文章烂兮。精色内白，类任道兮。"[②]他歌颂其外表颜色丰富，文采灿烂，而内部又纯净洁白，就像任重致远的志士仁人。这种服饰审美观直接彰显了人的爱美天性，同时又不似儒家学说那样严谨，所以留给后人许多遐想、发挥的余地。后世很多文人讲求服饰华丽高雅，即与屈原文学作品中隐喻的服饰观有着必然的关系。

　　屈原以服饰之"洁"来喻品德之高尚的观点长期以来影响着东方人，尤其是中国人、日本人和朝鲜人的社会生活行为方式。在诸先贤对人性美的论述中，服饰已经不仅仅是被用来举例，而是各种人性美学观的具体、直接的外在表征，穿什么和不穿什么，为什么穿又为什么不穿以及如何穿，都不再是单纯的着装行为，而是与着装者的道德情操紧密联系起来。在这方面观点最为针锋相对的是以孔子、孟子为代表的儒家思想和以老子、庄子为代表的道家思想。儒家对服饰品、服饰形象的审美主张在前面已有陈述，他们认为具有艺术美感的服饰品与服饰形象有助于显现着装者的人性美，具体体现为"文质彬彬，然后君子"。屈原的"内美"与"修能"论则与此基本一致。道家的观点则与儒家恰恰相反，他们本身即对服饰品和服饰形象的艺术美持反对态度。因此，道家自然强调越是穿着简陋的服饰，越能显现着装者的人性美。与这两者相比，墨子的观点偏于折中，即"行不在服"，也就是着装者的品德（人性美的重要要素）与着装行为没有直接关系。总之，屈原理论虽未能成家，倒也有独特价值，因此为后世所传颂。

（二）班固之"障"

　　班固与弟班超同为东汉名士，班超率 36 骑出关，31 年平定西域，以"班定远"之名名垂青史。兄班固则为东汉时期史学家、文学家，其最著名的著作是未竟的《汉书》，但记录章帝刘炟建初四年（79）在白虎观辩

---

① （宋）朱熹集注，李庆甲校点：《楚辞集注》，上海：上海古籍出版社，1979 年版，第 89 页。
② 同上，第 98 页。

论经学结果《白虎通义》，更能反映其个人观念，尤其是他的服饰观："衣者，隐也，裳者，障也，所以隐形自障闭也。"①

隐，即隐蔽、隐藏，亦有隐讳之义。障，指阻塞、遮隔。"隐形自障闭"说深化了中国传统服饰观对服饰遮掩形体功能的伦理思想倾向。班固强调了衣裳的遮蔽作用，其文化深度甚至超过了同时代许慎的《说文解字》"衣者，依也"的释义。东汉刘熙撰《释名》在强调衣裳伦理作的用时也兼顾实用功能。《释名·释衣裳》："上曰衣，衣，依也，人所依以庇寒暑也；下曰裳，裳，障也，所以自障蔽也。"作者好像认为下装的隐形遮羞作用更重要一些。除了上衣下裳制以外，百官以及文人服式也多用上下连属于一体的袍衫。战国时的深衣就是一度为男女、贵贱人士皆穿的连身衣。《礼记》中专门设有《深衣》篇："短毋见肤，长毋被土。"②唐孔颖达疏："所以此称深衣者，以余服则上衣下裳不相连。此深衣衣裳相连，被体深邃，故谓之深衣。"其中"短毋见肤"和"被体深邃"，与班固的"所以隐形自障闭也"是一致的。直至明代，周祈《名义考》仍曰："上衣下裳以隐形，自蔽障。"直至封建制退出历史舞台后的 20 世纪 30—40 年代，显露人体曲线的改良旗袍才开始为中国女性所采用。但是，衣裳"隐形自障闭"的观念依然没有彻底退出人们的观念，即使在 21 世纪依然可觅其踪。

（三）《淮南子》之"适"

《淮南子》，又称《淮南鸿烈》，是西汉皇室贵族淮南王刘安主持其门客集体编写的一部著作。虽然其中对于服饰的论述有矛盾之处，但总的理论中，强调了服饰对人的修饰作用。《淮南子》所体现的思想尽管不能说是对庄子服饰形象审美观的批判，也至少是对庄子略显极端观点的折中和淡化。特别是书中提出着装要因时因地因人并因场合不同而有所区别这一观点，对后世着装观念与着装行为的规范都起到了积极的推动作用。

---

① （清）陈立疏证，吴则虞点校：《白虎通疏证》，北京：中华书局，1994 年版，第 433 页。
② 陈戍国点校：《周礼·仪礼·礼记》，长沙：岳麓书社，1989 年版，第 525 页。

《淮南子·修务训》中首先提出人需要有天然之美，即形体美，或说质美。但如果仅有质的美却忽视了外表的修饰，特别是施以丑陋的服饰，仍然会影响其总体效果。假如在原有的质美的基础上，再利用服饰的修饰功能，那么就会取得更为完美的结果。文中说："今夫毛嫱、西施，天下之美人。若使之衔腐鼠，蒙猳皮，衣豹裘，带死蛇，则布衣韦带之人过者，莫不左右睥睨而掩鼻。"《淮南子·修务训》中曾说西施本来是"曼颊皓齿，形夸骨佳，不待脂粉芳泽而性可悦者"①，即质美。作者认为同为美人，如若服饰美，会锦上添花，如若服饰不美，则会令其黯然失色。这里强调了服饰的修饰作用。

《淮南子·说林训》中还认为，面妆（广义服饰）要装饰在恰当的位置上，如妇女双颊上以胭脂点出的魇点（即在酒窝处点红），在这个特定位置上是美的，但若点在额头上就违反了装饰的习俗，显得不美了。这是关于服饰，包括化妆在内的适宜问题。《淮南子》认为各种因素只有配合得恰到好处才是美的。不然，同一因素在此为美，在彼则为不美，如"绣以为裳则宜，以为冠则讥"。

《淮南子·泰族训》中还提出人虽然的确要有衣服，但如果把一个人"囚于冥室之中"，使他失去了自由，那么即使吃得再好，"衣之以绮绣"，也不会有快乐的，这里很明显地把美从主客观上统一了，强调虽有美服，但还要有一个基本的环境，否则，美则无从谈起，这已进入服饰社会学的高度了。

《淮南子》的这些论述显然认为服饰的社会功能不可忽视，其修饰作用相当重要。但是书中也有一些与此有矛盾的地方，如"白玉不琢，美珠不文，质有余也"，认为其本质具有天然之美，就不用再加以美的形式。由于淮南王刘安及其门客受到儒、道等各家学说的影响，所以在其论著中，存在着不同的倾向，这一点必须客观地看待。不过这种既要（或首先要）有人性美，同时还需要外在修饰的服饰形象审美观，两千多年来一直都在东方服饰形象审美观中居于主流地位。

---

① 何宁撰：《淮南子集释》，北京：中华书局，1998 年版，第 1330 页。

（四）《宋史·舆服志》之“敛”

宋代的服饰文化不再为了礼制去追求繁文缛节，而转向严实保守的特色。《宋史·舆服志》引言中强调宋初国家经济困难，因此“衮冕缀饰不用珠玉，盖存简俭之风”。

但这种服饰禁奢侈的意向，很快就演变到以理学压抑人性上来，如斥服饰时髦即为直观反映，《宋史·舆服志》写道：“仁宗天圣三年诏：在京士庶，不得衣黑褐地白花衣服，并蓝黄紫地撮晕花样。妇女不得将白色、褐色毛缎并淡褐色匹帛制成衣服。……景祐元年诏：禁锦背、绣背、遍地密花透背彩缎，其稀花团窠、斜窠杂花不相连者非。二年诏：市肆造作缕金为妇人首饰等物者禁。三年：臣庶之家，毋得采捕鹿胎制造冠子。又屋宇非邸店、楼阁临街市之处，毋得为四铺作闹斗八；非品官毋得起门屋；非宫室、寺观毋得彩绘栋宇及朱黝漆梁柱窗牖、雕镂柱础。凡器用毋得表里朱漆、金漆，下毋得衬朱。非三品以上官及宗室、戚里之家，毋得用金棱器，其用银者毋得涂金。玳瑁酒食器，非宫禁毋得用。纯金器若经赐者，听用之。凡命妇许以金为首饰，及为小儿钤錠、钗篸、钏缠、珥环之属；仍毋得为牙鱼、飞鱼、奇巧飞动若龙形者。非命妇之家，毋得以真珠装缀首饰、衣服，及项珠、缨络、耳坠、头𢄤、抹子之类。凡帐幔、缴壁、承尘、柱衣、额道、项帕、覆旌、床裙，毋得用纯锦遍绣……庆历八年诏：禁士庶效契丹服及乘骑鞍辔，妇人衣铜绿兔褐之类。皇祐元年诏：妇人冠高毋得逾四寸，广毋得逾尺，梳长毋得逾四寸；仍禁以角为之。先是宫中尚白角冠梳，人争仿之，至谓之‘内样’。冠名曰垂肩等，至有长三尺者，梳长亦逾尺，议者以为‘服妖’，遂禁止之。”[1]这一段文字，并非述史之作，乃是说明服饰演化的文化特点。对于服饰的禁忌，历来《舆服志》都有记载，但宋以前，虽有对工商皂隶、走卒妇婢的着装禁令，但很少有对妇女的装束规定得这样详细的。不难看出，宋代对女服的禁令，与程朱“存天理灭人欲”的理学观点有着密切的关系。

---

① （元）脱脱等撰：《宋史》，上海：上海古籍出版社、上海书店，1986 年版，第 5636 页。

第九章 东方服饰审美的价值类型

可以这样认为，并非所有精神世界中的主观思想和意识都能作用于物质世界，即使能作用于物质世界但再转化为客观存在，也需要一个非常漫长的过程。体现在服饰审美活动中同样如此，各种服饰品物质形态美学观，包括上述的儒家、墨家、兵家、法家以及集众家之大成的君主服饰功能美学观，要实实在在地通过服饰材料、工艺体现出来更是一个复杂的过程。要经过由抽象思维转化为语言表达出来，再经过接受者的理解转化为形象思维模式，并根据物质客观因素最终体现为服饰功能要素。这一过程多样且难以把握，史官也往往认为没有记载的必要性，因此有时这些美学观念虽然在服饰功能要素（及其改变的服饰外在形态）中有所体现却依然隐晦难辨，以致容易引发争议。

因此，在肯定贤哲、君王对服饰品物质形态审美观作用于物质世界的基础上，有必要进一步从更直接、更少理论而多现实操作意义的层面论述东方服饰的设计者和制作者（很多时候他们也是自身所设计服装的穿着者），论述他们虽不显赫却顽强坚持的服饰审美观是如何极为直接地作用于服饰品物质形态本身的。应该看到，东方服饰的具体操作过程固然受到上述美学观念的影响，但很多时候也受市场供求关系的拉动，更多时候是为生存需求拉动，其审美价值的实现往往是自发自觉的。我们可以将审美价值分成几个类型来分别论述。

第一节　功能美

一、保持着装者恒温

服饰产品的使用者，即一般意义上的着装者——人类，是一种恒温生物，其身体主要器官和血液循环只有在一定的温度范围内才能有效工作。基于这一生理学上的现实，东方服饰的设计制造者，往往将服饰保持体温的功能作为重中之重。能够有效对抗严寒、风沙、日晒的服饰品，是东方服饰设计制造者改造自然和改造自身以适应自然的双重劳动的结晶。

要实现保持着装者体温的功能需求，使设计制作出的服饰得以实现自身物质形态功能的审美价值，东方服饰的设计制造者需要解决三个主要问题——避免体温下降、避免体温上升以及避免体温剧烈变动。解决的手段则是多样的、灵活的和因地制宜的。最终的结果，皆为东方服饰物质功能美最直观的体现。

如果将视野放得更广，会发现能够有效保持着装者体温的东方服饰，增强了着装者改造自然的能力与信心，使很多原本不可为之事变为可为，这更是东方服饰超越自身功能美，超越产品美，直至实现社会大美的意义之所在。

（一）御寒

科学研究证实，过低体温对人体产生的损害是多方面的、渐进的，就东亚的地理与气候环境而言，低温环境一般出现在中国东北、朝鲜半岛和日本岛北部、蒙古高原、西伯利亚地区，居住在这些地区的民族服饰设计制作者往往对于服饰的御寒功能考虑周全，从历史上看，他们主要采用的手段有两种。

地处中国北方的达斡尔、鄂温克、鄂伦春族，抑或是游牧的蒙古族，包括中国人口最少的赫哲族，其服装质料与服装样式都与其所处的气候环境和生产生活方式密切相关，即主要依靠动物皮毛来实现服饰御寒功能。其中鄂伦春族的御寒服装可以说是同类服饰中最具东方特色的一种。鄂伦春人普遍信仰原始萨满教，崇拜自然万物，语言属阿尔泰语系的满—通古斯语族。鄂伦春服装以皮袍为主，很多是以不挂面的皮筒子制成，冬季与春季穿用的皮袍分别称为"苏思"和"古拉密"。无论男女老少，普遍头戴皮帽。其中一种冬天狩猎时用的狐皮大帽，最大的甚至能遮住半个身体，足有两千克重，适宜零下40℃的寒冷天气。这种大帽制作时要用四张狐皮、2.3米色布、250克棉花，再加各种颜色的绲带和装饰绦带约七八条。在长期的狩猎生活中，鄂伦春人逐渐摸索出了许多得到毛皮的规律：秋冬季的狍子毛又长又密，防寒性极好，因此适合做冬装；反之，夏天出于散热的原因，狍子毛疏松短小，因此被用来做夏装。这其中最奇特的是狍头帽，这种帽子用完整的狍子头皮加以鞣制，狍角保留不动，在狍子两眼处以黑皮缝嵌。狍子的耳朵在有些地区被保留，而有些地区将其割掉再用狍皮另缝两个耳朵，据说是为了防止被别的猎人当作真狍子而误伤。

与东方狩猎采集民族多采用皮毛做御寒材料不同，东方农耕民族在工业化进程之前，大量以农业种植手段获取植物纤维，以此作为御寒衣物的保暖材料。在所有植物纤维的人工栽培中，当属棉花的栽培最为普遍，产量最大，应用范围也最广。其中东方服饰采用的主要御寒材料即亚洲棉，亦称"中棉"，是人工栽培棉种之一，一年或多年生亚灌木或灌木，苞叶三角形，蒴果小而下垂。由于亚洲棉纤维粗短，不能纺细纱，因此东方服饰制作者在绩、捻、纺等传统加工工艺基础上，开发出了纤维加捻操作，通过加捻使纤维变长，同时又可使纤维更结实，更富有弹性，这一发明直接促进了短纤维的广泛应用。棉袄即中原民族最常见的以棉花为主要絮料的御寒服式，大多内加棉絮并衬以里子。以中国的棉袄为例，其形制比襦长，且腰袖宽松，具有良好的御寒效果。

在挖掘材料自身御寒潜力的同时，东方服饰的设计者还能充分考虑到现实环境充满变化，御寒衣物对防风、防寒、防水三种功能的需求经常是交织在一起，因此需要创造富于灵活性的服饰以提高御寒能力。风可以加

图89　身穿披风的北朝武士俑服饰形象
（王鹤摄）

速空气流动，加快人体与外界的热交换，所以在相同大气温度下，风力越大人就会越寒冷，在一些由于地理因素造成风沙较大的地区更是如此。因此使用质地致密的材料制作遮覆面积大的服装可以有效防风，从而达到御寒效果。中国古代军队主要配备风帽和披风防风沙，以北朝时期最盛，现今出土的诸多北朝武士俑普遍身着披风。但有趣的是，尽管披风有袖，但武士俑普遍空着袖子，将其像斗篷一样披在肩上。可能是执勤时披着更易保暖，作战时再穿入袖子则利于活动。（见图89）

　　类似的富于灵活性的民间服饰还有蒙古、朝鲜和中国西北部着装者曾流行过的一种大罩巾，其发明目的就是为了适应东亚北部及西北部春季干风夹杂黄沙的气候条件。这种超长超大的围巾，从头上一直蒙到脚面，身前留一开口。围戴罩巾的人可以用两手拨开身前开口，窥视外界，也可以全部蒙严，以防风沙袭人。另外，轻薄透明的纱巾、各式风衣以及塔吉克女子可遮盖全身的大方巾，也大多是为适应这种气候而形成的。再如具有东方特色的纯植物防雨服装——蓑衣等，其根本作用机制也是为了避免雨水与身体过度热交换而造成体温下降。

（二）散热

　　与在低温环境下的境况相反，人体在高温环境中自身产生的热量如果不能有效通过空气热交换带走，那么，神经中枢就必须排出水分使之蒸发（出汗）以带走多余热量，从而使大脑和重要脏器保持恒定温度。在这一过程中，服饰可以起到作用。

　　在东方服饰文化圈范围内，东南亚国家面对的高温环境较为严酷，其中马来西亚的气候条件最有代表性。马来西亚地处北纬 1°至 7°，属热带国家。虽地处赤道，但由于是低纬度的海洋国家，其气候深受海洋影响，形成了独特的热带雨林气候特点。无四季之分，全年高温多雨，温差极小，相对湿度大。白天平均气温在 32℃ 左右，夜间平均气温在 21℃ 左右。马来西亚全年降雨充沛，其中马来半岛年平均降雨量为 254 厘米（100 英寸）左右。每年 6—10 月主要受从印度洋及爪哇海吹来的暖湿西南季风的影响，降雨量较大，而每年 11 月至转年 3 月的一段季节里，主要受来自亚洲大陆东部的寒冷东北季风的影响，降雨量较小。综合来看，这一带总的气候特点是长年高温高湿。

　　东南亚国家以及中国南方很多少数民族的传统服装普遍将对抗炎热的阳光、高温度和高湿度的气候条件放在其功能性的重要地位。为了保护头部免遭阳光直晒，在东南亚地区和中国南部，斗笠形制即拥有遮阳、防雨双重功能，其中以越南人的斗笠和中国毛南族的"顶卡花"（花竹帽）最有代表性。另外，这些地区的人民喜欢采用具有最强反射阳光能力的白色和其他浅色作为服饰主色，有助于避免着装者体温升高；其三是增加体表散热面积，综合来看这一带的传统东方服饰普遍较为短小、轻便，少有长袍大褂，越南女用长褂则采用高开衩和薄衣料，外来宗教信仰导致的围巾、长衣等不属传统服饰范围之内。裙衣、短裤和草帽、凉鞋是此地夏装的主角，马来人的萨龙更是典型服饰，就连 19 世纪末殖民马来西亚的西方人在家居时，也会穿上当地凉爽的萨龙，并留下了很多这样的照片成为证据。还有的是利用服饰加快空气对流，如选用质料轻薄、透气，最好是微微有风时或由人走动也能带起裙衣的飘拂，形成无风衣亦动，衣动而风生的效果，加速空气对流以抗衡湿热气候。

　　越南人和中国京族、壮族服饰综合运用了这几种避免体温上升的方式，成为东方服饰中避免着装者体温上升功能美学的集大成者，体现着东方服饰制作者的灵巧与智慧：如头戴尖顶形斗笠，可以避免阳光直射头部，着浅色无领长袖紧身衣和肥大的深色长裤，赤脚或着草鞋。浅色服装可以反射阳光，宽松肥大的衣裤可以加快空气对流，从而完美实现避免体温上升的功能，是东方服饰成为物质形态功能审美价值的杰出代表。

除了服式，不同服饰质料的灵活采用也是东方服饰在辅助着装者散热方面的巨大成就，例如从古籍中可以得知，古时的中国人冬日服裘皮，夏日主要以葛麻为裳。《韩非子·五蠹》篇中有关于尧的穿着考证，称其"冬日麑裘，夏日葛布"。从唐代杜甫诗中"焉知南邻客，九月尤绤绤"（绤是细葛布，再细者为绤，绤是粗葛布）的描述来看，时已九月仍着葛布衣裳在中原人看来是有些不合节时气候的着装了。所谓夏穿葛、麻布，主要是因为葛和麻等植物纤维的织物吸湿效果好，散热又很快，是夏季服装的理想质料。

（三）适应寒热交替

中国西部的帕米尔高原、青藏高原、中国南方以及东南亚部分地区有多处高原、高山地带，气温、降水等气候要素随地势高低而呈垂直变化，形成了日温差大，日照强但风干高寒的特殊高地气候。在这些地方，即使空气温度较高，寒风也会在人们不经意的时候偷偷袭来。太阳下山后，阳光带来的地表温度很快被寒风扫得一干二净。

为了在这种特殊且极端的气候条件下保持人的生理机能正常运转，当地民众发明了独特的服饰搭配方式，即外穿可以御寒的厚皮袍，里面却只是单衣，或根本不着内衣。超厚的皮袍，可以白天穿，夜间盖；松大的款式又便于随穿随脱。一些地区用"早穿棉，午穿纱，晚抱火炉吃西瓜"等民谚来形容这一特殊地理气候给服饰搭配造成的影响。还有些高原民众，如中国藏族民众感到午间酷热时，就将一只袖子褪下；再热，索性将两只袖子都褪下来，一并系在腰间。这种上衣单薄或上身裸露，下装却拖拖拉拉，格外厚重，连皮靴也里三层外三层的整体着装形象，在四季分明、年温差大，日温差却不大的区域中极为鲜见甚至反常，但在上述气候条件下却十分适宜。这种特定气候条件和地理环境的产物，就是综合了避免体温下降和上升两种功能需求的特殊搭配方式。

二、保证着装者安全

出于职业本能，兵家学者对于服饰保护着装者这一功能给予极高重视，吴起曾与魏文侯有一段对话，意思是用皮革制作的服饰，显然缺乏保持着装者体温的功能。那么这种服饰的原本意义何在？主要是为了实现防御功能。避免着装者受外力伤害，正是这种服饰的功能审美价值之所在。这类服装是戎装的一个组成部分。在东方防御服饰的发展历程中，避免着装者受外力伤害，保证其生理机能正常运转，完成既定任务是永恒的目标。实现这一永恒目标的路径则处于不断变化之中，因为战争和孕育战争的人类社会矛盾冲突总在不断发展变化。东方服饰有效地保护着装者实现自身功能审美价值主要有两大路径：一是否能顺应时势变化，及时采用新型防御材料；二是否能适应武器杀伤方式的演化，及时改变服饰外在形态。

（一）防御材料顺应时势

哺乳动物主要的生存之道是灵活和智慧，其次依靠坚韧的皮肤和浓厚的毛发进行自我防御，当然这些皮肤和毛发无论多么坚硬也无法和某些低级生物的坚硬外骨骼比较。在进化过程中，作为高级灵长动物的人类逐渐放弃这些沉重的、需要耗费大量能量生长的防护手段，逐渐依靠脑力和灵活的双手与野生动物周旋，弥补自己缺少防护的缺陷，并逐渐占据上风，成为自然界的主宰。虽然人类始祖的皮肤谈不上坚厚，但和直观感受相反，科学研究证实人类由表皮和真皮构成的皮肤实际上厚于许多哺乳动物。

从社会学角度看，人类群体之间的战争以一种新型社会形态出现，已不同于人兽之战。拉尔夫等人在《世界文明史》中强调："从严格的生物学意义讲，人类似乎既不偏向和平，也不偏向战争，而在转向定居农业之前，游荡不定的群落是爱好和平的。至至少少有一点是肯定的，冰河时代的任何洞穴壁画都没有描述过人与人交战的场面，现知最早的表现战争的绘画与定居的村落生活同时出现。"①可以这样说，生产力的进步和文化的发展本身并不是战争的起因，但生产力进步带来的剩余产品却是战

---

① 〔美〕菲利普·李·拉尔夫、罗伯特·E. 罗纳、斯坦迪什·米查姆、爱德华·伯恩斯著，赵丰等译：《世界文明史》，北京：商务印书馆，2006 年版，第 33 页。

争的诱因之一。缺乏天生防御手段的人类,将不得不面对手持石刀、拥有智慧且来意不善的同类。人类头脑与动物尖爪厚皮之间的微妙平衡被打破了,最原始形式的军备竞赛就此拉开帷幕。人类自然而然地开始"借用"某些动物坚厚的皮肤来增强自己的防御能力。在早先对抗严寒时,这一选择被证明非常有效。美国著名文史类作家查克·维尔斯在《武器的历史》中这样表述东方防御服饰的起始年代:"使用特殊的衣服用来保护穿衣的人免于流矢和锋刃的伤害至少要往前回溯 10000 年,那个时候中国的士兵就穿着犀牛皮制成的斗篷。然而武士们可能在这之前很早就穿上了皮革和其他材料制成的保护性外衣。"[①] 最早具有防御功能的东方服饰出现得是否真的如此之早,尚有待进一步的实物证据,不过可以确定的是,它们的形态一定简单粗糙,同时又是多样化的,而且还不能称为严格意义上的戎装。

从具有防御功能的早期厚衣过渡到甲胄经历了一个漫长的过程,为了应对战争这种民族、国家、政治集团间相互矛盾冲突的最高形式,众多东方民族或政治集团将一部分成员从生产中抽离出来,接受更长时间的专门训练,这就是军队的雏形,而军队的不断专业化产生了对防御服饰的集体性需求。有需求就会有对需求的满足,东方最早的甲胄就此产生。不幸的是,犀牛成为自己坚厚皮肤的牺牲品,被当作东方防护服饰最早的原料来源之一,《汉书·艺文志》记载:"后世燨金为刃,割革为甲,器械甚备。"[②] 就很好地说明了这一点。在楚国三闾大夫"操吴戈兮披犀甲"的浪漫背后隐藏着相对严酷的生态现实,犀牛渐渐在亚洲大陆消失,现今只在印度尼西亚苏门答腊还有少量自然存活。

自东方防御功能服饰出现之始,一直到西汉年间被锻铁甲基本取代,犀皮甲一直是历代中国中央王朝的主要铠甲制作材料。当然,犀甲是否全为犀牛皮所制,也存在疑问,有可能是水牛皮与黄牛皮制的甲均被称为犀甲,这种"包装"手法也是很常见的。在此期间,比犀甲更坚硬的材料

---

① 〔美〕查克·维尔斯著,吴浩译:《武器的历史》,哈尔滨:黑龙江科学技术出版社,2007 年版,第 44 页。

② (汉)班固撰:《汉书》,上海:上海古籍出版社、上海书店,1986 年版,第 532 页。

并非不存在，比如在兵器制造中广泛使用的红铜和青铜。但后两者主要被制成头盔或兵器，这与红铜质地软而青铜质地脆有主要关系，即前者更适用于整体锻造头盔，后者则主要用于制作锋利兵器，两者都不适于制作甲片型铠甲。古希腊斯巴达城邦和雅典城邦的武士使用铜板整体锻造胸甲，但是这种整体胸甲只能量体度身制作，适合城邦武士自备铠甲上战场的情况。在东方，武装力量长期掌握在中央政权手中，铠甲作为一种军事装备必须要能大批量统一制造，并根据着装者体态进行调整。因此，犀皮甲长期占据东方战争历史舞台，并非因为其防护性能无可替代，主要是因为其适应这种生产方式和装备方式。

被公认为中国官方手工业生产指导规范的传统典籍《周礼·考工记》中有这样一段文字："函人为甲，犀甲七属，兕甲六属，合甲五属。犀甲寿百年，兕甲寿二百年，合甲寿三百年。凡为甲，必先为容，然后制革。权其上旅与其下旅，而重若一，以其长为之围。凡甲，锻不挚则不坚，已敝则桡……"[1] 后人注曰："削革里肉，但取其表，合以为甲。"《考工记》一般被认为是齐国官方学者编订，尽管有秦汉补入篇章，可是总体成书于战国初期，这段详尽的指导性文字描述了战国时期中国最高水平的皮甲制作技艺。《唐六典》记载唐代仍有皮甲生产和装备："甲之制十有三：一曰明光甲，二曰光要甲，三曰细鳞甲，四曰山文甲，五曰乌锤甲，六曰白布甲，七曰皂绢甲，八曰布背甲，九曰步兵甲，十曰皮甲，十有一曰木甲，十有二曰锁子甲，十有三曰马甲。"又记："今明光、光要、细鳞、山文、乌锤、锁子皆铁甲也。皮甲以犀兕为之，其余皆因所用物名焉。"[2] 皮甲在中国中原地区逐渐淡出后，仍在周边国家和民族地区广泛流行。从出土文物看，日本在铜石并用的弥生时代有木制的短甲残体；以铜器为代表的古坟时代中期有短甲和盾牌；到古坟时代后期，也就是公元6—7世纪的埴轮时期中，才有完整的人物铠甲形象。研究日本甲胄和武具的日本学者认为，古坟时代后期的戎装受到朝鲜影响，之后又受到中国影响。根

---

① 陈戍国点校：《周礼·仪礼·礼记》，长沙：岳麓书社，1989年版，第123页。
② 周汛、高春明：《中国历代服饰》，上海：学林出版社，1984年版，第114页。

据南宋诗人范成大的记载，在大理这样的少数民族政权中还存在过象皮甲。在中国西南边陲的彝族武士中，直到 20 世纪初还有皮甲的加工与使用。

关于犀皮甲在实战中的具体表现，目前缺乏详尽的战例记载，不过从装备时间如此之久来看，其防御性能还是令着装者和军服设计制作者满意的。《尉缭子·武议》："今以莫邪之利，犀兕之坚，三军之众，有所奇正，则天下莫当其战矣。"[①] 能够将坚厚的犀甲上升到天下无敌的先决条件之一，可见其具体防御性能在兵家学者心目中的地位。当然，犀甲最终还是被更坚硬的铁甲替代，原因不难寻觅。纵览战争史，推动军服防御功能提升的根本原因在于杀伤方式的进步。随着杀伤兵器逐渐锋利、杀伤方式逐渐多样化，单一的皮甲无论从硬度上还是形制上都不能满足需求了。而且铁甲的来源广泛，加工性甚至优于犀皮甲。顺时而变才是东方服饰实现物质形态功能审美价值的必然途径。

（二）防御款式随兵器进化

作为一种被动的防护手段，人体护甲的诞生、发展始终伴随着硬杀伤手段的演变，由此展开攻与防之间的永恒矛盾。在特定战争模式和军事技术影响下，有什么类型的硬杀伤兵器，护甲就会发展出相对的部件、元素和形态，可谓应势而变。本段的论述以东方防御功能服饰对上述具体杀伤方式的防御为框架展开。另外，在西方殖民者和工业化武器进入东方之前，热兵器在东方战场上的发展相对缓慢，一直未成主流，故在论述之列但不作为重点。因此，东方防御功能服饰的设计制作者如要达到保护着装者免受外力伤害的功能需求，以使东方防御功能服饰实现自身审美价值，必须根据杀伤方式改变和确定自身形态。

首先说，劈砍兵器是人类历史上出现最早的兵器之一，在中国旧石器时代遗址——周口店就出土了相当数量的打制石斧，尽管这时的石斧还兼有生产工具的作用，但亦可看作劈砍兵器的雏形。新石器时代石斧变得更为精致、锋利，加上了柄，使打击范围和力度都有所加强。至青铜

---

① 周百义译：《武经七书》，哈尔滨：黑龙江人民出版社，1991 年版，第 229 页。

时代,世界范围内的武装力量普遍装备了刀、斧等为代表的劈砍兵器,这类兵器有单面或双面刃,使用方法简便、灵活,对使用者的力量要求较高而技能要求相对较低。为了有效防护劈砍兵器的攻击,人类开始求助于各种质地坚韧致密的自然材料,依靠其提供的防御性能制作最原始的人体护甲。由于劈砍兵器攻击面较大,因此早期的人体护甲必须也有较大的防护面积。冷兵器时代的早期护甲材质上以皮革为多,随着金属冶炼技术的提高,铜铁等金属,尤其是铁逐渐成为护甲制作的主流材料。在冷热兵器并存的时代,为了防护早期铅弹,还出现过纸甲、布甲等。在特殊的情况下出现过如《三国演义》中描述的藤甲,尽管其真实性还有待考证,但不能否认其在热带地区存在的可能性。

因为劈砍兵器的自重一般轻于锤击兵器而重于刺杀兵器,使用灵活性则介于两者之间。这就要求着装者不能寄望于彻底避开劈砍兵器的攻击,必须针对其杀伤特点进行有效防范。要防御劈砍兵器的杀伤,护甲穿着者必须在防护与机动间求得平衡。劈砍兵器造成的钝伤较轻,且攻击方向多来自上部(这样使用者最利于发力),部分来自左右。可以说,冷兵器时代的头盔、护肩主要的防护对象正是由上而下的劈砍兵器。举例说,中国古代护甲在唐以前并不是很重视护肩,但唐代一种长三米有余的"陌刀"大规模投入使用,其集长短兵器的优势于一身,攻击范围和力度都十分强大。此刀在唐时也被称为"长刀",《资治通鉴》卷二百二十记载:"嗣业(名将李嗣业)帅前军,各执长刀,如墙而进,身先士卒,所向摧靡。"[①]在陌刀这种强大劈砍兵器的空前威胁下,中国唐代以明光铠为代表的人体护甲最明显的变化就是上半身,尤其是肩、臂部的防护大大加强。同时为了防护劈砍兵器来自左右方向的攻击,传统铠甲至少从东汉时就出现了盆领以防护颈部。

几乎与此同时,刺杀兵器也较早投入使用,在中国殷墟遗址中可以发现商代铜兵器中已有形制完善的矛,属于有效的刺杀型长兵器,还有兼具刺和勾双重功能的戟,以及剑和匕首等短兵器。刺杀方式的盛行与青

---

① (宋)司马光撰:《资治通鉴》,北京:中华书局,1956 年版,第 7033 页。

铜材料的质地有关，美国学者杜普伊曾在《武器和战争的演变》中指出青铜武器在使用方式上的局限，说青铜剑先是尖头的，剑锋比剑身要大，既可用于刺杀，也可用于劈砍，因为青铜质地较脆，所以青铜剑最初主要是用于刺杀的①。这也可以解释为什么几乎没有青铜刀被广泛使用。长矛的威力在刺杀兵器中居首，在它和护甲无尽无休之争中，一开始矛居于下风。随着马镫和马鞍的完善，手握长矛的骑兵可以充分利用马匹的冲击力，使矛的杀伤威力得以借助惯性变得更加巨大。金属冶炼和锻造技术的提高，又使矛更为坚硬。另外还有弓、弩，甚或标枪等抛射型兵器，尽管相对矛来说威力较小，也多是以刺杀方式作用于人体的。

刺杀方式的破坏力量集中于一点，使护甲局部承受极大的压强，导致护甲组织结构被破坏，从而失去防御功能。甲片编织型铠甲是防护刺杀的重要成果，其特点是将小块甲片编织起来，并局部辅以整体甲片强化对要害部位的防护。以中国历代铠甲为代表，从春秋战国时期，历经秦、汉，再到唐、宋，中国的裲裆铠、明光铠多是这种形制，这和中国技击术（搏击敌人的武艺，最早源于战国期间齐国步兵的攻守之术，《汉书·刑法志》："齐愍以技击强。"）较发达有关，战士必须保证较强的灵活性，而在赋予着装者生存能力的同时保证其灵活性正是甲片编织型护甲的优势。可以说，明光铠集中了整体型护甲和甲片编织型护甲之长，在形态上针对多种杀伤方式进行了卓有成效的改革，成为东方护甲中防护性能最出众的种类之一，对于研究东方功能服饰实现保护着装者的审美价值具有代表意义。

另外，还有抛射型武器。抛射本身不是一种杀伤方式，只是一种能量投送手段，其杀伤机制类似于刺杀。弓和弩都是典型的冷兵器时代抛射兵器，秦始皇陵兵马俑坑中出土有大量青铜铸造的弩机，尺寸极为精确，甚至可以互换零件，说明当时弓弩具有极强的杀伤力。西汉军队也正是依靠制作精良的弩，取得了对"弓弩不利"（陈汤语）的匈奴军的优势。

---

① 〔美〕T.N. 杜普伊著，李志兴等译：《武器和战争的演变》，北京：军事科学出版社，1985 年版，第 5 页。

但是仅百余年后，随着一种新型铠甲的出现，攻防间形势发生逆转。《晋书》记载前秦苻坚曾命大将吕光等人"总兵七万，铁骑五千"出征西域，在攻龟兹时，遭遇胡兵"便弓马，善矛槊，铠如连锁，射不可入"①，前秦军"众甚惮之"。这种能有效防护弓箭的铠甲即波斯最早发明的锁子甲，也称"锁帷子"，为环形编织甲。汉文典籍中，其名最早见于曹植的《先帝赐臣铠表》，文中称其为环锁铠，极为名贵。锁子甲的特点是利用一个个直径很小的铜、铁环相串联并用铆钉固定，有效消除了甲片间的缝隙，能够防护射入力量有限的弓箭，同时赋予穿着者更大的灵活度，是一种在重量上没有明显增加但防护效能大大增强的铠甲。只是这种铠甲自身没有支撑性，防钝伤能力差，因此锁子甲经常和整体甲片搭配使用。

由于弓箭特殊的杀伤机制，以及需要较大甚至是全面的防护面积，硬度高韧性差且自重较大的金属不见得是防护弓箭等抛射兵器杀伤的最佳材料，许多织物也能在特殊的历史背景下发挥自己的功用。维尔斯在《武器的历史》中记录了一种奇特的情况："一种最为有趣的非金属盔甲是蒙古骑兵穿的生丝衫。因为这种丝的强度小，如果敌人的箭射入骑兵的身体，丝布就会随同箭头进入伤口，这样就使得箭可以相对容易地拔除，较之其他戳入身体的武器危害性更小。"②

再有一种是锤击型兵器。锤击即利用锤、棒等兵器给被攻击者造成"钝伤"的方式。美国军事历史学家罗伯特·L.奥康奈尔在《兵器史》中认为："钉头锤并不是武器，但是它是第一件专门制作出来对付人类的武器。"③他的理论出发点有几个：人类直立行走，因此人类的头部正、侧或后方都易遭打击；其次，由于进化，人类的头"变得更大更加易碎"；再次"这些兵器制造方法简单并且所需材料十分普通"。奥康奈尔主要是根据苏美尔和古埃及的战例得出结论，但他也将中国的类似情况包括其中，

①　（唐）房玄龄等撰：《晋书》，上海：上海古籍出版社、上海书店，1986年版，第1601页。
②　〔美〕查克·维尔斯著，吴浩译：《武器的历史》，哈尔滨：黑龙江科学技术出版社，2007年版，第44页。
③　〔美〕罗伯特·L.奥康奈尔著，卿劼、金马译：《兵器史》，海口：海南出版社，2009年版，第25页。

图 90　中国西周早期的素面铜胄
（王家斌绘）

即这类锤击武器的巨大威力导致对头部的重点防御，即头盔的诞生。而"两毫米的铜下面垫上两毫米厚的皮革"就能有效对付钉头锤。周纬记述了 20 世纪上半叶在当时的南京中央研究院历史语言研究所见到的"殷代头盔"，并描述："此盔里面底质，系粗糙之天然红铜，并未腐锈，外面则镀厚锡一层，光泽如新，且夹有白光，恐除铅锌等质外，或尚加有镍质在内……此盔作饕餮文，为虎头形，并不高大，而恰合今人之首，想当时盔上尚有饰品如羽翎之类。"①两下对比，早期中国头盔对锤击兵器的防护效果显然更有针对性。（见图 90）

对于可有效防护弓箭的锁子甲来说，锤击兵器却带来了巨大的威胁。锁子甲的穿着者一旦被锤或棒击中，往往会造成严重的骨折和内伤，《旧五代史》中就有"张万进……易以大锤，左右奋击，出没进退，无敢当者"②的记载。当然，锤击兵器自重较大，使用不够灵活，因此在任何战场上都不会大规模使用，使用者往往是身怀绝技的将领或绿林人士。对于东方铠甲的着装者而言，面对锤击杀伤方式，可以利用整片式金属板加强重要部位防护，但更有效的方式则是放弃对次要部位的防护以增大灵活性，有效躲避其攻击。这就是服饰在防御功能和机动功能之间的平衡问题，通过改变护甲形制以减轻其自重，从而提高机动性以增强防御性，提高着装者在严酷战场环境下的生存能力，体现了服饰的功能美。

热兵器问题也需要在此涉及。热兵器泛指带有火炸药或其他燃烧爆

---

①　周纬：《中国兵器史稿》，天津：百花文艺出版社 2006 年版，第 105 页。
②　（宋）薛居正等撰：《旧五代史》，上海：上海古籍出版社、上海书店，1986 年版，第 4978 页。

炸物质的兵器，与冷兵器相比出现较晚。热兵器进入战争舞台源自火药的发明，中国人于公元 10 世纪之前就发明了火药，随后将火药与箭结合，利用化学性能提高了抛射箭头的距离和力量。1250 年到 1300 年间，中国人发明的火炮随着蒙古东征散播开来并进一步演化。一开始，热兵器并没有显示出绝对的优越性，其杀伤威力是随着冶金、化学等方面的技术水平提高而不断增强的。早期的枪弹不见得能穿透厚重铠甲，铠甲的制作者也在寻找方法对抗这种新生的杀伤方式。

　　热兵器具体的杀伤方式主要利用动能弹、破片、火焰、冲击波等，这些杀伤方式的作用机理决定了热兵器时代人体护甲的形制。在热兵器的发展史上，尤其是对单兵来说，最先出现的应该是火焰杀伤。动能杀伤则紧随其后出现，中国最早的火枪——宋代的突火枪，就可同时发射铅弹并喷射火焰杀伤对方。《宋史·兵志》中记载："开庆元年……又造突火枪，以钜竹为筒，内安子窠，如烧放，焰绝然后子窠发出，如炮声，远闻百五十余步。"[1] 众所周知，热兵器的普及给战争模式带来了根本性的变革，对东方铠甲的性质也产生了深远的影响。中国明代创制出了以压紧的棉花为主要材料的甲衣，据称"鸟铳不能大伤"。与此同时，在幕府时代的日本，通过与葡萄牙人和荷兰人的贸易往来，日本人获得了由坚实甲板制成的西欧铠甲，并立即进行仿制，进而产生了有西洋铠甲之质和日本传统铠甲之表的"南蛮式铠甲"，性能全面优于由小块皮革编缀而成的日本传统铠甲，可以防御当时的火枪射击，保留至今的铠甲上能够清晰看到铅弹未能洞穿留下的凹痕。有资料记载，德川家康在 1600 年的关原之战中即穿"南蛮式铠甲"上阵。

　　中国的棉甲和日本的"南蛮式铠甲"分别代表了吸收枪弹威力的"软"防护方式和直接抵挡枪弹威力的"硬"防护方式。在枪弹出膛速度还不高、动能相对有限的火枪发展初期，这两种防护方式取得了一定的防护效果。但总的来说，热兵器的发展最终迫使传统护甲退出历史舞台，尽管这一历史进程是缓慢的、渐进的，间或还有反复，却不可逆转。

---

① （元）脱脱等撰：《宋史》，上海：上海古籍出版社、上海书店，1986 年版，第 5796 页。

通过增加厚度或改变形态，东方铠甲长期以来对抗着上述各种杀伤方式的攻击，部分性能在世界上长期居于领先地位。在东方的传统战争技术条件下，很好地完成了保护着装者的设计初衷，从这一角度充分实现了自身的物质形态功能审美价值。

三、有利于着装者行动

相对于保持着装者体温和保护着装者安全而言，有利于着装者行动这一东方服饰品物质形态功能审美价值实现路径显然具有"柔性"特征，甚至在具体界定上还有些模糊成分。衣服不保暖会对着装者造成冻伤，铠甲不防箭会令着装者受贯穿伤，与此等严重后果相比，服装是否有利于着装者行动在重要程度上似乎要逊色很多。这也是相当多东方服装的设计制造者为了实现前两种主要功能审美需求而不惜牺牲后者的主要原因。

只有在两种情况下，服装需要便于着装者行动这一点，才会在服装设计制作中得到重视：一是着装者的服饰不利于其行动，会影响为其定制服装者的利益，于是后者遂由上至下改进服饰形态；二是通过与其他着装者比较而萌发的不满，导致着装者自我身体意识的觉醒，由此产生改变现实的强烈动力，由下至上推动东方服饰的设计制作及穿着规范制定者逐步重视着装者的身体感受，而不仅仅是为了满足其他功能审美价值。

（一）减弱皮肤摩擦

较早注意到服饰如能降低与着装者身体表面摩擦力会令其感到愉悦的东方哲学家是墨翟，他在名言"圣人为衣服，适身体、和肌肤而足矣"中强调了自己的这一论断，有理由相信这位代表手工业者利益的学者对此一定有切身感受。当然，墨子并不知道，真正感受服饰压力和摩擦力的并非"肌肤"本身，而是上面那些纤细的体毛，所有体毛毛囊的周围均绕以感觉神经，压迫毛干即可牵动神经，并将信号传回大脑分析，大脑根据以往经验得出是疼或痒的结论，并指挥末端肢体（一般是手）去抚或挠。所以说，如果服饰与肌肤的摩擦力大，将会令着装者感到极为不适。

　　如前所言，服饰给着装者造成的直接感觉是一个相对的概念，只拥有较粗糙衣料的民族自然无从比较，无从选择，但他们一旦接触到更舒适的衣料，就不会放弃了。在东方服饰的范围内就发生过这样的故事：专家鉴定了日本最早出现的棉织品，认为很可能是中国制品。《日本后纪》里还讲述了关于棉籽传入日本之事，但由于栽培方法的不当和气候等原因，均未结出果来，所以未获得推广，棉花及棉制品依然靠进口。至16世纪中叶，棉花才正式在日本栽培成功，至江户时代被推广。棉籽种植成功和棉布的广泛应用，使日本服装材料发生了较大的变化。由于棉布比麻布柔软贴身，穿起来易于吸汗且舒服自如，加之染色方便，所以不久就取代了麻布，成为主要衣料。中国明代万历年间，在长崎的中国人向当地居民传播了中国弹棉弓的制作及使用方法。这种中国制棉法，在日本一直延续到明治大正年间才渐渐被更先进的技术取代。

　　还有一个类似的民间传说，中国三国时期，西南壮、苗等少数民族地区曾经流行水痘疫情。由于当地人多着手织粗布，未完全结痂的水痘受到衣服的摩擦即会重新溃破，黄水流到哪里，又会感染生出痘疮。诸葛亮了解到情况后，调拨数万匹细缎分发给当地居民，于是因减弱摩擦而令疫情很快得到控制。不仅由此争取到当地很多民族的支持，而且还被后世誉为"诸葛锦"或"武侯锦"并流传下来。

　　上一个例子即着装者在比较中产生的自我身体意识觉醒，还有自上而下的第一类情况——服饰设计者认为降低服饰品与着装者的身体摩擦会有助于自己目标的实现。这往往发生在系统定制的军事服装领域，比如编织型铁护甲会对着装者身体造成磨损，影响部队战斗力。因此武装力量的掌握者需要给士兵在铁甲内穿上各种防护衣物，《宋史·兵志》记载："至道二年二月，诏：先造光明细钢甲以给士卒者，初无衬里，宜以紬（绸）里之，俾擐者不磨伤肌体。"[①] 在中国，由于军事服装不属于社会常服，因此此类服装随着铠甲一同被淘汰了。但是在西方，同样用途的紧身纳衣却在铠甲退出历史舞台后依然不断发展演化，直至成为引领西方男

---

① （元）脱脱等撰：《宋史》，上海：上海古籍出版社、上海书店，1986年版，第5795页。

服时尚潮流的骑士装。

（二）利于骨关节活动

人体是生物学上的奇迹，仅人体关节在工程力学上的合理性就远超最精密的人造运动机械。人类所能做出的各种炫目动作，比如舞蹈、体操甚至于 21 世纪初流行于都市年轻人中间的"跑酷"，没有精妙的关节构造都无法实现。

以人们习以为常的直立行走为例，行走者的髋部会由不受力一侧向受力一侧转动，并进而由髋部带动胸部向受力一方做最大的转动，抑或由胸部带动上肢做中等幅度的摆动以补偿重心变化。这中间每一个步骤都离不开关节，尤其是永久性的动关节所起到的作用。而在这一行走过程中，着整齐服装的着装者会有多个关节与服饰发生关系，在上肢有肩关节、肘关节、腕关节，下肢有髋关节、膝关节、踝关节。由于各关节的关节面形状不同，所以不同的关节在运动的范围和方向上也不相同，由此对服饰的要求也不同。比如肩关节是一种球状关节面，因此能做多方向、大范围的运动，所以服饰的肩部结构需要较大富余度。当然不动关节中的纤维软骨关节也很重要，而与服饰关系最大的莫过于最重要的关节——脊柱。

如果没有特殊功能需求，所有神智正常的服装设计制作者都会制作适合人体关节运动的服饰。长期使用天然面料和较初级剪裁技术，贯彻"天人合一"和"顺乎自然"观念的东方服饰品，更是普遍较为松弛宽大。可以说，东方式长袍与襦裙是给予骨关节极大伸展空间的，而且在活动之余，整体形象又很好。只是款式十分合体的西式衣服传入东方后，引发了传统东方服饰的改革浪潮。由此产生的新式东方服饰，如单领的日本学生装、立领的中国中山装和高领旗袍，都是以刻意限制人体颈部脊柱关节俯仰动作来达到使着装者整体服饰形象端庄典雅的视觉效果，西裤更是这样。

中国近现代着装者对此不是没有过怨言，比如当代"小资"的先辈——徐志摩，在 1928 年 6 月赴美的邮轮上写信给陆小曼抱怨："脖子、腰、脚全上了镣铐，行动感到拘束，哪有我们的服装合理，西洋就是这件事情欠通。"不过如前所述，舒适感是一个相对的数值，只有在比较中才能得出结论。所以，具体尺度很难说，鲁迅就曾说过中国妇女戴的首饰如同枷锁。

（三）适应自然环境变化

这里所言的自然环境，不同于温度、湿度等不直接与人身体接触的因素，而是指由地表形态、植物等直接接触着装者的自然事物组成的特殊环境。特殊的地表与植被形态需要着装者的足服和下装拥有特殊形态。

首先是足服，一个最直观的现象就是从古至今，东方士兵只要穿裤装，通常会将裤脚扎进靴鞴中或用绑腿绑紧，其主要功用就是为了避免树枝灌木钩挂裤脚影响行进速度，再或是为了防止沙土灌入鞋中，还有一种说法是，通过紧束可以给肌肉加力并减少疲劳，这应该是一种自发形成后被制度规定的做法。当然，山地民族常装也注意扎裹腿，那是为了防止被杂草挂住，总之是为了适应环境。

《晋书·高祖宣帝纪》记载："关中多蒺藜，帝使军士二千人著软材平底木屐前行，蒺藜悉著屐，然后马步俱进。"① 这是一种巧妙利用服饰质料特性，在保护着装者的同时适应自然环境变化以利于行动的东方服饰品范例。在民服方面，居住于山地的居民的足服也必须适于爬山，必须结实耐磨且轻便随脚，而且底部必须有较大的摩擦力，这些已为山民所深深体会并应用在足服制作中。常走山路的人通常不依靠随穿随破又可随手扔的草鞋，他们编制葛履、打制木底鞋、皮底鞋。在很多地方，妇女们用糨糊将一层层布头粘起来，晒干以后，再将粘好的"夹子"剪成鞋底样，几层夹子用粗线密密缝在一起，俗称"纳鞋底"。这与明清时期可防鸟铳铁弹的布甲制作方法大同小异。

山地人每日走路，总是反复地爬坡与下坡。爬坡与上台阶姿势大同小异，下坡当然也像下楼梯，只是陡峭的程度不尽相同。上、下坡的走路姿态需要人体下肢三个关节大幅度运动。下肢的屈伸角度大，就需要服饰顺应动态中的肢体生理机能，因此下装不能过瘦过窄，阻碍运动；同时

① （唐）房玄龄等撰：《晋书》，上海：上海古籍出版社、上海书店，1986年版，第1249页。

又不能过肥过阔，以免踩住衣服或挂住树枝等物。山地居民的有些下装，是将裤子绑在裹腿之内；或是膝上短裙，膝下裹腿；再便是习惯将长裤卷至膝盖之上。这种装扮，无疑为行进于崎岖的山路，做好了充分的服饰准备。比如，住在山上的布朗族女子筒裙较短，再加绑腿，以便于登山，而住在水边的布朗族女子筒裙就较长，更适于涉水与洗浴。更有中国晋时谢灵运，上山将木屐前齿卸掉，下山则去后齿，无疑减弱了关节的过度损伤，这些都是东方服饰为了使着装者便于在自然环境中行动而做出的形态上的改变。

四、西方着装方式对东方服饰审美价值的影响

如前所述，东方服饰长期以来采用的诸多形态都符合东方人的生理特征、东方独特的气候地理环境，并建立于东方的农耕和狩猎采集等生产生活方式基础之上。在中国、日本、朝鲜和东南亚等地之间还建立了一个相对稳定的内向环流模式，保持着服装质料、样式在一定程度上的良性交流。因此可以说，在基本上处于自我发展（也有南亚和阿拉伯等地的有限影响）的历史岁月中，东方服饰成功地实现了自身功能性审美价值。

同时也应看到，从 16 世纪葡萄牙人最早向东方拓殖以来，一些符合西方审美价值观念、礼仪制度并适应西欧气候环境的服饰被商人、军人带到了东方部分国家，并强制或半强制地使部分东方人换装。由此，这种西方着装方式对东方服饰实现其功能性审美价值产生了积极、消极和中性的三种影响。

（一）积极影响

日本作为岛国，可被视为东方服饰文化圈中较为特殊的成员，日本政治文化总是与大陆传统保持着若即若离的态度，若大陆传统有较自己先进可取之处，就全数拿来，比如公元 603 年，推古天皇的侄儿圣德太子仿效隋制，颁布"冠位十二阶"，制定了宫廷用冠和参朝服，随后全面仿效中国隋唐服装。但若有比大陆传统更强大者出现，日本就迅速转换

模仿对象。岛国特有的快速求变能力在服饰变革上可见一斑。在和葡萄牙人的早期交往中，日本人接触到了具有极强防御能力的西方铠甲，即迅速吸纳采用，早期只限于军事领域。到1853年日本被美国的佩里舰队强行打开门户时，身着西式服装的美国军官、外交官这种相对东方传统而言的"异质"服装剪裁技术，其精致、符合人体工程学又可以巧妙通过衣服廓形弥补人体不足之处的优点，使穿着者显得挺拔健壮，仪态不凡，同时遍布衣服内外的明袋和暗袋可以利用人体与衣服的空隙携带物品，这都令当时的日本人感到震撼。自此以后，日本迅速开始了卓有效率的革新运动，在19世纪中叶史称"明治维新"的变革中很重要的一点就是服饰改革，将西式服装的设计与剪裁引入学生服和军服制作中。（见图91）

图91　日本画家和田贯水作于奈良时代的《圣德太子像》（华梅摄）

学生服大体上具有西服合体、挺括的特征，立领，胸前只有一个口袋。学生穿着后，可以体现出健康向上的个体精神风貌与整齐划一的群体服饰形象。在日本，这一学生服的基本形制几经微调，一直延续至今。日本学生装随着中国留日学生返乡而渐渐播散开来，学生装质朴、整洁的外表，没有任何多余琐碎的装饰，在一定程度上体现了东亚儒家文化的内敛精神，而且符合后起国家勤俭奋发的心态。因此，众多留学生将日本学生装带回中国，并引发一部分公务员、教师模仿穿着，时言"革命巨子多从海外归来，草冠革履呢服羽衣已成惯常，喜用外货亦无足异，无如政界中人互相模仿，以为非此不能厕身新人物之列"。很大程度上，正是这股潮流促成了中国后来的国服——中山装的创制。

早期形态中山装通过日本学生装辗转接受了西式服装的剪裁工艺与审美观念，但是通过孙中山先生对新式服装的设想"彼等衣式，其要点在适于卫生，便于动作，宜于经济，壮于观瞻"，可以发现，中山装的创制精髓直接借鉴自西服。早期的中山装为九纽，胖裥袋，口袋内可以装一些随身物品，实用性较强。同时相对于原来的中式服装，中山装由于采用了科学的西式剪裁技术，符合人体比例与结构，使着装者身体轮廓自然显得挺拔伟岸，如果再结合比较好的毛料，就更能体现出一股英武与儒雅相结合的气势。这是中国民服领域借鉴西方着装方式后发生的历史性变化。

在军服方面，日本同样是最早接受西方军服样式的东方国家。在明治维新期间，日本政府打击传统武士阶层，采购西式装备，雇用西方教官训练新军，好莱坞电影《最后的武士》对这一过程进行了戏剧化的描述。改革后的日本新军装束完全向西方看齐，合体的西式军装、武装带和背包便于士兵行动又利于携带弹药，绑腿既防止钩挂，又具有压缩腿部血管、防止行军时间过长血液流向小腿的弊端，有利于减少疲劳。带有短帽檐的军帽与头巾相比可以防止阳光眩目，与斗笠相比又不致因帽檐太长妨碍端枪瞄准。军官与士兵的军服从远处难以分辨，不会被对方的狙击手注意，但近看完全可以表明军官的级别，不影响指挥。

（二）消极影响

就东方服饰对其自身物质形态功能美的实现而言，外来着装方式也有着不可忽视的消极影响。比如西式剪裁服装的特点相当大程度来自其采用的呢绒材料，而中国民国期间呢绒只能进口。以丝绸等质料为主的中国民服和民族纺织工业陷入困境，从晚清就已出现"穿绸者日少"、呢绒紧俏价格飙升而国产丝绸堆积如山等现象。西式服装在舒适度上与中国丝绸的差距，也得到广泛重视，民国初年的《民国文粹》上登载了一篇名为《池兆修议民国新服制》的文章，池兆修是一位社会基础广泛的民族资产阶级代言人，这篇文章脉络清晰，其中对中国传统面料丝绸物质形态上的优点列举详尽："其色鲜艳，其制亦艳，其光璨烂，其性温柔，其容闲雅，其质轻暖华贵，较之呢绒，相去岂可以道理计。"

中国人接受西式服装后在肌体舒适度上做出的牺牲毕竟还是有限的，但是在日本，这一问题上升到了服饰生理学的高度。日本人从古代起以跽坐为礼貌的坐姿，原本是从中国吸收过去的，可是中国人自唐代起便将坐具增高，广泛采用胡床，坐姿改为垂足。日本人却将跽坐一直延续至今。中国和日本古代人采用先跪后将臀部坐到自己脚后跟上的跽坐姿式时，衣装宽大，跽坐后虽也阻碍下肢血液循环，但还不太严重。历史演进到现代社会以来，日本人已经在大多数场合穿合体的西式服装了，可是固守传统的日本人在穿着一身西装后遇到传统性场合，依然不假思索地采用跽坐方式。实际上，本来由于下肢相叠而造成血液循环受阻现象，身着西装后更增加了生理障碍。人们却将此视为正常，这是由于文化的制约。如果就服饰生理学来说，实际上是犯了大忌。这两者的矛盾，不仅给着装者身体带来极大不舒适，而且笔挺的西裤也会因此变形。

（三）中性影响

由于民族传统原因，东南亚部分国家尽管长时间作为西方殖民地，但是在对西式服装的借鉴吸收上从未呈现几个北方邻国那样的偏激做法。除了政府人士在着装上西化外，大多数民众服装基本未根据西方剪裁技术加以改造，只是个别的西方服饰，如西服上装，被加入整体服饰形象当中。比如19世纪末，马来人，尤其是穆斯林们，头戴传统黑色圆筒帽、身上穿整套西式服装的形象已普遍出现。尽管马来人中的女性依然固守着自己的传统服饰，但是上层男性已经是以西装为常服了。虽说有时还穿一件萨龙作为下装，但上装已是不折不扣的西服了，以至于西式白衬衫、领带、西服坎肩、文明棍、怀表，一样不能少。

再比如足服，由于气候的原因，东南亚人长期以来赤脚，如今城市的人们已习惯于穿一双塑料拖鞋，即使是全身着职业装或礼服的女性，也以皮制无后帮鞋为能登大雅之堂的足服。这就是说，在这天气炎热且又多雨的国家中，光脚走路或是光脚穿双拖鞋是极正常的。在东南亚国家，拖鞋并未因现代交通工具的普及而遭到质疑，穿行于大街小巷的飙车手，头上戴着帽盔，脚上依然是塑料拖鞋。干缦也还存在，年轻男子们上身穿着西式长袖衬衫，下身西服裤，如纯棉休闲裤，裤外再围上一条干缦。有些人干缦里索性不再穿长裤，脚上不穿鞋，仅着下装，与19世纪末的东南亚人几无区别，只是上身穿着一件西式化纤衬衫。这种谈不上积极，亦非消极的影响，就属于西方着装方式对东方服饰实现其自身物质形态功能美的中性影响。

第二节　形式美

一、遮掩人体

东方服饰的遮掩功能与保持着装者体温的功能存在着相互平衡和相互制约的关系。这种功能在现实中的实现程度，一方面与东方的气候条件有关，一方面与超越物质功能的社会性需求有关，比如东方社会最强调的"礼"。

（一）为"礼"而遮掩

中国传统服饰观统一在中国的大文化背景下，当然具有自己的文化特色，但其中与西方服饰观区别最明显的一点，是"隐形自障蔽"的着装立意。西欧传统男装讲求下装裹体，双腿的肌体结构在着装后仍然暴露无遗，而且上至国王，下至平民，均以这种服饰形象来显示自己的强健剽悍。这在中国儒士看来实在是难以理解的。那种被体深邃的深衣，要将前面的掩襟接成大三角形，以便在腰间向后沿身体绕上一圈或多圈，尽量不露出内衣（内衣名亵衣）。《礼记·曲礼》和《礼记·内则》都强调："暑毋褰裳"（褰，意为把衣服提起来）、"不涉不撅"，即天气酷暑难挨也不得掀开衣服，不涉水是不准提起衣服的。

在女装方面尤其讲究遮掩。中国女性除了在唐代（主要是盛唐）时有袒领衣以外，在漫长的封建社会中始终是用衣裳将自己躯体裹成一个圆筒，绝对不能显露女性的身体曲线，不能露出内衣和肌肤。否则，都是礼所不容的。

　　中国儒家观念影响到了相邻的日、朝等国。日本文化服装学院和文化女子大学合编的《文化服装讲座》的作者在"官能性的多与少"一节中，提出这样的观点："从前述各项中看到西洋服装与身体相符，以合适的尺寸保证了身体的立体感，因而迈向了立体剪裁的道路。这种剪裁方法是身体的线条通过服装的样式很鲜明地被表达出来，显露的线条强烈地推动了官能刺激。西洋服装的发展为官能刺激打下了基础，特别是在近代，追求肉感的发展趋向十分严重，如夜总会的服装，将上半身的大部分祖露出来，这种倾向十分严重。日本服装与此相反，为保持肥大性，身体线条直接接触衣物的表达方式极为少见。所有女性的服装，无论什么时代都采取隐蔽腰部线条的形式。藤原时代，腰以下用大裙子覆盖。即使无裙，穿下摆长的衣服或围腰，其腰部线条也消失了。只有在不系裙子，不穿长衫，不围围腰时，才能从腰部露出肉体轮廓。但采用宽幅带子，后面垂下背带结的方式也能避免对腰间的注意。就是肉感特别露骨的江户时代的商人阶级，也是如此。日本文化特征是在抑制本能上特别加以注意。所谓抑制本能，并不是产生干涸的现象，这可以说是日本人对美感认识上的一个优越点。因此，日本服装与西洋服装相比，官能刺激少。"①

　　东方服饰文化圈内的不同民族，对于礼仪的认识，以及对于服饰遮掩功能如何体现礼仪的认识都有所不同。20世纪上半叶时，西方人类学家深入到印度尼西亚巴厘岛，西方女士看到巴厘岛上那些卖水果、蔬菜的女人们都赤裸着上身，下围垂到脚面的萨龙，感觉很新鲜，那些巴厘岛上的女人也对西方仅及膝盖的裙子很不理解，他们认为裸露上身是正常的，但裙子必须长到刚刚离开地面，露出小腿部位是很不雅观的。尽管这最初的惊讶是由东方服饰文化圈的"他者"发出的，但中、日等国人士如若见到这种情况也会觉得惊讶。

（二）为吸引而遮掩

　　相当数量的文化人类学者在对原始生活部落实地考察的过程中得出

---

　　① 日本文化服装学院和文化女子大学合编，李德滋译：《文化服装讲座·设计编》，北京：中国展望出版社，1983年版，第105页。

结论：遮掩某一部位的服饰，其实带有吸引异性视感官刺激的因素在内，是一种服装心理机制。就服装遮覆面积而言，袒露和遮掩是相对存在的，以袒露服饰吸引异性应该是遮掩之后的袒露，而以遮掩服饰吸引异性是袒露之后的遮掩。也就是说，裸体部族人有谁佩戴上些微装饰，就会有力地吸引异性；而着装的国度中有谁过多袒露肌肤也会产生同样强烈的效果。袒露与遮掩，是服饰心理学中一对相辅相成的构成对象，同时又是一对着装心理的矛盾。

东方服饰文化圈内地形复杂多变，地形上的隔绝造成众多民族发展速度不均衡，其结果之一即是成功地保存了人类不同发展阶段服饰形态的宝贵实物证据。如菲律宾的艾塔人，非常讲究佩饰，那多条项链的悬挂和乳房上部的饰穗，很自然地将人们的视线引向她那裸露的乳房。这种遮掩的程度不但与中国、日本、朝鲜等地服装的遮掩程度相去甚远，而且两者的本质属性完全背道而驰。再如东南亚一些热带或热带丛林中，男女青年性成熟后，会随着社会的习俗，有意裸露颈、胸等。使服饰有存在，又欲盖弥彰，这就表明可以谈婚论嫁了。即使是在日本，和服领型的领口后敞，以显露后颈即雪颈为美，也是一种巧妙的形式美。《婚床》一书作者，美国人约瑟夫·布雷多克认为，人类着装动机不在遮羞，而在吸引。他认为，在以裸体为清白的国度里，"赤身裸体比袒胸露肩更接近贞洁"。"当某个人，无论是男是女，开始身挂一条鲜艳的垂穗，几根绚丽的羽毛，一串闪耀的珠玑，一束青青的树叶，一片洁白的棉布，或一只耀眼的贝壳，自然不得不引起旁人的注意。而这微不足道的遮掩竟是最富威力的性刺激物。"[①]

二、标示符号

标示是东方服饰品视觉形态的功能需求和审美价值实现路径中最复杂的一种，因为要想清楚东方文化圈中的哪些社会组成部分极为强烈地

---

① 〔美〕约瑟夫·布雷多克著，王秋海等译：《婚床》，上海：三联书店，1986 年版，第 56 页。

需要服饰的标示功能，就首先需要了解这些由个体和集体组成的社会组成部分之间有怎样的联系。可以肯定，它们之间相互存在联系是需要服饰标示功能的前提。系统的解释与体系有所不同，系统是自成体系的组织，是相同或相类的事物按一定的秩序和内部联系组合而成的整体，一般认为，社会是一个有代表性的系统。美国文化人类学者莫菲指出："在充满符号和行为的文化整体系统中有一个基本的主题，文化不是许多不同习俗的囊括，而是相互联系的符号体系，并为文化中的人提供了一个合乎逻辑、有意义的生活方式。人类社会的系统化的最终目的在于能够调解并容纳指导我们日常生活的规范。它规定了每个人在社会交往中的位置和任务，使人与人之间不互相干扰。"①

在此基础上，东方服饰主要通过以下几种途径实现自身审美价值：其一是体系间标示，主要指体系与体系之间的区分，如敌我服饰区分。其二是体系内纵向标示，带有明确个体在体系内坐标的性质，需要标示的内容有等级、军衔和职务等，使用的标示手段包括质地、尺度等多种，一般使用于政府机构、武装力量或组织严密的宗教派别内部；其三是体系内横向标示，横向标示是为了区分体系内等级相同的各单元、各个体，一般以形制、色彩、符号等为标示手段。横向标示通常只有与纵向标示同时发挥作用才能精确确定个体在体系中的坐标。最后是体系外标示，侧重于部分特殊信息的标示。通过综合运用多种标示手段，东方服饰从这四条途径充分实现了自身视觉形态的标示功能审美价值。

（一）体系间标示

东方服饰品具有区分两个不同体系的功能，这两者的关系通常带有狭义或广义的对立性质，其中主要包括四点：军民之别、敌我之别、圣俗之别和儒众之别。尤其是军民和敌我差别，对于社会正常运转并将战争保持在可控范围内至关重要，因此自古至今的东方服饰设计者都极力强化这两种本质区别。部分情况下着装者则根据需要刻意混淆这一差别，

---

① 〔美〕罗伯特·F.莫菲著，吴玫译：《文化和社会人类学》，北京：中国文联出版社，1988年版，第38页。

这就属于"伪装"的论述范畴了。

就区分军民来说，东方军事服饰区分军民的视觉功能最初是在增强防御功能以避免着装者受伤害的过程中间接实现的，因为民服一般不需要对武器的防御能力。因此，就单纯的服饰品而言，军服和民服的视觉形态区分是自然形成的，而非有意设计的。在早期的战争状态中，战争行为的主体多是成员间存在血缘联系的不同氏族，氏族中全体成年男子都有参战义务，战争胜负有关氏族全体成员的利害，所以无须以服饰区分军民，这就导致了早期战争中胜者屠杀战败氏族成员或将其贩为奴隶的不人道现象。

但随着东方文化圈的主体——农耕文明内部矛盾加剧，以及农耕文明与非农耕文明（一般是游牧文明）的冲突恶化，战争渐趋专业化，规模也不断扩大了，对战双方（或至少是一方）的主体逐渐成为国家而非氏族，这就使得战争一般由掌握政治权力的阶层少数人发动，农耕文明中爱好和平（主要因为他们的生产生活方式与战争形态相距较远）的平民阶层只是被要求提供兵源和其他物资。为了使被征的平民意识到自己身份的改变，农耕文明国家需要确定军服与民服的鲜明不同，明确军人服饰形象与平民服饰形象的视觉形态差别，归根结底是为了使被征发的士兵意识到自己的义务。这就是《司马法·定爵》中强调的："立法，一曰受，二曰法，三曰立，四曰疾，五曰御其服，六曰等其色，七曰百官宜无淫服。"[1]所谓"御其服"，即在军中服役的人应着军服，这是确保战争胜利的重要前提之一。就军队内部的狭义角度而言，这也有利于指挥，并避免逃兵的出现。另一方面，区分军民服饰形态也是统治者或说欲发动战争者的责任，因为要想让平民去打仗，就必须以国家之财为其配备服装。这也正是《尉缭子·制谈》中所坚持的："经制十万之众，而王必能使之衣吾衣，食吾食……"[2]

除了让从军者明确自己的职责，东方服饰从视觉形态上区分军民也

---

[1]　周百义译：《武经七书》，哈尔滨：黑龙江人民出版社，1991年版，第123页。

[2]　同上，第212页。

是为了保护民众。因为战争的胜利者逐渐认识到，对方的百姓并不一定真心参战反对自己，保护（至少不滥杀）敌方百姓即是"义战"的标志，而且也为迅速恢复生产保存了必要的劳动力。如吴起所言："军之所至，无刊其木，发其屋，取其粟，示民无残心。其有请降，许而安之。"① 对参战双方而言，战争开始孰胜孰负无法预料，明确服饰军民之分，以保证战争限于双方政府和武装力量范围之内，是交战双方的一种责任。通过服饰形态辨识出敌方平民，安抚他们，一方面有利于减少抵抗，另一方面也可以迅速恢复生产，使敌国劳力为胜利者所用。

根据服饰敌我标示手段和程度的不同，主要可以分为镜像式对立和添加修改式对立两种主要类型，基于联想的对立则需要语言文字的介入，而不仅仅是服饰元素的采用。

如镜像式对立，英国学者富勒顿在《希腊艺术》中指出，一个民族艺术中的"他者"形象其实是这个民族"自我界定"的一种尝试："对事物本体的定义并不仅限于认识到它是什么，可能是什么或应该是什么。对事物本体的定义还应包括对它其他方面的探索，这就是还要认识到它不是什么，不可能是什么或不应该是什么。没有对事物'他者性'的考虑而进行的自我定义是不可能的……其实构建他者的形象也是在构建自我的形象。自我与他者之间的截然对立建构了一个感知世界……"② 所以说，敌我关系就是自我与"他者"的对立，追求与敌方服饰的截然相反就是这种对立关系的极端表现，而形态上的截然相反与镜像有一致之处。

在敌我服饰形态上追求镜像式对立有一个最明显的例子，中国中原地区先民自周代以后都是向右掩衣襟，并因此将中国西北少数民族向左掩襟的习惯一律归为"胡服"样式，将西北边域人称为"左衽之人"。当然，这种对立是自我（中原人）对客观事实的主观定义，因此与服饰上的敌我之分还有区别。但西汉年间发生于内部权力斗争中的一次战斗却

---

① 周百义译：《武经七书》，哈尔滨：黑龙江人民出版社，1991 年版，第 95 页。

② 〔英〕马克·D. 富尔顿著，李娜、谢瑞贞译：《希腊艺术》，北京：中国建筑工业出版社，2004 年版，第 44 页。

使一方主动改变服饰形态以求对立。《汉书·高后纪》记载："禄遂解印属典客，而以兵授太尉勃。勃入军门，行令军中曰：'为吕氏右袒，为刘氏左袒。'军皆左袒。勃遂将北军。"[①] 这是追求与敌军服饰形象镜像式对立的典型代表，"军皆左袒"首先是为战术目标服务，但也有一定的战略意义。

再如增删式对立，当原本处于同一体系内的双方突然转化为敌我关系时，全面更换服饰的成本巨大，时间也不允许，在这种情况下主要采用添加修改的方法，通过修改、添加或去除某些视觉上醒目的、并被赋予特殊意义的服饰元素，以此实现服饰视觉形态上的敌我区别。

辛亥革命时期，清末各地方政府建立的新军率先起义，并与前来镇压的清军展开激战，由于双方军服形制相似，所以新军往往以白毛巾或其他白布显示自己的革命身份。"一时间，只要把辫子剪去，在胳膊上缠一条白毛巾，就成为革命派……以首义之地武汉为例，原属新军系统的将士，用白布缠袖……领导上海起义的陈英士身穿学生装，其敢死队队员身穿各式中式短袄裤，左臂一律缠一条白布……"[②] 这是典型的通过增加某些服饰元素以显示敌我对立的例子。

新中国成立后首先换装的 55 式军装中的军便帽为苏式风格的船形帽，当时也考虑到这种军帽有诸多战术勤务上的便利性。但一时间引起了广大官兵和全国人民的强烈反对，因为这种船形帽很容易使人联想起 1949 年前在中国横行霸道的美军与国民党军，最终于 1959 年又开始换发解放帽。部分原因也是因为这时中苏关系已经显露破裂征兆。直到 65 式军服全面换发前，55 式军装配解放帽都属于以增删方式强化敌我对立的做法。

社会系统内部的圣俗对立需要依靠服饰的视觉形态来进行区分，僧人或道士与俗众服饰的视觉形态区分就是东方服饰品中引人注目的圣俗区分现象。这一现象的实质就是东方社会系统通过允许一部分成员塑造反世俗生活常态的服饰形象（最典型的莫过于剃度），来肯定其他的（通

---

① （汉）班固撰：《汉书》，上海：上海古籍出版社、上海书店，1986 年版，第 378 页。
② 中国第二历史档案馆编：《民国军服图志》，上海：上海书店，2003 年版，第 18 页。

常是更多的）社会成员世俗的常态的服饰形象。因为对世俗的了解只有在对神圣的不了解中才能得出，这种圣俗间的服饰形象反差使大部分社会成员对他们的世俗服饰形象感到自我满足，当然也激起了许多成员对反常态的尝试欲望。东方宗教通常允许这种尝试，汉传佛教中存在还俗，流行于泰国等地的上座部佛教更是要求每个男性社会成员在一生中都要至少出家一次。

这种社会需求决定了东方宗教服饰的绝大部分视觉形态因素，如颜色、质料或形制等，都与世俗服装截然对立。这种视觉上的对立即是信徒们确定自我认同的手段，也是他们所在的社会系统安排的结果。比如佛教服装严禁用正色，《四分律》卷十六和《十诵律》卷十五，都记有僧服用"三如法色"：若青（铜青色）、若黑（淤泥色）、若木兰（亦称茜色，赤中带黑）。甚至于熟悉的袈裟，其原梵文原意即为"不正色"和"坏色"。而佛教徒的衣服通常用破布补缀而成，称"衲""衲衣""百衲"或"百衲衣"。当然，衲衣有其形态的自身解释，即力图体现佛家的节俭与施舍的教义，但其形态是与世俗服装截然相反的。

以服饰来区分儒士与不识字的底层民众，也有东方特色，只是儒与众的界限是相对含混的。"儒"即儒生、儒士，可以单纯地指崇信孔子学说的人，但更多被用来指读书人，有时也用"士"来代表有学问但未入仕的人。"众"则侧重指体力劳动者。《汉书·食货志》记载："士农工商，四民有业。学以居位曰士，辟土殖谷曰农，作巧成器曰工，通财鬻货曰商。"[①] 儒士的服饰品与其他民众的服饰品的区别并非基于职责（军民），也不带有二元对立的性质（圣俗），而是建立于前者的自我优越感之上。

儒士们的自我优越感部分来自于汉字书写体系的复杂性，这种文字不基于语音，要完全掌握书写技能并进一步理解经典（《论衡·超奇》言："能说一经者为儒生。"），需要耗费巨大的精力，即使在有条件接受教育的群体中成功者也有限。这使传统上的儒生自视远高于劳动者，所以他们的服饰理应与官员和富商带有一致性，即着袍，且袍长及踝或曳

---

① （汉）班固撰：《汉书》，上海：上海古籍出版社、上海书店，1986年版，第476页。

地。尽管努力向上层看齐，但在中国历史上儒生阶层未涉权力，要"学而优则仕"，也不一定有很多物质财富，所以他们侧重于以服饰形象树立自我认同的外在表征。这有助于解释一个著名的着装形象例子：司马相如与卓文君私奔后，"相如与俱之临邛，尽卖其车骑，买一酒舍酤酒，而令文君当炉。相如身自着犊鼻裈，与保庸杂作，涤器于市中。卓王孙闻而耻之，为杜门不出。昆弟诸公更谓王孙曰：'有一男两女，所不足者非财也。今文君已失身于司马长卿，长卿故倦游，虽贫，其人材足依也，且又令客，独奈何相辱如此！'卓王孙不得已，分予文君僮百人，钱百万，及其嫁时衣被财物。文君乃与相如归成都，买田宅，为富人"①。文君父亲卓王孙决意与他们断绝关系，但最后迫于无奈出资赞助，即因为司马相如堂堂一儒生脱下衣衫，着犊鼻裈（大裤衩）刷洗碗筷，这实在是让卓王孙无颜见人。另一个例子则来自鲁迅笔下：孔乙己穷困潦倒仍舍不得脱掉破旧的长衫，原因很简单，长衫标志着他的秀才身份。中国民间以至相书上总结为："粗手大爪，披金饰银，必是暴发户；衣衫褴褛，穿鞋带袜，乃是破落公子。"

相比之下，劳动者出于劳动便利性，袍长仅至膝下或膝上，加之多粗麻毛线织成，通称"短褐"。宋张择端的《清明上河图》为此提供了众多的直观形象。全图所绘五百余人中，有闲看风景的士绅、骑着高头大马的官吏、乘轿挑帘观望的大家闺秀、负笈的行脚僧人、楼台狂饮的贵家子弟，等等，除此之外，也能清晰辨认出正在交易的商贾、肩挑货担的小贩、紧张拉纤的船工、在城门边行乞的乞丐……担筐推车的多穿无袖瓜农衣（即前后两片，腋下以布带连接），或是着长袖短上衣，但将胳膊绾袖子，也有的将上衣系在腰间，任凭两只袖子和衣身在前后垂挂着，还有的像藏族人那样，将上衣的一只袖子褪下来，露出一侧臂膀。下装如是长裤，绝无及踝的，都露出一段脚踝，或是以一条绳将裤管系在膝下，同于魏晋时期的"缚裤"。有的打着裹腿，还有的索性裸露两腿，仅着一条短裤。脚上除了矮帮鞋外多是手编的草履……这些就是典型的体力劳动者服饰，其穿戴方式和服饰长度都与儒生的服饰形象形成鲜明对比。

---

① （汉）司马迁撰：《史记》，上海：上海古籍出版社、上海书店，1986年版，第330页。

除服饰的长短对比之外，儒生服饰还具有部分色彩和性质上的特殊性，如《诗经·郑风·子衿》："青青子衿，悠悠我心。"汉毛亨传："青衿，青领也，学子之所服。"① 从汉一直到明，儒生士子多穿这种装有青色领边的袍衫。儒生的头巾则称为儒巾，在明代还有标志着装者为举人未第之生员的功能。而儒生的帽子——儒冠在很多时候则被其他阶层用来伤害儒生竭力保持的优越感，比如："沛公不好儒，诸客冠儒冠来者，沛公辄解其冠，溲溺其中。"② 有时也被用作儒生反思自己这种脆弱优越感的象征，比如杜甫的"纨绔不饿死，儒冠多误身"（《奉赠韦左丞丈二十二韵》）。当然，这些例子并不能说明儒生的服饰总和讽刺或自嘲联系在一起，在唐宋年间，新科进士换下来的袍衫常被作为吉祥物，在学士中争相抛接，因为这样的袍衫显然带有成功进入体制的象征意义。唐宋时期的儒士服色多为白，因此"袍如烂银纹似锦"，也自有一番儒雅风度。

（二）体系内纵向标示

任何一个体系内的人类个体或集体的服饰形象如果需要纵向标示手段，意味着这个体系建立于等级制基础之上。并非所有人类社会都存在等级制，显然人类早期的社会是无等级的。有文化人类学家推断，等级制度并不符合人的本性，他们强调："制度化的等级制……并不是由人性中迸发的，而是从历史中产生的……等级制是由于一系列文化因素在社会进化过程中产生的。社会等级制利用了人对威望和尊敬的追求欲望，使它成为社会对个人刺激和奖励的手段。"③

等级制本身、等级制的明确化以及利用服饰元素标示等级制，是否能为体系内的成员带来比无等级社会更多的幸福？目前尚无定论，但它们显然适合内部成员（尤其是男性成员）数量大大增加的复杂体系。与哺乳动物群体中的雄性成员一样，人类社会中的男性成员对威望和尊敬的追求是生物特征决定的，大多数男性成员都有到达社会顶点的渴望，但

---

① 樊树云译注：《诗经全译注》，哈尔滨：黑龙江人民出版社，1986年版，第130—131页。
② （汉）司马迁撰：《史记》，上海：上海古籍出版社、上海书店，1986年版，第300页。
③ 〔美〕罗伯特·F.莫菲著，吴玫译：《文化和社会人类学》，北京：中国文联出版社，1988年版，第115页。

如果任由冲突发展，其成本显然是任何一个成型社会都无法接受的。荀子即指出："争者祸也……强胁弱也，知惧愚也，民下违上，少陵长，不以德为政……而少壮有纷争之祸矣。"①于是，将每个男性成员已经得到的威望、尊敬和认同进行量化，并以服饰作为主要的视觉显示方式固定下来；然后将他们尚未得到但想得到的威望、尊敬和认同同样明确化，并利用服饰标示出来，这些举措有助于这个社会内部减弱冲突并保持一致对外的态势。在封建社会中，女性成员较少主动参加这样的服饰纵向标示体系，即使有，也是附属于男性成员的服饰纵向标示体系（比如中国明代皇后或诰命夫人等服饰也有品级），因为女性所追求的威望和尊敬一般来自自己的家庭成员而非直接来自社会。

在对各种东方服饰纵向标示手段进行归纳、整理的基础上，可以总结出这样几条规律：首先，服饰上的纵向标示手段必须对体系内的其他成员有可识别性，所以运用的标示元素一般直接基于视知觉，比如体积大的级别高于体积小的，数量多的级别高于数量少的；其次是利用被赋予特殊意义的符号，比如某种颜色之所以被用在天子服饰上是因为它被赋予了特别尊贵的含义；再次，是基于材料本身的稀缺性，比如同体系内穿丝料者的等级要比穿麻料者高，职官首服冠顶（顶戴）是红宝石的就一定比是素金素银的要高，诸如此类。东方服饰的体系内纵向标示主要以这三种方式展开。

从视觉原理上说，美国文化人类学家怀特曾指出："数学是一种行为方式，是特殊种类的灵长目有机体（人）对某类刺激的反应。"②人类在长期生产和实践中，逐步形成了数的概念并培养出计数能力，主要是自然数（正整数）对觅食和战斗有重要意义。对于原始人类而言，八个坚果显然要好于三个同类物品，六个敌人显然要比两个更值得重视。在社会进化过程中，这类视觉上的行为特征被加入了更多的文化元素，但其原理基本未变。由此导致在东方服饰纵向标示体系中，某一元素（可能是实物，

①（唐）杨倞注，耿云标校：《荀子》，上海：上海古籍出版社，1996年版，第88页。
②〔美〕怀特著，曹锦清等译：《文化科学——人和文明的研究》，杭州：浙江人民出版社，1988年版，第274页。

比如珍珠，也可能是形象，比如珍珠的图案）更多的服饰，要比少的级别高，用于区分着装者级别时通常多一个意味着高一级。比如汉代进贤冠，也依外形称梁冠，《后汉书·舆服志下》记载："进贤冠，古缁布冠也，文儒者之服也。前高七寸，后高三寸，长八寸。公侯三梁，中二千石以下至博士两梁，自博士以下至小史私学弟子皆一梁。"① 可以看出，多一梁者高一个级别。

如果这个社会有使用奇偶数的传统，那则可能是多两个服饰元素意味着着装者高一级。中国从周代就制定了严密的冠服制度，历代在沿袭的基础上有细微变动，比如汉代规定冕冠（俗称"平天冠"）："皆广七寸，长尺二寸，前圆后方，朱绿里，玄上，前垂四寸，后垂三寸，系白玉珠为十二旒，以其绶彩色为组缨。三公诸侯七旒，青玉为珠；卿大夫五旒，黑玉为珠。"② 旒为冕冠綖板垂下的成串彩珠。这就是一个典型的基于奇数的服饰标示体系。

然而，简单的以记数来衡量着装者级别的方式只能局限于个位，这是人类生物性和文化因素综合作用的结果，当然也是服饰承载力的结果，进贤冠上出现十七到十八条梁是其结构所难以实现的，目前所知最多的似乎是明一品官的七梁冠。解决这一局限就需要数学上的进位手段，十进位制在世界范围内比较普遍，即数逢十进一位，此外还有六十进位和玛雅文明的二十进位，以及电脑技术领域的二进位。东方服饰（尤其是军事领域）标示体系在 19 世纪接受西方影响后，在标示手段上主要采用三进位，操练清末新建陆军的袁世凯等人提出："查东西各国军衣制度大致相同，惟章符号各有区别……若不亟定新制，昭示外人，殊非尊隆国体之道也。"后在《练兵处奏定陆军营制饷章》中设"军服制略"一项，提出："肩头列号，自官长以至兵目，各按等级次第，分设计号，务使截然不紊。"③ 这次服饰改制活动中的新军官兵制服都结合军制改进向着规范化、制度化发展，军衔制度统一为上、中、下三等，分别类似于现代军衔制度

---

① （南朝宋）范晔撰：《后汉书》，上海：上海古籍出版社、上海书店，1986 年版，第 846 页。
② 秦代、汉代 1 尺相当于今 23.2 厘米。自西汉起，1 丈等于 10 尺，1 尺等于 10 寸。
③ 徐平：《中国百年军服》，北京：金城出版社，2005 年版，第 8 页。

中的将、校、尉，每等又分为一、二、三级，比如上等第一级，担任军指挥官，相当于上将。再比如清末新建海军于 1909 年推行的军衔制度，将军衔分为都统（将）、参领（校）、军校（尉），每级又分正、副、协三级。1910 年程璧光就是以协都统（少将）级别率"海圻"舰出访的，并在英国进港时引发了与军衔有关，体现君子之风的小故事。当然，在这些服饰纵向标示体系中，这种逢三进一位的三进位制是基础，还要结合服饰基本色、服饰质料等其他标示手段综合发挥作用。

视觉对形状尺度的把握也是服饰纵向体系标示的手段之一。一般而言，体积大者等级高是具有社会性的生物种群的普遍法则，人类社会则主要利用服饰来增大着装者视觉尺度。比如戴帽者为官宦的做法，在中国很早的时候就已出现，五千多年前甘肃彩陶人物纹中，有一人戴帽，其他人均露首，就被考古界认为其中戴帽者为酋长。再如清代一位佚名作者在《三洲游记》中描写当时的越南西贡服饰："土人多面黄而黑，类闽粤产。亦有身躯短矮者，仿佛侏儒。衣以黑色为尚，束以红布，缠粗布于首。男女俱不薙发，垂垂如漆，盘于颈中，齿牙亦染黑，以为美观。其有戴大帽者，皆功名中人，平人不能有也。"[①] 从这两个例子可以看出，戴帽者级别高并非仅仅因为他的视觉体积被增大，而是他有资格通过戴帽来增大自身视觉尺度进而意味着他级别很高。

除服饰的立体体积尺度外，平面图案的尺度也是划分等级的重要手段。在同等条件下，服装上图案、纹样尺度大的着装者，一般具有比服饰上同类（或近似）图案尺度小者具有更高的级别。比如明代武一品服缀有径五寸的大朵花花纹、二品则为径三寸的小朵花、三品则为径二寸的无枝叶散花，依次类推。

当然，重中之重在于文化内涵。标示着装者纵向级别的手段并非仅仅是基于视觉与生物性的原理，更多时候需要利用文化内涵，尤其在东方服饰标示体系中，被赋予特定文化内涵的色彩和形象（而非形状）经常被用于此目的。

---

① 余美云、管林辑注：《海外见闻》，北京：海洋出版社，1985 年版，第 61 页。

在周代冠服制度中，足服是很重要的一环。周代称舄，舄用丝绸作面，木为底。《古今注》讲："舄，以木置履下，干腊不畏泥湿也。"[①]《周礼·天官》在"屦人"中强调，着冕服应足登赤舄，诸侯与王同用赤舄。三等之中，赤舄为上，下为白、黑。王后着舄，以玄、青、赤为三等顺序[②]。再如中国古代同属君子士人但身份不同的人，佩玉也根据颜色显示等级差别，天子佩白玉，用黑色丝带为绞；公侯佩山玄色的玉，用朱红丝带为绞；大夫佩水苍色的玉，用黑中带红色的丝带为绞；世子佩美玉，用五彩的丝带为绞；士佩瓀玫（一种次于玉的石），用赤黄色的丝带为绞。佩玉的色彩根据佩玉者等级不同而有差别，才算贯彻了"礼"。在中国传统中类似的例子不计其数。

在这里有一个很值得注意的现象，即红、黄等暖色一般被用于标示地位高者，而且有些时候似乎色调越冷者级别越低。将此归因于某种色彩自身的表现性是有诱惑力的选择，歌德在《色彩论》中推断一切色彩都位于黄与蓝两极之间，并可分为积极的（或主动的），主要有黄、橙或朱红等，以及消极的（或被动的），包括蓝、红蓝和蓝红。前者能够表现出"积极的、有生命力的和努力进取的态度"，后者则"适合表现那种不安的、温柔的和向往的情绪"[③]。不过，这仍然不能用来确认，中国古人将黄色或赤色置于标示体系中的较高位置是因为感知到了色彩的表现性。当我们试图在歌德（还有其他人，比如康定斯基的）理论体系中为中国天子多用黄色找到心理学的普遍原因时，有趣地（也是有些滑稽的）发现"中国皇帝多着黄色"被歌德用作"黄色象征尊贵"这一论点的论据。总而言之，在目前的科学研究中，还不能确定某种色彩就能和观看者的某种普遍情绪对应起来。

既然如此，东方服饰标示体系中某些色彩的尊贵特征更可能是文化赋予的而非其因生理而成的，这些颜色只是一种符号，它们的尊贵特征与

---

① （晋）崔豹撰：《古今注》，北京：中华书局，1985 年版，第 5 页。

② 陈戍国点校：《周礼·仪礼·礼记》，长沙：岳麓书社，1989 年版，第 21 页。

③ 〔美〕鲁道夫·阿恩海姆著，腾守尧、朱疆源译：《艺术与视知觉》，成都：四川人民出版社，1998 年版，第 466 页。

神圣感可能产生于历史的偶然，并被社会的奖赏手段和惩罚手段进一步加强。通过回顾"黄色是皇帝御用色"这一禁忌是如何烙印于中国人社会文化意识中这一过程，可能更有助于发现这一点。

中国战国末年哲学家、阴阳家的代表人物驺衍，也作邹衍，运用五行相生的说法，建立了五德终始说，并将其附会到社会历史变动和王朝兴替上。如列黄帝为土德，禹是木德，汤是金德，周文王是火德。因此，后代沿用这种说法，总结为"秦得水德而尚黑"。而汉灭秦，也就以土德胜水德，于是黄色成为高级服色。另根据金、木、水、火、土五行，以东青、西白、南朱、北玄四方位而立中央为土，即黄色，从而更确定了以黄色为中心的主旨，因此最高统治者所服之色当然应该以黄色为主了。由此看来，汉初承秦旧制，崇黑，而后又尚黄，尚赤。"虽有时色朝服，至朝皆着皂衣"当为汉初之事。总之，汉代开始，黄色已作为皇帝朝服正色，似可定论。而在此之前的春秋时期，"绿衣黄裳""载玄载黄，我朱孔阳，为公子裳"等《诗经·国风》中的描写，说明了黄色下裳曾是民众常服。至汉时，皇帝虽用黄色来作朔服，不过未像后代那样禁民众服用。男子仕者燕居之衣，可服青紫色，一般老百姓则以单青或绿作为日常主要服色。汉初还曾规定百姓一律不得穿杂彩（各种颜色）的衣服，只能穿本色麻布。这种传统延续至隋与唐初，在服色上仍然尚黄但不禁黄，士庶均可服，据《隋书·礼仪志》载："百官常服，同于匹庶，皆著黄袍，出入殿省。高祖朝服亦如之，唯带加十三环，以为差异。"[①] 但从唐开始在服色上有严格规定，据《唐音癸签》记："唐百官服色，视阶官之品。"[②] 这与前几代只是祭服规定服式服色之说有所不同。而后，"唐高祖武德初，用隋制，天子常服黄袍，遂禁士庶不得服，而服黄有禁自此始"[③]。从此以后，又经一系列服饰制度的强化，"黄袍加身"成为帝王登基的象征，一直延续至清王朝灭亡。

赋予某种颜色以特定的神圣意义是一个朝代或一个朝代中不同阶段

① （唐）魏征等撰：《隋书》，上海：上海古籍出版社、上海书店，1986年版，第3282页。

② （明）胡震亨撰：《唐音癸签》，上海：古典文学出版社，1957年版，第159页。

③ （宋）王懋撰，郑明、王义耀校点：《野客丛书》，上海：上海古籍出版社，1957年版，第109页。

的特殊做法，也可称之为一个范式。这种范式即一定时期内确定某种颜色尊贵、某种颜色卑下的一个理论框架体系，其根据可能是文化的，也可能带有历史偶然色彩。一旦由于历史进步或政治更迭，旧的范式就会被新的范式取代。比如隋朝时"庶人以白"①，一般士人未进仕途者才以白袍为主，曾有"举子麻衣通刺称乡贡"之句，即指未经染色的本色白。

东方服饰文化圈中的其他国家也经常采用类似做法，比如日本推古天皇十一年（603）圣德太子颁布"冠位十二阶"。按阶位用冠，从上至下是德（紫）、仁（青）、礼（赤）、信（黄）、义（白）、智（黑）。这些颜色和冠位又分别为大小两种，共十二阶，这种以色彩的区别显示等级的特点与中国的礼制可谓一脉相承。马欢在《瀛涯胜览》中这样描写越南人的衣着服色："服衣紫，其白色惟王可穿。民下衣服并许玄黄、紫色，穿白衣者罪死。国人男子蓬头，妇人撮髻脑后。身体俱墨，上穿秃袖短衫，下围色布手巾，俱赤脚。"② 这里的白色应另有图腾文化的含义。

在赋予某种颜色以特定文化内涵外，东方服饰还经常通过赋予某种形象以特定的等级意味来进行纵向标示。最典型的莫过于中国明清官员胸前背后的补子图案，以明代一至九品武官补子为代表，武一品补子图案为狮子，从二品至九品胸前图案依次是狮、虎、豹、熊罴、彪、犀牛、海马。（见图92）清代官员补子图案在沿用明代补子的基础上，也有自己的创新，如："文一品补服前后绣鹤，惟都御使绣獬豸（独角兽，示严正无私）……武一品补服，

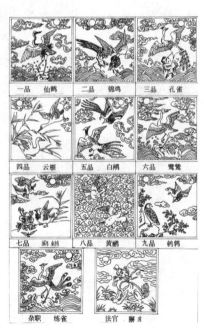

图92　明代文官补子（王家斌绘）

---

① （唐）魏征等撰：《隋书》，上海：上海古籍出版社、上海书店，1986年版，第3284页。
② （明）马欢：《瀛涯胜览》，北京：海洋出版社，2005年版，第10页。

前后绣麒麟……；文二品……补服前后绣锦鸡……武二品补服，前后绣狮……；文三品……补服前后绣孔雀，惟副都御使及按察使绣獬豸……武三品……补服前后绣豹……文四品……补服前后绣雁，惟道绣獬豸，蟒袍通绣四爪八蟒……武四品补服前后绣虎……文五品……绣白鹇，惟给事中、御史绣獬豸……武五品补服，前后绣熊……；文六品……补服前后绣鹭鸶……武六品补服，前后绣彪……；文七品……补服前后绣鸂鶒……武七品补服，前后绣犀牛……；文九品补服前后绣练雀……武九品补服，前后绣海马……"①

以补子上的图案来划分等级确实经历了一个漫长的历史发展过程。人们历来认为，唐代武则天时曾赐文武百官绣袍，即文官绣禽，武官绣兽，由此导致了明清两代补子的风行。《旧唐书·舆服志》是这样记载的："则天天授二年二月，朝集使刺史赐绣袍，各于背上绣成八字铭。长寿三年四月，勒赐岳牧金字、银字铭袍。延载元年五月，则天内出绯紫单罗铭襟背衫，赐文武三品已上。左右监门卫将军等饰以对师（狮）子，左右卫饰以麒麟，左右武威卫饰以对虎，左右豹韬卫饰以豹，左右鹰扬卫饰以鹰，左右玉钤卫饰以对鹘，左右金吾卫饰以对豸；诸王饰以盘龙及鹿，宰相饰以凤池，尚书饰以对雁。"②由此看来，武则天最初以绣袍赐给百官，确是以禽兽纹样为主，而且装饰部位确实在前襟后背，这实与后世补子的盛行有关，只是武官不单绣兽，也有猛禽，如鹰和鹘（即隼）。当然，这只是对一个细微之处的重

图93　明代武官补子（王家斌绘）

---

① 赵尔巽等编著：《清史稿》，上海：上海古籍出版社、上海书店，1986年版，第9201页。
② （后晋）刘昫等撰：《旧唐书》，上海：上海古籍出版社、上海书店，1986年版，第3172页。

新认识。总起来说，唐代的这一做法是带有标志意义的，它直接以一个有形的文化符号显示在服装上，并与着装者的等级联系起来，使其具有了明显的体系内纵向标示功能审美价值。（见图93）

关于这些具体形象的文化内涵与对应的官级间的联系仍需要深入研究。不过从这些真实或虚幻生物形象的具体使用来看，似乎有一条略显牵强的规律，即文官补子上的动物形象首先按照它们的文化内涵排列等级，但仪态、形象、体积似乎也由高大到弱小排列。另一方面，武官补子上的动物则似乎按照攻击性的强弱排列级别，比如狮、虎的攻击性显然要比犀牛、海马大许多，况且中国补子上的海马只不过是奔驰于海上的陆地马，而非身长10厘米左右的硬骨鱼纲、海龙科海马（龙落子），因此更可看出传统文化认知在服饰标示上的重要性。

另外，东方服饰纵向标示体系还以使用的服饰质料的价值高低为主要标示手段，就以距离现代最近的中国朝代——清代的官员首服来看，清官员夏着凉帽，冬着暖帽，其上必装冠顶，冠顶质料以红宝石、蓝宝石、珊瑚、青金石、水晶、素金、素银等区分等级。再比如文官五品、武官四品以上官员区分等级的标志——朝珠，也是依次以琥珀、蜜蜡、象牙、奇楠等料为之，总计108颗。（见图94）

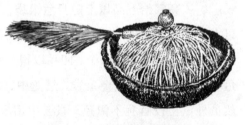

图94　带有素金冠顶的清代暖帽（王家斌绘）

这两方面的例子都印证了基于经济因素进行服饰纵向标示的方式。通常而言，等级越高者使用的服饰质料往往在地壳中蕴藏量稀少，开采难度高，由此作为通货或投资而言都很有价值，显然与高级别人士的身份相符，并能满足他们的优越感。另一方面则是糅合了视觉的原理在内。一般而言，越是价格昂贵的质料肌理就越有特色，越能使观照者产生生理愉悦。比如黄金就比生铁更有视觉审美价值，丝织品自然要比麻布有欣赏价值。

不妨举一种最为典型的以材料价值不同区分着装者等级高低的服饰品——唐代鱼符。鱼符的前身为符信，即欲联系的双方各执一半，以符对为信。战国时即有铜制的虎符，多为调兵遣将或出入宫门凭证，在平原君和他门客的传奇故事中围绕虎符产生过很多波折。从唐代开始，这种符信从前的实用功能消减了，代之而起的是服饰的文化标识，渐渐形成为一种炫耀品级高贵、身份显赫的佩饰，以金、银、铜等服饰质料的价值不同显示着装者的等级。不过唐代符信的再现对象为何由虎变鱼，存在多种说法。一说因为唐高祖避其祖李虎名讳，于是废虎符，改用鱼符。另一说见宋代王应麟《困学纪闻》卷十四："佩鱼始于唐永徽二年，以李为鲤也。"[1] 看来改成鱼形，除了避虎名之外，还与唐代皇室为李姓有关，当然这里有后人的猜想，但它符合中国人的文化传统与思维模式。《新唐书·车服志》中对鱼符的渊源和使用方法做了直接说明："随身鱼符者以明贵贱。应召命左二右一，左者进内，右者随身。皇太子以玉，契召勘合及赴；亲王以金，庶官以铜，皆题其位、姓名。官有贰者，加左右皆盛以鱼袋。三品以上饰以金，五品以上饰以银。刻姓名者去官纳之，不刻者传佩相付。……皇帝巡幸、太子监国，有军旅之事则用之。王公征讨皆给焉。……高宗给五品以上随身鱼银袋，以防召命之诈，出内必合之。三品以上金饰袋。垂拱中，都督、刺史始赐鱼。天授二年，改佩鱼皆为龟。其后三品以上龟袋，饰以金，四品以银，五品以铜。中宗初，罢龟袋复给以鱼。郡王、嗣王亦佩金鱼袋。景龙中，令特进佩鱼。散官佩鱼自此始也。然员外试检校官犹不佩鱼。景云中诏衣紫者鱼袋以金饰之；衣绯者以银饰之。开元初，驸马都尉从五品者假紫金鱼袋，都督、刺史品卑者假绯鱼袋；五品以上检校试判官皆佩鱼。中书令张嘉贞奏，致仕者佩鱼终身，自是百官赏绯、紫，必兼鱼袋，谓之章服。当时服朱、紫，佩鱼袋者众矣。"[2] 武则天建立大周后，改佩鱼为佩龟，可是，从唐中宗起又废大周恢复唐王朝，所以"中宗初罢龟袋，复给以鱼"。这种鱼袋影响到宋，《宋史·舆服志》记载："鱼袋，其制自唐始，盖以为符契也。其始曰鱼符，左一、右一。

---

　① （宋）王应麟撰，（清）翁元圻等注，乐保群等校点：《困学纪闻全校本》，上海：上海古籍出版社，2008 年版，第 1595 页。

　② （宋）欧阳修、宋祁撰：《新唐书》，上海：上海古籍出版社、上海书店，1986 年版，第 4189 页。

左者进内，右者随身，刻官姓名，出入合之，因盛以袋，故曰鱼袋。宋因之，其制以金银饰为鱼形，公服则系于带而垂于后，以明贵贱，非复如唐之符契也。"① 宋马永卿也曾写道："唐人用袋盛此鱼，今人乃以鱼为袋饰，非古制也。"② 现在能够断定的是，宋人仍以此作为身份标志，只是变换了一种形式。至明代，小说《喻世明言·杨思温燕山逢故人》中写道："车后有侍女数人，其中有一妇女穿紫者，腰佩银鱼，手持净巾，以帛拥项。"③ 说明佩鱼这种原本带有鲜明等级标示色彩的服饰，到明代时已成为纯粹的佩饰了。

　　总之，综合运用上述三种主要的标示手段可以在服饰标示体系中分别单独运用，但更多情况下则是多种元素综合运用。比如关于明朝武官官服运用图案尺度和补子形状以及色彩标示着装者等级的做法，上文已经分别列举，但需要看到还有第三种标示手段——衣服底色，明武一品服为绯色，服色从五品到七品为青色，八品九品为绿色。图案尺度、补子形状和衣服底色的综合运用使明朝官服的纵向标示手段丰富、完善，即使两级文武官员的服饰上几种标示元素都重合了，也会有其他的手段补充区分。比如明武一品和武二品都服绯，胸前补子均为狮，但前者衣料上使用径五寸大朵花，后者使用径三寸的小朵花。衣服底色、图案形状和尺度，可以被看作是服饰标示体系中跨越不同范畴的"进位制"，颜色均相同则换以图案不同，颜色、图案形状均同则异之以整体主色调或总风格。

　　在唐代官服中，服饰基本色、服饰元素数量以及质料价值三种手段常被综合运用，如贞观四年（630）和上元元年（674）两次下诏颁布服色并佩饰的规定，第二次较前更为详细："文武三品以上服紫，金玉带十三銙；四品服深绯，金带十一銙；五品服浅绯，金带十銙；六品服深绿，银带九銙；七品服浅绿，银带九銙，八品服深青，鍮石带九銙，九品服浅青，鍮石带九銙，庶人服黄，铜铁带七銙。"④ 其中紫、深绯、浅绯等衣服底

---

① （元）脱脱等撰：《宋史》，上海：上海古籍出版社、上海书店，1986 年版，第 5635 页。

② 《笔记小说大观》第六册，南京：江苏广陵古籍刻印社，1983 年版，第 65 页。

③ （明）冯梦龙撰：《喻世明言》，海口：海南出版社，1993 年版，第 280 页。

④ （宋）王溥撰：《唐会要》，北京：中华书局，1955 年版，第 569 页。

色（庶人服色非正黄）、銙的数量以及金、银等材料价值都被综合运用于标示着装者的等级，构成了一个精密复杂的标示体系。

（三）体系内横向标示

任何体系都是由若干有关事物互相联系互相制约而构成的一个整体，其中的若干有关事物即其组成部分。一个社会的诸组成部分之间的联系一方面是纵向的，即某些事物（人类个体或集体）可以统辖其他事物，或者它们之间存在高低贵贱等社会性差别，由此产生对服饰等级标示手段的强烈需求，这在前面已经有所论述；另一方面这些联系也是横向的，即事物与事物之间是基本平等发挥各自作用的，它们之间一般不存在统辖关系，对体系的正常运转都至关重要。

这种体系内横向单元之间的关系复杂性意味着，东方服饰横向标示体系不能照搬纵向标示体系中的很多手段，因为在关系平等的体系内各组成部分之间运用价值上贵贱有别的材质，会导致使用服饰质料价值较低的组成部分成员产生不公平和被剥夺感，从而进行显性或隐性的反抗，最终会对这个服饰标示体系甚至于这个社会体系本身的稳定性造成危害。所以，为体系内关系平等的各组成部分制定服饰规制，需要该体系中枢部分运用控制论的原理进行综合考量统筹，并强制各部分遵守这一规制，其根本目的是保证整个体系或系统（社会自身、行政或军事部门）的正常有序运转，这即为基于控制论的服饰体系内横向标示手段。

在另外的情况中，服饰的物质形态功能和其他功能决定了服饰视觉形态，从而构成了特定横向单元成员服饰品和服饰形象的独特外在形象，使这些作为体系内横向单元成员的人个体或集体具有视觉可识别性。最后，体系内的若干组成部分会在自我表现的心理基础上使用颜色、符号等服饰标示手段，以使自己与体系内其他部分区分开来。但这种竞争性行为并不能掩盖它们依然处于一个体系（尽管是相对松散的）内的本质，即这些部分之间的共性依然大于个性。

如果从控制论来分析，控制，即掌握住使其不越出范围，主要指对系统进行调整以克服系统的不确定性，使之达到所需要状态的活动和过程。控制论这一概念产生于现代科学理论框架中，但其基本原理还是能在很多东方社会系统的自我调节行为中得以发现。制定服饰规范以区分处于同一等级（一般而言）的诸组成部分，就是最典型的系统自我调节行为之一。

　　早在中国的汉代，就开始有以服饰品视觉形态来标明社会中不同职业的记载，如《后汉书·舆服志》称："尚书帻收，方三寸，名曰纳言，示以忠正，显近职也。"①虽然历代《舆服志》对官服以外的平民百姓衣着记载很少，也大多不甚详尽，但这方面的规定还是可以寻觅的。如汉代男子首服之一——巾帻，在色彩上就曾经标明过职业身份，车夫戴红，轿夫戴黄，厨师戴绿，官奴农人所戴者为青。到了宋代，由于城镇经济的飞速发展，职业装更显示出服饰社会化的必要性，因而这一横向标示体系就愈益趋于成熟和完善。孟元老著《东京梦华录》中记载了当时不同行业人士的着装规矩，如："其卖药卖卦，皆具冠带。至于乞丐者，亦有规格。稍似懈怠，众所不容。其士农工商诸行百户衣装，各有本色，不敢越外。谓如香铺裹香人，即顶帽披背；质库掌事，即着皂衫角带，不顶帽之类。街市行人，便认得是何色目。"②这段话道出了这样一个古今社会通行的规律：社会系统需要各行业从业者着不同视觉形态的服饰，以方便社会中其他成员"认得（其）是何色目"，这可以增加有序性以降低社会交易成本。张择端的《清明上河图》则为此说提供了直接的视觉证据，画面中位于街边巷口、酒家店铺，从事各种活动的数百人不仅年龄、举止各不相同，衣服描绘也是如实地记录下当时人的各行各业服装特色，几乎完全可以与《东京梦华录》的记载相对照。

　　当基于控制论原理调整各组成部分成员服饰视觉形态的行为主体是社会系统时，其行为的强制性较弱，一般基于自觉性和有限的惩罚手段，虽然在宋代逾矩者依然是"众所不容"，甚至会有相应的惩罚手段，但无法和军事体系中严整缜密的标示手段以及对违反者的严酷惩罚手段相比。军事体系标示其内部各组成部分成员服饰视觉形态的行为，有使军容（即军事体系整体服饰形象）整齐的要求，也存在战术考量。因

---

① （南朝宋）范晔撰：《后汉书》，上海：上海古籍出版社、上海书店，1986年版，第846页。
② （宋）孟元老：《东京梦华录》，北京：中国商业出版社，1982年版，第31页。

为作战使命和作战地域都相同的部队，由功能决定的军服形态也往往趋同，他们同时在视野所及范围内作战，很难避免识别和指挥上的混淆，因此必须用其他手段进行视觉标示。《尉缭子》中就提出："经卒者，以经令分之，为三分焉：左军苍旗，卒戴苍羽；右军白旗，卒戴白羽；中军黄旗，卒戴黄羽。"[①] 其设想的标示手段是硬性的，相应的惩罚机制也极为严酷，不但"亡（丢失）章者有诛"，而且"见非而不诘，见乱而不禁，其罪如之"。可见，对于违反军事体系内部服饰横向标示手段的行为，惩罚机制相当严酷。

在基于控制论的东方服饰横向标示手段中，除了上文中"戴苍羽"这样的以佩饰颜色为手段进行区分的例子，更重要的是以服饰基本色为手段。最典型的莫过于兼有社会和军事性质的清代八旗制度，这一制度按照服饰基本色将军民分为正黄旗、镶黄旗、正红旗、镶红旗、正蓝旗、镶蓝旗、正白旗和镶白旗。当然这一以服饰基本色为主要标示手段的标示体系内部各部分并非完全平等，也存在等级差别现象。一般说来，八旗使用服饰基本色为标示手段的做法比较昂贵，使用符号色的做法较之成本低一些，且不影响军服其他视觉功能（比如伪装）的发挥。利用符号色标示军兵种内各部横向位置的做法，主要见于西方近代服饰标示制度传入东方以后，如清末新建陆军就在普鲁士陆军的基础上将步、骑、炮、工、辎重军官分别用红、白、黄、蓝、紫的符号色标示，以适应现代军队中日益复杂的分工。东方文字也是体系中横向标示的手段之一，最熟悉的莫过于清朝地方绿营的号衣正中写有"兵"，而在镇压太平天国起义过程中成长起来的正规体制外的湘军和淮军，一般称为勇营，在号衣相应位置则写"勇"字，还有标示其部军事主官姓的情况。

综合以上例子，可以得出这样结论：任何一个社会体系，一般都给予控制论原理规定其内部各横向单元成员着装，以保证他们都具有可辨识、可区别的视觉特征。系统往往会设立特别的机构以制定这方面的规划，并规定内阁另外的机构执行这一规划。

---

① 周百义译：《武经七书》，哈尔滨：黑龙江人民出版社，1991年版，第247页。

　　一个民族内部的不同支系，如果散居地气候地形相差悬殊，为了满足便于运动的物质形态功能，其服饰视觉形态也必然发生变化。这种差别如果超出了像布朗族女裙那个例子的局限，就成为了他们自我识别和外界识别他们的主要特征。比如中国苗族的不同支系，居住于山地的苗家支系裙子很短，明显适于山地攀登，而居于平原的苗族支系女子裙摆就很长，久而久之，外界就根据服饰的形制称这样的支系为"长裙苗""短裙苗"。

　　体系中的各部分产生自我意识后，往往会基于自我表现的目的而用各种外在形式标示自身特征。一支军队中的某些部分可能会基于自我表现而选用具有特殊视觉形态的军服，以区别于同一军队体系中的其他部队。比如明代戚家军就是以着红色服装的步兵为主力，这种色彩既不是某一权力机构统一安排的，也不是根据其他功能需求决定的，所以只能属于该部队的自我表现。与之相比，宗教领域的类似服饰行为更普遍，因为特定教派的着装行为有相应的理论做支撑，这种独特的服饰行为又成为这种理论的外在表征。佛教的教义中强调"禁欲"和"施舍"，所以法衣的最初形成即是以被人丢弃的废布头缝制而成，以后的颜色和质料上也讲求俭朴、天然，忌奢侈、豪华。但是缅甸上座部有一个派系叫"善法派"，其前身是"全缠派"，得名于菩陀波耶国王召开的善法法师会议。它在强调积德行善和业报教义的同时，却放松戒律，僧人可以穿丝绸的僧衣，而且也不必非用碎布拼起来不可，这使得该派僧人的服饰形象特征鲜明。

　　更典型的情况出现于藏传佛教中，藏传佛教的不同教派都以色彩作为自我标示的主要手段，比如"噶举派"（藏语意为"口授传承"）的僧人都穿白色僧裙和白上衣，所以被称为"白教"。藏传佛教派别之一的"宁玛派"，因僧人一律戴红帽，因此被称为"红教"。藏传佛教中规模更大的派别即"格鲁派"，僧人以戴黄色僧帽作为区别于其他佛教派系的标志，因此被人们称为"黄教"。

　　一个民族的不同支系还往往会寻求以不同的衣服底色来彼此区分。仍以苗族服饰为例，苗族居住地分散，多呈散居并与其他民族杂居，历代中央王朝和其他民族往往通过观察苗族各支系的不同服饰色彩来对他们加以区分，如"白苗""青苗""黑苗""花苗"等，但是这种分法较为陈旧。20世纪末有学者在长期田野调查的基础上指出："苗族亚族群认同首先体现在对服饰的认同上。服饰实在是让他们一眼就了然是否与自己同一个群体同一个支系的标志……他们意识里的'族'指的是他们同样服饰同样语言同样风俗的人群。"① 与藏传佛教的例子一样，他们的服饰并不追求区别于整个体系，而是区别于体系中的其他部分，这种非对抗性的标示使此种服饰现象不同于下面论述的体系外标示行为。

（四）体系外标示

体系外标示与前述体系间标示的区别在于，前述的是体系与体系间的区别，而这里说的是非体系与体系的区别。太平天国服饰制度在前后两个阶段的发展历程就具有这方面的典型性。

太平天国可以被认为是一支有明确组织、指挥与后勤系统的起义军，其内部除了作战部队外，还包括政治人物、工匠以及各种职业的民众，甚至太平天国的作战部队在很大程度上也带有寓军于民的性质。作为一场影响深远的农民起义，太平天国的意义不仅仅在于极大地动摇了清政府的统治，颁布了具有进步性的《天朝田亩制度》，还在于在席卷半个中国的峥嵘岁月中，太平天国发展起了自己的独特服装样式，并有相应的代表性色彩，成为服饰社会学意义上小范围制度更易导致服饰变化的实例，而且太平天国的作战部队也成为中国最早一支有自己服饰制度的农民起义武装力量。

关于太平天国早期的服饰可以从传世实物和当时人撰写的《贼情汇纂》等书中找到可靠记载。在具体表现上，太平天国军民极度厌恶清代服装，认为是满族统治者强加给汉人的"奴隶标记"，因而在起义前期便将清朝官服"随处抛弃"，"往来践踏"，并定有严明纪律，强调"纱帽雉翎一概不用"，"不准用马蹄袖"，"取人家蟒袍去马蹄袖缝其系而着之"等，都是对清朝服饰的坚决抵制。太平天国军民既然不着满族服装，自己的

---

① 杨正文：《苗族服饰文化》，贵阳：贵州民族出版社，1998年版，第47页。

衣冠制度又尚未完善，他们就穿着根据清初"十从十不从"而保留宋明汉族服饰传统的戏装作战。同时太平天国女兵不缠足，体现出与汉族自身陋习的决裂。不过为了满足自身需求，太平天国军民也有凡遇裁缝便"俱留养馆中"的举动。

太平天国从永安年间就开始了初步拟定冠服制度的工作，也就是说他们在进行将自身体系化的准备，服饰的制度化只是他们将自身政治与军事机构体系化的外在表征。这一制度在太平天国定都天京（今南京）后进一步修改，设立了专门制作衣冠的机构——"绣锦营"和"典衣衙"。太平天国领导层在自身体系化的过程中，却忘记了他们的力量实际上蕴藏于他们体系外的对抗性和不稳定性之中。由于自身局限性，他们开始由坚决摒弃满清封建服饰倒退到高层重拾封建权贵服饰的做法。《清史稿·洪秀全传》记载当时："大封将卒，王分四等，侯为五等。设天、地、春、夏、秋、冬六官丞相为六等……"[①]洪秀全等人更是穿起有所修改的龙袍。太平天国自身并没有相应的生产力发展与生产关系变革做基础，因此他们创立的体系很难比他们原来要推翻的体系更优越。

并不是所有反抗旧体系的体系外力量都能取得太平天国那样的成果（尽管是阶段性的），因此他们以特殊服饰形象作为自我认同的标志，也是与旧体系决裂的象征。如中国西汉与东汉之间，由于王莽篡权，引起国内大乱。一支农民起义军用朱铅将全体成员的左眉染成赤红色，被当时人称为"赤眉军"。东汉末年，巨鹿人张角以创"太平道"为名，组织起数十万人，全部以头缠黄色头巾为起义标志，史称"黄巾军"。还有的体系外力量脱离自体系自身，通过局部修改以与旧体系的服饰形象相区分。非体系的事物通常处于不稳定的状态中，只能以和正规体系相对抗的形式存在，它们能与强大的体系相对抗的根本原因，就在于他们有非体系事物具备的不对称特征。如果取得最后胜利，他们也会发展成体系，并在服饰等外在标示手段上呈现出和他们曾激烈反对的体系同样的体系内部等级化特征。

---

① 赵尔巽等编著：《清史稿》，上海：上海古籍出版社、上海书店，1986 年版，第 10260 页。

第三节　行为美

一、伪装行为

伪装作为军事用语，即指为了隐蔽自己和欺骗、迷惑敌人所采取的各种隐真示假措施。最为现代读者熟悉的伪装方式当属追求与背景颜色相近的单色迷彩（如橄榄绿色军服）或歪曲目标外形的变形迷彩（即迷彩服）。与之相对，东方服饰体系在因接触西方近代作战方式而改变之前，一直没有加强军服伪装功能的明显战术需求。因此，就重要性而言，伪装于自然环境在东方服饰的伪装功能中居于末席。但是，作为东方服饰实现自身视觉形态审美价值的一种途径，伪装在一定程度上可以看作是标示手段的反向运用。伪装的目的就是要打破公认和现实存在的服饰视觉形态标示体系，从而实现战略与战术目标。这就需要首先从战略高度，系统地看待伪装的作用。如此划分，伪装首先是要通过服饰视觉形态隐藏或混淆着装者的身份，比如军人身份（相对民众）、交战者身份（相对敌方）等，并有限度地包括伪装于自然环境的情况。

（一）军民体系间伪装

东方服饰的军民体系间伪装手段，在一定程度上是军民体系间标示手段的逆态。如果一方军队实力弱小，难以在本国领土上与强大敌方军队正规作战中取胜，那么一种可以选择的手段就是让军事人员换着民装。由此带来的显著优势是敌占领军不能有效区分军民，容易放松警惕。从而，主动伪装者可以在部分小型冲突中依靠出其不意赢得胜利。而如果敌方对每个疑似作战人员但着民服者进行仔细甄别，势必会造成作战人力、财力等资源的巨大消耗，这样的实际效果甚至比直接消灭敌方有生力量还要大。但这一伪装手段的缺点是打破了服饰军民体系间区分的功能，容易造成本国或本方民众遭到敌方的报复性伤害，有时甚至是屠杀。

因此这种伪装方式的成功与否，取决于能在多大程度上得到本国民众的支持。

在另一情况中，不但军民服饰间存在混同现象，甚至军民性质间都存在混同现象，军即为民，民亦为军。在游击战中，进行抵抗战斗的当地居民尽管有一定组织雏形，但他们甚至可能没有一个统一的领导，更不必谈统一的后勤体系。而没有后两者基于控制论原理统一设计制作军事服饰，显然这些作战人员就无法确保统一制式军服。由此引发的实际作战效果与上一种正规军着民服的作战效果基本相同，但弊端也大致相同，所有东方历史上的游击战中都或多或少存在此类情况。

第三种是侵略方从服饰上伪装成被侵略国民众进行渗透作战。《孙子·用间》中指出："生间者，反报也。"[①]"生间"是孙子所总结的间谍类型的第五种，即深入敌后搜集情报并送回，这无疑需要在服饰形象上，甚至服俗上都与交战国或潜在作战对象国的民众保持一致。但这一做法的前提是双方在服饰生理学诸多因素，比如肤色、身材、面部五官结构等方面具有相近特征，否则没有成功可能。有记载和历史照片显示，日军在1895年侵略中国辽东和1944年"豫湘桂会战"中都使用过掠夺来的中国民服，伪装成中国民众进行渗透作战。在现代国际法中专门制定规范制止此类不正当作战行为，这类人员一旦被捕将不享有战俘待遇，而往往被视为非法作战人员处决。

（二）敌我体系间伪装

服饰的敌我体系间伪装具体体现为一方主动换用对方军事服饰，进入敌方内部作战的情况，在军事学中属于军事欺骗的一个范畴。东方服饰的敌我体系间伪装手段，与敌我体系间标示手段呈逆态，一方能够成功使用敌我体系间伪装手段获得利益，是基于另一方敌我体系间标示手段有效运转的基础之上的，而且双方着装者的生理特征需要有鲜明共性。

在东方服饰发展史中，成功化装成敌人，出其不意获胜的例子不少，《三国演义》叙述曹操进攻庞德时，有这样一段话："操曰：'何由得人入

---

① （春秋）孙武著，刘仁译注：《孙子兵法》，北京：中国纺织出版社，2012年版，第338页。

南郑？'诩曰：'来日交锋，诈败佯输，弃寨而走，使庞德据我寨。我却于黄夜引兵劫寨，庞德必退入城。却选一能言军士，扮作彼军，杂在阵中，便得入城。'操听其计，选一精细军校，重加赏赐，付与金掩心甲一副，令披在贴肉，外穿汉中军士号衣，先于半路上等候。"[①] 故事中这一敌我体系间的伪装方法取得了良好效果，无论在多大程度上贴近（或偏离）历史真实，但它反映了众多使用服饰敌我体系间伪装手段的典型特征。首先，一般情况下，主动采用敌我体系间伪装手段需要双方着装者具有生理特征上的共性；其次，着装者还要熟悉敌方的部分特殊内部规定与文化机制（比如特殊服制、服俗或口令），因此需要主动换装者具有较快的反应速度和其他长项。而具有此类高素质者在一支军队中总是有限的，而且所能获取的敌方服饰一般也是有限的，所以这里的军士是"能言"和"精细"的。最后，使用此种伪装手段和作战模式具有极高的风险性，因此不但要"付与金掩心甲一副，令披在贴肉"，以增强其在可能发生的格斗中的生存能力，同时也先行"重加赏赐"了，因为这其实是一种敢死式作战方式，有去无回者多。

　　比文学描述更具可信性的是来自正史的战例，第一个来自《资治通鉴·汉纪》，主角还是曹操，即著名的偷袭官渡之战："操……自将步骑五千人，皆用袁军旗帜，衔枚缚马口，夜从间道出，人抱束薪，所历道有问者，语之曰：'袁公恐曹操钞略后军，遣军以益备。'闻者信以为然，皆自若。"[②] 当然这里只说到"袁军旗帜"的问题，而且根据敌我体系间伪装的一般原理，似乎很难获得足够五千人使用的敌军服饰，但从曹军与敌军交谈中都能不被识破来看，可能双方铠甲形制、号衣色彩等原本就较为相近，或至少区别之处不易分辨。《周书·达奚武传》中记录了另一个更详细的战例："（达奚武）与其候骑遇，即便交战，斩六级，获三人而反。齐神武趣沙苑，太祖复遣武觇之。武从三骑，皆衣敌人衣服。至日暮，去营百步，下马潜听，得其军号。因上马历营，若警夜者，有不如法者，往往

---

① （明）罗贯中：《三国演义》，北京：人民文学出版社，1997 年版，第 340 页。

② （宋）司马光撰：《资治通鉴》，北京：中华书局，1956 年版，第 2034 页。

挞之。具知敌之情状，以告太祖（宇文泰）。"① 这个例子记载了如何通过擒获三名敌军获得敌军服饰的细节，极具说服力，而且特别强调了这种伪装方式要选在能见度不好的情况下进行，如"至日暮"。再比如《资治通鉴》："甲子，薛讷与吐蕃战于武街……选勇士七百，衣胡服，夜袭之。"② 这些都是这方面的成功战例。

在东方的现代战争中也有依靠服饰的敌我体系间伪装功能取得胜利的战例。比如1953年夏季战役中，中国人民志愿军第六〇七团侦察排一个13人的侦察班，化装成护送美国顾问的南朝鲜士兵，连续通过敌方多道警戒线，奇袭首都师白虎团团部，使该部失去统一指挥，很快为志愿军主力歼灭。

（三）体系内纵向伪装

如前论述，东方服饰具有明确的体系内纵向标示功能，从社会生活和战略层面能够满足级别高者的自尊心和优越感，辅助他们确立领导地位。在战术中，军事主官的服装鲜明有助于稳定军心，鼓舞士气。在冷兵器时代，当本方阵形稳固时，主官虽然服饰醒目也很难遭到敌人杀伤，各部可以凭视觉与指挥机关保持适当的距离以便接受旗语、烟火或口头命令，并保护其侧翼。

但是当本方阵线崩溃时，敌方可以快速接近指挥所，这时本方军事主官鲜明的服饰就成为醒目的靶标，容易为自己带来杀身之祸。有少数信念极坚定者拒绝更换服装，但也有现实主义者不拒绝并主动采用体系内纵向伪装方法将自己混同于普通士兵。一个（主角还是曹操）战例虽不出于正史，但知名度甚高，这就是《三国演义》第五十八回"马孟起兴兵血恨　曹阿瞒割须弃袍"所描述的："马超、庞德、马岱引百余骑，直入中军来捉曹操。操在乱军中，只听得西凉军大叫：'穿红袍的是曹操！'操就马上急脱下红袍。又听得大叫：'长髯者是曹操！'操惊慌，掣所佩刀断其髯。军中有人将曹操割髯之事，告知马超，超遂令人叫拿：'短髯

---

① （唐）令狐德棻等撰：《周书》，上海：上海古籍出版社、上海书店，1986年版，第2610页。
② （宋）司马光撰：《资治通鉴》，北京：中华书局，1956年版，第6705页。

者是曹操！'操闻知，即扯旗角包颈而逃。后人有诗曰：'潼关战败望风逃，孟德怆惶脱锦袍。剑割髭髯应丧胆，马超声价盖天高。'"①尽管这个故事经过艺术加工处理，但依然可以看出服饰体系内纵向伪装的最鲜明特征：它是服饰体系内纵向标示的逆态。曹操着红袍，是因为红色往往被中国文化内涵赋予较高的等级；长髯也是通过着装行为扩大自身体积的一种彰显高等级的手段。当曹军被马超的西凉军击败溃逃，曹操无法得到保护时，原本醒目的红袍和长髯都成了西凉军的目标，曹操不得不脱掉红袍又被迫割掉长髯，以改变自身服饰形象试图混入士兵中。

除了战术运用，服饰纵向体系间伪装手段还可具有战略意义，如欺骗敌方使其麻痹大意或恐惧，这个例子还与曹操有关，《世说新语·容止》："魏武将见匈奴使，自以形陋，不足雄远国，使崔季代，帝自捉刀立床头。既毕，令间谍问曰：'魏王何如？'匈奴使答曰：'魏王雅望非常；然床头捉刀人，此乃英雄也。'魏武闻之，追杀此使。"②

东方服饰品的体系内纵向伪装功能以及东方着装者利用东方服饰品进行体系内纵向伪装行为这两者，都牢牢植根于同时期武器装备技术和战术发展水平。当战争长期停留在冷兵器时代时，东方服饰的制度化的体系内纵向伪装手段没有现实意义，东方着装者如果不是迫不得已也没有动力实施这一着装行为。但是在欧美战场上，由于武器装备和技术的进步，使得体系间纵向伪装手段日渐高明，并通过明治维新后的日军间接传至中国。从清末新军军服就可看出这种与世界接轨的体系内纵向伪装局面——官兵作战服服制已经基本相同但细节具有可辨识特征。

（四）体系内横向伪装

服饰体系内横向伪装在一定程度上是服饰体系间横向标示的逆态，其典型行为是将本方战术使命不同、武器装备不同的部队临时互换服装，以达到出其不意的目的，属于一种军事欺骗行为。服饰体系内横向伪装手段能够正常发挥作用的前提是，本方的服饰体系间横向标示有效运转

① （明）罗贯中：《三国演义》，北京：人民文学出版社，1997年版，第293页。
② （南朝宋）刘义庆撰，姚宝元、刘福琪译：《世说新语》，天津：天津人民出版社，1997年版，第389页。

并为敌方所熟知。

最早著录于《隋书·经籍志》，被公认是战国末期佚名作者托"周文王师姜望"之名所撰的《六韬》，记述了此种服饰伪装行为的具体运用。《六韬·战骑》："数更旌旗，变易衣服。"并进一步指出了这种伪装行为的效果："其军可克。"①

在中国著名兵书《唐太宗李卫公问对卷》里，唐初名将李靖向唐太宗提出一种新颖战术并引起后者极大兴趣，即："汉成宜为一法，蕃落宜自为一法，教习各异，勿使混同，或遇寇至，则密勒主将，临时变号易服，出奇击之。"这种战术建立于蕃兵与汉兵截然不同的战术方式上。唐王朝的军事体制包容游牧民族以利用他们的骑射天赋，将游牧民族迁入内地置于汉人城市外，轻赋税，有战则随主将出动。这就是唐王朝长期奉行的"城傍兵"制度。另一方面，以汉族自耕农为主体的府兵擅长步战，数量大，战场纪律严明，尤其长于弓弩齐射。唐以前的历代军事统治者往往将蕃汉军事体制割裂开来，对立看待，但李靖却将二者融合并辩证看待二者优点，如他所言："天之生人，本无蕃汉之别，然地远荒漠，必以射猎为生，由此常习战斗。"唐军利用二者所长"蕃长于马，马利乎速斗，汉长于弩，弩利乎缓战"②，因此一度战无不胜。

但是，当这种战术被敌人熟悉后，对方就很容易从服饰上（当然还从是否骑马以及武器形态上）分辨出两种武装力量，并针对不同兵种的特点制定战术。敌人的这种行为恰恰是李靖计策的出发点："此所谓多方以误之之术也，蕃而示之汉，汉而示之蕃，彼不知蕃汉之别，则末能测我攻守之计矣。善用兵者，先为不测，则敌乖其所之也。"最后李靖还将此战法上升到"奇正"的高度加以总结："蕃汉必变号易服者，奇正相生之法也。"这就是一个最为典型的东方服饰体系内横向伪装的构想，虽然缺乏具体战史记载支撑，但李靖本人大破东突厥和吐谷浑的战绩就很具有说服力。

---

① 周百义译：《武经七书》，哈尔滨：黑龙江人民出版社，1991年版，第412页。
② 同上，第153页。

（五）自然环境内伪装

在冷兵器时代和热兵器使用的早期，东方军事力量主要依靠整体战法，各部之间以及军事主官与各部之间都需要保持视觉上的接触和可识别性，因此没有通过固定的服饰视觉形态伪装于自然环境的动力。

但这并不意味着东方战史中没有通过临时的服饰形象来伪装于自然的例子，《六韬·突战》中提出："别队为伏兵……勇力锐士隐而处。"《六韬·敌武》："伏我材士强弩"，"选我材士强弩，伏于左右"①。这些埋伏当然首先是利用地形的因素，是否改变服饰色彩与形态文中没有细说，但不能排除使用某种服色有助于着装者群体伪装于自然环境的行为。有记载，戚家军在抗击倭寇时曾在伏击中指示士兵用树枝伪装自己。

在世界范围内，直到18世纪才有部分欧美狙击手换用便于伪装的暗绿色军服，正规部队大规模换装绿或灰色军服则是在著名的布尔战争之后。20世纪初，军服形制注重自然环境伪装的设计思路才辗转传入东方，在清末《练兵处奏定陆军营制饷章》的"军服制略"中，即有"视线愈远，愈不能真"和"使（敌）人不能远瞄射击"②。显然，需要使着装者成功伪装于自然环境已经成为东方军服设计者必要考虑的因素之一。

二、威慑行为

威慑即为以声势或威力迫使对方屈服。在军事欺骗研究领域，示形法范畴内部存在慑敌示形方式，强调综合运用各种技术手段和谋略战术达到震慑敌人的目的。军事服饰的视觉形态是其中很重要的一个组成部分，通过欺骗敌方为己方谋取利益存在。如果从军事心理学的角度分析，以军事服饰的特定视觉形态威慑敌方是战术性心理战的重要组成部分。心理战是以人的心理为目标，以特别的信息媒介为武器，对目标个体和集体的心理施加刺激和影响，造成有利于己方又不利于敌方的心理状态，从

---

① 周百义译：《武经七书》，哈尔滨：黑龙江人民出版社，1991年版，第387—391页。
② 徐平：《中国百年军服》，北京：金城出版社，2005年版，第7页。

而达到分化瓦解敌人，以小代价换取大胜利甚至不战而胜的一种作战方式。心理战的理论基础主要有阶级基础、谋略基础、暗示理论基础、社会心理基础和神经生理基础。

（一）尺度对比观照威慑

在进化程度更高，社会性更强的灵长动物中，群体往往根据体型大小分成炫耀权威与服从权威两部分。在一个猴群中，往往是形体最高大、皮毛最光亮、气宇最轩昂者为王，即使很难像其他生物那样通过生物性地改变外形来扩大自己的体积，猴王会采用诸如翘起尾巴等方式来进一步增大自己体积，以宣示自己的权威。猴王保持这样一副威严不可侵犯的仪表，很大一部分动机就在于威慑群落中或群落外其他想窥伺王位的公猴，而其他公猴翘尾巴的高度依他们在群体中的级别而定。

人类的社会性要比其他灵长类动物高级，因此通过服饰品增大自己形体就成为一种成本较低、更具操作性的威慑方式。东方服饰的视觉威慑手段也采用类似的原理，只是这种方式还要受到冠服制度和服饰自身尺度限度以及着装者生理承受极限等三种主要因素的制约。尺度对比威慑作用于冠服制度体系内时，威慑的对象往往是同级或级别低者，一个明显的特征是级别高者戴的冠往往比级别低者要高。最典型的例子莫过于中国的高山冠，中国古人讲究"峨冠博带"，战国至汉代流行的高山冠尤为醒目。《后汉书·舆服志》记："高山冠，一曰侧注，制如通天，顶不邪（斜）却，直竖，无山述展筒。中外官、谒者、仆射所服。"[①] 这种冠最初只有齐国国君才有资格戴，秦灭齐后将此冠赐给近臣，为汉沿用。

上至天子下到官员都着袍，固然有礼法和无须参加体力劳动等因素，但视觉上的尺度对比威慑也是有意无意的成因之一。袍扩大了着装者的视觉体积，使他们比着"短褐"露出双腿轮廓的劳动者显得更高大。这对外显示出本区域和本民族神圣不可侵犯的相对独立体的特殊威力，对内即对所有臣民塑造出一种不容忽视的有着绝对权威可以主生杀祸福，甚至具有某种神力的统治者的形象，以达到攘外安内的目的。中国所谓"黄

---

① （南朝宋）范晔撰：《后汉书》，上海：上海古籍出版社、上海书店，1986年版，第844页。

帝、尧、舜垂衣裳而天下治"① 就特别提出了在塑造帝王形象时,服饰所起到的不可替代的作用。同样,藏于袍服下的厚底官靴对于增大着装者体积也有巨大贡献。(见图95)

(二)猛兽行为联想威慑

猛兽行为联想威慑方式的使用范围随着人类社会的不断发展而逐渐减少,这是因为猛兽行为联想威慑对社会生产力低下时期和地区的军队,对文化程度低的士兵所起的作用更大,因为他们没有用科学方法来分析这些威慑性视觉图像的能力。

图95　京剧《长坂坡》中着硬靠的赵云
（王家斌绘）

服饰上的完全模仿猛兽行为联想威慑方式,容易因敌方参战者常识普及而失去威慑作用时,使用者的处境会更糟,因为这样的装束一般没有实际防御效果（即使有也很有限）,而且使用者视野狭窄、动作受限,更容易因炎热导致体温升高。所以当基础科学教育在大多数社会普及后,这种方式就再没有出现过。

随着文明的进步和战争规模的扩大,完全模仿型那种将全身化装成猛兽的做法成本太高,容易挤占军服用于防御和标示等其他功能的资源,因此自然出现将身体某个部位化装成猛兽的局部模仿型威慑方式。模仿猛兽的局部一般是头部,这是因为头部最具有代表性。中国唐代广泛使用的兽头盔就是这方面绝佳的例子,河南洛阳出土了一件带有典型兽头盔的三彩武士俑,护住整个头部,人面从兽嘴中露出。《宋史·韩世忠传》:"连锁甲,猰㺄鍪及跳涧以习射。"② 猰㺄是一种传说中的猛兽,证明宋代

① 黄寿祺、张善文译注:《周易译注》,上海:上海古籍出版社,2011年版,第572页。
② (元)脱脱等撰:《宋史》,北京:中华书局,1977年版,第11368页。

存在局部模仿猛兽，使敌方联想猛兽行为进而起到威慑作用的服饰样式。《清史稿·洪秀全传》也记载太平天国制定服制时存在"自检点至两司马，皆兽头兜鍪式"[①]的服饰现象。

除了军事领域的运用外，局部模仿猛兽的服饰威慑方式还可以通过法律的强制性体现出来，比如秦以后执法大臣的专用首服——獬豸冠，其冠形来自中国古代传说的猛兽獬豸。《异物志》载："荒中有兽名獬豸，性忠。见人斗则触不直者，闻之论则咋不正者。"[②]秦以后，模仿獬豸角形为冠形，戴于执法大臣头上无疑能对堂审嫌疑人起到威慑效果。如《隋书·礼仪志》记载："獬豸冠，案《礼图》曰：'法冠也，一曰柱后惠文。'如淳注《汉官》曰：'惠，蝉也，细如蝉翼。'今御史服之。《礼图》又曰：'獬豸冠，高五寸，秦制也。法官服之。'董巴《志》曰：'獬豸，神羊也。'蔡邕云：'如麟，一角。'应劭曰：'古有此兽，主触不直，故执宪者，为冠以象之。秦灭楚，以其冠赐御史。'此即是也。开皇中，御史戴却非冠，而无此色。新制又以此而代却非。御史大夫以金，治书侍御史以犀，侍御史已下，用羚羊角，独御史、司隶服之。"[③]

比局部模仿型更高级的是将猛兽形象加以符号化的象征型。中国古代铠甲上的兽形吞口即具有此类威慑作用，广泛出现于保存下来的唐代武士雕像肩部。其特点是不再力求模仿猛兽，而是只利用猛兽的视觉形象达到威慑作用，最大程度地保证了铠甲本身结构的完整性和合理性，反映着人类认识世界能力的增强和写实能力的提高。当然符号象征方式也经常和局部模仿方式共同运用，两者在时间顺序上的前后差别并不明显。

（三）人类行为联想威慑

猛兽行为联想威慑利用人对猛兽行为特征的习惯性经验发挥威慑功能，那么，将某种服饰形象与人的特定行为特征相联系，就属于人类行为联想威慑。人的行为较之动物来说尽管不确定性更少，但作为智慧生物，

[①]　赵尔巽等编著：《清史稿》，北京：中华书局，1977 年版，第 12871 页。

[②]　（汉）杨孚撰，吴永章辑佚校注：《异物志辑佚校注》，广州：广东人民出版社，2010 年版，第 38 页。

[③]　（唐）魏征等撰：《隋书》，上海：上海古籍出版社、上海书店，1986 年版，第 3283 页。

人的头脑、灵巧双手、组织策划能力一旦被用作进攻用途无疑更为可怕，这正是军服上的人类行为联想威慑具有巨大效力的原因。

一般来说，如果战场上的士兵发现敌人装备了防御能力极强的新型护甲，自己手中的武器无法对其造成有效杀伤，可以想见心中的恐慌程度。这种战场上的恐慌程度会通过视觉和听觉途径迅速传播，以致其他未进行类似尝试的士兵也会认为自己无法杀伤敌人，从而动摇抵抗意志。这就使得强化自身防护能力，不但具有物质形态的实质防御能力，而且从视觉形态的角度还会产生极大的威慑作用。

明光铠出现在中国魏晋南北朝战场的战例，就直接体现了加强防护所能带来的"不战而屈人之兵"的效果。明光铠这一称呼最早见于魏时曹植《先帝赐臣铠表》，南北朝时期出土的大量武士俑都身着典型的明光铠，胸前有两块大型金属圆护。作为一种工艺精湛的铠甲，明光铠在南北朝时期还很珍贵，只有将领才能配备，据《周书·蔡佑传》记载："佑时着明光铁铠，所向无前。敌人咸曰：'此是铁猛兽也。'皆遽避之。"① 可见在战争中，这种新型铠甲巨大的技术优势、空前的防护面积和由此带来的优良防护性能，作为一种特定的视觉形象，给与之交战的敌军带来巨大心理压力。

在论述韩非子的服饰物质形态防御功能美学观时，统一六国的秦军服饰曾是重要论据。秦军放弃铠甲防护有增强进攻能力的因素在内，但很重要的一点即通过放弃防护的反常着装行为，使对手心理失衡，动摇抵抗意志。秦始皇陵兵马俑坑中出土的数千尊高度写实的兵俑陶塑是无疑的视觉证据，《史记·张仪列传》记载："山东之士被甲蒙胄以会战，秦人捐甲徒裼以趋敌，左挈人头，右挟生虏。夫秦卒与山东之卒，犹孟贲之与怯夫；以重力相压，犹乌获之与婴儿。夫战孟贲、乌获之士以攻不服之弱国，无异垂千钧之重于鸟卵之上，必无幸矣。"② 这段话生动反映出放弃防护的秦军，在主动进攻战略和战斗精神综合作用下，对重甲加身的六国军

① （唐）令狐德棻等撰：《周书》，上海：上海古籍出版社、上海书店，1986年版，第2622页。
② （汉）司马迁撰：《史记》，上海：上海古籍出版社、上海书店，1986年版，第261页。

队取得的巨大心理优势。

　　同样，在中国古代不乏描写将领脱掉甲胄赤膊上阵的故事，这都属于放弃防护对对方产生威慑的例子。因为，着装者放弃防护的行为本身，具有不以生全为要，唯以死相拼的特征。因此从这个层面说，威慑作用的感受者（对方）恐惧的不是袒露的着装者躯体，也不是被脱掉的袍服甲胄，而是他们通过评估放弃防护者在高风险战场环境下的这种反常着装行为，认为其心理状态已经放弃正常利益取舍逻辑，产生了自我毁灭的倾向，这种倾向显然是不利于自己的。

　　威慑性反常着装行为也可以在一个方向走向极端——在军事服饰上将人的智慧、力量、创造力发挥到极致，以此对敌方产生威慑。

　　《梁书·曹景宗传》记载了一个通过服饰产生威慑作用的战例："景宗等器甲精新，军仪甚盛，魏人望之夺气。"[1]敌人望之为何会"夺气"，显然是曹景宗所率部队的盔甲整齐划一，而且无斑驳锈迹，产生了极大的视觉美感。然而这种建立于巨大、整齐基础之上的服饰形象集体美感，即使不通过联想，也会对景宗的敌手北魏军（从某种意义上说他们才是审美主体）产生一种难以逾越的崇高美感。这是第一层意义。

　　在更深层次，一方队列整齐，服装鲜明，气势如虹，反映的是着装者士气高涨，后勤保障得力，国家财力雄厚，这些需要联想才能得出的结论，必然会对潜在敌人产生巨大的精神威慑作用。

　　另外，身体异化，如文身等，是人类社会流传已久的服饰现象，也是服饰生理学和服饰民俗学的重要研究对象。在军事领域，身体异化行为的威慑作用由来已久，尤其适用于社会生产力落后，战争的复杂性和正规程度都还很低下的环境中，身体异化行为产生的威慑作用对文明程度更高的敌人效果更明显，因为文明社会的士兵认为这些身体上斑驳不堪的人不会救助伤者，不会宽恕俘虏，不会遵守任何文明世界的交战法则，因此没有理由不感到恐惧。

　　身体异化行为产生的威慑作用在正规化军队进行的现代战争中已很

---

　　① （唐）姚思廉撰：《梁书》，上海：上海古籍出版社、上海书店，1986 年版，第 2039 页。

罕见了,在很多军队中,对入伍人员都有身上不得有文身或其他痕迹的明确规定。

"拟"字本身有类似、模仿的释义,在服饰社会学中,通过服饰变化使自己变成别人这种现象被称为"拟装"。在服饰军事学中,通过服饰变化使自己接近某个为敌方恐惧的人或集体所具有的特殊形象,就是通过"拟装"对敌人进行威慑的行为。依靠"拟装"进行威慑有多种先决条件,其中最根本的一点即拟装者模仿的对象过往的行为具有强大威力,或勇武或韬略,一定要对敌方有相当程度的威慑效果,至少要比拟装者的威慑力大得多。这样,战场上的一方在动用资源模仿被"拟装"者时,就会取得很好的效费比。

在东方服饰故事中,"拟装"威慑最典型的例子可见于《三国演义》,当多疑的司马懿听说诸葛亮已死,蜀军退去后引兵追击,"追到山脚下,望见蜀兵不远,乃奋力追赶。忽然山后一声炮响,喊声大震,只见蜀兵俱回旗返鼓,树影中飘出中军大旗,上书一行大字曰:'汉丞相武乡侯诸葛亮'。懿大惊失色。定睛看时,只见中军数十员上将,拥出一辆四轮车来;车上端坐孔明:纶巾羽扇,鹤氅皂绦。懿大惊曰:'孔明尚在!吾轻入重地,堕其计矣!'急勒回马便走。背后姜维大叫:'贼将休走!你中了我丞相之计也!'魏兵魂飞魄散,弃甲丢盔,抛戈撇戟,各逃性命,自相践踏,死者无数……过了两日,乡民奔告曰:'蜀兵退入谷中之时,哀声震地,军中扬起白旗:孔明果然死了,止留姜维引一千兵断后。前日车上之孔明,乃木人也。'懿叹曰:'吾能料其生,不能料其死也!'因此蜀中人谚曰:'死诸葛能走生仲达。'"[①] 在这个例子中,诸葛亮生前最具个人特色的服饰形象令司马懿联想起诸葛亮的过人谋略,成功对其产生威慑作用,保障了蜀军退兵。

(四)死亡形象威慑

死亡是机体生命活动的终止阶段。《文化和社会人类学》这样描述人对死亡的恐惧:"自从人的记忆中有了先知和预见以来,人类就面临考验。

---

① （明）罗贯中:《三国演义》,北京:人民文学出版社,1997年版,第533—534页。

我们每个人都清楚地预见到我们的死亡，这给我们造成永久的恐惧。大多数宗教通过对不死灵魂的来世的描绘来对付死亡的恐惧。"[1]

显然，恐惧死亡是人类本能和文化性的心理作用，由恐惧死亡引发的动作（比如逃跑）被认为可以通过教育和激励手段克服，但恐惧本身依然无法克服。这就造成追求对抗性的双方会在服饰上利用与死亡有关的各种形象来动摇敌方战斗意志，以达到威慑对手的目标。

死亡形象威慑直接使用与死亡有关的真实物品，如各种死亡生物的骨骼、肢体。《西游记》描述沙僧的形象："身披一领鹅黄氅，腰束双攒露白藤。项下骷髅悬九个，手持宝杖甚峥嵘。"[2]当然这是文学形象，现实生活中也一定有类似情况作为参照。照片证据显示，20世纪，在印度东北部与缅甸交界处的原始山地居民中，仍在头上装饰有猴子的头骨，除宗教用途外，也带有一种死亡意味的威慑。这种方式在和平年代只能存在于少数不受社会着装规范制约的着装者身上，即使在古代战争中普遍存在，却少有大规模使用的例子，其使用规模与人类战争规模的扩大成反比。

在军事服饰上采用象征死亡的符号（立体或平面）来进行威慑，是比使用真实死亡形象和虚拟死亡形象更高的发展阶段，标志着人的抽象思维已经达到了系统化和关联性的程度。在这种方式中，死亡的象征被转化为特定的服饰图案、形制、佩饰，既达到了相同的威慑效果，又最少限度地破坏军服其他方面的功能，如穿着舒适性、标准化、防护力等。

（五）不可知形象威慑

人总是为许多臆想、编造出来的并不存在的事物或形象感到恐惧，如鬼神、怪兽、幽灵等。这种事物或形象可以是似人的、似兽的，但更多只是一种原始形象经过人脑中记忆的加工添改，变成现实生活中根本不存在的形象，再经过语言描绘、耳口相传、造型艺术的描绘定型，成为人们头脑中一个有特征的恐怖符号。究其神经生理根本，这种恐惧的土壤是人对不可测不可把握事物的本能恐惧。究其社会心理根本，是人的社

---

① 〔美〕罗伯特·F.莫菲著，吴玫译：《文化和社会人类学》，北京：中国文联出版社，1988年版，第139页。

② （明）吴承恩：《西游记》，北京：人民文学出版社，1995年版，第262页。

会性需求所产生的宗教和具有影响力的民间传说使然。

正因为这种普遍性恐惧的存在和被认知，才会有基于此的心理战术。从通过服饰形象进行不可知形象威慑的一方来说，其出发点分为无意识和有意识两种。

通过对敌方心理状况的掌握，主动改变自己的服饰形象，使其与某种敌方信奉的宗教或传统观念中令人敬畏的形象相契，也是对敌方进行有效威慑的重要手段。南北朝和隋唐乐舞曲目《兰陵王入阵曲》即为一例：北齐兰陵王高长恭虽勇武善战但天生俊美，深知自己引不起敌人恐惧，于是刻了一个青面獠牙的面具戴在头上，令敌人闻风丧胆，北齐人因此作曲歌颂纪念，此曲至唐称《大面》，《旧唐书·音乐志》记载为："出于北齐。北齐兰陵王长恭，才武而面美，常着假面以对敌。尝击周师金墉城下，勇冠三军，齐人壮之，为此舞以效其指麾击刺之容，谓之《兰陵王入阵曲》。"[1] 这便是通过有意识地改变服饰形象以接近鬼怪等不可知形象，从而对敌产生有效威慑作用的例子。

如上所述，当一方的军事服饰形象有意识模仿另一方民族文化背景中令人恐惧的不可知形象时，就会对另一方产生极大的威慑力。

但是一些出发点并没有威慑意义的有意识着装行为，也产生了出人意料的威慑效果。对于通过无意识不可知形象威慑获得成功的一方来说，有的能很快认识到这种优势地位并加以利用，并逐渐将这种本源是无意识的着装行为有意识地固定化，从而巩固对敌方的心理威慑，进一步为本方谋得战略战术上的利益。《中国兵器史稿》的作者周纬就记载了一顶收藏于"伦敦之印度博物馆"的"完全异型"的"蒙古铁胄"，文中说："此胄之来源甚早，据意大利探险家马哥波罗氏所著之《古鞑靼记》（Tadnl-i-Tahih）所载，铁木耳之蒙古军首次侵入印度时，印度妇女见蒙古骑兵之大鼻铁胄以为神怪，群相骇倒仆地，即此种胄也。其铁钵之巅有一小尖顶，略似德国军盔之顶，钵体外加铜铁丝网数道，后有护项网，其钵系用

---

① （后晋）刘昫等撰：《旧唐书》，上海：上海古籍出版社、上海书店，1986 年版，第 3614 页。

钢铁板片及铜铁丝贯网联系而成者。其奇特之点，乃其硕大无朋之船锚形护鼻器；胄作帽形而无眉庇，故此护鼻器兼有护眼骨及口部之作用，远望之颇呈怪象，无惑乎印度妇女之惊骇也。"[1] 这就是一个典型的由头盔功能结构形象产生的无意识不可知形象威慑。

第四节　艺术美

一、东方服饰品艺术的起源

回顾东方服饰品艺术的起源，不难发现最初并不是因为彻底的艺术审美需求而被创造出来。早期东方服饰品的着装者与设计者为服饰添加鲜艳的色彩或创造独特的造型，有着很重要的实用考虑，当然这时的实用有着很强的生存需求。通过梳理，上到山顶洞人遗址，下到殷周时代的服饰品考古，可以发现东方服饰品的艺术美主要是在人们追求生活美、实现物质形态功能审美价值和实现视觉形态功能审美价值这三种过程中诞生的。今天，我们之所以要去追寻这种艺术美的最初创作目的，是因为这些初始目的已经湮没于历史中很难寻觅，留给现代审美主体的印象往往只有这些服饰品的艺术价值本身。这不由得令人想起英国美学家里德在《艺术与社会》中所强调的："社会促使艺术家成为道德的倡导者和超自我的理想传播者，这样，艺术便成了宗教、道德或社会思想的辅助作用者。"[2]

（一）产生于追求美的过程中

按照现代美学理论，生活美即"社会生活的合规律性的形式，往往体现或实现着人的目的需要、情感欲求、道德理性、认知理性等"[3]，种族

---

① 周纬：《中国兵器史稿》，天津：百花文艺出版社，2006 年版，第 163 页。

② 〔英〕赫伯特·里德著，陈方明、王怡红译：《艺术与社会》，北京：工人出版社，1989 年版，第 103 页。

③ 杨恩寰：《美学引论》，北京：人民出版社，2005 年版，第 95 页。

的健康繁衍、社会的和谐有序、个体自我价值与集体价值的平衡实现等都是生活美的具体内容。东方服饰品处处体现着东方人对生活美的追求，由此必然出现了艺术美。这里仅探讨新石器时代的东方先民对此问题的认识深度。通过对许多坚固的（可以保存至今）和精美的（超越生存需要）的佩饰进行分析，不难发现东方先民很早就将与神灵沟通和为自己、为氏族、为后代祈福的责任赋予了服饰品。

在距今两万余年前的山顶洞人遗址中，除了可证实东方服饰御寒功能早期形态的骨针外，还出土了有精致穿孔的白色小石珠、黄绿的砾石、兽牙、海蚶壳、鱼骨、鸟骨管等。很显然，山顶洞人将它们以绳穿起来系在颈下，孔中多残留有赤铁矿粉，因为穿孔的绳子已经腐朽，所以现在只能推测绳子或许被红土染过，而按照东方范围内得到较多认可的色彩心理学和文化人类学观点，这种色彩的选择和这种行为都象征着祈福辟邪的意义。很显然，对山顶洞人而言，这种包括制造饰物并染色的艺术加工行为无法实现物质功能需求，其视觉形态的功能即使存在也是极为有限的，所以这种色彩一定服务于某种不同寻常的目的。

斯塔夫里阿诺斯在《全球通史》中总结直立人（比山顶洞人的时代早，大致相当于北京人时期）的社会生活时指出：“那时对死者已有了尊敬的表示。在覆盖死者的泥土上常可见到一些赭石或赤铁矿。几乎可以断定，这代表某种宗教葬礼。”[1]虽然不能将直立人的例子与山顶洞人的情况做简单的对比，但服饰艺术的起源是艺术起源的一个组成部分，而在艺术起源中“劳动说”“巫术说”和“游戏说”等争执不下的时候，服饰艺术创作起源中的巫术（关于巫术与宗教的确切关系定位还未有定论）因素无疑更浓重一些。原始人的巫术目的是多样的，学者对此的解释更为多样，不过从一些造型艺术（比如西班牙的史前壁画或大致与山顶洞人同时代的“维伦多夫的维纳斯”）来看，对动物实行“魇魔术”以获取更多的食物和进行生殖崇拜是主要的目的。无论山顶洞人在饰物上使用赤

---

① 〔美〕斯塔夫里阿诺斯著，吴象婴、梁赤民译：《全球通史——1500 年以前的世界》，上海：上海社会科学院出版社，1999 年版，第 66 页。

铁矿粉是为了避免遭到自然界中恶灵的侵害，或是表示对生与死的认识，其根本原因也是与实现种族繁衍分不开的。因为在原始部落中，个体目标很难与集体目标区分开，而对种族繁衍的企盼和为自身、对氏族祈福等是最为原始的、朦胧的社会审美价值。

在山顶洞人之后，浙江余姚河姆渡文化遗址中又出土过距今约 7000 年左右的象牙杯、长尾鸟和 28 件用玉和莹石制作的装饰物；1995 年，辽宁省朝阳市牛河梁二地点一号冢（属于红山文化）出土了一件形体较大，长 28.7 厘米的兽面玉牌饰，成型时间早在公元前 3500 年前后。简单的纹饰已基本具备了饕餮纹的特征，可以看作就是后代青铜器饕餮纹的前身。在相当于大汶口文化的江苏新沂花厅遗址中，几乎所有的大小墓葬内，都有多少不一的绿松石耳坠儿和玉质的镯、环、佩、串饰、瑗等佩饰品。这些器物或装饰品，形制小巧、色彩丰富、造型优美、风格纯朴，并已具备了较为成熟的均衡、对称的形式美感。花厅遗址中也存在神人兽面的"神徽"，浙江良渚文化遗址中还有浅浮雕四个兽面纹的柱形玉器。这些服饰品的艺术审美价值当然比山顶洞人的简陋饰物高得多，但它们依然具有相近的本源。因为，追求个体安全和种族繁衍只是追求社会美中较为原始和初级的形态之一，随着人口的增多和社会结构的复杂化，产生了对社会秩序的强烈追求，由于被寄托的精神内容越发丰富，东方服饰品的造型和纹饰自然呈现出复杂、精美的趋势，并发展至今。

（二）产生于实现物质形态美的过程中

东方服饰品的艺术美，尤其是东方服饰品的材质美，不论是毛皮服饰对自然美的采用还是丝、棉服饰体现出的纹理形式美感，大多产生于东方先民追求服饰物质形态美的过程中。

在现代社会，因为存在大量人工小气候环境，毛皮本身的御寒功能渐渐趋于淡化，取而代之的是对其艺术性的高度重视。比如 21 世纪的动物毛皮服饰（尤其是名贵的和经过良好处理的）就因其或蓬松或光滑的肌理感深受时尚流行界的宠爱，但这已经与东方先民利用毛皮服饰的初衷相去甚远。若论东方兽皮缝制服饰之始，当属中国辽宁海城小孤山原始人遗址，那里发现的骨针，可以将这开端推至近 5 万年前。小孤山人的兽皮服饰形态具体是怎样的，目前还不太清楚。不过，这些服饰品显然能够满足小孤山人的御寒需求，至于这些原始形态的动物毛皮服饰，可以从在现代社会还长期保留传统生产生活方式的中国东北赫哲族、鄂伦春族中窥得一二。赫哲族的鱼皮服或鄂伦春族的狍头帽这些原本是为抵御零下三四十度严寒而创造的服饰品，我们不难感受到其上散发的天成的自然美感和艺术美感。

不过，自古中国中原地区气候不算太恶劣，单件服饰对御寒的需求也不是太高。但需要看到中原地区人口稠密，保证如此之多的居民都能够有衣服御寒，在缺乏畜牧业，且早已深度开发的中原地区，单纯依靠毛皮服饰显然行不通。

中国古代中原民族大量以葛、麻、棉、丝为主要服饰原料，并非因为这些服饰质料在御寒性能上优于毛皮，而是因为这些服饰质料都可以通过农业手段获取。对农耕民族而言，能够像获取粮食一样获取制衣布料，是社会可以稳定持续发展的根本，因此将服饰主料由来源不稳定的动物皮毛转换为来源稳定的麻、丝，被视为技术上的突破和可独立发展的保证，是"圣人之作"，如《礼记·礼运》所言："昔者先王……未有麻丝，衣其羽皮……后圣有作……治其麻丝，以为布帛。"[1]

如果说葛藤、苎麻等剥制的植物纤维使东方先民通过农业手段获得蔽体的服饰质料，满足了御寒等物质功能，那么蚕丝的采用就更加上了便于着装者行动的因素，蚕丝衣物在实现光滑、轻便、适体等物质属性特征外，也带来了富于变化的优美质感光泽，成为东方服饰品艺术美的宝贵源泉。

（三）产生于实现视觉形态美的过程中

如果说东方服饰品艺术美的一部分造型和大部分肌理因素，都可以推断为是在追求生活美和实现物质功能美的过程中实现的，那么还有众多形成东方服饰品艺术审美价值的因素——比如鲜艳的色彩和另一部分造型因素起源未能得到解释。这里有必要参考《后汉书·舆服志》的引言部分，因为这是中国最早的《舆服志》，撰写者晋人司马彪显然认为服

---

[1] 陈戍国点校：《周礼·仪礼·礼记》，长沙：岳麓书社，1989年版，第369页。

饰的造型、色彩乃至纹饰的产生，最早都是作为标示等级观念的符号而被采用的，如："上古穴居而野处，衣毛而冒（帽）皮，未有制度。后世圣人易之以丝麻。观翚翟之文、荣华之色，乃染帛以效之。始作五彩成以为服，见鸟兽有冠角髯胡之制，遂作冠冕缨蕤，以为首饰，凡十二章。"① 由于最初的《舆服志》被南朝范晔收入《后汉书》中，因而这种观点也被唐房玄龄等人修撰的《晋书·舆服志》引言所继承："前史以为圣人见鸟兽容貌、草木英华，始创衣冠，而玄黄殊采。"②

在东方服饰的染色领域，矿物染料被发现、采用得比较早，比如前述北京山顶洞遗址中就已经出现以红色氧化铁粉末涂红的佩饰品，距今约七千年前的东方先民，也已经用赤铁矿粉末将麻布染成红色。在中国江苏邳县大敦子新石器时代遗址中，曾出土了五块赭石，赭石表面上有研磨过的痕迹。在矿物中赭石可将织物染成赭红色；朱砂可将织物染成纯正、鲜艳的红色；石黄（又叫雄黄、雌黄）和黄丹（又叫铅丹）可做黄色染料；各种天然铜矿石可做作蓝色、绿色染料；天然矿物硝还可以将植物浸染得雪白，诸如此类。

把植物中的色素，提取出做染料并染色，一般被称为"草染"，用以区别于矿物质料的"石染"。东方先民最先是把各种颜色的花、草和厚叶搓揉成浆状物，然后以它来浸染织物或在织物上描绘花纹。再以后逐步掌握了用温水浸渍的办法来提取植物染料，这时已包括选用树枝、树皮和块茎等，如选用茜草的根染红，陕西华县新石器时代墓葬中曾发现朱红色的麻布残片，可以清楚地看到当年染色工艺的产品效果，这比《诗经》中关于衣服颜色的记载更有说服力。

当然，植物还可染多种色彩，比如用蓼蓝的叶染蓝，用栎树皮和果实染黑，以紫草叶染紫，以槐树芽或黄栀子果实染黄等。近两千年前，染黑色植物已发展为用栎实、橡实、五倍子、柿叶、冬青叶、栗壳、莲子壳、鼠尾叶、乌桕叶等。由于这些植物含有单宁酸，它和铁盐相作用使之在织物

---

① （南朝宋）范晔撰：《后汉书》，上海：上海古籍出版社、上海书店，1986年版，第844页。
② （唐）房玄龄等撰：《晋书》，上海：上海古籍出版社、上海书店，1986年版，第1329页。

上生成单宁酸铁的黑色色淀。这种色淀性质稳定，牢固度都比较高。与此同时，由于生产和生活的需要，对植物染料的需要量不断增加，因而出现了以种植染草为业的人。重要的实物证据来自西汉马王堆墓出土的染色丝织品，化验结果表明，光泽鲜艳的金黄色是用栀子染的；色调和谐的深红色是以茜草染成；而棕藏青和黑藏青等深暖色调是用靛蓝还原并复色套染的，色彩之鲜艳，牢固程度之高，代表了中国汉代染色技术的最高水平。东方服饰鲜艳多样的缤纷色彩，正是在这些原始染色手段的基础上发展起来的。

二、东方服饰品应用材质美感

关于东方服饰各种质料的美感如何显现，不妨先随一段美妙的文字去获得一定的感性认识。唐代诗人杜甫作有《丽人行》："三月三日天气新，长安水边多丽人。态浓意远淑且真，肌理细腻骨肉匀。绣罗衣裳照暮春，蹙金孔雀银麒麟。头上何所有，翠微𦜒叶垂鬓唇。背后何所见，珠压腰衱稳称身。就中云幕椒房亲，赐名大国虢与秦。紫驼之峰出翠釜，水晶之盘行素鳞。犀箸厌饫久未下，鸾刀缕切空纷纶。黄门飞鞚不动尘，御厨丝络送八珍。"这段文字中，杜甫连续描绘了丝罗、金、银、珠宝等多种具有美感的服饰质料，光滑、闪亮、晶莹的质感跃然纸上。

东方服饰品的材质之美还体现在肌理、纹理的美感上。肌理即材料表面所呈示出的组织构造，包含材质和纹理等内容。纹理则主要指材料本身，尤其是丝质、木质的优美纹理。长期以来，东方服饰的着装者和设计者一直对服饰材质的质地美予以高度重视，在没有系统总结出质地美和纹理美的构成法则之前，他们已经熟练地运用服饰材质质感的粗与细、厚与薄、无光和闪光、平面与立体、滑爽与粗糙、柔软与挺括、透明与不透明等特性来进行创作，成功地使东方服饰品的材质具有艺术美感。

（一）纤维织物的柔韧之美

在东方，植物纤维的柔韧之美，早已为广大民众所熟知，中国的古籍中也有多处记载，这显然与东方大地的自然资源有关。除了中国地大物博以外，东邻日本的早期服饰也大量采用植物纤维，《史记·夏本纪》中记载："岛夷卉服。"[①] 这里的"卉服"据考证应该是以植物做成的衣服。一说为"葛越"（南方用葛做成的布），因为注曰："南海岛夷草服葛越。"还有一说为"木棉"，盖因为《三国志·魏书·倭传》中记载倭人的衣着时说："男子皆露紒，以木绵招头。其衣横幅，但结束相连，略无缝。女子被发屈紒，作衣如单被，穿其中央，贯头衣之。"[②] 不过今天所言木棉，是一种广泛生长于中国南方和越南等地的木棉科植物，其果实内纤维无拈曲，不能用于纺纱。因此记录日本人以木棉为服，应该是指多年生海岛棉。

虽然研究者普遍认为植物纤维织物的质感逊于丝织品，不过如果工艺上乘也能得到极高的光洁度，如古乐府咏白苎诗曰："宝如月，轻如云，色似银。"如今虽无真品可以直观，但依想象，其质似乎可与丝绸媲美。在诗人笔下，即使是略逊于上述葛与苎麻的蕉麻，织出布来也能达到非常轻盈、非常精细柔润的程度，比如唐代诗人白居易曾咏其为"蕉叶题诗咏，蕉丝著服轻"。

总体而言，尽管谈不上熠熠生辉，但棉、麻等植物纤维依然有一种天然的光泽，每一丝纤维都有自然的纤维膜闪射出的色彩与光泽，因此成为东方服饰的重要材质，具备了产生服饰材质美的条件。再者，如果从服饰品艺术审美价值的表现方式来看，蚕丝织物可以与棉、麻织物并列论述。

中国是世界上发明养蚕缫丝技术最早的国家，并且在相当长的时间里是唯一的这样一个国家。关于殷商以前的丝织发明史，在古代曾有很多美丽的传说。最通行的传说是，黄帝元妃嫘祖（西陵氏的女儿）最早教民育蚕，治丝茧以供衣服。至宋元时代，一些历史学家已把嫘祖养蚕写入史册。而且，从那时开始，人们将嫘祖认作是天上的"先蚕"下界，至今在蚕月前蚕乡人民都要郑重地举行祭祀先蚕的仪式。还有一种有关发明养蚕的传说，即马头娘的故事，也广泛流行在中国及东南亚国家。当

---

① （汉）司马迁撰：《史记》，北京：中华书局，1959年版，第58页。
② （晋）陈寿撰：《三国志》，上海：上海古籍出版社、上海书店，1986年版，第1169页。

然,养蚕缫丝这项伟大的发明不能归功于某一个人,还有必要从考古角度去进行推论。

蚕丝的发现与使用,是古代中国服饰质料领域的重大发明与卓越贡献。从视觉观感上,蚕丝(尤其是家蚕丝)丝缕绵长、轻盈、纤细、柔韧并具有丝光。以蚕丝织成的丝绸面料,使人类服饰用纤维达到空前的坚韧度、纤细度、柔软度和光泽度。上好的丝绸轻盈、透明、柔软、细腻,同时发着一种诱人的、柔和的光。唐代女子最重视的下裳——裙,就是东方服饰中最能体现丝绸质感的一种。唐代女子往往将丝绸裙腰上提到掩胸的高度,上身仅着抹胸,外披纱罗衫,致使上身肌肤隐隐显露,视觉效果可参照周昉《簪花仕女图》,文学形象可见周濆诗"慢束罗裙半露胸"等。这是中国古代女装中最为大胆的一种,足以显示唐时思想开放的时代背景。丝绸特殊的柔软质料使唐女裙裙身别具摇曳美感,孟浩然曾诗咏其修长:"坐时衣带萦纤草,行即裙裾扫落梅。"卢照邻有"长裙随风管"句,李群玉有"裙拖六幅湘江水"句,孙光宪有"六幅罗裙窣地,微行曳碧波"等。没有蚕丝的特殊质感,诗人歌咏的这种富有光泽而又轻柔美丽的服饰恐怕只能是梦想。

总体而言,其他动植物纤维,不管是葛麻还是动物体毛,虽然质感之美各有千秋,但若论综合美感,都无法与蚕丝织物相媲美。

再有,用羊毛纺织面料制成的服装,不仅保暖性能好、穿着舒适、手感丰满,而且还可以染成各种颜色,织成各种图案,充分体现出毛织品服装的艺术特色来。尤其是在纺织中做成的各种毛的长度和曲度的变异,致使不同羊毛有不同的毛织物质感与艺术美,甚至同一种羊毛也可以给人不同的美感。

最能反映东方羊毛织物美感的服装,当属中国彝族人的独特披风——察尔瓦。察尔瓦用羊毛制成,无领无袖,可以遮风挡雨,蹲下时又自然形成了一个小帷帐,晚上还可做被子,更可防大小凉山中湿冷的气候。察尔瓦的制作者首先将羊毛弹松,然后喷水,喷水后再用手揉进行处理,这就可以得到合适的原料了。第二步将羊毛折叠成察尔瓦的形状,并以脚踩踏定型,待定型后,用一种特制的木架子将察尔瓦绑扎固定,倚在墙上。传统上彝族人都使用从树皮中得到的植物染料将察尔瓦染成黑色。长期以来，彝家人身披厚重质朴的黑色察尔瓦，威武阳刚，被彝家人视为日夜不可分离之宝。在传统上以植物纤维和蚕丝为主要服饰质料的东方，服饰的优美柔和视觉观感已成为常态，彝族人的羊毛服饰则体现出一种特殊的硬朗美感。

（二）动物毛皮的厚重之美

作为东方服饰质料一个独立门类的动物毛皮，特指对动物毛皮的直接采用，而非如羊毛再经过纺织过程的运用。

动物毛皮的艺术美感首先体现为动物的自然美感，是外在的形体美和内在力量美的综合体现。远古时代，人们即开始用动物身上的美来装饰自己，补充自身原有的不足。如为了显示自己的强有力，将猛兽的牙齿和脚爪挂在自己身上，炫耀自己的勇敢，因为只有猎捕了野兽，才能以兽皮兽牙来装饰自身。

能够使动物的自然审美价值形式转化为服饰品的艺术美需要人的劳动，这种劳动的结果使得采用动物毛皮作为服饰材质的东方服饰品的艺术美成为动物所体现的自然美的能动反映。中国东北鄂伦春族狍头帽应该是一个能反映原始社会居民发掘动物毛皮服饰艺术审美价值的最佳例证。狍头帽在满足了东方着装者对服饰御寒功能的需求，实现东方服饰品物质形态功能审美价值的同时，还具有不可忽视的艺术审美特性：狩猎时的猎人伏在草丛中只露出头部，尽可以假乱真，体现着鄂伦春人和谐的自然观，更代表着东方服饰取材自然、师法自然、融于自然的精髓。

东方服饰材质中的动物毛皮主要由三部分组成，其各自的美感表现方式有所不同：一是狐、貂、虎、鼠、豹、兔、羊、獭、熊等动物斑纹并具有直毛或卷毛的毛皮，其浑然天成的质感之美在蓬松皮毛中闪现；二是蛇、牛、麂、鱼、猪等无毛光皮（皮面），以直接显露的纹理体现出有规律又富于变化的装饰美感；三是禽类羽毛。

如果说鄂伦春族的狍头帽能够代表原始社会动物皮毛服饰的基本形态，那必须看到，随着文明的进步和王朝的建立，在服饰中这种对动物的直接应用情况越来越少了。不过在很多武将的戎装中，这种古朴天成的审美观念依然在发挥着作用。可见，在吸收游牧民族以动物毛皮为主要服饰材质这一做法之后，中原民族又赋予了它们更多的文化内涵。《周礼·天官》中专设有"司裘"："掌为大裘，以共王祀天之服。中秋献良裘，王乃行羽物。季秋献功裘，以待颁赐。王大射，则共虎侯、熊侯、豹侯，设其鹄；诸侯则共熊侯、豹侯，卿大夫则共麋侯，皆设其鹄。大丧，廞裘，饰皮车。凡邦之皮事，掌之。"[①]

　　直毛或卷毛的动物毛皮的自然审美价值主要体现于蓬松的质感和鲜艳的天然色彩，前者很难系统论述，不过后者体现得极为鲜明。例如中国古代一些狩猎、游牧民族执掌政权的朝代，毛皮服饰被广泛用于正式场合，《元史·舆服志》中就提到大量以毛皮为主要材质的服饰："质孙，汉言一色服也，内庭大宴则服之；冬夏之服不同，然无定制……服红、黄、粉皮，则冠红金答子暖帽；服白、粉皮，则冠白金答子暖帽；服银鼠，则冠银鼠暖帽，其上并加银鼠比肩（俗称曰襻子答忽）。"[②] 这里提到的银鼠暖帽和银鼠比肩，其优雅的、富于迷幻色彩的银色难以用其他色彩调和得到。

　　就富于纹理美的无毛光皮而言，犀皮甲即颇具代表性，不过东方服饰中还有一种世界罕见的无毛光皮服饰——赫哲族的鱼皮服。"赫哲"在本族语里意为"本地人"，他们世代居住在中国东北黑龙江、松花江、乌苏里江三江合抱的平原上，以捕鱼为生。这种生产生活方式直接影响了他们对服饰材质的选择运用，因为以鱼皮制衣，赫哲人曾被称为"鱼皮部"。赫哲族鱼皮衣的材料来源广泛，黄鱼、狗鱼、哲罗鲑、大马哈鱼等均可，当代还有鲢鱼。人们先将鱼皮去鳞，将鱼皮完整地剥下来并晒干。然后将鱼皮摊在槌床上用木槌反复捶打，直到鱼皮像布一样柔软。因为单张鱼皮面积太小，所以人们用胖头鱼皮做成的线将几张鱼皮缝到一起，这就成了制衣的"布料"。用鱼皮制成的衣服款式多样，有长衣、套裤、腰带、围裙、手套等。女服上往往有精美的图案，这些图案也是用鱼皮剪成，然后用一种野花染色，再用彩线缝到衣服上，旋涡纹、卷云纹、动物纹、

① 陈成国点校：《周礼·仪礼·礼记》，长沙：岳麓书社，1989年版，第18页。
② （明）宋濂等撰：《元史》，上海：上海古籍出版社、上海书店，1986年版，第7456页。

波浪纹等多种多样，体现了赫哲妇女高超的技艺。赫哲男子的服装样式多为外穿鱼皮长衫，内着鱼皮套裤，脚登鱼皮靰鞡。夏日还有布料长衫或短衣。赫哲女子则穿多处绣花的鱼皮袍子，系扎宽大、色彩鲜艳的腰带，头戴粉红色或天蓝色的围巾。放眼东方，像赫哲族鱼皮服这样以鱼皮做主服材质的例子委实不多，不过泰国也有以珍珠鱼皮制作钱包等饰品的情况。日本在制造武士刀时，更是常以鱼皮裹刀柄，在求美观名贵的同时也带有避免滑脱的实用价值。

仔细观察牛皮、蛇皮、鱼皮上的纹理，可以发现很多艺术美的基本要素：首先是反复和交替，这些无毛光皮上的纹理是众多相近元素的反复交替出现；其次是节奏和渐变，这些纹理尽管由众多相近个体组成，但是大小、走向又富于变化和起伏，轮廓生动鲜活不呆板。

当然，论述动物毛皮绝不能遗落美丽的羽毛。羽毛的纹理几乎囊括天下所有图案与色彩的美质，仅孔雀、山鸡（雉）、翠鸟、珍珠鸟等，就已经令人目不暇接，叹为观止。羽毛在服饰中有的直接运用，有的则利用其原有的秩序剪贴、拼接，使羽毛光泽与色彩形成的天然"色系表"尽可能地呈现出来。

《周礼·地官》中设有"以时征羽翮之政于山泽之农，以当邦赋之政令"[①]的"羽人"一职。可见中国古代服饰制作对羽毛的需求还是很大的。不过历史上也有反对用羽毛为饰的情况，《宋史·舆服志》载："徽宗大观元年，郭天信乞中外并罢翡翠装饰。帝曰：'先王之政，仁及草木禽兽，今取其羽毛，用于不急，伤生害性，非先王惠养万物之意，宜令有司立法禁之。'"[②]如果这是宋徽宗的本意，那倒是反映了宋室具有一定的生态保护意识。尽管中国民间一向有讲求顺应自然的传统，但出自帝王之口仍具有一定政策意义。

（三）动物分泌物的神秘之美

尽管"动物分泌物"这个词听上去容易令读者不适，但事实证明这

---

① 陈戍国点校：《周礼·仪礼·礼记》，长沙：岳麓书社，1989年版，第46页。

② （元）脱脱等撰：《宋史》，上海：上海古籍出版社、上海书店，1986年版，第5636页。

些事物的美感超出了它们的产生方式给人造成的心理感受。当然，前述蚕丝也属于动物分泌物范畴，但需要经过深加工，当最后以织物形态运用于服饰中时，已与其初始形态有很大不同。所以，以动物分泌物形态进入论述范畴的主要指珍珠和珊瑚等传统东方服饰材质。它们往往以其初始形态或经过些微加工就被运用于服饰，这种运用方式更接近于后面要提及的矿物玉石。

在东方，由于珍珠外形圆润又具有美丽的莹光闪色，再加之珍稀难得，所以自古以来就被大量用于直接制作佩饰，甚至一度成为帝王嫔妃占有的宝物。在中国皇冠和东南亚的王冠上，都曾以镶嵌大量珍珠为常见的装饰手法。周达观记载真腊国王王冠上有"三斤许"的珍珠，总量显然是较多的。在中国清末慈禧太后的珠冠上有一颗大珠重市制四两，约合125克，也属于体量较大者。

就质感来说，珍珠的反光性能比较含蓄，又具有自身独特的莹润光泽，因此体现出一种雍容华贵的姿质，在诸多佩饰质料中别具异彩。"珠光宝气""满头珠翠"等最初用于形容珍珠的中国成语或常用语，也逐渐具有了更深层次的形容意义。珍珠还有几个特殊性：一是同一种类的珍珠中个体尺度可能相差悬殊，但其个体形态基本一致（多为圆形，亦有珍珠种类偏扁圆），而且色彩基本统一，或至少能将一次使用的几十枚珍珠色彩差别控制在一定范围内。这些特征使珍珠成为一种能灵活使用的装饰元素，集中使用时能呈现出对称、反复、统一、渐变等多种艺术美的基本原理。这一使用方式是矿物玉石很难实现的。

另一类属于动物分泌物的东方服饰材质是珊瑚，素以红润、细腻的质感著称。由于珊瑚玲珑剔透的美学特征和易于加工的特性，因此多被制成艺术性很强的各种形状用于佩饰。上好的珊瑚十分珍稀，虽不透光却润泽无比的红色，使其看上去格外典雅、高贵。因此，中国清代官帽上以珊瑚制成"顶子"，嵌在帽顶端，即表示高品级，仅低于红、绿宝石，而远高于青金石、水晶、素金、素银等。这也能清楚反映出珊瑚在中国古人心目中的等级地位。

（四）动物骨物的敦朴之美

"骨物"一词虽在现代汉语中很少使用，却能准确地归纳动物的骨、角、牙这三种服饰材质的统一特征。此词最早来自《周礼》，其中《地官》篇设"角人"之职，是负责征集动物骨、角、牙的职官，其职责为："掌以时征齿角凡骨物于山泽之农，以当邦赋之政令。"[①] 可见，中国古代各种工艺品和佩饰的制作，产生了对动物骨物的巨大需求。

动物骨质量轻，质地坚固，又具有中空的特性，易于加工成各种形状的佩饰。中国商代已有专门的骨品作坊从事规模化生产，品种有骨簪、骨笄、骨梳、骨匕、骨柄、骨珠串饰等，这些骨制品雕工精细，雕花风格与当时青铜、白陶装饰基本一致。以兽骨为重要服饰材质之风延续至唐代，1975 年在扬州市师范学院唐代遗址中，发掘出以牛骨为主的骨料 650 块，成品有簪、钗、针、梳等。其中以透孔雕花和扁平圆头的骨簪最多。当然，动物骨的来源毕竟相对陶、木等有所不足，造型也受骨骼天然形状限制，天然纹理比象牙等结构相似的材质又逊色得多，因此注定其只能是一种辅助性服饰材质，在东方服饰艺术的宏大殿堂中长期起着陪衬的角色。

若单纯就视觉观感来说，象牙质地细腻坚实，色泽优美，富于柔润典雅的质地之美，有一种与生俱来的贵族气质。犀角那纹路隐于深部的含蓄古朴美感，又别有一番情趣。这样的色泽和质地也是其他服饰材质所难以代替的。由于象牙和犀角独特的中空形状，使得它们更适于被制成片状而非球状的饰品或随件，这属于中国古代工艺美术制作中很讲究的"随形就势"法。中国冕服制度中就有一种最为重要的随件以象牙制成，即笏板。《礼记·玉藻》："笏，天子以球玉，诸侯以象，大夫以鱼须文竹……"[②] 明代官员着朝服时，一至五品官员持象牙笏板，六至九品官员则持槐木质笏板，以示级别高低。同在这套朝服体系中，二品官的革带即为犀带。同时，磨光成片状的犀角和象牙还经常被用在带钩等佩饰上作为点缀。

---

① 陈戊国点校：《周礼·仪礼·礼记》，长沙：岳麓书社，1989 年版，第 46 页。
② 同上，第 401 页。

马欢在郑和下西洋数次前往今印度尼西亚的爪哇岛（古名为"阇婆"），他在《瀛涯胜览》中记述爪哇人："男子腰插不刺头一把，三岁小儿至百岁老人皆有此刀……其柄用金或犀角象牙雕刻人形鬼面之状，制极细巧。"[1] 不刺头即当地匕首之名，可见，这种以象牙或犀角包裹刀柄的做法在东南亚也是很普遍的服饰现象。

（五）矿物金属的华贵之美

用于东方服饰材质中的矿物金属主要有金、银、铁等多种，铜、锡亦有采用但比重较小。矿物金属的原始形态是地表下的固体金属矿石，经过开采、冶炼、去除杂质后可作为服饰质料使用。固态金属的共性除质地坚硬、反光强烈外，还有几个典型之处：一是加工手段多样：铸、锻、镀等均可，在高温下可变软以降低处理难度。二是采用目的多样：东方服饰上的金属既有出于功能需求被采用的案例，如铁甲，也有出于补充生活美的目的被采用的，比如苗族女性的银饰。三是色彩多样：东方服饰上采用的贵金属，如金、银往往以本色示人，铁则可染色，也可采取机械抛光手段改变表面颜色。四是密度较高、质量较大，采用较多会影响着装者的行动，因此需要设计制作者尽力避免这一问题。

总体而言，矿物金属自身的丰富特性使其在东方服饰中的表现形式十分灵活，下面仅分类介绍几种最有代表性的服饰金属材质和服饰本身。

唐代诗人岑参有一首《走马川行，奉送出师西征》，以奇峻挺拔的笔法道出了西域的地理气候，刻画出了唐军雪夜行军的果敢无畏，更为后人留下了时任唐安西节度使的封常清出征途中"将军金甲夜不脱"的动人场景。岑参笔下的"金甲"在唐边塞诗中绝非首次出现，王昌龄早就在"青海长云暗雪山，孤城遥望玉门关。黄沙百战穿金甲，不破楼兰终不还"中塑造了英武高大的"金甲"将军形象。在岑参这首气魄宏大的诗中，边塞作战最常见的环境——沙漠，正无情地侵袭着将军的戎服——金甲，这一描写既有艺术的夸张，又不脱离事实，因为在多风沙的环境作战，狂风

---

① （明）马欢著，万明校注：《明钞本〈瀛涯胜览〉校注》，北京：海洋出版社，2005年版，第17—18页。

中裹挟的沙粒确实会对铠甲表面造成磨蚀，以致渐渐黯淡无光，甚至于凹凸不平，但要想磨穿金属实属不易。所以这种情况应是沙粒嵌在甲片间或关节处，伴随人的动作，对甲片造成严重磨损的情景。历经百战，金甲已磨穿，可见边塞战事之久之烈。

纯金质地很软而质量极大，甲胄出于防御和利于行动的双重目的，要求使用材质尽可能坚硬而质量轻，这注定纯金不可能直接作为甲胄的制作材料，而只通过镶金片的形式成为一种装饰，更有甚者只用金漆涂于甲胄之上。从古代典籍和出土文物来看，中国早期金色甲胄多为高级贵族所穿。1979 年山东临淄大武村西汉齐王墓即出土了一领金银饰甲，菱形的金银饰片固定在铁甲片上，生动再现了汉武帝前后——西域初开时期的王族戎服特征，也是汉时即存在"金甲"的强有力证据。《三国演义》中有"袁术身披金甲"和"孙权锦袍金甲"的描写，可见金甲虽有，但并非一般人所能穿戴。

在盛唐边塞诗人笔下，金甲象征着唐军将领出身贵胄、肩负的正义使命以及前途的无限光明，与"貂锦"一词的运用有相近之处。其他描写"金甲"的诗篇还有李白《胡无人》中的"天兵照雪下玉关，虏箭如沙射金甲"，卢纶《塞下曲》中的"醉和金甲舞，雷鼓动山川"等。这些著名诗人都着力描写"金甲"，可见其地位之殊，意义之重。史书中也不乏将领着金甲的记述，如《新唐书·李勣传》中记："秦王为上将，勣为下将，皆服金甲。"[①]

在中国苗族的重大节日上，盛装的苗家女子无疑是最靓丽的风景，一身耀目的银饰在阳光下变换着奇妙的色彩，银插花、银牛角、银帽、银梳、银簪、银扇、银项圈、银戒指、银耳环，形态各异，其组合重量甚至能达到 10—15 公斤。作为最能体现银本色之美的东方服饰，苗族银饰的历史不算太长，从记载苗族首领进贡的史料和旅行者的观察手记来看，大概在明清时，制作和佩戴银饰才成为苗族女性的重要特征。对苗家人来说，这一身银饰首先象征着富有、辟邪和美丽。

---

① （宋）欧阳修、宋祁撰：《新唐书》，北京：中华书局，1975 年版，第 3818 页。

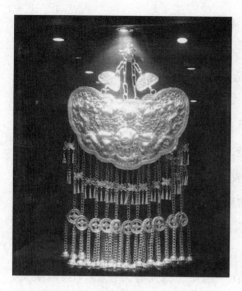

图96　精美的苗族银饰（华梅摄）

在贵金属中，银的储量较大，尽管不及黄金昂贵，但白银在大多数东方民族心目中同样是财富的象征，用白银制作的饰品自然体现着尊贵与富有。苗族银饰原料白银多是苗族人民在土产交换时，截流了货币流通中的银锭、银元加以熔铸制成。新中国成立后，政府考虑到苗家的特定风俗，在白银国家控制的情况下，还是每年以低价向苗区调拨一批白银。此外，白银还有一定的吉祥文化内涵，中国民间有赠送新生儿银质"长命锁"的习俗。

总之，银的质感既有富贵之意，又有素雅之气，这正是其作为东方服饰材质的重要审美特征，而银色作用于观照者心理的原因，应主要归结为闪光且易与所有颜色相配的审美特征。（见图96）

铁是日常生活中使用广泛的金属，其加工难度相对金、银等贵金属要高，而且含有杂质的铁在潮湿空气中极易生锈。这都使得铁不适合纯粹作观赏用途。但是铁矿蕴藏量大，成品硬度高。这一切都使得铁成为军事防御服饰的首选金属质料。

前面论述过战国秦汉年间由金属取代皮甲的历史转折，很快，由于青铜质地和造价方面的原因，铁取其地位而代之。最早的铁甲出现于战国中期，后经过不断发展，演变为由甲身、双袖和垂缘三部分组成的典型汉代铁甲。1968年在河北满城西汉中山靖王刘胜墓中出土了迄今最为完整的西汉铁甲，共由两千余块甲片编织而成。甲片共分槐叶形和四角抹圆的长方形两种形状，普遍经过淬火，硬度与延展性均较好，铠甲具有优越的防御功能。

出土铁甲普遍锈蚀严重，因此关于铁甲的真实颜色尚存疑点。《史记·卫将军骠骑列传》中记载霍去病去世后："天子悼之，发属国玄甲军。"①注："玄甲，铁甲也。"另一方面，玄为黑色，而"铁"在中国传统文化中也可指黑色事物。所以，目前尚不知道西汉铁甲是染成黑色，还是铁甲本色（纯铁为银白色，氧化后有不同色彩效果）。

无论怎样，铁甲，也称玄甲、铁衣，从汉代开始广泛成为史书和文学作品中的常用词汇，如曹丕《广陵记》："霜矛成山林，玄甲曜日光。"《木兰辞》："朔气传金柝，寒光照铁衣。"唐代诗人李益《度破讷沙》："平明日出东南地，满碛寒光生铁衣。"铁甲的冷色调本质与一定的反光性能，赋予了铁甲厚重、冷峻、刚劲的阳刚美感，这在讲求和谐、优美的东方服饰质料美感中是不太多见的。

（六）宝石的晶莹润泽之美

宝石一词意义较广泛，其中的原石一般色彩明丽、晶莹、坚硬，工艺性能优异。天然产出较少的矿物单晶体类，经加工后称成品石，在东方服饰体系中主要镶嵌于各种金银首饰之上。

中国古代服饰极为重视玉的使用，《周礼》记载宫廷已设有"玉府"一职，在负责掌管君王的金玉、玩好、兵器等物同时，还要"共王之服玉、佩玉、珠玉"②。秦汉两代玉石工艺又有发展，特别是雕工精致、工程庞大的"玉衣"，曾在几处汉代墓葬中有实物出土。如与上文铁甲同出刘胜墓的两套保存完整的西汉"金缕玉衣"，各用 2000 多块小玉片，四角穿孔，成为金丝联缀从头到脚的玉石衣服，以紧裹尸体。玉衣是汉代帝后和贵族的葬服，由于等级不同，玉片之间分别以金丝、银丝或铜丝进行编缀。这类整体性的玉质葬服是中国的独创，仅有美洲玛雅民族有玉覆面的传统，但遮覆面远小于中国"玉衣"。当然还有几处特例，比如 1983 年秋，在广州市西汉南越王墓中发现了一套丝缕玉衣，这显然有别于之前发现的金属丝玉衣。再有，1986 年 9 月至 11 月发掘江苏北洞山的西汉墓时，发现凸字形鳞甲状玉衣片，区别于之前所见的方形或长方形玉衣片，这在国内尚属仅见。将凸字形玉衣片联缀，或许就是《吕氏春秋》所记"含珠

---

① （汉）司马迁撰：《史记》，上海：上海古籍出版社、上海书店，1986 年版，第 596 页。
② 陈成国点校：《周礼·仪礼·礼记》，长沙：岳麓书社，1989 年版，第 16 页。

鳞施"中的"鳞施"。除了葬服,中国服饰中对玉的应用几乎遍及每个服饰种类,并有"君子无故玉不去身"之说,赋予其极为深厚的文化内涵。

东南亚是各类服饰用宝石的主要产地,缅甸以产翡翠闻名,菲律宾、马来西亚等地也出产各类宝石。清代福建人陈伦炯曾于康熙年间任苏松水师总兵和浙江提督,从小随父出海,写成《海国闻见录》,书中专列有"东南洋记"条,其中写到苏禄、吉里问、文莱、朱葛礁喇,总名皆为无来由绕阿。那里的人以彩色布帛成幅穿在身上。当地产刚钻、胡椒、檀香、降香、科藤、豆蔻、冰片、铅、锡、燕窝、翠羽、海参等。钻有五色,金、黑、红者为贵,置之暮夜密室,光能透彻,投之烂泥污土中,上幔青布,其光透出。各番以为首宝,大如棋子,价值十万余两。这些宝石曾通过贸易大量进入中国等国,成为东方服饰上重要的装饰物。

(七)植物的清爽自然之美

很多直接采用植物的材质都具有很美的天然纹理,最典型的就是木质。木质的天然肌理,呈现出姿态万千的形式美感,尤其是渐变、重复的视觉效果尤为令人印象深刻。

通常被用来制作项链的木材,有花梨木、水曲柳等硬质、组织致密的树种材料。选取的标准一是要易于雕刻成各种形象,第二自然是要有深邃的、变化万千的纹理。欲显示木质纹理的佩饰品,一般不涂漆,或只涂透明漆。更多的时候,为了使佩饰品充分显露出自然的风采和朴质的风格,采取在木质表面打蜡的方法,使木质肌理在不被覆盖的情况下,还闪着一种柔润淡雅的、几乎感受不到光泽的"木质光"。木梳、木簪等都是东方服饰大家族中的重要代表性饰物。

摘取植物的某一部分成为衣服或佩饰,体现着人与自然的和谐,具有其他质料难以体现的天然之美。中国的《楚辞》中有大量诗句描绘了直接用植物制作服饰的情景与方式。屈原在《离骚》开篇即写道:江中的香草,幽然的香芷和秋兰,都是佩在身上的好饰品。种了三十亩的香兰草、百亩的蕙兰,还有留夷和揭车以及似葵而香的杜蘅,这些都是芳草。紧接着,屈原又一连串说出好多种香味植物,如薜荔、花蕊、胡绳等香草与鲜花。薜荔又名木馒头,蔓生,结实如莲蓬。结合屈原诗中的句子,可以看到"薜荔拍"是薜荔做成的坎肩。"惠绸"是以惠兰作为束身的衣带。《九歌·山鬼》第一句写道："若有人兮山之阿，被薜荔兮带女萝……被石兰兮带杜衡，折芳馨兮遗所思。"屈原的诗歌固然有瑰丽的想象成分，但基本立足于现实观察之上，因而虽是文学性描述，但也完全可以作为研究早期服装质料的依据。

直接应用植物而不做过多加工的饰品，古往今来当属鲜花。有观点根据成都扬子山出土的古代遗存，将中国人以鲜花簪首的风习追溯到汉代，距今已两千多年前。在汉代墓葬中出土的俑人头上，确实有不少是簪花的。四川成都永丰东汉墓出土的女俑，头上插满了鲜花，具体方式为当中插一朵硕大的花朵，大花旁又簇拥着几朵小花的头饰，或是插了数朵小菊花。当然，在没有视觉图像资料保存下来的上古年代，中国女性以鲜花做装饰的着装行为一定极为普遍。

东南亚气温较高，植物生长茂盛，当地居民以花草为饰的情况更为普遍。马欢在《瀛涯胜览》中记录了占城君王及上层人士以植物为饰的情况：国王头戴"玲珑花冠"，头目戴茭章叶做成的花冠。爪哇妇女送葬时，还要头簪鲜花[①]。

三、东方服饰品的立体造型美感

东方服饰的立体造型艺术与平面造型艺术（以纹饰为主要表现形式）相辅相成，由于衣服本身材质普遍较软，一般只有自体具有支撑性的服饰才能体现出立体造型，比如冠（帽）、履（鞋）以及铠甲等。

对于东方服饰立体造型来说，模仿现实生活和自然事物，能动地反映这些事物体现的自然美是产生艺术美的基础，所以东方服饰品的艺术美来自于现实又高于现实。纵览东方服饰制作的历史，不难发现相当一部分超越单纯实用目的的服饰品，其整体造型明显有来自现实生活的素材。而随着人类不断深化对自然的改造，建筑、雕塑甚至于工艺美术

---

① （明）马欢撰，冯承钧校注：《瀛涯胜览校注》，北京：中华书局，1955 年版，第 2 页。

品等人造物也逐渐成为东方服饰造型模仿的对象，东方服饰品的艺术美也能动地反映这些人造事物所体现的生产美、产品美、功能美。正是这些从生活中吸取的创作素材，令东方服饰艺术创作焕发出永恒的艺术美感。

除了对自然美和生产美的能动反映，东方服饰品的立体造型也能以一定方式体现着安定与轻巧、对称与均衡、对比与调和、比例与尺度、节奏与韵律、统一与变化等美的形式法则。因此，在论述东方服饰艺术立体造型美的过程中，将主要从对现实生活中事物的模仿、对非现实世界事物的想象以及对较简单形式美法则的追求这三点入手。

（一）模仿自然美

对东方先民来说，与人类同处一个空间的自然物无疑是创作服饰品最直接、最生动的模仿原型。人们在观察动植物和山川、天象的运动过程中，体味到其天然形态之美，并将这些形态直接应用到服饰创作中，产生了各具风采、各具神态的东方服饰品。

图 97　中国战国时期猿形金属带钩
（王家斌绘）

前面论述过东方服饰品中有对动物和植物的直接应用，但是模仿自然物，是利用其他材质模仿其外形与神态，与生物本身没有任何接触。这就像是以犀角做成佩饰和以银质锻打成兽角形头饰的区别一样。（见图 97）

在通过模仿自然物的形态来实现自然美的过程中，有像汉代高山冠那样模仿山川河岳的服饰品例子，再如元代蒙古族男子夏季所戴的卷云冠，因其形似卷云而得名，还有鞋头翘起部分均做成云头形状的云头履等，都是模仿自然物的东方服饰。但总体来看，最主要的模仿对象是动植物。模仿植物如中国宋代士人戴的仙桃巾，形状极似桃形，也称桃冠。

与动物有关的服装造型则以中国金元时期的凤翅幞头为代表，其两边装饰取飞禽翅膀的样子，故而得到美名——凤翅幞头。《元史·舆服志》中记："凤翅幞头，制如唐巾，两角上曲，而作云头，两旁覆以两金凤翅。"①

还有服装形象局部造型模仿动物的情况，如中国满族衣上的马蹄袖、足服的马蹄底等。清代咸丰、同治年间，民间女性在原褶裙基础上大胆施制，将裙料均折成细裥，实物曾见有三百条裥者。幅下绣满水纹，行动起来，一折一闪，光泽耀眼，后来在每裥之间以线交叉相连，使之能展能收，形如鱼鳞，因此得名"鱼鳞裙"。有诗咏之曰："凤尾如何久不闻，皮绵单夹费纷纭。而今无论何时节，都著鱼鳞百褶裙。"当然，没有着装者的步态变化，"鱼鳞裙"的艺术审美价值也就很难体现。

（二）模仿产品美

一个民族的特色服饰很容易与其特色建筑在形式上有相近之处，东南亚泰国（古暹罗）、柬埔寨（古真腊）的椎髻与尖顶冠帽即与该地区的尖顶建筑颇为相近，即使不是前者模仿后者，也具有一种相近相类的美感。

泰国古称暹罗，在郑和下西洋的七次航行之时，暹罗与中国交往甚多。费信在《星槎胜览》中多次记载暹罗人的服饰特色："男女椎髻系单裙。富家女子金圈四五饰于顶发，常人五色烧珠穿圈。"另有："男女椎髻，白布缠头，穿长衫，腰束青花手巾，其上下谋议，大小事悉决于妇。……妇人多为尼姑，道士能诵经持斋，服色略似中国。"②椎髻，即是将头发绾于头顶束成椎形的发式，一般在顶上偏后，是这一带的特色服饰。清代无锡人季麒光在《暹罗别记》中则记载了尖顶冠帽的形制："王出入乘象，前导亦鸣金列戟，所戴如兜鍪而有锐向前，非玉非金，不知其何以为之也。所衣皆锦而赤脚跣足无靴履，此则番夷之俗矣。"③季麒光在这里专门提到冠帽有一个略向前的尖，还很有想象力地以中国兜鍪做比喻。放眼泰国湄南河两岸的佛塔建筑，不难发现这种尖顶帽式与泰国建筑的尖顶相映

---

① （明）宋濂等撰：《元史》，上海：上海古籍出版社、上海书店，1986 年版，第 7457 页。
② 余美云、管林辑注：《海外见闻》，北京：海洋出版社，1985 年版，第 78 页。
③ 同上，第 80 页。

成趣，这明显成为该地艺术普遍
的造型风格。（见图 98 ）

（三）对称、平衡之美

对称是形式美法则中的重要
一条，具有平衡和对称等形式特
征的视觉艺术品往往能给人带来
庄重、威严和典雅的视觉与心理
效果，比如纪念碑。服饰亦如此，
尽管大部分衣服以没有支撑力的
软质面料制成，但部分硬质的冠、
履和铠甲能够以自身形状表现出
造型上的平衡对称美感。前面曾
引用过的中国古代将领和骑兵部
队的重要铠甲式样——明光铠，
即为能在视觉上实现平衡对称美
感的典型东方服饰之一。

图 98　泰国曼谷大王宫中的雕塑，头
戴尖顶盔帽（华梅摄）

最早出现于三国的明光铠继承了裲裆铠的特点，也由前胸和后背两
块甲片以及膝裙等部分组成，但两大块甲片多为整体式铁甲，较之裲裆铠
前后的皮甲或小甲片防护性能强了很多。明光铠最大的特点，正是胸背
部的甲片上有两个相对称的圆形或椭圆形的护心镜，保证了前胸两块大
面积整体护甲对心、肺等重要器官的防护，对箭矢的防护效果尤其良好。
出于防锈等原因，这两块整体护甲常摩擦光滑反光强烈，因而得"明光
铠"之名，王维的《老将行》中有"试拂铁衣如雪色"的生动描写。

在防御功能和视觉功能之外，这两大块整体护甲完全对称，为着装
者带来一种威严的视觉观感，这是有视觉心理原因的。德国雕塑家希尔
德勃兰特曾在《造型艺术的形式问题》中分析过造型艺术的两个基本方
向——竖直的方向和水平的方向。他指出了一个大多数人习以为常却很
少重视的现象。他说，由于我们垂直于地面的姿势和双眼的水平位置这
两个基本方向理所当然地比任何别的方向更为重要，所以一切以这种竖

直的或水平的姿势存在的东西容易给眼睛造成一种统一的印象[①]。按这样的方式出现在艺术品中的东西给整个结构以稳定感。我们进行视觉比对，不难发现明光铠的主要结构，以及护颈盆领，腹部兽形吞口，双层护膊等次要结构，均做到既在"竖直的方向"实现了左右对称，同时在"水平的方向"实现了平衡，完全符合我们自然的感觉，其庄重、威严的美感很大一部分即由此而来。

四、东方服饰品的图案构成美感

东方服饰品艺术美感的很大一部分来自纹饰。东方服饰历史悠久。不论多么繁复华丽的纹饰，都是在本身具有材质美的基础上，通过绣、绘、织、缝、缀、刻、塑、磨等手段形成的，这与古人在身上用白粉涂画、用针刺、刀割染色等化妆和身体异化行为（文面等身体异化行为直到20世纪仍可在中国台湾泰雅人族群中见到），在本质上均有相像之处，在服饰创作心理与着装心理上也有相通之点。

东方服饰纹饰题材广泛，动物题材包括狮、虎、豹、象、鹿、鹤、鸳鸯、鸬鹚等；植物包括萱草、芍药、菊花、梅花、莲花、樱花等；人物题材有武士、力士、舞女、僧尼等；静物题材有琴、棋、书、画等；自然景物题材则包括日月星辰等。说东方服饰纹饰反映了东方社会物质生活和精神生活的方方面面毫不为过，很少还有哪种东方艺术能在反映生活的广度上超过东方服饰纹饰的水平。

东方服饰纹饰的组合与构图样式多样，首先有单独纹饰，比如单独的虎、元宝等独立完整的纹样，与四周无直接联系，属于服饰纹样的基本构图形式；其次是适合纹饰，即将一种纹样适当地组织在某一特定的形状（如方形、圆形、菱形等几何图形）范围之内，使之适合服装的装饰要求，前面论述过的官服补子就是最典型的采用"适合纹样"布局的纹饰；

---

① 〔德〕阿道夫·希尔德勃兰特著，潘耀昌等译：《造型艺术的形式问题》，北京：中国人民大学出版社，2004年版，第39页。

最后是边缘纹饰，即民间所称的"花边"，多装饰在衣边、领口、袖口、裤腿下缘，极为常见。

东方服饰纹饰用途各异，其中很大一部分具有视觉标示功能，如十二章和官服补子等，还有一部分题材有特殊寓意，比如以方天画戟和石磬寓意吉庆等。这里主要论述带有视觉与心理美感的东方服饰上的纹饰，这种美感一部分来自对自然和人工事物的表现，可细分为再现自然美、再现产品美；另一部分则通过纯粹的形式感体现出来，主要包括反复、交替的组合美与对称、平衡的组合美。

（一）再现、表现自然美

东方服饰纹饰再现自然美的行为，即单纯地表现大自然中各种具有审美价值的事物，如折枝花、走兽、飞禽、舞蹈者群等。这种行为没有赋予这些事物寓意，选择这些事物作为再现对象也不是因为它们具有特殊寓意，而主要是因为这些事物本身即具备形状、体态、神情、色彩、韵律的自然之美，所以人们在服饰纹饰中再现这种自然美。比如周代冕服十二章即是广取几种自然景物并寓以含义的。其中绣日、月、星辰，取其照临；绣山形，取其文丽；绣绘宗彝，取其忠孝；绣藻，取其洁净；绣火，取其光明；绣粉米（白米），取其滋养；绣黼（斧形），取其决断；绣黻（两兽相背形），取其明辨。这些纹饰显然与自然，即中国人所认定的"天"有着必然联系。

东方服饰纹饰中被广泛表现的动物除了上面提及的几种外，还有牛、羊、马、猪、孔雀、鹦鹉、喜鹊、兀鹫、鸳鸯、鹤、鹭鸶、鹌鹑、白头翁、鹰、猴、蛇、蝴蝶以及各种神异动物。植物有牡丹、芙蓉、月季、海棠、百合、葡萄、石榴、卷草、纸草、金银花（忍冬）、樱桃、石竹花、葫芦、茱萸、兰花、竹、胡桃、灵芝等，自然事物则有山石、太阳、海水、祥云、星星、月亮、雷雨等。忠实地复制和塑造这些自然事物形象，即为服饰纹饰中的再现行为，比如中国宋代工商经济和对外贸易蓬勃发展，促使从汉魏以来的织成锦和唐代的缂丝等高级织品水平进一步提高，甚至宋代的缂丝技术已经能够"随心所欲，作花鸟禽兽状"，把丝织品原来无法表现的绘画艺术巧妙地在织物上体现出来。

在纹饰中表现自然事物需要在保留其原有形态之外，综合运用夸张、变形等手法塑造其形象，以求带给审美者特定的心理愉悦。这体现着人对自然事物形象（而非自然事物本身）的能动改造。1995 年，新疆民丰县尼雅遗址一号墓中出土的"五星出东方利中国"锦质护膊即为此例，其上用变形手法表现了孔雀、仙鹤、辟邪、虎、龙等形象，作者基于真实生物的真实形态和想象生物的公认形态，对其进行有意识的概括化、形式化、几何图形化的处理，使之在原有形态上充满了主观意味。最后，不论是孔雀、仙鹤这样的真实动物，还是辟邪、龙这样的神异想象动物，因为其形状有所改变，所以显得神秘，因为构图依然稳定，所以带有威严沉着的感情色彩，使整件护膊实现了极高的艺术审美价值。唐代工匠们在继承汉代纹饰成就的基础上大胆创新，广泛应用印染织绣手段，在服饰上塑造花鸟和一切祥瑞并富有生命力的内容，如牡丹、芙蓉、月季、海棠、萱草、芍药、菊花、梅花以及外来的葡萄、石榴等奇花异草再配以珍禽异兽。其中"花中之王"牡丹联珠团花，花团锦簇；"花中之相"芍药缠枝花卉，柔婉多姿；"百鸟之王"凤凰飞舞成双，左右对称。由于形态变化程度较汉代同类图案小，加之构图动态强烈，配色敷彩大胆多样，表现出一种新鲜、明快、蓬勃有生气的气氛。这种手法可以令东方服饰纹饰的审美者通过观照经人类能动改造的自然事物形象，体味到被赋予某种特定感情色彩与气氛的自然美。

（二）再现、表现产品美

东方服饰本身即为一种有实用目的的物品，具有物质形态和视觉形态的功能美。另一方面，东方服饰也可作为载体，表现东方人生活中的其他物质产品。即使只分析中国明清两朝的主要服饰纹饰，就可列举出铜鼎、玉磬、古琴、围棋、灯笼、绣球、风筝、元宝如意等。还有带宗教用途的产品，如道教八仙的八种法器：扇、葫芦、长箫、檀板、宝剑、花篮、渔鼓、笊篱；佛教八吉祥：轮、伞、盖、罐等。这些人工产品都被大量地以绣、绘、补缀等工艺再现于东方服饰品上，它们首先代表着设计制作者和着装者祈福求祥的心理。

东方服饰上再现和偶尔表现这些人造物品，其艺术美感究竟由何而来？第一方面，这些纹饰对这些产品形象的再现昭示了这些产品的功能美，比如古琴、围棋等现实生活中的人工事物（产品）都具有无可替代的、重要的物质形态与视觉形态功能，它们对自身功能审美价值的实现使它们具有功能美，并对人们的生活产生重要影响。正因为如此，这些产品的形象才值得作为纹饰图案使用，自身功能审美价值很低或审美价值实现程度很差的产品（比如破了的灯笼）被用在东方服饰纹饰中的例子应该说很少见。

第二方面，这些纹饰表现的产品本身即具有产品美（而非艺术美）范畴内的形式美感，比如铜鼎具有造型平衡、对称之美；灯笼、绣球多呈圆形，具有视觉上的完整美，其他事物或具有比例上的黄金分割比例美，或具有支配、从属及统一之美。除了具有特殊的视觉形态功能外，形式上不完整、不协调的人工事物（产品）一般不为制作者和穿着者所欢迎。

上述各种产品形象在东方服饰纹饰中的运用有时以单个形态出现，也有以对称形态出现，还经常反复、交替出现。这就是产品美与形式美的组合营造之美，清代至民国期间中国地方乡绅钟爱的缎面棉袄上的铜钱图案即为最典型的范例。

（三）反复、交替的组合美

论述东方服饰品纹饰的艺术美需要涉及两个领域，一是从狭义角度看内容与形式的关系，二是从广义角度看泛艺术品与装饰艺术品的关系。

首先，东方服饰品上的纹饰究竟属于内容还是属于形式？如一件唐代丝织品"联珠团花"的纹饰，如果从狭义分析，其内容是牡丹，表现自然之美是其引申含义，而塑造这朵牡丹花的线条、色彩就属于形式。在这里，内容与形式是不可分的，没有塑造牡丹花这一内容的功能，线条和色彩就失去了意义，而没有线条和色彩，牡丹花也不会被表现出来。大多数东方服饰纹饰都是按此原理出现的。内容与形式的竞争和相互促进，贯穿了东方服饰艺术的整个发展过程，并覆盖了其方方面面。东方服饰的各组成部分、各要素往往既可能是内容，也会根据需要担当形式的角色。匈牙利学者阿诺德·豪泽尔在《艺术社会学》中肯定了内容与形式间的竞争和形式本身的相对独立性："形式仍然代表着内容以外的东西，它不可能变成内容，也不是从内容来的……在它们的发展过程中，形式和内容总是相互刺激、相互促进。只有当有些内容被放弃的时候，形式才可能达到自身的完善。"[①]在东方服饰纹饰中，有很多形式要素可以脱离内容而独立存在，并表现出特定的、纯粹的美感。

　　从广义看，需要进一步了解的是，大量单一特征的元素在东方服饰品上的反复运用又是如何体现美感的。不妨先看一些案例，中国仰韶文化彩陶上就已广泛使用了具有反复、交替等特征的图案，但是现今保存下来的最早中国丝织服装纹饰形象资料，则属于新中国成立后在河南、湖北等地出土的大批战国织绣品。中国科学院考古研究所在《长沙发掘报告》中详细记载了当地出土的战国丝麻织品的形式特征，其中织物上的织花图案大多是排列规则的散点菱形图案，菱形单位有粗有细，有大有小，有疏有密，有的复杂有的简单，这种菱形图案在出土的同时期铜器、漆器、彩绘陶中也屡见不鲜。此后历代，类似纹饰均在东方服饰品中广泛采用，且使用规律也进一步程式化，出现了连续图案——将各个简单或复杂的基本图案连接起来，而且每一组图案形式完全相同，多由成单行或成上下左右延伸的形式组成，以二方连续和四方连续为主。一般来说，二方连续多用在领口、袖边、下摆、裤脚等处，四方连续则多用在服装面料上。

　　不管是菱形图案的单一方向重复还是四方连续的图案，所有东方服饰品纹饰利用单一图案反复、交替所营造的美感究竟通过何种形式表现出来，并为人们所感知，这涉及对广义艺术和装饰艺术的不同认识与要求。众所周知，在广义艺术品中重复出现某一元素可能会是呆板僵化的表现，在一些时间艺术（比如戏剧、电影）中此类行为还可能会是戏剧效果的需求。这是因为人们要求艺术再现、表现进而解释现实生活。阿恩海姆在《艺术与视知觉》中这样论述装饰艺术中具有相同特征的图案反复出现的情况："在一件艺术品中，同一个式样是不能出现两次的。装饰艺术品则不受这种限制。在一个任意大小的表面上，可以让一些具有相

---

　　① 〔匈〕阿诺德·豪泽尔著，居延安编译：《艺术社会学》，上海：学林出版社，1987年版，第97页。

同特征的装饰式样重复出现……装饰艺术品在内容上的片面性，决定了其形状的规则性和简化性。一件装饰品的内容越狭窄，表现这个内容所需要的结构特征的数目就越少。"[1] 所以，排除求新求变等服饰心理的因素，从视觉上分析，人们之所以会喜爱单一元素重复的纹饰，比如前述只使用菱形图案的例子，主要是因为以装饰艺术的标准对其要求。由于所有纹饰所要表达的内容都极为简单，甚至于不担负解释自然、生活的使命，所以一件服饰上纹饰使用的装饰元素种类倾向于种类越少越不会干扰"由它装饰的事物"[2]，它的审美价值就越高。

（四）对称、平衡的组合美

东方服饰纹饰中的对称、平衡美作用于人视觉心理的机制，首先与东方服饰立体造型中的类似形式美基本一致。但是就表现这种对称、平衡美的主要媒介而言，东方服饰纹饰主要运用对自然事物或人工事物的再现，而非像服饰立体造型那样依靠服饰结构（比如明光铠上的圆护或官帽上的雉翎等）。其次，东方服饰纹饰中的对称、平衡美的实现方式与上述东方服饰纹饰中的反复、交替的组合美也有一致性，只不过对称、平衡效果所使用的"具有相同特征的装饰式样"的数量，比实现反复、交替的组合美要少得多。

1993 年 10 月至 1994 年 4 月，在湖北荆门楚墓中出土了战国中期（距今 2300 余年）的丝织物，其中留给人印象最深刻的莫过于"对龙""对凤""对鹿"的织花图案。再如 1982 年发掘的一座战国中期楚墓中出土的大量锦绣织品，其中一件罗纱禅衣上有数十双对称的斑斓猛虎，个个张牙舞爪，尾巴高翘，在奇山怪石间奔腾长啸，显得威武雄壮。还有一件大幅绣衾，上面织有栩栩如生的对称龙凤、舞人、瑞兽，花纹横贯全幅，织法细致入微，色泽古朴大方。在苗族刺绣服饰中，对称也是不可或缺的构图准则，苗族服饰袖、肩、襟等处的刺绣都对称严谨，其上的龙、凤、鱼等图案也多为成对出现。这些对称塑造出形制相同的自然事物的行为，

---

① 〔美〕鲁道夫·阿恩海姆著，腾守尧、朱疆源译：《艺术与视知觉》，成都：四川人民出版社，1998 年版，第 58—59 页。

② 同上，第 58 页。

体现了事物整体的各个部分（尤其是相邻的部分）之间相称或对应，这是对称美的至高境界。

当然，对称的不一定是平衡的。尽管很少有哪一组单独的纹饰都能在对称的同时做到平衡，但大多数东方服饰纹饰（不论多少组）的整体视觉效果一般都具有平衡的特征。再比如壮锦的构图就以规整的棋盘格状纹样为主，或者说类似于网状，大小一样的网格内有各种同样造型多变、高度装饰化的动植物图案，整体给人的印象是严整不失灵巧、多变不失统一，在中国少数民族织锦中占有重要的地位。（见图99）

图99 汉代的"豹纹锦"（摹本）
（王家斌绘）

五、东方服饰品的色彩表现美感

任何东方服饰品都无法与色彩绝缘，即使没有使用染色手段，服饰材质本身也必然有色彩，完全无色透明的服饰面料是不存在的，就连水晶这样理论上无色透明的材质，也会因对周边事物的反光而呈现色彩。按前所述，服饰面料的色彩很可能是东方先民参照鸟兽毛皮颜色，采用植物或矿物染色手段，以使服饰适于不同等级着装者而产生的。也就是说，在很大程度上，东方服饰的色彩一开始是为了视觉形态标示功能而服务的，不同的色彩，比如帝王服饰专享的黄色，自身就是体系内纵向标示功能的审美价值实现途径。

东方社会特有的严密性和对有序的强烈追求，使服饰的色彩被赋予了巨大的政治与社会意义，《周礼》中还专门记录了与色彩有关的两种职官——染人和掌染草。说明从古代起，服饰色彩便被注入了政治内容，这在东方诸国中具体规定有异，但其色彩主要价值的体现却是一致的。

由于东方服饰品的色彩审美价值实现路径太过庞杂，这里只能从色彩三属性——色相、明度和纯度的不同角度，举出三种具有特殊色彩美感的东方服饰品为例。

（一）苗绣服饰色彩的色相运用

色相是人们在认识色彩时归纳而成的概念，主要指色彩呈现出的质的面貌，比如日光通过三棱镜可分解出红、橙、黄、绿、青、靛、紫。色相是产生色与色之间关系的主要因素。色彩与色彩之间的关系如果既能做到多样化，又能实现和谐不突兀，那就是色彩运用的高境界。

东方不同民族依审美心理、地理环境不同，对色彩的认识也不同，有的民族对色彩十分敏感，能够深刻理解并运用色彩调和的一般法则，进行广泛的色彩采集和正确丰富的配色。苗族就是这样一个民族，在中国传统古籍中就记载苗族先民"好五色衣服"。由于苗族在长期的迁徙生活中形成了散居的特点，所以按照服装颜色出现了"白苗""青苗"等许多对不同苗族支系的描述。值得注意的是，苗族服装中可以不拘一格地同时选用几种鲜明的色相，经过搭配使之显得井然有序、明朗艳丽，这应该是中国南部和东南亚许多民族的服饰色彩运用高明之处。因为用乱了会显得色彩不协调，要做到将对立的色相巧妙地安排在一起，需要多年累积的经验。东方民族善于将鲜明互补色一并放在同一身衣服上，说明东方文化传统的成熟与传承。

仍以苗族服饰为例，真正能体现苗族服饰丰富色彩的，当属苗绣。苗绣色彩浓郁，往往大量运用深红、橘红、翠绿、天蓝、浅黄等多种彩线。苗家女子在长期的实践中摸索出了让各种色彩和谐相处的诀窍，使得苗绣色彩让人在视觉上感到既火爆强烈又非常舒适。既有对立又有统一，这就是苗族刺绣运用色彩的高深学问。类似《划龙船》这样的苗绣，画面是大红色地，绣线以蓝、绿、黄色为多，总的颜色不下十几种，色彩浓艳，却又毫无杂乱之感，这就是东方民族传统大胆用色的典型。

（二）白族服饰色彩的明度运用

明度即为个体对物体表面亮度的感觉。亮度是物体的客观物理量，而亮度则是个体对其视觉感受和心理反应。同一亮度的物体，不同的个

体或同一个体在不同条件下，依据眼睛适应状态、对比效应等因素，感受
到的明度会有变化。

　　由于物理及视觉关系，色彩较之造型和肌理等因素，能更快进入人
的视线之中。从视觉习惯来讲，当人们看到服装时，由于光的反射和视觉
刺激，总是先看到它的色彩，再看到造型，然后才会注意到肌理。在这种
情况下，审美主体的感受中明度较高的服饰往往具有特殊的吸引力。

　　一些东方民族往往会在服饰上使用亮度较高的色彩，以在审美主体
的观照中形成明度较高的视觉观感，在色彩搭配协调的前提下，能够产
生较强的美感。如中国白族女子服饰主色调清新素雅。白色的窄袖上衣，
外罩大红沿黑边的坎肩，下身为宽松的白色裤子，彩绣坎肩上绣满了精
美的纹样。其纹绣用色方面同样追求较高的明度，大红、粉红、朱红、浅
蓝、橘黄、孔雀绿等数不胜数，这一切使白族女子的服装颜色搭配纯净、
明艳，犹如清澈见底的洱海之水。东南亚许多跨国界而居的民族，具有使
用高明度服饰色彩的偏好和胆量。

（三）土族服饰色彩的纯度运用

　　色彩的纯度，也称之为彩度，是指色的鲜艳程度。部分东方民族的服
饰具有极高的纯度，并在与居住环境荒凉乏色的对比中产生美感。这方
面的案例首推土族。土族服饰表现最突出的一点，即色彩鲜艳、明快，对
比强烈，其用色之狂放，似为东方各民族之首。不仅女子服装上并用翠
绿、姜黄、朱红、玫红、天蓝、白、黑等色，就是男子服装，也是翠绿、橘
黄、金黄、朱红、天蓝、群青、白、黑等共用于一衣之上，甚至一袖之上。
如是新娘，则更要打扮一番，冠上加一簇彩花，颈上戴挂刺绣胸花，另佩
各种银、珠饰等，是一个讲究服饰色彩艺术的民族。这种特性与土族的居
住地域分不开，土族现居住于中国青海互助、民和、大通、乐都及甘肃天
祝等地，这些地区植被稀疏，缺乏自然的色彩美，于是土族民众就以服饰
的高纯度色彩来弥补，这也是对比的形式美的特殊作用形式。

　　类似的例子还体现于居住在帕米尔高原塔什库尔干的塔吉克族服饰
中。由于生活在高海拔的荒凉地方，塔吉克女子的服饰往往纯度极高。在
光秃秃的山脚下，身着红色连衣裙、足蹬皮靴的塔吉克少女是一道令人

过目难忘的景致，妩媚又飒利。塔吉克女子的首服也很有特色，无论多大年纪，一项用单色布或花布做的圆顶绣花小帽是不可少的，帽子前边是一个挂有银饰的宽立檐，帽顶还垂下一圈珠帘，装饰华丽，但又紧凑不妨碍运动。塔吉克女子外出时，还要披上一块大方巾，最大的方巾大得甚至可以盖住全身，尖角直垂到脚踝处。其颜色也颇讲究饱和度，一般中老年妇女的方巾以白色为主，新嫁娘则用红色，小女孩用黄色。当然，这种用色规定也因具体居住村落而略有不同。总之，全身衣服的鲜艳视觉效果使塔吉克女子成为众多绘画艺术的重要表现对象，这也从另一个角度体现了它的独有特色。

六、西方因素对东方服饰艺术美的影响

在东方服饰品艺术的发展历程中，外来因素的影响呈多渠道、多层次态势，持续时间之长、影响范围之广，是东方服饰物质功能和视觉功能中的外来影响所不能及的。在大多数情况下，这些影响都具有积极意义，但也有少数外来因素破坏了东方服饰品艺术原有审美价值实现途径的例子，具有消极意义。

（一）服饰质料的传入

在东西方交流史上，丝绸之路的开辟与繁盛对促进古代西方服饰质料进入中国，并进而影响到朝鲜、日本等国家，有着重要意义。

丝绸之路的商贸外交行动不但将中原的丝绸衣料传播到这些国家，影响了中、西亚服饰的质料乃至款式、色彩，同时，西域各国的珠宝、香料、象牙、犀角、皮毛也大量输入中国，并被广泛运用于东方服饰上。

《后汉书·西域传》指明：“从月氏、高附国以西，南至西海，东至磐起国（孟加拉），皆身毒之地。”这些地方在公元1世纪中叶后全归属月氏国，“土出象（牙）犀（角）、玳瑁、金、银、铜、铁、铅、锡”，“又有细布、好氍毹（细花毛毯）、诸香、石蜜（糖）、胡椒、姜、黑盐”[1]。由于从海上和大秦

---

① （南朝宋）范晔撰：《后汉书》，上海：上海古籍出版社、上海书店，1986年版，第1057页。

（罗马帝国）相通，所以还有"大秦珍物"。罗马的商货常由贵霜王朝统治下的印度经过巴克特里亚运到中国。在这个意义上看，五河流域的贵霜王朝还在中国与埃及之间起到了商业桥梁的作用。《三国志·魏书·乌丸鲜卑东夷传》注引《魏略》有一份相当于罗马向中国进口的物品货单，其中绝大多数都与服饰有直接和间接的关系。货单上是这样记述的，大秦多金、银、铜、铁、铅、锡、神龟、白马、朱髦、骇鸡犀、玳瑁、玄熊、赤螭、辟毒鼠、大贝、车渠、玛瑙、南金、翠爵、羽翮、象牙、符采玉、明月珠、夜光珠、真白珠、琥珀、珊瑚，赤、白、黑、绿、黄、青、绀、缥、红、紫十种流离，璆琳、琅玕、水精、玫瑰、雄黄、雌黄、碧、五色玉，黄、白、黑、绿、紫、红绛、绀、金黄、缥、留黄十种氍毹，五色氍毹，五色、九色首下氍毹，金缕绣、杂色绫、金涂布、绯持（特）布、发陆布、温色布、五色桃布、绛地金织帐、五色斗帐、一微木、二苏合、狄提、迷迷、兜纳、白附子、薰陆、郁金、芸胶、薰草木十二种香[1]。从中可以看到织物衣料、饰品原料，还有各种香料，作为与中国丝织品、瓷器、铜器和漆器的交换。这些完全反映出汉王朝与罗马帝国在公元初三个世纪中贸易的活跃情况。

这些来往交流的织物与饰品原料，都大量应用于东方服饰的制作中，如中国服饰中必不可少的象牙、犀角，除了少部分通过与东南亚的贸易得到（这属于东方服饰内部交流），基本都需要从中、西亚采购。当陆上丝绸之路被战乱和自然原因所阻断后，自宋代又开始活跃海上贸易。明代郑和七下西洋的壮举，也有获取西方包括贵重服饰质料在内的工艺美术原料（以前常称之为奢侈品）的因素。大量的服饰材质还进一步传播至日本，日本学者土井弘在《正仓院文物概况》中强调："正仓院宝物中的舶来品自不待言，就是国产品，其材料、技法、纹样和创作意匠等，也显然是受到中国等外来因素的绝大影响……还有作为工艺品材料的象牙、犀角、玳瑁、紫檀、红檀、黑檀、白檀、槟榔树。沉香、苏芳等则产于东南亚以及印度，密陀僧出自波斯，青金石是阿富汗的原产。"[2]

---

[1]　（晋）陈寿撰：《三国志》，北京：中华书局，1999 年版，第 638 页。
[2]　范曾主编：《东方美术》，天津：南开大学出版社，1987 年版，第 182 页。

　　所有这些外来服饰材质至少从服饰材质美和色彩美两个角度，都直接促进了东方服饰品艺术审美价值的发展，对于东方服饰异彩纷呈的艺术面貌具有重大意义。

（二）自然事物的传入

　　东方服饰纹饰再现或表现自然事物之美，当这种自然事物相对于东方属于"他者"时，就会激发东方纹饰设计工匠的想象力，扩展东方服饰纹饰艺术的题材。比如自汉开通丝绸之路以后，东方服饰中相继出现了许多以异域自然事物（如狮、象等兽或高鼻深目的人）为再现对象或表现对象的纹饰，比如从汉至魏晋时期出土的织绣品来看，众多以猪头、狮子、忍冬、葡萄、怪鸟为题材的纹饰都是从未出现于东方纹饰中的。一方面，这些纹饰可能直接模仿、借鉴自外来服饰的纹饰；另一方面，这些纹饰也可能是东方纹饰设计者直接根据外来形象塑造的。尽管精确区分这两者有很大难度，但是有一些特殊纹饰以东方所没有的自然事物的特殊变体形式存在，而且这种变体也未见于其他地区纹饰中，所以可以被确定为是直接受外来事物影响而产生的。最典型的莫过于前面引用过的汉代"五星出东方利中国"护膊上的辟邪形象。

　　辟邪是一种想象世界中的神兽，长期以来，学者们一直都在探索其在现实世界中的原型。按照《辞海》的解释，辟邪"似狮而带翼"，显然狮子为其原型的可能性极大。按史籍记载，狮子这种中国本不产的猛兽，在东汉年间由安息国（今伊朗）进贡而来。安息国成立于公元前248年，强盛时疆域北至里海，南抵波斯湾，东接大夏、身毒，西到幼发拉底河，一度在中国与西亚乃至欧洲的交往中起到很重要的中介作用。安息狮子进入中国后，很快以其威猛造型成为各种艺术工匠们的热门题材。关于此类题材的最早文字记载来自山东嘉祥武氏祠石狮身上的铭文："建和元年……造此阙，直钱十五万，孙宗作师子，直钱四万。"后来，工匠们渐渐为狮子加上神化的翅膀，意图赋予其灵动九天来去无踪的本领。辟邪，这种中国独特的神兽形象就在这个时代渐渐定型，并发展出了包括辟邪、天禄和麒麟在内的一个系列。常见的说法是：无角的是辟邪，单角为麒麟，双角者天禄。又有一说：单角者为天禄，双角者是辟邪，抑或雄为天禄，雌为辟邪。对此至今仍众说不一。三者中被用于服饰纹饰中的以辟邪为多，除去辟邪形象所具有的吉庆意义（如《急就篇》中的"辟邪除群凶"），部分夸张变形的辟邪形象本身也具有视知觉意义的倾向性张力，即具有一种"不动之动"的特殊美感。

以辟邪在东方服饰纹饰中的应用为例，可见各种外来自然事物的形象经东方工匠加工转化，极大地丰富了东方服饰纹饰的内容，提升了东方服饰的艺术审美价值。

（三）造型与纹饰的传入

外来造型与纹饰对东方服饰的大规模影响，在年代上要晚于服饰材质和自然事物进入中国的时间段，但在影响力上毫不逊色于前两者。因为，外来的纹饰图案不但将新奇的自然事物和人工事物的视觉形象传至东方，而且还带来了再现与表现这些事物的技法。因此外来造型与纹饰对东方服饰艺术审美价值的影响既是题材上的，又是技法上的，具有双重意义。

东方服饰对外来造型与纹饰的吸收不仅取决于自身意愿，也取决于外来造型与纹饰的艺术水平是否高于东方，或至少有互补之处。东方传统服饰受外来造型与纹饰影响最大的时代是从魏晋南北朝到唐朝，因为丝绸之路开辟数百年来，东西方物质文化交流已经空前紧密，而且公元224年古波斯的最后一个王朝——萨珊王朝建立。萨珊君主和皇家工匠在纺织品等艺术上倾注了极大热情与精力，成就了萨珊工艺美术产品的极高历史地位，精致的做工与丰富的纹样使萨珊织锦与织毯流传甚广，对中国影响尤大。

中国魏晋南北朝至唐代的印染织绣品遗物最能体现萨珊王朝的外来影响，大量出土织绣品的图案纹饰都与汉代同类作品的图案风格甚至母题截然不同，线条也较汉代圆润，比如"鸟兽纹"一般是绕以联珠圈的对鸟和对兽，而这种联珠纹是萨珊特有的。从这一时期的几种典型纹饰来看，"兽纹锦"接近于卷云的兽纹虽具汉代纹饰遗韵，但已明显地带有萨珊王朝的艺术风格。再如"兽王锦""串花纹毛织物""对鸟对兽纹绮""忍冬纹毛织物"等织绣图案，都直接吸取了萨珊王朝的装饰元素，而"联珠对鸟对狮'同'字纹锦"则更是直接采用了波斯萨珊王朝的图案。

《正仓院文物概况》说，如果从纹样构思构图来分析，珠圈纹中间设左右对称形象的对称纹和树下动物纹、狩猎纹等，几乎都是波斯风格，而葡萄纹、唐卷草纹被认为主要受拜占庭文化影响，宝相花纹则均认为是起源于印度，而于中国集其大成的[①]。另外，将两个动物缠绕在一起的构思，显然属于北方游牧民族斯凯达伊的遗风。

当然，外来纹饰元素与风格在为东方服饰纹饰带来新鲜元素的同时，也不可避免地减少了东方服饰原有纹饰的比重。比如魏晋南北朝时期的出土织绣品图案中，萨珊风格纹饰和化生、莲花、忍冬等佛教题材纹饰的明显增加，令汉代时盛行的云气、龙虎、文字图案逐渐减少，不再流行。不过一种艺术、一种装饰风格在长期流行后必然会失去活力，新的元素和风格会对其形成剧烈冲击，双方冲突、融合，直至形成全新的风格，这也是艺术领域的必然规律。辉煌的唐代纹饰艺术成就正是在这样的背景下形成的。

（四）加工工艺的传入

东方服饰发展史上，外来加工工艺最大规模的传入发生在中国清代中后期，由于对掌握复杂工艺要比熟悉纹饰描绘困难，因此这一外来工艺的传入和东方服饰制作者的学习过程是曲折的，后人将这一东方服饰制作者群体称为宁波红帮。红帮的身世和红帮之名都与其最初的顾客有关。中国沿海地带从明代起就经常受到荷兰人的袭扰，因荷兰人多红发，因此中国人就称其为"红毛"，后来这一称谓逐渐扩展到英国人、葡萄牙人等西欧人范围。但是荷兰人在奉行严厉"海禁"政策的中国无法立足，所以多居住于日本。清乾隆年间，一位名叫张尚义的宁波裁缝因海难流落于日本横滨，街上西方人穿着的笔挺西装触动了张尚义的职业敏感。地处沿海的居民心灵手巧，他利用一次缝补西服的机会，将一件西装拆开，将每一片分别画样存档。正是凭着这样的"逆向工程"（泛指将成品拆开，

---

① 范曾主编：《东方美术》，天津：南开大学出版社，1987年版，第182—183页。

测绘零件，然后仿制组装的过程），中国人开始掌握西式裁剪这一当时的高新技术，并争得了大批西方客户。张尚义的成功先例以及与日本列岛隔海相望的地理优势，使一批批族人和乡亲得以东渡横滨求发展，并渐渐扩展制作西装的生意。久而久之，大陆居民将这样一个主要为外国"红毛"制作西装的裁缝群体称为"红帮"，也就不足为奇了。

鸦片战争后，中国国门被打开，与外国人接触较多的上海渐渐开始流行西服之风，由于熟练裁缝缺乏，致使成品价格高昂。张尚义长子张有舜迅速在上海开展业务，凭借家族多年积累的熟练技术与经验，很快赢得大批顾客，"红帮"裁缝之名也就因此迅速传开。

第五节　人性美

一、礼教服饰文化对性别服饰的规定

中国、日本和朝鲜等国的文化属于礼教服饰文化圈，这一服饰文化圈中的服饰规范长期以来以礼教为指导。礼教对性别角色服饰的规定最为严格，把男女有别放在重要位置。

（一）礼教及礼教服饰文化特色

礼教，是中国古代社会为巩固其等级制度和宗法关系而制定的礼法条规和道德标准。"礼"本指敬神活动，引申为表示敬意的通称。礼法目的是防乱，故又称礼防，或曰大防。《礼记·经解》云："夫礼，禁乱之所由生，犹坊止水之所自来也。"[1]先贤孔子特别提倡"礼治"，《论语·宪问》中即强调："上好礼，则民易使也。"[2]另一位儒家学者荀子对此也有深刻论述，如《荀子·大略篇》中说："礼以顺人心为本，故亡于礼经而顺人

---

① 陈成国点校：《周礼·仪礼·礼记》，长沙：岳麓书社，1989年版，第479页。
② 杨伯峻译注：《论语译注》，北京：中华书局，1980年版，第158页。

心者皆礼也。"①《荀子·修身篇》中写道:"故人无礼则不生,事无礼则不成,国家无礼则不宁。"②儒家思想经孔子创建,又经汉代"罢黜百家,独尊儒术"的强调和宋代程朱理学的发展,社会效果持久且巩固。通过前述孔子、荀子等儒家学者对服饰的规定可以清晰看到,在礼教规定下,中国古代服饰已经成为统治的有力工具,其上所体现出来的社会伦理规范和个体的心理欲求交融统一,是世界范围内罕见的。即使在现代社会,礼教服饰文化圈中的人民所恪守的思想准则与行为规范依然被"礼"所深深束缚着,"发乎情而止乎礼"的信条更是直接决定了中国人数千年来的着装理想与规范。

礼教服饰文化对服饰与各种社会角色的关系都高度重视,仅从《礼记·曲礼上》中即可找到一长串这方面的规定,如:"为人子者,父母存,冠衣不纯素。孤子当室,冠衣不纯采";"(为人客)两手抠衣,去齐尺,衣毋拨,足毋蹶";"(为幼者)侍坐于长者,屦不上于堂,解屦不敢当阶。就屦,跪而举之,屏于侧。乡长者而屦,跪而迁屦,俯而纳屦"。这些看似烦琐的规定都直接影响到中国的服饰制度及普通人的着装规范,涉及年龄身份、血缘身份等多个领域,但其中最严格,也最具有争议性的理论就是《礼记·内则》中的那句"男女不通衣裳"。

(二)礼教关于"男女不通衣裳"的规定

如果仅读"男女不通衣裳"这句话,很容易看出是社会在制定规范,确保着装者实现社会对其性别角色的期待。但如果通读全句:"外内不共井,不共湢浴,不通寝席,不通乞假,男女不通衣裳。"③就不难发现其争议之处:在社会地位上男女有别,而且明确强调男尊女卑,比如认为男为乾,女为坤,男为天,女为地等。在礼教规范指导下的中国封建社会中,女性在任何事情的裁决上都缺乏权威性,即使贵为王后,其活动的性质也是次要的和附属性的,如祭蚕助桑等。女性从小接受的教育就是专心"女事(红)"、孝敬父母、公婆;再加上负担生育以及哺乳、炊事、洗涮等一

---

①　(唐)杨倞注,耿芸标校:《荀子》,上海:上海古籍出版社,1996年版,第278页。
②　同上,第9页。
③　陈成国点校:《周礼·仪礼·礼记》,长沙:岳麓书社,1989年版,第389页。

些家务劳动,所以不准出门、不准参政,各方面的待遇都与男性不同。"男女不通衣裳",即男女的衣服不能互相穿戴。不能互换衣服这一规定似乎包含两方面含义,一是男子不许穿女子的衣服,二是女子不准穿男子的衣服。但如果再看《内则》中的另一句:"男女不同椸枷。不敢县于夫之楎椸,不敢藏于夫之箧笥。"①大意为男女的衣服不能同用一个衣架,尤其不准妻子将自己的衣服挂在丈夫的衣架上,也不许将自己的衣服放在丈夫的衣箱里。从这句不难看出,"男女不通衣裳"更主要的是不准女性着男子衣服。而这一切的根据则被荒谬地解释为:女子是不洁的,男子与女子共同使用一些器皿、同在一个空间或互换衣服,都会使男子被玷污。

在相当多与中原社会一样的典型父权制社会中都存在类似维持男性优越地位的论断或神话,其内容大多是女人早先曾掌握权力,但由于某种弱点又失去了,所以男人牢牢掌握权力直到现在。美国学者莫菲以文化人类学的观点直言:"(这类理论或神话)是男人掩饰自己虚弱,保护自己的一种形式。如果男人真是天生的统治者的话,他们就不需要这么多文化上的支持。"而且"男人这种过分的自我保护说明他们非常需要一个优越的身份,同时简单技术条件下的劳动力分工也促进了男性统治"②。这种论点可以解释为什么在需要大量"简单技术条件下"的劳动(比如中原的精细耕作和北亚地区的游牧狩猎)的社会中,占据统治地位的男性往往通过编制诸如"女性不洁"等论断维持着自己的统治地位,试图禁止女性着男子服饰就是男性维持自己这种脆弱优越感的主要手段之一。

也正因为这种优越感和统治地位是脆弱的,所以在礼教服饰规范影响下的古代东方男性对女子着男服的行为一直保持警觉,尤其是涉及权力中枢的女性。如果女着男服的行为背后没有明显的政治企图,大多数能得到容忍,至多是一些苍白无力的批评,但如果有政治图谋,那么就会触动当权男性的敏感神经,猛烈的抨击会劈空而来。比如在东方历史上,

----

① 陈戍国点校:《周礼·仪礼·礼记》,长沙:岳麓书社,1989年版,第394页。

② 〔美〕罗伯特·F.莫菲著,吴玫译:《文化和社会人类学》,北京:中国文联出版社,1988年版,第53页。

中国人较早发明了一个独特的词汇——"服妖"，用来形容所有不合规范的奇异服饰，如《汉书·五行志中上》："风俗狂慢，变节易度，则为剽轻奇怪之服，故有服妖。"[①] "服妖"可以用来抨击男着女装，但更多被用来批评女着男装的行为，只是根据其有无政治企图而口气轻重不同。这一事实在下面两个例子的对比中会显露得很清楚。

晋惠帝（259—307），晋开国皇帝晋武帝次子，以"百姓饿死，何不食肉糜"的痴呆言语闻名后世，其皇后贾氏通过不断挑唆执政、辅政王公大臣相互诛杀而逐渐接近权力中心。晋惠帝时期宫廷中的男性，就明显从服饰变化上感到了宫廷中女性对权力的觊觎。《晋书·五行志上》记载了贾后擅政的可怕前景与女服形制向男服靠拢这一现象之间的联系："初作屐者，妇人头圆，男子头方。圆者顺之义，所以别男女也。至太康初，妇人屐乃头方，与男无别。此贾后专妒之征也。"[②] 除了模仿男性服饰的形制，这种染指权力的欲望还可以通过在形制上向男性垄断的军事领域靠拢显现出来，如："惠帝元康中，妇人之饰有五兵佩，又以金银玳瑁之属，为斧钺戈戟，以当笄。干宝以为'男女之别，国之大节，故服物异等，贽币不同。今妇人而以兵器为饰，此妇人妖之甚者。于是遂有贾后之事'。终亡天下。"[③] 不管是在文中表达观点的《搜神记》作者干宝，还是《晋书》作者房玄龄，都显示了对这种行为的强烈反对，并为其最后被挫败感到欣慰。

再对照一下盛唐史书对类似女子着男装行为的批评："高宗尝内宴，太平公主紫衫、玉带、皂罗折上巾，具纷砺七事，歌舞于帝前。帝与武后笑曰：'女子不可为武官，何为此装束？'近服妖也。"[④] 从这个"笑"字可以看出，当权的唐高宗认为太平公主的行为没有明显的政治企图而仅仅出于好奇，所以没有严肃对待，不过太平公主在玄宗时主持了政变，说明

---

① （汉）班固撰：《汉书》，上海：上海古籍出版社、上海书店，1986年版，第498页。
② （唐）房玄龄等撰：《晋书》，上海：上海古籍出版社、上海书店，1986年版，第1338页。
③ 同上，第1338—1339页。
④ （宋）欧阳修、宋祁撰：《新唐书》，上海：上海古籍出版社、上海书店，1986年版，第4227页。

这种服饰行为还是有一些先验性的。不过情况也有例外，后来武则天真正摄取了唐王朝的政治权力，以周代之，但没有记载表明她对男服很感兴趣。（见图100）

正是基于掌握政治权力的男性对失去权力的恐惧，才会制定规范严厉禁止甚至恫吓女着男服这一服饰行为。所以说，在东方历史的大多数时候，禁止女子着男装的服饰规定并不像其第一眼看上去那么迷信、可憎和反科学，只是反映了一些最基本的文化人类学原理。包括孔子在内的礼教服饰规范制定者并不真的担心女性会玷污了男性的衣服，大家都清楚根本没有这回事，只是担心女性以着男服为前奏、为象征来染指政治权力。

图100 清任伯年《红拂女图轴》
中穿男装的唐代女子

如果说，男尊女卑这种有意贬低带有政治目的，而且这种服饰上的男尊女卑意味主要针对能接近权力中枢的女性。那么，对社会中的大多数普通女性而言显然很不公平。所以一个新的问题是，为什么数千年来，东方礼教服饰文化圈中的普通女性一直很少对这种安排做出明显的反抗。答案与古代东方的经济类型有直接关系。

《文化和社会人类学》指出，人类在工业化之前的经济类型包括狩猎和采集、庭院经济（中国文化人类学家称之为苗圃农业）、犁耕经济（中国文化人类学家称之为集约农业）和畜牧业。狩猎和采集方式最原始，以小规模简单耕种为特征的庭院经济比其略高级。到了更高级的阶段，农业和畜牧业分化，在部分地区由于犁的大规模使用改变了农业的面貌，得以养活更多人口，进而改变了社会的面貌。"犁的使用主要是在亚洲、欧洲和非洲北部。犁耕农业使人类进入复杂的社会，出现了城市、国家和土地私有制。单系血缘组织消失了。妇女在犁耕农业中地位下降……犁耕劳动却是男人的工作，牲畜也是男人所有。妇女成为经济生产中的边缘劳动力，大部分工作是家务劳动。"[①] 这正是工业化之前中国中原地区经济生活的典型经历。在这种生产方式和由其决定的社会系统中，妇女难以取得太高的地位，只能接受在社会地位上面带有歧视性的一些安排。另一个原因在于，犁耕经济方式需要较多健壮劳动力，而且医疗条件落后使得婴儿成活率有限，在这种社会安排中，女性担负的生育压力之大使她们经常无暇他顾，也没有家庭之外的其他选择。

当然，情况也并非都这样糟，莫菲也同样提到，在妇女地位低下的社会中往往存在对女性的补偿机制："在有的社会集团中，妇女年老后会取得很高的地位。"[②] 这很容易使人联想到《红楼梦》中的贾母形象。即使在小家庭中，补偿机制也是存在的，因为"惧内"和"河东狮吼"这类的逸事几乎贯穿了中国历史的始终。

（三）礼教关于"服妖"的理论

综上所述，礼教服饰文化对女着男装的严厉禁止与政治权力有关，套用一个现代名词就是"两性战争"的延续。与之相比，礼教服饰文化对男着女装行为的禁止则要复杂一些，至少多了一重含义。这种反感似乎不是出于视觉审美上的，因为在戏剧艺术中男性出于表演需要而着女服的行为不但不受禁止，反而得到好评，所以东方服饰规范对男着女服的禁止主要出于社会性原因。

礼教服饰文化的制定者都是男性，他们对于同性着女装的行为深恶痛绝，尤其是这位同性还是自己的领导者时，这种批判和愤慨尤为强烈。《晋书·舆服志》中写道："后汉以来，天子之冕前后旒用真白玉珠，魏明帝好妇人之饰，改以珊瑚珠。晋初仍旧不改。及过江，服章多阙，而冕饰以翡翠、珊瑚、杂珠。侍中顾和奏，旧礼冕十二旒用白玉珠，今美玉难得，不能备，可用白璇珠从之。"[③] 魏明帝即曹叡，魏明帝好妇人之饰，在当年是无独有偶的，如《晋书·五行志》记魏国尚书何晏也"好服妇人之服"。

---

① 〔美〕罗伯特·F.莫菲著，吴玫译：《文化和社会人类学》，北京：中国文联出版社，1988年版，第105页。

② 同上，第54页。

③ （唐）房玄龄等撰：《晋书》，上海：上海古籍出版社、上海书店，1986年版，第1331页。

傅玄评论他说：“此‘服妖’也。夫衣裳之制，所以定上下，殊内外也。……若内外不殊，王制失序，服妖既作，身随之亡。”《晋书·五行志上》中记录：“魏明帝着绣帽，披缥纨半袖，常以见直臣杨阜，谏曰：‘此礼何法服邪！’帝默然。近服妖也。夫缥，非礼之色。亵服尚不以红紫，况接臣下乎？人主亲御非法之章，所谓自作孽不可禳也。帝既不享永年，身没而禄去王室，后嗣不终，遂亡天下。”[①] 还有《隋书·五行志》中记载的：“文宣帝末年，衣锦绮，傅粉黛，数为胡服，微行市里。粉黛者，妇人之饰，阳为阴事，君变为臣之象也。及帝崩，太子嗣位，被废为济南王。又齐氏出自阴山，胡服者，将反初服也。锦彩非帝王之法服，微服者布衣之事，齐亡之效也。”[②] 可以看到，所有这些记述的语气和评论的言辞都直接抨击了男人服妇女服饰，认为这样着装颠倒了国家的秩序，是大逆不道、妖异不祥的。

作为社会科学研究的一个基本准则，就是从唯物论的出发点去看问题。“不祥”的论断是缺乏科学论据支撑的，但这些国君着女服后国家很快衰亡、灭亡的事实却是存在的。行为与结果两者之间一定存在某种联系。这种联系应该就是礼教服饰规范禁止男着女服的深层次原因，而且这种联系只能建立于社会基础之上。

礼教服饰规范通过有意贬低（甚至诬蔑）女性来维持了男性的统治地位，服饰就是这种地位的重要（甚至主要）外在形象。无数士大夫绞尽脑汁创建这一复杂的服饰规范体系，并竭力使女性成员们相信她们低人一等，甚至不惜在家庭权力结构中做出让步。现在，这个政治机构的最高男性统治者却要带头反对、破坏他们费尽力气维护的这一体系，这不能不令服饰规范的维护者产生极大的挫败感。这是一场蔓延于社会的、以服饰为外在象征的信仰危机，而信仰危机比任何自然灾害和外敌入侵都要可怕，因为由性别角色服饰倒错引发的混乱会如多米诺骨牌一样，最终将维持中国古代社会的秩序彻底摧毁。所以，对内部颠覆性力量的警

---

① （唐）房玄龄等撰：《晋书》，上海：上海古籍出版社、上海书店，1986 年版，第 1331 页。
② （唐）魏征等撰：《隋书》，上海：上海古籍出版社、上海书店，1986 年版，第 3331 页。

惕，是服饰规范维护者们反对君主着女服的首要动因。

如果说对内部颠覆性力量的警惕和对丧失正常秩序的恐惧，是服饰规范维护者们反对一国之君着女服的原因，那么什么才是服饰规范维护者们反对社会男性成员着女服或服饰形象女性化的原因？

有明显证据表明，社会中的一般年轻男性成员着女服或服饰女性化的背后，有女性审美标准的推动。前面论述过东方服饰形象的男性特征美，表现为强健、勇猛，这往往与不安定感和破坏力量联系在一起，而这些特质一般只有在社会面临巨大压力时才会具有重大意义。所以，只有存在战争威胁、自然灾害等情况下，这个社会中的一部分女性才会对这类服饰形象和这类服饰形象所代表的力量感兴趣。一旦外来压力消失，一般体现为社会较富足、安逸时，部分女性就会以自己的服饰审美观重塑男性，进而重塑社会。在这种审美观作用下的男性形象会逐渐追求美观，这本身是正常的。但如果失去社会舆论的监督而进一步走向极端，就会偏向柔弱甚至女性化。美国服饰心理学家赫洛克就论述过西方服装史上的这类现象："（中世纪后期）伊丽莎白女王曾经鼓励她的男信使穿轻佻的衣服。在当时，男人穿紧身胸衣、戴耳环、佩褶边饰带、穿天鹅绒和钻石扣鞋子、戴羽饰帽是习以为常的……因此，当时男服女性化是受当时女性行为方式影响的结果。"[①]

荀子以不同的语言表达方式描述了东方的类似情况，《荀子·非相篇》中言："今世俗之乱君，乡曲之儇子，莫不美丽姚冶，奇衣妇饰，血气态度拟于女子；妇人莫不愿得以为夫，处女莫不愿得以为士，弃其亲家而欲奔之者，比肩并起。"[②]《说文》曰："姚，美好貌。"唐人杨倞则进一步注曰："冶，妖。奇衣，珍异之衣。妇饰谓如夫人之饰，言轻细也。拟于女子，言柔弱便辟也。"《世说新语·容止》中则记述："潘岳妙有姿容，好神情。少时挟弹出洛阳道，妇人遇者，莫不连手共萦之。"[③] 所以可见，在某些社

---

① 〔美〕伊丽莎白·赫洛克著，孔凡军等译：《服饰心理学——兼析赶时髦及其动机》，北京：中国人民大学出版社，1990 年版，第 132 页。

② （唐）杨倞注，耿云标校：《荀子》，上海：上海古籍出版社，1996 年版，第 35 页。

③ （南朝宋）刘义庆撰，姚宝元、刘福琪译：《世说新语》，天津：天津人民出版社，1997 年版，第 392 页。

会极度安逸的特定情况下，部分女性更欣赏这类装扮带有女性化特征的男子。也许 20 世纪末至 21 世纪初产生于日本社会，并逐渐通过韩国向亚洲其他地区蔓延的男性艺人"中性化"甚至"女性化"现象更能说明问题，追捧这些"花样男子"的无不是年轻女性。类似情况发展的极端是日本的"草食男"现象，随着社会物质极大富足，很多日本年轻男性把装扮自己视为要务，丧失了原有的阳刚气质。但很多日本女性却青睐此类男性，据她们所言因为"草食男"完全没有威胁性。

由此可见，不论古代中西，在女性审美标准潜移默化下的社会一般男性着装女性化行为都普遍存在。那么服饰规范制定者，尤其是东方的礼教服饰规范制定者为什么要竭力反对这种行为，比如荀子对上述"世俗之乱君"的行为评价道："然而中君羞以为臣，中父羞以为子，中兄羞以为弟，中人羞以为友……夫禽兽有父子，而无父子之亲，有牝牡而无男女之别。故人道莫不有辨。"[①] 与对女着男装和一国之君着女装的抨击一样，礼教服饰文化维护者的这种激愤背后同样有其社会因素。

第一个原因很简单，所有的服饰史和社会发展史证据都显示，着装行为女性化（更不必提着女装）的男子是缺乏战斗力的，他们甚至会逃避上战场的职责。对于占据社会统治地位同时也担负战斗义务的大多数男性而言，这种乱服男子犹如他们之中的叛徒，如果数量多了，当国家面临外敌入侵时必然不堪一击。

第二个原因稍微复杂一些，因为这样的男子多了会降低社会的生育率。从 20 世纪与 21 世纪之交日本国的情况可以看出来，所谓"草食男"的大幅增加与社会人口的负增长是同步的，情况严重到需要在政府中专设"少子化担当大臣"一职来应对。对于这种关联的具体发生机制尚在研究之中，可能是这类男子的雄性激素水平下降的生理性原因，也有可能是行为方式异化的社会性原因。繁衍后代对于社会的存在实在至关重要，因为社会本身就基于这一基础而存在，如《文化和社会人类学》所言："社会的定义为：享有某些经济和政治自主权的人的集合体，其新成员来

---

① （唐）杨倞注，耿芸标校：《荀子》，上海：上海古籍出版社，1996 年版，第 35 页。

自集合体内部的自身繁衍。"① 依靠外来移民抵消集合体内部生育率下降的措施并非不可行，但会造成社会主流文化的混乱。

第三个原因最为复杂，因为女性的审美标准显然是变化不定的，她们可能由热衷这类阴柔漂亮的男性形象而突然转至其他方面。在荀子的时代，理论上也应存在这类现象，但还是现代日本的例子更清晰，比如日本女性在社会上"草食男"增多后，又转而开始追求出现与之行为方式相反的所谓"肉食男"，已有电影明星尝试跟上这一潮流。还有大量日本女性又开始热衷去古代战场和历史古迹凭吊古代英雄，她们被称为"史女"。总之，仅仅为适应女性审美标准的变化，整个社会就经常需要大幅调整，这需要很高的社会运作成本。

综合以上诸多原因，可见传统东方礼教服饰规范制定者有足够多、足够有力的理由制止社会中的男性成员着女性服饰，甚至服饰女性化也要阻止。他们的言行尽管多种多样，但同样都是社会系统的自我调节手段，因为这种反常着装行为引起的后果（而非仅仅是这种行为本身）严重影响到了社会的稳定甚至生存，必须加以制止。所以说，传统东方礼教服饰文化中禁止男着女服的规范具有使社会稳定有序运转和健康繁衍的价值，足可堪生活美的具体表现方式。

二、非礼教服饰文化对性别服饰的规定

如前述，一个社会中男女性别角色服饰的不同形态，其实是由这个社会对男女性别角色的期待不同造成，而社会对男女两性性别角色的期待又是由这个社会所处的地理环境和生产生活方式决定的。因此，东方服饰文化圈基本不受礼教影响的地区（主要是东南亚）地形多变，经济发展程度不一，经济类型多样，因此其社会形态对男女性别角色的期待自然不同。由之，男女性别角色服饰形态也与礼教服饰文化中的性别角色

---

① 〔美〕罗伯特·F.莫菲著，吴玫译：《文化和社会人类学》，北京：中国文联出版社，1988 年版，第 36 页。

服饰产生巨大不同，甚至在视觉和主观印象上呈相反态势。这正体现出东方服饰人性美的多样性。

（一）性别服饰形态与经济类型

在深受礼教服饰文化浸染的中原民族个体视野中，东南亚地区男女服饰差别不大的现象是极为反常和值得关注的，因此他们不惜笔墨加以详尽记载。比如清人李仙根在《安南杂记》中就记载当地："男女衣皆大领，无分别，无裙裤，女有无褶围裙。"① 另一位清末江西人黄懋材在光绪年间赴印度、缅甸、新加坡等地考察，回国后作《西辎日记》，其中记载缅甸的服饰文化："缅俗……头挽髻，耳穿环，上体裸程，下围花布一幅，男女骤难分别也。"② 可见，至少在中国清代时期，东南亚部分地区存在男女服饰几乎无差别的情况。

李仙根和黄懋材记述的安南和缅甸的现象只能说明一点：在这两个社会中，男女地位差别不大，至少不会比双方服饰形态的差别更大，甚至女性的地位可能还高一些。而最明显体现两性社会地位的莫过于婚嫁形式。比如与李仙根同于康熙年间赴越南的福建晋江人潘鼎珪在《安南纪游》中记述了安南地区婚嫁习俗："故其俗，生女则喜，男则忧。男则娶于人，女则娶人。女娶人，非有常产资财，男多鄙弃不屑。间有中土人（中国人）娶其女。生男则听取回，生女则留不返。"③ 尽管具体形式上有些出入，但这还是能与文化人类学中的一种特殊婚姻形式——妻家居（中国文化人类学者称为"从母居"）对应起来。妻家居即为婚后男方到女方落户。由于中国古代社会的典型婚姻是"夫家居"（从父居），即新人成家后落户到夫家生活，所以安南这种由经济方式决定的婚姻习俗和男女服饰形态在中国人看来显然是非常陌生的。

妻家居的社会中，女性由于担负主要的经济活动而地位颇高，所以其经济形式只能是强度不大、劳动地点与生活地点相距不远的庭院经济。"妇女在庭院经济中承担大部分种植工作，男人主要从事打猎和捕鱼，提

---

① 余美云、管林辑注：《海外见闻》，北京：海洋出版社，1985年版，第58页。
② 同上，第89页。
③ 同上，第59页。

供食物中蛋白质部分。在庭院经济中，妇女享有与男人同样的地位。"① 再对照李仙根对安南经济生产的记述："其屋外多种刺竹、甘蔗、椰子诸树。其果四时生长无定。"② 不难发现，这是典型的庭院经济模式。即使在未被记载存在"妻家居"形式的缅甸，也是女性干重体力活儿，这在东南亚地区比较普遍。

所以，中国清代时期，安南和缅甸部分地区男女服饰几乎完全一样的服饰现象，尽管与中国古代社会和现代社会的形式不同，但在当时当地的经济生产方式背景下是极为正常的。在住所周围进行的简单经济和生产活动完全可由女性胜任，男性从事的工作反而成了次要性的。在这类社会中，男性经济权力有限（当然最高政治权力依然掌握在男性手中），社会对其性别角色期待并不太高。所以尽管他们可能也像自己北方的同性一样有高女性一等的雄心，但却没有资格去采取各种有象征性的措施（比如服饰上的男女有别）来巩固自己的地位。因为这种看上去很奇特的性别角色服饰完全符合这类社会的现实，依然对保持社会稳定有帮助，所以他们也从自己的角度实现了服饰所能实现的生活之美。

（二）性别服饰形态与社会观念

在另外一些东南亚地区，男女服饰形态可能完全与观察者的传统认知相反。比如中国清代福建人王大海曾在乾隆年间环游南海诸岛，约于乾隆五十六年（1791）写成《海岛逸志》。作者在书中写道："葛剌巴，古瓜亚之国……女子脚不缠，面不脂粉，首不簪花，衣不带领，裙而不裤。男子则衣有领，鬓簪花，有裤，可谓颠倒矣。"③

葛剌巴即今印度尼西亚爪哇岛，如果仅从这段记载解读，清代爪哇岛男女的性别角色似乎与传统社会相反，男性地位显然低于女性地位。王大海也记载当地实行"妻家居"婚姻方式："家计生产皆妇人主之，生

---

① 〔美〕罗伯特·F.莫菲著，吴玫译：《文化和社会人类学》，北京：中国文联出版社，1988 年版，第 105 页。

② 余美云、管林辑注：《海外见闻》，北京：海洋出版社，1985 年版，第 58—59 页。

③ 同上，第 145—150 页。

女为贵，赘人于室，生男则出赘于人。"[1]

按照上述分析安南和缅甸婚姻形式与经济类型关联的定式，葛剌巴的生产力水平应该也不会太高。王大海并没有记载当地的生产方式，但根据 20 世纪 60 年代的资料，爪哇岛以印度尼西亚 9% 的陆地面积生产了印尼 63% 的稻米，其他各种粮食作物也均占印尼全国总量的三分之二以上，只有集约程度较高的农业才能做到这一点。但是当地并没有产生和采取犁耕（集约）农业的古代中国一样的"夫家居"婚姻方式，而是和主要为庭院经济的安南一样，女性享有极高地位。这种奇特的现象说明，尽管葛剌巴农业集约程度高，但女性依然在生产中占据重要地位，她们的高社会地位只可能来自她们的高经济地位。答案不难发现，如果再看一下明代马欢在《瀛涯胜览》中记载的当地气候："天气常热如夏。田稻一年二熟，米粒细白。"[2] 就会得知，在这样的地理气候条件下，田稻一年二熟，对劳动力的密度和劳动强度要求都较低，这和必须投入大量壮劳力才能保证产出的中原地区农业有天壤之别。

显然，由于地理气候条件的优越，葛剌巴的生产生活压力较小，女性就足以担负生产工作，而男性显然较闲逸，也能够接受"妻家居"婚姻方式。但这种男性服饰形态与中国传统认知相反的情况有无必然联系？显然没有。因为马欢等人同样记载当地男子尽管不太多从事生产，但极为好斗，他们佩戴"不剌头"刀，葛剌巴男子对此刀的使用频率显然相当高，"或酒醉狂荡，或言语争竞，便拔此刀刺之，强者为胜……其国风土无日不杀人，甚可畏也"[3]。显然，与传统认知相反的葛剌巴性别角色服饰，并不意味着当地男女两性性别行为方式的倒转。所以，只能说这种男女服饰形态与传统认知相反的状况，来源于某种特殊的社会观念。

阿恩海姆在《艺术与视知觉》中论述颜色时指出："对颜色的喜好有可能与某些重要的社会因素和个性因素有关……（比如）在一个强调男女有别的社会中，人们喜欢的色调就与一个推崇男女无别和男女交混

---

①　余美云、管林辑注：《海外见闻》，北京：海洋出版社，1985 年版，第 145 页。

②　（明）马欢撰，冯承钧校注：《瀛涯胜览校注》，北京：中华书局，1955 年版，第 60 页。

③　余美云、管林辑注：《海外见闻》，北京：海洋出版社，1985 年版，第 139 页。

的社会中人们所喜欢的色调不同。"①如阿恩海姆所言,"男女有别""男女无别"和"男女交混"等不同的社会观念可能会影响对颜色的喜好,那么同样能够影响对服饰形态的偏好。再来看一看王大海对葛剌巴当地社会观念的记述:"男女混坐,无禁忌也。"②这显然是一种"男女交混"的社会形态。在这样的社会中,女不簪花而男簪花与哪一方取悦另一方的传统认知没有关系,只属于这个社会的特殊观念,观察者王大海感到惊讶只是因为他来自强调"男女有别"以及"男女不杂坐"的中国社会。

(三)性别服饰形态与政治军事形态

如上所述,葛剌巴男子簪花,较少从事生产活动,实行"妻家居"婚姻方式,但这一切显然和当地男子的好斗特征并不矛盾地存在着。如果这一特征上升到国家层面,我们就可以发现,在东南亚的部分国家,女性地位很高,主管大部分经济甚至法律活动,由此决定男女服饰差别不会太大。

费信就这样记载:"暹罗国……男女椎髻,白布缠头、穿长衫、腰束青花手巾,其上下谋议,大小事悉决于妇。"③暹罗即今泰国,从费信的描述可以看到当地男女服饰几乎完全相同,女性执掌重要的经济和政治权力。马欢虽然没有描述服饰形态,但也同样记载了当地女性地位极高的情况:"(暹罗)风俗,凡事皆是妇女主掌,其国王及民下若有议谋刑法轻重,买卖一应巨细之事,皆决于妻。其妇人志量果胜男子。"④

但就在这种男性地位较低的社会中,整个国家却保持了好战的作风,费信记载暹罗"风俗劲悍,专尚豪强,侵略邻境"⑤,这是一个值得分析的有趣现象。莫菲在《文化和社会人类学》中指出了世界上普遍存在的这种情况:"在许多社会中,妇女享有与男子同样的地位。在伊诺奎斯部落,

① 〔美〕鲁道夫·阿恩海姆著,腾守尧、朱疆源译:《艺术与视知觉》,成都:四川人民出版社,1998年版,第471页。
② 余美云、管林辑注:《海外见闻》,北京:海洋出版社,1985年版,第145页。
③ 同上,第78页。
④ (明)马欢撰,冯承钧校注:《瀛涯胜览校注》,北京:中华书局,1955年版,第19页。
⑤ 余美云、管林辑注:《海外见闻》,北京:海洋出版社,1985年版,第77页。

由德高望重的年长妇女组成的小组可以提名或撤换部落酋长，虽然他们自己并不担任部落首长职务。在非洲撒哈拉地区的图勒格部落，女人虽不担任公职，但她们受到男人的尊重，并在政治上很有影响。这两个部落都是非常好战的，这说明男人好战与女人地位高低并不冲突。"①

虽然莫菲也没有提出最后的答案，但他指出，在这些部落社会中女性虽不担任公职却有很高地位的情况见于暹罗，因为暹罗国王一直是男性，而且整个国家在建国后很长一段时间一直具有极强的侵略性。所以，在这类社会中，男女两性在权力分配上维持着一种微妙的平衡，平等的社会地位决定了双方服饰形态除个别由生理特征决定的特殊性外，几乎完全一样。

三、服饰文化对年龄角色的规定

一个社会是由许多具有不同年龄身份的个体组成的。通过制定包括服饰性质在内的各种规范使社会中各个体明确以自己的年龄可以做什么不可以做什么，从而明确色社会对自身的年龄角色期待的重要性。尽管很多社会对此的重视程度往往逊于对性别角色规范的重视，但依然制定了繁复的规定以使年轻人清楚自己的权利和义务。与明确性别角色服饰一样，明确年龄角色服饰也是使社会稳定并有序运转的重要手段之一，因此也是生活美的重要体现。

中国传统社会对于通过服饰规范社会成员年龄身份有多个出发点，比如要求少年着装简朴的规定："幼子常视毋诳，童子不衣裘裳。"② 但其中最为重要的，是对社会未来执掌政治权力的中坚力量——年轻男子的服饰规定，通过在特定的仪式氛围中授予他们某种有象征意义的服饰，表示他们跨过了生命中一个特殊的时间段，可以享有新的权利并承担的新的任务。这种与服饰年龄角色紧密相关的服饰礼仪即冠礼——中国古代

---

① 〔美〕罗伯特·F.莫菲著，吴玫译：《文化和社会人类学》，北京：中国文联出版社，1988年版，第53—54页。

② 陈戌国点校：《周礼·仪礼·礼记》，长沙：岳麓书社，1989年版，第281页。

男子的成年礼。

冠礼规定在 20 岁时，改童子垂髫为总发戴冠。由于这是人生仪礼中的重要一项，标志着社会地位的改变，因此备受中国古代各界重视。《礼记·冠义》中写道："古者冠礼，筮日、筮宾，所以敬冠事。"[①] 筮日，即选择吉日；筮宾，是选择为冠者举行冠礼的大宾。冠礼与服饰的联系最为密切，尽管其目的是举行成年的仪式，但这种成年的意识，是通过服饰这一特定载体去传达给社会，使着装者改变社会地位，确定新身份并标明符合礼教规范的。下面将从冠礼中的服饰类型、仪式的象征意义以及这种服饰的社会意义三个方面来论述此问题。

（一）男子冠礼中的服饰类型

《仪礼·士冠礼》说："筮于庙门。主人玄冠，朝服，缁带。"[②] 这是士冠礼的前奏曲，即主人先求卦占卜，选择吉日。主人穿的是朝服，当时指祭祀时所穿的礼服。通常是上衣下裳，戴黑冠，束黑带。主持仪式的"有司"，亦"如主人服"。这说明占卜之仪是非常郑重严肃的。然后，"前期三日，筮宾，如求日之仪。乃宿宾，宾如主人服"。到了正式举行仪式前，要准备几套服装，其中包括"爵弁服：纁裳，纯衣，缁带"，另有"皮弁笄、爵弁笄"等。并记述："缁布冠，缺项，青组缨，属于缺……爵弁，皮弁，缁布冠，各一匴，执以待于西坫南，南面，东上。"在这许多服饰类型中，最为重要的是缁布冠、爵弁和皮弁。

缁布冠，是男子冠礼中必须有的黑色布冠，而且加冠礼中的第一个程序就是戴缁布冠。《仪礼·士冠礼》和《礼记·玉藻》中都有"始冠缁布冠"的说法。《孔子家语·冠颂》中说："懿子曰：'始冠必加缁布之冠，何也？'孔子曰：'示不忘古。'"[③] 这种规定也是中国古代服饰制度中的重要内容，从商周起直至明代。缁布冠，也叫"麻冕"，这是源于材质的说法；另叫"缁撮"，是因为造型小巧，仅能撮持发髻。至于《仪礼》所记载："缁布冠，缺项。"缺项省称"缺"，是冠带上的环扣，用以固定冠的。

[①] 陈戍国点校：《周礼·仪礼·礼记》，长沙：岳麓书社，1989 年版，第 535 页。
[②] 同上，第 135 页。
[③] 王德明主编：《孔子家语译注》，桂林：广西师范大学出版社，1998 年版，第 364 页。

爵弁，是男子礼服中的冠，论规格级别仅次于冕冠。上面有如冕冠的綖板，但不用考虑前低作俯就之态，而且没有冕旒，即垂下的珠饰。古时"爵""雀"二字相通，爵弁綖板以木为之，外罩的细布颜色近似雀头色，这是一种红中带黑的颜色。《尚书·顾命》中写有"二人雀弁执惠"，唐孔颖达疏："郑玄云：赤黑曰雀，言如雀头色也。雀弁同如冕，黑色，但无藻耳。"[①]《后汉书·舆服志下》记载："爵弁，一名冕。广八寸，长尺

图 101　爵弁（《三才图会》）

二寸，如爵形，前小后大，缯其上似爵头形，有收持笄……祠天地、五郊、明堂，《云翘舞》乐人服之。"[②]其中"一名冕"，是为"广冕"，即近似冕，但又不及冕的级别高。（见图 101）

皮弁，也是男子礼冠，通常称为弁，商周时期以鹿皮制作。造型特点为一个个凸起的竖棱组成，连接每一个凸起的部位名"会"，会上常有五彩玉饰，竖棱与玉饰的数量多少，与戴冠者的身份和所参加的仪礼规格有关。《周礼·夏官·弁师》中曾说："王之皮弁，会五采玉璂。"[③]皮弁服，早先作为天子视朝之服，也可用于郊天、巡牲、在朝、射礼等。后诸侯也可穿皮弁服视朔、田猎等。《仪礼·士冠礼》中写到的皮弁服配套服饰基本符合于《周礼·春官·司服》中所记的模式，即上着细白布衣，下着多幅布缝成的白色裙子，裙腰捏出许多褶，俗称"积"。东汉郑玄注《仪礼》说："皮弁，以白鹿皮为之。"隋唐时用乌色皮，唐以后则改用乌纱代替了。唐贾公彦《仪礼》疏曰："皮弁服卑于爵弁。"这从《士冠礼》中几套衣服

---

①　李学勤主编：《十三经注疏·尚书正义》，北京：北京大学出版社，1999 年版，第 508 页。

②　（南朝宋）范晔撰：《后汉书》，北京：中华书局，1965 年版，第 3665 页。

③　李学勤主编：《十三经注疏·周礼注疏》，北京：北京大学出版社，1999 年版，第 838 页。

图 102　皮弁（《三才图会》）

的级别上也可以看出来，等于是一套低于爵弁的白色服装。（见图102）

（二）冠礼的仪式过程及其象征意义

从上述内容综合来看，当年统治阶层最末一级的士，举行成年之礼时基本上要遵循这样一套复杂的程序：提前选择日期、处所、嘉宾，这些是通过占卜结果决定的。主人，也就是将要加冠者的家长，要求按规定着装，众嘉宾也如此，有时候与主人无异。事先准备好三个衣箱（竹制盛具），分别放着缁布冠、皮弁和爵弁及冠的配套服饰。加冠者出现在仪式上时是彩色衣服，略略将发束成髻。然后由长辈或乡吏为其加冠，初用缁布冠，次加皮弁，三加爵弁，谓之"三加"。三加之后再将最初的缁布冠去掉，重新整发为成人式的发髻，并用巾将头发罩起来，再戴冠帽，这个男孩子就算长大成人了，意味着可以婚娶，也可以参政议事了。不难看出，中国古人重冠礼是出于对礼教的尊崇，因为这是礼制的一个重要内容。

《礼记》对于给男孩子加冠的象征意义做了详尽说明，《礼记·冠义》中这样讲道："凡人之所以为人者，礼义也。礼义之始，在于正容体，齐颜色，顺辞令……君臣正，父子亲，长幼和，而后礼义立。……故曰：冠者，礼之始也。是故古者圣王重冠，古者冠礼，筮日、筮宾，所以敬冠事，敬冠事所以重礼。重礼所以为国本也。……已冠而字之，成人之道也。"[1]

通过现代文化人类学家对其他社会中普遍存在的成年礼仪式的分析可以看出，像古代中国"冠礼"这样的仪式属于宗教仪式的一种，其最大特征是"与个人和个人社会身份的变化相关的"。这些仪式的象征意义在

---

① 陈成国点校：《周礼·仪礼·礼记》，长沙：岳麓书社，1989年版，第535页。

于：“（一个人从儿童进入少年或从少年进入青年）这些不太重要的转折时期也会给他和周围人的关系带来变化。旧的身份、行为角色取消了，进入了一个新的身份关系。这是一个非常微妙的时期。仪式将这个转变时期标示出来，将所有亲近的人集中在一起，正式宣布这个人进入一个新的身份时期。”[1] 特定形态的服饰就是这一仪式所具有的象征意义的固化产物。

（三）冠礼及其服饰的社会意义

包括冠礼在内的仪礼，是典型的儒家思想的产物，春秋战国时以此为人生必不可少的大礼。其他仪礼也都有具体的服饰规定，这些充分显示了中国古代在礼教统治下的服饰制度的严格与烦琐，带有鲜明的儒家文化特色。在贵族男子中特别重视冠礼，绝不疏忽。可以说，“冠”这种首服体现出的社会意义绝对超过它在服饰中的实用功能。

成年礼可以根据年轻男子的生理年龄决定其在社会中的权利和义务，比如太年幼的男孩子就难以担负沉重的家庭、社会责任，如果不顾其生理年龄强行要求其繁衍后代，其后代的质量也不会太高，这将是整个社会的负担。

东晋葛洪《西京杂记》中记载了这样一个故事：

> 梁孝王子贾从朝，年幼，窦太后欲强冠婚之，上谓王曰：“儿堪冠矣。”王顿首谢曰：“臣闻礼二十而冠，冠而字，字以表德，自非显才高行，安可强冠之哉！”帝曰：“儿堪冠矣。”余日，帝又曰：“儿堪室矣。”王顿首曰：“臣闻礼三十壮有室，儿年蒙悼，未有人父之端，安可强室之哉！”帝曰：“儿堪室矣。”余日，贾朝至闾而遗其舄，帝曰：“儿真幼矣。”白太后未可冠婚之。[2]

---

① 〔美〕罗伯特·F.莫菲著，吴玫译：《文化和社会人类学》，北京：中国文联出版社，1988 年版，第 146 页。

② （晋）葛洪辑，成林、程章灿译注：《西京杂记全译》，贵阳：贵州人民出版社，1993 年版，第 149 页。

从这里可以看出，冠礼以及冠这种服饰本身对年轻男性具有一定保护作用，避免他们担负与其生理年龄不相称的社会责任。

由于冠礼只能植根于礼教思想浓厚的时代，或者说，只有需要严格社会控制的时代才需要这种服饰礼仪，所以在社会风气逐渐自由时，冠礼呈逐渐减弱的趋势，宋代大儒朱熹对此便表现出淡漠的态度："冠礼……是自家里事，有甚难行？关了门，将巾冠与子弟拥戴，有甚难？"这样一来，冠礼虽然还是以服饰来标明成年，如前述"冠者"以及"弱冠"等，但其显示的礼教意义较前淡化了。

四、穿着特定材质服饰以表现人性美

不同的东方服饰质料自身具有不同表现形式的艺术美感，这在前面已经有所论述。需要注意，相当多种类的东方服饰质料除了艺术审美价值外还具有特殊的文化内涵，这些内涵固然是社会赋予的，但也与其视觉形态、生长习惯等有必然联系。这些服饰质料的特殊文化内涵能够使着装者显露自己特殊的道德、品格、情操，即"因物生义"。"因物生义"一说最早见于《后汉书·舆服志》，其在论至一种赵武灵王最早采用的武冠时，指出这种帽上添加的金珰、蝉饰、貂尾等具有特殊意义，文中引汉应劭语："以金取坚刚，百炼不耗；蝉居高，饮洁，口在腋下；貂内劲悍而外温润。"又说："蝉取其清高饮露而不食；貂紫蔚柔润而毛彩不彰灼。"[1] 在东方服饰范畴中，通过佩戴类似这种有特定意义的服饰质料显示自身人性美的例子不在少数，其中屈原重于以香花芳草表现自己的品行高洁和儒家强调以玉比德是最具普遍意义的两个例子。

屈原的"内美"与孔子的"质"有一定相像之处，两者也都强调利用特殊质料的服饰来表现着装者的人性美。需要看到，佩香花芳草和佩玉以象征、表现自己的修养、情操，固然与材质具有良好的视觉美感有一定关系，在此层面上又注入了人性的内涵。

---

① （南朝宋）范晔撰：《后汉书》，上海：上海古籍出版社、上海书店，1986年版，第846页。

（一）以香花芳草表现品行高洁

在屈原的名篇《离骚》中，多处提及采集香草或以香草为饰，如："朝搴阰之木兰兮，夕揽洲之宿莽。"其中木兰在《本草》中被释为"皮似桂而香，状如楠树，高数仞，去皮不死"。宿莽是楚人对冬生不死且芳香久固之草的称谓。又如："余既滋兰之九畹兮，又树蕙之百亩。畦留夷与揭车兮，杂杜蘅与芳芷。"①留夷、揭车皆为香草；杜蘅，似葵而香，叶似马蹄形。再后有："朝饮木兰之坠露兮，夕餐秋菊之落英。"木兰、秋菊均为香花芳草，对采用这些花草饰品，朱熹以为是"修行仁义，以自洁饰"或"以香洁自润泽也"的意思。再如："芳与泽其杂糅兮，唯昭质其犹未亏。忽反顾以游目兮，将往观乎四荒。佩缤纷其繁饰兮，芳菲菲其弥章。"②芳谓以香物为衣裳，泽谓玉佩有润泽。缤纷是盛貌，繁指众多。菲菲，近乎勃勃，亦指花草芬芳貌。章则是明的意思。朱熹注曰："佩服愈盛而明，志意愈修而洁也。"

《九歌》也被确认为屈原所作，其中将香花芳草与自身修养联系在一起的句子更多，内容也更丰富，如："灵偃蹇兮姣服，芳菲菲兮满堂。"③姣服指漂亮的衣服，菲菲则形容香气很盛。《九歌·云中君》："浴兰汤兮沐芳，华采衣兮若英。"浴在古代为洗澡，沐在古代为洗头，此处的"浴兰汤"及"沐芳"即是说以兰草煮水洗浴，以香芷水洗头，华采衣是五彩的美丽的衣服。朱熹认为屈原本意为"以其服饰洁清，故神悦之"。

《楚辞集注》："佩，饰也。《记》曰：'佩帨茝兰。'则兰芷之类，古人皆以为佩也。"屈原自己也说："謇吾法夫前修兮，非世俗之所服。"前修，谓前代修德之人。从这里可以看出，屈原法先人以香花芳草为饰，流露出的正是他认为自己清高不同俗的心境。而"非世俗之所服"则反映出，屈原这种着装行为的主要审美主体正是他自身，他希望再有其他具有较高审美能力和审美境界的个体能理解自己，但显然一直未能如愿，最后不得不发出"世人皆醉我独醒"的感慨。

---

① （宋）朱熹集注，李庆甲校点：《楚辞集注》，上海：上海古籍出版社，1979 年版，第4—7 页。
② 同上，第10—11 页。
③ 程嘉哲注释：《九歌新注》，成都：四川人民出版社，1982 年版，第 23 页。

（二）以美玉表现品行高尚

古时佩饰中常有玉质饰品，玉本身的自然美和经过加工的艺术美都令人惊叹，儒家学者将对玉的采用和佩戴进一步上升到表现佩戴者人性美的层面，即"君子以玉比德"。《荀子·法行篇》中记载："子贡问于孔子曰：'君子之所以贵玉而贱珉者何也？为夫玉之少而珉之多邪？'孔子曰：'恶！赐是何言也！夫君子岂多而贱之，少而贵之哉！'"① 珉是类玉的石头，孔子纠正了子贡对君子重视玉饰的错误理解。接着阐述了正确的也就是儒家对玉的看法："夫玉者，君子比德焉。温润而泽，仁也；缜栗而理，知也；坚刚而不屈，义也；廉而不刿，行也；折而不挠，勇也；瑕适并见，情也；扣之，其声清扬而远闻，其止辍然，辞也。故虽有珉之雕雕，不若玉之章章。《诗》曰：'言念君子，温其如玉。'此之谓也。"② 这里赞颂了玉在材质上所显现的诸多特色，以喻君子所应具备的品质。应该指出，这正符合儒生君子诸种品格标准，如玉的温润色柔，好似君子之仁；玉的坚硬且有纹理，又似智者处事果断；玉的坚韧，似义者刚直不回；有廉棱而不伤物，宛如有德行者不伤人；虽可摧折但绝不挠屈，具勇者气质；而且玉的瑕（不美之处）和适（美的色泽）并见，似诚实，不隐真情。《礼记》中也有关于这段对话的记载，还强调："瑕不隐瑜，瑜不掩瑕，忠也；孚尹旁达，信也；气如白虹，天也；精神见于山川，地也；圭璋特达，德也；天下莫不贵者，道也。"③ 不仅这样，玉被叩之，其声清越以长，而终止时又无繁辞，即《礼记》中所说的"其终诎然"。所以，雕饰文采的石头，是无论如何也比不上玉的素质的。君子没有特殊的原因，玉佩不能离身，因为君子是以玉来象征德行的，这就是《礼记·玉藻》中所言的："君子无故，玉不去身，君子于玉比德焉。"④

仅仅这种着装行为并不能完全展现儒家学者理想中的人性美，正确地、合乎礼仪地佩戴玉饰并按照礼仪规范行为，才能更加深刻地展现佩

---

① （唐）杨倞注，耿云标校：《荀子》，上海：上海古籍出版社，1996年版，第308页。
② 金启华译注：《诗经全译》，江苏：江苏古籍出版社，1984年版，第270页。
③ 陈澔注：《礼记》，上海：上海古籍出版社，1987年版，第338页。
④ 陈戌国点校：《周礼·仪礼·礼记》，长沙：岳麓书社，1989年版，第402页。

戴者的君子之风。同在《礼记·玉藻》中还有这样一段话："古之君子必佩玉。右徵角，左宫羽。趋以《采齐》，行以《肆夏》，周还中规，折还中矩。进则揖之，退则扬之，然后玉锵鸣也。故君子在车则闻鸾和之声，行则鸣佩玉，是以非辟之心无自入也。"①

五、穿着特定档次服饰以表现人性美

孔子的"文质彬彬"观和老子的"被褐怀玉"观尽管截然相对，但都肯定着装者的服饰往往与其品德有一定关联，而这种关联的表现形式并非质料的品种，而是服饰的档次，其中包括质料的天然价值、艺术形式美感等多种因素。一般说来，档次较低的服饰多使用价格低廉的质料，制作工艺简陋，因此视觉形象上难觅艺术美感。在东方服饰发展史上，着装者被动或主动穿着档次较低的服饰，首先意味着他的行为不奢侈，至于档次较低的服饰与人性美的具体关联，至少有以下四种情况。

（一）因贫着陋服者非无德

人如果因为贫穷只能穿档次较低的服饰，并不意味着他没有美好的个人修养、品德，《庄子·让王》中"捉襟见肘"的故事就是最为人所熟知的一个例子："曾子居卫，缊袍无表，颜色肿哙，手足胼胝，三日不举火，十年不制衣。正冠而缨绝，捉襟而肘见，纳屦而踵决。"②说的是孔子的学生曾参曾居住在卫国，他穿的袍子以乱麻为絮而且没有衣面；若想戴正帽子，手一扶，系帽子的带子就断了；刚想把衣服的前襟系好，结果胳膊肘就露出来了；一提鞋，鞋后跟断裂。尽管曾参没有财力购买新衣，衣装十分破旧，但是"曳縰而歌《商颂》，声满天地，若出金石"。即使拖着鞋子，也丝毫影响不了人的美质。最后指出："天子不得臣，诸侯不得友。故养志者忘形，养形者忘利，致道者忘心矣。"

《庄子·山木》中还记载了发生在庄子身上的一个故事：庄子穿着一

---

① 陈戍国点校：《周礼·仪礼·礼记》，长沙：岳麓书社，1989年版，第402页。
② （清）郭庆藩撰，王孝鱼点校：《庄子集释》，北京：中华书局，1961年版，第977页。

件粗布衣，而且上面打了补丁；鞋子上面的系襻没有了，用根麻绳系着，就这样去见魏王。魏王说："何先生之惫邪？"庄子反驳道："贫也，非惫也。士有道德不能行，惫也；衣敝履穿，贫也，非惫也。此所谓非遭时也。"[①]意为衣服破了，鞋子坏了，乃是贫穷，并不是精神困顿萎靡。这种现实生活中的着装行为与"被褐怀玉"观最为接近，也经常成为许多落魄文人学士保持自尊的重要依靠。但是这种行为注定是少数，因为社会总的服饰评判心理还是倾向于服饰考究者。

（二）因服陋而拒穿者无德

正由于社会传统服饰评判心理趋向于"盛其服"，所以一部分着装者通过挑战这种观念以显示自身不虚饰的道德品质。东晋葛洪《西京杂记》载：娄敬（即刘敬，汉初齐人）在高祖五年通过同乡虞将军引荐，求见高祖，建议刘邦定都关中。当时他身穿着粗布上衣，披着羊皮袄。虞将军脱下自己身上的衣服给他穿，娄敬说，我本来穿着绸织衣服，就穿着绸织衣服去拜见；我本来穿着粗布上衣，就穿着粗布上衣去拜见。现在让我换上鲜艳华丽的衣着，这是装模作样。于是，娄敬披着羊皮袄，穿着粗布上衣去见高祖了。娄敬的直率和坦诚可以看成是对"文质彬彬，然后君子"着装观的反抗，也可以看作是对墨子"行不在服"观的实践。

（三）服色同众以示德

孔子讲求"文质彬彬"，但他强调盛服（也是墨子和韩非子批驳的）需要服从礼的规范。如果着装者过于重视盛服，逾越了"礼"的范畴，也会对个人品质带来不好的影响。《荀子·子道篇》中记述这样一个例子："子路盛服见孔子，孔子曰：'由，是裾裾何也？昔者江出于岷山，其始出也，其源可以滥觞，及其至江之津也，不放舟、不避风则不可涉也，非维下流水多邪？今女衣服既盛，颜色充盈，天下且孰肯谏女矣？由！'子路趋而出，改服而入，盖犹若也。孔子曰：'志之，吾语女。奋于言者华，奋于行者伐，色知而有能者，小人也。故君子知之曰知之，不知曰不知，言之要也；能之曰能之，不能曰不能，行之至也。言要则知，行至则仁，既

---

① 叶玉麟译：《白话译解庄子》，天津：天津市古籍书店，1987年版，第157页。

知且仁，夫恶有不足矣哉！'"①孔子意思是说：你衣服太华丽，又满脸得意的神色，天下还有谁肯向你提意见呢？于是子路赶紧出去换了一身合适的衣服回来，人也显得谦和了。孔子告诉他，好表现自己的人是小人，只有真正具有真才实学，同时又诚实，具有仁、智的人方算得上君子。

　　孔子认为有意控制自己的服饰档次以不异于众人，这是美德的表现。类似的观点也屡见于兵家学说，如《尉缭子·战威》所言："夫勤劳之师，将必先己。暑不张盖，寒不重衣，险必下步，军井成而后饮，军食熟而后饭，军垒成而后舍，劳逸必以身同之，如此，师虽久而不老不弊。"②在尉缭子等兵家学者看来，地位特殊的将领不在服饰舒适上追求高规格，与士卒同甘共苦，是将领个人美德的表现，对于作战使命的完成也有重大意义。

（四）国家靡敝不着盛服者有德

　　中国传统儒家思想中定义"君子"传统美德的名句很多，如"达则兼济天下，穷则独善其身"，再如"修身齐家治国平天下"等，都是强调士大夫与国家共患难的责任感。另一方面，儒家思想又主张君子应该"盛其服"和"文质彬彬"，而实现这一服饰形象无疑需要物质基础。那么当两者发生矛盾时应如何处理，《礼记·少仪》末尾的那句"国家靡敝，则车不雕几，甲不组縢，食器不刻镂，君子不履丝屦，马不常秣"③做出了回答。这句话深刻反映出中国士大夫阶层提倡节约以兴国的高尚精神，可称为着装行为表现着装者人性美的范例。

　　这种与国家同甘共苦的人性美德长期延续下来，并与经济因素共同作用，使在国家礼服、军服中多采用国产服饰质料以节省资金的着装行为得到鼓励。1912年的中国，中华民国参议院准备制订《服制条例》，规定民国礼服采用何种形制、何种材料，在咨询各界人士意见的过程中，支持采用西式礼服样式者众多。毕竟经过晚清的百年耻辱，西服"发奋踔厉"和满服"松缓衰懦"间的鲜明反差留给世人印象太过深刻，各界普遍

①　（唐）杨倞注，耿云标校：《荀子》，上海：上海古籍出版社，1996年版，第306页。
②　周百义译：《武经七书》，哈尔滨：黑龙江人民出版社，1991年版，第216—217页。
③　陈戍国点校：《周礼·仪礼·礼记》，长沙：岳麓书社，1989年版，第420页。

呼唤"易服"。但另一方面，如当时舆论言："若一旦倏改西装，与中国大局亦有大不宜之现象。"因为"我国衣服向用丝绸，冠履亦皆用缎，倘改易西装，衣帽用呢，靴鞋用革，则中国不及外国呢革，势必购进外货，利源外溢"。长此以往，将"农失其利，商耗其本，工休其业"①。兼有官商双重身份的爱国人士张謇所言更加言简意赅："即不亡国，也要穷死。"在这种情况下，中华民国以"提倡国货"为宗旨成立的第一个民间组织——"中华国货维持会"开始积极活动，广为散发劝用国货的传单。争执之下出现折中措施，既然"装可改，服可易，外国货不可用，国货不可废也"，那何不用国产面料和西服形制组成民国礼服，这便是两全其美的"易服不易料"之措。最终，《服制条例》于1912年10月出台，条例中"议定，分中西两式，西式礼服以呢羽等材料为之，自大总统以至平民其式样一律，中式礼服以丝缎等材料为之，蓝色袍对襟褂，于彼于此，听人自择"②。在民国时期中国贸易逆差极大的情况下，国家礼服部分采用国产质料固然有保护国产纺织工商业的因素，但条例制订者和着装者同样具有中国传统知识分子"国家靡敝不着盛服"的宝贵传统。

六、穿着特定风格服饰以表现人性美

服饰风格是一个民族、一个国家主流服饰由功能和审美观决定的外在形态，因为不同民族、国家民众对服饰功能的需求不同，艺术审美价值观不同，因此彼此间服饰风格自然也不同。在现代化之前的东方服饰发展史上，大多数东方民族的主流服饰风格都具有标示敌我体系间成员的视觉形态功能，并成为该民族内部成员自我认同的一种表象。但当该民族集体遭遇外来暴力威胁或个体被迫远赴他乡时，对本民族服饰风格的执着坚持就成为他们展现自身忠于祖国、家乡高尚情怀的重要外在表征。这种忠诚即为可贵的人性之美的一种表现形式。

---

① 华梅：《中国近现代服装史》，北京：中国纺织出版社，2008年版，第48页。
② 同上，第50页。

汉使苏武被匈奴所扣，即使到了"廪食不至，掘野鼠去草实而食之"的艰难困苦地步，仍"杖汉节牧羊，卧起操持，节旄尽落"。面对威逼利诱，苏武未尝一日离汉节，显示了自己对汉室、汉天子的忠贞不贰，如他自己所言："常愿肝脑涂地，今得杀身自效。"屡次劝他降匈奴的汉降将李陵赞苏武："扬名于匈奴，功显于汉室，虽古竹帛所载，丹青所画，何以过子卿！"①

西汉竟宁元年（前33）应匈奴呼韩邪单于和亲请求，王昭君远嫁漠北。北宋宰相王安石在《明妃曲》中歌颂她以着装行为展现自身对故土的忠诚与思念："初出汉宫时，泪湿春风鬓脚垂，一去心知更不归，可怜着尽汉宫衣。"

再如唐代前期，由于统治阶层秉尚武之风，加之中西交流频密，社会风气开放，出于求新求异的服饰心理，一时男女老幼争以胡服为新。如《新唐书》所言："天宝初，贵族及士民好为胡服胡帽。"但这时边境战争的规模尚且可控，由中原自耕农组成的府兵还是唐军主力，但随着土地兼并以及战争经久不息，大批归顺并保留其游牧习惯的胡人成为唐军边境藩镇主力，尤其是北部的平卢、范阳、河东三镇军队几乎全由胡人组成，当胡人安禄山、史思明率领由胡人组成的骑兵大举南下时，中原地区遭受空前浩劫。诗人杜甫在《悲陈陶》中描述了这样一番悲惨景象："群胡归来血洗箭，仍唱胡歌饮都市。都人回面向北啼，日夜更望官军至。"安史之乱平息后，中原人对胡臣、胡兵反感日甚，又逐渐摒弃胡服，恢复宽袍大袖，以示恢复中原民族传统的决心。

满族入关后，首先令汉族人民剃发易服，"衣冠悉遵本朝制度"。这一强制性活动的范围与程度是前所未有的。转一年，清廷索性下令："京城内外，直隶各省，限旬日尽行剃发。"若有"仍存明制，不随本朝之制度者，杀无赦"②。可是汉族人素持"身体发肤，受之父母，不敢毁伤"的意识，所以在"宁可断头，绝不剃发"的口号下聚集起来，对满族统治者进

---

① （汉）班固撰：《汉书》，上海：上海古籍出版社、上海书店，1986年版，第595页。

② （清）蒋良骐撰，林树惠、傅贵九点校：《东华录》，北京：中华书局，1980年版，第80页。

行多次斗争，后来在不成文的"十从十不从"的条例之下，才暂时缓解了这一矛盾。传说这是明遗臣金之俊提出，前明总督洪承畴参与并赞同的。清王朝在非官方场合接受了这个条例。"十从十不从"内容中多条涉及服饰，而且由于在清代初年约定，因此对清三百年的服饰发展非常重要。这包括男从女不从，生从死不从，阳从阴不从，官从隶不从，老从少不从，儒从而释道不从，娼从而优伶不从，仕宦从而婚姻不从，国号从而官号不从，役税从而语言文字不从。"从"即是汉人可以随满俗，"不从"则是保留汉俗。这也是最大的东方群体通过着装行为展现自身人性美的例子。

七、穿着特定功能类型服饰以表现人性美

功能类型服饰是主要由功能决定外在形态的服饰，最典型的功能类型服饰即为戎装。在东方传统语境中，穿戴戎装的行为，如"介胄"、披战袍等，不仅是作战前的准备，而是带有为国尽职、尽忠的象征。着装者的人性之美就从这种着装行为中体现出来。

这种着装行为主要记录于文学作品中，最典型的莫过于杜甫在《垂老别》中描绘的："四郊未宁静，垂老不得安。子孙阵亡尽，焉用身独完……男儿既介胄，长揖别上官。"悲壮的气氛渲染，突出了老翁的深明大义：尽管已经老迈，但男子汉既然披上甲胄，就当为国效力，揖别上官，一往无前地奔向抗击安史叛军的战场。在更多的文学作品中，穿戴铠甲的着装行为都与为国出征的高尚情操紧紧联系在一起，如乐府诗集《硃路篇》："逸韵腾天路，颓响结城阿。仁声被八表，威震振九遐。嗟嗟介胄士，勖哉念皇家。"还有唐代诗人许景先的《奉和圣制送张尚书巡边》："文武承邦式，风云感国祯。王师亲赋政，庙略久论兵。汉主知三杰，周官统六卿。四方分阃受，千里坐谋成。介胄辞前殿，壶觞宿左营。赏延颁赐重，宸赠出车荣。"即使在《木兰辞》中，花木兰回家后的第一个着装行为"脱我战时袍，著我旧时裳"，即表现出已经为国效力，从此将回归正常生活的象征意义，与前面的"朔气传金柝，寒光照铁衣"相对应，效果更为明显。

介胄之士因为他们的尽职而得到非同一般的尊敬，《礼记·曲礼》和

《礼记·少仪》中有一个重要的规定，即"介者不拜"，是说身穿甲胄时不下拜。《艺文类聚·武部》中就提到这样一个发生在汉文帝和名将周亚夫之间的故事："文帝六年，匈奴大入边，乃以宗正刘礼为将军，军灞上；祝兹侯徐厉，军棘门；以河内守周亚夫为将军，军细柳。帝自劳军，至灞上及棘门军，直驰入，将军下骑送迎。已而之细柳军，士吏被甲，锐弓持满。先驱至，不得入，驱曰：'天子且至！'军门都尉曰：'军中但闻将军令，不闻天子诏。'于是上使诏军将，亚夫乃传言开壁，壁开，士吏曰：'军中不得驱驰。'于是天子乃按辔徐行。将军亚夫，将兵揖曰：'介胄之士不拜，请以军礼见。'天子为动色改容，使人称皇帝敬劳将军，成礼而去。既出军门，文帝曰：'此真将军矣！曩者灞上、棘门军，儿戏尔，其将固可袭而虏也。至亚夫，可得而犯耶？'称善久之。"[1]

关于"介者不拜"最令人信服的解释来自《尉缭子·武议》："乞人之死不索尊，竭人之力不责礼。故古者，甲胄之士不拜，示人无已烦也。夫烦人而欲乞其死，竭其力，自古至今，未尝闻矣。"[2]对于甲胄在身，随时准备为国尽忠的战士，无论是皇权还是社会舆论都对他们的爱国情怀表现出敬意。

八、做出特定着装动作以表现人性美

着装者做出特定的着装动作，以及在某些场合不做这样的动作，长期以来被中国传统知识分子视为表现自身道德、品格和修养的重要途径。中国统治阶层中最低一级的士，在20岁成年时要经过郑重的冠礼，才能算作成人，因此传统士大夫往往对冠的佩戴极为重视，要时时整冠、正冠。《左传·哀公十五年》记载了孔子学生子路在死亡关头的表现，当时任卫大夫孔悝宰（家臣）的子路卷入卫国贵族内讧，遭到攻击，"大子闻之，惧，下石乞、盂黡敌子路。以戈击之，断缨。子路曰：'君子死，冠不

---

① （唐）欧阳询撰，汪绍楹校：《艺文类聚》，上海：上海古籍出版社，1965年版，第1058页。

② 周百义译：《武经七书》，哈尔滨：黑龙江人民出版社，1991年版，第229页。

免。'结缨而死"①。子路的着装动作充分表现出了他对于儒家信仰的坚定，在当时的社会背景下具有人性美的崇高含义。

着装者做出与服饰类型统一的面部表情也是一种特定的着装动作，按照儒家观点，这是表现人性美（君子之德）的一种方式。《礼记》中对此有多处描述。如《礼记·表记》中孔子说："是故君子服其服，则文以君子之容；有其容，则文以君子之辞；遂其辞，则实以君子之德。是故君子耻服其服而无其容，耻有其容而无其辞，耻有其辞而无其德，耻有其德而无其行。是故君子衰绖则有哀色，端冕则有敬色，甲胄则有不可辱之色。《诗》云：'惟鹈在梁，不濡其翼。'彼记之子，不称其服。"②孔子在这里是说君子穿上他们的衣服，还要用君子的仪容来修饰；有了君子的仪容，还要用君子的言辞来文饰；言辞高雅了，还要用君子的道德来充实内心。所以君子如果只穿君子服饰，而没有君子的仪容应为耻；只有君子仪容而没有君子的高雅辞令也是羞耻；只有君子的辞令而没有君子的美德更应为耻，而且只有君子的道德还不够，还应有君子的高尚行为，否则为耻。所以，君子穿了丧服，脸上要有悲哀的表情；穿了朝服，就要有恭敬的表情；穿上戎装，脸上就应有威严不可侵犯的表情。那些没有德行的小人，真不配穿那一身好衣裳！需要注意的是，《礼记》还特别强调了着戎装时应具有的威严神态："执绋不笑，临乐不叹，介胄则有不可犯之色，故君子戒慎，不失色于人。"③

第六节　生活美

一、性别角色与符合期待的服饰形态

文化人类学家曾将拥有众多天赋身份和社会身份的个人比作洋葱，

---

① 李学勤主编：《十三经注疏·春秋左传正义》，北京：北京大学出版社，1999年版，第1687页。
② 陈戍国点校：《周礼·仪礼·礼记》，长沙：岳麓书社，1989年版，第504页。
③ 李学勤主编：《十三经注疏·礼记正义》，北京：北京大学出版社，1999年版，第78页。

"每一层就是一个社会角色。表面的层次是一些明确的、边缘的、不需负责任的角色。越接近中心，角色就越模糊，越需要负责任"。但是"在人这个洋葱中仍然有一个核心。它来源于人类的普遍经历。这是一个很小、但很难驾驭的人的本性。它与我们最基本的社会身份有关。它的最基本形态是性别角色"①。

按照《辞海》的解释，性别角色，即"与性别联系在一起的，符合一定的社会角色期待的品质特征、思想方法和行为方式。通过不同文化中系统的性别角色社会化而成，是一定时代社会文化准则的一种体现"。如果通俗地解释，那就是对于社会中的男女（性别二态）成员来说，男性应该以被期待和被规定的男性行为方式行事，女性则以被期待和被规定的女性行为方式行事。如果男女两性社会成员都能采取被（其所处的社会）视为符合其性别的行为方式，对这个社会稳定有序地发展繁衍至关重要。

那么，男性和女性的被社会认同的行为方式究竟有哪些？是否存在跨文化的、具有普遍意义的男性或女性行为方式？几乎所有的文化人类学家和社会学家都指出，人类社会中最传统、最普遍的观点认为，男性成员应该较为独立，进取心强，在面临危险和侵略时能勇敢并富于责任感；女性成员的性格和行事方式应该温和，应该对哺育子女抱有极大耐心。但众多研究也证实，对性别角色的认知存在多样性现象，而且随着时间和经济方式的变化也会改变。但不论是在主流的还是非主流的文化中，性别角色的培养都是在幼儿期通过学习和教育得到并进一步强化塑造的（当然也有研究认为天性如此），使幼儿明确自身性别角色的手段包括言语交流，对某些行为的鼓励和对某些行为的批评等，但所有研究都不能否认的一点就是外在的视觉区分手段——服饰形态。在大多数社会中，男女两性的服饰形态都是从幼儿期就开始分化，进入成年期日益明显，其中还包含着对某些着装行为的鼓励和对

① 〔美〕罗伯特·F.莫菲著，吴玫译：《文化和社会人类学》，北京：中国文联出版社，1988年版，第50页。

某些着装行为的否定。

　　美国文化人类学家怀特对这种行为之于社会有序运转的意义做了强调："某一社会不允许男子佩戴耳环或涂口红。这些限制的目的是为了确定社会内各个体所属的类别：男子、女子、牧师等等是一个只能以某种方式行为而绝不能以另一种方式行为的个人。通过这些限定、法规和戒律，各人的行为都符合各自所属的阶级，因而各阶层也就能维持其原来的状态。这样，社会内的秩序——无论是结构方面还是功能方面——都井然有条了。为了有效地指导社会生活，一个社会必须要有秩序。但个人几乎很少认识到这些社会规则的来源和目的，如果他对礼仪规则进行思考的话，他很可能把它们看成是自然的和正确的，或把它们看成是怪诞的和非理性的。"[①]

二、善于学习新事物之美

　　将赵雍这样一位君主与墨家、兵家和法家并列论述似乎少有先例，毕竟君主掌握权力且是后三者竭力试图说服的对象，在诸子典籍中出现的君主大多是诸子的反衬，他们一般以高傲寡闻的形象出场，以对某位贤哲心悦诚服并采纳其建议收场，没有采纳贤哲建议者，往往是国破身亡。直接体现君主自身对服饰功能形态审美价值认识的历史记载似乎少而又少，但赵国第六任君主赵武灵王赵雍却是一个特例。

　　赵雍即位时，赵国地缘政治形势颇为不利，尤其是中山（春秋白狄别族建立，后为魏灭，不久复国，迁都至今河北平山）、林胡（古族名，战国时分布在山西朔州至今内蒙古自治区内）、楼烦（古族名，活动于今陕西与内蒙古南部）等胡人军事政权对赵国的军事压力尤大。这些游牧民族精于骑射，来去无踪，而赵军师承中原军事正统，即从殷商时就已成型的战车与步兵混编战术，适于平原作战，但一追击胡骑至山地就被迫折

_____

① 〔美〕怀特著，曹锦清等译：《文化科学——人和文明的研究》，杭州：浙江人民出版社，1988 年版，第 151 页。

返。有雄心的赵雍不满此状况，在一次与谋士的对话中道出了强烈的危机感和自己的抱负："我先王因世之变，以长南藩之地，属阻漳、滏之险，立长城，又取蔺、郭狼，败林人（林胡人）于荏，而功未遂。今中山在我腹心，北有燕，东有胡（东北），西有林胡、楼烦、秦、韩之边，而无强兵之救，是亡社稷，奈何？夫有高世之名，必有遗俗之累。吾欲胡服。"①

赵雍将"胡服"（名词动用）作为"强兵之救"绝非偶然，当时赵国的车兵、步兵多着大袖长袍，甲胄笨重，结扎烦琐，更不适于骑马。反观中山、东胡、林胡之兵，普遍着短衣、长裤、革靴或裹腿，衣袖偏窄，便于骑射。赵雍相信改着胡服可以适应新型骑兵战术，扭转赵军的不利军事态势，但他遭到"遗俗之累"，并对肥义道出苦衷："今吾将胡服骑射以教百姓，而世必议寡人，奈何？"同样有远见的肥义鼓励他："臣闻疑事无功，疑行无名。王既定负遗俗之虑，殆无顾天下之议矣。夫论至德者不和于俗……则王何疑焉。"②

肥义的话坚定了赵雍的决心，遂下令："吾不疑胡服也，吾恐天下笑我也。狂夫之乐，智者哀焉；愚者所笑，贤者察焉。世有顺我者，胡服之功未可知也。虽驱世以笑我，胡地中山吾必有之。"后仍有反对者，王斥之："先王不同俗，何古之法？帝王不相袭，何礼之循？虙戏、神农教而不诛，黄帝、尧、舜诛而不怒。及至三王，随时制法，因事制礼。法度制令各顺其宜，衣服器械各便其用。故礼也不必一道，而便国不必古。圣人之兴也不相袭而王，夏、殷之衰也不易礼而灭……循法之功，不足以高世；法古之学，不足以制今。子不及也。"③遂改着胡服，招骑射。

"胡服骑射"带来的结果显而易见："二十年，王略中山地，至宁葭；西略胡地，至榆中。林胡王献马。"④为赵国成为战国七雄之一奠定了基础。至于改着胡服后的赵军具体服饰形象如何，缺乏实物资料，不过后人可以从战国名器《采桑宴乐水陆攻战纹壶》上一窥短衣紧裤披挂利落的

---

① （汉）司马迁撰：《史记》，上海：上海古籍出版社、上海书店，1986 年版，第 215 页。
② 同上，第 218 页。
③ 同上。
④ 同上，第 221 页。

中原武士形象。

《史记·赵世家》中记载的赵雍多段谈话，清晰反映出赵雍以及以他为代表的许多君主的思想逻辑：只要能有助于保住江山，扩展势力，"法"可"随时制"，"礼"可"因事制"，作为"法""礼"承载物的"衣服器械"自然更可以"各便其用"。所以说，历代君王看待服饰品物质形态功能（以及视觉形态功能）往往有其明确的目的导向性，这种灵活的、辩证的实用主义审美观，实质上集中了墨家、兵家甚至法家的实用主义服饰美学观的精华。再加之这种美学观往往能得到果断推行，所以其对于服饰变更流行产生的影响也远较墨、兵、法三者深远。

三、秩序保证生活美

人类社会的存在，必然首先要有稳定的社会秩序，而它又是由社会政治制度所决定的。政治制度中有服饰制度，在中国正统史书中留下专门的章节《舆服志》，记录了一个朝代的舆服制度。

舆，原本是指车厢，后引申为车。《老子》："虽有舟舆，无所乘之。"① 是以船与车并提的例子。服，当然是指衣冠。中国传统上将服饰的标示手段与车上之旗并列，以"舆服"作为车乘、章服、冠履的总称。由于车上往往有旗，而衣服上又常常有花纹，不同的花纹颜色可以区分身份的尊卑，因而都牵涉到礼制。可以说，中国历代统治者都很重视舆服的视觉形态功能。

《尚书·皋陶谟》："天命有德，五服五章哉！"② 因此，绣绘日、月、星辰等"章"的礼服常被称为"章服"。《史记·平准书》中进一步写道："宗室有士公卿大夫以下，争于奢侈，室庐舆服僭于上，无限度。"③《史记·孝文帝纪》更是明确强调衣冠（及至车乘、旗帜）的标志作用："盖

---

① 朱谦之：《老子校释》，北京：中华书局，1984 年版，第 309 页。
② 李学勤主编：《十三经注疏·尚书正义》，北京：北京大学出版社，1999 年版，第 108 页。
③ （汉）司马迁撰：《史记》，上海：上海古籍出版社、上海书店，1986 年版，第 178 页。

闻有虞氏之时，画衣冠异章服以为僇，而民不犯。何则？至治也。"① 西汉
扬雄则在《法言·孝至》中呼吁："礼乐以容之，舆服以表之。"② 可以看
出，设立舆服的典章制度，从中国周代至汉代就成为巩固国家统治和稳定
社会秩序的当务之急。

　　基于此，《后汉书》首创《舆服志》体裁，专门记载车旗、章服、冠履
的有关规章制度及具体款式。其中引言部分开宗明义："《书》曰：'明试
以功，车服以庸。'言昔者圣人兴天下之大利，除天下之大害；躬亲其事，
身履其勤，忧之劳之，不避寒暑，使天下之民物各得安其性命，无夭昏暴
陵之灾。是以天下之民，敬而爱之，若亲父母；则而养之，若仰日月。夫
爱之者，欲其长久，不惮力役，相与起作宫室，上栋下宇以雍覆之，欲其
长久也。敬之者，欲其尊严，不惮劳烦，相与起作舆轮旌旗章表，以尊严
之。斯爱之至，敬之极也。苟心爱敬，虽报之至，情由未尽。或杀身以为
之，尽其情也；弈世以祀之，明其功也。是以流光与天地比长。后世圣人
知恤民之忧思深大者，必飨其乐；勤仁毓物，使不夭折者必受其福。故为
之制礼以节之，使夫上仁继天统物，不伐其功，民物安逸，若道自然，莫
知所谢。《老子》曰：'圣人不仁，以百姓为刍狗。'此之谓也。夫礼服之
兴也，所以报功章德，尊仁尚贤。故礼尊尊贵贵，不得相逾，所以为礼也。
非其人不得服其服，所以顺礼也。顺则上下有序，德薄者退，德盛者缛。"③
这段文字，主要是从以礼治国的统治观念来陈述的，指出礼之重要，必须
尊卑有序，才能保障社会的稳定。因此，绝不容许以下越上，乱了法度。
而在服饰上一定要遵守"非其人不得服其服"的原则。顺，即有序。顺才
能"报功章（彰）德，尊仁尚贤"。后来各朝代均以非常严肃的态度去规
定进而执行舆服制度，规定不合理或执行不严格，便意味着政权的动摇。
《后汉书·舆服志》引言代表了中国古代官方对于服饰视觉功能的态度，
这与赵武灵王对东方服饰物质功能的态度有相同之处，即服饰的形制首

---

① （汉）司马迁撰：《史记》，上海：上海古籍出版社、上海书店，1986 年版，第 47 页。
② 李守奎、洪玉琴译注：《扬子法言译注》，哈尔滨：黑龙江人民出版社，2003 年版，第
212 页。
③ （南朝宋）范晔撰：《后汉书》，上海：上海古籍出版社、上海书店，1986 年版，第 844 页。

先要为视觉形态的标示功能服务，而服饰的功能则要为政权的稳固服务。

　　自此以后，历代史书在一定程度上真实地记录了历史过程中的服饰演变情况，《晋书》《南齐书》《旧唐书》《宋史》《金史》《元史》《明史》《清史稿》中都设有《舆服志》，《新唐书》名之为《车服志》。历代《舆服志》是东方甚至世界范围内罕见的详尽的车旗服御制度规范，不但是研究中国服饰文化的重要资料，有着其他文字记载和形象资料不可替代的作用，而且为东方服饰标示功能研究提供了数不胜数的宝贵范例。几乎每一朝代史书的《舆服志》之首，都要以引言的形式申明本朝《舆服志》的源流及特点，其中既有历代相沿的内容，也有这一代新的观点和理念，尤其因隔代修史，还出现后人对前代服饰制度和着装行为的评论，这就为考察中国乃至东方古代服饰的诸功能提供了理论高度的借鉴材料。

第十章　中外文献中有关东方服饰的记述

第一节　中国正史中记录的东方服饰

一、《汉书》中的记述

《汉书》为"二十五史"("二十四史"加《清史稿》)中的第二部，详细记述了西汉时期的社会状况和政治制度，是一部全面介绍汉代早期外交、经济、文化、农业、军事等方面的著作。书中虽没有专门涉及东方各国的服饰内容，但仍可通过《西南夷两粤朝鲜传》和《西域传》两卷中的记述，寻找到东方服饰的痕迹，进而依稀看到距今两千余年东方服饰文化的早期情景，为后人了解西汉时期周边国家的人文历史、风俗习惯、着装行为提供了研究史料。

《汉书》卷九十五《西南夷两粤朝鲜传》中有这样的记述："始楚威王时，使将军庄𫏋将兵循江上，略巴、黔中以西。庄𫏋者，楚庄王苗裔也。𫏋至滇池，方三百里，旁平地肥饶数千里，以兵威定属楚。欲归报，会秦击夺楚巴、黔中郡，道塞不通，因乃以其众王滇，变服，从其俗以长之。"①

文中记录的事情发生在春秋战国时期，当初楚威王派遣将军庄𫏋带领军队沿长江而上，夺取了巴郡和黔中郡以西的地方。庄𫏋是楚庄王的

---

① （汉）班固撰：《汉书》，北京：中华书局，1962年版，第3838页。

后代，带兵到达了滇池，滇池方圆三百里，旁边是平地，肥沃富饶，方圆几千里，庄蹻依仗军队的威势平定了这一带，使之归属楚国。庄蹻本打算回楚国报告，但正好碰上秦国攻打楚国，夺取了巴郡和黔中郡，道路阻塞，回不去了。于是他就依靠他的军队在滇称王，改变自己的服饰，顺从那里的习俗，以便长期统治。

　　这是一个古老的记述，表明早在秦汉以前中原的楚国人就已经进入西南蛮夷之地，并依靠强大的军事实力长期统治。文中虽然只提到改变自己的服饰以便管理夷人，但从深层次考虑，先进的农耕技术、养蚕抽丝技术、房屋建造技术甚至医药技术也会随着时间的脚步逐步传到那里，最终与当地各民族文化融合，成为西南夷人服饰特征的组成部分。书中提到的西南夷也就是今天的两广一带，虽已属中国，但在遥远的先秦，那里可是荒蛮之地。

　　如果说西南夷人属于远古的东方，朝鲜的存在可谓历史悠久，早在西汉以前，这个位于今天朝鲜半岛，紧邻中国东北部的国家就已经存在了。《汉书》中记录的一段文字，详细描述了朝鲜的人文地貌，服饰特征尤为明显，虽有中国服饰的影子，但又极具朝鲜民族特色。书中曰："朝鲜王满，燕人。自始燕时，尝略属真番、朝鲜，为置吏筑障。秦灭燕，属辽东外徼。汉兴，为远难守，复修辽东故塞，至浿水为界，属燕。燕王卢绾反，入匈奴，满亡命，聚党千余人，椎结蛮夷服而东走出塞，渡浿水，居秦故空地上下障，稍役属真番、朝鲜蛮夷及故燕、齐亡在者王之，都王险。"[1]

　　通过文中记录，可以知道朝鲜王叫"满"，原是燕国人。当初的燕国就曾攻打真番、朝鲜，使之臣服，并在那里设置官吏，修筑防御堡垒。秦灭燕国后，朝鲜则成为辽东郡的外缘属地。汉建立后，因为朝鲜地远难守，便重修了辽东郡原有的边塞城堡，东到浿水为界，浿水以西属于汉朝的燕国，燕王卢绾背叛汉朝，逃入匈奴，满也逃亡，聚集了一千多部众。他们梳着椎髻，穿着蛮夷的衣服，向东逃过边塞，渡过浿水，住在原秦朝空虚之地的上下城堡中，逐渐统治真番、朝鲜的蛮夷部落和从原来的燕、

────────────

[1]　（汉）班固撰：《汉书》，北京：中华书局，1962 年版，第 3863 页。

齐两国逃过来的人，在他们当中称王，建都于王险城。由此可知，燕国人早在春秋时期就已经到达朝鲜，并在那里修筑要塞，设置管理机构，到秦以后更成为其外缘属地，大量汉人移居朝鲜，带去先进的农耕、医药等技术，加之风俗习惯的融合，使得朝鲜服饰式样、款式色彩与中国传统服饰颇有渊源。

以上两段记录的服饰内容虽然不多，但通过寥寥数言可知，以中国服饰为代表的东方服饰体系在最初形成阶段，就已经对周边国家产生了影响，文化的作用往往要比军事占领、政治阴谋对一个国家的作用更大，这便是东方服饰形成的关键。

东方服饰概念不是完全意义上的地理概念，更深层次讲是一个文化概念。特别是在西汉时期，国土面积远没有现在广袤，西域各国也应该属于"东方"这个概念范畴。透过《汉书》可以发现，记录在册的西域国家多达 51 个，这里有我们熟悉的大宛国、安息国、大月氏国，也有我们不熟悉的乌孙国等。

有一段关于乌孙国的记述："匈奴闻其与汉通，怒欲击之。又汉使乌孙，乃出其南，抵大宛、月氏，相属不绝。乌孙于是恐，使使献马，愿得尚汉公主，为昆弟。天子问群臣，议许，曰：'必先内聘，然后遣女。'乌孙以马千匹聘。汉元封中，遣江都王建女细君为公主，以妻焉。赐乘舆服御物，为备官属宦官侍御数百人，赠送甚盛。"[1]

文中的记载说明，匈奴听说乌孙与汉往来非常气愤，要进攻乌孙。有汉朝使者经乌孙之南到大宛、月氏的，不绝于路，乌孙很是惶恐，派人献马给汉朝，并愿意娶汉公主，两国愿结为兄弟。皇帝问群臣的意见，朝议同意。决议：必须先纳聘礼，然后遣送公主。乌孙以一千匹马为聘礼。汉朝在元封年间派江都王刘建之女细君为公主嫁给昆莫。皇帝赐车马给皇室以衣物、器物和宫人数百。此间记述可见，乌孙国很早就与西汉往来，两国相互通婚，接受聘礼，特别是皇家所赐之物，明确为"舆服御物"，有力地证明汉时服饰礼仪制度已经传入西域，东方文明通过这种赐予，连接

---

① （汉）班固撰：《汉书》，北京：中华书局，1962 年版，第 3903 页。

西域各国,成为友好往来的见证。

除此之外,另一个与西汉在服饰上关系密切的西域国家是龟兹国。《汉书》记载:"元康元年,遂来朝贺。王及夫人皆赐印绶。夫人号称公主,赐以车骑旗鼓,歌吹数十人,绮绣杂缯琦珍凡数千万。留且一年,厚赠送之。后数来朝贺,乐汉衣服制度,归其国,治宫室,作檄道周卫,出入传呼,撞钟鼓,如汉家仪。"[①]

今天的理解便是,元康元年(前65),龟兹王和夫人同来朝贺,都受赐印绶。夫人号称公主,宣帝赐给公主车马旗鼓,歌舞、乐工等数十人,丝绸珍宝共值数千万钱。留驻了一年,又赐给大量礼物送回龟兹,以后龟兹公主数次来长安朝贺。她喜欢汉朝的衣服和文物制度,归国后修建宫室,设置环卫,出入传呼,设击鼓,如汉朝礼仪。不难看出,西汉的影响力可谓深远。所赐印绶、车旗仪仗、各种丝帛,都是西汉时期的上品,特别是汉廷礼服。

早在西汉建立之前,从春秋到秦,中原人对西域民族不是很了解,张骞出使西域,使得大汉风采第一次展现在西域各国的面前,特别是精美的丝绸、悠扬的乐曲、浩大的车马仪仗以及儒家思想深邃的哲理,无不引起西域各国的羡慕与敬畏,以至纷纷来朝一睹天朝威仪,模仿汉制。"车旗服御"不同于服饰本身,它对一个国家的影响可能是多方面的,东方社会赖以维系的社会关系,在很大程度上是由于这种制度的潜性普及。

二、《后汉书》中的记述

《后汉书》由南朝宋历史学家范晔编纂,书中记述并归总了东汉196年的史实。《后汉书》主要记录了东汉时期的人文历史,对海外属地的介绍更为详细,增加了不少国家,特别是服饰式样的描述,比起《汉书》更为翔实。

《后汉书》卷八十五《东夷列传》中再次对朝鲜半岛人文地理情况进

---

① (汉)班固撰:《汉书》,北京:中华书局,1962年版,第3916页。

行描述，如果说《汉书》是对这一地区由来的解释，那么《后汉书》就是对百年之后这一地区现实情况的具体描述了。此时的朝鲜半岛出现了一个新的、统一的封建王朝，称之为高句骊，距离辽东一千余里，与朝鲜和沃沮相邻，特别相信神鬼之说。书中对高句骊有关服饰的介绍是这样的："其国东有大穴，号禭神，亦以十月迎而祭之。其公会衣服皆锦绣，金银以自饰。大加、主簿皆著帻，如冠帻而无后；其小加著折风，形如弁。"①说的是在高句骊东部有一个大洞穴，被称作"禭神"的住所。于是人们总在十月迎接祭祀禭神。参加聚会的人都身穿色彩花纹精美鲜艳的丝质衣服，用金银饰品打扮自己，大加、主簿都头戴幅巾，像中国的冠和头巾但没有后面的覆片，小加则头戴折风冠，形状像中国的弁。由此描述可知，虽然其服饰的由来与神鬼祭祀有关，但造型上还是与东汉相仿的，这显然是交流的结果。

此外，这一地区还有马韩人，他们"知田蚕，作绵布"。也就是懂得种田养蚕，制作丝绵布。而且"不贵金宝锦罽，不知骑乘牛马，唯重璎珠，以缀衣为饰，及县颈垂耳。大率皆魁头露紒，布袍草履"②。说明他们不看重金银珍宝和锦帛毛织品。不知道乘牛骑马，唯独看中璎珞玉珠，把玉珠连缀在衣服上作为装饰，或是悬在脖子上，垂在耳朵上。他们一般不戴帽，露出发髻，身穿布袍，脚穿草鞋。

上述两国都是今天朝鲜半岛上的居民，虽然彼此是近邻，可是生活习惯、衣着佩饰还是有很多不同。这从侧面证明，服饰的差异性与生活状况有着密切的关系，越是富庶的国度其着装越为光鲜，反之则有明显的原始味道。另外还有一点，作为属国与汉朝来往密切的一方，礼制建设就比较健全，服饰形象也会相对完善，这是中国汉代时存在于周边国家的普遍现象。

《后汉书》中还详细介绍了倭国，也就是今天的日本。早在东汉时期，日本列岛就由很多不同的国家组成，但是穿着、配饰、文身确有许多相似

---

① （南朝宋）范晔撰：《后汉书》，北京：中华书局，1965年版，第2813页。
② 同上，第2819页。

之处。书中提到在倭国周围散落着许多小国，都有文身的嗜好，曰"其南界近倭，亦有文身者"，说的便是马韩的南部边界靠近倭，也有文身的人。这种相近的文身，体现了相似的生活习俗，也表明有着相似的文化信仰。在东方服饰文化中，共同的文化积淀和信仰，决定了服饰的近似性，对最终形成共通的哲学理念具有重要的作用。

除文身以外，"马韩之西，海岛上有州胡国。其人短小，髡头，衣韦衣，有上无下"①。马韩的西面有个海岛，上面有州胡国。那里的人身材矮小，剃去头发，身穿皮革制成的衣服，仅有上衣而没有下裳。现在虽然不知道这个叫州胡国的地方具体在哪里，但从记录中可知其位于朝鲜半岛与日本之间的地方，亦是属于东方的范畴，从服饰描述上看，当时应该还是一处荒蛮之地，服饰形象比较原始。

《后汉书》中对日本的服饰描述还是非常详细的，不但描述了其国位置，"倭在韩东南大海中，依山岛为居，凡百余国"，还介绍了当地特产，"土宜禾稻、麻纻、蚕桑，知织绩为缣布。出白珠、青玉"②。可见那是一片富饶的土地，这些大大小小的海岛上如此多的国家，相互往来，同属一种文化信仰，所以有着相近似的服饰传统。《后汉书》载："男子皆黥面文身，以其文左右大小别尊卑之差。其男衣皆横幅，结束相连。女人被发屈紒，衣如单被，贯头而着之；并以丹朱坌身，如中国之用粉也。"③从记述中可以认定当地男人都文面和文身，以身上花纹的左右、大小区别尊卑贵贱。那里男子穿的衣服都是用整幅布帛横裹来，结扎相连。类同东南亚的萨龙，中国的筒裙。女人披着头发或将头发盘成卷曲的髻，衣服像薄被，从头向下套在身上，这正是原始人类的贯口衣，或称贯头衣，即用一块相当于两个身长的布，中间挖一洞，将头从中伸出，使之形成前后各一片的衣服，然后用绳子从腰间一扎，远看很像今日的连衣裙。而且用朱砂粉敷在身上，类似中原人用粉。如此详细的记述，说明东汉时期有人到过那里。当时的日本尚处在原始文明阶段，其服饰制度也未形成，国家尚未完全统

---

① （南朝宋）范晔撰：《后汉书》，北京：中华书局，1965 年版，第 2820 页。
② 同上。
③ 同上，第 2821 页。

一，所以在之后的几个世纪，向中国派出大量使者学习各种知识与礼仪，逐渐形成了自己的服饰文化传统，保留至今。

《后汉书》中所描述的东方应该就是指朝鲜半岛和日本列岛，作为本书研究的对象，"东方"更具有一种文化意义。日韩文化皆源自中国，书中所述可为依据。

除了传统意义上的两个东方地域，《后汉书》中也介绍了一些处于东北方的国家，最有代表的便是乌桓。"乌桓者，本东胡也。汉初，匈奴冒顿灭其国，余类保乌桓山，因以为号焉。"[①] 由此可知，乌桓被匈奴击败后，剩下的族人以乌桓山为据点，将部族维系了下来，乌桓之名也由此而来。虽同属东方地域，但由于所居之所处于更北部的地域，受气候影响，他们过着"食肉饮酪，以毛毳为衣"的生活。这种原始文明在汉时与中原形成了巨大的反差。这种生活状态普遍存在于像乌桓、鲜卑这样的东方部族中。

在东汉时期的南部边陲，由于交通闭塞，文明程度相对落后，所以生活在这一地区的民族，汉人将其称为"蛮"，也就是落后野蛮的意思。这些地方包括今天的中国的云南、贵州、四川等地，也包括南亚诸国。两千余年前的汉朝虽与其有君臣之称，但毕竟在文化、习俗、制度、生活状况等方面均差异很大。《后汉书》中对南蛮的服饰式样做过描述，卷八十六《南蛮西南夷列传》："织绩木皮，染以草实，好五色衣服。制裁皆有尾形。"[②] 他们用树皮或葛、麻等植物纤维织成衣服，用草木果实即植物染料给衣服染色。喜欢穿五彩的衣服，衣服式样上都有尾巴的形状。这种尾巴形状的装饰是尾饰，也就是以神鸟为图腾的民族所热衷的服饰式样，或是专门在裙外扎系，然后垂在身后。在如今中国傈僳族的服饰中，依然保留着尾饰，显示出原始崇拜的文化遗痕。

纵观东汉时期，服饰制度已比较完善，它在对中国封建秩序产生作用的同时，也对周边区域产生影响。

---

① （南朝宋）范晔撰：《后汉书》，北京：中华书局，1965 年版，第 2979 页。
② 同上，第 2829 页。

三、《晋书》中的记述

《晋书》是由唐房玄龄监修的一部大型官修正史，为唐代人对晋代社会政治、人文地理、出行仪仗等方面的记述。晋是结束三国鼎立开创统一王朝之后的重要王朝。由于晋代国力较弱，对周边区域的影响力有限，所以《晋书》中对东方地区服饰文化状况的记录比较匮乏，我们仅能从为数不多的篇幅中寻找蛛丝马迹，以期探寻其中有价值的文献资料。

《晋书》对东方其他国家的记述主要集中在卷九十七《四夷列传》中，其中东夷包括夫余、马韩、辰韩、倭等国。记述多有新的发现，相对前朝史书所记，翔实了许多。

东夷诸国中首先介绍的是夫余国。此国"在玄菟北千余里，南接鲜卑，北有弱水，地方二千里，户八万，有城邑宫室，地宜五谷"[①]。作为北方重要的国家，《后汉书》也曾提及，但对其服饰没有说明，《晋书》有了进一步的介绍："其出使，乃衣锦罽，以金银饰腰。"夫余国作为东北方重要的国家，始终与中原保持紧密联系，只是立国时间不是很长。晋武帝在位期间多次接见来使，两国互赠礼品，中原技术也传入夫余国。

东夷另一个重要的国家马韩，其部族生活在今天的朝鲜半岛，生活习惯、衣着装饰与中原汉族差别较大。《晋书》曰马韩之人："俗不重金银锦罽，而贵璎珠，用以缀衣或饰发垂耳。其男子科头露紒，衣布袍，履草蹻，性勇悍。"[②]为何不喜欢金银呢？可能与其生活的地域有关。马韩人居住在山海之间，没有城郭，以狩猎打鱼为生，可能是所居之处没有金银矿产，或是不知如何开采提炼，他们对生于水中的珍珠情有独钟，故而佩饰中多为珠类。男子不戴冠，披散头发，表明他们尚未完全进入文明时期，手工艺技能匮乏，便以布袍为主，穿草鞋。这种生活状态普遍存在于晋时周边国家中，这些国家虽与晋多有来往，但受自身生活环境的影响，社会

---

① （唐）房玄龄等撰：《晋书》，北京：中华书局，1999 年版，第 2532 页。
② 同上，第 2533 页。

发展往往落后于中原国家,这一现象到唐代才有所改观。

对于东夷诸国,《晋书》记录最为全面的当属倭国,特别是服饰文化方面。此时的倭国境内已有三十多个小国与中原有往来,人口近七万户。与东方其他国家相比,倭国最大的不同便是男子的黥面,书中记载:"男子无大小,悉黥面文身。"这种习俗可以追溯到上古时期,相传夏少康的儿子封在会稽这个地方,断发文身以躲避蛟龙的祸害。倭人喜欢潜到水下捉鱼,借文面文身,镇住水鬼。

除文面文身以外,"其男子衣以横幅,但结束相连,略无缝缀。妇人衣如单被,穿其中央以贯头,而皆被发徒跣。其地温暖,俗种禾稻纻麻而蚕桑织绩"①。倭人虽然自汉代便有与中原来往的记录,但由于大海阻碍,交通不便,交往也只是使臣方面,并无太多的物资往来。加之倭地是由三十多个小国组成的地域,相互间虽有地缘文化的近似性,但毕竟与统一的中原王朝不可比拟。从文中的记录可知,倭人男子的装束相当简洁,男女全部散发,没有过多的装饰品,也没有鞋子,可见其原始状态。

没有像样的衣服,并不代表对衣物不重视,书中记载倭人嫁娶:"不持钱帛,以衣迎之。"这说明倭地的物资匮乏,有钱难买到如意商品,还不如衣服来得实惠。

《晋书》所记述的正是中原文化与少数民族地区文化相互交融的历史,这种交融也流传到了周边区域,东夷诸国在与中原国家交往的过程中,学习了各种技能,特别是在互赠中领略了中原服饰文化的精髓。

四、《旧唐书》中的记述

唐代是中国封建社会的一个重要时期,在中国历史上盛极一时。《旧唐书》是现存最早的一部系统记录唐代历史的书籍,由五代时后晋刘昫等编纂。

《旧唐书》列传中共记录一千八百余人,这些人物包含军事家、政治

---

① (唐)房玄龄等撰:《晋书》,北京:中华书局,1999 年版,第 2536 页。

家、文学家、史学家以及周边国家中的重要人员。特别是对外友好交往方面，有大家熟悉的文成公主与松赞干布的婚姻纪实，金城公主入藏的史迹，朝鲜、日本派来的遣唐使在中国的生活状况等详细记录，为后人了解唐时中国与周边国家的交往状况提供了非常全面的资料。下面以《旧唐书》中南蛮、西戎、东夷、北狄为线索，探寻东方服饰的历史足迹。

《旧唐书》对南方国家的介绍比起前几部史书显得全面了许多，涉及国家的数量也有所增加，其中有五个国家谈到了穿着。首先是林邑国，曰："王著白氎古贝，斜络膊，绕腰，上加真珠金锁，以为璎珞，卷发而戴花。夫人服朝霞古贝以为短裙，首戴金花，身饰以金锁真珠璎珞。"①服装款式很简单，佩饰很复杂，有珍珠金锁、贝壳金花，可见其已有富庶阶层。林邑国自汉朝就已存在，他们的衣服是缠绕在身上的，属于早期围裹式服装，是比较原始的款式，应与印度等国传统服装类似，与唐代非常成熟的圆领袍衫、襦裙相比，较为简单。当然这也有气候的原因，这种围裹式的服装有助于散热。骠国也采用此款，史书记载："骠国，其衣服悉以白毡为朝霞，绕腰而已。"②这说明，围裹式衣服是有其历史渊源的。

此外，该地区还有陀洹国，"土无蚕桑，以白氎朝霞布为衣"③。白毡应是毛制品，朝霞布是一种用杂色拼接的布料。陀洹国服饰虽谈不上华丽，也确有几分新意，应算是南部地区比较有特色的着装。

《旧唐书》对东谢蛮服饰的记录比较详细："丈夫衣服，有衫袄大口裤，以绵绸及布为之。右肩上斜束皮带，装以螺壳、虎豹猿狄及犬羊之皮，以为外饰。……男女椎髻，以绯束之，后垂向下。"④男子身上的大口裤很像今天西南少数民族的服装，身上的饰品表明他们狩猎的习惯。虽不散发，但也不像中原人盘发于脑后。这些独特的服饰至今还能在中国少数民族中找到痕迹。

《旧唐书》还记录了东女国的服饰："其王服青毛绫裙，下领衫，上披

---

① （后晋）刘昫等撰：《旧唐书》，北京：中华书局，1975年版，第5269页。
② 同上，第5285页。
③ 同上，第5272页。
④ 同上，第5274页。

青袍，其袖委地。冬则羔裘，饰以纹锦。为小鬟髻，饰之以金。耳垂珰，足履靸靪。"①这里的衫和袍，式样与中原近似。东女国为西羌的别称，地处西南腹地，与中原各州郡往来密切，服饰相似也就不足为奇了。

唐代西南各国或靠海而居，或地处山峦，千百年来形成了自己的生活习惯，服饰特征鲜明，具有很强的地域性。

中国的西北方一直是丝绸之路的通道。自汉代开始，西北各国就来到中国，中原地区与西北各国之间建立了长期而稳定的友好关系。《旧唐书》中记录了十四个西北国家，其中有服饰记录的达七个，超过历代史书。

这一地区在《旧唐书》中称为西戎。泥婆罗国位于吐蕃的西面，"剪发与眉齐，穿耳，揎以竹筒牛角，缀至肩者以为姣丽"。在着装方面，"衣服以一幅布蔽身，日数盥浴"②。用一块布遮蔽身体，应也属于围裹式服装，至于为何要一天洗几次澡，或许因天气炎热之故。

这种围裹式的服装也是党项羌人的服装，只是受气候影响换成了大氎——一种羊毛织物，《旧唐书》载："党项羌，男女并衣裘褐，仍被大氎。"③这是西北高寒地区民族普遍的服装式样。中国羌族居住地并不十分寒冷，但喜欢穿羊皮坎肩，颇有"古西戎风"。

西戎各国还喜欢装饰头部，如吐谷浑"男子通服长裙缯帽，或戴幂䍦，妇人以金花为首饰，辫发萦后，缀以珠贝"④。龟兹国的风俗是"男女皆剪发，垂与项齐，唯王不剪发"。中原汉族人受儒家影响，认为身体发肤受之父母不可轻易去除，所以皆盘发或束发，至于国王与百姓的区别，在于是否佩戴王冠，而不在于留不留头发。龟兹国王还以"锦蒙项，著锦袍金宝带"⑤。从穿锦袍金宝带的装扮看，又与中原相仿。

天竺是古代中原人对印度的称呼，当时的印度尚未统一，虽同处一

---

① （后晋）刘昫等撰：《旧唐书》，北京：中华书局，1975 年版，第 5278 页。
② 同上，第 5289 页。
③ 同上，第 5291 页。
④ 同上，第 5297 页。
⑤ 同上，第 5303 页。

地但由五个区域数十个国家组成。其中,《旧唐书》中天竺一节记录的国王与大臣的服装式样和国人的着装喜好,可作为整个天竺区域服饰的一个代表。"中天竺,其王与大臣多服锦罽。上为螺髻于顶,余发剪之使拳。俗皆徒跣。衣重白色,唯梵志种姓披白叠以为异。"[1] 由于唐僧不远万里前往取经,使得中原人对这个神秘的佛教之国充满了兴趣,并在之后的往来中不断了解,才有了史书中关于天竺服饰的记述。

东北方的高丽、倭国历代史书多有记载,由此可知他们与中原交往历史渊源。大唐王朝鼎盛,与周边交往频密,《旧唐书》对东夷的介绍也比较全面。

高丽位于今天的朝鲜半岛。早在几个世纪前便与中原往来频繁,受到中国礼仪制度的影响,其服饰款式与着装礼仪与中国有很多相似之处。"衣裳服饰,唯王五彩,以白罗为冠,白皮小带,其冠及带,咸以金饰。官之贵者,则青罗为冠,次以绯罗,插二鸟羽,及金银为饰,衫筒袖,裤大口,白韦带,黄韦履。国人衣褐戴弁,妇人首加巾帼。"[2] 这段记述印证了高丽国在服饰制度方面与中国的近似性,如都戴冠,并以此作为区别等级身份的标志,官员衣服的颜色有青有红,与唐代官服颜色区分官级也是同理,只是中国历来以红色为高官的标志,以青蓝或绿色为低级官员的标志。至于款式,筒袖大裤口都是与唐装近似的。服饰制度的近似说明政治理念的近似。在整个唐王朝统治期间,高丽多次派遣唐使到长安学习进修,中国的治国理念、文化意识、服饰款式以及各种技术都对他们起到推动作用。

朝鲜半岛上另一个国家是百济国,原是马韩的属国,后独立靠海而居。"其王服大袖紫袍,青锦裤,乌罗冠,金花为饰,素皮带,乌革履。官人尽绯为衣,银花饰冠。庶人不得衣绯紫。"[3] 官吏都穿红色的衣服,用银花装饰冠。平民百姓不得穿绯、紫色衣服。说明绯、紫两色在百济国是高贵的颜色,体现统治阶层的权力与地位。这种做法与中国中原是一致的。

---

① （后晋）刘昫等撰:《旧唐书》,北京:中华书局,1975 年版,第 5307 页。
② 同上,第 5320 页。
③ 同上,第 5329 页。

新罗国是弁韩的后裔，风俗、刑法、衣服与高丽、百济大致相同，只是朝服崇尚白色。妇女的头发绕在头上，用彩色的丝织物及珍珠装饰，头发很长很美。《旧唐书》中对其记述为："妇人发绕头，以彩及珠为饰，发甚长美。"①

东夷诸国中比较重要的还有倭国。唐时日本先后57次派遣唐使来到长安学习。回国时将大批书籍、典章和无数艺术品带回去，大唐皇帝还派能工巧匠帮助他们修造宫殿，今天奈良的许多宫殿遗址可做证明。日本从大唐学会许多技术，特别是服饰文化方面的制度与理念，直到今天仍然深刻地影响着日本。《旧唐书》中是这样介绍倭国的："并皆跣足，以幅布蔽其前后。贵人戴锦帽，百姓皆椎髻，无冠带。妇人衣纯色裙，长腰襦，束发于后，佩银花，长八寸，左右各数枝，以明贵贱等级。衣服之制，颇类新罗。"②从记述中可以了解到，当时的倭国人都是赤脚行走，用整幅布遮盖身体前后。高层人戴锦帽，百姓都绾椎髻，没有冠带。妇女身穿纯色裙，即非间色。中国人认为红、黄、青、黑、白是纯色，橙、紫即为间色了。长腰襦，应是比中原短襦长的过腰衣衫。头发束在后面，佩戴银花，八寸长，左右各有几枝，用来分辨贵贱等级。衣服的形制，与新罗类似。这是一种比较原始的装扮，但比起以前史书中的记录，已是进步了许多。当年，大唐的强盛令日本深为折服，落后的日本要想崛起必须向中国学习，圣德太子为此做出了巨大贡献。

《旧唐书》中将更北的地方称为北狄。北狄位于今天黑龙江以北地区，书中记录有服饰内容的国家是室韦和鞑靼。《旧唐书》有关室韦服饰的记录："畜宜犬豕，豢养而啖之，其皮用以为韦，男子女人通以为服。被发左衽，其家富者项著五色杂珠。"③那里适宜饲养的牲畜为狗和猪，其皮可用来鞣制成熟皮，男女均以此制作衣服。表明原始的狩猎生活已被定居生活所代替，猪作为古代家庭重要财产和生活来源，在这里被进一步扩大，不但食其肉，还能以其皮为衣。但这种生活比起锦衣玉食还

---

① （后晋）刘昫等撰：《旧唐书》，北京：中华书局，1975年版，第5334页。
② 同上，第5340页。
③ 同上，第5357页。

差得很远，在装束上还有原始味道，像披散头发，穿左开襟的衣服，只有家境富有的人脖子上戴着五色杂珠。这显然与中国东北地区的民族服装风格相近。

至于靺鞨，"其畜宜猪，富人至数百口，食其肉而衣其皮"[①]。这一地区由于长期寒冷干燥，加之大山阻碍，闭塞难行，所以与中原往来不是很多，中原对其影响有限。但是作为东北边陲重要国家，中原皇帝一直不敢忽视，千百年来与之时而友好往来，时而刀兵相见，不管历史如何，两国的相互交融还是服饰文化传播与延续的基础。

五、《宋史》中的记述

《宋史》编纂于元朝末年，记录了北宋、南宋 16 位皇帝 319 年的历史。

北、南两宋期间与辽、金、元发生了许多事件，加之海上丝绸之路的开通，对外往来频繁，《宋史》专设《外国列传》《蛮夷列传》，介绍外国风土人情。

宋朝时期由于陆上丝绸之路被阻断，对外贸易主要依靠海路，贸易以瓷器和丝绸为主。船队到达的国家比以前多了许多，人员往来也日趋常态化，交往的密切使得中国传统服饰文化对这些地区的影响逐渐加大。《宋史》中介绍外国的部分共分为八个，由于《蛮夷列传》主要介绍西南少数民族，在以前的史书中多有介绍，这里就不再详解了。我们以八篇《外国列传》为主，分析此时东方服饰的发展变化。

夏国是一个古老的国家，与中原交往最早可以追溯到汉晋时期，到唐时与中原交往十分密切。夏国服饰文化虽有中原的影子，但还是保留了许多本民族的特征。

宋仁宗年间，夏王李德明之子李元昊年轻时好穿"长袖绯衣，冠黑冠，佩弓矢，从卫步卒张青盖"，一身本族装扮。李元昊二十岁时，单独领兵打败回鹘夜洛隔可汗王，攻夺甘州，被立为皇太子。此后多次劝谏其父

---

① （后晋）刘昫等撰：《旧唐书》，北京：中华书局，1975 年版，第 5358 页。

不要臣服于宋，可他的父亲说："吾久用兵，疲矣。吾族三十年衣锦绮，此宋恩也，不可负。"李元昊说："衣皮毛，事畜牧，蕃性所便。英雄之生，当王霸耳，何锦绮为？"意思是说穿皮毛，从事畜牧，是蕃人天性所熟悉的。英雄生于世，应当称王霸，锦绮有什么用？但当其继位后却"始衣白窄衫，毡冠红里，冠顶后垂红结绶，自号嵬名吾祖。……文资则幞头、靴笏、紫衣、绯衣；武职则冠金帖起云镂冠、银帖间金缕冠、黑漆冠，衣紫旋襴，金涂银束带，垂蹀躞，佩解结锥、短刀……马乘鲵皮鞍，垂红缨，打跨钹拂。便服则紫皂地绣盘球子花旋襴，束带。民庶青绿，以别贵贱"[①]。李元昊继位前后对宋的服饰的态度判若两人，其原因在于与宋保持良好的关系，有利于当时政局的需要，宋的服饰观念也有利于自身的统治。

高丽早在春秋时期便往来于中原，后又与唐修好，到宋时，"王居开州蜀莫郡，曰开成府。依大山置宫室，立城壁，名其山曰神嵩。民居皆茅茨，大止两椽，覆以瓦者才十二。……男女二百十万口，兵、民、僧各居其一。地寒多山，土宜松柏，有粳、黍、麻、麦而无秫，以粳为酒。少丝蚕，匹缣直银十两，多衣麻"[②]。高丽自唐以来的遣使政策一直延续到宋，在这期间虽有辽金用兵的阻断，还是不辞辛劳往来于宋。

在中国的南部居住着许多民族，历史悠久。占城国，在中国的南部，与大海相连。"无丝蚕，以白棉布缠其胸，垂至于足，衣衫窄袖。撮发为髻，散垂余梢于其后。……其王脑后髽髻，散披吉贝衣，戴金花冠，七宝装缨络为饰，胫股皆露，蹑革履，无袜。妇人亦脑后撮髻，无笄梳，其服及拜揖与男子同。"[③]

另一个南方国家是阇婆国，所居之地距离大海有一个月的路程，只有国王穿着华丽，史书记载："其王椎髻，戴金铃，衣锦袍，蹑革履，坐方床，官吏日谒，三拜而退，出入乘象或腰舆，壮士五七百人执兵器以从。"[④]而当地百姓则披发，衣服从胸以下缠到膝下。妇女"椎髻，无首饰，以蛮

---

①　（元）脱脱等撰：《宋史》，北京：中华书局，1977 年版，第 13993 页。

②　同上，第 14053 页。

③　同上，第 14078 页。

④　同上，第 14091 页。

布缠身，颜色青黑"，男子"项戴金连锁子，手有金钩，以帛带萦之"①。

南部各国服饰虽各有特色，但种类并不是很多，主要是首饰类，衣服多为缠裹式，尚在初级阶段。与中原交往对其服饰虽有影响，但由于地处偏僻，习俗改变不多。

宋时还没有今天南亚、西亚、东南亚的说法，但为便于理解，我们还是在地理上做了一些大致的划分，上面所述国家位于今天的东南亚地区，通过海上丝绸之路与宋发生往来。宋时通过陆上丝绸之路与外交往密切的主要有天竺和龟兹两个国家，它们地处南亚，信奉佛教，早在中国汉代时就与中原有往来，到隋唐时期互派使节，交往频繁。

天竺国位于今天的印度，当时有许多独立王国在此繁衍生息，且与大宋保持往来。"雍熙中……永世自云：本国名利得，国王姓牙罗五得，名阿喏你缚，衣黄衣，戴金冠，以七宝为饰。出乘象或肩舆，以音乐螺钹前导，多游佛寺，博施贫乏。其妃曰摩诃你，衣大绅缕金红衣，岁一出，多所振施。……其国东行经六月至大食国，又二月至西州，又三月至夏州。阿里烟自云：本国王号黑衣，姓张，名哩没，用锦彩为衣，每游猎，三二日一还国。"②天竺人的衣服与佛教有关，日常生活、出行仪式，具有鲜明的民族特色。

龟兹本来是回鹘的一支，国主自称师子王，穿黄衣，戴宝冠，与宰相九人共同治理国事。这说明黄色在龟兹国也是专用色，或是受中原文化的影响，或是与佛教有关。

《宋史》中记载这一地区服装的国家还有拂菻国。"王服红黄衣，以金线织丝布缠头，岁三月则诣佛寺，坐红床，使人舁之。贵臣如王之服，或青绿、绯白、粉红、褐紫，并缠头跨马。"③在中国正史中第一次出现拂菻国，《宋史》记录其服饰的内容比较直观，通过描述可知，这是一个具有基本等级规范的国家，文明程度相对于西南地区其他国家高了许多。

《宋史》中最后一个涉及服装的外国是日本。经过向唐朝学习，至宋

① （元）脱脱等撰：《宋史》，北京：中华书局，1977年版，第14092页。
② 同上，第14105页。
③ 同上，第14124页。

代时，日本人的文明程度提高了，国家形态和服饰规范逐渐建立，社会生活因仿效中原而有了明显改善。"咸平五年，建州海贾周世昌遭风飘至日本，凡七年得还，与其国人滕木吉至，上皆召见之。世昌以其国人唱和诗来上，词甚雕刻肤浅无所取。询其风俗，云妇人皆被发，一衣用二三缣。"[①] "一衣用二三缣"，这种衣服应该就是和服的雏形，很显然日本在唐之后逐渐进入文明社会，为其后续的发展奠定了基础。

六、《元史》中的记述

《元史》记载了自元太祖成吉思汗统一漠北，建立大蒙古国到元朝灭亡这一百多年的史实。

《元史》中最后三卷介绍了"外夷"十余个国家，其中在服饰方面的介绍集中在安南国、缅甸、暹国。虽然篇幅有限，但还是反映了这些国家的基本着装状况。这三个国家在以前的史书中没有详细记载。

安南国古时又称交趾，与中原国家早有来往。元初派兵围剿，几次征伐未果。世祖中统元年（1260）十二月，任命孟甲为礼部郎中，充任南谕使，任用李文俊为礼部员外郎，充任副使，持诏书前往晓谕安南。"祖宗以武功创业，文化未修。朕缵承丕绪，鼎新革故，务一万方。……凡衣冠典礼风俗一依本国旧制。已戒边将不得擅兴兵甲，侵尔疆场，乱尔人民。卿国官僚士庶，各宜安治如故。"[②] 诏书中虽对安南国服饰未加详解，但可以知道他们是有衣冠礼仪制度的。这些制度或许与中原接触而来，元政权让他们保留自己的着装制度，不加干涉，从一个侧面体现出元初以安邦定国大局为重的统治思想。

缅甸古时称缅，与大理接壤，喜欢骑大象，信奉佛教，与中原交往数载，元朝皇帝向其赐予衣物。"大德元年二月，以缅王的立普哇拿阿迪提牙尝遣其子信合八的奉表入朝，请岁输银二千五百两、帛千匹、驯象

---

① （元）脱脱等撰：《宋史》，北京：中华书局，1977年版，第14196页。
② （明）宋濂等撰：《元史》，北京：中华书局，1976年版，第4634页。

二十、粮万石，诏封的立普哇拿阿迪提牙为缅王，赐银印，子信合八的为缅国世子，赐以虎符。三年三月，缅复遣其世子奉表入谢，自陈部民为金齿杀掠，率皆贫乏，以致上供金币不能如期输纳。帝悯之，止命间岁贡象，仍赐衣遣还。"[1]

暹国是西南地区边远小国，于成宗元贞元年（1295）进献金字表章，想让朝廷派遣使者到他们的国家。大德三年（1299），暹国国主上书说，他父亲在位时，朝廷曾经赐给鞍辔、白马及金缕衣，请求元廷按旧例赏赐。皇帝因丞相完泽答剌罕说，对他们这样的小国赐给马，恐怕他的邻国忻都之类非议朝廷，仍赐给金缕衣，不赐马。

《元史》没有记录其他国家的着装情况，但通过赐予和诏书也能窥知一二。至于《元史》中为何没有记录我们只能推测其大致原因。一方面《元史》成书比较仓促，很多史料未经整理，资料收集也不很全面，所以在可记可不记的服饰方面就有所遗漏了。另一方面，元朝虽然地域庞大，但多是征伐得来，对占领国的风土人情、服饰礼节未加以考察。加之元朝整体统治时间较短，与周边国家交往不多，对他们的服饰描述非常有限。值得注意的是，元朝统治者自身的服饰就比较混乱，《元史》对服饰重视程度不如以前也就不难理解了。

七、《明史》中的记述

《明史》是"二十四史"中最后一部纪传体通史，为清朝设馆编修的一部官修史书，一般认为是继"前四史"之后最为优秀的一部史学著作。

《明史》在修纂过程中主要参考了《明实录》《明会典》、邸报等资料，同时又借鉴大量私人著作、地方志等原始资料，所述内容翔实准确。不再将各地少数民族列为外国，而是视为多民族国家中的少数派，故而在列传中专设《土司》卷，记述各地民族的风情习俗。在真正涉及外国部

---

[1]　（明）宋濂等撰：《元史》，北京：中华书局，1976年版，第4659页。

分的列传中共分为九个部分，记述了71个国家和地区，是记录外国风土
人情、友好交往最多的史书。郑和七下西洋，扩展了中国与南洋诸国的往
来，明代文献中对此有较多记录。下面通过梳理其中有关服饰的描述，展
现东方服饰绚烂的历史。

《明史》中最先记述的外国是朝鲜，作为与中国一直保持联系的国
家，朝鲜民族的服饰与演进过程在之前的历朝史书中均有表述。《明史》
记载："成祖立，遣官颁即位诏。永乐元年正月，芳远遣使朝贡。四月复遣
陪臣李贵龄入贡，奏芳远父有疾，需龙脑、沈香、苏合、香油诸物，赍布求
市。帝命太医院赐之，还其布。芳远表谢，因请冕服书籍。帝嘉其能慕中
国礼，赐金印、诰命、冕服、九章、圭玉、珮玉，妃珠翠七翟冠、霞帔、金
坠，及经籍彩币表里。自后贡献，岁辄四五至焉。"[1]文中记述了一段朝鲜
与明朝交往的史实，从中可以看到，所赐之物有官帽衣服，这些都是历朝
历代赐予外国最多的物品，再次证明朝鲜的礼制、文化基础、生活习惯与
中国非常接近。

自宋开辟海上丝绸之路以来，到明代进一步扩展海上贸易和对外交
往，所以《明史》记录了许多海洋国家。涉及服饰方面首先提到的是琉球
国，位于今天中国的台湾岛与日本之间，由许多岛屿组成。"琉球居东南
大海中，自古不通中国。元世祖遣官招谕之，不能达。洪武初，其国有三
王，曰中山，曰山南，曰山北，皆以尚为姓，而中山最强。"[2]琉球国虽然居
于海上，但自明以来，与中原往来一直不断，《明史》记录："二十五年夏，
中山贡使以其王从子及寨官子偕来，请肄业国学。从之，赐衣巾靴袜并夏
衣一袭。其冬，山南王亦遣从子及寨官子入国学，赐赍如之。自是，岁赐
冬夏衣以为常。"[3]文中明确提到了往来的时间、人员和目的。赐给衣服、
头巾、靴子、袜子和夏天的衣服一套，且从这年冬天开始，赐予冬夏衣服
成为常例。这种赐予不仅反映了明代的纺织业、服装制作技术的水平，
更为重要的是反映了当时对外交往的礼仪制度。中国有个成语"同仇敌

---

① （清）张廷玉等撰：《明史》，北京：中华书局，1974年版，第8284页。

② 同上，第8361页。

③ 同上，第8362页。

忾",说的便是与子同袍共赴战场,所以赐予衣物也是兄弟般友情的象征,表明世代友好的意思。

婆罗国背靠着山,面对着海,崇尚佛教,厌恶杀生,喜欢施舍。《明史》中描述了其国王的衣着:"王薙发,裹金绣巾,佩双剑,出入徒步,从者二百余人。"[①] 所献贡品多为当地特产,包括玳瑁、玛瑙、砗磲、珠、白焦布、花焦布、降真香、黄蜡、黑小厮等。

麻叶瓮位于西南海中,"男女椎结,衣长衫,围之以布"[②]。这种穿着形式很像今天的东南亚服装。

古麻剌朗国是东南沿海中的一个小国。永乐十五年(1417)九月,皇廷派宦官张谦携带诏书招抚晓谕他们的国王干剌义亦奔敦,赐给他们绒锦、纻丝、纱罗。十八年(1420)八月,国王带领妻子儿女、大臣跟着张谦前来朝见,贡上土产。国王说:臣愚昧无知,虽然被国中人民推举,然而没有受到明朝廷的任命,希望赐予诰命,仍用那个国号。皇帝答应了他,于是赐给印章诰命、帽子衣带、仪仗、鞍马和文绮、金织袭衣,王妃以下都有赏赐。第二年正月告辞回国,又赐给他们黄金白银钱币、文绮、纱罗、彩帛、金织袭衣、麒麟衣,王妃以下赏赐各有差别。

这一地区的文郎马神国"男女用五色布缠头,腹背多袒,或著小袖衣,蒙头而入,下体围以幔"[③]。

东南亚国家与明朝交往频繁,这里有贸易的需要,也有大明帝国彰显威仪的需要。大量的人员往来,不但增进了相互了解,也为服饰文化的传播培植了土壤。

《明史》中《外国列传五》记载与服装有关的国家只有两个:一个是真腊国。其国都城墙周围有七十多里,疆域广达几千里。国中有金塔、金桥、殿宇三十多所。一年四季炎热,不知道霜雪,庄家一年几熟。当地男女"椎结,穿短衫,围梢布"[④]。另一个国家是暹罗,《明史》记述:

① (清)张廷玉等撰:《明史》,北京:中华书局,1974 年版,第 8378 页。
② 同上,第 8379 页。
③ 同上,第 8380 页。
④ 同上,第 8395 页。

"其国，周千里，风俗劲悍，习于水战。大将用圣铁裹身，刀矢不能入。圣铁者，人脑骨也。王，琐里人。官分十等。自王至庶民，有事皆决于其妇。……崇信释教，男女多为僧尼，亦居庵寺，持斋受戒。衣服颇类中国。"[1] 暹罗一直保持着与中国的友好关系，很多规章制度、礼仪形象都与中国近似。

《外国列传六》中涉及的国家比较多，很多国家都是在历代史书中第一次提及。首先是渤泥国。永乐三年（1405）冬天，渤泥国国王麻那惹加那派使者入贡，朝廷派官员册封他为国王，赐官印及册封诰书、敕符、勘合所用的信符、锦绮、彩币。其次是苏禄国。永乐十五年（1417），苏禄国的东王巴都葛叭哈剌、西王麻哈剌叱葛剌麻丁、峒王的妻子叭都葛巴剌卜一起率领他们的家属头目共340多人，渡海入朝进贡，进金镂表文，献珍珠、宝石、玳瑁诸物。礼待他们和满剌加一样，不久一起封为国王。赐官册封诰书、袭衣、冠带及鞍马、仪仗器物，他们的随从也赐冠带不等。

除提及的两个被赐予的国家，《外国列传六》还介绍了两个国家的着装概况。一个是那孤儿国，位于苏门答腊的西面，地域狭小，人口只有一千多户，其中"男子皆以墨刺面为花兽之状，故又名花面国。猱头裸体，男女止单布围腰"[2]。另一个是阿鲁国，风俗、气候与苏门答腊十分相似。男女都裸体，用布围腰。永乐九年（1411），王速鲁唐忽先派使者依附古里等国入朝进贡。赐他的使者冠带、彩币、宝钞，他的国王也有赏赐。

《外国列传七》中与服饰有关的国家谈到了三个。首先是锡兰山国，该国地域宽广，人口稠密。《明史》记载："其人皆巢居穴处，赤身髡发。相传释迦佛昔经此山，浴于水，或窃其袈裟，佛誓云：'后有穿衣者，必烂其皮肉。'自是，寸布挂身辄发疮毒，故男女皆裸体。但纫木叶蔽其前后，或围以布，故又名裸形国。"[3] 其次是榜葛剌国。风俗淳厚，有文字，男女勤于耕织。容貌身体都是黑色，间或有白人。王及官民都是回族人，丧葬、

① （清）张廷玉等撰：《明史》，北京：中华书局，1974年版，第8401页。
② 同上，第8427页。
③ 同上，第8445页。

加冠、结婚等礼仪，都依回族。男子剃发，用白布裹头。衣服从脖子贯通下身，用布包围。还有失剌比国。永乐十六年（1418），曾派使者入明王朝进贡。明廷赏赐其使者冠带、金织文绮、袭衣、彩币、白银不等，对其国王则从优赏赐。

以上国家虽与大明有往来，但鉴于地理位置的遥远，气候的影响，其服饰着装基本保留了原来的式样。

八、《清史稿》中的记述

《清史稿》是中华民国初年由北洋政府设馆编修的记载清朝历史的正史。

在清朝强盛时期，许多周边国家都是清的属国，这种关系一直持续到清朝灭亡。《清史稿》专设《属国列传》部分。属国中有我们熟悉的琉球、越南、老挝，也包括不熟悉的浩罕、布鲁特、巴达克山等。虽然《清史稿》篇幅巨大，但涉及东方服饰的内容却十分有限。

《清史稿》中在谈及与属国的关系时基本上都是赐予，赐予物多为服装，例如："琉球，在福建泉州府东海中。先是明季琉球国王尚贤遣使金应元请封，会道阻，留闽中。清顺治三年，福建平，使者与通事谢必振等至江宁，投经略洪承畴，送至京，礼官言前朝敕印未缴，未便受封。四年，赐其使衣帽布帛遣归。"[①] 再如："四十九年，帝南巡，安南陪臣黄仲政、黎有容、阮堂等迎觐南城外，赐币帛有差，特赐国王'南交屏翰'扁额。"[②] 赐予是历朝历代中原王朝对周边属国的一贯做法，以此承认其从属地位。这时的属国已与中原王朝交往几个世纪，双方已形成一定的关系架构，所以说服饰的影响早在几个世纪前就已经形成，到清朝时只是得到延续罢了。

介绍比较详细的为老挝。《清史稿》记载："老挝种人俗同暹罗，不文

---

① 赵尔巽等编著：《清史稿》，北京：中华书局，1976 年版，第 14616 页。
② 同上，第 14634 页。

身雕题，性愚而懒。奉佛教，好生恶杀。务耕种、畜牧，能铸造、纺织。其状貌短小，鼻宽而唇厚，肤色红紫，剪发留顶，不蓄须。男子衣饰，横布一幅围腰至膝，富贵者以绸缎为之。妇人下裳似裙，上服摺盖于胸，发黝黑，鬓垂于后项，耳手足皆带环圈，以金银铜为饰。"① 这种服饰即如老挝民族服装，男子腰围萨龙，女子上衣下裳，形制基本同于中国。面料的区别是身份的体现，喜欢佩戴饰品是南亚国家的普遍习俗。史书中还提及中国人教会老挝人酿酒和养蚕制丝的方法。

《属国列传四》中介绍了四个国家的服饰，他们地处西北，多信奉伊斯兰教，服装面料多采用毛毡，这与气候有关。

首先是浩罕国，史书记载："其人奉回教，习帕尔西语，亦布鲁特种也。其头目冠高顶皮帽，衣锦衣。民人戴白毡帽，黄褐。"② 与之相近的是布鲁特国，书中曰："其酋长戴毡帽，似僧家毗卢，顶甚锐，卷末为檐。衣锦衣，长领曲袷，红丝绦，红革鞮。民人冠无皮饰，衣褐。"③ 这种近似性表明两国的地理气候和其种族信仰相近。其实，该区域的许多国家在服饰上具有共同的特征。

这一特征还存在于巴达克山国和坎巨提国。两国也是位于西北地区，在服饰上与上述浩罕国和布鲁特国还是有些区别的。如巴达克山国："其酋戴红毡小帽，束以锦帕，衣锦毡衣，腰系白丝绦，黑革鞮。其民人帽顶制似葫芦，边饰以皮，衣黄褐，束白丝绦，黑革鞮，亦有用黄牛皮者。妇人不冠，被发双垂，衣紫毡，余与男子同。"④ 这一记录在《清史稿》中已算是相当详细的了。至于另一个国家坎巨提，则只有一句话："土产牛、羊、马匹，无布帛，尽衣毛褐。"⑤

《清史稿》中能够获取的东方服饰信息是非常有限的，这与其统治时期的状况不是很符合，可能与民国时期仓促编修有关。

---

① 赵尔巽等编著：《清史稿》，北京：中华书局，1976 年版，第 14701 页。
② 同上，第 14713 页。
③ 同上，第 14717 页。
④ 同上，第 14721 页。
⑤ 同上，第 14726 页。

第二节　中国文学艺术作品中记录的东方服饰

一、唐诗中的记述

中国是一个诗的国度，至唐代发展到顶峰。唐诗是中国文学史上的一颗璀璨明珠，其中不乏描写外来事物的诗篇，有介绍人物的，也有介绍景致的，就其东方服饰而言，主要集中在对胡人装束、日本裘皮服装等方面的诗句。

（一）诗中的胡人装束

据《旧唐书》载，唐代女子的服装主要有三大类，即上衫下裙、胡服和男装。"唐裙"中最负盛名的就是石榴裙，而胡服则为西域人服装，元稹曾说："女为胡妇学胡妆……五十年来竞纷泊。"[①]刘禹锡在《观柘枝舞二首》中写道："胡服何葳蕤，仙仙登绮墀。神飙猎红蕖，龙烛映金枝。垂带覆纤腰，安钿当妩眉。翘袖中繁鼓，倾眸溯华榱。燕秦有旧曲，淮南多冶词。欲见倾城处，君看赴节时。山鸡临清镜，石燕赴遥津。何如上客会，长袖入华裀。体轻似无骨，观者皆耸神。曲尽回身处，层波犹注人。"[②]诗中描述了胡服的华美飘逸，配上优美的乐曲，仿佛步入仙境一般，加上舞者轻盈的舞步，让观者心旷神怡。这是唐朝初年对胡服的描述，这些胡服应来自中国西域乃至中亚及欧洲等国。

常建所作《塞下》一诗写道："铁马胡裘出汉营，分麾百道救龙城。左贤未遁旃竿折，过在将军不在兵。"[③]诗中描述了身着裘衣的胡人。所谓胡裘为胡人最常穿的服装，即动物毛皮服装。

---

① （唐）元稹撰：《元稹集》，北京：中华书局，1982 年版，第 282 页。
② （唐）刘禹锡撰：《刘禹锡集》，北京：中华书局，1990 年版，第 322 页。
③ 《全唐诗》，北京：中华书局，1960 年版，第 1463 页。

（二）诗中的日本裘

李白在《送王屋山人魏万还王屋》一诗中提到"日本裘"，原诗是："仙人东方生，浩荡弄云海。沛然乘天游，独往失所在。……身著日本裘，昂藏出风尘。……我苦惜远别，茫然使心悲。黄河若不断，白首长相思。"[①]诗中所送之人是晁衡，日本奈良时代入唐留学生，又名朝衡，日文名阿倍仲麻吕。开元五年（717）随遣唐使赴唐。同年九月到达长安入太学学习。后中进士第。在唐期间，历任司经局校书、左拾遗、左补阙、秘书监兼卫尉卿。二十一年（733），请东归，玄宗未许。天宝十二年（753），随遣唐使藤原清河使舶东归，途中遇暴风，漂流至安南。十四载，辗转再返长安。后历官左散骑常侍、安南都护，客死长安。

日本裘是晁衡归国时穿的一件家乡衣，表达了远离家乡思念亲人的感情。裘衣应是今天理解的皮衣的一种，但这里是指日本布制成的长衣。唐与日本的友好还体现在赠送衣物上，皮日休在《送圆载上人归日本国》的诗句中写道："讲殿谈余著赐衣，椰帆却返旧禅扉。贝多纸上经文动，如意瓶中佛爪飞。飓母影边持戒宿，波神宫里受斋归。家山到日将何入，白象新秋十二围。"[②]可见衣物的往来已是与日本友好交往的见证。

（三）诗中的服饰习俗

在刘景复的《梦为吴泰伯作胜儿歌》一诗中提及"麻衣右衽皆汉民"[③]，这里明确提到麻纤维衣服并右衽的皆为汉民，以此区别于东北和西北民族的毛皮左衽衣。这些北方民族，有些属中国，有些为中亚和西亚。此外，由于交往的深入，许多服饰礼仪都传到了这些地区，当然有些是通过战争，如失调名《恩赐西庭》中这样写道："十道销戈铸戟，三边罢战休征。銮驾早移东阙，圣人再坐西京。南蛮垂衣顺化，北军伏款钦明。优诏宣流紫塞，兼加恩赐西庭。"[④]由此可知西南地区少数民族与中原交往

①　（清）王琦注：《李太白全集》，北京：中华书局，1977年版，第479页。
②　《全唐诗》，北京：中华书局，1960年版，第7091页。
③　同上，第9833页。
④　任半塘编著：《敦煌歌辞总编》，上海：上海古籍出版社，2006年版，第224页。

过程中，逐渐认识礼仪的过程。这里所指"垂衣"，可上溯至"黄帝、尧、舜垂衣裳而天下治"①。陶翰在《送金卿归新罗》一诗中也曾说道："奉义朝中国，殊恩及远臣。乡心遥渡海，客路再经春。落日谁同望，孤舟独可亲。拂波衔木鸟，偶宿泣珠人。礼乐民风变，衣冠汉制新。青云已干吕，知汝重来宾。"②证明当时来到唐朝学习礼仪的新罗人将礼仪带回国的事实。新罗在今朝鲜境内。

（四）诗中的天竺屐

皮日休在《江南书情二十韵寄秘阁韦校书贻之商洛宋先辈垂文二同年》一诗中提到一种来自天竺，也就是今天印度的鞋，叫作天竺屐。诗中这样写道："藓生天竺屐，烟外洞庭帆。病久新乌帽，闲多著白衫。"③这种鞋，严格意义上说应是一种木屐，类似于今天的拖鞋，应是古印度比较常见的一种鞋。

由于唐代开放，故而诗人与外国友人交往颇多，字里行间也就留下了关于东方服饰的星星点点，权作参考。

二、清代小说《红楼梦》中的记述

《红楼梦》中涉及的吃穿用等各类物品有三十几个大项，近百个小项，特别是大观园鼎盛时期，各种外来品成为相互炫耀的奢侈物。书中介绍的外国面料均为当时的极品，用这些舶来衣料所制成的服装，成为今日研究东方服饰审美的一部分。

第三回介绍王熙凤穿着的"大红洋缎窄裉袄"，还有宝玉穿着的"石青起花八团倭缎排穗褂"。这里的倭缎，据《天工开物》记载，系日本织造，后漳、泉海滨一带仿造。如《大清会典》有记载江宁织造局岁织倭缎六百匹，看来也有在国内加工的日本缎。书中经常会将外来物品称为"洋"，所以王熙凤穿的应是来自海外的面料，而"倭"则是明清两朝对日

①（南朝宋）范晔撰：《后汉书》，北京：中华书局，1965 年版，第 3661 页。
②《全唐诗》，北京：中华书局，1960 年版，第 1477 页。
③ 同上，第 7064 页。

本的称呼，故而倭缎一定属于东方服饰范畴。

第六回介绍王熙凤在接见刘姥姥时，穿的是大红洋绉银鼠皮裙。这种洋绉也是舶来品，绉布本是用棉纱织成的轻薄织物，用紧拈纱或烧碱印花，织时用不同的张力或用压花方法使布面起绉，是表面呈绉缩状的纺织物。最早在中国也有绉布的生产，但曹雪芹希望借助对外来绉布的精美描述，体现王熙凤特有的人物品质。绉布据说有两个来源，一个是荷兰，一个是泰国，现已无从考证。

第二十六回写到琪官赠与宝玉一条汗巾时有这样一段描述："这汗巾子是茜香国女国王所贡之物，夏天系着，肌肤生香，不生汗渍。昨日北静王给我的……"这里提及的茜香国就是长期与明清两朝建立宗藩关系的古国——琉球。这个国家盛产茜草，曾进贡给明清朝廷。

第四十九回描述史湘云穿着贾母给她的一件貂鼠脑袋面子、大毛黑灰里子大褂子，围着大貂鼠的风领。貂鼠皮也是极珍贵的皮料，被称为"关东三宝"之一。明宋应星《天工开物》介绍说："貂产辽东外徼建州地及朝鲜国。其鼠好食松子，民人夜伺树下，屏息悄声而射取之。一貂之皮方不盈尺，积六十余貂皮仅成一裘。服貂裘者，立风雪中，更暖于宇下。眯入目中，拭之即出，所以贵也。色有三种，一白者曰银貂，一纯黑，一黯黄。"[①] 此外，赏雪众姐妹也"都是一色大红猩猩毡与羽毛缎斗篷"。羽纱，是一种毛织物，也称羽毛纱，疏细者称羽纱，厚密者称羽缎，出自荷兰、泰国，为外国贡品。此外在这次赏雪中，宝钗"穿一件莲青斗纹锦上添花洋线的鹤氅"，这种花洋线是一种进口花线。李纨则"穿一件哆罗呢对襟褂子"，宝玉穿的是"一件茄色哆罗呢狐皮袄子"。哆罗呢是一种毛织呢料，据说由东洋进入中国，其价不菲。赏雪男女的服装，仿佛是外国进口衣料的展示会。这些说明，至清代，外来的服装面料已广泛用于贵族服饰，特别是东亚和南亚国家的特产。

---

① （明）宋应星著，潘吉星译注：《天工开物译注》，上海：上海古籍出版社，2008 年版，第 111 页。

三、绘画作品中的描绘

（一）唐代《礼宾图》和墓穴壁画中的服饰形象

　　李贤是唐高宗和武则天的次子，死后于中宗神龙二年（706）以雍王身份祔葬乾陵，景云年间（710—711）被追封为章怀太子。

　　墓葬全长 71 米，残存壁画 50 多组，面积达 40 平方米。墓道东壁绘有《礼宾图》。图上有唐代鸿胪寺官员三人做导引，后随三位宾客，据《旧唐书》《新唐书》所载，推测为东罗马、高丽、东北少数民族使臣。西壁《礼宾图》有唐代鸿胪寺官员三人做导引，也有三位宾客，推测为大食、高丽和吐蕃使臣。画中唐朝官员的礼服样式，多承袭隋朝旧制。头戴介帻或笼冠，身穿大袖衫，下佩围裳，玉佩组绶一应俱全。（见图 103）

图 103　《礼宾图》局部（唐李贤墓壁画）

　　《礼宾图》于 20 世纪 70 年代初出土。从陕西省博物馆、乾县文教局唐墓发掘组撰写的《唐章怀太子墓发掘简报》的介绍来看，其中与东方服饰有关的是对三位客使的描绘。一人戴皮帽，圆领灰大氅、皮裤、黄皮靴、束腰带。另一人头戴羽毛帽，有二鸟羽向上直立，帽前着朱色，两旁着绿色，两边带束于颈下。耳露于带外。大红领长白袍，衣襟镶红边，宽袖。束白带，穿黄靴。再一人浓眉，高鼻，深目，阔嘴。身穿翻领紫袍，束带，黑靴。总之，此间有禽羽毛和兽皮毛服饰，明显异于中原。

　　根据《旧唐书·北狄列传》记载：室韦"畜宜犬豕、豢养而啖之，其皮用以为韦，男子女人通以为服"①。又载："靺鞨其畜宜猪，富人至数百口，食其肉而衣其皮。"②室韦也好，靺鞨也好，都是中国东北地区的少数

　　① （后晋）刘昫等撰：《旧唐书》，北京：中华书局，1975 年版，第 5357 页。
　　② 同上，第 5358 页。

民族,他们的服饰风俗相近,这在壁画中清晰地显示出来。

《新唐书·东夷列传》讲到高丽时说:"王服五采,以白罗制冠,革带皆金扣。大臣青罗冠,次绛罗,珥两鸟羽,金银杂扣,衫筒袖,裤大口,白韦带,黄革履。"[①]《旧唐书·东夷列传》也说:高丽"官之贵者,则青罗为冠,次以绯罗,插二鸟羽,及金银为饰,衫筒袖,裤大口,白韦带,黄韦履"[②]。从服饰的形制、色彩看,这位冠上插鸟羽,帽前着朱色的高丽使节在国内是二等官员。

(二)历代《职贡图》中的服饰形象

所谓"职贡图",就是封建时代外国及中国境内的少数民族上层向中国皇帝进贡的纪实图画。图中所记述的外族服饰与中原差别很大,是研究不同历史阶段,中国周边国家或地区服饰形象最好的实物例证。中国现存最早的《职贡图》是南北朝时期梁元帝萧绎所画。萧绎字世诚,是梁武帝萧衍的第七子。萧绎一生酷爱书画,绘有《蕃客入朝图》等30余幅画流传于世。

《艺文类聚·杂文部一》卷五十五引梁元帝《职贡图序》曰:"窃闻职方氏掌天下之图,四民八蛮,七闽九貉,其所由来久矣。汉氏以来,南羌旅距,西域凭陵,创金城,开玉关,绝夜郎,讨日逐。睹犀甲则建朱崖,闻葡萄则通大宛,以德怀远,异乎是哉。皇帝君临天下之四十载,垂衣裳而赖兆民,坐岩廊而彰万国。梯山航海,交臂屈膝,占云望日,重译至焉。自塞以西,万八千里,路之狭者,尺有六寸。高山寻云,深谷绝景,雪无冬夏,白云而共色;冰无早晚,与素石而俱贞。逾空桑而历昆吾,度青邱而跨丹穴。炎风弱水,不革其心;身热头痛,不改其节。故以明珠翠羽之珍,细而弗有;龙文汗血之骥,却而不乘。尼丘乃圣,犹有图人之法;晋帝君临,实闻乐贤之象。甘泉写阏氏之形,后宫玩单于之图,臣以不佞,推毂上游,民歌成章,胡人遥集,款关蹶角,沿溯荆门,瞻其容貌,讯其风俗,如有来朝京辇,不涉汉南,别加访采,以广闻见,名为贡职图云尔。"[③]

---

① (宋)欧阳修、宋祁撰:《新唐书》,北京:中华书局,1975年版,第6186页。
② (后晋)刘昫等撰:《旧唐书》,北京:中华书局,1975年版,第5320页。
③ (唐)欧阳询撰,王韶楹校:《艺文类聚》,上海:上海古籍出版社,1982年版,第996页。

　　萧绎的《职贡图》（摹本），现藏于中国国家博物馆。此画绢本设色，纵 25 厘米，横 198 厘米。所画内容是当时各国外交使节的肖像。原图共画 35 国使，如今只存 12 使，即滑国、波斯、百济、龟兹、倭国、狼牙修、邓至、周古柯、呵跋檀、胡密丹、白题、末国的使者，并述写各国风情。这些使臣们拱手而立，冠裳装束殊俗异制。成为今日研究东方服饰珍贵的历史资料。（见图 104、105、106）

图 104　萧绎《职贡图》局部一

图 105　萧绎《职贡图》局部二

图 106　萧绎《职贡图》局部三

　　阎立本所绘《职供图》现藏于台北"故宫博物院"。画中所绘是唐太宗时爪哇国东南部的婆利国、罗刹二国前来朝贡，途中又与林邑国结队，于贞观五年（631）抵达长安。全幅共 27 人，画中人马各自成组，由右往左前行。一个人虬须骑白马，后有仆人持伞盖掌羽扇随从，其后抬一笼里有鹦鹉，这可能是林邑国使者。林邑国，位于中南半岛东部，又作临邑国，约在今越南南部顺化等地。此地原系占族根据地，西汉设为日南郡象林县，称为象林邑，故称林邑。当地男女皆以横幅古贝缠绕腰部以下，谓之干漫，也叫都漫。戴穿耳小环。贵族穿革屣，普通百姓赤足。林邑、扶南以南诸国都是如此。其王者着法服，加璎珞，如佛像一般佩戴饰品。出行则乘象，吹螺击鼓，罩古贝伞，以古贝为幡旗。（见图 107）

图 107　唐阎立本《职贡图》局部一

　　画左端也有执伞盖的随侍者，手捧怪石，旁有黑肤卷发昆仑奴，可能是婆罗国使者。画中人物穿耳、持象牙，着古贝布，有孔雀扇、耶叶、琉璃器（双重罐）、臂钏、敬浮屠、假山石（蚶贝罗）、香料、革屣、珊瑚、花斑羊等。绘此画的时间虽未必是唐代，但其反映的这段历史事件弥足珍贵。（见图 108）

图 108　唐阎立本《职贡图》局部二

《新唐书·南蛮列传》记载，太宗贞观三年（629），东蛮酋谢元深入朝，冠乌熊皮若注旄，以金银络额，披毛帔，韦行縢，着履。因此，中书侍郎颜师古上书："昔周武王时，远国入朝，太史次为《王会篇》，今蛮民入朝，如元深冠服不同，可写为《王会图》。"[①] 从中可以看出，职贡图是当朝记录外交事宜的一种视觉表现手段，一般辅以文字。

元代任伯温《职贡图》现藏于美国旧金山亚洲美术馆，纵 36.2 厘米，横 220.4 厘米。图中描绘的是游牧民族入元朝进贡宝马的情景。马鞍上的装饰纹样描绘得尤为精细。全图仅画人马，不画背景环境。由于史料有限，很难准确知道是哪个国家。（见图 109）

图 109　元任伯温《职贡图》局部

---

① （宋）欧阳修、宋祁撰：《新唐书》，北京：中华书局，1975 年版，第 6320 页。

《皇清职贡图》是中国清代的一部职贡图,它改变了以前画家绘制画卷的形式,而是以书籍的形式完成。该书于乾隆十六年(1751)下旨编修,历时十年编纂完成。书的主要作者是大学士傅恒,全书共九卷,主要介绍当时的亚洲和欧洲部分国家的地理位置、服饰形象以及与中国交往的历史。其中第一卷《域外各国》,是研究东方服饰审美文化的重要参考资料。书中介绍的域外国家和地区共25个,介绍的人物分为官员夫妇和普通男女的着装。以下按照书中顺序,对位于东方区域16个国家的服饰进行描述。

朝鲜国官员、官妇:书中绘出的形象与明代官员的形象一致。文字注明朝鲜官员、官妇衣着式样效仿唐代,穿锦袍佩金饰,各项礼仪均源自中国。(见图110)

朝鲜国民人、民妇:男子戴黑白毡大檐帽,衣裤则皆以白布为之,裤腿于踝部系扎。妇女将头发梳成辫子再盘在头顶,衣用青蓝色,外罩长裙,布袜花履。(见图111)

图110 朝鲜国夷官和官妇
(《皇清职贡图》)

图111 朝鲜国民人和民妇
(《皇清职贡图》)

琉球国官员、官妇:琉球国居于东南大海之中,经常遣使来朝,获得不少赏赐。官员等级用金银簪标识,用黄绫绢围成冠,宽衣大袖系大带;官妇将头发梳起戴金簪,不施粉黛,穿能够盖住脚面的锦袍。(见图112)

图 112　琉球国夷官、官妇、夷人和夷妇（《皇清职贡图》）

　　琉球国民人、民妇：琉球国距中国的台湾省非常近，很早就有中国人到达那里。当地人多深目长鼻，长相与东亚其他国家差距较大。原住民男子发髻靠右，汉人后裔则发髻居中，都穿布衣草鞋，出入携遮雨伞；女子将头发梳椎状，喜欢用黑色在手上绘花草鸟兽的图形，短衣长裙，以幅巾披肩背，见到陌生人会提起幅巾遮住脸，善于纺织。

　　安南国官员、官妇：安南国就是古代的交趾国，位于今天的越南。冠带朝服式样仿效唐代，穿皂草制成的靴子，武官戴平顶纱帽，穿尖头靴；官妇披发戴金耳环，以大小区分等级，内穿绣花短襦，外披大衣，穿草鞋。

　　安南国民人、民妇：普通男子戴大白草帽，形如锅盖，穿长领大衣，手持蕉叶做成的扇子，富人穿拖鞋，穷人则短衣赤足；女子以帕蒙头，长衣长裙，穿露脚趾的鞋，也善纺织。（见图 113）

图 113　安南国夷官、官妇、夷人和夷妇（《皇清职贡图》）

暹罗国官员、官妇：暹罗国就是今天的泰国。官制分九等，官员四等以上戴锐顶金帽，嵌以珠宝，五等以下的官员则戴绒缎制成的帽子，穿用金线绣成的锦袍或花布短衣系锦带；妇人以金银为簪，戴金银臂钏和戒指。上衣披五色花缦，下衣五彩织金花缦拖地，穿红草编织的靸鞋。（见图 114）

图 114　暹罗国夷官、官妇、夷人和夷妇（《皇清职贡图》）

暹罗国民人、民妇：普通男子白布缠头，上衣短，下衣拖地，穿草履，常佩刀剑；妇女梳椎形发辫，上衣披青蓝布缦，下穿五色布短裙，善于纺织。

苏禄国民人、民妇：苏禄国是古代存在于菲律宾苏禄群岛上的一个信奉伊斯兰教的酋长国。地处热带，以拾取蚌珠为业，剪发裹头去须留髭，衣裤都很短，用绛色的帛做腰带，露出小腿，穿鞋；女子梳椎髻，赤脚，短衣长裙，以幅锦披肩，能将竹子织成布。（见图 115）

南掌国官员、官妇：南掌国位于今天的老挝一带，曾为清朝的附属国。有身份的人或贵族都披发，肩上盖一条红巾或红衣；妇人则将头发绾起，系上红色的帛，

图 115　苏禄国夷人和夷妇
（《皇清职贡图》）

短衣长裙，周身刺花，民风强悍。（见图 116）

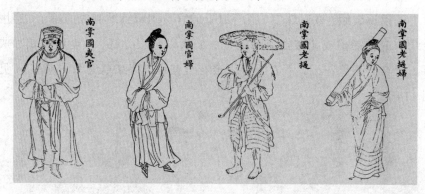

图 116　南掌国夷官、官妇、老挝人和老挝妇（《皇清职贡图》）

南掌国老挝人、老挝妇：老挝人本是南掌国的居民，男子披发戴黑漆帽，穿青衣，用整匹布缠裹下半身；妇人将头发绾起，扎白布抹额，白衣红领，系花布筒裙，均赤足，善于纺织。

缅甸国民人、民妇：男子服饰与南掌国相似；妇人束发穿耳洞，着短衣，穿整幅锦围裹成的长裙，民风纯朴，喜好花卉。（见图 117）

日本国民人、民妇：旧时称为倭奴国，唐时改称日本，与中国交往甚密，文字立法皆源于中国。其国男子髡发，赤脚，方领衣束以布带，出入佩刀剑；女子用簪子将头发绾起，宽衣长裙，朱红色的鞋，能织造绢布。（见图 118）

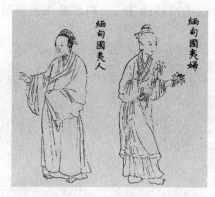
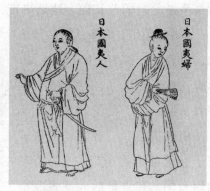

图 117　缅甸国夷人和夷妇　　　　图 118　日本国夷人和夷妇
（《皇清职贡图》）　　　　　　（《皇清职贡图》）

　　马辰国民人、民妇：马辰国是东南沿海中的一个岛国，其居民相传是汉马援南征士卒之后裔。男子剪去头发戴上红帛发箍，围彩花毛织物，出入必佩刀剑，常背一个装椒的筐；女子袒露上半身，下穿过膝的布裙，赤裸双脚，会在胸前披一幅帛。（见图119）

　　汶莱国民人、民妇：唐时称为婆罗国，故地在今加里曼丹岛北岸的文莱。男子剪发裹绛色帛，去须留髯，与苏禄国相似；女子散发垂肩，脖子上缠一块方巾，穿衣裙而赤足。（见图120）

图119　马辰国夷人和夷妇　　　　　图120　汶莱国夷人和夷妇
　　　（《皇清职贡图》）　　　　　　　　（《皇清职贡图》）

　　柔佛国民人、民妇：柔佛国位于马来半岛。男子都剪发，戴以铜丝为胎像碗一样的帽子，用白布做的短衣裤，在腰上围裹花巾，身不离刀；女子垂发，着短衣长裙，赤脚，披锦缯于肩，与苏禄国相似，善于织席。（见图121）

　　宋腒朥国民人、民妇：宋腒朥国是暹罗的属国，以农耕捕鱼为业。男子蓄发去其髯，头上插雉鸟的尾羽，腰上束整块的帛，短衣窄裤，不穿鞋袜，常佩刀剑；女子梳椎髻，赤脚，短衣长裙，披帛于肩头，精于纺织。（见图122）

图 121　柔佛国夷人和夷妇
（《皇清职贡图》）

图 122　宋腒朥国夷人和夷妇
（《皇清职贡图》）

柬埔寨：即真腊国，位于今泰国和越南之间。男子剪发裹头，身上的衣服仅遮蔽下体；女子将头发绾起，上衣齐胸，遮住乳围，露出肘部和臂

图 123　吕宋国夷人和夷妇
（《皇清职贡图》）

部，下身围裹长裙，赤脚。能采桑养蚕，也能织席。

吕宋国民人、民妇：吕宋国就是今天的菲律宾，衣装有些像西欧。妇女用簪子固定盘发，上身为方领露胸短衣，下身着长裙，裙里常衬以藤条缠裹两三层，常用一块手帕盖住盘起的头发。（见图 123）

咖喇吧国民人、民妇：咖喇吧国是古代的爪哇国，位于今天印度尼西亚境内，曾是荷兰的殖民地。当地男子用花帛缠头，短衣束腰，下穿用布缠绕成裙，赤脚，手持木棒，有爵位的人会刻上字以示区别；妇女则垂髻插簪子，用花布缠绕上身，短衣长裙，露胸赤脚，善于裁制缝纫。（见图 124）

嘛六甲国民人、民妇：嘛六甲国位于古代占城国以南，是暹罗的属国。当地男子以有色布缠头，长衣短裤，露出小腿，穿拖鞋；女子梳椎髻，

头上装饰有垂珠,短衣长裙,赤脚,善于缝纫。(见图125)

图124　咖喇吧国夷人和夷妇
(《皇清职贡图》)

图125　嘛六甲国夷人和夷妇
(《皇清职贡图》)

上述16个国家从地域上看,主要位于东亚和东南亚,其中东南亚国家占多数。研究表明,当今东南亚各国传统服饰在明清时期就已定型,例如缠裹式的长裙,现在依然是东南亚各国普遍穿着的款式。从影响力上看,中国衣冠礼仪制度和服饰形制,对东亚的朝鲜、日本影响更为深远,两国衣冠制度都曾全盘效仿唐代;东南亚国家受地理位置和气候等影响,服饰式样已经形成自己的特色,更适合其生活环境的需要。

(三)《三才图会》中的服饰形象

《三才图会》又名《三才图说》,是明代王圻及其儿子王思义撰写的百科式图录类书。成书于明万历年间,共一百零八卷,具有很高的社会价值与艺术价值。所谓"三才",是指"天""地""人",该书要说明的即是这三界中的一切。内容分天文、地理、人物、时令、宫室、器用、身体、衣服、人事、仪制、珍宝、文史、鸟兽、草木十四门。每门之下分卷,条记事物,取材广泛。所记事物,先有绘图,后有论说,图文并茂,相为印证,为形象地了解和研究明代的宫室、器用、服制和仪仗制度等提供了文字及视觉形象资料。

书中第十二、十三、十四卷共介绍了175个国家,遍布大明帝国的东西南北,其中与东方服饰审美研究紧密相连的国家概述如下。

高丽国:朝鲜半岛的古代国家之一,其衣服式样、衙门官制、礼乐诗书医药都效仿中国,盛产黑麻,可织成夏布,衣服多用此料。

女真国:清王朝的前身,居于中国东北寒冷之地,为金人故地。他们以鱼皮、鹿皮为衣,男子喜欢黥面。

暹罗国:地处海滨,就是今天的泰国。他们脚穿木屐,身着缠裹式服装,属于热带地区风格。

占城国:位于今越南北方,信奉佛教,衣着与暹罗国相似。(见图126)

图 126　高丽、女真、暹罗、占城国服饰形象(《三才图会》)

交趾国:与占城国相邻,位于越南南方,风俗习惯也近似。

老挝国:当地人出门骑象,生产珍珠宝石。

真腊国:即今柬埔寨,喜黥面,男女椎髻,穿短衫,围梢布。

天竺国:即古印度,编发垂下两鬓,以帛裹住头,全身用帛缠裹。(见图127)

图 127　交趾、老挝、真腊、天竺国服饰形象(《三才图会》)

黑蒙国：穿五色锦裤，到应天府需要一年的时间。

乌孙国：身披动物毛皮。（见图128）

这些国家主要位于中国的东北和西南，有些需要出海很久才能到达。他们所居之处不是极寒之地便是热带丛林，服饰差异非常大。部分国家的信仰不同，有些服饰佛教色彩浓重。所记述的服饰基本反映了当地服饰与气候以及与社会发展之间的关系。

图128　乌孙国服饰形象
（《三才图会》）

第三节　中国游记中记录东方服饰的著作

一、宋代《诸蕃志》

《诸蕃志》是南宋赵汝适所著海外地理名著。该书内容丰富，记录了大量海外诸国的风土人情以及物产资源，其中包括服饰。

中国宋代时，海上丝绸之路发达，与沿海国家贸易活跃，往来频繁。赵汝适是南宋宗室，宋理宗时任泉州市舶，有机会有条件了解诸多邻国，记录其国名，记述其风土，为著述《诸蕃志》提供了有利的资料基础。

《诸蕃志》所记国家有48个，东自日本国，南至印度尼西亚群岛，西达东非索马里，北止地中海东岸诸国家，是研究宋代海外交通与国际交流的重要文献。书分上、下两卷，上卷"志国"，记录海外诸国风土人情；下卷"志物"，记述其物产资源。

《诸蕃志》原书已佚亡，今本都直接或间接出于《永乐大典》。旧刻本有《函海》本和《学津讨原》本，刊刻不止一次，曾有多人校注。1911年，德国汉学家夏德和美国汉学家柔克义合译的英文本，刊行于世，反响强烈。1937 年，冯承钧参考大量文献，吸收和整合前人成果，再将其转译成中文。1981 年，杨博文以《函海》本为底本，参订冯氏校注，补其遗漏，校其不足，于 1996 年出版了《诸蕃志校释》[①]。

这本书文字简洁明了，有关东方服饰的记述概要如下。

交趾国："王系唐姓。服色饮食略与中国同，但男女皆跣足差异耳。"交趾国在今越南北部河内一带。相传交趾祖先是闽人，故王系唐姓，服色饮食与中国大致相同。

占城国："王出入乘象，或乘软布兜，四人舁之。头戴金帽，身披璎珞。王每出朝坐轮使女三十人持剑盾或捧槟榔从。"占城在今天越南中部及南部地区。

宝瞳龙国：在占城南部，为占城之属国，只是简单地描述："地主手饰衣服与占城同。"

与占城紧挨的还有真腊国，服饰亦受到占城国影响。

真腊国："接占城之南，东至海，西至蒲甘，南至加罗希。"真腊即今柬埔寨之古称，北接占城，东至海，西至伊洛瓦底江右岸，南至马来半岛。"其王妆束大概与占城同，出入仪从则过之，间乘辇，驾以两马，或用牛。其县镇亦与占城无异。"说明他们的服饰与占城也基本相似。另外还有关于僧道服饰的描述："僧衣黄者有室家，衣红者寺居，戒律精最。道士以木叶为衣。"僧衣黄者有室家，指小乘佛教之长老；衣红者寺居，指大乘佛教之比丘。

蒲甘国："官民皆撮髻于额，以色帛系之，但地主别以金冠。其国多马，不鞍而骑。其俗奉佛尤谨，僧皆衣黄。地主早朝，官僚各持花来献，僧作梵语祝寿，以花戴王首，余花归寺供佛。"蒲甘国在今缅甸。

三佛齐国："国王出入乘船，身缠缦布，盖以绢伞，卫以金镖。"在今苏门答腊东南部，身缠缦布，为东南亚地区的风格服饰。

凌牙斯加国："地主缠缦跣足，国人剪发，亦缠缦。"

新拖国："男女裸体，以布缠腰，剪发仅留半寸。"

---

①　（宋）赵汝适著，杨博文校释：《诸蕃志校释》，北京：中华书局，1996 年版。

蓝无里国："其王黑身而逆毛,露顶不衣,止缠五色布,蹑金线红皮履,出骑象,或用软兜,日啖槟榔。"又:"国人肌肤甚黑,以缦缠身,露顶跣足,以手掬饭,器皿用铜。"

阇婆国："其王椎髻,戴金玲,衣锦袍,蹑革履,坐方床。"又:"土人被发。其衣装缠胸,下至于膝。"

苏吉丹:即阇婆之支国,在今加里曼丹岛西岸苏加丹那港口。"其王以五色布缠头,跣足。路行蔽以凉伞,或皂或白。"另有国王侍从帽子的描述:"从者五百余人,各持枪剑镖刀之属。头戴帽子,其状不一,有如虎头者,如鹿头者,又有如牛头、羊头、鸡头、象头、狮头、猴头者,旁插小旗,以五色缬绢为之。""土人男剪发,女打鬐,皆裸体跣足,以布缠腰。"还有女人化妆的记述:"蛮妇搽抹,及妇人染指甲衣帛之属,多用朱砂。"

南毗国："在西南之极。自三佛齐便风月余可到。"南毗国有严格的舆服制度:"其主裸体跣足,缚头缠腰,皆用白布,或著白布窄袖衫,出则骑象,戴金帽,以真珠珍宝杂拖其上,臂繋金缠,足圈金铢。仪仗有纛,用孔雀羽为饰,柄拖银朱,凡二十余人,左右翊卫,从以番妇,择貌壮奇伟者前后约五百余人,前者舞导,皆裸体跣足,止用布缠腰,后者骑马,无鞍,缠腰束发,以真珠为缨络,以真金为缠铢。用脑麝杂药涂体,蔽以孔雀毛伞,其余从行官属,以白番布为袋,坐其上,名曰布袋轿,以扛昇之。扛包以金银,在舞妇之前。国多沙地。王出,先差官一员及兵卒百余人持水洒地,以防飓风播扬。"

胡茶辣国:在今之印度卡提阿瓦半岛。"国人白净,男女皆穿耳,坠重环,着窄衣,缠缦布,戴白煖耳,蹑红皮鞋。"另外胡茶辣国生产出口各色番布。"土产青碇至多,紫矿、苟子、诸色番布,每岁转运就大食货卖。"

大秦国："其人颜色红白,男子悉著素衣,妇人皆服珠锦。好饮酒,尚干饼,多工巧,善织络。"

天竺国："天竺国隶大秦国,所立国主悉由大秦选择。俗皆辫发,垂下两鬓及顶,以帛缠头。所居以石灰代瓦,有城郭居民。王服锦罽,为螺髻于顶,余发剪之使短。晨出坐毡皮,用朱蜡饰之,画杂物于其上,群下皆礼拜祝寿。出则骑马,鞍辔皆以乌金银闹装,从者三百人,执矛剑之属。

妃衣大袖镂金红衣，岁一出，多所赈施。"

大食国："天气多寒，雪厚二三尺"，"故贵毡毯"。"王头缠织锦番布，朔望则戴八面纯金平顶冠，极天下珍宝，皆施其上。衣锦衣，系玉带，蹑间金履。其居以玛瑙为柱，以绿甘（石之透明如水晶者）为壁，以水晶为瓦，以碌石为砖，以活石为灰。帷幕之属，悉用百花锦，其锦以真金线夹五色丝织成。台榻饰以珠宝。墀砌包以纯金，器皿鼎灶杂用金银。结真珠为帘。每出朝坐于帘后。""民俗侈丽，甲于诸番。"因"本国所产，多运载与三佛齐贸易，贾转贩以至中国"，故"其国雄壮"。还有关于官员的描述："官有丞相，披金甲，戴兜鍪，持宝剑，拥卫左右。余官曰太尉，各领兵马二万余人，马高七尺，用铁为鞋，士卒骁勇，武艺冠伦。"

大食国国力强盛，故影响周边国家，如层拔国和白达国。

层拔国："在胡茶辣国南海岛中，西接大山。其人民皆大食种落，遵大食教度。缠青番布，蹑红皮鞋。"

白达国："产金银、碾花上等琉璃、白越诺布、苏合油。国人相尚以好雪布缠头及为衣服。七日一次削发剪爪甲。一日五次礼拜天，遵大食教度。"

与白达国相同的还有勿斯里国，据记载："勿斯里国，属白达国节制。国王白皙，打缠头，着番衫，穿皂靴。出入乘马，前有看马三百匹，鞍辔尽饰以金宝。"

中理国："中理国人露头跣足，缠布不敢着衫，惟宰相及王之左右乃着衫缠头以别。王居用砖甓瓷砌，民屋用葵茆苫盖。"

瓮蛮国："瓮蛮国人物如勿拔国。地主缠头，缴缦不衣，跣足；奴仆则露首跣足，缴缦蔽体。"

记施国："王出入骑马，张皂伞，从者百余人。国人白净，身长八尺，披发打缠，缠长八尺，半缠于头，半垂于背，衣番衫，缴缦布，蹑红皮鞋。"

芦眉国：小亚细亚地区，纺织业已经形成规模。"人皆缠头塌顶，以色毛段为衣。以肉面为食，以金银为钱。有四万户织锦为业。"

海上杂国有波斯国、茶弼沙国、默伽猎国。

波斯国："其人肌理甚黑，鬓发皆虬；以青花布缠身，以两金串铃手。"

茶弼沙国："王着战袍，缚金带，顶金冠，穿皂靴，妇人着真珠衫。"

默伽猎国："王逐日诵经拜天，打缠头，着毛段番衫，穿红皮鞋。"

渤泥国："王居覆以贝多叶，民舍覆以草。王之服色，略仿中国，若裸体跣足，则臂佩金圈，手带金鍊，以布缠身。坐绳床。出则施大布单坐其上，众舁之，名曰'软囊'，从者五百余人，前持刀剑器械，后捧金盘，贮香脑槟榔等从。""又有羊及鸡鱼。无丝蚕，用吉贝花织成布。有尾巴树、加蒙树、椰子树，以树心取汁为酒。富室之妇女，皆以花锦销金色帛缠腰。"

麻逸国："土人披布如被，或腰布蔽体。"

流求国："男女皆以白纻绳缠发，从头后盘绕，及以杂纻杂毛为衣，制裁不一。织藤为笠，饰以羽毛。"

倭国："男子衣横幅，结束相连，不施缝缀，妇人衣如单被，穿其中以贯头，一衣率用二三缣，皆被发跣足。"

《诸蕃志》所描述的东方各国受地理、经济、政治等影响，形成了千姿百态的东方服饰文化。

二、元代《岛夷志略》

记录中国元代与海外诸国交流的著作，除《元史》和《新元史》外，还有《大德南海志》《真腊风土记》和《岛夷志略》。《大德南海志》，陈大震著，原二十卷，现尚存卷六至卷二十。卷七为物产篇，附列诸蕃国。《真腊风土记》，周达观著，为随元使访问所得的第一手资料，记载颇为详细。汪大渊的《岛夷志略》，记载了200多个国家和地区的风土人情，是研究元代与海外诸国交流的重要史料。

元至正九年（1349），吴鉴修《清源续志》，认为诸蕃辐辏不能无记，而汪大渊曾于1330年和1337年两次浮海远游，所以请汪大渊撰《岛夷志略》，附于《续志》之后。后来汪大渊又将其作单行本在故里南昌发行。

《岛夷志略》上承宋代周去非《岭外代答》、赵汝适《诸蕃志》，下接明代马欢《瀛涯胜览》、费信《星槎胜览》，而其重要性却超过了宋明之作。

现存《岛夷志略》均源于南昌之单行本,后有多人考订。今人苏继庼集诸家之说,考众家之未考,完成《岛夷志略校释》并刊行①。下面选取该书中有关服饰的描述。

彭湖:"男女穿长布衫,系以土布。"

琉球:"男子妇人拳发,以花布为衫。"

三岛:"男女间有白者。男顶拳发,妇人椎髻,俱披单衣。""地产黄蜡、木绵、花布。贸易之货用铜珠、青白花碗、小花印布、铁块之属。"

麻逸:"男女椎髻,穿青布衫。凡妇丧夫,则削其发,绝食七日,与夫同寝,多濒于死。"

无枝拔:"男女编发缠头,系细红布。"

交趾:"男女面白而齿黑,戴冠,穿唐衣、皂褶、丝袜方履。"

民多朗:"男女椎髻,穿短皂衫,下系青布短裙。"

真腊:只是简单描述"男女椎髻"。

丹马令:"男女椎髻,衣白衣衫,系青布缦。""定婚用缎锦、白锡若干块。"

日丽:"男女椎髻,白缦缠头,系小黄布。"

麻里鲁:在今马尼拉东南。"男女拳发,穿青布短衫,系红布缦。"

遐来勿:"男女挽髻,缠红布,系青绵布梢。"

彭坑:指今天马来半岛南部东海岸。"男女椎髻,穿长布衫,系单布梢。富贵女顶带金圈数四。常人以五色焙珠为圈以束之。"

吉兰丹:"男女束发,系短衫布皂缦。每遇四时节序、生辰、婚嫁之类,衣红布长衫为庆。"

丁家卢:"风俗尚怪。男女椎髻,穿绿颉布短衫,系遮里绢。"

戎:"俗陋,男女方头,儿生之后,以木板四方夹之,二周后,去其板。四季祝发,以布缦绕身。"

罗卫:"风俗勤俭。男女文身为礼,以紫缦缠头,系溜布。"又:"以竹筒实生蜡为烛,织木绵为业。"

---

① (元)汪大渊著,苏继庼校释:《岛夷志略校释》,北京:中华书局,1981年版。

罗斛：在今湄南河下游之华富里。"风俗劲悍。男女椎髻，白布缠头，穿长布衫。"

东冲古剌："风俗轻剽。男女断发，红手帕缠头，穿黄绵布短衫，系越里布。"越里布指越南南部藩里市所产的一种棉织物。

苏洛鬲："风俗勇悍。男女椎髻，穿青布短衫，系木绵白缦。"

针路："俗恶。男女以红绵布缠头，皂缦系身。民煮海为盐，织竹丝布为业。"

八都马："男女椎髻，缠青布缦，系甘理布。"

淡邈："男女椎髻，穿白布短衫，系竹布梢。"

尖山："男女断发，以红绢缠头，以佛南圭布缠身。"

八节那间："俗尚邪，与湖北道澧州风俗同。男女椎髻，披白布缦，系以土布。"

三佛齐："俗淳。男女椎髻，穿青绵布短衫，系东冲布。"

啸喷："男女椎髻。以藤皮煮软，织粗布为短衫，以生布为梢。"

勃泥："俗尚侈。男女椎髻，以五采帛系腰，花锦为衫。"

明家罗："俗朴。男女衣青单被。"

暹：在湄南河一带，其国"男女衣着与罗斛同"。

爪哇："男子椎髻，裹打布，惟酋长留发。"

重迦罗："男女撮髻，衣长衫。"

都督崖："男女椎髻，穿绿布短衫，系白布梢。"

文诞："男女椎髻，露体，系青皮布梢。"

苏禄："男女断发，缠皂缦，系小印花布。"

龙牙犀角："男女椎髻，齿白，系麻逸布。"

苏门傍："男女披长发，短衫为衣，系斯吉丹布。"

旧港："男女椎髻，以白布为梢。"

龙牙菩提："男女椎髻，披丝木棉花单被。"

毗舍耶："男女撮髻，以墨汁刺身至疏颈项。头缠红绢，系黄布为梢。"

班卒："披短发，缎锦缠头，红绸布系身。"

蒲奔："男女青黑，男垂髻，女拳髻，白缦。"

假里马打：指加里曼丹岛西南近海中卡里马塔群岛。"男女髡头，以竹布为桶样穿之，仍系以梢，罔知廉耻。"

入老古："男女椎髻，系花竹布为梢。"

古里地闷："男女断发，穿木绵短衫，系占城布。"

龙牙门：指新加坡克佩尔港。"昔酋长掘地而得玉冠。岁之始，以见月为正初，酋长戴冠披服受贺，今亦递相传授。男女兼中国人居之。多椎髻，穿短布衫，系青布梢。"

东西竺："男女断发，系占城布。"

花面："男女以墨汁刺于其面，故谓之花面，国名因之。"

淡洋："男女椎髻，系溜布。"

须文答剌："男女椎髻，系红布。"

交栏山："男女椎髻，穿短衫，系巫仑布。"

特番里："俗淳，男女椎髻，系青布。"

班达里："男女丫髻，系巫仑布，不事针缕纺绩。"

曼陀郎："男女挽髻，以白布包头，皂布为服。"

喃哑哩："男女椎髻露体，系布梢。"

下里："男女削发，系溜布。"

高郎步："男女撮髻，系八节那间布梢。"

沙里八丹："男女系布缠头，循海而居，珠货之马头也。"

金塔："男女椎髻，缠白布，系溜布。民煮海为盐，女耕织为业。寿多至百有余岁。地产大布手巾、木绵。"

东淡邈："男女椎髻，系八丹布。"

大八丹："男女短发，穿南溜布。"

加里那："男女髡发，穿长衫。"

土塔："男女断发，其身如漆。系以白布。有酋长。地产绵布、花布大手巾、槟榔。贸易之货，用糖霜、五色绢、青缎、苏木之属。"

华罗："以檀香、牛粪搽其额。以白布、细布缠头，穿长衫，与今之南毗人少异而大同。"

麻那里："俗侈。男女辫发以带梢，臂用金钿。穿五色绢短衫，以朋加刺布为独幅裙系之。"

加将门里："男女挽髻，穿长衫。"

波斯离："男女长身，编发。穿驼褐毛衫，以软锦为茵褥。"

挞吉那："俗与羌同。男女身面如漆，眼圆，白发髯鬐。笼软锦为衣。"

千里马："俗淳。男女断发，身系丝布。"

须文那："男女蓬头系丝。"

小唄喃："风俗、男女衣着与古里佛同。"

朋加剌：指东天竺恒河下游孟加拉。"男女以细布缠头，穿长衫。"

巴南巴西："男女体小而形黑，眼圆而长。手垂过膝。身披丝绒单被。"

放拜：指印度西岸孟买。"男女面长，目反白，容黑如漆。编发为绳，穿斜纹木绵长衫。"

大乌爹："男女身修长。女生髭，穿细布，系红绢梢。"

万年港："男女椎髻，系青布梢。"

马八儿屿："男女散发，以椰叶蔽羞。不事缉织。"

阿思里："男女编发，以牛毛为绳，接发梢至齐膝为奇。以鸟羽为衣。"

哩伽塔："男女瘦长，其形古怪，发长二寸而不见长。穿布桶衣，系皂布梢。"

天堂：男女辫发，穿细布长衫，系细布梢。"

天竺："男女身长七尺，小目长项。手帕系额，编发垂耳，穿细布长衫，藤皮织鞋，以绵纱结袜，仍将穿之，示其执礼也。"

层摇罗："男女挽发，穿无缝短裙。"

麻呵斯离："男女编发，眼如铜铃。穿长衫。"

罗婆斯："不织不衣，以鸟羽掩身。"

三、明代《瀛涯胜览》

明代永乐初年，郑和率队下西洋，这是明王朝的一大盛事，同时也是世界航海史上的一个壮举。郑和先后七次下西洋，历经28年，拜访了30多个国家，在世界航海史上规模最大、持续时间最长，同时影响也最为深远。《瀛涯胜览》就是马欢随郑和下西洋后所著。

　　关于下西洋，郑和本身并没有著述，今人所见下西洋史料中，最重要的便属《瀛涯胜览》了。书中记录了大量的海外风土人情，是研究东方服饰文化的重要资料来源。

　　关于《瀛涯胜览》版本，现在能找到的有五个明钞本：即朱当㴐编《国朝典故》、佚名辑《说集》本、祁承爜淡生堂钞本、天一阁《三宝征夷集》本，还有就是梅钝辑《艺海汇函》本。

　　下面通过今人万明校注的《明钞本〈瀛涯胜览〉校注》[①]概述其中有关东方服饰的内容。

　　首先是占城国："国王系锁俚人，崇信释教。头戴金靫三山玲珑花冠，如中国副净戴者之样，身穿五色如锦绸花番布长衣，下围色丝手巾，跣足。出入骑象或乘小车，以二黄牛前拽而行。其头目所戴之冠，用茭蕈叶为之，亦如其王所戴之样，但以金彩妆饰，内分品级高低。所穿颜色衣衫短不过膝，下围各色番布手巾。"

　　占城国百姓："服衣紫，其白衣惟王可穿，民下衣服并许玄黄、紫色，穿白衣者罪死。国人男子蓬头，妇人撮髻脑后，身体俱黑，上穿秃袖短衫，下围色布手巾，俱赤脚。"

　　值得注意的是，占城国百姓大多穿黑色或黄色衣服，只有国王可以穿白色，平民穿白色衣服犯死罪。男人蓬头，妇女将头发撮髻放在脑后，身体皆黑。在中国，黄色长期以来为帝王专用颜色，普通百姓穿了会被杀头的。占城国尚白，不像中国几千年来一直尚黄。

　　受佛教影响的国家还有暹罗国。13世纪中叶分为暹及罗斛两国，元至正九年（1349）合并为一，称为暹罗斛国。"王者之扮，用白布缠头，上不穿衣，下围丝嵌手巾，加以锦绮压腰。出入骑象或乘轿，一人执金柄伞，茭蕈叶砌做甚好。王系锁俚人氏，崇信释教。国人为僧为尼姑者极多，僧尼服色与中国颇同，亦往庵观受戒持斋。男子栉髻，用白布缠头，身穿长衫，妇人亦栉髻，身穿长衫。"

---

　　① （明）马欢著，万明校注：《明钞本〈瀛涯胜览〉校注》，北京：海洋出版社，2005年版。

相同的国家还有柯枝国："其王亦锁俚人氏，头缠黄白布，上不穿衣，下围纻丝手巾，再用颜色纻丝一匹缠之，名曰压腰。其头目及富人服用与王者颇同。"书中还记有关于苦行僧的情况："又有一等人名浊肌，即念佛道人也，亦有妻小，此辈自出母胎，发不经剃，亦不梳篦，以酥油等物将发搓成条缕如毡，或十余缕，或七八缕，披曳脑后，却将黄牛粪烧灰遍搽身体。上下无衣，止用指大黄藤紧缚其腰，又以白布为梢，手拿大海螺，常吹而行。其妻略以布遮其丑随人而行。此等即出家人，若到人家，则与钱米等物。"

另有古里国，"国王系南毗人氏，崇信释教"。古里国在《大明一统志》中作西洋古里，即今天印度南部西海岸喀拉拉邦的卡利卡特，又被译为科泽科德。这里有关于西洋布的记载："西洋布，本国名曰撦黎布，出于邻境坎巴夷等处。每匹阔四尺五寸，长二丈五尺，卖彼处金钱八个或十个。国人亦将蚕丝练染成各色，织间道花巾，阔四尺五寸，长一丈二三尺余，每条卖金钱一百个。"

有关爪哇国的服饰："国王之扮，蓬头或戴金叶花冠，身无衣袍，下围丝嵌手巾一二条，再用锦绮或纻丝缠之于腰，名曰压腰。插一两把短刀在腰，名不剌头。赤脚，出入坐牛车或骑象。国人之扮，男子蓬头，女子椎髻，上穿衣，下围手巾。男子腰插不剌头一把，三岁小儿至百岁老人，贫富贵贱俱有此刀，皆以兔毫雪花上等镔铁为之。其柄用金或犀角、象牙雕刻人形鬼面之状，制极细巧。"

书中记录的受伊斯兰教影响的国家有满剌加国、榜葛剌国、祖法儿国、阿丹国、溜山国以及天方国等。

满剌加国：又名麻六甲、马六甲，即今天马来西亚马六甲。"国王、国人皆依回回教门，持斋受戒。其王服用，以细白番布缠头，身穿细花青布如袍长衣，脚穿皮鞋，出入乘轿。国人男子方帕包头，女子撮髻脑后，身体微黑，下围白布各色手巾，上穿细布短衫。"

榜葛剌国：即今天孟加拉国以及印度西孟加拉一带，位于恒河下流，南亚次大陆东北部，是东西交通要冲之地。关于服饰的记载："人之容貌，男女俱黑，间有白者。男子剃发，以白布缠之，身服从头套下圆领长衣，下围各色阔布手巾，足穿浅面皮鞋。其国王并头目之服，俱依回回体制，冠衣甚整。"

当时榜葛剌国已有很好的织布技术："土产五、六样细布。一样荜布，番名卑泊，阔三尺余，长五丈六、七尺，此布匀细如粉笺纸一般。一样姜黄布，番名满者提，阔四尺许，长五丈余，此布紧密壮实。一样沙纳巴付，阔五尺，长三丈，便如生罗样，即布罗也。一样忻白勤答黎，阔三尺许，长六丈，布眼稀匀，即布纱也，皆用此布缠头。一样沙塌儿，阔二尺五寸，长四丈余，如好三梭布一般。一样蓦嘿蓦勒，阔四尺许，长二丈余，背面皆起绒头，厚四、五分，即兜罗锦也。"不过，他们"桑蚕丝虽有，止会织丝嵌手巾并绢，不晓成锦"。说明他们的织丝水平还不是很高。

还有关于各种行业服饰的记录："阴阳、医卜、百工技艺皆有。其行院身穿挑黑线布白花衫，下围色丝手巾，以各色硝子珠间珊瑚、琥珀珠穿成璎珞，佩于肩项，又以青红硝子烧成镯钏，带于两臂。"

受伊斯兰教影响的还有祖法儿国：即今阿曼佐法尔，位于阿拉伯半岛东南端。"国王、国人皆奉回回教门，人物长大，体貌丰伟，语言朴实。王者之扮，以白细番布缠头，身穿青花如绢细丝嵌圆领或金锦衣袍，足穿番靴或浅面皮鞋。出入乘轿骑马，前后排列象驼马队，牌手吹筚篥、唢呐，簇拥而行。民下所服冠衣，缠头长衣，脚穿靴鞋。"

他们有更严格的礼拜礼节。"如遇礼拜日，上半日市绝交易。长幼男女皆沐浴毕，即将蔷薇露或沉香香水搽面及体，才穿齐整新净衣服。又以小土炉烧沉、檀、俺八儿等香，立于其上，熏其衣体，才到礼拜寺。"

还有阿丹国："国王、国人皆奉回回教门"，其国服饰："国王之扮，头戴金冠，身服黄袍，腰系宝妆金带。至礼拜日去礼拜寺礼拜，换细白番布缠头，上加金锦之顶，身服白袍，坐车列队而行。其头目各冠带有等第不同。国人穿扮，男子缠头，穿撒哈剌、梭福、锦绣、纻丝、细布等衣，足着靴鞋。妇人之扮，身穿长衣，肩项佩珠璎珞，如观音之扮；耳带金厢宝环四对，臂缠金宝钏镯，足指亦带指环；又用丝嵌手巾盖于顶上，露其面。"

溜山国：即今印度洋中的马尔代夫。他们有较好的纺织技术，文中记载："又织一等丝嵌手巾，甚密实，长阔绝胜他处。所织一等织金方帕，男子缠头可用，其价有卖银二两之贵者。"

天方国：指位于沙特阿拉伯希贾兹境内的麦加，后又泛指阿拉伯。"其回回祖师始于此国阐扬教法，至今国人悉遵教规行事，不敢有违。"其服饰："男子缠头，穿长衣，足着皮鞋。妇人俱戴盖头，不见其面。"看来已与今日阿拉伯国家服饰相似。

四、清代《海外纪事》

《海外纪事》[①]是清朝康熙年间长寿寺住持大汕所著。大汕原姓徐，名石濂，法号大汕。1935 年春，越南顺化统治者阮福周邀请大汕渡海赴越布法。大汕到了顺化，很快赢得了阮氏的信任，被封为"国师"。

大汕在顺化一带居留了一年半，回国后，他将赴越经历及所作诗文编成《海外纪事》一书。此书对了解越南中部地区历史文化以及风土人情具有重要意义。书中也有些关于服饰方面的记述。

大汕初到顺化，看到风景和人物服饰处处新鲜，于是作《初抵大越国诗》六首，如：

> 相看屼嵝冷丹台，铜柱分茅隔海隈。人物却疑新气色，衣冠犹似旧时裁。金刀出户从舆去，银烛通宵照客来。入市当垆皆妇女，临风舞袖卖花回。
>
> 瘴气频蒸漠漠天，木兰风度满溪湾。近村人语烟中竹，隔岸鸡鸣云里山。书桨水翻红袖去，奇南香赠绿衣环。官家几处倾椰酒，归路松灯照醉颜。

二月初一早，国王"随命出宫女四五十人，悉粉白黛绿，文衣曳地，戴金冠，状如七佛冠子"。这是宫中舞女的服饰装扮。

三月初作《客中遣兴诗》二十七首中有一首描述的是商贾官民等的

---

① （清）大汕著，余思黎点校：《海外纪事》，北京：中华书局，1987 年版。

服饰："商贾皆红粉，官民总绿衣。槟榔开锦悦，合嗜坐斜晖。青丝披发软，素足踏花稀。未解《周南》意，难同《江汉》归。"还有一首记述采桑女子："新藬桑陌女，晴日曳罗裾。结草箕为笠，编绳网作舆。"

四月初一，传沙弥戒，系统记述了王室服装。先是军队："辇军十六人，独高大，散发赤身，止一绳缠腰，挂片绢掩其前，编为绳夹于臀后腰间。"然后是国王："王戴冲天翅纱帽、玄道袍，剪绒凉鞋，不袜。"还有内外两重守卫："军匝私垣外两重，外重长大虬须，须少或假饰之，戴描金红木盔，红缎袄，鱼贯接踵，执金枪立。内重精悍少年，裹红多罗尼巾，绿剪绒袄，执金刀如外立。刀枪衣柄漆樱桃色。"

五、近代《海外见闻》

《海外见闻》[①]是从晋代至晚清102部记录海外见闻的著述中，选出508则纂辑而成的，内容包括海外各地的风俗习惯、宗教信仰、服饰打扮等。下面摘录有关亚洲部分服饰的描述。

○朝鲜半岛人的生活

衣服多麻苎，衫皆大袖，巾形如弁。

（龚柴：《朝鲜考略》）

○大袖长裾（二则）

之一

服饰皆遵中国明代之制。其制不一，然大略论之，皆大袖长裾，头戴黑笠，脚著布鞋而已。服分三等，曰公服，朝臣之衣也；曰戎服，武弁之衣也；曰常服，平民之衣也。贵显人所穿者，绫罗绸缎绢帛不等，贱民则麻布棉衣而已。然官吏务论品位之尊卑，以次递降。平民则皆用白布为衣，染色之衣，不过妇女儿童所穿，类于孝服勿顾也。少女衣笠，亦皆用白色。帽分数式，曰冠、曰笠、曰皮巾，但冠有网巾以系脑前。又考试及第者，冠下再戴皮巾以自别。

---

① 余美云、管林辑注：《海外见闻》，北京：海洋出版社，1985年版。

男人头蓄长发，其髻如螺，中插以簪，有金银、珊瑚、黄铜各类。妇女发如洋妇，袄亦如之。京中妇女出门，必著被衣，道遇外国人，即避入屋内，勿论此处为何等人家也。公馆近傍之妇女，则习见不避。

儿童之发，皆编成一辫，垂于背后。成童以后尚不改髻，人皆待之如童，无有敬意，故有财者，年虽未长，已行加冠之礼，贫贱者不能购衣服，往往年已三十，尚作童装也。

（阙名：《高丽风俗记》）

之二

（光绪八年三月）廿二日，雾。午，朝鲜差官赵惠人来拜，戴圆翅乌纱，服圆领大袖红袍，束玉带，履方头薄底乌靴。靴帮底皆以皮为之。初以为俗尚太俭，继知王城系山路，砂石琐碎，步履窸窣有声，非皮则易于擦破也。立夏后，皆衣夏布袍，色用红青绿不等，平民多白色，直领，长短袄袖窄不过三寸。上者穿尖头薄底皮履，浅面单梁，前后高而中低，帮窄不盈寸。中者麻鞋，下者草鞋。制与中土大同小异。袜则不论冬夏，皆穿厚绵底即缝下口以为之，不另托以平片，故欹侧臃肿，形状累坠。

（吴钟史：《东游记》）

○油帽

雨天，惟官令隶人执盖，绅民皆油衣油帽，遍行路中。油帽折叠如摺式，有竹架可支。下等之人将油帽竹架束于腰间。天阴则预支架于项，将雨即撑帽于架。

（阙名：《朝鲜风土记》）

○官员出门（二则）

之一

官员束腰之带，下垂大穗，内藏一物，约三寸长，或象牙，或乌木不等，上刻其人之姓名、某科出身、何年入仕，闻是国王所颁给者。外城共分道八，即八省然。惟京畿道，文掌武权，衣前垂二皮包，内藏兵符及信符。便帽无分贵贱，皆黑马尾织成，如中军帽式。文人雅士，有戴六角帽，其质甚软，可叠折之，名为程子冠，系仿程夫子之冠而为之，无书可考，不识然否？

（阙名：《朝鲜风土记》）

○日本风俗

衣服阔袖大襟，上下一幅，以布帛裁之。男子薙头发而结发，女子结髻戴笄栉，妆红粉，著长衣大带。明治初年，宫室、服饰、礼节，以及学术、工艺、技能，改效西洋，习俗从而变化。然萨摩地方以断布为带，二陆之民穿至窄之裤。

（陈家麟辑：《东槎闻见录》）

○小学生放学，列队回家

鱼贯比肩，服色一律。

（谭襄云：《东游管见》第十四章《风俗》）

○服饰与装扮

（日本国）男女衣服大领阔袖，女加长以曳地，画染花卉文采，裈用帛幅裹绕，足著短袜以曳履。男束带以插刀，髭须而薙顶额，留鬓发至后枕，阔寸余，向后一挽而系结，发长者修之。女不施脂而傅粉，不带鲜花剪彩簪珥，而插玟瑁，绿发如云，日加涤洗，熏灼楠沉，髻挽前后，爪甲无痕，唯恐纳垢。

（陈伦炯：《海国闻见录》上卷《东洋记》）

○额上剃发数寸

白题胡舞翻新样，黄胖春游学少年。

脱却垂檐莞笠子，十分圆月到鹧颠。

剃头发数寸，曰"月代"，犹言月样也。又名"十河额"，宇士新称为"黄鹧颠"。数十年前，多戴垂檐白莞笠，后改用平顶一字，今皆用伞矣。

（黄遵宪：《日本杂事诗》第一百三十九首）

○袜有两歧，歧两齿

声声响屧画廊边，罗袜凌波望若仙。

绣作莲花名藕覆，鸳鸯恰似并头眠。

袜前分歧为二靫，一靫容拇指，一靫容众指。《致虚阁杂俎》："太真作鸳鸯并头莲锦裤袜，名曰藕覆。"

屦有如丌字者，两齿甚高；又有作反凹者，织蒲为苴；皆无墙有梁，梁作人字，以布緵或刓蒲系于头，必两指间夹持用力乃能行，故袜分两歧。考《南史·虞玩之传》："一屦着三十年，莫断以芒接之"。古乐府："黄桑柘屐蒲子履，中央有丝两头系。"知古制正如此也。附注于此。

（黄遵宪：《日本杂事诗》第一百四十三首）

○穿黑衣出嫁

绛蜡高烧照别离，乌衣换毕出门时。

小时怜母今怜婿，宛转双头绾色丝。

大家嫁女，更衣十三色。先白，最后黑，黑衣毕，则登舆矣。母为结束，盘五彩缕于髻。满堂燃烛，兼设庭燎，盖送死之礼，表不再归也。

（黄遵宪：《日本杂事诗》第九十一首）

○女子已嫁，薙眉黑齿

编贝描螺足白霜，风流也称小蛮腰。

薙眉涅齿缘何事，道是今朝新嫁娘。

长崎女子已嫁，则薙眉而黑其齿。举国旧俗皆然，殊为可怪。而装束则古秀而文，如观仕女图。

（何如璋：《使东杂咏》第十一首）

○赤信女

乌啼月落写哀思，剪发翻同练行尼。

红泪洒来题赤字，不堪石阙独含悲。

僧又为之制谥，或曰"月落乌啼庵主"，或曰"绿树院重阴居士"。夫死，妻则剪发去饰，更名用谥，称曰某院。俗曰"赤信女"，盖以碑面镌夫妻谥，其未亡人则涂以朱，故有此名也。

（黄遵宪：《日本杂事诗》第一百首）

○猿乐

吹螺竞作天魔舞，傅粉翻同脂夜妖。

红襦绣领碧绸裤，骑上屋山打细腰。

猿乐名散乐，俗谓之"能"，又变为田乐。始自北条，盛于室町。及丰太阁自学之，王公贵人，皆丹朱坋身，上场为巾帼舞，与优人相伍。部中色长曰大夫，副曰喊师，副末曰狂言师，歌工曰地诎。所奏曲词，多出于浮屠，装饰乃近于娼优。乐器有横笛、三鼓。三鼓：一曰大鼓，广于羯鼓，承以小床，用两杖击之；二曰小鼓，似细腰鼓，捧左右肩，拍以指；三曰横胴，挟左胁下，亦以指拍之。

（黄遵宪：《日本杂事诗》第一百五十四首）

○琉球一瞥

人民束髻大袖，足穿草履。男女妆饰，头上只插一簪一笄为别；故少年之男女。瞥目则无异。及其壮也，皆留须髯，故街上长须之人甚多。

（罗森：《日本日记》）

○刺黑点于指上（二则）

之一

女子自幼即刺黑点于指上，年年加刺；至十二三岁出嫁时，竟成梅花；至衰老，手背皆黑矣。发长四五尺，头梳一髻，光如油，黑如墨。不修眉鬓，不带钗环手饰，不施脂粉。穿大领衣，色尚白。有时以手扯裳，有时以衣覆脑，若兜衣之状。如有夫之妇，犯奸淫，男女俱死。

（张学礼：《中山纪略》）

之二

女子皆黥手背指节为饰，甚者全黑，少者间作梅花斑。按《诸番志》：黎母俗，女及笄，及黥颊为细花纹，谓之绣面，集亲客相庆，俗与雕题、凿齿同。……人家门前多树"石敢当"碣，墙上多植吉姑罗，或揉树横卧墙头，剪剔极齐整。

（李鼎元：《使琉球记》）

○男女不薙胎发

男女不薙胎发，男至二十成立。娶妻之后，将顶发削去，惟留四余，挽一髻于前额右旁，簪小如意。如意亦分贫贱品级，国王用金而起花者，王之伯叔兄弟用光金；三法司、紫金大夫用银起花者，大夫、通史等职用光银；百姓用玳瑁、明角、竹簪而已。妇女亦然。衣服敞袖长袍，腰系全幅锦缎，长丈余，两旁插扇子、烟袋、小刀之类。足穿无跟皮鞋，冠以纸为胎，绸布裹之。分贵贱，长七寸，阔二分，周回三转，共为一圈。王用五色花绫，王之叔伯兄弟子侄用黄花绫，宗族用黄光绫；法司、紫金用紫花绫，大夫、通史等官用红绢。初进王府者为秀才，用红光绢。王府役人及杂职用红布。百姓皆用青绿布，此定制也。

（张学礼：《中山纪略》）

○越南人的生活

其人被发，以香蜡梳之，故不散。跣足，足无尘捡，以地皆净沙也。男女衣皆大领，无分别，无裙裤，女有无褶围裙。其王与官，或时冠带靴袜，然非其所好也。称其贵人曰翁茶，翁茶者大官也。其牛羊猪烧去毛，即割而食之。只有烧酒。时刻吃槟榔，惟睡梦时方停嚼耳。每用药物涂其齿，黑而有光，见人齿白者反笑之。惟王宫用黄瓦，官民不敢用瓦，以草苫，楹栋以竹。

（李仙根：《安南杂记》）

○男女均留全发

本处男女均留全发，上衣窄袖乌长衫，下衣窄管白袱。头缠色布，腰束色带。带之双头垂至膝，皆用广东荷包。百人之中，赤足者七八十人，西鞋者一二十人，华鞋者数人而已。除在国家雇工外，或耕作，或肩挑小贩为生。妇女多杂廛市中卖生果什货，鱼市中尤多。男子则当法人防兵差役，人多贫寒。

（陈氏：《越南游记》）

○西贡土人

土人多面黄而黑，类闽粤产。亦有身躯短矮者，仿佛侏儒。衣以黑色为尚，束以红巾，缠粗布于首。男女俱不薙发，垂垂如漆，盘于颈中，齿牙亦染黑，以为美观。其有戴大帽者，皆功名中人，平人不能有也。

（阙名：《三洲游记》）

○真腊的儒、僧、道

为儒者呼为班诘，为僧者呼为苧姑，为道者呼为八思惟。

班诘不知其所祖，亦无所谓学舍讲习之处，亦难究其所读何书。但见其如常人打布之外，于项上挂白线一条，以此别其为儒耳。由班诘入仕者,则为高上之人,项上之线终身不去。

苧姑削发穿黄,偏袒右肩,其下则系黄布裙,跣足,寺亦许用瓦盖,中止一像,正如释迦佛之状,呼为孛赖,穿红,塑以泥,饰以丹青,外此别无像也。塔中之佛,相貌又别,皆以铜铸成,无钟鼓铙钹,亦无幢幡宝盖之类,僧皆茹鱼肉,惟不饮酒,供佛亦用鱼肉,每日一斋,皆取办于斋主之家。寺中不设厨灶,所诵之经甚多,皆以贝叶迭成,极其齐整,于上写黑字,既不用笔墨,不知其以何物书写。僧亦有用金银轿杠、伞柄者。若国主有大政亦咨访之。却无尼姑。

八思惟正如常人,打布之外,但于头上戴一红布或白布,如鞑靼娘子罟姑之状而略低,亦有宫观,但比之寺院较狭,而道教者,亦不如僧教之盛耳。所供无别像,但止一块石,如中国社坛中之石耳。亦不知其何所祖也。却有女道士。宫观亦得用瓦。八思惟不食他人之食,亦不令人见食,亦不饮酒,不曾见其诵经及与人功课之事。

俗之小儿入学者,皆先就僧家教习,暨长而还俗,其详莫能考也。

(周达观:《真腊风土记》)

○真腊男女皆椎髻袒裼

自国主以下,男女皆椎髻,袒裼,止以布围腰。出入则加以大布一条,缠于小布之上。布甚有等级;国主所打之布,有直金三四两者,极其华丽精美。其国中虽自织布,暹罗及占城皆有来者,往往以来自西洋者为上,以其精巧而细美故也。

惟国主可打纯花布。头戴金冠子,如金刚头上所戴者;或有时不戴冠,但以线穿香花,如茉莉之类,周匝于髻间。顶上戴大珍珠三斤许。手足及诸指上皆带金镯、指展,上皆嵌猫儿眼睛石。其下跣足,足下及手掌皆以红药染赤色,出则手持金剑。

百姓间惟妇女可染手足掌,男子不敢也。大臣国戚可打疏花布,惟官人可打两头花布,百姓间惟妇人可打之。若新唐人虽打两头花布,人亦不敢罪之,以其暗丁八杀故也。暗丁八杀者,不识体例也。

(周达观:《真腊风土记》)

○人死不葬身

父母死，别无服制，男子则尽髡其发，女子则于囟门剪发如钱大，以此为孝耳。

（周达观：《真腊风土记》）

○暹罗国（三则）

之一

风俗劲悍，专尚豪强，侵掠邻境。削槟榔木为标枪，水皮牛为牌，药镞等器，惯习水战。男女椎髻，白布缠头，穿长衫，腰束青花手巾，其上下谋议，大小事悉决于妇。……妇人多为尼姑，道士能诵经持斋，服色略似中国，亦造庵观。

（费信：《星槎胜览》）

之三

王出入乘象，前导亦鸣金列戟，所戴如兜鍪而有锐向前，非玉非金，不知其何以为之也。所衣皆锦而赤脚跣足无靴履，此则番夷之俗矣。

（季麟光：《暹罗别记》）

○彭坑风俗尚怪

男女椎髻系单裙。富家女子金圈四五饰于顶发，常人五色烧珠穿圈。

（费信：《星槎胜览》）

○缅甸（二则）

之一

男女蓄发甚长，皆绾髻，男子顶前，女子顶后。居恒露顶，无冠。尊者之冠，前高耸而后崭削。男女皆穿双耳，贯金银环以为饰。男子服长而窄，束以巾，长至丈有七八尺。女子上衣下裙，略短而较宽。

（龚柴：《缅甸考略》）

之二

富者间饰以金，顶缀宝石璎珞。国师以僧为之。

（阙名：《缅藩新纪》）

○黥身涂体

其余部夷，男髡头，长衣长裙，女椎髻，短衣桶裙。男女无贵贱皆穿耳徒跣，以草染齿成黑色。缅人男女自生下不剃头发，以白布缠之。……
男子皆黥其下体成文，以别贵贱。部夷黥至腿，目把黥至腰，土官黥至乳。
涂体：男以旃檀，女以郁金，谓极黄为美。

（朱孟震：《西南夷风土记》）

○男子文身，父子别居

缅俗：男子文身，至十岁以外，腰股之间，遍刺花草鸟兽之形，染以蓝
靛，或用红色。头挽髻，耳穿环，上体裸裎，下围花布一幅，男女骤难分别也。

（黄懋材：《西辅日记》）

○北印度裳衣无定

其北印度，风土寒烈，短制褊衣，颇同胡服。外道服饰，纷杂异制，或
衣孔雀羽尾，或饰髑髅璎珞，或无服露形，或草板掩体，或拔发断髭，或
蓬鬓椎髻，裳衣无定，赤白不恒。

（玄奘：《大唐西域记》）

○印度人（二则）

之一

人面多黧黑，居北方者稍为清晳，以白布裹头，故粤东称为小白头，
以别波斯国之大白头也。巨家额涂日光花草，或点以粉，额上刺纹，胸臂
间皆烙卦形。《礼》所谓雕题之国，始其苗裔欤！衣以华丽相尚，贫人则
俱裸体，但以幅巾围腰，又自脐下绊至臀后，以掩下体，谓之水幔。出门
则幅布稍宽，遇正事则上衣曳地。男挂耳环，女穿耳鼻，挂金银环，臂胫
俱带钏镯。秉性灵巧，百技俱工，金漆雕镂皆精绝，所制玉器，薄如蝉翼。

（龚柴：《印度考略》）

之二

土人用白布一幅，蔽其下体，复自后绕至前，留数尺，用以蒙首。有
戴白帽者，有缠红布者，有涂画眉棱、额角及印堂、山根、胸膛等处者。
大抵皆雕题文身之旧俗欤！食物以手攫取，举重承之于顶，无肩挑背负
着。其商贾富民多效英人装束。中国人居此者，亦皆短衣圆帽，惟薙发编
绦，知其为华人耳。

（黄懋材：《印度劄记》）

○呬摩呾罗国

气序寒烈，人性暴急，不识罪福，形貌鄙陋，举措威仪，衣毡皮褐，颇同突厥。

（玄奘：《大唐西域记》）

○朅盘陀国

然其王族，貌同中国，首饰房冠，身衣胡服。后嗣陵夷，见迫强国。

（玄奘：《大唐西域记》）

○古里国

男子穿长衫，头缠白布。妇女穿短衫，围色布，两耳悬带金牌络索数枚，其项上真珠宝石珊瑚，连挂缨络，臂腕足胫金银镯，手足指皆金银厢宝石戒指，发堆脑后，容白发黑，娇美可观。

（费信：《星槎胜览》）

○锡兰岛酒家女

诸佛菩萨绘塑各像，多裸上体。或耳戴环，胫束钏。所衣袈裟，即外著之沙郎，至今未改也。……瞥见酒家女搴帘倚门，螺髻绛唇，面如淡墨色。

（斌椿：《乘槎笔记》）

○锡兰人服饰

（锡兰岛）民睛发如中土，惟面目黎黑可畏。俗奉佛，谨好膜拜，讽经悉县章梵天法。跣足，袭窄袖短衣，重白色，下通服长裙，色尚红，间用印花者。或袒其右臂，首缀玳瑁，细齿梳作半月形（泰西人亦多用之）。男螺髻，或左右披发，女辫发。

（缪祐孙：《俄游日记》）

○新加坡土人

土人色黑，喜食槟榔，故齿牙甚红。以花布缠首，衫而不裤。女……挽髻，额贴花钿，以铜环穿右鼻孔，两耳轮各五六孔，满嵌铜花，富者或金银，手腕足胫戴银钏，腰裹短幅，亦衫而不裤，赤足，奔走若男子，沿途嬉笑……。闻此等人服役勤谨，西人眷属，西雇用之。

（李圭：《环游地球新录》）

○新加坡人服饰

妆饰服色不一，有薙秃者，缠首者，男子以蓝白红黄四色涂面，有自额前画至准头一条者，有涂在眉间者，人之贵贱，即以此分。耳坠双环，女子七孔，饰以白点，手十指戴环，足大指戴一金环，男女皆赤身光脚。腰围红白洋布一条，一头搭再于肩上。

（张德彝：《航海述奇》）

○内山土人

其人不分男女，皆科头赤足，缚蕉叶树皮之类于腰腹下，即蔽体装也。

（阙名：《柔佛略述》）

○麻逸冻

气候稍热，男女椎髻，穿长衫，围色布。

（费信：《星槎胜览》）

○花面国

男子皆以墨刺面为花兽之状，猱头裸体，单布围腰。妇女围色布，披手巾，椎髻脑后。

（费信：《星槎胜览》）

○瓜亚人

女子脚不缠，面不脂粉，首不簪花，衣不带领，裙而不裤。男子则衣有领，鬓簪花，有裤，可谓颠倒矣。

（王大海：《海岛逸志》）

○苏禄风貌

男女俱无衣服，惟披搭绒一片遮其身。

（叶羌镛：《苏禄纪略》）

○哈烈

国主衣窄衣及贯头衫，戴小罩刺帽，以白布缠头，辫发后髻，服制与国人同。……男子髡首，缠以白布，妇女亦白布蒙首，略露双眸，丧则易以青黑。

（陈诚：《使西域记》）

○香气馥郁的礼拜日

男子长幼皆沐浴，以蔷薇露或沉香油涂擦体面，始着新洁衣服。

（巩珍：《西洋蕃国志》）

○天方国

男女穿白长衫，男子削发，以布缠头，妇女编发盘头。

（费信：《星槎胜览》）

○波斯人

俗尚奢华，衣长衣，妇女外出，必以大幅巾掩其面。

（龚柴：《波斯考略》）

○阿拉伯人

土人衣长衫，腰缠白布以佩刀剑。布帽，无论寒暑必数层。妇女亦长衣，顶珠冠，垂缨络，耳佩金银宝环，手金宝镯钏。常蒙头掩面，与波斯人同俗，惟贫贱家稍宽其例。

（龚柴：《阿拉伯考略》）

○亚丁

地产鸵鸟，伸颈可长丈六尺，卵容一斗，羽毛供西洋妇女冠饰。

（郭嵩焘：《使西纪程》）

第四节　外国人记录东方服饰的著作

一、《港督话神州》[①]

出门以前中国的贵妇要修饰一番：涂脂抹粉，画眉毛，做头发，还要精细挑选绣花的礼服。她们就像"太阳宫"宫廷里的美

---

① 〔英〕亨利·阿瑟·布莱克著，余静娴译：《港督话神州》，北京：北京图书馆出版社，2006年版。

女那样，全神贯注地打扮自己。在欧洲的男性看来，中国女性的服饰似乎是一成不变的：刺绣精美的宽松上衣，长长的褶皱裙和肥大的裤子，呈深红色或明亮的黄色，或由各种颜色精心拼成。（第112页）

在乐队后面，每个同业公会都以四路纵队的队形行进，会员都会穿着紫色的丝绸褂子，腰间系着黄色或红色的宽饰带，其绣纹华丽的两端垂到了腿边。（第131页）

二、《远东漫游》①

这位满族人面色黝黑，皮肤粗糙；他的脸型瘦长，下巴突出；他的嘴型开阔，鼻梁挺拔；他的眼神透露出精明，礼节只是他的装饰，透过它，你可以觉察到游牧民族天生的刚烈。那位汉人则正好相反。他体形娇小，柔弱；他的面部丰满，油光闪闪，虽有皱纹，却依然平滑，呈现出德文郡乳酪的颜色；他举止优雅，态度温和，他的动作让人想到在油中浸泡并涂抹均匀的关节；他有一双精巧的手，手型纤细而又丰满；他的神情谦卑而又不失威严；他拥有自信的笑容，遇见任何人都会鞠躬以示尊敬；他的礼貌令人无法抗拒；他身着名贵绸缎、无价毛皮，白皙的手指饰以翡翠，通体散发出麝香和龙涎香的芬芳。（第14页）

三、《巴夏礼在中国》②

演出很有趣。女演员大多年过六十，穿着漂亮的衣服，身上戴满珠宝。她们都戴着银质的长指甲，我想她们一定认为这很美。

---

① 〔英〕F.H.巴尔福著，王玉括等译：《远东漫游》，南京：南京出版社，2006年版。
② 〔英〕斯坦利·莱恩－普尔、弗雷德里克·维克多·狄更斯著，金莹译：《巴夏礼在中国》，桂林：广西师范大学出版社，2008年版。

她们还用姜黄粉和白粉化妆，为了让自己看上去白一些。每个人都戴着假的发辫。她们通过打扮使自己看起来漂亮，也许谈不上漂亮，但也不像乡村妇女那样丑陋。（第146页）

巴夏礼夫人记录的在曼谷接受女王信函仪式日记：

汉城有5座山，如果我有足够的时间，是可以好好散步的。人民还算开化，不过长得很糟糕。男人就像是威尔士的老妇人，戴着黑色的大帽子，穿着白色的长裙子。女人们看起来很不错，只是穿着不恰当，她们使用衬裙和小披风，选择很亮的颜色，比如绿色和蓝色。我喜欢那里的人。（第345页）

四、《一个英国"商人"的冒险》①

她们穿着红蓝相间的纵条纹的裙子，齐膝的布长靴，紧身上衣外披一条羊毛披肩（头发放在里面），有时用深红色的布做衬里，头上只戴了一块精致的布垂饰，用来护住双耳，免受寒风的侵袭。最有特色的是"派拉克（Perak）"，这是她们最珍贵的饰物，由一条很宽的皮条做成，从头顶一直垂到背上，上面缀满了一排排的人造宝石，数量逐渐递减，到顶端就只剩下一颗。男人们均不留胡须，穿着同样的布长靴，厚厚的羊毛袍在腰上束起来，下摆正好过膝，梳着辫子的头上戴着一种黑色佛里几亚（Phrygian，位于小亚细亚的古国——译者）人的帽子，像英格兰马车夫戴的那一种，垂着的一端有多种用途，把它放下来，既可以护眼遮阳，也可以保护耳朵免受下午寒风的侵袭。（第6页）

---

① 〔英〕罗伯特·沙傲著，王欣、韩香译：《一个英国"商人"的冒险》，乌鲁木齐：新疆人民出版社，2003年版。

　　因为你会看到来自附近地区的另一类人，他们或是昂首阔步走在街上，或是成排安静地坐在巴扎（集市——译者）两旁。其大大的白色头巾，络腮胡子，几乎拖到地上的长的宽的外袍，袍前面开着口，露出腰上缠的短毛皮带，以及厚重的黑色羊皮骑马靴，都使他们很惹人注目。（第 7 页）

　　他的颧骨很高，眼睛狭窄，是典型的蒙古利亚人种，穿一身很特别的套装。他头上戴了顶红色的无檐帽，身上穿了件白棉袍，脚上穿了双叶尔羌人齐膝高的厚重马靴。（第 38 页）

　　这些蒙古人穿的衣服是一种束腰长袍，下面是肥大的裤子。官员的长袍是用一种半丝半棉的料子做成，上面织着色彩绚丽的大块图案。有些人穿的则是暗红色的叶尔羌人的衣料，有的穿的则是英国的白棉印花布，还有人穿的是白色毛毡料，没有人穿制服。有的人把长袍卷进宽大的裤子里，有的人穿的是一种袍服，全是前面开口，不束腰。首领们头上戴着一顶圆锥形的帽子，帽子四周包着头巾。大部分人都戴着羊皮帽。（第 63 页）

　　这两个柯尔克孜人都是很年轻的小伙子，显然是兄弟。他们的脸色红扑扑的，皮肤像一个有着古铜色肤质的英国人一样黑。一个妇女很快也出来了，但她只能站在远处。她长得很漂亮，头上用一长条厚厚的白棉布整齐地裹着，就像一卷宽卷尺。用装饰着彩色图案的这种布料做成的长饰带从她的背上垂下来，她穿着一件长外衣，像男人一样用带子把腰束起来，下摆几乎到了脚踝，脚上露出一双红色高筒皮靴。男人的外衣或长袍要短一些，他们头上戴的是带耳垂的毛皮帽。（第 66 页）

　　下午，另外三个蒙古骑兵到了，他们穿的更体面些，色彩鲜艳的一件长袍套在另一件上，裤腿宽宽的，头巾绑在尖顶的丝帽上。（第 67 页）

　　下午晚些时候，我戴着两个古德仆人（穿着由译员从叶尔羌送来的华丽的丝绵衣服奇拉特，Khilat）由班加巴什引路，在尤孜巴希自己的阿库依里正式的拜访了他。我到了他的门口，他将我让到主座席上，命令上"达斯他关"与茶。他现在已脱下他的外套，穿一件叶尔羌的丝绸"奇拉特"样子宽松而光鲜；里面是一件"卡姆索"（Kam sole），或者说由一条围巾紧紧系住腰身的英国印花薄棉布内服。他头上戴的不是围巾，而是一顶墨绿色天鹅绒高帽子，里面的毛边向外翻出。（第87页）

还有从桑株来的"阿拉姆"（Alam），他是处理宗教事务的教长，同样也戴了一顶很特别的毛边圆帽，上面整齐地系了一条形制特别的白色大围巾。（第87页）

当我们到来及出发时，围在我们周围的人群中的每一个人都穿着好几件漂亮的齐膝厚袍子和高筒皮靴，以及一顶向上翻起并露出漂亮毛里的帽子。妇女们不大出来，但我见过一两个，她们穿着不束腰的到脚踝的长袍，靴子跟男人一样，在包着双耳、后脑及脖子的白色围巾上戴着相同的皮帽子。（第93页）

当这些东西都摆放好后，尤孜巴希又拿出一顶如他们戴在头巾下的无檐帽，一顶毛边外翻的高高的天鹅绒帽子（就像我描绘的他自己戴的那种），一个绣花的丝绸钱袋，或者说是一种形状很特别的系在腰上的袋子和一双高筒靴，最后是一件加工很厚的深红丝织长袍，他说这些是沙哈维尔派人送来的，因为天气渐渐变冷了。（第115页）

另一个人群由妇女组成，她们头戴黑边饼状的圆帽（她们冬季的头饰），披着白色的头巾。在经过我的住所前面的时候，她们放下了网状的面罩把脸遮住。（第230页）

进出城门骑马的人流川流不息：官员们穿着华丽的衣服，腰间系着镶银的腰带，上面挂着宝剑，肩上还挎着枪；毛拉们[①]身着宽松的无带素色长袍，头上是巨大的白色包头。（第230页）

---

① 毛拉们：毛拉（Mawla），伊斯兰教职称谓。旧译"满拉""莫洛""毛喇""曼拉"。毛拉有可能间接来源于波斯语 Mullah，用来称呼伊斯兰教的教士。阿拉伯语音译，原意为"保护者"。——原注

　　在冬季妇女们戴一种平顶卷毛毛边小帽。小帽戴在一方白色的头巾上，头巾的一角把面部遮住，另一角披在背上，其他两角则搭在双肩。她们身上一般穿着内外两件长袍，长袍的下摆一直到脚脖子，而且不显腰身。

　　但是她们夏季的服饰有些特别。最常见的头饰就像是一个油灯上的圆球形帽子，戴在脑后。它一般是白色的，但有钱人的帽子是用丝绸或锦缎做的，所以帽子上的球形突起看上去比较坚挺。她们在家里或一般的公共场合所穿的衣服则比较简单，近似于那些开化国家里的晚装，下面一直拖到脚面上。在外衣的下面则露出里面穿的一条宽松裤子的裤边，裤边上绣满了各种花饰，它们一般大部分是红色的。她们脚上穿的是一种齐膝的高跟红皮靴。但是妇女正式出门的时候就要穿上用一种黑色的光滑面料做成的长袍，长袍一直拖到地上，袖长足以遮住每一根指头。她们的头前还戴有一只小角，用印花布或其他布料多层折叠后扎牢。这只小角连着一件用印花棉布面料制成的带袖紧身外衣，这件外衣看起来好像就是贴在身上似的。但是这种穿着现在已经演变成为了一种披肩，就像是在欧洲命令轻骑兵要把自己的外套披在一个肩膀上一样。妇女的面部被一小块系在头上的方巾所遮掩，而披肩则从头上、肩膀一直盖到腰部。这样，叶尔羌女人身体的每一个部分都被包裹得严严实实，就像是一个蚕茧里面的蚕蛹。（第 300—301 页）

五、《神秘的滇藏河流》①

　　当地的藏族人漂亮而快乐。妇女把她们的头发编成三条辫子，头上所戴的三角形布帽就像婴孩的太阳帽。举行宴会的时候，

① 〔英〕F.金敦·沃德著，李金希、尤永弘译：《神秘的滇藏河流》，成都：四川民族出版社，2002 年版。

她们将一件华丽的围裙悬在背上，然后环胸而系。（第 15 页）

此时同行的有几名女脚夫。她们装束奇异，粗布裤宽松下垂，看上去与裙子相似，前后悬垂的围裙更加强了这种效果。她们用牛毛将头发编成一条奇形怪状的大辫子，然后紧束起来，在头顶上盘成一堆。（第 15 页）

他们确实是些古怪的人，身上很脏，脸几乎都是黑的，每人都只穿一件长及膝盖的绵羊皮外套，系一条腰带。向里的羊毛因为沾了动物的油脂而凝成一个硬块，呈现出灰色。一直肩膀露在外面，有力的胸肌和二头肌也暴露无余。皮底的布靴将脚和腿全部套住。炭黑的头发或在头上乱作一团，或梳成一条长辫。那大耳环和戒指又为这些察龙的儿子平添了一种吉普赛人的风格。（第 119 页）

他们自称藏族人，并说藏语。但姑娘们的服饰和外表与我们在察龙其他地区所遇见的有很大差别，若要找到与其相似者，我们就必须进一步沿萨尔温江而下，或翻越西边那座山。确实，我们不久就找到了很好的理由，相信这些人不是纯种的藏族人，不过他们倒是有藏族血统。姑娘们穿着普陀毛呢做成的裙子，既不打褶也无装饰；头上留着一条长辫，额前留着剪短的刘海，那长辫不像在察龙常见的那样被人为地编粗盘在头上并饰以流苏。她们左肩斜挎着龙人（Nung）[①] 编织的小藤篮，篮中装着食物和羊毛线轴，以头上的一根吊货套索运送物品。（第 132 页）

桑达的怒族——黑怒族[②]——他们还记得 1911 年我由萨

---

① 龙族人，甘地（Hkamti）的掸族人称他们为独龙人（Hkunung，即奴隶依族人），分布在甘地（Hkamti）平原以东和以北大部分地区，主要居住在独龙江流域。中原人把他们叫作俅族人（Kiutzu）。——原注

② 虽然"黑"傈僳和"白"傈僳实际上是一个部落中的不同氏族，但中原人在谈到他们时，"黑"和"白"却分别与他们不文明的程度有关。我按照同样有系统的命名方法称呼他们，以便把干旱地区具有藏族特征的怒族人（黑怒族）与萨尔温江地区那些受中国内地人影响的怒族人区别开来。——原注

尔温江上门工的旅行，因此十分友好，他们是一个你所能找到的外表粗野而善良的民族。男人们穿着长长的藏族大氅但不穿靴子，也不编发辫，而是让其蓬乱一团。只有头人留着一条细小的长辫，并让其垂在身后。然而，妇女的衣着不像杰纳的藏族妇女，她们穿着部落式样的衣服，更像他们在河流下游更低处的姐们"白"怒族。也就是说，她们穿着白色的麻布裙子，裙上有蓝色的窄条纹，裙尾带有流苏，裙子环腰而束并几乎垂到脚踝，她们的上衣袖短而且很宽松。如果天气变冷，她们就把一块毛巾随便搭在肩上，而夜里又把这块毛巾作为毯子使用。然而，大多数儿童和年幼的姑娘都身穿缝在一起的山羊皮，朝里的一面都是绒毛——一件暖和而便宜的衣服。（第 141 页）

怒族妇女娇小玲珑，长着快乐的圆脸，且五官端正。她们穿着蓝色的棉布上衣，衣袖长而宽松，一条短裙环腰而束，所用材料与上衣相同，时或以白麻布做成；此外，她们还把一件末端带有条纹的白麻毯从右肩到左腋斜掩在胸上。独龙江的独龙人也穿着末端带有流苏的相似的毯子，惟其窄小之处，则是其服饰与怒族人的不同所在。这是由于他们没有中国人的袍服。在寒冷的冬天，她们加穿一条皮毛朝里的山羊皮马甲。她们几乎不戴任何首饰，只戴些许藏族人的工艺品——粗糙的戒指，或领口形状的胸针。我们没有遇到诸如克钦人的藤腿圈或玛如人的宝贝腰带那样的天然饰物，她们虽然也把长辫盘在头顶，却从不像藏族已婚妇女那样人为地将之加粗，也不饰以流苏。（第 155 页）

一队俅族人从独龙江来到了足里。他们是一群行为粗野的人。他们的头发缠结着吊在污垢的脸上，使这些男人看上去一副女孩子的模样。他们每人只有两件衣服，一件是一种像裙子一样环腰穿戴的麻布毯，另一件搭在肩上，斜系在胸部。（第 172 页）

六、《我的北京花园》①

在中国各地，人们均需依时更换衣着。每一位自重的男子必须按照季节替换 6 套装束。严冬时着厚皮袄，然后是薄皮袄、夹袄、夹衣、单衣，最后是他们所称的夏衣，由我们叫做中国草②的原料织成。在炎热的季节穿着它非常凉爽舒适。当伦敦的气温达到华氏 80° 时，看到人们气喘吁吁的，因为它像亚麻一样凉爽，空气穿透衣料时似乎就降了温。夏衣有白蓝两色，都非常耐穿，这对打入英国市场是个缺点。

帽子有竹编的，外面裹一层薄纱——盛夏，只有官员才戴帽子——普通的黑色面子带衬里的，还有镶毛皮边的和全皮的。（第 56—57 页）

满族妇女都穿极高的高底旗鞋，头戴巨大的满族发冠。发冠在头的两侧伸出，上面满缀花朵、簪钗和其他饰物。整个发冠一定很重，迫使脑袋高高地挺着。大发髻须光滑硬挺，要绾成那样得花很长时间。因此，虽然总有一把大梳子把发髻支起来，发髻一般都还是现买或定做的，就像时下许多英国女士一样，定做了头饰，再把它跟自己的头发紧紧编在一起，固定在头上。（第 58 页）

大步走在他们后面的是一些蒙古喇嘛，穿金色锦袍，看来像职位特别高的清朝大官；一些衣饰稍逊的人着红锦袍，戴黑帽子，既非喇嘛也非和尚，据我看来，应该是白云观的老道。据说他们的帽中有发辫，但看起来不像。（第 67 页）

他们穿着节日的盛装，衣饰上所用的红色比我们常见的汉人

---

① 〔英〕阿奇博尔德·立德夫人著，李国庆、路瑾译：《我的北京花园》，北京：北京图书馆出版社，2004 年版。

② 即苎麻。——原注

要多得多，蓝色是后者身上最主要的色调。大多数年轻女孩穿着红裤子，身上还有许多其他红色的装饰。我还发现她们很漂亮。但是不管我怎么接近，她们都转过脸去，除了脑后好看的发式外，不让我看任何其他东西。头发是梳得非常精巧，但这不是我想看的。（第145页）

七、《伯驾与中国的开放》[①]

但是来自孟买的印度水手，以及信仰火和太阳的琐罗亚斯德教信徒——巴斯人，你会看到他们戴着特殊的帽子，留着或黑或白的长胡须，穿着清一色肥大直长的外衣。当然，这里的中国人占多数，他们穿着高高的软木底鞋子，白色宽大束脚短裤，蓝色肥大短衫，脑后的头发几乎垂于地面，而前面却剃得如面部一样光亮。他们大多数人不戴帽子，有的人则手持一把小扇子。（第255页）

我可以在众多例子中再举一例——一位患白内障的满族将军。我给他的双眼做了手术。一天清晨，他在即将返回家向前来到医院见我，我看到这位肥胖的老将军身着整齐的制服——绸缎长袍，红色纽扣，冠带孔雀翎。（第314页）

八、《日本》[②]

和服是日本最负盛名的服饰，其原料可以是丝绸、羊毛（冬季穿）或棉布（夏季穿）。男士的和服是黑色的，而女士的则印成各种不同的颜色。和服在腰部束有一个彩带，称为腰带（阔腰

① 〔美〕爱德华·V. 吉利克著，董少新译：《伯驾与中国的开放》，桂林：广西师范大学出版社，2008年版。

② 〔美〕希恩·布拉姆伯著，李向民译：《日本》，北京：旅游教育出版社，2015年版。

带）。和服可以在商店里订购全新的，价钱比大学学费要低些，如果想买到实惠的，也可以到二手和服商店去看看。

其他的传统服饰还有剑道裙，一种套在和服外的长裙；浴衣和服，在夏季或室内穿的一种轻便的棉布长袍；日本式外套，主要为商店雇员在销售商品时穿的一种短外套。（第 160 页）

九、《埃及》①

商务装束应该非常庄重正式。埃及人在大部分场合都比西方人穿得更正式。男性装束大都是西装、领带，初次会见时更是如此。到了夏季，你会发现埃及同行们的装束较为休闲，但这时穿得比较郑重一些也比更随便一些好。只要情况允许，你可以脱下夹克。女性装束可以是比较保守的长裙（不能是下班后穿的或鸡尾酒会上的晚礼服），也可以是商务套装。千万不可着短裙——裙子需没过膝盖。（第 217 页）

十、《印度》②

一种普遍的误解是所有的印度妇女都穿着纱丽。有些人穿纱丽，它不能代表印度服装，印度妇女穿着各种垂搭的服饰，各式各样的长裤、长罩衫、短罩衫、长裙。布料种类也很丰富，有棉织的、锦缎的、绣花的和扎染的等。一开始看花了眼，感到似乎没有什么规律可循；时间长了你就会发现印度妇女的服装其实能够揭示她们的来历。服饰是受到地区、宗教和种族规定的。（第 38—39 页）

不过，仅仅从妇女的服饰，你就可以发现很多有趣的事。比

① 〔美〕苏珊·威尔森著，王岩译：《埃及》，北京：旅游教育出版社，2015 年版。
② 〔加拿大〕吉檀迦利·科拉纳德著，张文渊译：《印度》，北京：旅游教育出版社，2015 年版。

如说图中那个披着乳白色镶金边的上衣穿长裙的妇女。她看起来穿的很像是纱丽，其实并不是，那是两片不同的布包裹并穿在底裙和底衫上面。这种衣服叫作蒙都（mundu），喀拉拉地区的装束。她系蒙都的方式和颜色表明了她的宗教和种姓。如果蒙都是纯白而不是乳白色，并且在背后像扇形一样散开，那么她就不仅肯定来自喀拉拉，而且是一个基督徒。她早餐时吃的东西也会和穿着金边蒙都的邻居不同。

另一位妇女肤色较黑，身材较小，头发上戴着花，穿着一件沉重的丝质纱丽，绣着鲜明的金边。她可能来自泰米尔纳德邦。她穿着的就是典型的纱丽，但就是纱丽，也有很多种不同的包法。传统的婆罗门妇女穿着 9 码长的纱丽，而不是通常的 6 码纱丽。穷苦妇女穿纱丽时不像中产阶级妇女一样配底裙。

沿西海岸向北走到卡纳塔克的库格，这里妇女穿着纱丽的方法是紧紧地从前面包裹再搭到身后，就好像剑鞘一般，然后完全展开从背后奔下来。在东海岸的奥里萨，部族妇女会穿一条短纱丽，刚刚垂到膝盖以下，质地是一种独特的丝绸叫作涂纱（tussar），是用野蚕茧缫丝制成。

在马哈拉什拉特邦有些妇女也会穿九码长的纱丽，她们会让纱丽蓬松地绕过大腿，看起来就像宽松的长裤，凸显两跨和臀部的曲线。孟买帮的渔家女将这部分缠紧一些，显露出动人的曲线。吉吉拉特妇女穿戴纱丽的方法会让花色最好的部分（pallav），叠成褶皱从胸前而不是背后垂下。一些拉贾斯坦邦妇女穿着有繁复花样的裙子，还有小镜子装饰，上身穿着露背装。许多衣料都使用扎染。旁遮普邦的妇女喜欢穿宽松的长裤，外加长长的罩衫，这叫作纱丽克米兹（sal war kameez）。

印度北部有很多种纱丽克米兹，还有北方邦比较收身和部分束起来的长裤，让人怀想古代莫卧儿宫廷的风情。

那么男子服饰呢？如果一位男子穿着纱笼一样的裙子，印着蓝色和绿色的格子，上面穿衬衫，他可能来自泰米尔纳德邦。如果你看到他弯下腰，很快拉起裙摆，抖一下塞进腰间，露出膝盖，那他就一定是泰米尔纳德人。长胡子、缠头巾的高个子肯定是一个来自旁遮普的锡克教徒。你甚至看他一眼就知道他叫什么——他肯定是辛格先生。不过要小心，还有其他种类的头巾（也有其他的辛格，下面你会看到）。而缠着复杂的白头巾，细细的髭须，穿着长袍又在腿间拉起的男子一定来自拉贾斯坦邦。在印度缠头巾式样繁多。（第39—41页）

十一、《中国　我的姐妹》①

　　在这个地区，中国人的外表也令人惊奇地同俄罗斯人相似，同样是高大魁梧的身材，同样是言行缓慢而强硬。他们是在广阔天地中依靠自身的强壮而成长起来的，因而也比中原地区的普通居民更勇敢。像俄罗斯人一样，他们也头戴羊毛皮帽子，身穿羊皮外套。在残酷的生存斗争中，妻子是他们有力的、平等的伴侣，而她们也是热爱生活的自由人。村庄里，身穿红裤子、蓝上衣的身强力壮的姑娘们笑得那么自在，而且一点也不害羞地向路人大声喊叫。（第28页）

　　中国人的老年生活确实是诱人的。我想起那些在北平中山公园聚会的老人们，他们的头发已经稀疏，留着长长的白胡须，身穿丝绸长袍，在公园里喝茶或者饮酒。（第46页）

　　这里可以感到北方沙漠地区游牧民族的影响，他们多次攻占了北平，并以它作为自己的都城。在北平的街道上还经常可以见到身披发黄或者发红的长袍、脚穿高筒毡靴、头戴尖顶皮帽的体格魁梧的蒙古人。（第85页）

　　老太太也很胖，她的大儿子长得显然像妈妈。她的头发几乎

---

　　① 〔捷克〕雅罗斯拉夫·普实克著，丛林、陈平陵、李梅译：《中国　我的姐妹》，外语教学与研究出版社，2005年版。

快掉光了，只是后脑勺上还留着一根细小的辫子，像小学女生那样。她上身穿一件短棉袄，下身是厚厚的棉裤，裤脚紧缩成像马腿一样的形状。张老太太还像大多数妇女那样，有一双所谓的"金莲"小脚。一起来的还有两个头发乱蓬蓬的年轻人，穿着长棉袍和肥大的裤子。（第 97 页）

这些"阿姨"们打扮得干干净净，头发梳得光光的，上身穿件白褂子，下身穿件黑布裤子，个个都是很可爱的小老太。（第129 页）

这些阔少爷你一眼就能认出来。他们的头发总是梳理得整整齐齐，涂满了头油；衣服烫得笔挺，以蓝色为主，配上雪白的衬衫，领带（当然也是高级的）上配上一颗大珍珠。（第 179 页）

当然，我对女大学生是感兴趣的。我叫她们"小妹妹"，她们穿着蓝色粗棉布制成的长衣服，还真像小姑娘。她们的长袍开着衩，因此可以看到浅色的棉袜子。她们裹着褐色的毛制大头巾，包着不听话的头发，手上戴粗笨的毛手套。大头巾、帽子、手套和平底便鞋同用金丝线交织的料子做成的服装构成了滑稽的对比，有点像童话里的穷孩子。（第 224 页）

她仅仅是只言片语，而您得诙谐幽默地作答，但是面对这些手指修长，指甲红红，戴着翠玉大戒指的红粉女郎又能说些什么呢？她的纽扣一直扣到脖子底下，衣裙一边开叉，像从玫瑰花瓣中显露出的翠绿的丝绸长裤——这词多么平庸啊——装饰有明亮的刺绣花纹，脚上是柔软的法式皮鞋。（第 326 页）

十二、《早期汉藏艺术》[①]

碛砂木刻作品中僧人的穿着，藏语称 s Tod-gos 或 s Tod-gag。

---

① 〔法〕海瑟·噶尔美著，熊文彬译：《早期汉藏艺术》，石家庄：河北教育出版社，2001 年版。

这种背心完全没有袖孔，肩上覆披着一块布料①。现代背心肩上这块布料也许很大。一般而言，它缝缀在衣服的主题部分上，但在这里，则看不出缝缀过的任何痕迹②。肩膀上缝缀的方形布料和前面悬垂的里子表明是缝缀过的。这里拼缝的通常是酱紫色和黄色等不同的布料。这即时典型的背心。印度佛教的《律藏》中没有背心的记载，而且似乎它也不为中原内地人所知。内地僧人们穿着的都是长袖袈裟。一般而言，藏族僧人的服饰包括一条裙子、一条衬裙、一条腰带、一件背心和一条又宽又长的披肩。靴子除了颜色之别外，与凡人所穿的靴子并无不同。褶式大长袍用于坐着吟诵、祈祷、沉思或禅定时，抵御寒冷的侵袭。布片缀连而成的佛教僧人的服饰袈裟亦即藏语中的 Chosgos，按理每位僧人都有法定的一套，但除了各种仪式场合，很少有僧人穿它。袈裟有方块布料缝缀而成。僧人们通常将它折叠起来，随身携带，或者放置在僧舍中。令人十分惊奇的是，各个教派转世活佛和重要老师仪式上所戴的帽子，造型千姿百态，但所有教派的僧人都戴着黄色或者红色毛料的鸡冠帽。

背心在胸前叠成 V 形领口状，穿在裙子里面。裙子则沿着腰间折叠起来，披肩的着装方式各种各样，不拘一格。汉族僧人袈裟上的环形纹和凸棱纹在西藏，除了偶尔在深受汉族影响的绘画作品和在中原内地创作的藏族绘画作品中能见到以外，一般很少见到。（第 75—76 页）

---

① 也许是阻止昆虫从袖孔钻入。——原注

② 参见克里斯苔：《印度、西藏、尼泊尔和中国重要艺术作品》，1973 年 12 月 11 日，星期二，图版 34、106 关于较早时期这一背心型的两尊青铜塑像图例。——原注

结　语

一、东方服饰总体设计思想

就东方服饰设计而言，无论初起有无"设计"这一定义，都应该承认是有设计思想存在并起到根本作用的。只要是人类有意识的创作行为，实际上都有构思和设计的艺术内涵。这种现象在民族风格确立之后尤为突出。

本书涉及的总体设计思想是宏观的，旨在区别于西方。爬剔梳理之后再加以概括，可以基本上总结为三点。

（一）讲求意韵而非廓形

东方服饰的代表性设计思想是讲求大体浑裹，既不显露人的肌体结构，也不突出有凹凸、有对比的服装廓形。

无论是中国的襦裙、袍衫，还是日本的和服、朝鲜的衣裙、印度的纱丽，都是在刻意强调一种意韵，一种毫无张扬却又浓浓地深藏于里的文化性。

这些服装最初成形的设计主旨，就不是在宣扬服装本身的存在价值，也不是在有意塑造衣服的款式形态，衣服的造型主要是遮蔽人体，这就够了。在东方服饰设计思想中，从来就没有想到过要让衣服来修饰和彰显人体，像古希腊那样；也从未想到过要以衣服衬托出人体的某些部位，如女性胸、肩或男性下肢，像西欧那样；更没有想到过要以某种服饰造型来显示男女的性感，如女性的束腰内衣和裙撑，或男性那附在长裤上的生殖器突起包装物，亦如西欧那样。

　　有趣的是，东方服饰不强调衣服里的人体，却千方百计去强调人体内部的思想。东方服饰在有意淡化形态时，特别注重衣服款式和图案乃至色彩所表现出来的意趣和韵味，这些是由人的精神生活或说思想意识所决定的。中国帝王冕冠为什么要前低后高？这在实际功能中是违背实用的，因为缀上珠子后再向前低，势必会阻碍视线。但是，历朝历代一直坚持这样做，就因为中国人认为服装所包含的意韵要远远高于造型，或说在礼服上突出的主要是意韵。当服装廓形也在表示某种含意时，那它的意义无疑是必须存在的，是不容置疑的，但必须是附属的，即一定要服从于文化。

　　中国帝王冕服上有"十二章"。12 个图案的形成可谓源远流长，从西周直至明代。清王朝正规礼服虽然不再如此严格，但依然在应用，只不过又加上了一些其他文化含义的纹样。这些图案中既有显示君王地位和绝对权威的内容，又有提醒君王要明辨是非、该断则断的内容，还有告诫君王要牢记民情民意的内容。当然，更主要的是告知臣民要无条件遵从。

　　这些礼服图案中包括太阳、月亮和星辰，包括山、火与海藻，还有雉鸟与宗彝，该想到的都想到了，能够用来表现的都取来用上，谁会想到这里还有一把斧头，用来提示君王要决断呢？如此纷繁的自然与人工之物，合为一套时就是在表明宇宙间有一股巨大的文化力量，这是不容动摇的，这就是在东方占据重要地位的儒家皇权思想。当它以服饰语言显示出来时，人们会感觉到，服饰不再是物质，已是精神的产物。这里的精神超越了物质，它更澄澈，更深奥，以致使人产生一种顶礼膜拜的冲动。至于服装廓形，显然已退居次要地位。

（二）雅在遮覆而非袒露

　　东方服饰设计的基本原则之一，是让衣服把人体遮蔽起来。下摆长和衣袖长都可以存在，并在此基础上进行文化或纯为艺术的夸张。这被认为是天经地义的，在儒家思想圈内被认为是合乎礼制的、文明的，反之则被视为大逆不道。

　　最有说明意义的即为中国春秋战国时男女尊卑皆穿的深衣。谁能想到，就是这样一种上下连属的服装样式，竟被设置在儒家正统经典书籍《礼记》中，而且为此专列一篇。文中直接以儒家礼教教义解释深衣各部位造型，解说其某一局部的设计要像"规"，某一局部要像"矩"。"规"是圆规，"矩"相当于今日的三角尺。中国人的宇宙观中认为，天是圆的，像一口倒扣的锅，而地是方的，四角有柱，支撑着天。因而，在中国人眼里，方圆代表了整个大自然。有一种用于礼器中的玉"琮"，即为外方内圆。中国人有一句具有教育意义的俗话是"没有规矩不成方圆"。在被塑造成中华民族始祖的伏羲女娲图中，常见伏羲拿着规，女娲拿着矩，这就是中国人概念中的自然天象与祖先属性吧。

　　深衣设计中不仅要有方圆，还要有许多讲究，如"要（腰）缝半下"，即虽为上下连属，但剪裁时要用两块料从腰部分出上下，因为远古衣裳即衣为天，裳为地，天地秩序不变，故人间秩序也不能变。即使是长衣，也要保持原有上天下地的自然规则和社会法则。表现形式为深衣的腰以上的一块以竖幅布裁制，与此缝结的是腰下一块斜幅布。这样一来，上下分开遵守古制，连在一起又便于遮覆，而下身斜幅还便于抬脚迈步。

　　深衣设计中最重要的一点是"被体深邃"，这是主旨。之所以深衣会出现在儒家经典著作中，是因为此衣能寄寓儒家教义，或者说，儒家能够将理论附会到深衣款式的设计思想中。

　　深衣设计中有很重要的方面是"短勿见肤，长勿曳土"，实际上这两点被人们演绎了。不能让外人见到肌肤，这一点深衣设计是绝对到位的。不光是袖长，以致长到从手折回可以再到肘部，而且前襟加长，可以围过身体，这是不可能露出肌肤的，由此还导致了汉代绕襟深衣绕至好几圈的衣服造型。下摆是不会让其露出肌肤的，但是理论上讲也不必长到拖地。我们今天从古画上看古人着深衣，几乎都是长可曳地的。这就是中国人，宁可过长，绝不能短半分。这就是"封建"，宁可禁锢至死，也不能放松些许。

从客观角度不加褒贬地说，由此统治思想造就的服装设计思想，再由此设计思想产生了一系列东方风格的长衣。不涉及印度那围裹式的纱丽，日本和服与朝鲜衣裙都属于这一类产物。雅致就是遮蔽，不露肌肤才是高度文明的体现。

（三）平面足矣不唯立体

或许是东方服装面料主要为丝绸的缘故，东方服饰形象侧重于平面的效果，不像欧洲服饰那样讲求占据三维空间。

华梅曾写过一篇文章，发表在《人民日报·海外版》上，题目为《洛神与维纳斯》，引起过许多文友的共识。文中写道："无风时像一泓秋水般明净清澈的衣面以及自然下垂的犹如山溪般陡然直泄的衣纹，遇风则随即飘舞舒展开来，其变幻出的曲折交叉或顺向逆转的美妙的线条，构成了无声的乐曲，有色的诗篇。"在以东方风格与西方风格对比时，文中说："中国服装韵在'高古游丝'（中国画笔法）般的线条，西方服装则韵在饱满的富有生机的形体。中国服装通过款式、色彩和图案的暗示，蕴涵着对宇宙万物的主观理解，西方服装则以极科学的态度去塑造具有三维空间的立体造型。前者以流畅的富于变化的衣纹表现出东方艺术的气韵与灵动，后者则以几何形体的完美组合构成了西方艺术特有的量感与张力。中国服装似水似云似雾似风，西方服装见棱见角见圆见方。神在内而飘忽其外，形在外却韵在其中。"

东方服饰形象注重于平面，从前从后从侧面，都可以看到一个完整的艺术形体，丝绸和棉布本身也是悬垂感极强，不像欧洲亚麻那样浆成板硬后，再卷或折成各种造型，如埃及早期的胯裙，其效果宛如折纸模型；西欧的拉夫领，更是立体构成的杰作。东方服饰看不到构成的痕迹，完全是一幅优美的工笔画。

无论是面料还是款式，东方人都没有想到要营造立体的感觉。平面是美，平面就是艺术，就是有特色的服饰形象。区别于西方的服饰文化风格，也可以说此为形成因素之一。

二、东方服饰特有审美标准

（一）含蓄并诗意为美

　　东方服饰形象不求张扬，刻意强调含蓄。无论是襦裙还是和服，都是在款式上紧裹躯体，在廓形上讲求平坦。平和的意趣，平静的心态，平常的情怀，尽在自然流淌之中。这里没有高山峻岭般的苍劲雄伟，也不求巨浪拍岸似的震耳声响，只有山溪静静流，时而激起几许水花；又像那草原平坦地伸远，时不时掠过奔跑的马群……

　　之所以这样形容东方服饰，就因为它不张扬却并不干瘪，外表看上去像是万里无云的天空，或是波澜不惊的湖泊，可是天空和湖泊蕴涵着太多太多的诗意。

　　20 世纪末世界 T 台上曾刮起一阵东方风，时装面料上以书法和花草演绎着一方宁静的大地。是的，日本和服上喜欢用浓淡墨色的书法，述说着一种文化的雅趣，这与日本人崇尚的佛家禅宗有着渊源关系。尽管日本人有人性残酷的一面，但同时又有喜爱自然、痴情花艺的一面。当穿着雅致的和服，手持一把小伞，脚蹬雪白的鸦头袜和洁净的木屐走在恬静的花草之间时，即完全是一首充满意趣的诗。我们不能说服装与《源氏物语》有什么直接关系，但完全可以说，那些经过精心梳理的披在肩背的长发，那些出于巧思巧艺的文静的服饰形象还是使《源氏物语》中的人物具有了特定的符号作用，给世人留下鲜明的印象。

　　将东西方比较起来，西方服饰更像油画，像交响乐，夸张、强烈、浓重。而东方服饰则像水墨画，像抒情诗，像袅袅丝竹之声。西方服饰的宫廷味道很浓，而东方服饰的民间意韵更强，仅从帽子来看，日本、韩国的斗笠很有代表性，中国的斗笠也具有一定区域或文化含义。相比之下，西方那插上一朵精致绢花的宽檐礼帽显得考究许多。当然，这种比较不是绝对的，中国冕冠相当有皇家气，这几乎可以追溯到远古的黄帝。冕冠虽不普遍，但不能从占有规模上说明问题。

　　古往今来，服饰曾引起众多诗人的共鸣，留下了大量诗句。这也从一个角度，为我们提供了气质含蓄而又诗意颇浓的服饰形象。写男装："金鱼公子夹衫长，密装腰鞓割玉方"（李贺《酬答二首》），将腰间佩的鱼袋、腰带上的玉銙都用诗句描绘出来。写女服之美："云一缃，玉一梭。淡淡衫儿薄薄罗，轻颦双黛螺"（李煜《长相思》），这里不仅描写衣服，还描写美丽的头发和牙齿，描写为思念之情困扰的少女，恰如一幅清秀俊雅的仕女画。"小小生金屋，盈盈在紫薇。山花插宝髻，石竹绣罗衣"（李白《宫中行乐八首》），诗中描写的宝髻即高髻，一般上插花钿、金雀、玉蝉、钗簪，而这位少女在高高的发髻上插满了天然的山花，那种娇憨，那份纯真，通过诗一般的装束，不谙世事的少女形象呼之欲出。宫中竟然有这样的天然服饰，也正是东方文化中自然与人文完美结合的范例。

（二）浓艳有所寓为美

东方服饰中有崇尚色彩浓艳的传统，无论男女老少，也不在职位尊卑，很多地方都凸显出纯色的高贵。例如中国皇帝专用色——黄色，就要纯正的明黄，高级即三品以上官员的官袍为正红色。中国人认为红、黄、蓝这样的原色才是正统的，而由此调配出来的间色，是相对较低的。

浓艳以示郑重，还要有意义，即为什么，根据什么。如黄色，中国人根据东青、西白、南朱、北玄，定为中黄，这被称为五方五色。同时把政权的交替与五行学说联系起来。既然周代为火德，那么秦灭周即是水灭火，秦为水德，因此尚黑。汉灭秦，即土灭水，也就是说汉为土德，应尚黄。汉代建立了稳定的封建大一统王朝，因此汉代皇帝穿黄色衣服是有依据的。

印度女性身上的纱丽已经十分浓艳，而尤为醒目的是额头上的大红吉祥痣。这一正红的吉祥痣几乎压过金灿灿的耳环和鼻环，成为印度女性服饰形象最为鲜明的标志。世界上无论哪一个国家的人，只要看到印度女性全身的这些浓艳色彩，特别是双眉正中的吉祥痣，都会立即想到佛教诞生地的特有文化，以及影响同样深远的印度教。

东方很多少数民族服饰上，使用浓艳色彩并将之作为文化符号的例子举不胜举。我们曾在 20 世纪 90 年代中期绘制过一套亚洲和欧洲的典型服饰形象图，用到色彩时，发现东亚（这里可概括东方）服饰色彩只能用水粉色,而欧洲和中亚的服饰又只能用水彩颜料。再尝试,油画色能够准确表现欧洲和中亚的服饰颜色倾向,而中国画颜料又适于表现东亚的服饰色感。看起来,一方水土养一方人,一方人有一方人的艺术。以上所说服饰色彩,是与大艺术密切相关的。

(三)简洁又实用为美

也许这里举沿海地区服饰,特别是劳动阶层服饰简洁又实用的例子,相对西方来说没有太大的说服力。但是,可以得出的结论是,即使同为简洁又实用,西方服饰和东方服饰也不一样。

埃及的胯裙和东南亚的萨龙一样吗?当然不一样。相比较而言,东方同样是男用筒裙,却不像西方那样短至大腿根。东方的萨龙一般短至膝盖下,仅露出小腿和脚,没有西方胯裙那样紧裹腹臀,露出男性强健的双腿。东南亚沿海的劳动者长裤,讲求肥阔,这是一种有特色的服装样式。裤管很肥,沾上海水就能在阳光和海风双重作用下很快晾干。裤管肥还有一个好处,就是当着装者跌入水中后,裤子可以轻易脱落,不至于形成重量和缠裹,有利于落水者尽快游离危险区。

20世纪七八十年代国际上流行的喇叭口裤,就是根据水手裤设计的。水手裤也是裤管肥长,除了上面所讲的几个优点外,还能保证冲甲板的水或海水不会进入靴筒。这一类服装的款式是基于实用目的而发明的,至今很难确定原始设计者,或许是源于众人,而且包含深厚的历史积淀。

以竹片和草叶编织而成的斗笠,其造型是尖顶,完全呈坡状下垂,无檐。这种造型的斗笠极具东方服饰特色。首先是简洁,外表没有刻意营造的起伏。表面光滑,可以使雨水毫不停滞地流下来。帽围很大,足以遮住人的整个面部,甚至颈、肩。帽顶的内部有一个圆圈,能使斗笠紧扣头顶,再系上两根布带,结于下颌,这样,刮风时也不致吹落了。

所有的心思、所有的情趣都藏在斗笠里面,这是典型的东方服饰文化。例如中国的毛南族,其特色工艺就是斗笠,当地人称之为"顶卡花"。情人之间互送信物,顶卡花是首选。东方人不习惯一天之间说多少遍"我爱你",可是千种情话、万句海誓山盟都可以用竹草织在斗笠里,不用语言,同心草、对鸳鸯等图案就是最好的表白与祝福。

三、东方服饰在新时代发展趋势

（一）后工业时代能否与西服平分天下

众所周知，1764—1767 年珍妮纺织机的诞生，导致工业时代的到来。这种以机械制作为主要特征的产业革命直接促使了工人服装的必然改变。飞速旋转的齿轮，瞬间碾过的轮带，不允许操作者再穿用过肥过大且装饰烦琐的服装。

工业革命直接促成了服装款式的变革，随之而来的便是工业化的城市设施与交通工具的巨大变化。这些无疑要求人们的着装要比以前便捷，试想，能穿着宽袍大袖、褒衣博带骑摩托车吗？显然不行。时代促使服饰面貌一新，这一点毋庸置疑。

一场工业革命，使西方人站在时代前沿，西方人的服饰也成为时尚的标志。从那个时候起，西服影响了世界。虽然不能说，从此全球服饰完全西化，但不能否认的是，西服成了最时尚的服饰，而且无论人们如何保持民族服装，在国际重要场合中，还是以西服为主要礼仪服饰。例如一条无明文规定的穿着规则，就是国事访问时，国家元首穿着全套西服，元首夫人穿着带有民族色彩的服饰。不用问，人们还是看重自己服装的文化性，希望以此给世界留下印象，或是确立本国的文化形象，以此来带动政治经济的洽谈成功。那为什么元首不穿本民族服饰？还有一些国家元首穿一半民族服饰，如西服上衣下穿一条长裙，等等。这些都说明西服在国际舞台上的地位不容动摇。

以上所说的种种着装心理与服饰现象，都说明了工业时代的到来，必定引起全球服饰的西化，这是不可逆转的。

那么，21 世纪第 17 个年头，国际上早就电子网络风行了。一个芯片能够带来一场大的震动，人们不出家门，只要手里拿着一部手机就可以连接全世界。我们想问，如此身不动膀不摇也能挣钱养家的后工业时代，还需要简洁无繁饰且紧身适体的衣服吗？

由此我们最关心的是，在这样一个全新的时代，东方服饰有可能与西方服饰平分天下吗？答案应该是肯定的，只不过不会原样照搬东方的传统。关键是，人们总爱说将某某文化元素贯穿到现代时装之中，到底怎么提取文化元素，又如何应用呢？其实这才是需要解决的症结。

（二）多元文化态势是否有助于重塑东方魅力

不能回避的是，近三百年来，西方引领着世界的经济、政治，包括时尚，这就是经济与上层建筑的关系。

时至 21 世纪，虽然还有经济实力与政治地位的差异，但世界的格局已然发生变化。网络媒体已使一切变得透明并迅捷，如果谁再想像 17 或 18 世纪那样公开奴役殖民某个国家，也不太容易。所有的国家都活跃起来，贫富已不能从根本上决定谁的话语权。

多元文化态势正在形成，这显然有利于东方文化魅力的重塑。多少年来，人们都只能从东方这一片土地来寻求自然，寻求未经大工业污染的蓝天白云和花花草草。东方服饰也成为人们猎奇的艺术品，发达国家人希望从这里找到原始的尚未改良的传统手工艺术。

21 世纪的无烟企业效益来得凶猛，旅游业已成为每一个人都热衷的休闲娱乐。各风景区要想吸引游客，就必须树立自己独特的形象魅力，其中必然少不了服装。

东方服饰能否借此东风发扬光大？当然，细节尚需斟酌，旅游服饰能有那么多真材实料吗？会有融进手工的那种情意与心思吗？大家都在说非物质文化遗产的挖掘与继承，那么到底有多少真正的服饰文化传统能够留下来，再由我们留给子孙呢？很难。

东方服饰设计审美研究，正是我们完成心愿的一个实际行动。

附：人类服饰文化学中关于服饰文化圈的比较

人类服饰文化，经过漫长的岁月，造就成一座灿烂辉煌的金字塔。但是，它并非静止不变，而是一个巨大的动态体系。这一动态体系不仅在纵向上有其历时性，具有深厚的文化积淀；在横向上也有宽阔的方位拓展，呈现出并立与共存的丰富多彩的服饰文化群落。

人类服饰史的研究，是开宗明义地对服饰文化做纵向剖示。当然，任何文化学的研究，都必须兼顾时间与空间两个方面，当人类把服饰文化推到当代的时候，显然有必要对人类服饰各文化圈的主要特征予以进一步探讨和比较，以便在此基础上，推动今后服饰文化的研究与发展。

就人类服饰而言，各民族、各地区在形成因素与演变历程上有着相当大的一致性，这是基于地球这一总体环境和人类这一动物的生理生态以及人的社会化进程大致相仿的条件所决定的。地球上人类服饰文化的总特征是独立的，它区别于地球以外的一切，包括其他星球乃至整个宇宙，不管那些地方是否存在着人类或与人近似的生物。

人类服饰文化的总特征，是作为人同自然的历史结合，并倾注了社会文化观念的积淀物。服饰以其自身所具有的功能性（即物质性）和装饰性（即精神性）双重属性，特别是与人共同构成的整体形象性，全面、准确、完整、清晰地反映和记录了人类的总体文化（包括风貌和内涵）。

故此，在人类服饰文化的总特征下，又可根据其间存在的差异，而分出若干个服饰文化圈。这些服饰文化圈并不能截然以人种、地域、气候带来划分，而是基于每个服饰文化圈中有着较为相同的形象特征、心理特征、工艺特征和物理特征。因此，这种服饰文化圈，尽管不可能脱离自然条件，却是以社会历史文化为标准而划分的。

一、服饰文化圈的划分

服饰文化圈划分的具体依据：

①着装者自身体质条件的一致——虽然服饰文化圈并不能以人种来划分，但欧罗巴（或高加索）人种、蒙古利亚人种和尼格罗人种所具有的"衣服架子"的实际性质，决定服型、服制、服俗，不能不是划分服饰文化圈的重要依据。十分清楚，服饰不与人体结合，也就失去了它根本的意义。

②着装者文化心理定势的一致——长期共同生存在同一自然环境和文化环境之中，会形成较为相近的文化心理素质，并构成心理定势或精神特征。如美国人的洒脱、俄国人的执着、法国人的浪漫、英国人的庄重、德国人的严谨、日本人的勤勉与中国人的典雅、非洲人的奔放，等等，这些是文化人类学中的软件，但它为我们研究人类服饰文化学提供了一种启示。文化心理素质的相近，直接反映在服饰文化上。

③着装者所在区域工艺风格的一致——一定区域内的总体艺术风格是地域文化的反映，必然影响到区域内的服饰设计、制作和着装风格，这一点类同于其他艺术种类中的地区风格，是必然形成的，也是无条件的。

④着装者对服饰价值取向的一致——气候相近会导致人们对衣服保温或降温的要求相近；地理条件相近也会促使人们对服饰的便利与不便利的标准相近。

基于以上四个主要依据条件，我们将人类服饰文化划分为两个服饰文化系，内含五种服饰文化型，最后细分为七个服饰文化圈。

表意系，即内向系，包括两种服饰文化型：第一是礼教型，其本身形成一个服饰文化圈，主要区域在东亚。第二是宗教型，包括两个服饰文化圈：一个是佛教服饰文化圈，主要区域在南亚和东南亚；再一个是伊斯兰教服饰文化圈，主要区域为西亚和北非。

表象系，即外向系，包括三种服饰文化型：性感型就是一个服饰文圈，主要区域为西欧以及西欧人大部分迁入的美洲诸地。乐舞型也是一个服饰文化圈，主要区域为东欧以及与东欧毗邻的西亚一些地区。第三个服饰文化型是原始型，包括两个服饰文化圈：本原服饰文化圈主要区域为非洲、大洋洲太平洋岛屿和南美洲的部分地区。功能服饰文化圈主要区域为北欧、北美洲等北极地带的一些地区。见表格：

各服饰文化圈分属

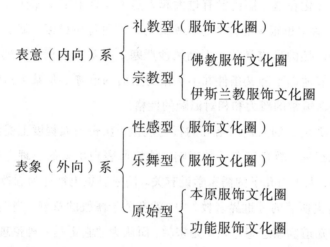

当然，这只是将纷繁悠久的人类服饰，结合一定范畴内的突出（或主要）的文化表现，做出的判断或划分。只能取其最高的近似值。尽管它有许多难点，我们却不能放弃这种归纳的工作，否则就无法认识我们所生存的这个世界的服饰文化的面貌。

二、各服饰文化圈的主要特征

（一）表意（内向）系

1. 礼教型（服饰文化圈）

在地球上位于亚洲东部的一些地区，居住着属于蒙古利亚人种的人群。这些人群已分别属于若干个国家，如中国、日本、朝鲜等，这些人的服饰风格有着惊人的一致性，因为他们毕竟生活在气候条件相近的自然环境中，而且同属一个种族。即使其生存条件有所差异，但是在他们长期交往的历史进程中，受到汉文化特别是儒家礼教文化的很大影响。其文化心态，特别是反映在服饰上的文化观念，与其他服饰文化圈相比显然不同，而圈内是十分相近，甚至可说是相同的。

气候温和，但四季有变，又带着或浓或淡的海水潮湿味道的东亚地区，孕育了这样一些性格相对内向的人群。他们以农业、畜牧和渔业为主要经济手段，自古以来就这样默默地劳作着。

历史文化在这一圈内没有过大起大落（没有十字军那样大规模的征伐），在生活中也很少有像西方人所经历的那种惊涛骇浪。据说蒙古利亚人的扁平面颊的形成是基于抵挡风沙严寒；东亚人起伏不大的五官，似乎是显示着他们平静又条件并不优裕的生活的痕迹；从某个角度上也显示着他们那恒常的毅力和相对温顺的性格。

这一文化圈的人们所恪守的行为规范，在相当大程度上受到中国春秋时期思想家、教育家孔子的影响。他们所表现出来的心理上的紧缩感和压抑感，无不与孔子的儒家学说有关。儒家思想也被称为儒教。在美国 L.M. 霍普夫所著的《世界宗教》中，就有关于儒教的章节。当然，包括作者本人也知道儒家思想体系不是宗教，而认为"它更是一种伦理观，一种治国安邦的理论，一整套深刻影响了中国人达 24 个世纪之久的个人和社会的奋斗目标"。实际上，儒家思想影响所及远不止中国，还有东亚或更远一些的地方。儒学中以"礼"为核心以及"仁、义、礼、智、信"等行为规范的产生，是与其自然条件密不可分的，可是它的诞生又无疑给这一区域内的人们加上了一把思想的锁链。

表面上看，与儒家几乎同时起源的道家学说好像没有儒学影响大。实际上，这主要是因为儒家思想曾在汉（罢黜百家、独尊儒术）和宋（存天理而灭人欲）两代公开成为统治思想，而道家学说没有登上这样的高位。可是，应该看到道家思想在对这一文化圈的人的影响上，始终没有减弱。直至佛教自印度传到中国，又由中国传入日本、朝鲜时，还是在佛教中夹杂着许多道家的精华。对日本人影响深远的禅宗文化，其实正是道家虚无思想在佛教文化上的闪光。于是，敬奉上天、维护政权、注重修养与励精图治等一系列规范更加融入这一文化圈的艺术活动之中。茶道、插花等礼俗活动都被罩上了一层温文尔雅、虚无缥缈的纱幕。

可以这样说，这一文化圈的哲学思想所孕育出的，不是一种外求、外向、外显、外张的人生观。它特别注重的是怎样成为一个完美的人。人的服饰，自然是"成人"的一个重要组成部分，所以自古以来，服饰都被列入到礼制范围之内。

礼教型服饰文化圈的服饰观，是以服饰作为修身的必修课程之一；其服饰美的标准，是映耀天地，符合身份；在服饰上所追求的艺术意境，是浑然天成，飘然若仙。男性，在英武的装扮中总要不失几分服饰所表现出的文雅；女性，在俏丽的着装中更要以服饰显示娴淑与端庄……

于是，这一服饰文化圈的服饰风格，整体性强，不讲求显示腰身，而是通过衣服宽松的外形去表现一种气韵，一种诗意，一种只可意会不可言传的民族文化的精髓。服饰造型上没有主体的挺拔的皱褶，只有自然下垂的含蓄的衣纹，而且在服装面料上织成的吉祥寓意的纹饰，使其整体呈现在着装形象受众面前时，宛如一幅精美秀致的工笔画。

近乎中和的自然条件是这一服饰风格的基础，公开宣扬"发乎情而止乎礼"的儒家思想又成为这一服饰文化的约束力。"儒服雅步"也许难以概括这一服饰文化圈的由来与发展；但这四个字已能以最简练的语言勾画出这一服饰文化圈的服饰风格和文化人——着装者的心境与仪表。

2. 宗教型

（1）佛教服饰文化圈

亚洲南部和东南部分布着很多个国家，有印度、泰国、斯里兰卡、老挝、缅甸、越南、菲律宾、印度尼西亚等。这里居住着蒙古利亚人种、欧罗巴人种、尼格罗人种以及基因倾向不同的混血人种。在东南亚居民中还可以见到维达、美拉尼西亚和尼格利陀等种族类型。在这一地区的居民人种问题上，显然要比东亚地区复杂。但是就气候和地理条件来看，南亚大部分地区位于赤道以北和北纬30° 以南，除了北部的山地以外，绝大部分地区属于热带季风气候。东南亚则位于热带，兼有热带雨林和季风两大类型的气候特征。这就是说，将南亚和东南亚地区划为一个服饰文化圈，其自然环境基本是一致的。

　　这一文化圈的最突出的文化特征是笃信宗教。很多文化事象都与宗教密切相连，而且教徒们虽然所信仰的宗教不同，但是其虔诚的程度是十分相近的。由于南亚、东南亚地区大部分是半岛或分散在海洋中的群岛，所以其文化发展程度相当悬殊。所信仰的宗教，也是在佛教、印度教、基督教等正式宗教以外，还有耆那教、锡克教等，并普遍存在着原始宗教形式，如图腾崇拜、巫术和万物有灵信仰等。但是，尽管所信仰的宗教很多，这一区域内仍是以佛教体系为主。

　　在泰国、缅甸等国，佛教成为国教。以泰国玉佛寺、缅甸蒲甘地区佛塔群为代表的佛教建筑比比皆是。而且男性公民一般都要在一生中去寺院中过一段僧侣生活。其中老挝曾一度成为东南亚的佛教中心；柬埔寨国王曾为佛教的当然护持；泰国国王也有在一定时期内出家为僧的风尚；缅甸佛教不但由印度传入较早，而且至今公民中 80% 以上都是佛教徒；印度尼西亚在公元 8 世纪和 9 世纪时，中爪哇建立的夏莲特拉王朝，信奉大乘佛教与印度教混合的密教，其世界驰名的婆罗浮屠大寺，成为世界美术史上的奇观，只是到 15 世纪后伊斯兰教传入爪哇后，佛教和湿婆派的信仰才逐渐衰落；越南信仰佛教，主要是公元 2 世纪时从中国传入的，在此以后创立四种禅派，至 16 世纪、17 世纪天主教开始传入越南，佛教虽不似以前兴盛，但仍绵延不绝……

　　印度，是多种宗教发源地。印度教、耆那教、佛教和锡克教都来自于印度。其中影响深远的印度教与佛教有着渊源关系，它是在从波斯地区迁至印度河流域的移民团体和印度本土宗教相混合的产物。

　　可以这样说，这一文化圈是明显受到宗教（特别是佛教）文化制约与促进的。因此，根据其区域内公民的信仰观念将其定为宗教型佛教服饰文化圈，是有着独特意义的。

　　首先说，一些宗教的教义、教规就与服饰密切相关，如佛教教徒必须信守的戒律中有："不戴花饰，不洒香料，不用润肤脂，不用装饰品。"

　　与此同时，佛教中的西方净土派（净土宗）又将"西方净土"描绘成阿弥陀佛的世界，充满了沁人的芳香，到处是各种美丽的花朵和甜美的水果，宝石装缀的树……这些宝石树五光十色，千变万化，变化着组成七种珍贵的东西，即金、银、绿玉石、水晶、珊瑚、红珍珠、绿宝石。

公元 16 世纪也在佛教发源地印度产生的锡克教，曾建立过一支由不同寻常的优秀战士组成的锡克精锐部队。这一组织被称为辛格（狮子）。他们的显著标志是：束发、蓄胡子、头上留长发、戴长哈（梳子），穿卡克（短裤），戴卡拉（铁手镯）、佩卡达（铁剑）。

在此基础上，这一文化圈的着装者在服饰风格上追求一种宁静与素雅，他们希望在合身短上衣与长裙、长袍、肥腿长裤以及缠裹身体的长巾所构成的服饰形象中创造出肃穆与庄严；并以佛教或其他宗教题材的佩饰和头抹红粉等达到一种远离尘世的境界，从而寻求到灵魂的解脱。

客观环境中，这一文化圈居民所处的自然条件和经济方式所给予人们的，并无多少优雅与清闲。他们必须长年头顶烈日或跋山涉水地奔波劳作。实际条件的艰苦、视觉景物的美妙，加上宗教对人心灵的影响，三种外因从截然不同的三个角度，共同塑造成这一区域内人民的文化观念，其中自然包括服饰观。

在佛教服饰文化圈内，着装者普遍具有对佛教的忠诚信仰，同时执着中带有淡淡的被压抑的伤痕。应该看到，他们对宗教有一种发自内心的感情，已经深深地溶入血液之中。

佛教服饰文化圈的服饰风格不等同于礼教型服饰文化圈服饰风格那样的拘谨。一则，古印度发起的佛教艺术形象中，并不显现严格的禁欲思想；二则，这一文化圈的着装者出于自然环境的限制，也不可能总是包裹得那样严实。这一文化圈实际上包含着中国南部和西南部少数民族，他们因族源同一、生存条件相仿和相互交往频繁等诸因素的促成，而形成了这一区域中一致的服饰文化观念。

（2）伊斯兰教服饰文化圈

北非埃及、西亚伊拉克、叙利亚、黎巴嫩、约旦、土耳其、伊朗等 20余个国家所居住的区域，在世界上被称为"中东"。当然，这是欧洲人以欧洲为中心，根据距离欧洲的远近而对亚洲西部和非洲东北部地区的称呼。我们权且保留这种划分，主要是因为这一区域内的居民大多信仰伊斯兰教。

西亚地处亚、非、欧三洲交界地带，正好位于阿拉伯海、红海、地中海、黑海和里海之间，所以又被称为"五海之地"。西亚的地形以高原为主，大部分处在副热带高气压带和东北信风带中，气候常年干燥。在许多山地和一些绿洲上，分布着大草原，因而畜牧业发达。地处北部非洲的埃及，与西亚地区的自然环境十分接近，不仅有着人类早期的文明发源史，而且较大规模地接受了西亚阿拉伯国家所普遍信仰的宗教。这就使得这一地区不仅自然条件相近，其文化观念也基本一致。从人种分布情况来看，这一地区主要是欧罗巴人种以及欧罗巴人种和尼格罗人种混合类型的民族。

从以上各种条件来分析，将此划分为一个服饰文化圈是有基础的。至于说何以将此称为伊斯兰教服饰文化圈，这完全可以从他们对伊斯兰教的彻底皈依，以致对服饰形象的严格限制上看出这个服饰文化圈的特征。

这个服饰文化圈内，在很长时间内是"政教合一"的。圈内的着装者由于一出生就是伊斯兰教的信徒，因此终身都沐浴在阿拉伯文化、宗教观念之中。作为最年轻的世界性宗教——伊斯兰教，是发展最快的宗教之一。它以富有活力的传教计划，使它在亚、非等不少国家中成为占统治地位的宗教。伊斯兰教的基本信仰是世界上只有一个神，他的名字叫安拉。"除了安拉，没有别的神灵；穆罕默德是安拉的使者"（《沙哈达》）。根据先知穆罕默德的教诲，信仰者的生命只有一次，信仰者怎样生存将取决于他们怎样度过永恒的存在。在一次生命期间，信仰者必须服从安拉的意志。因此，这一宗教的信仰者就称为"穆斯林"，即"顺从者"的意思。由于这一文化圈内的人民在信仰宗教的态度上其虔诚程度远远超过了其他地区，而民族习性与生活方式又与其他文化圈差异较大，因此他们的着装也极严格地按照伊斯兰教教义规定去选择和设计。在最神圣的麦加朝圣时，穆斯林们必须穿上没有头盖的简朴朝圣长袍，穿简朴的鞋，因此从外观上看不出穷人和富人的区别。进入清真寺做礼拜时，不能穿鞋，以免将不洁之物带进寺院圣地，玷污了神灵。

伊斯兰教服饰文化圈的特征突出表现在女性着装形象上。女性穆斯林本着苦修、禁欲的精神，以服装色彩的深重和服装款式的大幅遮盖表现出本身的圣洁，以及对安拉和先知穆罕默德的虔诚。男性认为女性除了理应这样着装以外，不能够有丝毫疏忽和放松。任何服饰上的动意和行为，都直接连着一个人的灵魂乃至生命。在那里，服饰不仅是遮盖躯体的物品，更是一种身份标志，一种心灵的外显形式。在服饰上任何不经意的开放行为或疏露行为，都是对神的莫大的亵渎。

服饰与信仰已经密不可分。宗教观念直接限制了这一服饰文化圈居民的着装行为。凡有不规范的着装想法，就等于在亵渎神灵的同时，还表明了自己的叛离行径。这一点是不能容许的，无论从着装者角度还是从着装形象受众来讲，都是这样。

（二）表象（外向）系

1. 性感型（服饰文化圈）

欧洲西部和南部是人类历史上中后期飞速发达的地区。从地理位置上看，欧洲就像是亚欧大陆西部向大西洋伸出的一个大半岛，北临北冰洋，西临大西洋，南临地中海。大陆边缘有许多内海、海峡、半岛和岛屿，是世界上海岸线最曲折的一洲。欧洲大部分位于北温带，纬度 40°—60° 的地方全年盛吹西风。又因为欧洲西面濒临辽阔的大西洋，沿岸有北大西洋暖流经过，加上海岸曲折，山脉多东西走向，西风容易把温暖湿润的空气送进大陆内部，所以欧洲气候受大西洋影响很大，海洋性气候特征显著。西部大西洋沿岸更为典型，冬季比较温和，夏季比较凉爽，年降水量较大。南部地中海沿岸属地中海式气候，冬季温和多雨，夏季炎热干燥。

欧洲的居民主要是白种人，即欧罗巴或称高加索人种。这一地区的文化发达早，而且哲学体系完整，自然科学方面的探索、研究工作更是走在世界各国的前列。西欧和南欧虽然也经历过中世纪那一时期的宗教至高无上的统治，但是西欧人崇信基督教和天主教，又并未完全陷入到宗教思想的思维模式之中。他们更相信科学，崇尚逻辑学，讲究推理，善于以科学的方法去解开宇宙万物之谜。

也许是由于希腊古国在爱琴海和煦的暖风吹拂中，既诞生了伟大哲人苏格拉底、柏拉图、亚里士多德，又曾流行过崇尚人体健美的裸体体育运动。所以，当既严谨又开放的探索精神延续下来时，那种视人形体为世间最完美的观念也断断续续地在西欧人文化观念中显现出来。

西欧和南欧人的文化观念体现在服饰上时，就使得着装者极力以服饰来表现和颂扬人体美，并以夸张的服饰结构去强调不同性别的体形差异。西欧和南欧人的服饰风格是趋于立体化的，无论是早期的骑士式上装、鼓形撑箍裙，还是当代服装设计大师的最新创作，总是力求以三维空间的形式，去表现一种立体感很强的服饰美。

当西欧人大批迁移到美洲大陆以后，由于人多、势大、占据有利地形并拥有优厚的经济实力和先进技术，所以以迅雷不及掩耳之势占据了美洲，极大地冲击了原住民的正常生活秩序和文化传统。

在上述南美洲气候条件以外，北美洲居住着大批欧洲移民的地方，有些属于温带海洋性气候，有些属于地中海式气候。可是，欧洲移民聚居地的气候条件大致与西欧相同。这就促使美国、加拿大等文化圈的服饰风格基本上类同于西欧服饰风格。

将这一服饰文化圈的名称定为性感型，主要是相对于东亚礼教和西亚伊斯兰教服饰文化圈的特征而设定的。这一文化圈的人性格豪放、开朗、不隐讳个人的思想倾向，也不有意遮掩自己的天然形体。他们的服饰在相当大程度上是有意表现这种优越感，表现内心对服饰美的渴望与追求。他们把以服饰表现文化内涵的期望，寄托在以服饰来表现人体美和人性的本质美之中。这一圈内，在各个领域都显示出这种特性，所以在服饰上讲究适体，突出性别差异（或曰性感），讲求现代化和时代感，并领导着世界服装新潮流。

2. 乐舞型（服饰文化圈）

在西起波罗的海东岸，东抵乌拉尔山脉，占有整个欧洲东部的东欧平原上，居住着热情奔放、能歌善舞的许多民族。他们主要是欧罗巴人种。就气候条件来说，东欧平原属典型的温带大陆性气候，那里冬冷夏热，降水主要在夏季。长长的伏尔加河与多瑙河赋予了这一文化圈人民更多的艺术气质。特别是发源于德国南部山地的多瑙河，向东流经奥地利、斯洛伐克、匈牙利、克罗地亚、塞尔维亚、罗马尼亚、保加利亚和乌克兰等国，在为这些国家带去经济交往的同时，也促成了文化上的大范围交流。

这一区域内的居民也属白色人种，只是他们在语言上主要为斯拉夫语系，与欧洲西南部意大利、法国、西班牙、葡萄牙等国的拉丁语系及欧洲北部、西部和中部的丹麦、挪威、瑞典、英国、德国的日耳曼语系有所不同。这一斯拉夫语系的人们尽管分居各国，但由于居住区域自然环境大致相同，文化传统基本相近，因此在文化观念上极为一致。

男性的白衫、黑裤、窄檐帽，女性的花边衬衫、紧身围腰和肥大的裙子以及不分男女老少都穿的软皮靴，似乎能让人感受到旋转起来的表演艺术效果。在这一服饰文化圈的文化生活中，乐舞占据着重要的位置。当夕阳西下或星光闪烁时，人们常常聚集到村庄的宽阔地带，绕成圆圈跳起舞来。如果适逢喜庆节日，那乐舞之声之影更是通宵达旦。

就乐舞本身来讲，它是不以洲界、国界来区分的，几乎全人类每一个地区、每一个民族的人们，都有着悠久且美妙的乐舞传统。但是，我们将这一文化圈的服饰风格划归为乐舞型，是因为宗教并没有在此形成绝对的影响，而哲学、科学的探索也没有在此形成全民的风气。相对来说，倒是乐舞这一有声有色有形有像有动态的文娱形式贯穿在他们的生活之中，以致连他们的服装造型，如宽松柔软的衣袖和肥硕、软硬适中的长裙以及男女都爱穿的小坎肩，本身就适宜表现舞蹈中的旋律和形体语言。舞服就是常服，常服也是舞服，乐舞一刻未离开这一文化圈的人，这一服饰文化圈的着装者也创造和发展了适于舞蹈的、带有浓郁民间艺术特色的服饰风格。

3. 原始型

（1）本原服饰文化圈

本原服饰文化圈主要包括非洲撒哈拉大沙漠以南和大洋洲太平洋岛屿南美洲的一些原住民居住的区域。其实，非洲的历史并不短暂，还是人类文明摇篮之一，只是与世界大部分地区相比，实在是发展得太缓慢了，以致这一区域中的许多地方至今还处于较为原始的生活、生产状态之中。至于人类进入澳大利亚和美洲大陆的历史，相对于亚、非、欧三洲来说显然要晚，至多不过几万年，进入波利尼西亚群岛的时间更晚，约在公元前1000 年左右。由于太平洋岛屿远离大陆，南美洲原住民不愿轻易被外来移民所同化，所以他们涌向偏远的地区，仍然尽可能地保持着自己的生活、生产与文化方式，刀耕火种仍不失为一种普遍的生产表现形式。

由于尼格罗人种中有尼格罗和澳大利亚两支，所以一些权威著作中，也将其称为尼格罗—澳大利亚人种。前一支主要分布在非洲撒哈拉大沙漠以南地区，后一支分布在澳大利亚和大洋洲及亚洲部分地区。此外，由于中古以后特别是近代民族迁徙中所形成的各人种之间的通婚，因而形成了多种混血民族。这种种族成分复杂的现象以南美洲最突出，因为在南美洲既有原住民印第安人（蒙古利亚人种），又有欧洲白人（欧罗巴人种），还有被贩运去的非洲黑人（尼格罗人种），所以混合血型的人之中，存有不同人种基因，有的某人种基因多些，有的少些。

非洲气候的特点是：气温高、干燥地区广，气候带作南北对称分布。它地跨南北两半球，赤道横贯中部。全洲有四分之三的面积在南北回归线之间，绝大部分地区的年平均气温在 20℃以上，气候炎热，有“热带大陆”之称。包括澳大利亚和太平洋岛屿的一些地区属于大洋洲。大洋洲有沙漠也有绿地，其分散着的岛屿有大陆岛、火山岛和珊瑚岛。虽然也在南北回归线附近或之间，也属热带气候，但是属于温暖湿润一类，不像西亚、非洲那样干燥。南美洲位于北纬 12°和南纬 56°之间，赤道横贯北部。全洲约三分之二位于热带，同其他各洲相比，南美洲气候比较温暖、湿润，类同于大洋洲。本原服饰文化圈的划分依据，是这些地区文化的初原性就宗教信仰来说，原住民主要有图腾崇拜、巫术和万物有灵等明显属于人类童年时期的信仰形式与内容。他们的语言、婚丧仪式、结社活动等社会文化活动，还停留在人类原始社会时期的性质和形式之中。因而在服饰品的制作和服饰形象的设计上，也自然带有明显的原始社会的痕迹，甚至是保留着全部原始性的服饰原生态。如重视饰物，以各种摘取来的植物果实、根茎和猎获来的动物骨、牙、角、毛皮经加工后装饰在身上。同时，注重文身，以此为美为荣耀，或是为标明地位，或是为显示所属。由于这一服饰文化圈内的自然条件不用着装者以衣御寒，所以人们除了以必要的服饰遮护皮肤防止暴晒以外，一般不以衣服的寓意性和工艺性为服饰选择重点。就这一点来说，也使得大面积裸露的皮肤需要以文身（包括针刺涂线和刀割瘢痕）或绘身来加以装饰。

严格地说，在艺术上仍以草裙舞为主要表现对象的地区（如美国檀香山），着装者的形象虽有很大改变（追求现代化），但是就其根本着装形象来说，也应该划入原始服饰文化圈内。

（2）功能服饰文化圈

欧洲北部和北美洲北部都靠近或进入北极圈。欧洲北部北冰洋沿岸一带属苔原气候，冬季严寒而漫长，夏季凉爽而短促。挪威、瑞典、芬兰、丹麦和冰岛五国处在由波罗的海和巴伦支海通往北海，或由北冰洋通往大西洋的航线上。北欧大部分地区处于高纬度，北极圈通过挪威、瑞典和芬兰的北部。特别是北欧的最北部，气候寒冷，多阴天，地面上积雪可达半年。北美洲北部，即北冰洋沿岸，也是冬季漫长而寒冷，夏季凉爽短促，沿海许多岛屿常年被冰雪覆盖，属极地气候。

北欧区域内居住着属日耳曼语系的欧罗巴人种居民；北美洲北部居住着世界上分布最北的居民，即属于蒙古利亚人种的爱斯基摩人，也被称为因纽特人。他们终年生活在严寒的极地区域，以渔业、狩猎为生。寒冷的气候、漫长的冬季，给这两大洲的北冰洋沿岸居民带来诸多的艰苦环境。当然，同时又赋予了他们以坚韧的性格。他们在恶劣的自然条件下养成了顽强的奋斗精神，善于在困难中取得胜利，赢得乐趣。因此，北冰洋沿岸的居民有着自己的生产方式、生活方式和娱乐内容，也始终在创造着不同于其他区域的服饰风格。如用海兽皮和鱼皮为服饰原料，做成防冰雪和强日光反射的只留细缝的木制眼镜。但是，如果我们将七个服饰文化圈的服饰风格加以比较的话，就会发现这一服饰文化圈的着装者，首先必须考虑其实用功能——御寒，从而保护自己，保存生命。

在这里会看到，无论挪威的小新娘身披多少条头巾，戴多少串项链，甚至戴上金质的王冠以显示其美貌和富有，但是绝不会舍弃厚厚的袍子和宽大的皮靴。说明这一区域内的服饰更多地考虑到实用功能，而不是一味地寻美，因此有了一定的局限。我们如果选取影响服饰风格特别是服饰文化观念的最重要的因素的话，那么这一服饰文化圈属于功能服饰文化圈是不容置疑的。它虽然与本原服饰文化圈的着装从表面上看有很大差异，但其实质是一样的。只不过这里更强调御寒，从着装行为和服饰风格上来看基本上很少改变，因此仍属原始型。

三、各服饰文化圈之间的主要区别

在历史的服饰文化比较中，人们大多是将欧洲（主要是西欧）和亚洲（主要是东亚）做比较对象。因为这两方在服饰文化进程上十分相似，但在服饰文化观念上又有不少是截然相反的，因而比较起来，会显示出一个世界两种有代表性文化的强烈对比。在东方，尤其是在中国，学者们感觉到自己国家的近世经济落后于西方，原因就是观念上的落后所致，因此致力于"中西文化比较"的研究工作。这从中国或是从国际范围来看，都是十分有益的。

服饰形象容易引起人们的联想。这不是偶然的。欧洲 18 世纪紧身撑箍裙多像欧洲人那起伏颇大的五官啊！满身的皱褶花边如同卷曲的长发，双双突起的乳峰好像高耸的眉骨，束紧的腰肢犹如深凹的双目，撑起的裙身则像那异乎寻常的鼻子。回过头来，再看中国传统服装，似乎和相貌也相似，上衣下裳，比例适中，起伏微弱以至各部分都难以分清，精致的领口——微眯的眼，玲珑的装饰——小巧的口；下垂的直筒式裙身——相对扁平的鼻子……

如果再透过衣服、皮肤、脂肪、颅骨，将会进一步发现内容与形式的统一。尽管尼罗河、幼发拉底河和底格里斯河与黄河有着近乎一致的早期文明，但源于古埃及和美索不达米亚的文化孕育了爱琴海的硕果，再经以人文主义为口号的文艺复兴，更加决定了欧洲人的审美意识。华夏文化则走着自己的一条路，孔子的修身，庄子的逍遥，大一统的专制，虚无缥缈的禅境。欧洲人看到实物，中国人悟到神韵。欧洲人看到活生生的有血有肉的人体，中国人却感受到博大宏远、深邃玄妙的胸襟。欧洲人认为美在表现，中国人却认为美在心灵。欧洲人通过显露、夸张形体与性感去体现人的生命力, 而中国人却通过服装的色彩与装饰去完成更隐晦、更含蓄、更难以言传的内蕴。屈原说: "余幼好此奇服兮, 年既老而不衰, 带长铗之陆离兮, 冠切云之崔巍。" 显示了不随流俗的高风亮节; 王右军褒衣博带, 走起路来, "飘如游云, 矫若惊龙", 俨然一个超凡脱俗的士人; 萧何云: "天子以四海为家, 不壮不丽无以重威", 强调了服饰的政治意义;《汉书·项籍传》"富贵不归故里, 如衣锦夜行" 更道出了着装者的心理需求。

欧洲人无拘无束, 性格豪放, 想说就说, 想笑就笑, 中国人牢记 "喜怒不形于色" 是修身之根本。欧洲人男女携手而游, 搭肩同舞, 中国人自小就遵循 "男女授受不亲" 的训条。欧洲人喝奶吃肉, 而中国人至今还提倡素食。欧洲人礼仪以女士为先, 中国女子却 "立不倚门, 笑不露齿" ……

这一东一西, 构成饶有兴味的对比。中国姑娘烫上大波浪的披肩发, 装饰上大的皱褶, 穿上多层花边的裙子, 从后面看还是可以的, 一旦转过身来, 似乎脸更平了, 五官也模糊了。相反, 欧洲女子身上穿着紧身旗袍, 突然间鼻子又大了许多。

中西文人绅士的风度, 也有很大差异。风度有种种, 例如 13 世纪英国着紧身衣、扎长方形领带、披斗篷、挎短剑、双脚一对刺马针的骑士, 有一种器宇轩昂、英姿勃勃的英雄风度。而各个时期又有养尊处优、整日忙于高级社交场合的绅士表现出特有的风度。有一幅图描绘的是一位 18 世纪 80 年代典型的美国绅士, 上面一件高立领的外衣, 衣身整体向背后伸展, 裤子与鞋袜紧身适体又十分保守, 衬衣褶领簇拥, 领口处扎一个蝴蝶结。头发既不蓬松, 也不宽厚, 腰间悬吊着相当体面的表袋, 泰然自若地倚在一根象牙镶顶的手杖上, 这种手杖是绅士们必不可少的装饰品, 无声无语中显露出一种绅士风度。至于夫人们, 则以良好的教养、庄重的举止和豪华的服饰为荣, 以显示高雅超凡的风度。谈到中国人的风度, 不知怎么, 虽历经千年, 但魏晋士人的音容笑貌却如在我们眼前。在东晋大画家顾恺之的几幅绘画中, 那 "光照一寺" 的维摩诘有 "清羸示病之容, 隐几忘言之状"。洛水岸边的曹子建有 "太息将何为? 天命与我违" 的落魄神情。朦胧之中的宓妃亦有"仿佛兮若轻云之蔽月，飘飘兮若流风之回雪"的仙意，甚至于用笔也是"春云浮空，流水行地"，术语则为"高古游丝"。同期模印砖画上有"目送飞鸿，手挥五弦，俯仰自得，游心太玄"的嵇康；"夜中不能寐，起坐弹鸣琴，薄帷鉴明月，清风吹我衿"的阮籍；"着祖服而乘鹿车，纵酒放荡"的刘伶，以及"傲俗自放，或乱项科头，或裸祖蹲夷，或濯脚于稠众"的竹林诸人。对于这"灌灌如春月柳"的潇洒超脱风度，西方人恐怕不理解，正如他们不理解为什么在中国"人怕出名猪怕壮"的言论一样。

从艺术的角度去剖示中西服饰风格，会发现存在着一种韵差。洛神之美，是中国人的风采。她不仅使人产生若即若离、可望而不可即的虚幻般的美感，同时使人意识到，她的美是凭借了服饰的魔力，从而互为补充、终趋完善的。画家笔下的美女玉人、天神地祇"天衣飞扬，满壁（壁画）飞动"（唐代画论家张彦远在《历代名画记》中评论吴道子的壁画）。且不说女装中下摆裁成多层尖角的杂裾垂髾服，就在男子那褒衣博带、舒缓雅步之中，也蕴含着难以言表的含蓄与高洁。其迎风走动时呈现出的"飘如游云，矫若惊龙"的神韵，是西方男人那直接显露肌体结构（双腿）的服装，所根本无法表现的。

西方人心目中的爱与美之神维纳斯，自古以来被艺术家作为塑造美的形体的典型。奇妙无比的人体被认为是无懈可击的天然"艺术品"，因而也就无须用多余的衣服去遮盖它，即使是披着浴衣的维纳斯也大多是薄身贴体。至于说生活在文明社会的上层人士最讲究的衣装，也还是女子祖露上身肌体结构，男子祖露下身肌体结构，并以其流行岁月之长、涵盖面之广而成为西方服装的审美意识主流。女裙那着意夸张臀部的做法使之与紧束的细腰形成强烈反差，从而突出女性的性感；男子也以上身宽松、下身紧裹的衣装来强化男性的剽悍。西方人以服装来歌颂、赞美、再现每一个活生生的人，又是中国人望尘莫及的。

中国的绘画讲究意在笔先，中国雕塑讲究轻形重神。中国服饰呢？历来被列入"衣冠礼乐"之属，于是内涵之繁杂、隐晦，宛如曲径通幽，别有洞天，其款式、色彩、纹饰以及穿着方法上的暗示，使人感到衣不在衣而在意，纹不在纹而在文。无论采用寓意、比喻、象征还是谐音的手法，都力图通过彼物而显示出此情，民众之心由此可以沟通。只是外域人看得眼花缭乱，不由得感到有些费解。

相比之下，西亚和欧罗巴的服装图案表示其内容要直接得多。波斯塞瑟尼德王朝时盛行一种服装面料，上有骑马的众猎手和吉尔加麦斯君王与雄狮厮杀搏斗的画面。罗马皇帝的加冕礼服上采用了较为间接的表现手段，也只是以雄狮象征着日耳曼人，以大象象征着被征服者。他们万万想不到，中国官服上的补子图案都要以禽和兽形图案来区分文职与武职。直至 20 世纪上半叶时，中山服的最后定型，还是以胸前四袋表示"国之四维"，前襟五扣表示"五权分立"，再以袖口三扣表示"三民主义"。

《礼记》中说"君子无故玉不去身"，"古之君子必佩玉"。原因就在"君子比德于玉"。美石的光泽、温润、坚质以及叩之声音清扬，成了君子人格美的象征。甚至鲜花野草也被认为是不流于世俗的装饰物。当年屈子高吟"纷吾既有此内美兮，又重之以修能"时，首先就提到"扈江离与辟芷兮，纫秋兰以为佩"。这种有意识选择服饰又在服饰中注入独特寓意的做法，形成了与欧美名人贵妇戴红蓝宝石夸富截然不同的风格。魏晋士人"岩之若孤松之独立，其醉也，傀俄若玉山之将崩"的气质、风姿的显现，不能不归为宽衣大袖的隐意之功。因此，飘然洒脱也成为区别于西方绅士的典型性格。秦服尚黑、汉王重黄，来源于五行说，更说明了中国服饰寓意的特殊选材与推理。

"仁者乐山，智者乐水"，人的品格与自然物之间有什么必然联系呢？如若真正能领悟到其中的含义，那么，中国服饰的隐寓之谜也就迎刃而解了。

中西服饰文化差异，还可从具体服装造型和最终效果的比较中显示出来。将一块兽皮披在身上，也许是出于人早期的着装冲动。但是，用一块布在身上缠来绕去，不假针线只借助饰件固定的整饰衣，却实在是表现出了人的创作才能。

公元前15世纪的埃及人、公元前7世纪的古希腊人和稍后的罗马人，都曾经做过这种尝试。东非的糠嘎、印度的纱丽、日本的花结带，更说明全人类都热衷于服装的缠绕艺术，并力图使其焕发异彩。

华夏民族的先人当然不会忽略这种衣料的延伸使用。所不同的是，中国人并未满足于缠绕，而是以极大的热情融入了富有东方色彩的披挂艺术。这样的着装效果是，不仅有纵横交错、曲直掩映的凸棱线的变化，而且有异彩的、片状或柱状的悬垂物（衣型与佩饰）闪烁其间。如果说古希腊人着装后像一尊可移动的雕塑，那华夏古人着装后就宛如立体的音乐、流动的诗篇。

希腊人将亚麻或羊毛衣料的一端先由左肩垂下来，拖至左侧腰间，再向左肩提起，从背后朝右侧绕过右手臂拉向身前，然后向上第二次提到左肩上……整饰的方法可以因人而异，因时而异，因社会地位而异，并非千篇一律。只是无论怎样变化，都主要靠一块布料去完成独特的构成。中国人将丝衣前襟的一侧加长成尖角状，围着腰间顺向缠绕三四圈，然后用丝带扎住。战国时不分男女都穿深衣，至魏晋时已专为女性所穿用。于是，原先只在衣外腹前垂挂的韦韠，至这时已发展为层层相叠的围绕的三角形衣裾；再加上拖地的垂髾（飘带）自腰间伸出，着装者迎风走动，杂裾垂髾服的美感与动感飘然而出。缠绕只是整饰衣的手段，错综交叉重叠的线才是整饰衣的灵魂。对于中国服装来讲，缠绕只是一个铺垫，千种风情、万般妩媚都基于此而再显风姿。在南欧，整饰衣蕴含着创作上特有的理性，衣料走向与现代派包豪斯的立体构成有着渊源的传承关系和共同的思维基础。杂裾垂髾服则无疑带有更多的中国人的意念艺术的成分，不厌其烦地缝缀旌旗似的杂裾与垂髾，显然是想造成一种超逸的氛围。

中国服装与中国绘画有着密切的关系。"曹（仲达）衣出水，吴（道子）带当风"，表面上看是对画家笔意的概括，实际上不正是反映出生活中的服装原型吗？

服饰形象上性感的表现，在表象系服装上十分明显。所谓性感，旧指性的诱惑表现；当代则指男女性别特质的差异。这种性别特质又不等于体质人类学所指的"第一性征"，而是指体形、面容、动作、表情所呈现出的性别外显形式，所给予观者的整体感知。这，便与人体包装的服饰联系起来。

欧洲女服的袒胸低领式，束腰扩臀式，男服中的下肢紧身式等，体现出欧洲人对人体美的崇尚，以及对人种自身特征的炫耀。这种夸张性感的服饰风格发展到现代，则出现了比基尼一类直接显露肌体结构和表层肌肤的服装样式。从法国卢浮宫收藏的希腊古瓶画面上，可以看到公元前5世纪前半期，已有少女身穿乳罩和胯布分开的运动衣的形象。这说明，西方现代服式实际上是继承了古希腊服饰艺术传统，自始至终沿着欧洲人的文化观念前进。这种既显又露的方式，还可以从罗马和欧洲文艺复兴人体艺术中找到传统。

与此相反，是采用迂回方式表现性感的服饰风格，它展现出多种风貌：印度的纱丽、日本的和服、中国的旗袍。这种东方气派的服饰，大都采取大幅遮盖、紧裹全身的基本形式，隐约地展示出女性特有的曲线和动人的体态。其风采又显然与亚洲女性内向性格和不善直接外露人体美，而注重品质和整体服饰形象的意识密切相关。这是性感的曲折反射，简而言之，就是人们常说的东方之美。

澳大利亚妇女在腰间系着羽毛，并使其在小腹和臀部飘然下垂；南非布须曼妇女用穿有珠子、蛋壳和细皮条做成腰围，也吊在腹臀部位摇摇晃晃，对这种保留自然性又趋于社会性的服饰如何看待呢？很显然，她们是在以本原服饰艺术的意味去表现性感。通过服饰所表现出来的性感与性感之美的界限，在于前者只夸张性特征，而后者却在扑朔迷离之中展现出装饰色彩极浓的视觉艺术品味。

很显然，作为全人类各个服饰文化圈的比较而言，这仅仅是其中的一部分，需要探讨的问题还很多。诸如宗教型服饰，虽同样受宗教影响，但是佛教服饰文化圈较之伊斯兰教服饰文化圈显得宽松，具有一定的自发性；同时在服饰宽容度上兼顾服饰的艺术性，而后者却表现得十分彻底，十分坚决。当然，这与他们所信仰的宗教有直接关系。不过，同样是伊斯兰教教徒，印度人远没有阿拉伯人那样在服饰上严守教规。原始型内两个服饰文化圈的服饰以其野性兼带纯真的风格，保留下人类童年时期的服饰特色和着装意识。它与其他五个服饰文化圈的主要区别在于时间跨度上拉开了距离，宛如站在时间隧道各居一端，遥相呼应，却又差异悬殊了。它在别的服饰文化圈中看到人类服饰的今天与明天；而其他五个服饰文化圈的着装者却从原始型服饰文化圈的着装行为上看到人类服饰的昨天与今天。

乐舞型服饰文化圈和性感型服饰文化圈虽然都在欧洲，但前者偏重于乡村的宁静与喧闹，后者却有着宫廷的威势与奢华；前者带着平民的温馨和对服饰纯朴的需要与感情；而后者则以贵族为典型为主导，带着浓郁的希腊罗马艺术与哲学的遗韵；前者是温和的，后者却有些咄咄逼人；前者在服饰形象上显示出民间艺术的美感，后者却具有盛气凌人同时又执着的对人体美的崇尚……

可以这样归纳，即表意系礼教、宗教型服饰文化圈，伦理的内涵较深；表象系性感、乐舞、原始型服饰文化圈受艺术影响较深。其中原始型中本原服饰文化圈受原始生活方式和人类早期崇拜的不同程度的影响；而功能服饰文化圈则首先选择了实用上的保护措施。

总之，通过对服饰文化圈的比较，可以观察到各服饰文化圈之间有共同性，也有差异性，而且这种共同与差异是相对的，同时是在不断变化的。

这种差异性可作为民族、人种、地区服饰风范而保存，并继续有条件地运演（如与各服饰文化圈现代服饰融合）；在服饰文化圈内作为节俗道具和礼仪形式使用；在艺术活动中保留再加以有意识地演化；或是作为文化遗存及旅游展示。

其共同性至 20 世纪下半叶归纳成一种国际性服饰，西装、领带、新式纽扣、围巾、戒指。这些已没有清晰地属于某一特定服饰文化圈的概念了。另外，服饰文化圈内还存在着并非属于共同性却可以移植的服饰特色，往往会出现被其他服饰文化圈部分汲取的现象。它可与本服饰文化圈中总体服饰特色相融合，如印度制服、中国中山装、西式帽等就是范例，生活已证明是有生命力的。

由于时代在前进，各服饰文化圈不可能是长期固定的，因而将来对服饰文化圈的划分和分析，也必然根据发展趋势而重新界定。

（选自华梅著《人类服饰文化学》）

后　记

依我的经验，要让谁说一说学术著作的写作完成过程，都会有"说来话长"的感觉。这部书就是起手于 2008 年春。

当年，我应邀撰写《东方服饰审美论》，2010 年由王鹤执笔完成。我儿子王鹤，现为天津大学建筑学院副教授，主讲"设计与人文"，出版多部有关公共艺术的著作，发表数十篇论文。当时王鹤正在南开大学攻读博士学位，他的专业是文艺美学，加之是我学术研究的黄金搭档，我们母子完成起来，虽然 20 万字，字字艰辛，但总起来看还算顺风顺水，我们如期交稿。

出版社与我签的合同，是 2010 年 4 月交稿，2011 年 6 月出版。却谁知，由于丛书中其他册有人没完成，因而一拖再拖，合同书竟成了一张有字有印的白纸。

2012 年春，在王鹤的提议下，我们以完成稿的实力申报了国家社科基金艺术学项目。当时申报的题目是"东方服饰设计美学体系研究"。不承想获批下来以后，评审专家给我们改了一个题目，成了"东方服饰设计审美研究"。评审专家或许有自己的想法，可是这项成果终究还是要我来完成的。什么是"设计审美研究"？是服饰设计的审美呢？还是东方服饰的设计与审美呢？就因为实际撰写者无法与题目修改者沟通，竟然使我为此苦苦思索了半年之余。

2012 年 8 月获批，直至 2013 年 3 月 13 日，我才正式整理出思路来，召集了一次学术团队的会议。会上，我宣读了这项课题研究的宗旨、方法和内容，确定了写作框架。我根据三大部分内容分配了任务，定下了人选，也就是结项成果的"设计篇""审美篇"和"文献篇"。

这部书和上一个我主持的"中国历代《舆服志》研究"的写作程序完全不同，因为我吸取了上次的经验。写那部书时，我正任天津师范大学美术与设计学院院长，同时是全国政协委员，可想而知有多忙。粗放型科研项目主持的程序是一次次开会统一思想，统一步骤，其结果是匆匆忙忙结了题。再一看准备递交商务印书馆的书稿，哪都不对哪。幸亏我2011年11月60岁生日前夕卸去了院长职务，不退休，继续从事教学与科研。于是，我用了整整一年零两个月的时间，几乎重新写了一部著作。

这部书稿的写作程序与上一部不一样。时间上显然充裕多了，我与时俱进地采用了扁平化的管理模式，完全由我一手抓，直接面对十来个作者。四遍目录两遍书稿，都由我自己一遍遍集中调配，统一增删。

2013年7月24日、9月25日、11月6日，2014年2月20日、3月4日、3月10日、4月10日、6月3日、6月26日，2015年8月12日、10月6日、11月6日……十余次关键会议，加上网络联系和电话磋商，这部书稿终于完成。以数字计算虽然显得有力，但究竟能够说明多少呢？我们为此付出的心血不可能以数字来显示。

这次课题研究面临的最大问题是，东方尽管可以与西方相对，可是毕竟还是范围太大。仅服饰牵涉的天象、地理、人文内容就多得数不清。所以，研究这个课题，不是找不到资料，而是有关资料太多太杂，不容易选其最简练最恰当最必要的材料，也就很难确定哪些资料最有概括力和说服力。在难以数计的记录和截然相反的论点之中，找出一条我们要研究的脉络，是这次研究的最关键之处。

前言和结语是我自己写的。我努力总结出一条规律，一个观点。当然，因为研究东方文化的专家很多，我的观点终究是一家之言。好在我研究服饰文化三十余年，一家之言相信也是有基础的。

设计部分分了六个部分，孟小丽是我的研究生，当时已留校在学工处工作，她负责物质基础。邢珺也是我的研究生，当时她已是美术与设计学院实验室助理研究员，因为她负责的造型部分内容太多，增加了正读我研究生的马淳淳和张新琰。马淳淳一直在服装公司任设计师，因此她分析起服装结构来，显然有经验。张新琰现已在青岛任教，写这部书时恰与她的毕业论文碰一起。刘一诺早就是我院讲师了，她研究服装色彩完成起来很顺利。赵静也是我院讲师，由于纹饰部分内容太多，也补充了两位在读研究生，一个是张新琰，一个是韩姣。韩姣如今也在高校任教了，当时正在毕业前。吴琼就是我院讲师，工艺部分写得很顺手。贾潍是我院实验室主任，他写的器具部分非常有想法，这部分原资料很零散，他仔细查找，认真比对，从工科思维角度整理出一个演变史，我在这一点上很赞赏他。

审美部分是王鹤和刘一品夫妇俩携手完成的，刘一品也是我院讲师。审美部分相比较设计部分来说，理论性要高许多。设计主要谈东方服饰设计的有关特性，因而物质性占的比例较大，但审美主要是分析，归类，再研究，拿出我们的观点来。要符合美学规律，还要强调我们的研究成果，即不同于其他专家的视角和结论。由于王鹤对军事服饰非常感兴趣，他也出版过《服饰与战争》等多种相关著作，因而在这部分内容中加入了大量有关军事服装的知识，写起来也是风生水起，较之其他东方服饰书籍来，相信还是有独到之处的。

文献部分是我在这部书中特意设置的，因为我们的祖先早就出游东方各国，或是经贸往来，或是国事访问，还有的就是考察民俗，这一点与西方探险家不同。再有一点不可忽视的，即宗教活动，或是传教，或是取经。当然，这几种活动也不一定分得很清，许多都是交织在一起，总之是有心人看到异国他乡的新鲜事物，想用笔记下来，而这些新鲜事物中最缺少不得的必然是服饰，最显而易见最容易给人留下深刻印象的，也是服饰，况且服饰中包括的发型、发饰以及文身文面等，都易于发现并被记录下来。

文献部分中以直接的文图形式，显示出中国古人对东方服饰的独特理解与文化解读方式。我觉得这些记载是古人亲历的史实，具有弥足珍贵的史料价值。林永莲负责其中的两部分：一是正史中的有关记载，我们只选了"二十五史"（包括《清史稿》）中的八部史书；第二是中国文学艺术作品中的有关论述，如唐诗、明清小说、墓室壁画和古人图绘典籍。应该说，还有许多这方面的文字和图像资料，但是我们确实人手不够，时间也太紧，所以只是选取了一些有代表性的，也就是点到为止吧。林永莲是我院副教授，设计史论教研室主任，我写《中国历代〈舆服志〉研究》时，他就是课题组的秘书长。可以说，在古文献的搜集上，他还是很到位的。

　　文献部分的一些游记，我们分别选取了几个朝代的代表性作品。从宋、元、明、清到近代，有几本游记历来为大家所重视，我们挑选时又特别关注到对服饰的记述要尽可能地详尽，尽可能地清楚，当然，描绘生动形象的更好。巴增胜当时是我的在读研究生，也是面临 2013 年毕业。他考取了我院的教学秘书一职，却又先赴古渔阳扶贫两年。这样，他就只能在天津市中心（我家）、西青（师大校舍）和蓟县（古渔阳）之间往返奔波，因为很多"不确定"是难以在邮件发送中全能说清的。好在巴增胜和林永莲起手较早，设计部分开始时，他们俩的工作基本过半了。

　　在全书即将完成时我忽然想起来外国文献中东方服饰的有关记述。我觉得，不能只选用中国古人对东方服饰的历史感受，还应该从其他国家，特别是西方国家的著作中，选取人们对东方服饰的印象。别管是表面描述，还是特有的分析，都可以从多角度来立体地看待东方服饰。我当时在读研究生中赵苡辰有能力胜任这个工作，她本科是英语。比较而言，她比其他人更了解西方人的论述方式，能够更准确地选取我们认为有价值的东西。赵苡辰抓紧时间，很快就完成了任务。

　　整理文字和大家递交的图片，也需要付出大量精力和时间。高振宇是我的研究生，当时刚刚留校任教，他负责全书的文图递交和整理。任云妹老师是科研和研究生工作秘书，同时是教学管理的助理研究员。她也无私地投入到这部书的文图整理工作中。

　　为这部书付出特多的还有天津美术学院原副院长、文学教授朱振江先生。朱振江先生一直帮助我审阅修改研究生毕业论文，同时帮助我审阅修改课题成果。这样一部 50 万字的书稿，经朱先生仔细审阅并提出意见后，我又修改了两遍。幸亏这次我一直自己抓，扁平化管理的科学优势显露出来，工作效率很高，没有在任何环节上转圈。规定 2015 年底交稿的成果，已于 2014 年底全部完成，这才给朱先生帮我看稿改稿赢得了时间。

　　我家先生王家斌为全书图片一审再审，他是天津美术学院原教务处长、教授、雕塑家，也画得一笔好画。在我出版的几十本著作中，有好多他的线描图，尤其是1989年出版的《中国服装史》，全套都是他根据原画或原俑人、原雕刻，用点线法画出来的。可以这样说，在我研究服饰文化的三十余年征程中，大多是他在为我的文字论述配上线描的写实图像。

　　2015年12月交稿之后，经中南民族大学彭修银教授、中国妇女儿童博物馆馆长杨源女士、中国美术学院郑巨欣教授、苏州大学艺术学院院长李超德教授、清华大学美术学院原院长李当岐教授评审通过，这才到了准备出版的阶段。

　　现在，这部书又进入交稿阶段了，我刚刚完成了缩减书稿文图的工作。缩减本身就是又一次刻骨铭心的大检阅大修缮大改进并进一步走向精益求精的阶段。近三个月过去了，我反反复复，删掉了又恢复，保留的再删去。我不敢再像37岁那年出第一本书时认为检查几遍就不会有错了，只想着把遗憾降至最低。为了避免电子文件的版本混淆，我和巴增胜约好，由他一人在电脑上改，我自己校对并一遍一遍修改。已达到40万字，128幅图的规模，可以交稿了。2017年7月，我和巴增胜根据出版社的审读意见，逐条核查、补充、修改。

　　我已出版了60部纸质著作，油墨香已经不足以让我激动了。但是，即将在商务印书馆出版我的第二个国家社科基金项目成果，还是令我向往。如果将事业生涯上的成绩穿成一串项链的话，这将是一颗大而圆润且闪光的珍珠！

2017年8月28日于
天津师范大学华梅服饰文化学研究所